Hartmut Bossel   Systeme, Dynamik, Simulation

Hartmut Bossel

Systeme, Dynamik, Simulation

Modellbildung, Analyse und Simulation komplexer Systeme

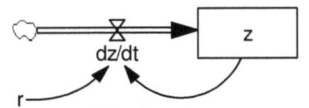

© Hartmut Bossel 2004

Herstellung und Verlag:
Books on Demand GmbH, Norderstedt

ISBN 3-8334-0984-3

Bibliografische Information Der Deutschen Bibliothek:
Die Deutsche Bibliothek verzeichnet diese Publikation
in der Deutschen Nationalbibliografie;
detaillierte bibliografische Daten sind im Internet über
http://dnb.ddb.de abrufbar.

Bibliographic information published by Die Deutsche Bibliothek:
Die Deutsche Bibliothek lists this publication
in the Deutsche Nationalbibliografie;
detailed bibliographic data are available in the Internet at
http://dnb.ddb.de

Information bibliographique de Die Deutsche Bibliothek:
Die Deutsche Bibliothek a répertorié cette publication
dans le Deutsche Nationalbibliografie;
les données bibliographiques détaillées peuvent être consultées
sur Internet à l'adresse http://dnb.ddb.de.

Vorwort

Komplexe dynamische Systeme in Technik, Umwelt, Wirtschaft und Gesellschaft bestimmen mit ihrem oft überraschenden Verhalten die Entwicklung unserer Welt. Die komplexen Wirkungsstrukturen mit ihren vielfachen und meist nichtlinearen Verknüpfungen der Systemelemente sind ohne umfassende Modellbildung kaum zu verstehen. Darüber hinaus kann erst die Simulation mit einem gültigen Modell das ganze Spektrum der Entwicklungs- und Eingriffsmöglichkeiten darstellen. Modellbildung und Simulation sind daher unentbehrliche Hilfsmittel für das Verständnis unserer Welt und für den 'vernünftigen' Umgang mit ihr geworden.

Erfahrungsgemäß bereitet die Modellbildung komplexer Systeme den Ungeübten oft große Schwierigkeiten. Formulierungsfehler werden oft nicht erkannt und führen zu ungültigen Modellen, irreführenden Simulationsergebnissen und – nicht selten – zu Entscheidungen mit unbeabsichtigten schlimmen Konsequenzen. Selbst wenn ein gültiges Modell vorliegt, wird das mit Simulation und Systemanalyse gewinnbare Wissen oft nur teilweise erfasst und genutzt.

In diesem Buch wird das für eine gültige Modellbildung und Simulation notwendige Verständnis auf der Basis der mathematischen Zustandsraumanalyse schrittweise und an konkreten Beispielen entwickelt.

Kapitel 1 'Systeme und Modelle' führt umfassend in Aufgaben und Ansatz der Modellbildung und Simulation ein und stellt grundsätzliches Wissen zu Systemen und Modellen vor.

Kapitel 2 'Systemstruktur' befasst sich mit dem ersten wichtigen Schritt der Modellentwicklung, der Identifizierung der Systemelemente und der verhaltensbestimmenden Systemstruktur. Am Beispiel eines kleinen 'Weltmodells' werden die Möglichkeiten qualitativer und quantitativer Simulation gezeigt – zunächst mit Hilfe einfacher Tabellenkalkulation.

Kapitel 3 'Systemzustand' vertieft und differenziert die Modellentwicklung durch Einführung der (Vektor-)Zustandsgleichung mit ihren Elementen: Eingangsgrößen, Zustandsgrößen und deren Veränderungsraten, Zwischengrößen und Ausgangsgrößen. Exemplarisch werden nichtlineare Elementarsysteme entwickelt, die immer wieder als Bestandteil unterschiedlicher Systeme zu finden sind, und die deren Verhalten durch Schwingungen, Sättigung, Zusammenbruch, Grenzzyklen, Chaos usw. auf oft überraschende Weise prägen. Da sie ein wichtiges Werkzeug zur Modellentwicklung und zum Verständnis von Systemverhalten sind, werden die Dimensionsanalyse und die Systemdarstellung in normierter und dimensionsloser Form genauer behandelt.

Kapitel 4 'Systemverhalten' führt an zwei Beispielen – Pendeldynamik und Fischfangdynamik – den gesamten Vorgang der Modellentwicklung, Simulation und Systemanalyse ausführlich vor, diesmal unter Verwendung einer (frei verfügbaren) professionellen graphisch-interaktiven Simulationsumgebung. Das Systemverhalten unter veränderten Parametereinstellungen wird dabei global untersucht.

Kapitel 5 'Systementwurf' befasst sich mit den drei Grundaufgaben der Systemanalyse: der Untersuchung möglicher Systementwicklungen, der optimalen Systemlenkung und dem Systementwurf zur optimalen Erfüllung von Zielvorgaben, sowie mit den Fragen der Kriterienauswahl, Bewertung und Optimierung.

Kapitel 6 'Systemanalyse' bietet eine kompakte Zusammenfassung der Zustandsraumtheorie und ihrer Werkzeuge für die mathematische Analyse linearer und nichtlinearer Systeme, mit der sich weitere grundsätzliche Erkenntnisse gewinnen lassen.

Kapitel 7 'Systemzoo' stellt in Kurzbeschreibungen die etwa 100 Simulationsmodelle des 'Systemzoos' (H. Bossel 2004) aus Technik, Umwelt, Wirtschaft und Gesellschaft als Hinweis auf die breiten Anwendungsmöglichkeiten der Modellbildung und Simulation dynamischer Systeme vor. Das Buch wird vervollständigt durch ein umfassendes Literaturverzeichnis und einen Sachindex.

Das Buch ist entstanden aus jahrzehntelanger Erfahrung in interdisziplinärer Forschung und Lehre auf dem Gebiet der Modellbildung und Simulation vor allem an der University of California und an der Universität Kassel. Es basiert auf meinem erfolgreichen Lehrbuch 'Modellbildung und Simulation' (1992/1994). Dessen Inhalt wurde völlig überarbeitet, wesentlich verändert und auf die heute allgemein verfügbaren Programmsysteme für die Simulation dynamischer Systeme zugeschnitten. Insbesondere wurde durchweg die Symbolik der System Dynamics Methode übernommen, die inzwischen als weltweiter Standard etabliert ist.

Das Buch ist geeignet als Lehrbuch für eine einführende Vorlesung wie auch als Handbuch für eigenständige Projektarbeit in Schule, Hochschule oder Forschung. Übungsaufgaben und Arbeitsvorschläge finden sich in großer Zahl in den verschiedenen Teilen des separat veröffentlichten 'Systemzoos'.

Zierenberg, im März 2004
Hartmut Bossel

Inhalt

1 Systeme und Modelle

1-0 Überblick

Modelle und Simulationen jeder Art sind Hilfsmittel für den Umgang mit der Realität; sie sind so alt wie die Menschheit selber. Menschen haben von jeher in Denkmodellen Pläne gemacht, sie in Gedanken durchgespielt, d.h. 'simuliert', mitgeteilt, diskutiert, verändert, in die Tat umgesetzt oder verworfen. Dieses Buch gründet auf dem gleichen Ansatz – mit dem einzigen und wichtigen Unterschied, dass hier Denkmodelle in Computermodelle übersetzt und die Simulationen mit dem Computer durchgeführt werden. Der Hauptgrund für diese Vorgehensweise ist die Tatsache, dass der Computer die Vielzahl der Zusammenhänge komplexer Beziehungen und ihre Folgen für das dynamische Verhalten eines komplexen Systems weit besser und zuverlässiger ermitteln kann als das menschliche Hirn.

Bauwerke, Boote, Maschinen wurden bereits vor Tausenden von Jahren zunächst als kleine Modelle gebaut und geprüft, bevor sie im großen Maßstab erstellt wurden. Die Spielwelt der Kinder simulierte schon immer die Welt der Erwachsenen – meist unter Verwendung von Modellen ihrer Menschen, Tiere, Gegenstände und Fahrzeuge. Die Modellwelten der Sagen, Märchen und Religionen gestatteten teilweise sogar erfahrungsprägende Simulationen. Als Bilder und Poesie, Romane und Filme, Parteiprogramme und Verfassungen sind Modelle und Simulationen ein wesentlicher Teil unserer Erfahrungswelt. Wissenschaft und Forschung bemühen sich, verallgemeinerbare Prinzipien und Prozesse in der Realität zu identifizieren, um daraus theoretische Modelle zu erstellen, die wiederum der angewandten Forschung und Technik zur Untersuchung und Simulation neuer Möglichkeiten dienen.

Modelle reichen von der verkleinerten realistischen Darstellung des Originals über die Schnittzeichnung bis zum Funktionsdiagramm; sie können aus Analogien bestehen, in mathematischen Formeln oder Computerprogrammen ausgedrückt sein und dann auch die Simulation dynamischen Verhaltens erlauben; sie können es als vorstrukturierte Planspiele ermöglichen, einen neuen Verhaltensbereich zu erfahren.

Die Elektronik gestattete es erstmals, unter Ausnutzung physikalischer Analogien zwischen elektronischen Schaltkreisen und mechanischen Schwingungssystemen komplexe dynamische Systeme wie etwa Flugzeuge und Fahrzeuge durch äquivalente Systeme elektronischer Bauteile darzustellen und damit ihr Verhalten am Analogcomputer zu simulieren, ohne das System überhaupt erst bauen und in der Realität erproben zu müssen. Simulatoren der gleichen Art wurden eingesetzt, um Bedienungspersonal (z.B. Piloten) gefahrlos im Umgang mit komplexem technischem Gerät zu schulen – lange bevor das erste Stück die Produktion verließ.

Die Tatsache, dass Computer schnell und genau jede mathematische oder logische Formulierung in beliebiger Kombination abarbeiten können, erweiterte die Möglichkeit der Modellbildung und Simulation auf alles, was sich – in welcher Form auch immer – formalisieren und damit rechenfähig darstellen lässt. Damit sind in fast allen Bereichen menschlicher Erfahrung neue Möglichkeiten entstanden, um bisher kaum überschaubare komplexe dynamische Entwicklungen auch modellhaft darzustellen, zu simulieren, besser zu verstehen und besser mit ihnen umzugehen als bisher.

Jüngste technische Entwicklungen zeigen, dass – wie bereits im realitätstreuen Simulator eines Flugzeuges – Computersimulationen in Zukunft an vielen Stellen den Menschen als mitagierendes System sehr viel mehr einbeziehen werden als bisher. Über Bildschirmhelm und elektronische Handschuhe werden Menschen die Möglichkeit bekommen, in einer simulierten Scheinwelt 'greifbare' Erfahrungen zu sammeln – in einer Welt, die schließlich nur in den Bit-Zuständen einiger weniger Computerchips besteht. Die Zukunft wird zeigen müssen, ob und in welchen Bereichen das vollständige Hineintauchen in simulierte Scheinwelten zur menschlichen Entwicklung einen Beitrag leisten kann; wir werden uns hier nicht weiter damit befassen.

Unsere Aufgabe wird es vielmehr sein, das in vielen Wissensbereichen angewandte Verfahren der Modellbildung und Simulation komplexer dynamischer Systeme darzustellen. Es zeigt sich nämlich, dass wir es hier mit einem einheitlichen Ansatz zu tun haben, der sich nicht nach Fachdisziplinen unterscheidet – gleich, ob es sich um Anwendungen in Elektrotechnik, Maschinenbau, Land- und Forstwirtschaft, Ökologie, Umweltforschung, Betriebswirtschaft oder Regionalplanung handelt. Dies ergibt sich aus der Tatsache, dass Eigenschaften und Verhalten dynamischer Systeme nicht durch ihre physische Struktur und äußere Erscheinung bestimmt werden, sondern durch die Systemstruktur und die Prozesse, die zwischen den vernetzten Systemkomponenten ablaufen. Immer wieder zeigt die Betrachtung und Untersuchung mit den Hilfsmitteln der Systemanalyse, dass äußerlich völlig verschiedene Systeme aus ganz anderen Fachgebieten identische Systemstruktur und gleiches Verhalten aufweisen können. Systemanalyse, Modellbildung und Simulation können auf der einen Seite zur Lösung ganz konkreter praktischer Probleme eingesetzt werden; sie können auf der anderen Seite aber auch zu einem besseren allgemeinen Verständnis der dynamischen Systeme in unserer Welt und ihrem oft schwer durchschaubaren Verhalten beitragen.

Dieses Kapitel soll einen Überblick über Konzepte des Systemdenkens, der Modellbildung und der Simulation geben – Konzepte, die den Kriterien wissenschaftlicher Arbeitsweise unterliegen und die die Basis für die weiteren Untersuchungen in diesem Buch sind. Im Abschnitt 1-1 werden die Gründe für Modellbildung und Simulation, die wichtigsten Modellbildungsansätze und typische Anwendungen besprochen. Es wird ein Überblick gegeben über das Spektrum dynamischer Systeme und ihre charakteristischen Eigenschaften. Die Schritte der Modellbildung, Simulation und Systemanalyse werden beschrieben. Im Abschnitt 1-2 werden fundamentale Eigenschaften von Systemen und elementare Konzepte von Systemprozessen und Systemfunktionen vorgestellt. Diese Konzepte bilden die Grundlage für alle Systemuntersuchungen. Im Abschnitt 1-3 werden die fundamentalen Eigenschaften von Modellen und die unterschiedlichen Typen mit ihren entsprechenden Vor- und Nachteilen dargestellt.

1-1   Modellbildung und Simulation: Aufgaben und Ansatz

1-1.1   Warum Modellbildung und Simulation?

Oft genug hängt das Leben von Individuen, die zukünftige Entwicklung einer Region oder gar die globale Zukunft ab von der Entwicklung dynamischer Systeme, die wir nicht ausreichend kennen, deren Verhalten wir nicht genug verstehen. Die Beispiele reichen von Bauwerken, Flugzeugen, Fahrzeugen, sozialen Prozessen, Stadtentwicklung, Bevölkerungsexplosion, Kriegen, Umweltbelastungen bis hin zur globalen Klimaänderung.

Zu wissen, was geschehen wird oder geschehen könnte, kann u.U. eine Bedeutung haben, die über Neugierbefriedigung wesentlich hinausgeht und buchstäblich zwischen Leben und Tod entscheidet. Zu wissen, wie sich dynamische Systeme unter gewissen Umständen verhalten werden ist – wie wir sehen werden – auch selbst bei einfachen Systemen oft sehr schwierig. In allen diesen Fällen stellt sich die Aufgabe, mit vertretbarem Aufwand zu relativ sicheren Verhaltensaussagen zu kommen. Wir suchen also nach entsprechenden Modellen, die Verhalten beschreiben und möglichst auch Hinweise auf notwendige Änderungen oder Einwirkungen geben können, um unzulässige oder gar gefährliche Entwicklungen zu vermeiden. Das uns interessierende Produkt ist also eine zuverlässige stellvertretende Verhaltensbeschreibung, die Simulation des zu erwartenden Verhaltens eines realen Systems.

Die Darstellung von Verhalten durch Computersimulationsmodelle hat inzwischen fast alle anderen Darstellungsmöglichkeiten, die früher einmal eine Rolle spielten (wie hydraulische, elektrische, mechanische Analogien), abgelöst. Die Gründe liegen auf der Hand:

- Es kann – völlig unabhängig von der Art des betrachteten Systems – mit einer einheitlichen Methodologie und vielseitig verwendbaren Softwareprogrammen gearbeitet werden.
- Die Kosten der Modellerstellung und Simulation sind im Allgemeinen nur ein Bruchteil dessen, was bei ähnlich umfassender Untersuchung mit realen oder analogen physikalischen Modellen aufzuwenden wäre.
- Der zeitliche Ablauf des dynamischen Verhaltens kann erheblich gerafft und verkürzt oder auch – bei sehr schnell ablaufenden Vorgängen – erheblich gedehnt werden, so dass genaue Beobachtungen möglich werden.

- Eine Dynamik, die zur Systemzerstörung führen würde, hinterlässt im Computer überhaupt keine Konsequenzen: Das Simulationsprogramm kann nach wie vor weiterverwendet werden. Damit wird auch und gerade eine umfangreiche Untersuchung gefährlicher Systementwicklungen möglich (z.B. simulierte Crashtests!).
- Das reale System wird keinerlei Risiko unterzogen. Messungen oder Eingriffe am realen System sind nicht notwendig.

1-1.2   Wie lässt sich Verhalten simulieren?

Eine Verhaltenssimulation kann prinzipiell auf zwei verschiedene Weisen erreicht werden: Zum ersten kann versucht werden, durch Beobachtungen des Verhaltens, möglichst unter unterschiedlichen Bedingungen, zu einer umfassenden **Verhaltensbeschreibung** zu gelangen. Hier ist also zu ermitteln, welches Systemverhalten (Output) sich als Reaktion auf gewisse äußere Einflüsse (Input) ergibt. Dieser Zusammenhang wird mit einer passenden mathematischen Funktion dargestellt, die aber meist mit den konkreten Prozessen im System nichts zu tun hat. Das System wird in diesem Fall als undurchsichtige 'black box' behandelt. Seine wirklich verhaltensbestimmenden Einzelheiten und Funktionen werden nicht ermittelt. Die Simulation ist offensichtlich auf das in der Vergangenheit beobachtete Verhalten beschränkt.

Eine zweite prinzipielle Möglichkeit der Verhaltenssimulation ergibt sich durch ein **Nachbilden der Wirkungsweise** des realen Systems, d.h. durch Entwicklung eines Modells, das die wesentlichen Wirkungsstrukturen des Realsystems abbildet, und die Untersuchung seines Verhaltens. In diesem Falle muss sehr viel über das System selbst bekannt sein: Aus welchen Teilen besteht es? Wie sind sie miteinander verknüpft? Wie beeinflussen sie sich gegenseitig? In diesem Fall ist das in der Vergangenheit beobachtete Verhalten von zweitrangigem Interesse und dient meist nur zur späteren Validierung der Simulationsergebnisse. Hier liegt der Untersuchungsschwerpunkt also bei Systemstruktur und Systemprozessen. Mit dieser Information lässt sich Systemverhalten auch für Bedingungen simulieren, die in der Vergangenheit noch nicht beobachtet worden sind. Das System wird in diesem Fall als durchsichtige 'glass box' behandelt, die alle Elemente und Prozesse erkennen lässt, oder als halbdurchsichtige 'opaque box', wo zumindest die wichtigsten Elemente und Zusammenhänge bekannt sind.

1-1.3   Anwendungen dynamischer Simulationsmodelle

Simulationsmodelle haben sich in vielen Bereichen als nützlich und oft unentbehrlich erwiesen. Ständig finden sich neue Anwendungen. Simulationsmodelle spielen eine wichtige Rolle für

- Wissenschaftliche Erkenntnis
- Systementwicklung im technischen Bereich
- Anwendungen im System-Management
- Anwendungen in der Entwicklungsplanung

Wissenschaftliche Erkenntnis: Aus der Computersimulation eines dynamischen Systems können sich neue Erkenntnisse ergeben, die aus der ursprünglichen Systemkenntnis nicht direkt folgen. So kann ein System z.B. bei konstanten Parametern und Umwelteinwirkungen Schwingungsverhalten, Zusammenbruch oder Chaos zeigen, ohne dass dies aus der Systemstruktur direkt ableitbar wäre. Ein Beispiel sind systemdynamische Untersuchungen zum Verhalten von Wäldern bei Schadstoffbelastung, die die Möglichkeit plötzlichen Zusammenbruchs auch bei gleich bleibend geringer Schädigung und unveränderter Systemstruktur nachwiesen. Oder: Chaos wird in Systemen erst über ihre Dynamik bemerkbar, die sich durch Computersimulation erschließen lässt. Erhebliche Bedeutung hat die Simulation auch für die Überprüfung wissenschaftlicher Hypothesen.

Systementwicklung im technischen Bereich: Hier hat die Computersimulation traditionell ihren Schwerpunkt, vor allem auch deshalb, weil diese Systeme im Allgemeinen in Bezug auf Wirkungsstruktur und Parameter präzise definierbar und über ihre physikalischen Zusammenhänge gut durch mathematische Modelle beschreibbar sind. Anwendungen sind: Regeltechnik und Optimierung, Schwingungsverhalten von Bauten und Maschinen, Simulation von Steuerung und Stabilität unter Berücksichtigung der wechselnden strukturellen, aerodynamischen oder hydrodynamischen Lasten bei Fahrzeugen, Flugzeugen und Schiffen, Simulation nuklearer und chemischer Großprozesse und ihrer Regelung, simulative Untersuchung von Projekten des Wasserbaus, vielseitige Anwendungen des computergestützten Entwurfs (CAD) bis hin zur Simulation von Bewegungsabläufen, Schwingungsverhalten oder simulierten Innenansichten (Architektur). Auch Medizintechnik und Pharmazie verwenden die Simulation, z.B. zur Ausregelung von Herzrhythmusstörungen oder für die Entwicklung von Dialysegeräten wie auch zur Untersuchung der Abbaudynamik neu entwickelter Wirkstoffe in den verschiedenen Körperorganen. Bei Entwicklungsvorhaben dieser Art hilft die Computersimulation, günstige und sichere Lösungen zu finden, Verfahren für das Umgehen mit Gefahrenzuständen zu finden und Risiken weitgehend auszumerzen, bevor der Entwurf realisiert wird und auf den Markt kommt.

Anwendungen im System-Management: Die Computersimulation wird ebenfalls eingesetzt, um mit vorhandenen dynamischen Systemen besser umzugehen. Es geht hier vor allem darum, durch parallele Simulation eines zu bewirtschaftenden Systems mit den laufenden realen Daten notwendige Eingriffe rechtzeitig zu erkennen und auf ihre Wirkungen zu überprüfen. Ein Beispiel ist die Landwirtschaft mit der raschen Dynamik von pflanzenverfügbarem Stickstoff und Bodenwasser. Dies ist auch vom Fachmann nicht leicht und richtig einzuschätzen. Computersimulationen können dabei helfen, Nährstoffe und Bewässerung optimal einzusetzen. Mit einer Computersimulation der Schädlingsentwicklung, die sich auf Stichproben stützt, können angepasste Maßnahmen rechtzeitig in die Wege geleitet und chemische Bekämpfungen u.U. gänzlich vermieden werden. In der Forstwirtschaft können waldbauliche Maßnahmen auf ihre langfristigen Konsequenzen untersucht und verglichen werden, um zu ökonomisch günstigen und nachhaltigen Lösungen zu kommen. Bei der betriebswirtschaftlichen Planung spielen Simulationen von der Fertigung bis zur Lagerhaltung eine große Rolle.

Anwendungen in der Entwicklungsplanung: In langfristigen Studien dieser Art muss vor allem auch dem Verhalten verschiedener gesellschaftlicher Gruppen Rechnung getragen werden. Das Verhalten dieser Akteure kann entweder durch Szenarienannahmen, durch Planspielsimulationen oder sogar teilweise direkt durch Verhaltenssimulationen miteinbezogen werden. Anwendungsbeispiele sind etwa die Stadtentwicklungsplanung, die Regionalplanung und Untersuchungen möglicher nationaler Entwicklungen. Hier geht es vor allem darum, das ganze Spektrum der Verhaltensmöglichkeiten zu erfassen, um das Verhalten unter gegebenen Bedingungen einzugrenzen, Eingriffsmöglichkeiten und deren Folgen festzustellen und Möglichkeiten für alternative Entwicklungen rechtzeitig zu erkennen.

Für die zukünftige globale Entwicklung hat gerade der letztere Aspekt der Modellbildung und Simulation besondere Bedeutung. Er soll daher noch etwas weiter ausgeführt werden.

1-1.4   Simulation zur Untersuchung von Entwicklungspfaden

Die miteinander verbundenen Dynamiken regionaler und globaler, ökologischer und sozialer Entwicklungen (Bevölkerungsentwicklung, Wirtschaftsentwicklung, Ressourcenverbrauch, Umweltbelastungen, Klimaänderung durch Treibhausgase, Waldzerstörung usw.) sind heute auch für Fachwissenschaftler kaum noch überschaubar und in ihren Konsequenzen für Umwelt und Gesellschaft nur unsicher abschätzbar. Diese Unsicherheit ist mit hohen aktuellen und potentiellen Kosten und Risiken verbunden. Möglichkeiten, durch bessere Abschätzung zukünftiger Entwicklungsperspektiven diese Unsicherheiten zu verringern, müssen konsequent ausgelotet werden, insbesondere dann, wenn die Kosten dieser Informationssuche nur einen Bruchteil der Kosten von Fehleinschätzungen betragen.

Es geht hierbei nicht um Prognose einer scheinbar unabänderlichen Entwicklung. Die gesellschaftliche Entwicklung in ihrem ökologischen Umfeld hat bestenfalls nur in kleinen Bereichen die vorhersagbare Automatik eines mechanischen Räderwerks. Wesentliche Bereiche werden dagegen durch gesellschaftliche Akteure bestimmt (Einzelpersonen, Organisationen, Institutionen), deren Verhaltensspielraum sich zwar in Grenzen abschätzen, aber prinzipiell nicht genau bestimmen lässt. In anderen Bereichen (z.B. Wetter und Klima, Tier- und Pflanzenpopulationen) gilt Ähnliches aus anderem Grund: Hier können unter gewissen Bedingungen die Entwicklungspfade aufgrund kleinster Abweichungen rasch und enorm divergieren (Chaos). In beiden Fällen ist eine Vorhersagbarkeit prinzipiell nicht gegeben, aber der mögliche Verhaltensbereich ist absteckbar und mögliche Entwicklungspfade lassen sich eingrenzen.

Es kann unter diesen Bedingungen also nur darum gehen, den Versuch zu unternehmen, die möglichen Entwicklungspfade des betrachteten Systems mit ihren Verzweigungsmöglichkeiten, Ausprägungen und Folgen zu erfassen, die vorhandenen Eingriffsmöglichkeiten zu identifizieren und wiederum deren Folgen im Rahmen eines bestimmten Entwicklungspfades abzustecken. Da die Entscheidungssprünge einzelner Akteure und die möglichen chaotischen Verhaltenssprünge einzelner Teilsysteme prinzipiell nicht vorhersehbar sind, ist die Beschreibung aller möglichen Entwicklungspfade prinzipiell nicht machbar. Es geht daher nur darum, die Bandbreite der möglichen Entwicklung abzustecken und ihre wahrscheinlichsten 'Flussbetten' zu identifizieren, die sich gewissen Parameterkonstellationen ('Szenarien') zuordnen lassen.

Beispiel: Entwicklungspfade der Energieversorgung und Reduktionspotentiale der CO_2-Emissionen bei unterschiedlicher Entwicklung der Potentiale effizienter Energienutzung und regenerativer Energieträger.

Für die zukünftige CO2-Dynamik und damit zusammenhängende Klimaänderungen hat eine verlässliche Abschätzung der möglichen Entwicklungspfade der Energieversorgung eine entscheidende Bedeutung. Hier versagen prinzipiell die Verfahren der verhaltensbeschreibenden Modellierung (wie etwa der Trenduntersuchung). Dagegen lassen sich über strukturtreue Simulationsmodelle relativ verlässliche Aussagen auch über mögliche Langfristentwicklungen gewinnen, da Prozesse wie die folgenden in die Untersuchung und Modellbildung direkt einbezogen werden können.

- Marktdurchdringung und Sättigung
- Anteilsverschiebungen (Mix)
- Durchsetzung neuer Technologien
- Aufteilung auf konkurrierende Verfahren (modal split)
- Einführung effizienterer Nutzungsverfahren
- Veränderung des Verbraucherbewusstseins
- Problemdruck aus der Umweltveränderung
- Entwicklung des Energiedienstleistungsbedarfs
- Absenkungen des spezifischen Verbrauchs
- internationale Konkurrenz
- usw.

Beispiel: Entwicklungspfade der Rohstoffversorgung und Umweltbelastung bei unterschiedlichen Ansätzen in Produktentwurf, Wiederverwendung, Materialrückführung und Abfallentsorgung.

Ähnlich wie im Energiesektor sind die Konsequenzen verschiedener Entwicklungsmöglichkeiten bei der Versorgung mit Materialdienstleistungen insbesondere in ihrem (szenarioabhängigen) Zusammenspiel ohne strukturtreue Modellbildung und Simulation nicht zu überblicken. Welche Maßnahmen erweisen sich als besonders wirkungsvoll? Welche sind besonders verbraucherverträglich und leicht durchführbar? Wo sind die Umweltbelastungen (welcher Stoffe?) längerfristig geringer? Mit welchem Ansatz ist die Nachhaltigkeit der Versorgung bei hoher Umweltqualität zu sichern? Welche Reaktionen sind bei Unternehmen und Gewerkschaften zu erwarten? Mit welchen Kosten ist zu rechnen? Auch hier erweist sich ein strukturtreues Modell zum einen als vollständiger Denkrahmen zur umfassenden Untersuchung, Bearbeitung, Diskussion, vergleichenden Bewertung und Entscheidungsvorbereitung, und zum anderen als Werkzeug für die Simulation unterschiedlicher, szenarioabhängiger Entwicklungspfade.

1-1.5   Spektrum dynamischer Systeme und Modelle

Komplexe dynamische Systeme können über gewisse Eigenschaften verfügen, die bestimmte Modellbildungsansätze entweder verlangen oder ausschließen. Da hier nicht alle möglichen Ansätze im Detail behandelt werden können, werden wir uns schwerpunktmäßig mit einer großen Gruppe von Computermodellen befassen, die als 'systemdynamische' oder 'prozess-orientierte' Modelle bezeichnet werden (auch: 'Prozessmodelle', 'mechanistische Modelle', 'Realstruktur-Modelle'). Für die oben genannten Anwendungsbeispiele sind diese Modelle der geeignete Ansatz. Wir werden uns daher vor allem mit zeitkontinuierlichen, nichtlinearen, deterministischen Systemen befassen, deren Veränderliche keine räumliche Abhängigkeit haben. Diese Systeme lassen sich durch gewöhnliche Differentialgleichungen darstellen.

Das Spektrum dynamischer Systeme und Modelle lässt sich am besten mit Hilfe einer Liste von Begriffspaaren beschreiben. Dabei sind in der folgenden Liste an erster Stelle die Begriffe aufgeführt, denen der in diesem Buch behandelte Systemansatz am ehesten entspricht.

systemerklärend	⇔	verhaltensbeschreibend
Realparameter	⇔	Parameteranpassung
deterministisch	⇔	stochastisch
konstante Parameter	⇔	zeitvariante Parameter
nichtlinear	⇔	linear
zeitkontinuierlich	⇔	zeitdiskret

raumdiskret	⇔	raumkontinuierlich
autonom	⇔	exogen getrieben
numerisch	⇔	nicht-numerisch
aggregiertes Verhalten	⇔	individuelles Verhalten

Systemerklärend – verhaltensbeschreibend: Der Unterschied wurde weiter oben bereits erklärt. Das systemerklärende Modell reproduziert das Verhalten des realen Systems mit der gleichen essentiellen Wirkungsstruktur und funktionsgleichen Systemelementen. Das verhaltensbeschreibende Modell dagegen erzeugt lediglich ähnliches Verhalten wie das reale System, wobei aber Struktur und Elemente des Modells gänzlich anders sein können als beim realen System. Unser Ziel ist es aber, Verhalten nicht nur nachzuahmen, sondern auch das System, und damit die Gründe für sein Verhalten zu verstehen.

Realparameter – Parameteranpassung: Wenn schon versucht wird, die Wirkungsstruktur des realen Systems konkret zu erfassen, so liegt es auch nahe, mit den im realen System vorkommenden Systemparametern zu arbeiten, die dann in diesem System direkt gemessen werden sollten. Wo dies nicht möglich ist, muss zur Parameteranpassung gegriffen werden, indem die unbekannten Modellparameter so gewählt werden, dass das Modellverhalten auch zahlenmäßig mit den Verhaltenswerten des realen Systems übereinstimmt. Wenn Parameteranpassung unvermeidbar ist, weil bestimmte Parameter nicht gemessen werden können, so sollte wenigstens mit einem strukturgültigen Modell und nicht mit einem nur verhaltensbeschreibenden (struktur-ungültigen) Modell gearbeitet werden

Deterministisch – stochastisch: In deterministischen Modellen werden zufällige Veränderungen etwa der Parameter, der Wirkungsbeziehungen zwischen Systemelementen oder der Umwelteinwirkungen ausgeschlossen. In stochastischen Modellen werden solche Einflüsse explizit berücksichtigt, z.B. durch die Angabe von Übergangswahrscheinlichkeiten zwischen Systemzuständen oder zufälliger Schwankungen der Umwelteinwirkungen, etwa von Wettereinflüssen. Stochastische Modelle liefern daher für jeden Simulationslauf unterschiedliche Ergebnisse. Eine große Zahl von Simulationen (Monte-Carlo-Simulation) kann dann einen Überblick darüber verschaffen, welche statistische Verteilung von Verhalten zu erwarten ist, wo die Mittelwerte liegen und mit welchen Streuungen zu rechnen ist.

Konstante Parameter – zeitvariante Parameter: Die Parameter eines Systems sind entweder konstante Größen, oder sie sind Funktionen nur der Zeit (als einzige unabhängige Veränderliche). Alle anderen Größen sind Systemveränderliche. Bei einem System mit konstanten Parametern verändern sich Struktur und Wirkungsbeziehungen nicht mit der Zeit. Unter gleichen Bedingungen ergibt sich auch zu einem späteren Zeitpunkt das gleiche Verhalten. Die Annahme konstanter Parameter ist bei Kurzzeitprozessen meist zulässig; sie gilt aber nicht, wenn z.B. Alterungsvorgänge eine Rolle spielen. Ein Beispiel für zeitvariante Systeme sind Organismen: Ein alter Mensch verhält sich wesentlich anders als ein junger oder gar ein Kind. Zeitvarianz lässt sich durch Einführung zeitvarianter Parameter relativ leicht in die Modellbildung einführen.

Nichtlinear – linear: Diese Unterscheidung bezieht sich auf die Art der Terme in der mathematischen Formulierung der Veränderungsraten der Zustandsgrößen (die die zentralen Variablen des Systems sind, s. Kap. 3). In linearen Systemen können Zustandsgrößen nur in der ersten Potenz in diesen Zustandsgleichungen (Differential- oder Differenzengleichungen) auftreten. Lineare Systeme lassen sich mit analytischen Methoden bearbeiten, während nichtlineare Systeme meist nur der Simulation zugänglich sind. Leider ist die Realität aber fast immer nichtlinear. Die gut entwickelten mathematischen Verfahren zur Untersuchung linearer Systeme lassen sich bei nichtlinearen Systemen nur in eng begrenzten Bereichen anwenden. Nichtlineare Systeme können ein breites Spektrum oft überraschender Verhaltensweisen zeigen, die bei linearen Systemen nicht auftreten können: mehrfache Gleichgewichtspunkte mit jeweils völlig unterschiedlichem Stabilitätsverhalten, verschiedene Attraktionsbereiche, Verzweigungen des Verhaltens, Grenzzyklen, Chaos, 'Katastrophen'. Um diesen möglichen Verhaltensweisen realer komplexer Systeme Rechnung zu tragen, werden hier beliebige (nichtlineare) Formulierungen der Zustandsgleichungen zugelassen.

Zeitkontinuierlich – zeitdiskret: Die Systeme unserer Erfahrungswelt sind fast alle kontinuierlich, d.h. sie sind zu jedem beliebigen Zeitpunkt definiert und messbar (wie der Tisch, an dem ich sitze). Die Zustände zeitdiskreter Systeme dagegen sind nur zu bestimmten diskreten Zeitpunkten definiert und feststellbar (wie etwa die Einzelbilder eines Pferderennens auf einem Film). Für zeitkontinuierliche Systeme können die Zustandsänderungen als Differentialgleichungen (mit Differentialquotienten dx/dt) formuliert werden, die zu jedem Zeitpunkt gelten. Bei zeitdiskreten Systemen dagegen kann die Zustandsänderung des Zustands x_t nur zu diskreten Zeitpunkten ermittelt werden (mit Differenzenquotienten $(x_t - x_{t-\Delta t})/\Delta t$). (Beispiele und Näheres in Kap. 3-1 und 6). Um näher an der Realität zu bleiben, verwenden wir zeitkontinuierliche Formulierungen. Computer arbeiten aber zeitdiskret; d.h. sie ändern Zustände in diskreten Zeitschritten. Das bedeutet, dass in Computersimulationsmodellen zeitkontinuierliche Systeme auch nur zeitdiskret dargestellt werden können. Die kontinuierliche Bewegung eines Pendels etwa muss streng genommen durch eine Treppenkurve mit sehr kleinen Stufen dargestellt werden. Da diese notwendige Diskretisierung aber in sehr kleine Schritte aufgeteilt werden kann, die beliebig nahe an das kontinuierliche Verhalten herankommen können, werden wir hier auch von kontinuierlichen Simulationen kontinuierlicher Systeme sprechen.

Raumdiskret – raumkontinuierlich: Reale Systeme können nicht punktförmig sein, sondern sie haben eine gewisse Ausdehnung im Raum. In manchen Fällen spielt diese räumliche Verteilung für die Dynamik eines Systems keine Rolle. So ist etwa der Druck in einem geschlossenen Gasbehälter an jeder Stelle gleich. Oder: bei der Betrachtung der Bevölkerungsentwicklung einer Stadt spielt deren räumliche Verteilung kaum eine Rolle. Die Photosyntheseproduktion einer Laubkrone lässt sich in einer Größe zusammenfassen, ohne dass es notwendig wäre, auf die räumliche Strukturierung des Blattwerks im Wald einzugehen.

An anderen Stellen wiederum sind die Verteilung von Systemgrößen im Raum und deren zeitliche und räumliche Dynamik für die Simulation von essentieller Bedeutung. So muss etwa bei der Simulation von Luftströmungen an Tragflügeln oder in der Atmosphäre, der Spannungen in komplexen tragenden Teilen oder von Grundwasserströmen das gesamte räumlich und zeitlich variierende Feld der Systemgrößen betrachtet werden. Das setzt – mathematisch gesehen – die Beschreibung mit partiellen Differentialgleichungen voraus, die wiederum mit Simulationsverfahren wie dem Verfahren der finiten Elemente bearbeitet werden können. Mit jeder zusätzlichen Raumdimension steigen die Komplexität der Berechnung und die Rechenzeit erheblich. In diesem Buch befassen wir uns ausschließlich mit Systemen, bei denen keine räumlichen Gradienten auftreten, und die daher mit gewöhnlichen Differentialgleichungen beschrieben werden können.

Autonom – exogen getrieben: Systeme sind immer in einer 'Umwelt' (Systemumgebung) eingebettet, aus der meist Einflüsse auf sie einwirken, auf die sie zu reagieren haben. Aber diese exogenen Einflüsse sind nur für einen Teil des Systemverhaltens verantwortlich. Ein großer Teil des Systemverhaltens wird durch die gegenseitige Beeinflussung der Zustandsgrößen in Rückkopplungsschleifen verursacht, die systemcharakterische Eigendynamik erzeugt. Systeme, die sich ohne äußere Einflüsse dynamisch verhalten, werden als 'autonom' bezeichnet. Streng genommen kann es keine dauerhaft autonomen Systeme geben, da irgendwann Energie- und andere Speicher wieder gefüllt werden müssen. Tatsächlich ist Systemverhalten aber oft weitgehend unabhängig von äußeren Einwirkungen und hauptsächlich bestimmt durch autonome Eigendynamik. Das Verhalten eines Systems lässt sich ohne Kenntnis des durch die Art und Vernetzung der Systemelemente bestimmten autonomen Verhaltens kaum verstehen. In Computersimulationen sind meist auch exogene Einflüsse zu berücksichtigen, aber in den Simulationen zeigt sich oft der dominante Einfluss des autonomen Verhaltens, der systembedingten Eigendynamik. (Viele Beispiele hierzu finden sich in Bossel 2004 'Systemzoo'). Mathematisch lassen sich alle Systeme – auch die exogen getriebenen – als autonome Systeme formulieren, wenn man die Zeit als zusätzliche Zustandsgröße einführt und Umwelteinwirkungen als Funktionen dieser Zustandsgröße umformuliert.

Numerisch – nicht-numerisch: Der Begriff 'Zustand' gilt in einem sehr breiten Sinne. Er gilt sowohl für messbare und zahlenmäßig angebbare Größen (wie Gewicht, Rauminhalt, Bevölkerungszahl), er gilt aber auch für qualitative Attribute (wie rot, heiß, schön usw.) Die Dynamik eines Systems muss nicht an messbare Systemgrößen gebunden sein, sie kann auch durchaus mit der Veränderung von Qualitäten verbunden sein (so etwa die Gelb-Rot-Grün-Dynamik von Verkehrsampeln – ein System übrigens, das nur diskrete Zustände erlaubt.)

Der Versuch, dynamische Modellbildung und Simulation nur auf Bereiche zu beschränken, in denen alle Größen quantifizierbar und numerisch ausdrückbar sind, würde große Bereich dynamischer Systeme, die von erheblichem praktischen Interesse sind (soziale Systeme, ökologische Systeme, Verhaltenssysteme generell) von der dynamischen Simulation ausschließen. Unzulässig ist auch, wie vielfach praktiziert, wenn in den Fällen, in denen nicht-quantifizierbare Größen eine Rolle spielen, diese in einem falschen Verständnis wissenschaftlicher Arbeitsweise als 'unwissenschaftlich' aus der Systembetrachtung herausgelassen werden. So lässt sich z.B. kaum eine gültige Simulation einer Stadtentwicklung erstellen, ohne dass entwicklungsbestimmende Systemgrößen wie etwa 'Wohnqualität', 'Einkaufsattraktivität' usw. explizit in die Untersuchung einbezogen werden.

Diese Einbeziehung auch nicht-numerischer Zustandsgrößen und anderer Systemgrößen ist ein Gebot wissenschaftlicher Vollständigkeit. Die Berücksichtigung derartiger Größen stieß lange auf Schwierigkeiten, weil fast ausschließlich numerische Verfahren für die Computersimulation zur Verfügung standen. Inzwischen lassen sich mit modernen Methoden der rechnergestützten Wissensverarbeitung sowohl numerische wie nicht-numerische Komponenten und Zusammenhänge auf der Basis der Methoden der künstlichen Intelligenz, der unscharfen (fuzzy) Mathematik und der objektorientierten Programmierung adäquat berücksichtigen und in die Computersimulation mit einbeziehen.

Aggregiertes Verhalten – individuelles Verhalten. Oft genug hat es die Modellbildung mit der aggregierten Darstellung des Verhaltens einer Vielzahl von Individuen zu tun (Tier- und Pflanzenpopulationen, Produktion eines Waldes oder eines Feldes als Folge der Photosynthese von Millionen Blättern; die aggregierten Größen Druck, Temperatur und Dichte der Thermodynamik usw.). Die Zufälligkeiten der individuellen Schicksale der Einzelelemente lassen sich aggregiert dann durch statistische Mittelwerte ersetzen, so dass auch hier deterministische Modelle das (aggregierte) Verhalten des Realsystems gut annähern. Eine derart aggregierte Darstellung kann aber unzulässig sein bei komplexen Systemen, bei denen sich Verhalten unter bestimmten Bedingungen 'verzweigen' kann, und insbesondere bei Systemen, in denen menschliche Akteure mit individuellen Entscheidungen ein System auf einen ganz anderen Pfad bringen können. Hier muss das Verhalten der Schlüsselakteure ('Agenten') explizit simuliert werden, oft mit Verfahren der nichtnumerischen Wissensverarbeitung, die menschliche Wissensverarbeitung prinzipiell nachbilden kann.

1-1.6   Schritte im Modellbildungsprozess

Der gesamte Prozess der Systemanalyse von der Modellentwicklung über die Simulation bis zur Verhaltensanalyse und Systemänderung wird immer die folgenden Schritte durchlaufen:

- Entwicklung des Modellkonzepts
- Entwicklung des Simulationsmodells
- Simulation des Systemverhaltens
- Eingriffsplanung und Systementwurf
- Analyse von Modellsystem und Verhalten.

Dieser Überblick entspricht einerseits dem Arbeitsablauf mit seinen verschiedenen Komponenten, andererseits aber auch den folgenden Kapiteln. Die Simulationsaufgabe definiert den Modellzweck; beide bestimmen das Modellkonzept. Aus diesem wird das Simulationsmodell entwickelt, mit dem sich das Systemverhalten simulieren lässt. Mit dem Simulationsmodell werden dann die Verhaltensweisen und Eingriffsmöglichkeiten untersucht, u.U. auch Systemveränderungen, um vorgegebene Verhaltenskriterien einzuhalten. Die mathematische Systemanalyse und die Erfahrung mit ähnlichen Systemen können dabei helfen, das System besser zu verstehen und durch entsprechende Eingriffe oder Veränderungen seine Leistung (in Bezug auf die Kriterien) zu verbessern. Diese Untersuchungsbereiche können mit den Begriffen 'Systemstruktur', 'Systemzustand', 'Systemverhalten', 'Systementwurf' und 'Systemanalyse' umschrieben werden, die daher als Kapitelüberschriften dieses Buches dienen.

Wir befassen uns in diesem Buch von jetzt an fast ausschließlich mit erklärenden Modellen, d.h. Modellen, bei denen eine im Rahmen des Modellzwecks gültige Nachbildung der Wirkungsstruktur versucht wird, und die sich durch die folgenden Begriffe abgrenzen lassen: prozess-orientiert, Realparameter, deterministisch, konstante Parameter, nichtlinear, zeitkontinuierlich, raumdiskret, autonom, numerisch, aggregiertes Verhalten. Die folgenden Bemerkungen beziehen sich daher in erster Linie auf diese Art von Modellen, sie sind allerdings auch im weiteren Sinne für andere, verhaltensbeschreibende Modellformulierungen gültig.

1-1.7   Modellzweck und Modellkonzept

Auch wirkungsstrukturtreue Modelle sind notgedrungen skizzenhafte Darstellungen, 'Karikaturen' des Realsystems. Die verwendeten Verkürzungen und Zusammenfassungen sind bestimmt von der Forderung nach Anwendungsgültigkeit des Modells: Es soll einen bestimmten Modellzweck erfüllen. Dieser Modellzweck bestimmt weitgehend Art und Umfang von Modellinhalt und Modellaussagen; er muss daher von Anfang an klar definiert sein.

Das Simulationsmodell eines Waldes zur forstlichen Betriebsplanung unterscheidet sich z.B. erheblich von einem Modell des gleichen Waldes, das zur Untersuchung des Nährstoffkreislaufs entwickelt wurde. Jedes Modell sollte nur für den Zweck verwendet werden, für den es entwickelt wurde. Auch bei der Modellentwicklung hat es sich als nicht zweckmäßig erwiesen, nach Supermodellen zu streben, die für alles und jedes einsetzbar sind: Auch hier gibt es keine eierlegende Wollmilchsau.

Die Systemdefinition verlangt eine klare Festlegung der Systemgrenzen, d.h. der Abgrenzung zur Systemumwelt. Die aus der Systemumwelt stammenden oder zu erwartenden Einwirkungen müssen erfasst und die Eingriffspunkte in der Systemstruktur ermittelt werden. Die Systemgrenzen ergeben sich aus dem Modellzweck.

Während die Entwicklung verhaltensbeschreibender Modelle auf eine umfangreiche Erfassung von Verhaltensdaten angewiesen ist, konzentriert sich die Systemanalyse für die wirkungsstrukturtreue Modellbildung zunächst auf die Definition und Erfassung der verhaltensrelevanten Systemstruktur. Bei diesem Prozess arbeiten Systemanalytiker eng mit Systemkennern und Fachleuten aus den betroffenen Wissensgebieten zusammen, um zu einer gemeinsam getragenen Vorstellung der relevanten Systemstruktur zu kommen. Die gemeinsame Sprache ist im Allgemeinen die umgangssprachliche Formulierung des Wissens über Struktur und Funktion des Systems; die erste Modellformulierung wird daher in dieser Form vorgelegt (Wortmodell).

Aus diesem Wissensbestand werden, jetzt bereits unter Beachtung systemwissenschaftlicher Erkenntnisse, die Wirkungsbeziehungen herausgearbeitet und zur Wirkungsstruktur verknüpft, die auch meist im Wirkungsdiagramm graphisch niedergelegt wird.

Damit ergibt sich jetzt folgendes Arbeitsprogramm, das in Kapitel 2 näher ausgeführt wird. Diese Arbeitsphase befasst sich vor allem mit der **Systemstruktur**.

Definition der Problemstellung und des Modellzwecks: Die Aufgabenstellung muss klar umrissen werden und dient als Grundlage für die Definition des Modellzwecks.

Systemabgrenzung und Definition der Systemgrenzen: Dem Modellzweck entsprechend ist zu definieren, was zum System und was zu seiner Systemumgebung gehört.

Systemkonzept und Wortmodell: Entsprechend der Systemabgrenzung wird das Konzept des Systems entwickelt und in einem Wortmodell erfasst.

Entwicklung der Wirkungsstruktur: Die Systemelemente und ihre Wirkungsbeziehungen sind herauszuarbeiten und zunächst im Wortmodell und dann im Wirkungsdiagramm niederzulegen.

Qualitative Analyse der Wirkungsstruktur: Die Wirkungsstruktur, insbesondere ihre Kopplungen und ihre aktiven und passiven Elemente, erlaubt eine erste qualitative Analyse des Systemverhaltens.

1-1.8   Entwicklung des Simulationsmodells

Die Wirkungsstruktur beinhaltet lediglich die qualitative Feststellung von Wirkungen (z.B. "A wirkt auf B"). Um ein simulationsfähiges Modell zu erhalten, müssen alle Wirkungsbeziehungen als verrechenbare funktionale Zusammenhänge spezifiziert werden (z.B. als multiplikative Verknüpfung mit einem durch Systemparameter gegebenen Faktor, oder durch logische Operationen, etwa bei einer Entscheidungssituation). Auch bei diesem Schritt ist fachliches Spezialwissen entscheidend. Aus diesen Einzelschritten ergibt sich schließlich das formalisierte (mathematische und/oder logische), simulationsfähige Modell.

Die Formalisierung wirkungsstrukturtreuer Simulationsmodelle kann auf sehr unterschiedliche Weise mit sehr verschiedenen (allgemeinen oder speziellen) Programmiersprachen erfolgen. Die Art der Formulierung sollte der Problemstellung, dem Modellzweck und dem potentiellen Nutzer angepasst sein. Da jede Modellbildungsaufgabe ihre eigenen Ansprüche und jede Programmsprache ihre eigenen Vorzüge und Beschränkungen hat und immer einen bestimmten Denkrahmen vorgibt, sollte Vereinheitlichung (etwa auch über 'Modellbanken') vermieden werden. In Zukunft werden objekt-orientierte Programmierverfahren vermehrt Verwendung finden, da sie eine hohe Vielfalt von Formulierungsmöglichkeiten (qualitativ, numerisch, logisch, usw.) zulassen und hohe Flexibilität bei der Modellformulierung, Modellerweiterung, Datenspeicherung und Modelldokumentation bieten.

Es ergeben sich damit die folgenden Arbeitsschritte, die im Kapitel 3 näher ausgeführt werden. Diese Arbeitsphase befasst sich schwerpunktmäßig mit dem **Systemzustand**.

Dimensionale Analyse: Die in der Wirkungsstruktur identifizierten Elemente müssen in ihrer Bedeutung und ihren Dimensionen exakt festgelegt werden.

Ermittlung der funktionalen Beziehungen: Die Wirkungsbeziehungen zwischen den Elementen müssen in ihrer funktionalen Abhängigkeit eindeutig spezifiziert werden, wobei die Dimensionsanalyse als Hilfsmittel verwendet werden kann.

Quantifizierung: Unter Verwendung der Parameterwerte des realen Systems werden die Wirkungsbeziehungen quantifiziert.

Entwicklung des Simulationsdiagramms: Werden im Wirkungsdiagramm die funktionalen Beziehungen und die Parameterwerte eingetragen, so erhält man das Simulationsdiagramm als Grundlage des Simulationsprogramms.

Simulationsanweisungen und rechenfähiges Modell: Aus den vorher definierten und quantifizierten Wirkungsbeziehungen ergeben sich die Simulationsanweisungen für die Programmierung. Alle Wirkungsbeziehungen müssen in einer (mathematisch oder logisch) berechenbaren Weise formalisiert werden. Anfangswerte der Zustandsgrößen, Systemparameter und exogene Einflüsse müssen quantifiziert werden; sie können in späteren Simulationen nach Bedarf geändert werden.

Gültigkeitsprüfung für die Modellstruktur: Es ist zu prüfen, ob die Struktur des Realsystems korrekt im Modell wiedergegeben wurde.

Entwicklung alternativer Darstellungsformen: Es ist zu prüfen, ob sich das zunächst entwickelte Simulationsmodell ohne Gültigkeitseinbußen durch Verändern oder Umformen übersichtlicher oder verständlicher machen lässt. Insbesondere sollte untersucht werden, ob eine Modularisierung möglich und statthaft ist.

Versuch der Kompaktdarstellung: Es ist möglich, dass sich die Systemstruktur durch graphische oder mathematische Manipulationen auf eine einfachere elementare Struktur zurückführen lässt, die die Analyse und die Verallgemeinerbarkeit erleichtert.

1-1.9   Simulation des Systemverhaltens

Nach der Modellprogrammierung und ersten Simulationen mit eingehenden Gültigkeitsprüfungen, die sich vor allem auf die Verlässlichkeit, Sensitivität und Plausibilität der Verhaltensaussagen beziehen müssen, steht das Modell für routinemäßige Simulationen z.B. von Entwicklungspfaden zur Verfügung. Während für historische Untersuchungen (etwa als Teil der Gültigkeitsprüfung) die Einwirkungen aus der Systemumwelt festliegen, müssen für zukunftsbezogene Untersuchungen Annahmen über vermutliche Einwirkungen gemacht werden, die in 'Szenarien' zusammengefasst werden. Für die Qualität der Untersuchung möglicher Entwicklungspfade sind Plausibilität, Konsistenz und Vollständigkeit dieser Szenarien von entscheidender Bedeutung. Die Entwicklung und Absicherung entsprechender Szenarien erfordert noch einmal einen meist erheblichen Untersuchungsaufwand. Mit einigen elementaren Szenarien sollte möglichst das gesamte zukünftig mögliche Einwirkungsspektrum abgedeckt werden, um einen Gesamtüberblick über das mögliche Entwicklungsspektrum zu bekommen.

Ein Vorteil der wirkungsstrukturtreuen Modellierung ist, dass jeder Schritt einer solchen Modellentwicklung bereits einen Erkenntnisgewinn über das untersuchte System bringt, selbst wenn es am Ende nicht zu Simulationen kommen sollte. Mit der Erfassung der Wirkungsbeziehungen und der Wirkungsstruktur stellen sich neue Erkenntnisse über das System und seine Wirkungsweise ein. Die Quantifizierung zwingt, sich über Art und Stärke der Abhängigkeiten Klarheit zu verschaffen. Die Definition konsistenter Szenariensätze fokussiert auf die wesentlichen äußeren Einflüsse und ihre mögliche Entwicklung. Jeder dieser Schritte für sich trägt bereits entscheidend zu besserem Systemverständnis bei.

Hieraus ergeben sich folgende Arbeitsschritte, die im Kapitel 4 erläutert werden. Der Schwerpunkt dieser Arbeit liegt jetzt auf dem **Systemverhalten**.

Auswahl der Simulationssoftware: Das formalisierte Simulationsmodell enthält alle modellspezifischen Angaben. Weitere für die Simulation erforderliche Programmteile (wie die numerische Integration) können daher aus allgemein einsetzbaren Programmen für die dynamische Simulation kommen. Die Auswahl hängt von der Modellart, dem Rechnertyp, der verwendeten Programmiersprache und persönlichen Präferenzen des Bearbeiters ab.

Programmierung der Simulation: Je nach der verwendeten Simulations-Software erfolgt die Eingabe der Modellanweisungen als Programmzeilen, über spezielle Befehle, als Beschreibung der Systemblöcke und ihrer Strukturverknüpfungen, über die Tastatur oder den Aufbau eines simulationsfähigen Simulationsdiagramms am Bildschirm mit Hilfe von entsprechenden Symbolen und der Maus.

Wahl des Integrationsverfahrens: Dynamische Modelle der hier behandelten Art reduzieren sich auf Systeme von gewöhnlichen, meist nichtlinearen Differentialgleichungen, die numerisch integriert werden müssen. Hierzu stehen verschiedene Integrationsverfahren zur Verfügung, die sich vor allem durch Rechengenauigkeit und Rechenzeitbedarf unterscheiden.

Laufzeitparameter: Die Simulation errechnet die dynamische Entwicklung über die Zeit und benötigt daher eine Angabe über den Zeitpunkt des Beginns und Endes der Simulation (in der Modellzeit). Die Wahl der Rechenschrittweite ist für die Geschwindigkeit und Genauigkeit der Simulation von Bedeutung. Die Speicherschrittweite bestimmt die Menge der anfallenden Ergebnisdaten.

Anfangswerte: Die Zustandsgrößen des Modells müssen zu Beginn der Simulation auf Anfangswerte gesetzt werden, die den Anfangswerten des Realsystems unter den Untersuchungsbedingungen entsprechen.

Systemparameter: Zweck von Simulationen ist es u.a., die Reaktionen des Modellsystems auf Veränderungen seiner Systemparameter zu untersuchen. Diese Systemparameter müssen vor Beginn der Simulationsläufe gewählt werden. Normalerweise werden die meisten Systemparameter auf 'vernünftige' Standardwerte gesetzt, so dass sich Parameteränderungen auf besonders kritische oder interessante Parameter konzentrieren.

Umwelteinwirkungen: Ebenfalls interessiert die Reaktion des Systems auf bestimmte vorgegebene Umwelteinwirkungen, auf historisch beobachtete Bedingungen oder auf für die Zukunft angenommene Entwicklungen. Diese müssen ebenfalls vor der Simulation spezifiziert werden. Für die wahrscheinlichsten Einwirkungen werden Standardwerte vorgesehen.

Szenarien: Bei komplexeren Systemen ist eine relativ große Zahl von (oft zeitabhängigen) Parametern und Umwelteinwirkungen gleichzeitig zu untersuchen. Da die Zahl der möglichen Variationen groß ist, müssen die das Verhalten beeinflussenden Parametersätze durch in sich schlüssige und untereinander stimmige und plausible Szenarien zusammengefasst werden. Dies hat gerade für die Untersuchung von Zukunftsperspektiven, für Technikfolgenabschätzungen und für Risikoanalysen besondere Bedeutung.

Ergebnisdarstellung: Die meisten Simulationssoftware-Systeme sehen mehrere Möglichkeiten der Ergebnisdarstellung vor, von der einfachen Tabelle bis zu zwei- und dreidimensionalen Graphiken und animierten Darstellungen der Systemdynamik. Hier sind aussagekräftige Darstellungen zu wählen, die dem Benutzer einen raschen und zuverlässigen Überblick über die Systemdynamik verschaffen.

Zustandspfade: Von besonderer Bedeutung ist hierbei die Darstellung der Dynamik der Zustandsgrößen, d.h. der Zustandspfade im Zustandsraum in Abhängigkeit von den gewählten Parametern und Umwelteinwirkungen. Der Pfadvergleich für verschiedene Simulationen ergibt Hinweise auf allgemeines Systemverhalten (Schwingungen, Gleichgewichtspunkte, Zusammenbrüche, Chaos) und auf die Wirkung einzelner Parameter. Allerdings ist die Darstellung der Zustandspfade meist nur für Systeme mit zwei oder drei Zustandsgrößen sinnvoll.

Sensitivität: Der Vergleich der Systemdynamik in Abhängigkeit von Variationen empfindlicher Parameter ergibt Hinweise auf die Sensitivität des Modells und des Systems, auf Unsicherheiten in der Formulierung bzw. auf Veränderung kritischer Parameter.

Gültigkeitsprüfung: Nachdem die Strukturgültigkeit bereits bei der Entwicklung der Wirkungsstruktur und des Simulationsmodells überprüft wurde, konzentriert sich jetzt die weitere Gültigkeitsprüfung auf die Verhaltensgültigkeit, die empirische Gültigkeit und die Anwendungsgültigkeit. Hier muss nachgewiesen werden, dass die simulierte Dynamik mit dem beobachteten oder zu erwartenden Verhalten qualitativ und quantitativ übereinstimmt und dass die Modellergebnisse und der Erkenntnisgewinn den Anwendungsanforderungen (dem Modellzweck) entsprechen.

1-1.10   Eingriffsplanung und Systementwurf

Aufgabe der Modellbildung und Simulation ist selten nur, ein bestehendes System allein auf seine Verhaltensmöglichkeiten zu untersuchen. In den meisten Fällen geht es eher vor allem auch darum, kritische Parameter und Eingriffsmöglichkeiten zu identifizieren, mit denen die Systementwicklung in gewünschte Bahnen gelenkt werden kann. Oft geht es darüber hinaus aber auch darum, ein System, dessen Verhalten sich als instabil oder in anderer Beziehung als unerwünscht erweist, so zu verändern, dass das sich dann ergebende Systemverhalten bestimmte Kriterien (z.B. der Stabilität) erfüllt.

Noch weiterführender ist die Aufgabe, ein dynamisches System durch gezielte Systemveränderungen und Einwirkungen von außen so zu lenken, dass sich daraus ein an irgendwelchen Kriterien gemessenes optimales Verhalten ergibt. Ein Beispiel sind etwa waldbauliche Maßnahmen, um in einem Bestand maximalen Holzertrag in einer vorgegebenen Zeit zu erreichen. Vielfach können Optimierungsmaßnahmen dieser Art auch relativ leicht mit Computersimulationsmodellen untersucht werden.

Die vergleichende Bewertung der Leistungen (Performanz) des Systems erfordert die Definition entsprechender Leistungskriterien – Bewertungen hängen immer ab vom verwendeten Kriteriensatz. Für große und komplexe Systeme ist eine systematische Leistungsbewertung unerlässlich, um alternative Entwicklungspfade nachvollziehbar vergleichen zu können. Die Abbildung von Indikatoren des Systemverhaltens auf Leistungskriterien ist auch bei der Suche nach optimalen Eingriffen zur Systemsteuerung erforderlich. Falls die erforderliche Systemleistung allein durch Parameteränderungen oder Management-Eingriffe nicht erreicht werden kann, kann u.U. ein System(neu)entwurf oder eine Systemveränderung zu den gewünschten Ergebnissen führen. Hier müssen dann Systemstruktur und Systemelemente so gewählt werden, dass sich bei den zu erwartenden Einwirkungen die gewünschte Systemleistung ergibt.

Mit den entsprechenden Arbeitsschritten befasst sich das Kapitel 5. In dieser Arbeitsphase liegt der Schwerpunkt auf dem **Systementwurf**.

Kriterien der Verhaltensbeurteilung: Voraussetzung für eine Systemoptimierung oder einfach nur für eine 'Verbesserung' des Systemverhaltens ist die Definition entsprechender Beurteilungskriterien. Gelegentlich lassen sich relativ einfache Kriterien finden (z.B. Kostenminimierung); sehr oft aber müssen Systemlösungen einer Vielzahl von Kriterien gleichzeitig genügen. Bei komplexen Entscheidungen sind oft ganze Kriterienhierarchien zu beachten, deren Einzelbeiträge schließlich auf die systemaren Leitwerte der Systemerhaltung und Systementfaltung abbilden.

Kriterien für die Verhaltensbeurteilung gelten teilweise für den jeweiligen Systemzustand (z.B. Grenzwerte), es kann sich aber auch um komplexere Kriterien handeln, die z.B. über einen längeren Zeitraum als Zeitintegrale ausgewertet werden müssen (z.B. Minimierung des Treibstoffverbrauchs einer Satellitensteuerung oder eines Langstreckenflugs).

Eingriffsplanung, Systemänderung und Optimierung auf der Suche nach besseren Lösungen: Wird die Zustandsentwicklung (momentan und über einen längeren Zeitraum) an den anlegbaren Kriterien gemessen, so ergeben sich daraus Hinweise auf Systemänderungen, die zu besseren Lösungen führen würden. Im besten Falle kann mathematische Analyse eine geschlossene Lösung erbringen. Oft wird aber auch die gezielte Suche mit einer größeren Zahl von Simulationen zu annehmbaren Ergebnissen führen. Dieser Weg steht immer offen, ist aber wenig elegant und übersieht möglicherweise weit günstigere Lösungen. Zwischen diesen beiden Wegen stehen numerische Verfahren der Optimierung, die in vielen Bereichen breite Anwendung finden. Optimierung ist allerdings selten praktisch anwendbar bei komplexen selbstorganisierenden Systemen, deren Leistung nicht mit einfachen Optimierungskriterien beurteilt werden kann und deren exogene Einflüsse meist unvorhersehbar sind.

Stabilisierung instabiler Systeme durch Parameter- und Strukturänderung: Diese Aufgabe spielt besonders bei technischen Systemen eine herausragende

Rolle. Die Regeltechnik befasst sich vor allem mit dieser Thematik und hat hierfür, vor allem für lineare technische Systeme, ein umfangreiches Instrumentarium entwickelt. Viele Konzepte aus der Regeltechnik gelten auch in der Allgemeinen Systemtheorie.

1-1.11   Analyse des Modellsystems

Mit der Absicherung der Modellgültigkeit und den Simulationen im interessierenden Parameterbereich ist eigentlich die Aufgabe, die dem Systemanalytiker anfangs gestellt war, erfüllt. Es ist aber oft möglich und nützlich, über diese Arbeitsschritte hinauszugehen und zu versuchen, durch weitere Analyse des Modellsystems einen tieferen Einblick in das ganze Spektrum des Verhaltens zu erhalten. Während die Computersimulation den Vorteil hat, dass auch komplexe nichtlineare Systeme behandelt werden können, die der mathematischen Analyse nicht offen stehen, so hat doch die mathematische Analyse den Vorteil, dass sie zu allgemeinen Verhaltensaussagen über ein System führen kann, die sich mit der Simulation oft nur erahnen, nicht aber gültig belegen lassen. Besondere Bedeutung gewinnt die mathematische Systemanalyse dann, wenn ein generisches Simulationsmodell entwickelt worden ist, d.h. ein Modell, das unter Beibehaltung seiner Struktur auch mit veränderten Systemparametern für andere Anwendungen eingesetzt werden kann. (Ein Beispiel sind generische Simulationsmodelle für Baumwachstum, die nach Parameteränderungen sowohl für Bäume der Tundra wie für Bäume des tropischen Regenwalds einsetzbar sind.)

Ausgangspunkt der mathematischen Systemanalyse sind die Zustandsgleichungen des Systems, d.h., die bei der Systemmodellierung abgeleiteten gewöhnlichen Differentialgleichungen (oder Differenzengleichungen) für die Zustandsänderung. Aus diesen Zustandsgleichungen lassen sich Hinweise auf Gleichgewichtspunkte und Attraktoren des Systems, auf Stabilität und plötzliche Verhaltensänderungen gewinnen.

In diesem Bereich stellen sich die folgenden Aufgaben, die im Rahmen der Untersuchungen in Kap. 2 bis 5 teilweise bearbeitet und für die im Kapitel 6 analytische Ansätze knapp vorgestellt werden. In dieser Arbeitsphase liegt der Schwerpunkt auf der mathematischen **Systemanalyse**.

Gewinnung der Zustandsgleichungen: Zwar sind die Zustandsgleichungen im Prinzip bereits in der Modellformalisierung und den Simulationsanweisungen enthalten, doch erfordert die notwendige kompakte Darstellung meist einige mathematische Kondensationen und Umformungen.

Entwicklung eines generischen Modellsystems: Bei näherer Betrachtung zeigt sich oft, dass über den Fall der speziellen Simulationsaufgabe hinaus die entwickelten Modellgleichungen eine generische Gültigkeit besitzen und sich auf viele verwandte Systeme anwenden lassen. Für die weitere mathematische Untersuchung, deren Ergebnisse ja möglichst allgemeingültig sein sollen, sollte die allgemeinst gültige generische Form der Zustandsgleichungen entwickelt werden.

Gleichgewichtspunkte: Gleichgewicht des Systems herrscht dort, wo die Veränderungsraten der Zustandsgrößen verschwinden. Unter Anwendung dieser mathematischen Bedingung lassen sich die Gleichgewichtspunkte des Systems bestimmen. Sie können stabil oder instabil sein.

Ermittlung weiterer Attraktoren: Außer Gleichgewichtspunkten können höherdimensionale nichtlineare dynamische Systeme auch gewisse Zustandsbereiche besitzen, auf die der Systemzustand sich bevorzugt hinbewegt (Attraktoren). Die Ermittlung der Gleichgewichtspunkte und Attraktoren gibt wertvolle Hinweise auf das globale Systemverhalten.

Verhalten an Gleichgewichtspunkten, Stabilität: Die Stabilität eines Gleichgewichtspunkts entscheidet sich daran, ob der Systemzustand in der Nähe dieses Punktes die Tendenz hat, sich vom Gleichgewicht zu entfernen oder auf dieses zuzulaufen. Information darüber steckt ebenfalls in den Zustandsgleichungen.

Linearisierung an Gleichgewichtspunkten: Bei nichtlinearen Systemen gestaltet sich die Stabilitätsuntersuchung in der Nähe der Gleichgewichtspunkte schwierig, wenn auf die Untersuchung der vollen nichtlinearen Systemgleichung zurückgegriffen werden muss. Geht man von nur kleinen Abweichungen vom Gleichgewichtspunkt aus, so lassen sich die nichtlinearen Systemgleichungen linearisieren und dann mit den Hilfsmitteln der linearen Systemanalyse untersuchen.

Eigenschaften und Verhalten linearer Systeme: Die Linearisierung ermöglicht, dass die Werkzeuge der linearen Systemanalyse (Eigenwerte, Verhaltensmodi, Stabilität) Anwendung finden können, um auch zum Verständnis nichtlinearer Systeme beizutragen.

Verhaltensänderungen bei Parameteränderung: Systeme, besonders nichtlineare, können bei Parameteränderung ein qualitativ anderes Verhalten zeigen, insbesondere den Umschlag von stabilem nach instabilem Verhalten. Da nichtlineare Systeme mehr als einen Gleichgewichtspunkt haben können, kann das bedeuten, dass sie bei Parameteränderung in eine gänzlich andere stabile Zustandskonstellation springen. Für das Verständnis eines Systems ist die Kenntnis der Bedingungen, unter denen sich solche Verhaltensänderungen ergeben können, von großer Bedeutung.

1-1.12   Generische Strukturen; Systemzoo

Bei der Modellbildung stößt man immer wieder in sehr unterschiedlichen Realitätsbereichen auf Systemstrukturen, die sich als generisch gleich erweisen und daher ein gleiches Verhaltensspektrum zeigen. Eine große und wichtige Gruppe, für die ausnahmsweise auch ein ausgefeilter mathematischer Analyseapparat besteht, ist die

Gruppe der linearen Systeme beliebiger Dimension. Dagegen zeigen nichtlineare Systeme kein derart verallgemeinerbares generisches Verhalten. Bereits kleine nichtlineare Systeme, die sich oft nur in 'Kleinigkeiten' unterscheiden, zeigen völlig verschiedenes Verhalten.

In verschiedenen Realitätsbereichen finden sich oft generisch gleiche Strukturen. Mit ihrem charakteristischen Verhalten bestimmen sie die Dynamik der Systeme unserer Welt und damit auch ihre Entwicklung. Beispiele: Exponentielles Wachstum oder Zerfall, logistisches Wachstum, Räuber-Beute-Verhältnisse, Konkurrenz, Abhängigkeit, Ressourcenausbeutung, Übernutzung und Zusammenbruch, Störungen eines dynamischen Gleichgewichts, durch Verzögerungen verursachte Schwingungen und viele andere Phänomene. Der Systemanalytiker und Modellbauer sollte mit ihrer charakteristischen Systemstruktur und dem daraus sich ergebenden Verhalten vertraut sein.

Im Kapitel 3 sind einige wenige dieser Systeme angegeben; in den Kapiteln 4 und 5 werden einige weitere Systeme genauer untersucht. Im Kapitel 7 'Systemzoo' sind die Kurzbeschreibungen von etwa 100 Simulationsmodellen aus den Bereichen: Elementarsysteme, Technik und Physik, Klima und Pflanzenwuchs, Ökosysteme und Ressourcen, Wirtschaft und Gesellschaft sowie Globale Entwicklung wiedergegeben. Die entsprechenden Modelle sind in Bossel 2004 'Systemzoo' zusammen mit den Parametern und Ergebnissen von Standard-Simulationsläufen vollständig dokumentiert und lassen sich daher für eigene Untersuchungen verwenden und modifizieren.

1-2   Grundsätzliches zu Systemen

Die Begriffe 'System' und 'Modell' und andere Systembegriffe haben wir bisher recht pragmatisch benutzt, ohne sie genauer zu definieren. Um einen Einstieg in die Materie zu bekommen, wurde ein Grundverständnis über ihre Bedeutung vorausgesetzt.

Für viele beginnt wissenschaftliche Arbeit mit einem 'sauberen' Satz von Definitionen, auch in der Systemforschung. Aber Systeme können nur verstanden werden über ein Verständnis von Systemen, nicht von Definitionen. Dieser – logisch unsinnige – Satz soll darauf hinweisen, dass Lernen *über* Systeme immer ein Lernen *von* Systemen in einem interaktiven Rückkopplungsprozess sein muss. Dieses Buch soll dabei helfen.

Trotzdem kann vieles über Systeme gesagt werden, ohne dass man konkret mit ihnen arbeitet. Im verbleibenden Teil dieses Kapitels sollen wichtige Aussagen zusammengefasst werden. Diese Informationen dienen als Hintergrund für die Untersuchungen in den folgenden Kapiteln, aber sie sind für den Einstieg in die Modellbildung und Simulation nicht unbedingte Voraussetzung und können daher zunächst übersprungen werden.

1-2.1 Was ist ein System? Systemidentität, Systemintegrität, Systemzweck

Viele Objekte in unserer Erfahrungsumwelt bezeichnen wir als 'System'. Sie bestimmen durch ihre Anwesenheit oder durch ihr Verhalten die Entwicklung; viele Systeme sind von Menschen geschaffen und werden von ihnen als Werkzeuge benutzt. Aber nicht alles in unserer Umwelt ist ein System – wir sollten daher unterscheiden können.

Wir nennen ein Objekt ein System, wenn es ganz bestimmte allgemeine Merkmale aufweist:

1. Das Objekt erfüllt eine bestimmte Funktion, d.h. es lässt sich durch einen **Systemzweck** definieren, den wir als Beobachter in ihm erkennen.

2. Das Objekt besteht aus einer bestimmten Konstellation von **Systemelementen** und **Wirkungsverknüpfungen** (Relationen, Struktur), die seine Funktionen bestimmen.

3. Das Objekt verliert seine **Systemidentität**, wenn seine Systemintegrität zerstört wird. Ein System ist daher **nicht teilbar**, d.h. es existieren Elemente und Relationen in diesem Objekt, nach deren Herauslösung oder Zerstörung der ursprüngliche Systemzweck, d.h. die Systemfunktion nicht mehr erfüllt werden kann: Die Systemidentität hätte sich verändert oder wäre gänzlich zerstört.

Diese Kriterien des **Systemzwecks**, der **Systemstruktur** und der **Systemintegrität** ermöglichen es uns nun, Unterscheidungen zu treffen. *Beispiele*:

Ein Stuhl ist demnach ein System, weil er einen Systemzweck und eine Systemstruktur besitzt (Sitzplatte, Rückenlehne, Beine mit entsprechenden Wirkungsbeziehungen zwischen ihnen) und das Abtrennen bestimmter Elemente (z.B. zweier Beine) zu einer Zerstörung der Systemintegrität führt, d.h. der ursprüngliche Systemzweck kann nicht mehr erfüllt werden.

Ein Sandhaufen ist kein System, weil sich zwar ein gewisser Systemzweck definieren lässt (Lagerung von Sand), weil aber selbst das Abtragen einer großen Menge Sand nichts an der Identität als Sandhaufen ändern würde.

Ein Gewichtsstein ist kein System. Zwar lässt sich ein Zweck definieren, und die Identität als Gewichtsstein würde durch eine Halbierung zerstört werden, doch besteht der Gewichtsstein (für die Zwecke dieser Betrachtung) aus einem einzigen Element ohne irgendwelche Relationen (noch nicht einmal einer Rückkopplung zu sich selbst).

Das Straßburger Münster ist ein System, da sich Systemzweck, Elemente und Relationen erkennen lassen und es durch Heraustrennen bestimmter Elemente und Relationen seine Integrität verlieren würde. Organismen, Maschinen, Organisationen und die interagierenden Prozesse der ökologischen Umwelt sind Systeme.

Systeme sind also durch Systemelemente und eine essentielle Wirkungsstruktur gekennzeichnet, die ihnen die Erfüllung bestimmter Funktionen gestattet, die Systemzweck und Systemidentität definieren. Bei der Modellbildung und Simulation, so wie wir sie hier verstehen, geht es in erster Linie darum, diese essentiellen Systemelemente und die Wirkungsstruktur des Systems herauszuarbeiten.

Grundsätzliche Systemkonzepte sind in Abb. 1.1 gezeigt. Ein System existiert in einer bestimmten Systemumgebung ('Umwelt'), von der es durch seine Systemgrenze getrennt ist. Es steht unter dem Einfluss von Einwirkungen aus der Umwelt ('Input') und wirkt selbst mit seinen Auswirkungen auf die Umwelt ('Output'). Die Systemelemente sind durch eine charakteristische Systemstruktur miteinander verbunden. Einige dieser strukturellen Verknüpfungen können Teile von Rückkopplungsschleifen sein.

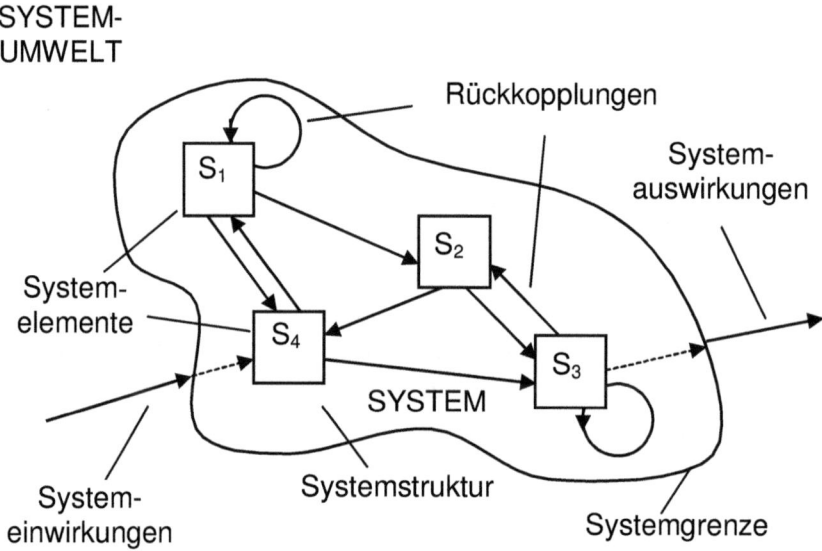

Abb. 1.1: Bestandteile von Systemen: Systemelemente, Systemstruktur, Rückkopplung, Systemgrenze, Systemumgebung, Systemeinwirkungen (Systemeingänge) und Systemauswirkungen (Systemausgänge).

1-2.2   Dynamische Systeme, Systemverhalten, Betrachtungszeitraum

Genau genommen sind alle Systeme dynamische Systeme, auch solche, die uns eher statisch erscheinen, wie der Stuhl oder das Straßburger Münster. Über einen längeren Zeitraum gesehen, unterliegen sie Alterserscheinungen; bei Belastung ergeben sich dynamische Lasten (Benutzung des Stuhls, Winddruck am Münster), die bei gewissen Untersuchungen eine Rolle spielen könnten. Wir sprechen aber hier von 'dynamischen Systemen', wenn diese in einem uns interessierenden Zeitraum ihren Zustand ändern und damit dynamisches Verhalten zeigen. Dabei dürfen wir uns nicht auf direkt beobachtbares Verhalten beschränken. Wesentliche Zustandsgrößen sind oft nicht beobachtbar und dennoch für die Funktion des Systems entscheidend. Die Herzdynamik einer Person ist z.B. unter normalen Umständen kaum beobachtbar; sie ist aber dennoch entscheidend für ihr Leben und Wohlbefinden.

In der Praxis interessieren Aussagen über das Verhalten des Systems, d.h. über vom System verursachte, in seiner Umwelt beobachtbare Veränderungen systemeigener Größen oder von Einwirkungen auf die Umwelt. Wir erahnen aber bereits, dass in vielen Fällen die Beobachtung von Systemverhalten nicht ausreichen wird, um zuverlässige Aussagen über weiteres Systemverhalten zu gewinnen. Offensichtlich muss in vielen Fällen auch der innere Zustand des Systems analysiert werden. So lässt sich etwa aus dem Verhalten eines Kraftfahrzeugs (Brennstoffverbrauch, Geschwindigkeit, Schadstoffemissionen) nicht ahnen, dass der Ölstand zu niedrig ist, der Motor sich überhitzt hat und das Fahrzeug demnächst mit einem Kolbenfresser stehen bleiben wird. Offensichtlich ist also für die umfassende Beschreibung eines Systems mehr erforderlich als das, was sich von außen beobachten lässt. Diese essentiellen, den tatsächlichen Systemzustand vollständig beschreibenden Größen nennen wir **Zustandsgrößen**. Wie im System selbst, so spielen sie auch bei der Systemanalyse, Modellbildung und Simulation eine entscheidende Rolle.

1-2.3   Systemgrenzen und Systemumwelt, Einwirkungen und Auswirkungen

Systeme der verschiedensten Art (einschließlich unserer selbst) bevölkern unsere Umwelt. Jedes System hat seine eigene **Systemumwelt** oder Systemumgebung. Größen dieser Umwelt können als äußere Einwirkungen Einfluss auf die Systementwicklung haben; umgekehrt können Systemgrößen die Systemumwelt in der einen oder anderen Art beeinflussend verändern. Für die Systemuntersuchung ist es notwendig, eine **Systemgrenze** zu definieren, die das System klar von seiner Umwelt abtrennt.

Systeme sind nie völlig isoliert von ihrer Umgebung: sie wären sonst nicht wahrnehmbar; ihre Existenz wäre nicht beweisbar. Daher kann es also strikt genommen keine undurchlässige Grenze zur Umgebung geben, sondern lediglich eine Oberfläche, durch die gewisse Kopplungen mit der Umgebung stattfinden durch (a) Einwirkungen der Umgebung auf das System und (b) Auswirkungen des Systems auf seine Umgebung. Unter Auswirkungen verstehen wir hier alle beobachtbaren Verhaltensgrößen, also z.B. auch sichtbares Licht, das uns Informationen über Existenz und Zustand eines Systems vermittelt.

Für praktische Untersuchungen stellt sich die Frage, wo diese Grenze zu ziehen ist. In manchen Fällen ist das einfach zu beantworten; so etwa bei einem Stuhl, bei einem Kraftfahrzeug oder einem Menschen. Hier fallen physikalische Oberflächen mit der Systemgrenze zusammen. In anderen Fällen, insbesondere bei Systemen aus dem ökologischen oder sozialwissenschaftlichen Bereich, ist die Grenzdefinition weit schwieriger. Da von dieser Grenzziehung aber die Komplexität und Bearbeitbarkeit der Untersuchung wesentlich abhängt, erfordert die Grenzziehung einige Aufmerksamkeit.

Wo lässt sich z.B. die Systemgrenze eines Waldgebietes ziehen? Ist die Veränderung des Boden- und Grundwasserangebots und der Luftfeuchtigkeit und Niederschläge durch den Wald selbst in einer geschlossenen Systemdarstellung zu berücksichtigen, oder können die Niederschläge als äußere Einwirkungen unabhängig von der Systementwicklung selbst vorgegeben werden? Die Kriterien für die Definition der Systemgrenze laufen alle darauf hinaus, eine Systemoberfläche zu finden, innerhalb derer sich das System in relativer Autonomie verhalten kann. Die folgenden Kriterien gelten einzeln oder in Kombination:

1.   Systemgrenze dort, wo die Kopplung zur Umgebung sehr viel schwächer ist als die Binnenkopplung im System (z.B. Organismus: Haut)

2.   Systemgrenze dort, wo vorhandene Umweltverkopplungen nicht funktionsrelevant sind. *Beispiel*: Um die Körperfunktionen einer Ameise zu untersuchen, kann sie als isoliertes Individuum betrachtet werden. Ist aber ihre soziale Funktion im Ameisenhaufen von Interesse, muss sie als Teil dieses größeren Systems betrachtet werden.

3.   Systemgrenze dort ziehen, wo Umwelteinwirkungen auf das System nicht durch das System selbst bestimmt oder durch Rückkopplung von Systemauswirkungen verändert werden können (bei Ökosystemen z.B.: Einstrahlung, Temperatur, Niederschlag).

Die Systemabgrenzung kann vom Beschreibungszweck abhängen. Falls also z.B. der Einfluss eines Waldgebiets auf das Lokalklima untersucht werden soll, so müssen auch die atmosphärischen Vorgänge, wie etwa die Rezyklierung des an den Blattoberflächen transpirierten Wassers durch Kondensation und Niederschlag berücksichtigt werden.

1-2.4   Wie macht sich ein System bemerkbar? Verhalten und Zustand

Ein System wirkt über **Verhaltensgrößen** (Ausgangsgrößen) auf seine Umwelt und ist nur über diese in der Umwelt bemerkbar. Soweit das Verhalten sich nicht als direkte Reaktion auf Umwelteinwirkungen ergibt, setzt es Veränderungen im System selbst, d.h. Veränderungen des Systemzustands in der Zeit voraus, die wir als Zustandsänderungen bezeichnen. Möglicherweise reflektieren die Verhaltensgrößen nur einen Teil des Innenlebens des Systems; oft genug dringt überhaupt keine Zustandsgröße, d.h. Information über den Systemzustand nach außen. Der tatsächliche Systemzustand ist (und die entsprechenden Systemzustandsänderungen sind) daher möglicherweise nur teilweise oder gar nicht aus Systemäußerungen an die Umwelt ablesbar. Für die Weiterentwicklung des Systems ist allerdings der Systemzustand, d.h. die Gesamtheit (der Vektor) seiner Zustandsgrößen entscheidend – selbst wenn sie äußerlich nicht in Erscheinung treten sollten.

Zustandsgrößen sind definiert als diejenigen Größen, aus denen sich zu jeder Zeit der Zustand des Systems vollständig ergibt, einschließlich aller daraus ableitbaren System- oder Verhaltensgrößen. Sie sind voneinander unabhängig, d.h. keine Zustandsgröße lässt sich aus einer beliebigen Kombination anderer Zustandsgrößen ableiten, und jede einzelne Zustandsgröße ist für die vollständige Beschreibung des Systems notwendig.

Beispiel: Bei der Untersuchung einer regionalen Entwicklung sind die Bevölkerungszahl und die Getreideanbaufläche Zustandsgrößen. Sie sind von einander unabhängig: Die Bevölkerungszahl lässt sich nicht über die Anbaufläche ermitteln und umgekehrt. Andere Systemgrößen können aber aus diesen Zustandsgrößen ermittelt werden, so etwa der Getreideverbrauch der Bevölkerung und die jährliche Getreideproduktion der Region. Diese Größen lassen sich unter Verwendung der Systemparameter 'Pro-Kopf-Verbrauch von Getreide' und 'normaler Hektarertrag' berechnen.

Zustandsgrößen sind oft nicht eindeutig definierbar; d.h. verschiedene Größen im System können für eine bestimmte Zustandsgröße stehen. So ist z.B. zur Angabe des Füllzustands einer Badewanne eine Zustandsgröße notwendig. Ob als Maß für diese Zustandsgröße aber der Wasserinhalt (in Liter), die Wassermasse (in kg), die Wassertiefe (in cm) oder etwa die Zahl der Wassermoleküle genommen werden, ist für die Beschreibung der Systemdynamik ohne Belang, kann aber natürlich praktische, z.B. messtechnische Bedeutung haben.

Wichtig ist besonders die Feststellung, dass, obwohl die Zustandsgrößen im Einzelnen nicht festliegen, ein bestimmtes System durch eine ganz bestimmte Anzahl von Zustandsgrößen beschrieben werden muss. Diese Zahl ist die **Dimensionalität des Systems**; ihr entspricht die Zahl der Differential- oder Differenzengleichungen, die die Zustandsänderungen des Systems beschreiben. Fehlte eine Zustandsgröße, so wäre das System nicht vollständig beschreibbar. Würden dagegen zusätzliche Zustandsgrößen angegeben, so wäre die Beschreibung redundant und überbestimmt. Ein Masse-Feder-Dämpfungssystem z.B. benötigt zwei Zustandsgrößen zu seiner Beschreibung; eine Beschreibung durch eine Zustandsgröße ist nicht möglich. Bei einer Beschreibung mit mehr als zwei Zustandsgrößen wären die überzähligen Größen aus zwei Größen ableitbar und damit keine echten Zustandsgrößen.

1-2.5   Ein System hat 'Gedächtnis': Zustandsgrößen sind Speichergrößen

Zustandsgrößen sind das 'Gedächtnis' des Systems. Typischerweise sind es 'Speicher' von Energie, Rohstoffen, Geld oder Individuen, die im Laufe der Zeit ihren Inhalt verändern. Der neueste Stand wird dabei ermittelt aus dem Bestand zum vorherigen Zeitschritt der Zustandsermittlung und den Bestandszugängen und -abgängen während des Zeitschritts. In den Zustandsgrößen schlägt sich also die Summe der Zustandsveränderungen über einen längeren Zeitraum nieder, also die 'Geschichte' des Systems.

Beispiel: In einem Feld sind der Bodenwassergehalt, die Menge des pflanzenverfügbaren Stickstoffs und die Biomasse der Ernte Zustandsgrößen. Letztere ist (auch) eine beobachtbare Verhaltensgröße. Die beiden ersteren sind (normalerweise) nicht beobachtbar, sind aber für die Entwicklung des Gesamtsystems (und der Ernte) unverzichtbar.

Wir stoßen bei dieser Betrachtung auf die Dualität zwischen Zustand und Zustandsänderung, zwischen Produkt und Prozess, die das Wesen der Systemdynamik ausmacht. Dies gibt einen Hinweis darauf, wie wir bei der Suche nach Zustandsgrößen, die ja für die Systembeschreibung definiert werden müssen, vorgehen müssen: Es gilt, die Speicher- und Gedächtnisgrößen des Systems auszumachen. Auf der anderen Seite scheiden Änderungsprozesse im System von vornherein als Kandidaten für Zustandsgrößen aus.

Bei der Suche nach Zustandsgrößen ist es oft hilfreich, sich das System als plötzlich eingefroren vorzustellen. In diesem Falle kommen alle Prozesse, d.h. Zustandsänderungen zum Erliegen. Lediglich Speicherinhalte (und damit Kandidaten für Zustandsgrößen) wären noch messbar. Nachdem das System plötzlich wieder aufgetaut wäre, würde es mit diesem Anfangszustand der Zustandsgrößen sein dynamisches Verhalten wieder genau an der Stelle beginnen, an der es eingefroren worden war. (Man denke hier etwa an den einhundertjährigen Dornröschenschlaf.) Mit der Definition geeigneter Zustandsgrößen werden wir uns in den späteren Kapiteln noch auseinandersetzen müssen.

1-2.6   Die Wirkungsstruktur bestimmt Zustandsänderungen

Prinzipiell lassen sich zwei Ursachen angeben, die zu Zustandsänderungen führen können: Erstens können Einwirkungen von außen Zustandsänderungen bewirken, und zweitens können Prozesse im System selbst Zustandsänderungen veranlassen (Abb. 1.2). Hieraus wird klar, dass die Wirkungsstruktur des Systems selbst (die darüber bestimmt, wie äußere und innere Wirkungen weitergegeben werden) die Zustandsänderungen und damit die Zustandsgrößen und das Systemverhalten bestimmt.

Bei der normalen Definition der Systemgrenze gehen wir davon aus, dass die Einwirkungen aus der Umwelt völlig unabhängig vom Systemverhalten selbst sind, d.h., dass keine Rückkopplungen des Verhaltens (der Systemausgänge) auf die Umwelt stattfinden und diese verändern. Das Systemverhalten entsteht dann einmal durch systemunabhängige Einwirkungen von außen und zum anderen durch Rückwirkungen im System selber. Beide Gruppen von Wirkungen werden über die systeminterne Wirkungsstruktur weitergegeben und verändert; für die erklärende Beschreibung des Verhaltens muss diese Wirkungsstruktur daher bekannt sein.

Wir merken hier an, dass Systeme mit sehr verschiedener Systemstruktur gleiches oder fast gleiches Verhalten erzeugen können. Die Systemstruktur bestimmt also das Verhalten, aber das Umgekehrte gilt nicht: Aus dem Systemverhalten lässt sich die Systemstruktur nicht eindeutig bestimmen. Dies hat große praktische Bedeutung für die Systemanalyse, da deshalb zum Systemverständnis komplexer Systeme die sorgfältige Analyse der Wirkungsstruktur unumgänglich ist.

Wenn es dagegen nur um die Darstellung von Systemverhalten geht, so können einfachere Systemdarstellungen ausreichen, um das Verhalten mit ausreichender Genauigkeit 'nachzuäffen'. Solche Simulationen müssen allerdings versagen, wenn sie unter Bedingungen eingesetzt werden, die bei der Modellkonstruktion nicht berücksichtigt wurden. Modelle dieser Art ähneln einem Papagei, der zwar die oft gehörten Kraftausdrücke seines Besitzers täuschend echt nachahmen kann (ohne sie zu verstehen), sonst aber wenig mit ihm gemein hat.

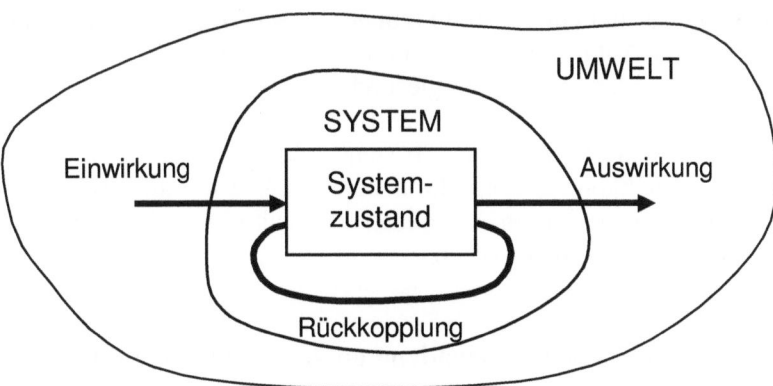

Abb. 1.2: Systemdynamik kann zwei unterschiedliche Ursachen haben: 1. Einwirkungen aus der Systemumwelt und 2. Rückkopplungseffekte der Systemzustände.

1-2.7 Intern erzeugte Systemdynamik: Die Rolle von Rückkopplungen

Besteht ein System aus einer einzigen Zustandsgröße ohne Rückkopplung, so ändert sich dieser Zustand allein durch etwaige Zugänge oder Abgänge. (Beispiel: Badewanne mit Zulauf und Abfluss). Aber bereits hier ist eine unmittelbare Input/Output-Relation, wie sie bei verhaltensbeschreibenden Modellen gern angenommen wird, nicht mehr gegeben: aus dem augenblicklichen Zulauf (Input) lässt sich in keiner Weise auf die augenblickliche Wassermenge (Zustands- und Verhaltensgröße) schließen: Bei einem starken Zufluss kann die momentane Wassermenge gering oder groß sein; bei starkem Abfluss kann die Wassermenge (noch) groß sein, usw. Klarheit verschafft allein die Integration von Zulauf und Ablauf über eine gewisse Zeit; zusätzlich muss der Anfangswert der Zustandsgröße bekannt sein. Zustandsgrößen sind also prinzipiell nicht direkt (algebraisch) aus ihren Zustandsveränderungen (oder anderen Größen) berechenbar. Diese Beobachtung entzieht bereits vielen verhaltensbeschreibenden Modellen ihre Legitimität (was sich besonders in der Ökonomie noch nicht herumgesprochen zu haben scheint).

Alles wird noch wesentlich vertrackter, wenn sich im System Rückkopplungen befinden, d.h. wenn Zustandsgrößen auf Zustandsveränderungen Einfluss nehmen können. Trotz ihrer immer noch einfachen Systemstruktur sind Entwicklung und Verhalten solcher Systeme auch bei großer Erfahrung nur noch selten mit einiger Zuverlässigkeit einschätzbar: Wir sind hierbei auf mathematische Analyse (nicht immer möglich) und Simulation (immer möglich) angewiesen.

Ein Beispiel ist die einfache gegenseitige Verkopplung zweier Zustandsgrößen: Größe A verändert den Zufluss von Größe B, Größe B verändert den Zufluss von Größe A. Es ist nicht ohne weiteres einsichtig, dass ein solches einfaches System die Neigung hat, mit einer festen Frequenz zu schwingen. Dabei gehören solche Systeme zu unserer Alltagserfahrung: Ein an einer Feder hängendes Gewicht ist ein Beispiel, wobei A = kinetische Energie und B = potentielle Energie. Ein anderes Beispiel findet sich in den unter gewissen Bedingungen auftretenden Schwingungen einer Lagerhaltung, wobei A = Lagerbestand und B = Auftragsbestand. Andere, relativ einfache Rückkopplungen führen bereits zu 'deterministischem Chaos' mit prinzipiell nicht mehr genau vorhersagbarem Verhalten – es können dann nur noch Verhaltensbereiche angegeben werden.

1-2.8   Systemverhalten aus Eigendynamik und Reaktion auf Umwelt

Rückkopplungen im System können also ein eigenständiges, von der Systemstruktur selbst bestimmtes Verhalten erzeugen, das mit etwaigen Einwirkungen auf das System kaum noch oder nicht mehr in Verbindung gebracht werden kann. Dieses charakteristische Verhalten wird als 'Eigendynamik' bezeichnet. Das schwingende Feder-Masse-System und die Lagerhaltung oszillieren auch ohne äußere Anregung nach einer anfänglichen Auslenkung weiter. Auch hier versagt wieder ein verhaltensbeschreibender Ansatz, der versuchen müsste, die schwingende Bewegung aus einer (welcher?) Umwelteinwirkung zu erklären.

Vom System ohne äußere Anregung selbst erzeugte Eigenschwingungen können in Bereichen auftauchen, in denen sie nicht erwartet werden und in denen sie aber erhebliche Bedeutung für zukünftige Entwicklungen haben. Ein Beispiel sind die im Zusammenspiel zwischen Langfristinvestitionen und Anlagenbestand entstehenden Kondratieff-Zyklen von mehreren Jahrzehnten, die enorme Konsequenzen für ganze Volkswirtschaften haben.

Systeme können bei schwacher oder starker Eigendynamik unterschiedlich auf Einwirkungen aus ihrer Umwelt reagieren. Die Wirkungen können von der kaum feststellbaren Veränderung bis zum Anfachen selbstzerstörerischer Schwingungen reichen. Generell gilt nur, dass sowohl Umwelteinwirkungen wie Eigendynamik das Systemverhalten bestimmen. Die genaue Verhaltensreaktion ergibt sich aus den Elementen des Systems, ihren strukturellen Verknüpfungen und schließlich aus den zeitabhängigen äußeren Einwirkungen (insbesondere: periodische Anfachung). Am Systemmodell lassen sich diese Reaktionen durch Computersimulation ermitteln, ohne dass das reale System zeit- und kostenaufwendigen und möglicherweise zerstörenden Experimenten unterzogen werden muss.

1-2.9   Verhaltensbestimmende Größen: System- und Umweltparameter

Per definitionem sind Umwelteinwirkungen nicht von Veränderungen des Systems abhängig. Für die Systembetrachtung müssen sie als Funktionen der Zeit vorgegeben sein; oft wird es sich dabei auch um konstante Größen handeln. Auch im System selbst können Größen (Parameter) einen Einfluss haben, die nicht durch Veränderungen im System selbst beeinflusst sind, die oft konstant sind, aber möglicherweise auch von der Zeit abhängen. Man denke an die Alterung von Systemkomponenten oder an wichtige Systemkonstanten wie Federkonstanten, Hebellängen, Hubraum, Gravitationskonstante und andere physikalische Konstanten usw. Auch die An- oder Abwesenheit einer Wirkungsbeziehung kann als Parameter gewertet werden, der u.U. zeit- oder ereignisabhängig ist.

An diesem Beispiel wird bereits offensichtlich, dass Parameter einen entscheidenden Einfluss auf das Systemverhalten haben können, gerade wenn sie wichtige Wirkungsbeziehungen abschwächen oder verstärken. Es ist daher zu erwarten, dass Systeme mit gleicher Wirkungsstruktur bei Veränderungen eines oder weniger kritischer Parameter ein quantitativ und qualitativ völlig unterschiedliches Verhalten zeigen können. Diese kritischen Parameter müssen durch besondere Sensitivitätsuntersuchungen identifiziert werden. Sensitive Parameter lassen auf der einen Seite das System empfindlich auf kleine Schwankungen dieser Parameter reagieren; auf der anderen Seite können aber auch gerade diese Parameter verwendet werden, um das Systemverhalten in gewünschter Weise zu beeinflussen.

1-2.10   Systeme als Komponenten von Systemen: Teilsysteme und Modularität

Die Systeme unserer technischen, gesellschaftlichen und ökologischen Umwelt, die wir besser verstehen lernen wollen, sind selten einfach und meist relativ komplex. Bei genauer Betrachtung bestehen sie aber fast immer aus abgrenzbaren relativ autonomen Teilsystemen, die sich in ihrem Teilverhalten untersuchen lassen. *Beispiele*: Der menschliche Organismus besteht aus einer Vielzahl sehr spezialisierter Organe, die einzeln untersucht werden können, und für die sich Systemgrenzen und Einwirkungen aus ihrer jeweiligen Systemumwelt angeben lassen: Magen, Darm, Herz, Gehirn usw. Das gleiche gilt für technische Anlagen und Maschinen und Geräte wie etwa für ein Kraftfahrzeug mit seinen Komponenten Motor, Getriebe, Fahrwerk, Bremsanlage usw. Auch ein Ökosystem ist aus einer großen Zahl von Teilsystemen mit zum Teil sehr unterschiedlichen Funktionen zusammengesetzt: Pflanzen (Produzenten), Tiere (Konsumenten) und Zersetzer (Destruenten) usw.

Für die Systemuntersuchung dieser komplexen Systeme bietet es sich daher an, sich an die bereits vorgegebene Modularität zu halten und – nach Definition der jeweiligen Systemgrenzen – Teilsysteme und ihr Verhalten als Reaktionen auf Außeneinwirkungen getrennt zu untersuchen. Ist die Wirkungsstruktur der Teilsysteme bekannt und damit ihr jeweiliges Verhalten ermittelbar, so kann das Verhalten des Gesamtsystems als Zusammenspiel der interagierenden Teilsysteme untersucht und verstanden werden.

Durch diese Systembetrachtung der Teilsysteme nach entsprechender Identifizierung der Systemgrenze und Definition der entsprechenden Umwelteinwirkungen ergibt sich eine beachtliche Komplexitätsreduktion. Im Allgemeinen bleibt die Analyse überschaubar. Zur Untersuchung der Teilsysteme können die entsprechenden Spezialisten herangezogen werden. Da die Wirkungseinflüsse zwischen den Teilsystemen bei dieser Untersuchung 'aufgeschnitten' werden, wird es einfacher, Problemstellen zu ermitteln, kritische Parameter zu identifizieren und ihre Änderung herbeizuführen, angepasste Regelungen zu entwerfen, negative Einflüsse abzukoppeln usw.

Analog zum realen System orientiert sich die Gesamtbetrachtung an der Verkopplung der Teilsysteme. Werden die Teilsysteme gut verstanden, so lassen sich oft kompakte Darstellungen der Funktionsweise der Teilsysteme ohne Detaillierung der inneren Vorgänge finden, so dass sich die tatsächliche Komplexität eines Teilsystems nicht unbedingt auch in der Darstellung des Gesamtsystems niederschlagen muss.

Die Modularisierung der Systembetrachtung ist schließlich eine unabdingbare Voraussetzung für das Verständnis auch komplexer Systeme. Die Dynamik von Systemen mit mehr als einem halben Dutzend Zustandsgrößen ist selten noch zu überschauen, geschweige denn verlässlich vorherzusagen. Werden dagegen die Teilsysteme (mit jeweils nur wenigen Zustandsgrößen) verstanden, so lässt sich meist auch das Verhalten des Gesamtsystems nachvollziehen. Diese Beobachtung hat wichtige praktische Bedeutung, da die Modellbildung und Computersimulation insgesamt zu einem besseren Verständnis der komplexen Systeme unserer Umwelt führen und uns nicht auf Gedeih und Verderb von undurchschaubaren Computerprogrammen (und ihren möglichen Fehlern) abhängig machen sollten.

1-2.11 Übergeordnete Systeme: Hierarchien in komplexen Systemen

Die Modularität gewinnt für das Systemverhalten besondere Bedeutung dann, wenn die Teilsysteme hierarchisch angeordnet sind, d.h. sich übergeordnete und untergeordnete Systeme identifizieren lassen. Bei komplexen Systemen findet sich damit oft eine Verantwortungshierarchie der Teilsysteme als wichtiges Prinzip für die effiziente Funktion des Gesamtsystems. Im Bereich normaler Systemzustände werden dann nämlich Einzelprozesse in den zuständigen Teilsystemen selbst in eigener Autonomie geregelt. Sollten dagegen außergewöhnliche Umstände eintreten, die den Systemzustand aus dem normalen Verhaltensbereich herausbringen, so werden (erst dann) diese Überschreitungen an übergeordnete Systeme gemeldet. Die übergeordnete Systemeinheit erzeugt dann eine passende Systemantwort, und erst wenn auch hier der Zuständigkeitsbereich überschritten wird, so wird versucht, das anstehende Problem durch Eingreifen einer weiteren übergeordneten Einheit zu lösen. Systeme können mehrere Hierarchiestufen dieser Art aufweisen. Die Hierarchie arbeitet auch umgekehrt: Wird von einer übergeordneten Einheit eine (globale) Systemverhaltensänderung veranlasst, so ist es Aufgabe der untergeordneten Einheiten, jeweils (lokal) angepasste Lösungen zu finden (Subsidiarität).

Beispiel: Bei eingeschalteter Raumheizung regelt der Thermostat normalerweise die Raumtemperatur, indem er den Zufluss von Warmwasser in den Heizkörper regelt. Werden die Wärmeverluste aber (z.B. durch niedrige Außentemperatur oder offen stehende Fenster) so stark, dass die eingestellte Temperatur nicht mehr aufrechterhalten werden kann, weil die Kesseltemperatur wegen der Heizverluste stark abgesunken ist, so springt der Brenner an und sorgt wieder für einen zeitweiligen Wärmeüberschuss. Kann auf der anderen Seite der Kessel keine Wärmeleistung mehr erbringen, weil der Heizöltank leer ist, so ist das nächstübergeordnete System (der Mensch) gefordert, der entweder für neues Heizöl sorgen oder den Holzofen anheizen muss. Auch hier sorgt die Modularisierung wieder dafür, dass komplexe Regel- und Entscheidungsfunktionen überschaubar bleiben.

1-2.12 Systemerhaltung und -entfaltung: Regelung, Anpassung, Evolution

Umwelteinwirkungen bestimmen, wie wir gesehen haben, teilweise das Systemverhalten. Wie groß der Einfluss auf das Verhalten ist, hängt von der jeweiligen Wirkungsstruktur ab. Damit besteht aber prinzipiell die Möglichkeit, das Systemverhalten durch Umwelteinwirkungen zu beeinflussen und zu steuern.

Größere Bedeutung für die Regelung und Umweltanpassung von Systemen haben aber meist die Rückwirkungen im System selbst. Rückkopplung bedeutet, dass der Systemzustand sich selbst beeinflusst. Verhaltensändernde interne Rückwirkungen sind auf verschiedenen Ebenen möglich, die unterschiedliche Auswirkungen und Zeitkonstanten (typische Reaktionszeiten) haben (Abb. 1.3).

Die einfachste Art der Systemreaktion ist die **Ursache-Wirkungsbeziehung**. Sie erfolgt sofort, wie etwa das Fließen eines elektrischen Stroms nach dem Einschalten. Sie ist die einzige Art von Systemverhalten, die sich legitim dadurch beschreiben lässt, dass der Output direkt zum Input in Beziehung gesetzt wird. Oft genug wird leider angenommen, dass die gleichen einfachen Verhältnisse für andere Reaktionen des Systems (wie die folgenden) ebenfalls gelten, und diese irrige Ansicht führt immer wieder zu groben Fehleinschätzungen.

Auf der nächsten Stufe finden sich Reaktionen, die über **Rückkopplungen** im System erzeugt werden, die also über mindestens eine Zustandsgröße laufen. Zu ihnen gehören Regelungsvorgänge. Die Reaktionszeit ist kurz; an den Wirkungsstrukturen und Parametern des Systems ändert sich nichts. Ein Beispiel ist wiederum der Thermostat.

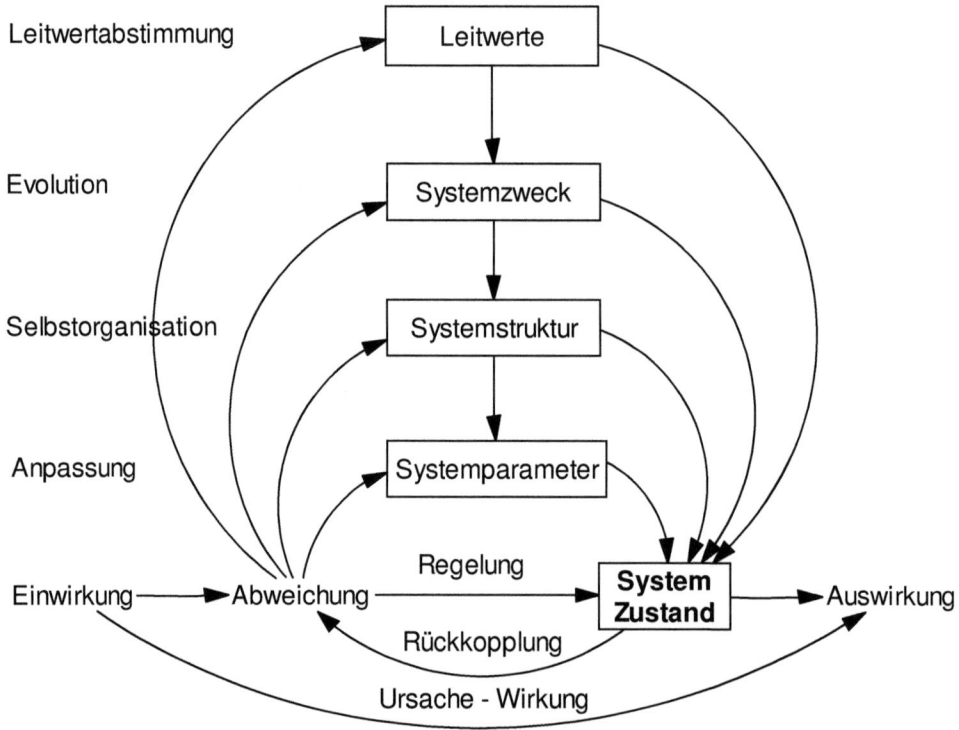

Abb. 1.3: Systemverhalten kann sich bei komplexen Systemen aus sehr verschiedenen Prozessen ergeben: Ursache-Wirkung, Rückkopplungsregelung, Anpassung, Selbstorganisation, Evolution, Leitwertabstimmung.

Auf der nächsten Ebene finden wir Prozesse der **Anpassung**. Hier wird vom System zwar die grundsätzliche Wirkungsstruktur beibehalten, es werden aber Parameteränderungen vorgenommen, die auch das Verhalten selber ändern. So kann sich z.B. ein Baum dem allmählichen Absinken des Grundwasserspiegels anpassen, indem er seine Wurzeln tiefer wachsen lässt, was einer Parameteränderung (Wurzellänge und evtl. Wurzeloberfläche) entspricht. Die Grundstruktur des Baums, z.B. die grundsätzliche Funktion der Wurzeln, hat sich dabei nicht verändert.

Auf einer nächsten Ebene finden sich Prozesse der **Selbstorganisation** in Reaktion auf Umweltanforderungen. Dies bedeutet Strukturwandel im System, d.h. eine Veränderung der ursprünglichen Wirkungsstruktur. Ein Betrieb, der z.B. ursprünglich nur Petroleumlampen herstellte, mag sich aufgrund veränderter Marktbedingungen dazu entschließen, in Zukunft Glühlampen herzustellen. Vorgänge dieser Art haben längere Reaktionszeiten und können auch nur von Systemen ausgeführt werden, die zur Selbstorganisation befähigt sind. Hierzu gehören Organismen oder technische Systeme selten oder nie, dagegen findet sich die Eigenschaft eher bei gesellschaftlichen Systemen, Organisationen oder Ökosystemen. Strukturwandel kann also stattfinden, um einem System die Erhaltung seiner **Identität** (z.B. als Firma für Beleuchtungsgeräte) zu ermöglichen.

Es ist aber auch möglich, dass ein System im Laufe einer **Evolution** seine Identität, d.h. seinen Funktions- und Systemzweck mit der Zeit verändert. Veränderungen dieser Art werden durch die Möglichkeit der Selbstreproduktion lebender Organismen (Autopoiese) ermöglicht, lassen sich aber auch bei Produkten feststellen (z.B. die Entwicklung vom Ackerwagen zum modernen Personenwagen). Kennzeichnend ist, dass mit der Systemveränderung eine möglicherweise drastische Verschiebung der Systemidentität (seiner Zielfunktion, seines Systemzwecks) unter Erhaltung der Systemintegrität einhergeht. Ein evolutionäres Beispiel ist das Entstehen flugfähiger Tiere (Vögel) aus wasserbewohnenden Reptilien.

Alle diese Systemreaktionen auf Anforderung der Umwelt stellen im Grunde den Versuch dar, die **Systemintegrität** zu wahren (eventuell auch über eine lange Generationenfolge und über eine lange Zeit), selbst wenn das mit einer Veränderung der Systemidentität, d.h. des Systemzwecks verbunden ist. Aus dieser Beobachtung lässt sich ableiten, dass ein System, um seine langfristige Erhaltung und Entfaltung in einer unsicheren und oft feindlichen Umwelt zu sichern, sich (implizit oder explizit) an gewissen Leitwerten orientieren muss. Diese Dimensionen der Verhaltensorientierung lassen sich mit den Begriffen Existenz, Sicherheit, Handlungsfreiheit, Wirksamkeit, Wandlungsfähigkeit und Koexistenz umreißen (s. Kap. 5). Die geforderte Leitwerterfüllung kann zu einer Änderung des Systemzwecks, dieses zur Änderung der Systemstruktur und von Systemparametern führen (Abb. 1.3). Die Änderung von Leitwertwichtungen, Systemzweck und Systemstruktur kann den Systemzustand auch unmittelbar verändern.

Normalerweise werden uns bei Systemuntersuchungen und Modellbildungsversuchen nur die unteren Ebenen dieser Systemreaktion und Anpassung begegnen. Es ist aber wichtig, die gesamte Palette der Möglichkeiten zu kennen, da gerade auch Vorgänge wie Identitätswandel zur Integritätserhaltung etwa in sozialen Systemen eine bedeutende Rolle spielen können und damit für Aussagen über zukünftige Entwicklungen wichtig sein könnten.

Wichtig ist vor allem, dass wir unterscheiden lernen zwischen Vorgängen, die die Wirkungsstruktur des Systems konstant lassen und solchen, die sie verändern. Bei der Regelung oder Anpassung (durch kontinuierliche Parameteränderungen) verändert sich die Wirkungsstruktur nicht; das Verhaltensrepertoire des Systems bleibt qualitativ unverändert. Bei Wirkungsstruktur-Veränderungen jeder Art dagegen ändert sich prinzipiell das Verhaltenspotential des Systems, u.U. grundlegend. Im einfachsten Fall kann das bereits dann geschehen, wenn eine im System latent vorhandene Strukturverbindung, die vorher im Verhalten keine Rolle gespielt hat, durch die gegebenen Umstände plötzlich aktiviert wird. (Etwa wenn ein wichtiges Bauteil bricht und sich damit das Systemverhalten völlig ändert.)

Reaktionszeit	Vorgang	Konsequenz
immer	Leitwertabstimmung	Entfaltungssicherung
sehr lang	Evolution	Identitätswandel
lang	Selbstorganisation	Strukturwandel
mittel	Anpassung	Parameteränderung
kurz	Rückkopplung	Regelung
sofort	Ursache-Wirkung	Direkte Reaktion

1-2.13   Akteure in ihrer Umwelt: Verhaltensorientierung

Unter 'Akteuren' verstehen wir hier Systeme, die auf Umwelteinwirkungen nicht im bedingungslosen Reflex antworten, sondern deren Verhalten in bewusster oder unbewusster Weise an bestimmten Kriterien, Zielen oder Prinzipien, oft den Interessen ihrer eigenen Identität orientiert ist (meist also ihrer eigenen Erhaltung und Entfaltung, unter Einbeziehung der Interessen mit ihnen interagierender Systeme). Beispiele sind Individuen (Konsumenten!), Organisationen, Staaten. In diesen Fällen lässt sich aus der Analyse des Folgenspektrums für mögliche Handlungsalternativen und ihrer Bewertung im Hinblick auf die Leitwerte des Akteurs auf wahrscheinliche Handlungsweisen schließen. Damit lassen sich gerade bei der Untersuchung zukünftiger Entwicklungspfade die Handlungstendenzen von Akteuren eingrenzen und die Sicherheit und Gültigkeit der Aussage erhöhen.

Zur Umwelt eines Systems gehören normalerweise auch andere Systeme, mit denen es in mehr oder weniger enger Interaktion steht. D.h. sein Verhalten wird Auswirkungen auf andere Systeme haben und damit ihr Verhalten beeinflussen, während es selbst den Einwirkungen anderer Systeme unterliegt und darauf reagiert.

Darüber hinaus ergeben sich indirekte Einflüsse durch die Wirkungen der verschiedenen Systeme auf die Umwelt und die sich daraus ergebenden Veränderungen und Einwirkungen auf die Systementwicklung. Klassisches Beispiel für derartige gegenseitige Einwirkungen sind Räuber-Beute-Systeme (mit ihren Entsprechungen in der Ressourcennutzung und Umweltbelastung durch menschliche Gesellschaften): Die Beutepopulation (erneuerbare Ressource) ist durch die ökologische Tragfähigkeit einer Region bestimmt und von deren Veränderungen abhängig, die auch von der Nutzung durch die Beutepopulation bestimmt werden, während die Räuberpopulation (Ressourcennutzer) wiederum von der Beutepopulation und ihrer Veränderung abhängt.

Wenn Systeme interagieren, d.h. ihre Auswirkungen Einwirkungen auf andere Systeme darstellen, dann ergibt sich also aus diesen Interaktionen eine über das Einzelverhalten hinausgehende Dynamik; zur Verhaltensbeschreibung muss dann das Gesamtsystem betrachtet werden.

1-2.14 Unberechenbarkeit auch bei determinierten Systemen

Lange galt für determinierte Systeme (deren Verhalten nicht vom Zufall, sondern nur vom Systemzustand und nicht-zufälligen Umwelteinwirkungen abhängig ist) die Annahme, dass bei Kenntnis von Anfangszustand und Umwelteinwirkungen sich jeder spätere Zustand ermitteln lässt, und dass bei kleiner Veränderung etwa des Anfangszustands das System auf den gleichen Zustandspfad wie vorher konvergiert.

Zwar gilt dies tatsächlich für die Mehrzahl determinierter Systeme, doch ist inzwischen bekannt, dass viele determinierte Systeme auch bei fast identischen (Anfangs)Bedingungen exponentiell beschleunigt auseinander laufen und sich auf gänzlich verschiedene Zustandspfade begeben können. Damit zerfällt die früher angenommene Vorhersagbarkeit dieser Systeme. Für solche 'chaotische Systeme' lassen sich nur noch Attraktionsbereiche angeben, in denen der Systemzustand zu finden sein wird – die genaue Angabe des späteren Systemzustands ist nicht mehr möglich. Chaotische Systeme dieser Art haben erhebliche praktische Bedeutung etwa bei Insektenpopulationen, beim Wettergeschehen und bei Flatterschwingungen von Tragflügeln. Mit chaotischem Verhalten muss daher auch bei 'ganz normalen' Systemen gelegentlich gerechnet werden.

Chaos führt bei Systemuntersuchungen zu einer ersten Möglichkeit der Unbestimmbarkeit zukünftigen Verhaltens. Eine zweite Möglichkeit ergibt sich aus der Tatsache, dass bewusst handelnde Akteure (Individuen oder Organisationen) z.B. willkürlich gegen 'rationale' Handlungsprinzipien verstoßen können und in unerwarteter Weise handeln. Eine dritte Möglichkeit der Unbestimmtheit schließlich ergibt sich aus den Zufälligkeiten der Umwelt, wie einer Unwetterkatastrophe, einem Erdbeben oder der zufälligen Verteilung von Samen in einem Wald.

In allen Fällen gilt aber, dass die daraus resultierende Verhaltensänderung eines Systems nicht beliebig sein kann. Systemverhalten hat immer seine Grenzen (Energie- und Ressourcenbeschränkungen, mögliche Verhaltensbereiche). Dies gilt auch in besonderer Weise für das Verhalten von Akteuren. Das mögliche Systemverhalten ist also in jedem Falle abgrenzbar, selbst wenn es nicht genau angebbar sein sollte. Dies hat erhebliche Bedeutung gerade für die Analyse zukünftiger Entwicklungen.

1-3   Grundsätzliches zu Modellen

1-3.1   Modelle für Verhaltensaussagen: Vorteile und Nachteile

Der einfachste und präziseste Weg, um zuverlässige Aussagen über das Verhalten eines Systems zu bekommen, ist natürlich, das interessierende System selbst unter verschiedenen Bedingungen zu beobachten. Zwar hat dieses Verfahren erhebliche praktische Bedeutung etwa bei chemischen Experimenten oder bei der Tierbeobachtung, aber in wichtigen anderen Bereichen wiederum ist diese Methode unangebracht, unzulässig oder sogar unmöglich. So würden etwa Versuche zum Aufbau stabiler künstlicher Mischwaldökosysteme Jahrzehnte bis Jahrhunderte dauern, die Flugeigenschaften von Mondlandern können auf der Erde nicht getestet werden, und Großversuche mit Treibhausgasen in der Atmosphäre verbieten sich von selbst. Es existieren aber weite Bereiche der menschlichen Erfahrungswelt, in denen das Verhalten dynamischer Systeme zuverlässig ermittelt werden muss. Hier steht nur der Weg offen, mit Modellen und Simulationen zu arbeiten statt am Realsystem zu experimentieren.

Die Vorteile der Verwendung von Modellen für Verhaltensaussagen sind vielseitig: Es müssen keine Experimente am Original durchgeführt werden, dieses wird nicht gefährdet; es lassen sich rasch Ergebnisse erzielen; die Untersuchungen können einen breiteren Verhaltensbereich abdecken, als dies am Realsystem möglich wäre; alternative Entwicklungen lassen sich überprüfen; die Kosten der Untersuchungen sind verhältnismäßig gering, besonders, wenn es sich um die Entwicklung eines Computermodells handelt, das keiner materiellen Umsetzung bedarf.

Der Modellansatz hat selbstverständlich auch seine Nachteile: Das Modell ist schließlich nicht das Original, und prinzipiell bleibt immer die Unsicherheit bestehen, ob das Modell nun tatsächlich das Systemverhalten in allen Aspekten richtig wiedergeben kann. Gründliche Validierung kann diese Unsicherheiten weitgehend beseitigen (s. Abschnitt 1-3.10).

1-3.2 Das Modell als beschränkt gültige Abbildung

Ein Modell ist immer eine vereinfachte Abbildung eines interessierenden Realitätsausschnitts. Es soll nur für diesen Ausschnitt und für einen bestimmten Zweck eine gültige Aussage vermitteln. So ist etwa eine Autobahnkarte von Deutschland ein Modell dieser Fernstraßen, das für die Zwecke der Orientierung eines Autofahrers völlig ausreicht; es ist für diesen Zweck gültig. Ansonsten hat die auf einem Blatt Papier gedruckte Karte fast nichts gemeinsam mit der Geographie des Landes oder der physikalischen Oberfläche der Fahrbahn.

Ein Modell zur Simulation von Verhalten muss selbst dynamisches Verhalten erzeugen können, muss also prinzipiell über die gleichen Elemente verfügen wie jedes dynamische System: Es muss eine Wirkungsstruktur aufweisen mit entsprechenden Systemparametern, und es muss auf Einwirkungen aus der (simulierten) Systemumgebung reagieren können. Oft ist dieses dynamische System nichts weiter als eine mathematische Formel, aus der sich bei entsprechenden Eingaben (die die Systemeinwirkungen simulieren) über ihre 'Wirkungsstruktur' ein Systemverhalten ableiten lässt.

Das Modell ist daher nicht das Originalsystem; es kann nur einen begrenzten Verhaltensausschnitt des Originals wiedergeben, der durch den Modellzweck und die entsprechende Modellformulierung bestimmt ist. Ein gut funktionierendes Modell verführt aber leicht dazu, sein Verhalten als das Systemverhalten schlechthin zu interpretieren. Man sollte sich immer an den Unterschied erinnern und nur mit Vorsicht von Modellergebnissen auf Systemverhalten schließen. Dazu gehört, dass man bei der Diskussion des Modells und der Ergebnisse nicht vom System und Systemverhalten spricht (oder klarmacht, dass man das Modellsystem meint).

1-3.3 Problemstellung, Modellzweck, Modellauswahl

Die ursprüngliche Problemstellung umreißt bereits einen bestimmten Fragenbereich, auf den das Modell Antwort geben soll. Das heißt, Antworten auf andere Fragen sind nicht gefordert; der Antwortbereich ist begrenzt. Dieser Antwortbereich bestimmt den Modellzweck. Die Beschränkung des Antwortbereichs und des Modellzwecks ist auch eine Frage der Effizienz. Ein allgemeingültiges Supermodell ist nur mit hohem Aufwand erstellbar und wäre für spezielle Problemstellungen ineffizient. Da mit der Komplexität auch die Fehlermöglichkeiten anwachsen, ist auch zu erwarten, dass für spezielle Fragen die Zuverlässigkeit und Aussagekraft gering sind. Generell gilt also nicht, dass das größere Modell auch das bessere ist: Das beste Modell ist dasjenige, das seinen Zweck bei geringstmöglicher Komplexität voll erfüllt. Das Modell sollte so einfach wie möglich, aber so komplex wie nötig sein.

Der Modellzweck ist daher die wichtigste Vorgabe der Modellentwicklung. Je genauer er spezifiziert wird, desto schärfer, präziser und knapper kann die Modell-

formulierung entwickelt werden. Die präzise Formulierung des Modellzwecks gehört daher an den Beginn der Modellentwicklung; auf sie muss einige Sorgfalt verwendet werden.

Wie die Aufgabenstellung den Modellzweck bestimmt, so bestimmt dieser
wiederum Art und Umfang der Modellformulierung. Daraus folgt, dass das gleiche
System für unterschiedliche Modellzwecke durch unterschiedliche Modelle abgebildet werden muss. Da eine Eins-zu-Eins-Abbildung von System zu Modell im Allgemeinen (außer in einfachsten Fällen) unmöglich ist, ermöglicht erst die durch den
Modellzweck erzwungene Fokussierung auf gewisse Aspekte eine effiziente und
knappe Darstellungsweise. Selbstverständlich gilt, dass die im Modell vorgenom-
menen enormen Vereinfachungen noch zu einem in Bezug auf den Modellzweck
gültigen Modell führen müssen.

Der Einfluss des Modellzwecks auf die Modellbildung wird deutlich, wenn
man z.B. an die Möglichkeiten zur Simulation eines Waldes denkt: Es ergeben sich
völlig unterschiedliche Simulationsmodelle, je nachdem, ob der Simulationszweck
die Darstellung der forstwirtschaftlichen Betriebseinheit, des natürlichen Ökosystems, der ökologischen Sukzession, der photosynthetischen Produktion im Tagesab-
lauf oder der Waldwachstumsdynamik in Arten-, Licht- und Nährstoffkonkurrenz ist.

Es empfiehlt sich immer, wegen dieser vielfältigen Möglichkeiten der Systemdarstellung den Modellzweck zu Beginn der Untersuchung sauber zu definieren und
schriftlich zu fixieren und sich während der Modellerstellung ständig an diese Aufgabenstellung zu erinnern. Im anderen Falle besteht leicht die Gefahr, dass man sich
von einer faszinierenden Modellentwicklung forttragen lässt, und dass das schließlich
entwickelte Modell die ursprünglich anliegenden Fragen gar nicht mehr beantworten
kann.

1-3.4   Die Alternative: Verhalten nachahmen oder System nachbilden

Prinzipiell gibt es zwei Möglichkeiten zur Simulation von Verhalten: Verhalten
nachzuahmen oder die Systemstruktur nachzubilden, um damit das Verhalten zu
erzeugen (vgl. Abschnitt 1-1.2). Von praktischer Bedeutung ist als dritte Möglichkeit auch noch eine Mischform zwischen diesen beiden.

Die erste prinzipielle Möglichkeit besteht darin, das **Systemverhalten nachzuahmen** durch ein beliebiges Modellsystem, das lediglich der Anforderung genügen
muss, gleiches Verhalten zu zeigen. Dabei ist jede Konstruktion, die das Verhalten
des Originals nachahmen kann, akzeptabel. Dieser Ansatz bedeutet, dass das Originalsystem als 'black box' verstanden wird, d.h., dass seine wirkliche Wirkungsstruktur nicht interessiert. Da in diesem Falle nur Verhalten nachgeahmt werden muss,
müssen Verhaltensbeobachtungen vorliegen, aber der Datenaufwand beschränkt sich
lediglich auf diese.

Die zweite prinzipielle Möglichkeit besteht darin, das Originalsystem in seiner wesentlichen **Systemstruktur** im Modell **nachzubilden**, wenigstens soweit es für den Modellzweck erforderlich ist. Es sollte dann (in Bezug auf den Modellzweck) das gleiche Verhalten wie das Original zeigen. Hier wird also ein Modell des Systems, nicht ein Modell des Verhaltens entwickelt. Das bedeutet, dass die Wirkungsstruktur des Originalsystems erkannt und verstanden werden muss; nur strukturtreue Modelle sind in diesem Falle akzeptabel. Das System wird hier als durchsichtige 'glass box' verstanden. Entsprechend ergeben sich völlig andere Datenanforderungen als im ersten Fall: Im Prinzip sind für die Modellentwicklung Verhaltensbeobachtungen nicht erforderlich; dafür muss die Systemstruktur mit ihren realen Parametern bekannt sein, jedenfalls im durch den Modellzweck beschriebenen Bereich.

Die dritte Möglichkeit ist eine **Mischform** aus beiden Ansätzen, die häufig in der Praxis angewendet wird, wenn Wirkungsstruktur und Parameter nur teilweise ermittelt werden können. Hier wird versucht, die Wirkungsstruktur des Systems nach besten Kenntnissen so darzustellen, dass sich wenigstens Verhaltensgültigkeit (qualitativ korrektes Verhalten) ergibt. Die unbekannten Modellparameter werden dann so angepasst, dass das Modellverhalten auch numerisch dem bereits beobachteten Verhalten des Originals möglichst genau entspricht (empirische Gültigkeit). Hier wird das Originalsystem also als 'grey box' oder als 'opaque' (halbdurchsichtig) verstanden. Für diese Art der Modellerstellung müssen Verhaltensbeobachtungen vorliegen und die Wirkungszusammenhänge im System in ihren Grundzügen bekannt sein.

1-3.5   Verhaltensbeschreibung zur Verhaltensnachahmung

Die direkte Beobachtung und **Beschreibung von Verhalten** ohne weitere Analyse des Systems führen zur Beschreibung historischen Verhaltens im Zeitablauf und unter bestimmten Umfeldeinwirkungen (Abb. 1.4). Zeigen die Reaktionen des Systems hier eine gewisse Regelmäßigkeit und Wiederholbarkeit, so kann auf entsprechendes Verhalten unter gleichen Bedingungen auch in der Zukunft geschlossen werden. So lässt sich etwa aus der mehrstündigen sorgfältigen Beobachtung der Zeigerstellung einer Kuckucksuhr als Funktion der Zeit auf den Zeigerstand nach weiteren sechzig Minuten schließen, ohne dass dabei z.B. ein Zusammenhang zur Pendelbewegung festgestellt werden muss. Dieses Ergebnis der Zeitreihenbeobachtung kann in einem entsprechenden mathematischen 'Modell' (z.B. der Zeigerstellung in Abhängigkeit von der Zeit) niedergelegt und zur 'Simulation' von 'Systemverhalten' im Bereich der historischen Messwerte verwendet werden. Dieses 'Modell' versagt in seiner Aussage allerdings völlig, wenn zwischenzeitlich vorher nicht beobachtete Ereignisse eintreten (z.B. wenn das Pendel angehalten wird oder das Antriebsgewicht den Zimmerboden erreicht).

Der verhaltensbeschreibende Ansatz der Modellbildung hat seine strikte Anwendungsgültigkeit ausschließlich für jene (historischen) Bedingungen, für die Beobachtungen (Datenreihen) vorliegen. In manchen Fällen kann davon ausgegangen werden, dass sich diese Bedingungen nicht oder nur geringfügig ändern, so dass der beschreibende Ansatz dann auch für ähnliche zukünftige Bedingungen in gewissen Grenzen gelten mag. Eine Anwendung dagegen auf stärker abweichende Bedingungen ist prinzipiell unzulässig.

Die Vorhersagen der wirtschaftlichen Entwicklung basieren meist auf dem verhaltensbeschreibenden Ansatz. Das entsprechende Wirtschaftsmodell wird ständig neu 'geschätzt' (parametrisiert), um so eine Trendprognose aufgrund der jüngsten Vergangenheitsentwicklung abzugeben. Die tatsächlichen Prozesse des Wirtschaftssystems sind dagegen im Modell nicht dargestellt. Damit ist aber auch die zuverlässige Vorhersage von Reaktionen auf 'neuartige' Ereignisse prinzipiell nicht leistbar.

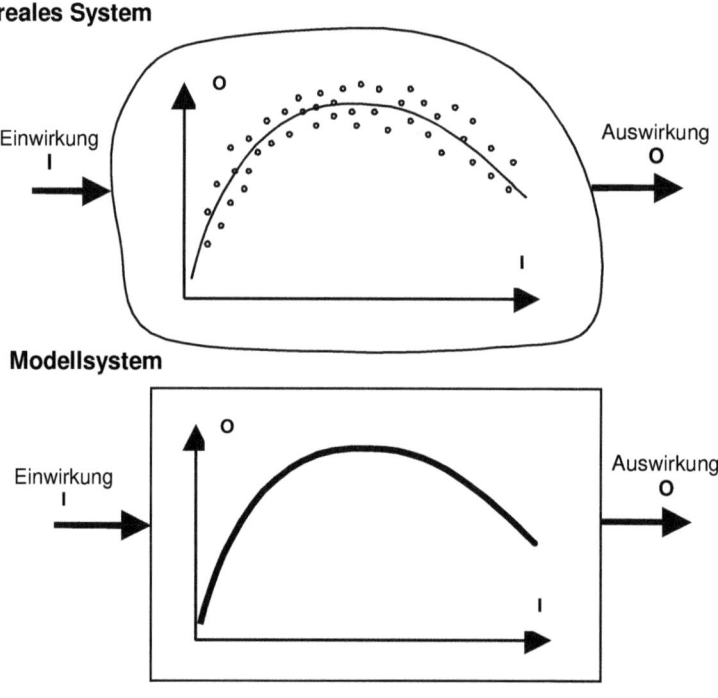

Abb. 1.4: Bei verhaltensbeschreibenden Modellen wird das Verhalten des Systems durch eine passende mathematische Funktion dargestellt, die aus beobachtetem Verhalten abgeleitet wird. Dieses mathematische Modell hat meist mit der Wirkungsstruktur des Systems nichts gemein.

1-3.6   Systembeschreibung zur Verhaltenserklärung

Die Untersuchung des Systems (Systemanalyse), seiner Komponenten und ihrer Verbindungen gestattet es dagegen prinzipiell, auch ausschließlich aus der **Beschreibung der Wirkungsstruktur** das Systemverhalten abzuleiten, ohne dass ein Verhalten je beobachtet worden ist (Abb. 1.5).   So lässt sich z.B. aus der Untersuchung einer stillstehenden Kuckucksuhr, der Pendellänge, dem Pendelgewicht, der Zahnraduntersetzungen usw. ohne weiteres ihr Zeitverhalten ableiten (Dynamik des Pendels? Wo stehen die Zeiger 60 Minuten später, wenn die Uhr auf der 12-Uhr-Position gestartet wird? Geht die Uhr vor oder nach? Wann und wie oft ruft der Kuckuck? In welchen Abständen muss die Uhr aufgezogen werden? Wie ändert sich das Zeitverhalten wenn das Pendelgewicht verändert wird? Wie lange läuft die Uhr, nachdem sie aufgezogen worden ist?).

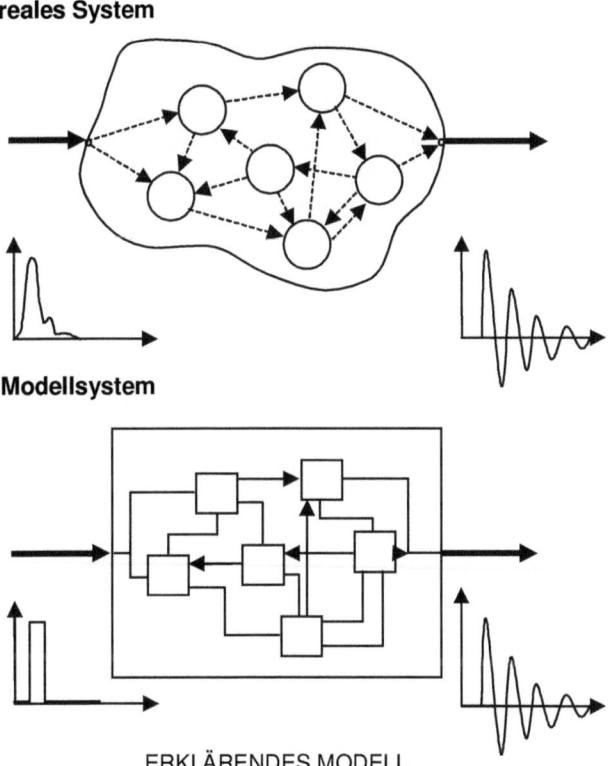

Abb. 1.5: Verhaltenserklärende Modelle enthalten die (essentielle Wirkungsstruktur) des realen Systems. Sie können daher seine Dynamik korrekt wiedergeben, selbst unter Bedingungen, die in der Realität noch nicht beobachtet worden sind.

Mit Hilfe der Wirkungsstrukturbeschreibung können diese Verhaltensaussagen natürlich auch dann gemacht werden, wenn die Uhr neu ist und noch nie gelaufen ist: Die Systemstrukturbeschreibung ermöglicht damit im Gegensatz zur Verhaltensbeschreibung prinzipiell auch Aussagen über bisher nicht beobachtetes zukünftiges Verhalten.

Das Ergebnis der Systemstrukturbeobachtung kann in einem System (gewöhnlicher) Differenzen- oder Differentialgleichungen mit der Zeit als unabhängiger Veränderlicher ausgedrückt werden, das sich nun für eine Vielzahl von Parameteruntersuchungen verwenden lässt. Falls dieses Modell die verhaltensbestimmenden Strukturen korrekt abbildet, so ist es (für die Zwecke der gewünschten Systembeschreibung) 'strukturtreu' oder 'strukturgültig'. Da sich aus dieser korrekt abgebildeten Struktur das grundsätzliche Verhalten des Systems (der Pendeluhr) ergibt, ist es auch 'verhaltensgültig'. Falls die realen Parameter (Pendelmasse, Untersetzungen usw.) richtig bestimmt wurden, sollte es auch 'empirisch gültig' sein, d.h. bei Simulation des Systemverhaltens unter den gleichen Anfangsbedingungen und Umwelteinwirkungen die gleichen zahlenmäßigen Ergebnisse wie das Original liefern.

Der wirkungsstrukturbeschreibende Ansatz wird wegen seiner prinzipiellen Möglichkeit, Verhalten aus den strukturellen Zusammenhängen zu erklären, auch als verhaltenserklärender Ansatz bezeichnet. Seine Gültigkeit ist von vornherein nicht auf historische Verhaltensbeobachtungen gegründet. Er kann daher auch eingesetzt werden, um bisher nicht beobachtetes (zukünftiges) Verhalten als Reaktion auf bisher nicht aufgetretene Bedingungen zu simulieren, die Entwicklungsmöglichkeiten des Systems kennen zu lernen und die Bedingungen und Möglichkeiten für Systemwandel zu untersuchen und zu verstehen.

Wettervorhersagen z.B. basieren – unter Verwendung der physikalischen partiellen Differentialgleichungen der Strömungs- und Thermodynamik der Atmosphäre – auf dem wirkungsstrukturbeschreibenden, verhaltenserklärenden Ansatz. Wer würde auch eine Wettervorhersage aufgrund einer Trendprognose etwa aus dem Wetterverlauf der letzten Woche für sinnvoll halten? Das gleiche wirkungsstrukturtreue Wettermodell kann mit der ganzen Bandbreite der im Jahresablauf vorkommenden Wettermessgrößen in (fast) beliebiger Kombination gefüttert werden, um damit für gegebene Ausgangsbedingungen die resultierenden Wetterbedingungen für einige Tage vorherzusagen. Darüber hinaus kann es auch zur Simulation bisher nicht beobachteter extremer Wetterentwicklungen verwendet werden, wie sie sich etwa nach einer Klimaverschiebung ergeben würden. Die Tatsache, dass die Simulationsmodelle der Wettervorhersage keine verlässlichen längerfristigen Prognosen abgeben können, hat ihren Grund im chaotischen, prinzipiell nicht exakt vorhersagbaren Wettergeschehen, nicht aber darin, dass die verwendeten Modellgleichungen etwa strukturungültig wären.

Flugsimulatoren verwenden eine relativ genaue Wirkungsstrukturbeschreibung des dynamischen Systems 'Flugzeug', die u.a. die Bewegungsgleichungen in Rich-

tung und um die drei Raumachsen mit ihrer Abhängigkeit von Anströmungsge-
schwindigkeit und -richtung in einem Satz von gewöhnlichen Differentialgleichungen ausdrücken. Mit dieser mathematischen Beschreibung im Hintergrund können
realistische Simulatoren gebaut werden, die dem Piloten nicht nur das Üben normaler
Starts und Landungen, sondern insbesondere auch von Gefahrenzuständen ermöglichen, in die man freiwillig ein reales Flugzeug nicht führen würde, und die u.U. (gerade bei neuen Flugzeugtypen) noch nie beobachtet worden sind.

1-3.7 Verhaltensbeschreibung in verhaltenserklärenden Modellen

Die hier getroffene Modellunterscheidung ist selbstverständlich nicht auf mechanische Systeme beschränkt, sondern gilt generell. Verhaltensbeschreibungen des historischen Energieverbrauchs z.B. werden in Trendprognosen zu Aussagen über zukünftigen Energiebedarf herangezogen, ohne dass dabei der Versuch unternommen wird,
Erkenntnisse über Wirkungen im System für Aussagen über die zukünftige Entwicklung zu nutzen. Forstleute z.B. verwenden 'Ertragstafeln', d.h. historische Untersuchungen über den Wachstumsverlauf von Waldbäumen, zur Ermittlung vermutlicher
zukünftiger Zuwächse, ohne dabei die aktuellen Wirkungen von Umweltschadstoffen
und Klimaänderungen auf die Bäume berücksichtigen zu können.

Systemstrukturbeschreibungen zur Energiebedarfsentwicklung etwa beim pri-
vaten Pkw-Verkehr dagegen müssen die wesentlichen Wirkungsbeziehungen und
Prozesse mit ihren Verknüpfungen darstellen, die die Entwicklung des Energiebe-
darfs bestimmt haben und bestimmen werden: Bevölkerungsentwicklung, verfügbare
Einkommen, Zeitbudget, Siedlungsstruktur, Sättigungsphänomene, Effizienzverbes-
serungen bei Fahrzeugantrieben, Verkehrsmittelaufteilung (modal split), Energieträ-
geraufteilung (energy mix), Umwelt- und Ölpreisentwicklung, internationale Innova-
tion und Konkurrenz, usw.

Für forstwirtschaftliche Zukunftsanalysen (oder Abschätzungen der resultierenden CO_2-Dynamik) bei sich rasch verändernde Umweltbedingungen (Schadstoffe,
Bodenversauerung, CO_2-Erhöhung, Veränderung von Temperatur, Strahlung, Niederschlägen, usw.) wird in ähnlicher Weise die umfassende Systemstrukturbeschreibung der wachstumsbestimmenden öko-physiologischen Prozesse der Stoff- und
Energieumsetzungen in Waldbäumen unumgänglich: Photosynthese, Transpiration,
Respiration, Streuzersetzung, Mineralisierung usw.

Trotz der gedanklich eindeutigen Unterscheidung zwischen beschreibenden
und erklärenden Modellen sind erklärende Modelle in Reinkultur kaum anzutreffen.
Auch sie sind meist – zur Beschreibung einzelner Wirkungszusammenhänge – auf
Verhaltensbeschreibung angewiesen. Ein Beispiel ist die Verwendung der (gemes-
senen) Lichtempfindlichkeitsfunktion der Blatt-Photosynthese; ein anderes der (ge-
messene) Zusammenhang zwischen Federauslenkung und Federkraft bei einer pro-
gressiven (nichtlinearen) Feder. Die gesamte innere Struktur des Blattes mit seinen

chemischen Prozessen oder die Molekularstruktur der Feder werden nicht modelliert – und müssen nicht genau modelliert werden, solange keine Veränderung der inneren Struktur zu erwarten ist.

Schließlich werden bei der Gültigkeitsprüfung erklärender Modelle auch notwendigerweise die Verhaltensbeschreibung und die Systemstrukturbeschreibung miteinander verbunden, indem vorliegende Zeitreihenbeobachtungen verwendet werden, um zu überprüfen, inwieweit das aus der Systemanalyse abgeleitete Verhalten mit dem (unter gewissen Bedingungen) beobachteten Verhalten übereinstimmt, um damit die (Verhaltens- und empirische) Gültigkeit des Modells zu überprüfen.

1-3.8   Anderer Modellansatz, anderer Datenbedarf

'Modell' ist nicht gleich 'Modell'. Wenn von Computermodellen die Rede ist, werden die Unterschiede zwischen verhaltensbeschreibenden und verhaltenserklärenden Modellen allzu leicht auch selbst von Modellentwicklern übersehen. Nicht nur der Vorgang der Modellentwicklung unterscheidet sich; sondern am Ende der Entwicklung stehen – selbst für das gleiche System – prinzipiell unterschiedliche Modellformulierungen, auch wenn sich die Simulationsergebnisse für gewisse Verhaltensbereiche weitgehend gleichen sollten.

Für die Modellentwickler der verhaltensbeschreibenden Tradition steht im Vordergrund die Anpassung großer Datenmengen aus Zeitreihenbeobachtungen an (meist einfache) mathematische Zusammenhänge, die meist in keiner Beziehung zur realen Wirkungsstruktur des modellierten Systems stehen. Die Parameter dieser mathematischen Beziehungen werden mit Hilfe statistischer Verfahren mit meist hoher Genauigkeit geschätzt, da kleine Differenzen oft für die Güte des Modells entscheidend sind. Definitionsgemäß wird meist kein Versuch unternommen, die Prozesse des realen Systems besser zu verstehen und dieses Verständnis in die Modellformulierung einfließen zu lassen. Die Modellentwicklung ist gekennzeichnet durch aufwendige Datenbeschaffung und Parameterschätzung.

Für die Modellentwickler der wirkungsstrukturbeschreibenden, verhaltenserklärenden Schule steht im Vordergrund das Erkennen der für das Systemverhalten entscheidenden Prozesse im realen System. Sie müssen sich daher, in Zusammenarbeit mit intimen Systemkennern, sehr gründlich mit Struktur und Funktion des Systems auseinandersetzen. Diese werden z.B. in Differentialgleichungen beschrieben, deren Formulierung durch das reale System (und nicht durch die vorhandenen Schätzalgorithmen) bestimmt ist und daher beliebig komplex sein kann. Dabei gilt es allerdings auch, unnötig komplexe Formulierungen zu vermeiden, wenn diese zur Gültigkeit der Modellaussagen nichts Wesentliches beisteuern.

Die in den Modellgleichungen meist auftauchenden Parameter ergeben sich bei der strukturtreuen Modellierung ausschließlich aus den mit den Messverfahren der betroffenen Fachdisziplinen bestimmbaren Struktur- und Wirkungsparametern der Einzelprozesse und nicht aus dem Zeitverhalten des realen Gesamtsystems. Der Datenbedarf zur Modellerstellung besteht also aus einer Menge von Daten über Wirkungsbeziehungen in der Systemstruktur und aus den charakteristischen Parametern der verschiedenen Prozesse. Alle Daten sind prinzipiell am Realsystem messbar oder feststellbar, von der qualitativen Feststellung des Vorhandenseins oder Nichtvorhandenseins einer Wirkbeziehung bis zur quantitativen Messung funktionaler Zusammenhänge. Für die Modellerstellung sind Zeitreihendaten des Systemverhaltens nicht notwendig (wohl aber für die Validierung, die beim beschreibenden Modell ebenfalls einen weiteren unabhängigen Datensatz erfordert).

Beim verhaltensbeschreibenden Modellansatz besteht der Datenbedarf also in einer Vielzahl quantitativer Daten aus der Verhaltensbeobachtung. Beim verhaltenserklärenden Modellansatz beschränkt sich der Datenbedarf auf (meist) qualitative Information über die Systemstruktur und auf die Zahlenwerte (meist) weniger realer Parameter. Dies bedeutet, dass verhaltenserklärende Modelle meist mit einem weit geringeren Mess- und Datenaufwand erstellt werden können, der allerdings mit einem höheren Verständnisaufwand bezahlt werden muss. (In diesem steckt natürlich der oft erhebliche Mess- und Analyseaufwand aus früheren Untersuchungen.)

Obwohl sie also relativ wenige Verhaltensdaten erfordern, ist die Gültigkeit verhaltenserklärender Modelle doch im Allgemeinen besser wegen ihrer Strukturgültigkeit. Trotz des relativ niedrigen Bedarfs an neuen Daten wird prinzipiell (über den Versuch, die Strukturgültigkeit zu sichern) eine höhere Modellgültigkeit erreicht: dagegen wird bei beschreibenden Modellen nicht einmal der Versuch unternommen, Strukturgültigkeit herzustellen. Die Erklärung für den frappanten Unterschied im Datenaufwand liegt in Unterschieden der Informationsqualität für die Modellbildung. So hat z.B. das richtige Erkennen einer wichtigen Rückkopplung (eine qualitative Information!) etwa für das Verständnis der Eigendynamik und damit für die Modellgültigkeit eine weit höhere Bedeutung als viele aufwendig beschaffte Messreihen.

Strukturtreue Modellbildung bedeutet nicht, jede Wirkungsverknüpfung im Realsystem auch im Modell im Detail abzubilden. Im Gegenteil: Um die Forderung nach Verhaltensgültigkeit (im gesamten relevanten Verhaltensbereich) zu erfüllen, muss lediglich die essentielle verhaltensbestimmende Wirkungsstruktur herausgearbeitet werden, die in der Praxis oft nur aus einer kleineren Menge wesentlicher Strukturverknüpfungen besteht. Hierbei muss mit Systemkenntnis und Sensitivitätsanalysen gearbeitet werden. Das Ergebnis ist ein Kompaktmodell, dass das kleinstmögliche Simulationsmodell darstellt, das noch über den gesamten interessierenden Verhaltensbereich das gleiche Verhaltensspektrum aufweist wie das Original.

Wo große Modelle unvermeidbar werden, sollten sie modular aus Kompaktmodellen aufgebaut werden, die zunächst einzeln auf ihre Gültigkeit überprüft werden, bevor sie mit anderen Teilmodellen zum Gesamtmodell verkoppelt werden.

Zur wirkungsstrukturtreuen Systemmodellierung gibt es immer dann keine Alternative, wenn im System Rückkopplungen zwischen Zustandsgrößen eine Rolle spielen, komplexe Vernetzungen und Wirkungsverknüpfungen auftreten, Nichtlinearitäten (etwa bei Sättigungen und Begrenzungen) das Verhalten bestimmen, Verzweigungen im Verhalten auftreten können, Akteure ihr Verhalten am Systemzustand und an ihren Leitwerten orientieren, oder Verhaltensreaktionen auf bisher nicht aufgetretene Bedingungen verlässlich bestimmt werden sollen. Insbesondere die Analyse der Entwicklungsmöglichkeiten von Systemen im technisch-ökonomischen und im ökologischen Bereich erfordert die systemanalytische Untersuchung ihrer Struktur, die Entwicklung entsprechender simulationsfähiger Computermodelle und die Simulation möglicher Entwicklungspfade für unterschiedliche Szenarien der äußeren Einwirkungen.

1-3.9   Zukunftsorientierung erfordert Systemverständnis

Wenn zukünftiges Verhalten als Reaktion auf neue Herausforderungen abgeschätzt werden soll, kann das Nachahmen historischen Systemverhaltens durch Methoden der beschreibenden Modellierung keine verlässliche Hilfe bieten. Mit der Beschränkung auf in der Vergangenheit beobachtetes Verhalten wird nur ein kleiner Teil des möglichen Verhaltensspektrums abgedeckt.

Wenn allerdings eine gültige Abbildung von Struktur und Funktion eines Systems in einem verhaltenserklärenden Modell vorliegt, so ist mit verlässlichen Ergebnissen selbst für Bedingungen zu rechnen, die in der Vergangenheit noch nicht aufgetreten sind. Das Modell wird dann auf neue Herausforderungen 'realistisch' reagieren können. Man wird daher mit dem Modell auch mögliche zukünftige Entwicklungspfade mit der Gewissheit relativ vertrauenswürdiger Aussagen untersuchen können.

Die Unterscheidung zwischen den beiden Modelltypen bezieht sich nicht nur auf die Parameterschätzung aus historischen Zeitreihen (beim verhaltensbeschreibenden Modell) im Gegensatz zur Darstellung der Systemstruktur (beim verhaltenserklärenden Modell). Der entscheidende Unterschied zwischen den beiden Modelltypen ist die Tatsache, dass sich mit der Abbildung der Systemstruktur auch die charakteristische Eigendynamik und die ganze Vielfalt des Systemverhaltens reproduzieren lassen. Mit dieser Modellart ergeben sich daher auch für weite Zeithorizonte recht weit reichende und zuverlässige Möglichkeiten zur Untersuchung zukünftiger Entwicklungspfade. Diese Verhaltensvielfalt ist mit dem verhaltensbeschreibenden Modell nicht einzufangen, da es nur einen kleinen Teil des potentiellen Verhaltens eines Systems erfassen kann.

Die Untersuchung zukünftiger Entwicklungsmöglichkeiten erfordert die korrekte Einbeziehung auch des zu erwartenden Entscheidungsverhaltens der wesentlichen Akteure (Verbraucher, Unternehmer, internationale Konkurrenten, usw.). Auch hier ist es prinzipiell unzulässig, aus Vergangenheitsverhalten (z.B. Elastizität der Energienachfrage oder Trenduntersuchungen des Energieverbrauchs) auf zukünftiges

Verhalten zu schließen – das völlige Versagen traditioneller Energieprognosen der 1970er Jahre sollte eine eindeutige Warnung sein. Hieraus darf nun allerdings auch nicht geschlossen werden, dass das Verhalten der Akteure unter neuen Bedingungen völlig 'offen', beliebig und unvorhersehbar ist. Im Gegenteil: Akteure werden sich im Eigeninteresse immer an ihren Leitwerten orientieren müssen. Damit ist aber der Entscheidungsspielraum entsprechend eingeschränkt. Dies lässt sich im strukturtreuen Modell berücksichtigen, so dass auch bei expliziter Einbeziehung der wesentlichen Akteure von einem solchen Modell noch weitgehende Verhaltensgültigkeit zu erwarten ist.

1-3.10   Modellgültigkeit: Wann kann das Modell das Original vertreten?

Wie generell bei der wissenschaftlichen Theoriebildung, so stehen wir auch bei der Modellbildung vor dem Problem, dass sich die 'Richtigkeit' eines Modells prinzipiell nicht beweisen lässt. Die Tatsache, dass ein Modell in einem bestimmten Anwendungsfall richtige Ergebnisse liefert (d.h. das Verhalten des Originals reproduziert), ist noch kein Beleg dafür, dass es auch in anderen oder sogar unter allen Umständen richtig arbeiten wird. Eindeutig feststellen lässt sich nur, wenn ein Modell (oder eine Theorie) falsch ist, da dann Realität und Simulation auseinanderklaffen.

Wir sprechen daher auch nicht von der 'Richtigkeit' eines Modells, lediglich von seiner Gültigkeit für den Modellzweck. Diese ist – vor allem durch Falsifikationsversuche – erhärtbar, aber sie gilt nur bis zum Beweis des Gegenteils. Um zu belegen, dass das Modellsystem das Originalsystem für den Modellzweck vertreten kann, muss Gültigkeit im Hinblick auf vier verschiedene Aspekte belegt werden: Verhaltensgültigkeit, Strukturgültigkeit, empirische Gültigkeit, Anwendungsgültigkeit.

Verhaltensgültigkeit: Hier muss gezeigt werden, dass für die im Rahmen des Modellzwecks liegenden Anfangsbedingungen und Umwelteinwirkungen des Originalsystems das Modellsystem das (qualitativ) gleiche dynamische Verhalten erzeugt. Wenn z.B. das reale System unter gewissen Bedingungen Schwingungen aufweist, so muss das Modell sie unter den gleichen Bedingungen ebenfalls zeigen.

Strukturgültigkeit: Hier muss gezeigt werden, dass die Wirkungsstruktur des Modells der (für den Modellzweck) essentiellen Wirkungsstruktur des Originals entspricht. Das Modell muss z.B. die gleiche Zahl (essentieller) Zustandsgrößen haben, und diese müssen in gleicher Weise wie im Original miteinander verknüpft sein.

Empirische Gültigkeit: Hier muss gezeigt werden, dass im Bereich des Modellzwecks die numerischen oder logischen Ergebnisse des Modellsystems den empirischen Ergebnissen des Originals bei gleichen Bedingungen entsprechen, bzw. dass sie (bei fehlenden Beobachtungen) konsistent und plausibel sind. Die von einem Modell berechnete Bevölkerungsentwicklung muss z.B. zahlenmäßig mit der tatsächlichen Entwicklung übereinstimmen. Verhaltensgültige Modelle müssen nicht unbedingt empirisch gültig sein, können aber möglicherweise durch Parameteranpassung auch empirisch gültig gemacht werden. Dieser Ansatz muss angewendet werden wenn zwar die Systemstruktur einwandfrei identifiziert werden kann, wenn aber entscheidende Systemparameter nicht gemessen werden können und erst durch Anpassung bestimmt werden können (Beispiel: der Kapazitätsparameter bei logistischem Wachstum).

Anwendungsgültigkeit: Hier muss gezeigt werden, dass Modell und Simulationsmöglichkeiten dem Modellzweck und den Anforderungen des Anwenders entsprechen. Im Modell eines Forstbetriebs müssen beispielsweise alle Größen erscheinen, die entscheidungsrelevant sind (Stammholzvolumen, Durchmesser in Brusthöhe, Höhe, Stammgrundfläche usw.). Das Modell muss die zeitliche Entwicklung dieser Größen als Funktion der forstlichen Maßnahmen wie Läuterung, Durchforstung, Abholzung, Düngung usw. über mehrere Umtriebszyklen berechnen können.

1-3.11   Wissenschaftliche Arbeitsweise und Modellbildung

Modellbildung bedeutet immer Vereinfachung, Zusammenfassung, Weglassen, Abstraktion. Modellbildung ist daher prinzipiell nicht möglich ohne Auswahl und Entscheidungsvorgänge. Gelegentlich sind diese Entscheidungen schwierig und können erst im Nachhinein – nach gründlichen Untersuchungen mit dem Modell – begründet werden.

Die Auswahlprozesse lassen sich zwar weitgehend formalisieren und systematisieren, doch fließen hier wie bei jeder Entscheidung Bewertungen ein, die nur teilweise objektivierbar sind. Subjektivität ist also in der Modellbildung unvermeidbar, auch wenn sie sich, wie etwa in der kollektiven Erfahrung eines ganzen Fachgebietes als relativ objektiv darstellen mag. Die in der Modellbildung getroffene Auswahl und Vereinfachung muss jedenfalls durch umfassende Gültigkeitsprüfungen und die damit verbundenen Falsifikationsversuche bestätigt werden.

Obwohl sich die Modellbildung und Simulation besonders häufig dem Vorwurf der Subjektivität ausgesetzt sieht, so unterscheidet sich doch die wissenschaftliche Arbeitsweise der Modellerstellung in keiner Weise vom anderswo akzeptierten wissenschaftlichen Ansatz: In jeder wissenschaftlichen Untersuchung sind subjektive Entscheidungen zu treffen. Die Modellbildung muss die gleichen Anforderungen an die Überprüfbarkeit und die Reproduzierbarkeit der Annahmen, Hypothesen, Sätze und Ergebnisse erfüllen. Vollständigkeit und Präzision bei der Berücksichtigung der Fakten sind erforderlich. Es müssen geschlossene Beweisführungen vorliegen. Für die Validierung müssen umfassende Falsifikationsversuche unternommen werden. Und schließlich ist für alles eine vollständige und nachvollziehbare Dokumentation vorzulegen, damit andere die Vorgehensweise, Annahmen und Ableitungen verstehen und die Ergebnisse reproduzieren können.

Dass sich Modellbildung und Simulation häufig Vorwürfen unwissenschaftlicher Arbeitsweise ausgesetzt sieht, mag sicher einmal damit zusammenhängen, dass die Grundsätze wissenschaftlicher Arbeitsweise tatsächlich gelegentlich nicht eingehalten werden – wie anderswo auch. Zum anderen wird es auch damit zusammenhängen, dass sehr oft interdisziplinär, quer über etablierte Fachgebiete und Schulen hinweg gearbeitet werden muss, um einen komplexen Ausschnitt aus der Realität darzustellen. Fachwissenschaftler finden sich dann nur in Teilen wieder, müssen feststellen, dass man ihre komplexen Detailkenntnisse stark vereinfacht hat, Wirkungen aufgenommen hat, die sie für vernachlässigbar halten, Hypothesen verwendet, die aus anderen Schulen stammen, und dass der Systemwissenschaftler generell ein etwas anderes wissenschaftliches Weltbild hat, dem sie nur teilweise zustimmen können (dass er z.B. die Strukturerkennung für wesentlich hält). Wissenschaftlicher Fortschritt für beide Seiten ergibt sich aus der kritischen Diskussion und Aufarbeitung der Fragen, die von der Modellbildung aufgeworfen werden.

Strukturtreue Modellierung ist der Versuch, durch die äußerliche Erscheinung und die materielle Schale von Systemen hindurch zu schauen und die im System ablaufenden Prozesse zu erfassen, die seine Dynamik antreiben und sein Verhalten bestimmen. Die traditionellen Wissenschaften betonen die Beobachtung und Beschreibung, während die Systemanalyse und Strukturmodellierung das Gewicht auf das Verständnis der Prozesse und dynamischen Vorgänge legen. Systemanalyse und Modellbildung sind ohne die Verfahren und Ergebnisse der traditionellen Wissenschaften nicht möglich, aber umgekehrt können auch die traditionellen Wissenschaften nur gewinnen von der Modellbildung und Simulation und den neuen Einsichten, die sie ermöglichen.

2 Systemstruktur

2-0 Überblick

Die erste Phase der (systemerklärenden) Modellbildung hat sich mit dem Erkennen und der Darstellung der verhaltensrelevanten Systemstruktur zu befassen. Es gilt also, die wichtigen Systemgrößen und ihre Verknüpfungen zu identifizieren. Diese Aufgabe erfordert weitgehend qualitatives Arbeiten. Am Ende dieser Arbeit steht ein qualitatives Produkt, der Wirkungsgraph, ein erstes qualitatives Modell. Die Simulation des realen Systems erfordert später eine genauere Spezifizierung und Quantifizierung der Komponenten des Wirkungsgraphen, aber bereits aus seiner Struktur lassen sich qualitative Aussagen über das Systemverhalten ableiten, die erste interessante Aufschlüsse geben können.

In diesem Kapitel befassen wir uns mit dem Prozess der Erstellung des Wirkungsgraphen (oder Wirkungsdiagramms) und seiner schrittweisen Weiterentwicklung zu einem vollständigen Simulationsmodell.

Die Modellentwicklung setzt zunächst eine Problemstellung voraus, aus der sich die Definition des Modellzwecks ergibt. Diese führt zur Definition der Systemgrenze. Der erste Schritt der Modellentwicklung ist die umgangssprachliche Beschreibung der Komponenten und Zusammenhänge, das Wortmodell. Es führt zur Identifizierung der wesentlichen Systemgrößen und der Wirkungsbeziehungen zwischen ihnen, die schließlich im Wirkungsgraph bildlich dargestellt werden.

Der Wirkungsgraph ist eine erste Skizze der Systemstruktur, noch ohne Differenzierungen und Quantifizierungen. Definitionsgemäß zeigt der Wirkungsgraph, wie Wirkungen im (Modell)System weitergegeben werden. Der Versuch liegt nahe, aus dieser skizzenhaften Darstellung des Systems bereits Aussagen über mögliches Verhalten abzuleiten. Dies kann über qualitative Betrachtungen, numerische Untersuchungen, logische Deduktion oder mathematische Analyse des Wirkungsgraphen geschehen.

Diese qualitative Betrachtung der Wirkungsstruktur erbringt bereits wichtige Erkenntnisse. Rückkopplungsschleifen mit negativem Vorzeichen lassen gedämpfte, stabile Dynamik erwarten, während bei positiven Rückkopplungen mit der Verstärkung anfänglicher Störungen und Instabilität zu rechnen ist. Auch ergeben sich Hinweise über besonders kritische Pfade und Elemente im System. Allerdings sind Aussagen dieser Art mit Vorsicht zu genießen. Meist ist eine differenziertere Modellanalyse erforderlich.

Im Abschnitt 2-1 wird anhand eines einfachen Beispiels der Wirkungsgraph entwickelt. Das einfache 'Weltmodell' einer 'Miniwelt' enthält die wichtigsten Beziehungen zwischen Bevölkerungsentwicklung, materiellem Konsum und Umweltbelastung. Die Grundregeln für die Entwicklung des Wirkungsdiagramms werden vorgestellt und angewendet. Da wir mit qualitativen Beziehungen arbeiten, die auch formal mit dem Computer verarbeitet werden können, wird auch eine kurze Einführung in die Anwendung der Wissensverarbeitung für die Wirkungsanalyse und Folgenabschätzung gegeben. Verlässliche, insbesondere quantitativ korrekte Ergebnisse lassen sich aber aus dem Wirkungsdiagramm allein nicht gewinnen; hierfür ist eine differenzierte Modellierung erforderlich. Im Abschnitt 2-2 wird daher beispielhaft das Modell der 'Miniwelt' schrittweise differenziert und in ein simulationsfähiges Computermodell umgewandelt. Hier zeigt sich auch, dass gut überschaubares Verhalten bei Teilsystemen zu komplexem, kaum nachvollziehbarem Verhalten des Gesamtsystems führen kann: Das System ist weit mehr als die Summe seiner Komponenten. In Abschnitt 2-3 werden die Ergebnisse noch einmal kurz zusammengefasst.

2-1   Entwicklung und Analyse des Wirkungsgraphen

Der erste Schritt jeder Modellbildung ist die Erstellung des Wirkungsgraphen. Als Beispiel verwenden wir ein kleines 'Weltmodell', das später zu einem funktionsfähigen Simulationsmodell weiterentwickelt wird. Damit soll neben den Arbeitsschritten der Modellbildung und Simulation auch gleich ein gewisser Anspruch der Systemforschung demonstriert werden: Sie kann in vielen Fällen, auch in stark vereinfachter Darstellung, Verhaltenstendenzen komplexer Systeme beschreiben, die aus anderen Betrachtungen nicht gewonnen werden können. Mit diesen Erkenntnisgewinnen kann die Systemforschung zu besseren Entscheidungen beitragen.

2-1.1   Arbeitsbeispiel: 'Weltmodell'

Seit dem Weltmodell von Forrester aus dem Jahre 1970 (Forrester 1970) sind eine ganze Reihe von 'Weltmodellen' entwickelt worden, die in unterschiedlichem Detaillierungsgrad und mit verschiedenen Ansätzen versucht haben, die Dynamik der globalen Entwicklung mit Hilfe einiger zentraler Größen zu beschreiben. Stellen diese Modelle auch notgedrungen in vieler Hinsicht komplexe Sachverhalte in gröbster Vereinfachung dar, so kann inzwischen doch kein Zweifel mehr daran bestehen, dass sie die Entwicklung einiger wesentlicher Größen (Bevölkerung, Industrieentwicklung, Umweltbelastungen) mit einiger Verlässlichkeit richtig beschreiben können (Meadows/Meadows/Randers 1992). Für unsere Zwecke sind jedoch auch diese Modelle noch immer viel zu komplex; wir müssen uns hier mit einer sehr viel kompakteren Darstellung begnügen.

Jede Systemdarstellung – und damit auch die Modellentwicklung – wird wesentlich davon bestimmt, welcher Zweck damit erfüllt werden soll. Man sollte bei jeder Systemuntersuchung den Sinn und Zweck des Unterfangens vorher klären und sich während der Arbeit daran orientieren, sonst besteht die Gefahr, mit einem vorzüglichen Systemmodell zu enden, das aber die ursprünglichen Fragen gar nicht beantworten kann. Wir definieren daher zunächst den Zweck der Modellentwicklung.

Modellzweck: *Das zu entwickelnde 'Weltmodell' soll qualitativ zutreffende Aussagen über Entwicklungstendenzen und Entwicklungsdynamik als Folge von Bevölkerungsentwicklung, Wirtschaftsaktivität und Umweltbelastung machen können. Falls sich langfristig instabiles Verhalten andeutet, so soll es Möglichkeiten zur langfristigen Stabilisierung aufzeigen. Konkrete Handlungsanweisungen werden von dem Modell nicht erwartet.*

Ausgangspunkt einer jeden Systemuntersuchung ist zunächst eine verbale, umgangsprachliche Beschreibung des darzustellenden Sachverhalts. Dieses Wissen wird aber selten ausreichen, um ein System gültig darzustellen. Fast immer müssen zusätzliche Informationen, wissenschaftliche Untersuchungen, Messdaten, statistische Erhebungen, Diagramme, Hypothesen, Interviews usw. die verbale Systembeschreibung ergänzen und präzisieren.

Das **Wortmodell** für unser 'Weltmodell' könnte etwa wie folgt lauten:

"Wir beobachten heute weltweit eine zunehmende Belastung der natürlichen Ressourcen und der natürlichen Umwelt. Sie ergibt sich vor allem aus der ständigen Zunahme der Bevölkerung, damit auch der Verbräuche der verschiedensten Rohstoffe und der damit verbundenen Abgabe von Abfallstoffen jeder Art am Ende ihrer Nutzung an die Umwelt. Eine wichtige Bestimmungsgröße dieser Ressourcen- und Umweltbelastung ist der Verbrauch an Rohstoffen und Energie. Dieser Verbrauch steigt noch tendenziell mit der wachsenden Umweltbelastung (durch wachsende Aufwendungen für Umweltschutz und schwieriger werdende Abbaubedingungen). Mit wachsendem Konsum verbessern sich aber auch die Versorgungsmöglichkeiten, was einen entsprechenden Einfluss auf die Bevölkerungsentwicklung hat. Die wachsenden Umweltbelastungen mit Schadstoffen, wie auch die schwindende natürliche Ressourcenbasis haben aber auch Rückwirkungen auf die Gesundheit und die Lebenserwartung der Bevölkerung. Die Umweltbelastungen und die Eingriffe in die natürliche Ressourcenbasis führen zu wachsenden gesellschaftlichen Kosten, die wiederum ein zunehmendes gesellschaftliches Handeln erwarten lassen, um schädlichen Entwicklungen zu begegnen."

Als erstes ist zu klären, welche **Größen** auch in das Modellsystem übernommen werden müssen, um damit die Entwicklung des Realsystems im Rahmen des Modellierungszwecks einigermaßen gültig beschreiben zu können. Offensichtlich muss die Vielzahl der Größen im Realsystem auf eine kleine Zahl stellvertretender Größen beschränkt werden, ohne dass allerdings verhaltensentscheidende Größen herausgelassen werden.

Dieser Vorgang der Komplexitätsreduktion, der Kondensation auf als wesentlich erkannte Zusammenhänge, der Aggregation vieler Zustandsgrößen in einer stellvertretenden Größe (z.B. Bevölkerung), der Vereinfachung und Zusammenfassung ist bereits bei der Formulierung des Wortmodells geschehen. Wir haben es hier mit einer Reduktion komplexer Zusammenhänge auf ein relativ einfaches Denkmuster zu tun. Dies ist typisch für den menschlichen Informationsverarbeitungsprozess, der auf Komplexitätsreduktion, Musterbildung und Mustererkennung angewiesen ist. Da es sich hier prinzipiell um einen subjektiven Informationsverarbeitungsprozess handelt, der entscheidend durch Vorerfahrungen usw. geprägt ist, besteht durchaus die Möglichkeit, dass das Wortmodell keine adäquate Beschreibung der Realität ist. Wir wollen diese Möglichkeit hier nicht weiter verfolgen, sondern das Wortmodell benutzen, um auf der Basis des dort ausgedrückten Wissens formalisierte Modelle zu erstellen.

In einem ersten Schritt analysieren wir das Wortmodell zunächst auf die dort angesprochenen Größen. Im Allgemeinen wird eine solche Betrachtung auch Hinweise auf weitere, im Text selbst nicht erwähnte Größen geben, weil oft als bekannt vorausgesetzte Zusammenhänge angesprochen werden, die dann aber in die Modellbildung u.U. einbezogen werden müssen.

Im vorliegenden Fall lassen sich aufgrund der Textaussagen die folgenden wichtigen Größen erkennen:
1. Bevölkerung
2. Umwelt- und Ressourcenbelastungen
3. Ressourcenverbrauch (Konsum)
4. gesellschaftliche Kosten
5. gesellschaftliches Handeln

2-1.2   Wirkungsbeziehungen

Da das Wortmodell eine Erläuterung von Zusammenhängen zwischen den ausgewählten Systemgrößen ist, lassen sich ihm auch die Wirkungsbeziehungen entnehmen, die für die Modellerstellung erforderlich sind. Bei der Aufstellung der **Wirkungsbeziehungen** muss auf zwei Punkte besonders geachtet werden:
1. Es werden nur *direkte* Wirkungen betrachtet.
2. Jede Wirkungsbeziehung wird *isoliert* betrachtet, als ob der restliche Teil des Systems 'eingefroren' wäre ('ceteris paribus'-Bedingungen).

Im Wortmodell ist z.B. festgehalten, dass sich bei Verschlechterung der Umweltbedingungen der Ressourcenverbrauch (etwa zur Erzeugung einer Nahrungseinheit) erhöht (weil z.B. Nahrung aus unbelasteten Regionen importiert werden muss). Gleichzeitig ist aber auch zu erwarten, dass die damit wachsenden gesellschaftlichen Kosten zu entsprechendem gesellschaftlichem Handeln (z. B. Umweltschutz und Rezyklierung) führen, die tendenziell den Ressourcenverbrauch wieder verringern. Für die Zwecke der Wirkungsanalyse wäre es nun nicht richtig, diese Wirkungskette in einer indirekten Wirkungsaussage "Verschlechterung der Umweltbedingungen führt zu Verringerung des Ressourcenverbrauchs" zu verkürzen. Vielmehr muss jede

Direktwirkung einzeln aufgeführt werden; die indirekte Aussage folgt dann aus der Verkettung der Direktwirkungen.

Im Text des Wortmodells sind die folgenden direkten **Wirkungsbeziehungen** angesprochen:

1. Wenn die Bevölkerung wächst, so wächst auch die Umwelt- und Ressourcenbelastung.
2. Wenn die Umwelt- und Ressourcenbelastung wächst, so wächst auch der Ressourcenverbrauch (notwendiger Umweltschutz, schwierigere Ressourcenbeschaffung).
3. Wenn der Ressourcenverbrauch wächst, so wächst auch die Umwelt- und Ressourcenbelastung.
4. Wenn der Ressourcenverbrauch sich erhöht (und sich damit die materiellen Bedingungen verbessern), so erhöht sich damit auch die Bevölkerungszahl.
5. Wenn sich die Umwelt- und Ressourcenbelastung erhöht, so vermindert sich die Bevölkerungszahl (höhere Sterblichkeit).
6. Wenn sich die Umwelt- und Ressourcenbelastung erhöht, so erhöhen sich damit auch die gesellschaftlichen Kosten.
7. Wenn sich die gesellschaftlichen Kosten erhöhen, so ist mit entsprechend mehr gesellschaftlichem Handeln zu rechnen.
8. Gesellschaftliches Handeln wird dafür sorgen, dass bei zu starkem Bevölkerungswachstum dieses reduziert wird.
9. Gesellschaftliches Handeln wird dafür sorgen, dass bei zu hohem Ressourcenverbrauch dieser reduziert wird.

2-1.3   Logische Deduktion

Das Wortmodell verbindet Wirkungsaussagen wie diese zu einem Aussagensystem, das benutzt werden kann, um daraus logisch folgende Schlussfolgerungen zu ziehen. So etwa folgt aus den Aussagen, dass bei hoher Umwelt- und Ressourcenbelastung das daraus resultierende gesellschaftliche Handeln den Ressourcenverbrauch reduzieren könnte, um damit den Druck auf die Umwelt zu verringern.

Im Prinzip ist bereits beim Wortmodell eine formalisierte Modelldarstellung möglich, die vom Rechner abgearbeitet werden kann, um im Wortmodell implizit enthaltene logische Schlussfolgerungen zu erzeugen. Dies wird dann interessant, wenn das Wortmodell große Mengen von Expertenwissen enthält, das sich nicht mehr auf einfache Weise durchschauen und bearbeiten lässt. Ist dieses Wissen nach einem geeigneten Verfahren verknüpfbar formalisiert worden, so lässt sich der Schlussfolgerungsprozess mit Verfahren der nichtnumerischen Wissensverarbeitung (bzw. 'künstlichen Intelligenz') auch vom Rechner durchführen.

Aussagen wie die hier gezeigten lassen sich z.B. in der wissensverarbeitenden DEDUC-Sprache darstellen (s. hierzu Bossel/Hornung/Müller-Reißmann 1989).

Ein Teil des Wissens ist in Form von **Regeln** (Implikationen) darstellbar:

If wächst_Bevölkerung(Zeit) **or** wächst_Verbrauch(Zeit)
then wächst_Umweltlast(Zeit).

If wächst_Umweltlast(Zeit)
then wächst_Kosten(Zeit), wächst_Handeln(Zeit).

If wächst_Handeln(Zeit)
then sinkt_Umweltlast(+Zeit).

Anderes Wissen ist besser durch **Objektstrukturen** abbildbar. Z.B. könnte hier 'Zeit' in Form einer 'Zeitkette' definiert werden ('+ Zeit' ist der nächste Zeitpunkt der Zeitkette):

gestern, heute, morgen, übermorgen **is** Zeit.

Aussagen über Ausgangsbedingungen werden als **Prämissen** festgelegt, z.B.:

wächst_Bevölkerung(heute)

Aus dieser Wissensbasis ermittelt DEDUC die logischen **Schlussfolgerungen** (Konklusionen):

wächst_Umweltlast(heute)
wächst_Kosten(heute)
wächst_Handeln(heute)
sinkt_Umweltlast(morgen)

Die hier fett gedruckten Worte **if, then, or, is** (sowie **and**) sind feste Schlüsselworte mit entsprechender syntaktischer Bedeutung. Alle anderen Begriffe können vom Programmbenutzer nach Belieben gewählt werden.

Dieses Primitivbeispiel soll nur die Arbeitsweise rechnergestützter Wissensverarbeitung demonstrieren; es entspricht nur einem Ausschnitt aus dem Wortmodell. Eine sinnvoll nutzbare nichtnumerische Modelldarstellung verlangt im Allgemeinen eine umfangreiche und ausgefeilte Wissensbasis (s. hierzu Modelle in Bossel 2004 'Systemzoo').

Die rechnergestützte Wissensverarbeitung hat Vorteile, wenn eine große Zahl von Wirkungsbeziehungen gleichzeitig beachtet und hieraus logisch korrekte Schlüsse gezogen werden sollen, und wenn es vor allem um qualitative Aussagen, weniger um die Berechnung genauer Zahlenwerte geht.

Mit der rechnergestützten Wissensverarbeitung verfügen wir über ein Instrument, um qualitative Information (wie Wissen oder Vorstellungen über ein System) in einem Modell zusammenzufügen und dann logisch korrekt zu verarbeiten. Man beachte, dass hier der Rechner fallspezifisch aus dem abgespeicherten Wissen ein

'Modell' konstruiert, in dem er die unter den gegebenen Ausgangsbedingungen verknüpfbaren Aussagen miteinander verkoppelt. Diese Möglichkeit wird besonders in der objekt-orientierten Programmierung auch im numerischen Bereich ausgenutzt, wo die Abarbeitungsprozedur selbst nicht mehr festgelegt werden muss.

Fragen der rechnergestützten Wissensverarbeitung sollen hier nicht weiter verfolgt werden. Wir wenden uns jetzt wieder der Erstellung des Wirkungsgraphen zu. Hierzu sollen zunächst einige Regeln vereinbart werden.

2-1.4   Der Wirkungsgraph

Die aus dem Wortmodell gewonnenen Wirkungsbeziehungen lassen erkennen, dass die verschiedenen Systemgrößen auf eine relativ komplexe Weise miteinander verknüpft sind. Aus der Betrachtung des Wortmodells oder der darin enthaltenden Wirkungsbeziehungen lässt sich aber ein Überblick über die Zusammenhänge meist nur schwer gewinnen. Diesen Überblick verschafft in einfacher Weise der Wirkungsgraph, der die Systemgrößen und ihre wechselseitigen Wirkungsbeziehungen darstellt. Die Systemgrößen markieren dabei mit ihrem Namen die 'Knoten' des Graphen; die Wirkungen zwischen ihnen werden durch Pfeile in der Wirkungsrichtung dargestellt – die 'Kanten' des Graphen. Werden die Pfeile (Kanten) mit Vorzeichen und Zahlenwerten ('Wichtungen') versehen, um Richtung und Stärke der Wirkungen anzuzeigen, so sprechen wir von 'gewichteten' Graphen.

Der Wirkungsgraph bildet die 'Struktur' des Systems ab. Er ist daher auch die Grundlage für das Simulationsmodell. Wegen seiner Bedeutung für den Erfolg der Modellentwicklung muss der Wirkungsgraph sorgfältig und genau erarbeitet werden. Bei dieser Arbeit sind einige Regeln sorgfältig einzuhalten.

1.   Systemgrößen bilden die 'Knoten' des Wirkungsgraphen.

In einem ersten Schritt werden die zu betrachtenden Systemgrößen als Punkte ('Knoten') aufgetragen. Es empfiehlt sich dabei darauf zu achten, welche Knoten durch Wirkungsbeziehungen besonders stark miteinander verbunden sind. Um allzu viele Überschneidungen zu vermeiden, sollten diese Punkte benachbart sein.

2.   Wirkungen bilden die 'Kanten' des Wirkungsgraphen.

In einem zweiten Schritt werden die Wirkungsbeziehungen zwischen den Knoten durch Pfeile gekennzeichnet ('Kanten'). Ein von A nach B verlaufender Pfeil bedeutet: "Die Größe A wirkt auf die Größe B".

Wir legen uns hier strikt auf diese Bedeutung fest. Es sollte aber im Auge behalten werden, dass die Pfeildarstellung bei Systemuntersuchungen auch eine andere Bedeutung haben kann (z.B. "Ereignis B folgt auf Ereignis A", "B ist A untergeordnet" oder "von A fließt etwas nach B").

3.   Ein Plus-Zeichen an einem Wirkungspfeil deutet gleichsinnige, ein Minus-
zeichen gegensinnige Wirkung an.

Dem Wortmodell kann im Allgemeinen entnommen werden, ob mit einem
Anwachsen der Größe A die Größe B ebenfalls anwächst oder sich verringert. Die
Art dieses Zusammenhangs wird im Wirkungsgraph mit dem Vorzeichen + oder –
angegeben. Das Vorzeichen "+" bedeutet dabei eine gleichsinnige Veränderung der
Nehmergröße (B) mit einer Veränderung der Gebergröße (A). (Falls A wächst,
wächst auch B; falls A kleiner wird, wird auch B kleiner.) Eine gegensinnige Veränderung wird dagegen mit einem "–"-Zeichen gekennzeichnet. (Wenn A wächst, wird
B kleiner; wenn A kleiner wird, wird B größer.) Es ist allgemein üblich, nur gegensinnige Wirkungen mit einem Minuszeichen zu kennzeichnen. Ein fehlendes Vorzeichen bedeutet daher eine gleichsinnige Wirkung.

Abb. 2.1 zeigt den Wirkungsgraphen für das 'Weltmodell'. Die neun Pfeilver-
bindungen entsprechen den in Abschnitt 2-1.2 ermittelten Wirkungsbeziehungen.

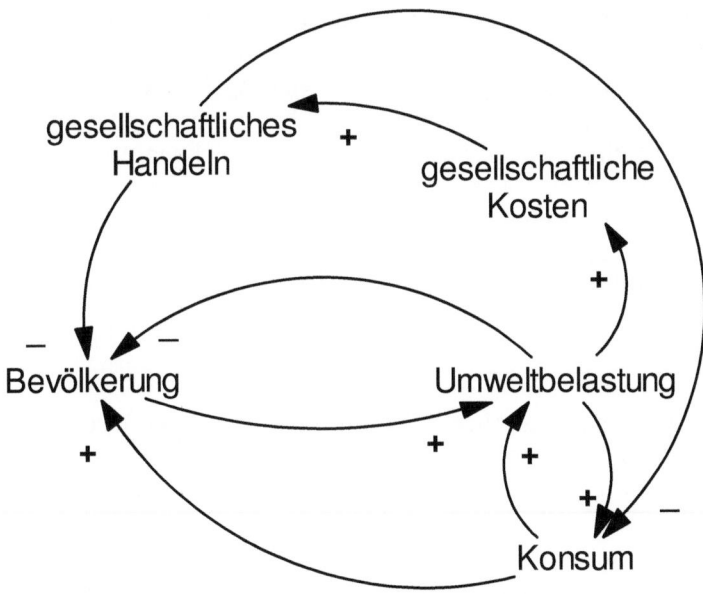

Abb. 2.1: Wirkungsgraph für das einfache 'Weltmodell'.

Bei der Modellentwicklung mit dem Wirkungsgraphen muss später beachtet
werden, dass die Plus- und Minuszeichen nicht unbedingt Addition oder Subtraktion
signalisieren. Auch Verknüpfung durch Multiplikation bzw. Division (und andere
mathematische Formulierungen) kann gleich- bzw. gegensinnige Wirkung haben.

4.   Im Wirkungsgraph dürfen nur direkte Wirkungen aufgenommen werden.

Bei der Ermittlung der Wirkungsbeziehungen muss sehr darauf geachtet werden, dass es nicht zu unbeabsichtigten Doppelzählungen kommt, weil direkte und indirekte Wirkungen nicht auseinandergehalten werden.

Weiß man beispielsweise, dass sich bei Änderung der Größe A auch B ändert, während B wiederum eine Änderung bei C hervorruft, so führt der (richtige) Schluss "A ändert C" zu der Versuchung, daher auch eine direkte Wirkungsverknüpfung von A nach C einzutragen (falsch). Dies wäre nur zulässig, wenn B sich als eliminierbare Zwischengröße herausstellen würde; die Wirkungsbeziehungen A $\rightarrow$ B und B $\rightarrow$ C müssten dann aber gestrichen und durch A $\rightarrow$ C ersetzt werden.

Der Wirkungsgraph darf daher *nur* die direkten Wirkungsbeziehungen wiedergeben. Damit enthält er dann auch die indirekten Wirkungen. Bei der Eintragung jeder Verknüpfung ist daher auch zu fragen, ob sie tatsächlich als direkte Wirkung vorhanden ist, oder ob man nicht eine indirekte Wirkung im Auge hat, die in Wirklichkeit über die Direktwirkungen zwischen weiteren Systemgrößen abläuft.

Davon abgesehen wird es Fälle geben, wo es sich tatsächlich um verschiedene Wirkungen handelt, die getrennt abgebildet werden müssen (z.B. eine Wirkung A $\rightarrow$ B $\rightarrow$ C, und eine völlig anders geartete Direktwirkung A $\rightarrow$ C).

Beispiel: In Abb. 2.1 könnte man versucht sein, einen Pfeil mit einem Minuszeichen von 'Umweltbelastung' nach 'Konsum' zu zeichnen, um damit anzudeuten, dass hohe Umweltbelastung sicher eine dämpfende Wirkung auf den Konsum haben würde. Bei genauerem Hinsehen wird aber klar, dass diese Wirkung sich ergibt durch die hohen 'gesellschaftlichen Kosten', die zu 'gesellschaftlichem Handeln' führen, das wiederum den hohen Verbrauch pro Kopf reduzieren würde. Diese Elemente und die entsprechenden direkten Wirkungen sind aber im Wirkungsdiagramm bereits enthalten.

5.   Bei der Betrachtung einer Wirkung müssen alle anderen Wirkungsbeziehungen als momentan 'eingefroren' gedacht werden.

Bei der Entwicklung des Wirkungsgraphen besteht die Versuchung, andere gleichzeitig ablaufende Wirkungen mitzudenken. Dies ist nicht nur nicht notwendig, es führt zu Fehlern und ist prinzipiell nicht zulässig. Jede einzelne Wirkungsbeziehung muss unter 'ceteris paribus'-Bedingungen analysiert werden ("die anderen (Wirkungen) bleiben gleich"). Diese isolierte Betrachtung jeder Wirkungsbeziehung ohne gleichzeitige Berücksichtigung anderer Zusammenhänge erleichtert die Arbeit. Das Zusammenspiel der Wirkungen ergibt sich später durch die Zusammenhänge und Rückkopplungen des Wirkungsgraphen.

Beispiel: Wenn geklärt werden soll, was mit der *Umweltbelastung* geschieht, wenn der *Konsum* anwächst, so kommt es oft zu folgender Überlegung: "Wenn der Konsum anwächst, so wächst auch die Umweltbelastung" (korrekt). "Gleichzeitig wird die Bevölkerung (aus anderen Gründen) wachsen, was zu noch höherer Um-

weltbelastung führt. Dann wird gesellschaftlicher Druck entstehen, die Umweltbe-
lastung zu reduzieren. Im Endeffekt ergibt sich so eine Verringerung (oder doch
Zunahme?) der Umweltbelastung." Um solche Verwirrungen zu vermeiden, muss
man sich strikt auf den betrachteten Wirkungszusammenhang beschränken und der
Versuchung widerstehen, gleichzeitig auch noch alle anderen Wirkungen mit einzu-
beziehen, die noch eine Rolle spielen könnten. Es ist die Aufgabe des
Simulationsmodells, die Nettowirkung aller gleichzeitigen Einflüsse der anderen
Komponenten des Systems zu ermitteln.

**6.   Der Wirkungsgraph gilt nur für einen bestimmten Ausgangszustand;
       dieser muss eindeutig definiert sein.**

In einem System können sich im Laufe der Zeit oder im Laufe seiner Entwicklung Parameter ändern, Wirkungen neu auftreten (oder alte entfallen), oder die Vorzeichen von Wirkungen umkehren. Für verschiedene Stadien der Entwicklung gelten
daher möglicherweise verschiedene Wirkungsgraphen. Es ist deshalb notwendig,
den Ausgangszustand, für den der Wirkungsgraph gelten soll, eindeutig zu definieren
und während der ganzen Entwicklung des Wirkungsgraphen an dieser Definition
festzuhalten.

Beispiel: Je nachdem, für welche Bedingungen das kleine Weltmodell entwickelt wird, wird es eine etwas unterschiedliche Wirkungsstruktur aufweisen müssen.
In einer vorindustriellen Agrargesellschaft, deren geringe Bevölkerungszahl und
geringes Konsumniveau kaum Umweltbelastung erzeugen, würde es keine entsprechenden Rückwirkungen über *gesellschaftliches Handeln* auf *Bevölkerungszahl* und
Konsum geben. Auch ist aus demographischen Untersuchungen bekannt, dass sich
das Vorzeichen der Wirkungsbeziehung von *Konsum* auf *Bevölkerung* umdreht,
wenn die Bevölkerung sehr wohlhabend wird (und dann weniger Kinder hat). Das
Wirkungsdiagramm in Abb. 2.1 gilt daher am ehesten für eine Gesellschaft mit niedrigem Konsumniveau aber hoher Umweltbelastung. Für andere Anwendungen müsste das Diagramm entsprechend verändert werden.

**7.   Eine ungerade Zahl von Minuszeichen in einer Wirkungskette ergibt eine
       gegensinnige Gesamtwirkung; eine gerade Zahl eine gleichsinnige Ge-
       samtwirkung.**

Aus den Vorzeichen der Wirkungen in einer offenen oder geschlossenen Wirkungskette (Rückkopplung) lässt sich auf den Wirkungssinn vom ersten auf den letzten Knoten schließen. Minuszeichen an zwei Pfeilen einer Wirkungskette bedeuten
daher z.B. eine zweimalige Umkehr des ursprünglichen Wirkungssinns, d. h. die
Wiederherstellung des ursprünglichen Wirkungssinns. Generell gilt: "Minus mal
Minus gleich Plus".

Beispiel: Eine der insgesamt sechs (!) Rückkopplungsschleifen des kleinen Weltmodells (Abb. 2.1: Bevölkerung → Umweltbelastung → Kosten → Handeln → Konsum → Umweltbelastung → Bevölkerung) hat insgesamt vier Plus-Zeichen und zwei Minus-Zeichen. Die Wirkungen der zwei Minus-Zeichen heben sich gegenseitig auf; der Rückkopplungseffekt hat hier eine gleichsinnige Wirkung wie eine ursprüngliche Störung. Im Gegensatz dazu ergibt sich eine gegensinnige Wirkung in der Rückkopplungsschleife: Bevölkerung → Umweltbelastung → Bevölkerung.

8.   Der Wirkungssinn einer Rückkopplungsschleife kann durch ein entsprechendes Vorzeichen in Klammern angedeutet werden.

Das rückgekoppelte Signal eines Rückkopplungskreises hat dann – und nur dann – das gleiche Vorzeichen wie das Ausgangssignal, wenn der Kreis eine gerade Zahl von negativen Vorzeichen (–) besitzt (positive Rückkopplung). Bei einer ungeraden Zahl negativer Vorzeichen im Rückkopplungskreis ergibt sich eine Umkehr des Vorzeichens des Ausgangssignals nach Durchlauf des Rückkopplungskreises (negative Rückkopplung).

Der Wirkungssinn folgt aus der Zahl der negativen Vorzeichen der einzelnen Wirkungsbeziehungen im Rückkopplungskreis (s. Regel 7). Das entsprechende Vorzeichen kann innerhalb der Rückkopplungsschleife in Klammern angegeben werden.

9.   Eine negative Rückkopplung bedeutet tendenziell eine Stabilisierung, eine positive Rückkopplung eine Destabilisierung.

Bei negativem Gesamtvorzeichen der Rückkopplungsschleife ist der ursprüngliche Wirkungssinn nach Durchlaufen der Schleife umgekehrt worden. In vielen Fällen (nicht immer!) bedeutet dies eine Dämpfung (d.h. Stabilisierung) der anfänglichen Einwirkung. Bei positivem Vorzeichen ergibt sich dagegen eine Rückkopplungswirkung mit dem gleichen Wirkungssinn der anfänglichen Einwirkung. Dies wird oft (nicht immer!) zur Verstärkung (d.h. Destabilisierung) der ursprünglichen Einwirkung führen. Bei einer genaueren Betrachtung müssen die Wichtungen (= Verstärkungsfaktoren) der Einzelwirkungen berücksichtigt werden (s. unten).

Beispiel: Das kleine Weltmodell hat insgesamt sechs Rückkopplungsschleifen, von denen drei positive Vorzeichen haben und damit zu instabilem Verhalten führen würden, solange die drei anderen Schleifen mit negativem Vorzeichen dieser Tendenz nicht entgegenwirken. Die sich tatsächlich einstellende Gesamtwirkung kann aus dem Wirkungsgraph nicht abgelesen werden; sie kann nur durch eine genauere Modellierung und Simulation ermittelt werden.

2-1.5 Beispiel: Wirkungsgraph der Klimaänderung

Die Verwendung dieser Regeln soll in einem Beispiel gezeigt werden, das wesentliche Wirkungsbeziehungen bei Klimaänderungen wiedergibt (Abb. 2.2). Zwischen den vier Systemgrößen globale Durchschnittstemperatur, arktische Eisfläche, Albedo (Rückstrahlung) und Wärmeabsorption bestehen vier Wirkungsbeziehungen:

1. Bei Temperaturanstieg(-absinken) verringert (vergrößert) sich die Eisfläche (gegensinnige Wirkung, daher Minuszeichen am Wirkungspfeil).
2. Bei Vergrößerung (Verkleinerung) der Eisfläche vergrößert (verkleinert) sich die Albedo (gleichsinnige Wirkung, daher Pluszeichen am Wirkungspfeil).
3. Bei Vergrößerung (Verkleinerung) der Albedo verringert (vergrößert) sich die Absorption von Sonneneinstrahlung (gegensinnige Wirkung, daher Minuszeichen am Wirkungspfeil).
4. Bei größerer (kleinerer) Absorption von Sonnenstrahlung erhöht (verringert) sich die globale Durchschnittstemperatur (gleichsinnige Wirkung, daher Pluszeichen am Wirkungspfeil).

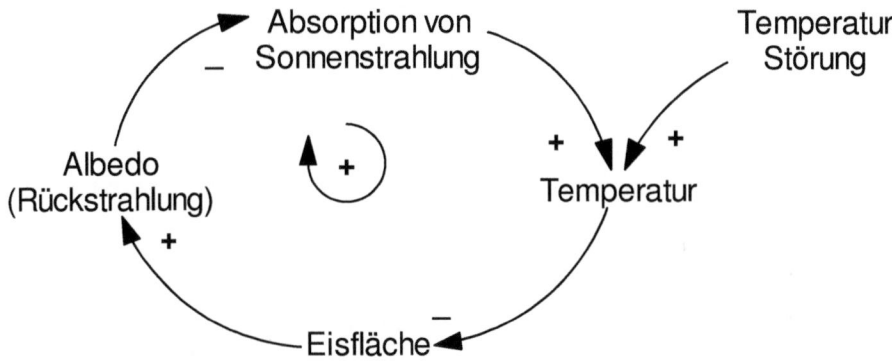

Abb. 2.2: Wirkungsgraph der Zusammenhänge zwischen Einstrahlung, Erwärmung und Eisfläche.

Ausgangspunkt der Graphenentwicklung ist der gegenwärtige Zustand. Offensichtlich sind die vier Wirkungen in einer Rückkopplungsschleife verbunden, die positives Vorzeichen hat. Es ist daher (in diesem einfachen Schema) tendenziell eine Verstärkung einer ursprünglichen Störung zu erwarten: Wird die Durchschnittstemperatur aus irgendeinem Grund erhöht (verringert), so verstärkt sich über die Rückkopplung dieser Trend noch weiter in Richtung einer Temperaturerhöhung (Temperaturverringerung). Der Wirkungsgraph mit seinen Vorzeichen gilt sowohl für den Fall der Erwärmung ('Warmzeit') wie für den der Abkühlung ('Eiszeit').

2-1.6   Qualitative Untersuchungen mit der Wirkungsmatrix

Ohne quantifizieren oder rechnen zu müssen, liefert der Wirkungsgraph (z.B. Abb. 2.1) bereits einige Informationen, die zu einem besseren Verständnis des Gesamtsystems beitragen.

Die im Wirkungsgraphen enthaltene Information lässt sich auch in einer quadratischen Matrix, der sogenannten Wirkungsmatrix, darstellen. Diese Wirkungsmatrix ist zwar weit weniger anschaulich als der Graph selbst, sie ist aber für die weitere numerische oder analytische Bearbeitung eine Voraussetzung.

Um die Wirkungsmatrix aufzubauen, werden zunächst die Zeilen und Spalten mit den Namen der Knoten gekennzeichnet. In jeder Zeile werden für einen bestimmten (Nehmer)Knoten die Wirkungen aller (Geber)Knoten auf ihn angegeben. Wo es keinen Wirkungsbeitrag gibt, wird eine Null eingetragen. Im einfachsten Fall werden positive Wirkungen mit "+1", negative Wirkungen mit "–1" angegeben. Da aber die Verwendung von Beträgen der Größe 1 in der Verknüpfungsmatrix selten auch nur annähernd der Wirklichkeit entspricht und sich andererseits aus der Verwendung dieser Werte kaum Rechenvorteile gegenüber realistischeren Werten ergeben, empfiehlt es sich meist, den weiteren Rechnungen einen genauer quantifizierten Graphen zugrunde zu legen.

Oft interessiert, wie sich in einem Wirkungsgraphen Störungen fortpflanzen, die an einer bestimmten Stelle eingebracht wurden. Bei dieser Ermittlung der Pulsfortpflanzung wird die Zustandsveränderung an einem Knoten (Nehmerknoten) aus den vorhergehenden Zustandsänderungen seiner Geberknoten berechnet, gewichtet mit den vorzeichen-behafteten Wichtungen der entsprechenden Verbindungskanten, d.h. den Koeffizienten der Wirkungsmatrix.

Es ist offensichtlich, dass die Quantifizierung nur in der Nähe eines bestimmten Ausgangszustands ihre Gültigkeit haben wird. Es ist deshalb wichtig, bei der Quantifizierung von einem festgelegten Ausgangszustand auszugehen und dann diesen während des ganzen Wichtungsvorgangs konsequent festzuhalten. Die Aussage jeder Wichtung w ist dann wie folgt zu verstehen:

"Wenn sich am Geberknoten A eine *Veränderung* um den Wert x (in den Einheiten der Zustandsgröße des Geberknotens) ergibt, dann führt dies am Nehmerknoten zu einer Zustands*veränderung* um den Beitrag $w \cdot x$ (in den Einheiten der Zustandsgröße des Nehmerknotens)."

Bevor wir den Graphen des Weltmodells quantifizieren, stellen wir noch fest, dass die Größe *Gesellschaftliche Kosten* lediglich eine Zwischengröße ist und die beiden Kanten *Umweltbelastung* → *gesellschaftliche Kosten* und *gesellschaftliche Kosten* → *gesellschaftliches Handeln* zusammengefasst werden können zu einer einzigen Kante *Umweltbelastung* → *gesellschaftliches Handeln*. Damit vereinfacht sich der Graph auf 4 Knoten und 8 Kanten.

Die Quantifizierung des Wirkungsgraphen beruht auf den folgenden Annahmen: Alle Zustandsgrößen (Knoten) werden als relative Knoten definiert, mit einem heutigen Ausgangszustand von 100% (in der Analyse selbst spielen die Zustandswerte keine Rolle, da lediglich die Änderungen der Zustandsgröße betrachtet werden).

Mit den Wichtungen der einzelnen Wirkungen des Wirkungsdiagramms ergibt sich die quantifizierte Wirkungsmatrix. Diese quadratische Matrix (auch: Systemmatrix **A**) ist die Grundlage für weitere Untersuchungen zu Struktur und Verhalten des Systems. Die Wirkungsmatrix der Abb. 2.3 spiegelt folgende Annahmen wider:

1. Eine Zunahme der *Bevölkerung* um 1% führt zu einer Zunahme der *Umweltbelastung* um ebenfalls 1%.

2. Eine Zunahme von *Umweltbelastung* um 1%, führt zu einer Zunahme von *Konsum* um 1.1%. (Hierbei ist berücksichtigt, dass bei zunehmender *Umweltbelastung* die Aufwendungen für Umweltschutz und Ressourcengewinnung überproportional steigen).

3. Eine Zunahme von *Umweltbelastung* um 1% führt zu einer Abnahme von *Bevölkerung* um 0.1% (Gesundheitsschädigungen durch Schadstoffe usw.).

4. Eine Zunahme von *Konsum* um 1% führt zu einer Zunahme von *Umweltbelastung* um 1%.

5. Eine Zunahme von *Konsum* um 1% führt zu einer Zunahme von *Bevölkerung* um 0.3% (hierin steckt die Annahme, dass mit einer Erhöhung des materiellen Wohlstands auch zunächst noch eine Verbesserung der Lebensbedingungen einhergeht).

6. Eine Erhöhung von *Umweltbelastung* um 1% führt zu einer zunächst noch nicht weiter spezifizierten Verstärkung von *Handeln* von C%. (Die Pulsdynamik in Abhängigkeit von diesem Eingriffsparameter C soll später untersucht werden).

7. Eine Erhöhung von *Handeln* um 1% führt zu einer Absenkung von *Konsum* um ebenfalls 1% (gesellschaftliches Handeln im Bereich von besserer Ressourcennutzung kann wirkungsvoll zu einer Absenkung des spezifischen Verbrauchs führen).

8. Eine Erhöhung von *Handeln* um 1% führt zu einer Reduzierung von *Bevölkerung* um -0.1% (auch erhebliche gesellschaftliche Anstrengungen führen nur zu einer relativ kleinen Absenkung der Bevölkerungszahl).

Gebergrößen→:	Bevölkerung	Umweltbelastung	Konsum	Handeln
Bevölkerung	0	-0.1	0.3	-0.1
Umweltbelastung	1	0	1	0
Konsum	0	1.1	0	-1
Handeln	0	C	0	0

Abb. 2.3: Wirkungsmatrix für das Weltmodell.

Durch Änderung von Wichtungen (hier besonders: C) wäre eine Veränderung von Vorzeichen und Stärke von Wirkungen in Rückkopplungsschleifen und damit des Rückkopplungsfaktors und des Stabilitätsverhaltens möglich. Offensichtlich lässt sich das Stabilitätsverhalten eines Systems also verändern durch (1) Änderungen der Wichtungen, (2) Hinzufügen oder Weglassen von Wirkungsbeziehungen und (3) durch das Hinzufügen oder Weglassen von Knoten mit den dazugehörigen Verbindungen.

Frederic Vester hat einen 'Papiercomputer' angegeben, mit dem sich auf einfache Weise aus der quantifizierten Wirkungsmatrix einige interessante Aussagen über das System gewinnen lassen (Vester 1976, S. 61-63). Hierbei wird nur die Stärke der Wirkungen, nicht ihr Vorzeichen berücksichtigt. Ausgangspunkt sind die Spalten- und Zeilensummen der Beträge der Wichtungen in der Wirkungsmatrix.

Jede **Spaltensumme** ist die Summe der Wirkungsstärken einer Systemgröße (d.h. seiner Einflüsse auf andere Größen). Sie ist daher ein Maß für den aktiven Einfluss einer bestimmten Größe im System. Sie wird daher als **Aktivsumme** AS bezeichnet.

Jede **Zeilensumme** ist die Summe der Wirkungsstärken aller Größen auf eine Systemgröße (d.h. der auf sie wirkenden Einflüsse). Sie ist also ein Maß für die passive Aufnahme von Wirkungen durch eine bestimmte Größe im System. Sie wird daher als **Passivsumme** PS bezeichnet.

Aus AS und PS lassen sich nun Quotienten und Produkte bilden, die Aufschluss über die relative Bedeutung der verschiedenen Elemente im System geben.

- **Aktive Elemente** sind Elemente, die viele andere stark beeinflussen, selbst aber wenig beeinflusst werden. Sie haben daher einen hohen Wert $Q = AS/PS$.
- **Passive Elemente** sind Elemente, die alle anderen nur schwach beeinflussen, selbst aber stark beeinflusst werden. Für sie ist der Wert $Q = AS/PS$ relativ gering.
- **Kritische Elemente** sind Elemente, die die anderen Elemente sowohl stark beeinflussen, wie auch von ihnen stark beeinflusst werden. Für sie ist der Wert $P = AS \cdot PS$ hoch.
- **Puffernde Elemente** sind Elemente, die die anderen Elemente nicht nur wenig beeinflussen, sondern außerdem von ihnen auch nur wenig beeinflusst werden. Für sie ist der Wert $P = AS \cdot PS$ besonders niedrig.

Wenn wir diese einfachen Rechnungen an der Wirkungsmatrix des Weltmodells (mit $C = 0.3$) durchführen (Abb. 2.4) so ergibt sich

- aktives Element: *Handeln*   ($Q_{max} = 3.67$)
- passives Element: *Konsum*   ($Q_{min} = 0.62$)
- kritisches Element: *Umweltbelastung*   ($P_{max} = 3.00$)
- pufferndes Element: *Handeln*   ($P_{min} = 0.33$)

Gebergrößen→:	Bevölke-rung	Umweltbe-lastung	Konsum	Handeln	PS	P = AS*PS
Bevölkerung	0	0.1	0.3	-0.1	0.5	0.5
Umweltbelastung	1	0	1	0	2	3
Konsum	0	1.1	0	1	2.1	2.73
Handeln	0	C = 0.3	0	0	0.3	0.33
AS	1	1.5	1.3	1.1		
Q = AS/PS	2	0.75	0.62	3.67		

Abb. 2.4: Anwendung des Vester'schen Papiercomputers auf das Weltmodell.

Durch Veränderung von Wichtungen in der Wirkungsmatrix kann man sich leicht davon überzeugen, dass diese Klassifizierung stark von der Wichtungswahl abhängt. Bei der hier gewählten Gewichtung hat gesellschaftliches *Handeln* sowohl als aktives wie als pufferendes Element besondere Bedeutung, während sich die *Umweltbelastung* als besonders kritisches Element erweist.

Wenn der Wirkungsgraph bzw. die Wirkungsmatrix mit allen Einzelwirkungen und deren Vorzeichen und Wichtungen bekannt ist, so lässt sich über die Wirkungsketten auch verfolgen, wie eine anfängliche Störung von Knoten zu Knoten weitergegeben wird.

Hat der Wirkungsgraph keine Rückkopplung, so erreicht eine einmalige Störung schließlich auch den letzten erreichbaren Knoten; danach kann keine weitere Veränderung mehr stattfinden. Gibt es aber Rückkopplungen, so werden die Folgewirkungen einer einmaligen Anfangsstörung weiter im System 'kreisen'. Entsprechend den Rückkopplungsfaktoren können sie dabei schwächer oder stärker werden. Da Rückkopplungskreise oft einige Wirkungsbeziehungen gemeinsam haben, beeinflussen sich solche Rückkopplungskreise offensichtlich auch gegenseitig. Das dynamische Verhalten eines Wirkungsgraphen in Reaktion auf eine Störung ist daher im Allgemeinen erst durch eine genaue Rechnung oder Analyse ermittelbar.

Um das Zusammenspiel der Rückkopplungskreise in der Wirkungsstruktur und damit die Verhaltensdynamik des Systems als Ganzes zu ermitteln, müssen die Zustandsveränderungen an den einzelnen Knoten als Funktion der Zeit ermittelt werden. Die zeitlichen Veränderungen ergeben sich aus den Eintragungen der Wirkungsmatrix. So ist etwa die Zustandsänderung am Knoten i gleich der Summe der Wirkungen aller auf ihn einwirkenden Knoten. Diese bestimmen sich aus der Zustandsänderung am betreffenden Knoten mal der Wirkungswichtung w_{ij} der Wirkung des Knotens j auf den Knoten i. Diese Betrachtungsweise entspricht dem diskreten Pulsprozess.

Ein Veränderungspuls zur Zeit t_k am Knoten i von n Knoten wird durch die Pulse zur Zeit t_{k-1} an den (Geber)Knoten und die Gewichtung w_i der jeweiligen Wirkungsverknüpfung bewirkt:

$$p_{i,k} = w_{i1}\, p_{1,(k-1)} + w_{i2}\, p_{2,(k-1)} + \dots + w_{ii}\, p_{i,(k-1)} + \dots + w_{in}\, p_{n,(k-1)}$$

Dieser Zusammenhang lässt sich in Vektorschreibweise kompakter darstellen (s. Kap. 6):

$$\mathbf{p}_k = \mathbf{A}\ \mathbf{p}_{k-1}$$

Hierbei ist $\mathbf{A} = [w_{ij}]$ die quadratische Wirkungsmatrix (Systemmatrix). Der Pulsprozess ist (puls)stabil (der Absolutwert der Pulse nimmt nicht zu) wenn alle Eigenwerte der Systemmatrix im Betrag kleiner oder gleich 1 sind:

$$|\lambda_i| \leq 1$$

Bezeichnen wir die Pulse (Zustandsveränderungen) an den Knoten *Bevölkerung*, *Umweltbelastung*, *Konsum* und *Handeln* mit den Buchstaben *V*, *L*, *K* und *H*, so ergibt sich für das Weltmodell aus der Wirkungsmatrix (Abb. 2.3) direkt (mit k als fortlaufendem Index der diskreten Zeit):

$$V_k = - 0.1 \cdot L_{k-1} + 0.3 \cdot K_{k-1} - 0.1 \cdot H_{k-1}$$
$$L_k =\ \ \ 1 \cdot V_k + 1 \cdot K_{k-1}$$
$$K_k = + 1.1 \cdot L_{k-1} - 1 \cdot H_{k-1}$$
$$H_k = + C \cdot L_{k-1}$$

Die Pulse V_k, L_k, K_k und H_k stellen kleine Störungen des Ausgangszustands dar, dürfen also nicht mit den Zuständen *Bevölkerung*, *Umweltbelastung*, *Konsum* und *Handeln* verwechselt werden.

Die Berechnung der vier Pulsgleichungen des Weltmodells als Funktion der diskreten Zeit lässt sich leicht z.B. mit einem Tabellen-Kalkulationsprogramm programmieren. Der grundsätzliche Aufbau dieser Simulation ist der gleiche wie bei den sehr viel komplexeren dynamischen Simulationen, die wir später entwickeln werden. Der Rechenvorgang muss die folgenden Schritte umfassen:

1. Wahl der Parameter (hier nur *C*)
2. Festlegung der Anfangswerte der (Puls)Zustände (hier *V*, *L*, *K* und *H* zum Anfangszeitschritt $k = 0$)
3. Berechnung des neuen (Puls)Zustands für den nächsten Zeitschritt $k+1$ und Wiederholung dieser Berechnung für alle folgenden Zeitschritte
4. Graphische oder tabellarische Darstellung der Ergebnisse (Pulszustände im Zeitverlauf)

Der Aufbau der Tabellenkalkulation orientiert sich an dem Schema in Abb. 2.5a. Die entsprechenden Eintragungen im Tabellen-Kalkulationsprogramm sind in Abb. 2.5b wiedergegeben.

$C = 1$ (Eingabe des Parameters)		
Anfangswerte:	Pulsberechnung	
$k = 0$ (Zeitschritt)	$k = 1$	$k = 2$ usw.
$V_0 = 0$	$V_k = -0.1\,L_{k-1} + 0.3\,K_{k-1} - 0.1\,H_{k-1}$	(Kopie der gleichen
$L_0 = 1$	$L_k = 1 \cdot V_{k-1} + 1 \cdot K_{k-1}$	Formeln für alle Zeit-
$K_0 = 0$	$K_k = +1.1\,L_{k-1} - 1 \cdot H_{k-1}$	schritte $k = 2, 3, \ldots$,
$H_0 = 0$	$H_k = +C \cdot L_{k-1}$	m)

Abb. 2.5a: Rechenschema zur Berechnung der Pulsdynamik.

	A	B	C	D
1	C =	0.22		
2	Anfangswerte	Pulsberechnung		
3	k	0	1	2
4	V für C = 0.22	=0	= -0.1*B5 +0.3*B6 -0.1*B7	= -0.1*C5 +0.3*C6 -0.1*C7
5	L	=1	= B4 +B6	= C4 +C6
6	K	=0	= 1.1*B5 -B7	= 1.1*C5 -C7
7	H	=0	= C*B5	= C*C5

	A	B	C	D
1	C	0.22		
2	Anfangswerte	Pulsberechnung		
3	k	0	1	2
4	V für C = 0.22	0	-0.1	0.308
5	L	1	0	1
6	K	0	1.1	-0.22
7	H	0	0.22	0

Abb. 2.5b: Tabellenkalkulation der Pulsdynamik des 'Weltmodells'. Gezeigt sind nur die Schritte für k = 0, 1 und 2. Der Rest der Tabelle setzt sich sinngemäß fort. O-ben: Berechnungsformeln; unten: Berechnungsergebnisse. Der Parameter C muss festgelegt werden (über "Bereichsname", "Namenfeld" oder mit $-Zeichen).

In diesem Programm wird zunächst der Eingriffsparameter C bestimmt. Da-nach werden die Anfangswerte der Knoten festgelegt. (Im Beispiel werden die Stö-rungen an allen Knoten anfangs auf Null und nur bei L auf 1 gesetzt). Danach wer-den in der Zeitschleife die jeweils neuen Pulswerte an den Knoten aus den alten Wer-ten und den Wirkungsbeziehungen bestimmt.

Die Ergebnisse dieser Rechnungen in Abhängigkeit vom Eingriffsparameter C sind in Abb. 2.6 gezeigt. Wir beobachten dabei folgendes: Für $C < 0.23$ zeigt sich instabiles, divergierendes Verhalten: Die anfängliche kleine Störung verstärkt sich im Laufe der Zeit ständig. Für $0.23 < C < 0.41$ zeigt sich ein stabiler Bereich, in dem die anfängliche Störung mit der Zeit verschwindet. Hier ändert sich allerdings der

Charakter der Pulsdynamik bei zunehmendem C: Während sich zunächst noch eine aperiodische gedämpfte Lösung ergibt, kommt es mit zunehmendem C zu Schwingungen (Vorzeichenwechsel). Für $C > 0.41$ sind diese Schwingungen selbstverstärkend, das System ist instabil. Diese Verhaltens- und Stabilitätsaussagen für die Pulsdynamik sind unabhängig von der Wahl des Anfangspulses (Stärke und Angriffspunkt). Dies ist eine Konsequenz der Linearität des Pulsprozesses.

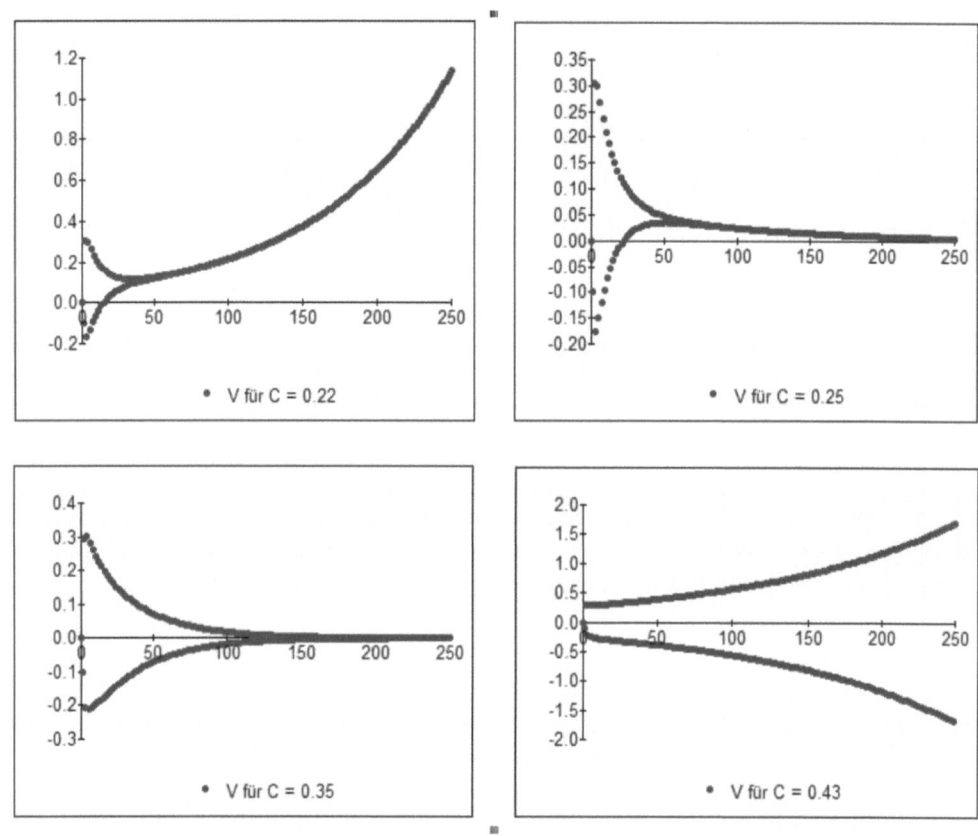

Abb. 2.6: Pulsdynamik des Weltmodells bei verändertem Eingriffsparameter C. Teilweise alterniert die Störung (Puls L) zwischen positiven und negativen Werten. Nur im Bereich 0.23 < C < 0.41 ist das Pulssystem stabil.

Diese Ergebnisse zeigen, dass

1. das Modellsystem in Abhängigkeit vom Eingriffsparameter C sowohl stabiles wie instabiles, aperiodisches wie periodisches Verhalten zeigen kann;
2. ein 'optimaler' Wertebereich für C angegeben werden kann, bei dem Störungen

rasch ausgedämpft werden;

3. sowohl zu schwacher Eingriff ($C < 0.23$) wie zu starker Eingriff ($C > 0.41$) zur Störungsverstärkung und Instabilität führen kann;

4. der Parameterbereich für C, in dem stabile Lösungen zu erwarten sind, relativ klein ist.

Diese Erkenntnisse aus der Untersuchung der Pulsdynamik des Wirkungsgraphen bieten zwar keine konkreten Hinweise zur Lösung globaler Probleme, aber sie liefern eine Aussage von allgemeiner Bedeutung: Sie zeigen, dass es wohlbemessener Eingriffe bedarf, um Stabilität zu wahren, und dass sowohl zu schwache Eingriffe als auch zu starkes Durchgreifen ein System destabilisieren können.

Systemverhalten in der unmittelbaren Nähe eines Ausgangszustands lässt sich oft – wie hier bei der Pulsdynamik – mit einer linearen Approximation untersuchen, um damit z.B. festzustellen, ob sich stabiles oder instabiles Verhalten ergibt. Grundsätzlich ist aber bei der Verwendung linearer Modelle – wie dem Wirkungsgraphen – Vorsicht geboten, da der lineare Ansatz verhaltensprägende (nichtlineare) Eigenheiten komplexer Systeme nicht wiedergeben kann. Die Modellbildung darf daher beim Wirkungsgraphen nicht stehen bleiben, sondern muss sich als nächstes mit den speziellen Eigenschaften der Systemelemente und ihren funktionellen Verknüpfungen befassen. Dies ist wesentlicher Inhalt der weiteren Untersuchungen in diesem Buch.

2-2 Differenzierung des Modellkonzepts und Simulation

2-2.1 Differenzierung der Systemgrößen des Weltmodells

Unser Ziel ist es, entsprechend der oben (Abb. 2.1) abgeleiteten Wirkungsstruktur für ein 'Weltmodell' ein Simulationsmodell zu entwickeln, das eine in etwa richtige Beschreibung der globalen Dynamik liefern kann, wie sie sich aus dem Zusammenspiel von Bevölkerungsentwicklung, Umweltbelastung und Konsum ergeben könnte. Dabei interessiert insbesondere auch, welchen Einfluss auf die Gesamtentwicklung gezielte Beeinflussungen der Bevölkerungsentwicklung und der Konsumentwicklung haben könnten.

Wir haben oben versucht, mit Hilfe der Pulsdynamik der Wirkungsmatrix einen Einblick in das Verhalten des Systems zu bekommen. Das Ergebnis war nicht sehr hilfreich. Es hat lediglich gezeigt, dass das System je nach Stärke des Eingriffs anders reagiert und stabiles wie auch instabiles Verhalten zeigen kann.

Genauere Information ist auch kaum zu erwarten, da wir uns mit den Eigenheiten der Systemelemente und der Verknüpfungen überhaupt nicht befasst haben. Die Realität lehrt uns aber, dass Systemelemente große Verhaltensvielfalt zeigen können, und dass sie darüber hinaus auch auf vielfältige Weise andere Systemelemente beeinflussen können. Meist sind diese Einwirkungen nichtlinear, d.h. die Wirkung kann eine sehr komplexe Funktion der Ursache sein. Das macht klar, dass es kein einfaches und schnelles Verfahren geben kann, um Systemverhalten genau und verlässlich zu berechnen. Die einzige Ausnahme sind lineare Systeme oder die Untersuchung kleiner Abweichungen von einem Gleichgewichtszustand bei nichtlinearen Systemen. Im letzteren Fall können die Zustandsgleichungen linearisiert werden; die Wirkung kleiner Störungen kann dann mit einem linearen Gleichungssystem untersucht werden (s. Kap. 6-4).

Die erste Annäherung an ein dynamisches Simulationsmodell über die lineare Pulsdynamik ist also zu weit von den realen Prozessen entfernt, als dass sie eine auch nur ungefähre Beschreibung der realen Dynamik geben könnte. Wir müssen daher die Modellformulierung überdenken und verbessern.

Verzichtet man auf die Annahme kleiner Störungen und linearer (additiver) Verkopplungen von Störungen an den Knoten, so muss man sich mit den verschiedenen Systemgrößen und ihren gegenseitigen funktionalen Abhängigkeiten genauer auseinandersetzen. Hier zeigt sich besonders, dass die verschiedenen Systemgrößen durchaus verschiedene Eigenschaften haben. Wir müssen vor allem unterscheiden:

- **Vorgabegrößen** wie feste Systemparameter oder von der Systementwicklung unabhängige exogene Einwirkungen aus der Systemumwelt.
- **Zustandsgrößen** (Speichergrößen), die zu jedem (Rechen- oder Mess-) Zeitpunkt den Zustand eines Systems angeben. Sie sind nicht durch andere Systemgrößen ausdrückbar oder ersetzbar. Die Zustandsgrößen geben die 'Koordinaten' des Verhaltensraums eines Systems an.
- **Zwischengrößen und Hilfsgrößen (Wandler)**. Diese Größen sind direkt aus den momentanen Werten der Zustandsgrößen oder aus vorgegebenen Parametern und/oder exogenen Einwirkungen berechenbar.

Diese Unterscheidung zwischen Vorgabegrößen, Zustandsgrößen und Zwischengrößen ist für die Systemdarstellung von fundamentaler Bedeutung. Bei der mathematischen Systemdarstellung muss für jede Zustandsgröße eine Differential- bzw. Differenzengleichung geschrieben werden. Die Zahl der Zustandsgrößen gibt damit die Dimension des Systems und die Zahl der beschreibenden Differential- bzw. Differenzengleichungen an. Für die Zwischengrößen sind lediglich algebraische Gleichungen oder logische Zusammenhänge anzugeben.

Dem Anfänger fällt die Unterscheidung zwischen Zustandsgrößen und Zwischengrößen erfahrungsgemäß oft nicht leicht. Hierzu deshalb ein oft hilfreicher Hinweis: Die Zustandsgrößen sind diejenigen Systemgrößen, die bei einer gedachten plötzlichen Unterbrechung der dynamischen Entwicklung des Systems ("Einfrieren") registriert werden müssten, um zu einem beliebigen späteren Zeitpunkt das System wieder genau am Unterbrechungspunkt so fortfahren zu lassen, als hätte es die Unterbrechung nie gegeben. Dieses Gedankenexperiment des "Dornröschenschlafs" zeigt, dass hierbei auch an Größen gedacht werden muss, die nicht ohne weiteres auf der Hand liegen. So ist, um beim Beispiel zu bleiben, nicht nur die Stellung der zur Ohrfeige erhobenen Hand des Kochs im Dornröschenschloss eine Zustandsgröße, sondern ebenso zusätzlich die kinetische Energie, die zum Zeitpunkt der Verzauberung in der Hand gespeichert war.

In unserem ursprünglichen Weltmodellentwurf (Abb. 2.1) ist die *Bevölkerung* eine Zustandsgröße. Ihr Wert ist aus den momentanen Werten der anderen Systemgrößen nicht ermittelbar. Er müsste nach einem Einfrieren des Systems verfügbar bleiben, um zu einem späteren Zeitpunkt die Systementwicklung bruchfrei weiterführen zu können. Ein Maß für diese Zustandsgröße kann entweder die tatsächliche oder eine auf einen bestimmten Zeitpunkt (ein bestimmtes Vergleichsjahr) bezogene relative Bevölkerungszahl sein.

Auch die *Umweltbelastung* ist eine Zustandsgröße. Als Zustandsmaß könnten etwa verwendet werden: die Menge bestimmter Schadstoffe in der Umwelt, die Menge der irreversibel verbrauchten natürlichen Rohstoffe, die Zahl der verschwundenen Arten usw.

Nach plötzlichem Einfrieren der 'Miniwelt' würden wir zwar noch *Bevölkerung* und *Umweltbelastung* messen können, aber den *Konsum* würden wir nicht feststellen können. Allerdings wären alle Geräte, Maschinen, Gebäude, Fabriken und Anlagen noch da, die den *Konsum* bestimmen. Aus der Anzahl der Anlagen und ihrem normalen Ressourcenverbrauch ließe sich der *Konsum* pro Kopf berechnen. Wir führen daher eine Zustandsgröße *Anlagen* ein, die als Maß für die Höhe des *Konsums* in der 'Miniwelt' genommen werden kann. Die drei Zustandsgrößen *Bevölkerung*, *Umweltbelastung* und *Anlagen* sind Speichergrößen, die sich nicht aus dem momentanen Werten anderer Systemgrößen bestimmen lassen.

Die Systemgröße *Gesellschaftliche Kosten* (Abb. 2.1) ist dagegen direkt eine Funktion der momentanen *Umweltbelastung*. Da sie aus dieser bestimmt werden kann, ist *Kosten* auf keinen Fall eine getrennte Zustandsgröße, sondern eine Zwischengröße. Das Gleiche gilt auch für die Systemgröße *Gesellschaftliches Handeln*. Dieses *Handeln* ist wiederum direkt abhängig von den gesellschaftlichen *Kosten*. *Handeln* ist darum ebenfalls eine Zwischengröße.

Wir haben insgesamt drei Zustandsgrößen identifiziert und müssen daher mit drei Differential- bzw. Differenzengleichungen für *Bevölkerung*, *Umweltbelastung* und *Anlagen* rechnen. Im ursprünglichen Wirkungsgraph des Weltmodells (Abb. 2.1) kennzeichnen wir die Zustandsgrößen jetzt als Kästen und erhalten so das Systemdiagramm Abb. 2.7.

Wir gehen im Folgenden modular vor, indem wir zunächst Teilmodelle für die Teilsysteme 'Bevölkerung', 'Umweltbelastung' und 'Anlagen' entwickeln und ausprüfen. Erst wenn wir für jede der Komponenten eine gültige Formulierung gefunden und jedes Teilmodell einzeln überprüft haben, kommen wir auf das Gesamtmodell zurück. Wir werden dann die Teilmodelle mit den in Abb. 2.7 angegebenen Wirkungsverknüpfungen zwischen den Größen *Bevölkerung*, *Umweltbelastung* und *Anlagen* verknüpfen und die dynamische Entwicklung der Miniwelt unter verschiedenen Annahmen berechnen.

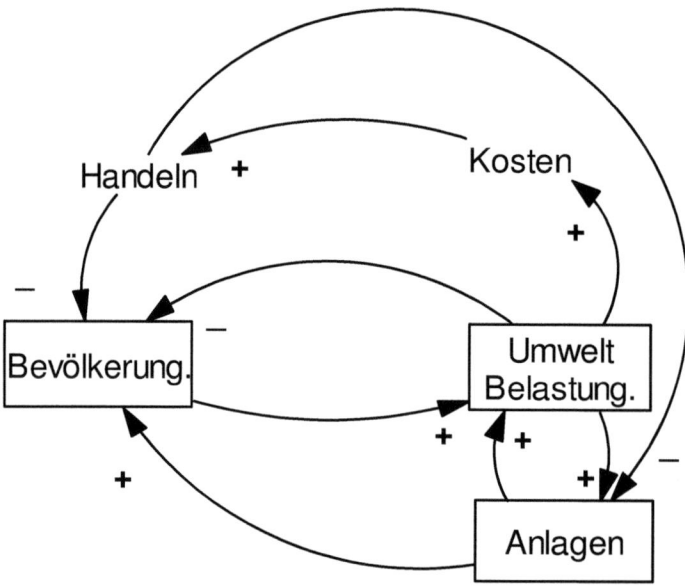

Abb. 2.7: Die Struktur des primitiven Weltmodells als Ausgangspunkt für eine differenziertere Systemanalyse.

Für die dynamischen Simulationen sowohl der Teilmodelle wie auch des Gesamtmodells benötigen wir ein Simulationsverfahren. Kleine Modelle dieser Art lassen sich leicht mit den weit verbreiteten Tabellenkalkulations-Programmen berechnen. Das Rechenverfahren soll zunächst vorgestellt werden.

2-2.2   Simulation mit einem Tabellenkalkulations-Programm

Die Simulation dynamischer Systeme besteht im Kern darin, über die laufenden Veränderungen einer Zustandsgröße – d.h. ihre Zuflüsse und Abflüsse – ständig Buch zu führen, um hieraus den augenblicklichen Zustand zu ermitteln, ausgehend von einem vorgegebenen Anfangszustand. Die Summation der augenblicklichen Zu- und Abflüsse bedeutet mathematisch die Integration dieser Zustandsveränderungsraten über die Zeit. In Computerprogrammen wird dieser Vorgang durch die Summation der Zu- und Abflüsse während eines kleinen Zeitschritts angenähert berechnet. Hieraus ergibt sich der neue Zustandswert des nächsten Zeitschritts. Diese schrittweise Berechnung wird wiederholt, bis das Ende der interessierenden Zeitperiode erreicht ist.

Die Vorstellung einer Zustandsgröße als Speicher mit Zu- und Abflüssen prägt auch die Darstellung dynamischer Systeme in Systemdiagrammen. Zustandsgrößen werden als Kästen, Zu- und Abflüsse als 'Leitungsrohre' mit 'Ventilen' dargestellt, deren Öffnungsgrad durch bestimmte Systemgrößen geregelt wird. Abb. 2.8 zeigt das grundsätzliche Schema, das wir auch in diesem Buch bei allen Systemmodellierungen verwenden werden.

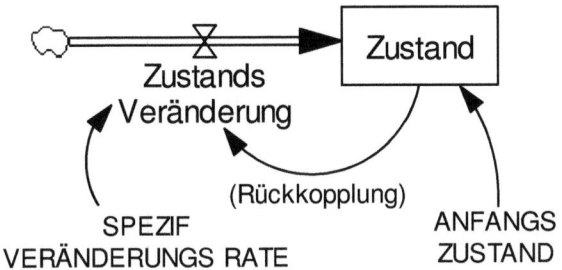

Abb. 2.8: Graphische Darstellung dynamischer Systeme: Zustandsgröße (Kasten), Zustandsveränderung, Zwischengrößen, Vorgabegrößen (in Großbuchstaben).

Das Verfahren für die Tabellenkalkulation soll an einem einfachen Beispiel demonstriert werden: Der *Zufluss* in einen anfangs leeren Behälter (Badewanne) wird zum Zeitpunkt T_{auf} von Null auf einen bestimmten Wert (ZU in Liter Wasser pro Minute) gestellt, und nach einer bestimmten Zeit T_{zu} (in Minuten) wieder auf Null gesetzt. Es soll der zeitabhängige *Zustand* (in Liter Wasser) berechnet werden. Das Rechenschema ist in Abb. 2.9 gezeigt.

	Konstanten:		
Tauf	= 5		
Tzu	= 15		
ZU	= 20		
Tend	= 20		
DT	= 0.1		
	Simulation:		
time	= 0	= time + DT	*(Formelblock der Spalte links so oft kopieren, bis Tend erreicht – hier (Tend/dt) mal = 200 Rechenschritte)*
Zustand	= 0	= Zustand + Zufluss·DT	
Zufluss	= IF(time>Tauf AND time<Tzu; ZU; 0)	= IF(time>Tauf AND time<Tzu; ZU; 0)	

Abb. 2.9: Schema zur Berechnung des Füllvorgangs.

Hierbei ist zu beachten, dass die Zellenbereiche der Konstanten festgelegt werden müssen, entweder durch Benennung mit einem Bereichsnamen (*Tauf, Tzu, ZU, Tend, DT*) oder durch Festlegung von Spalte und Zeile, in dem der Konstanten-wert steht (B2, B3 usw.) und Verwendung dieser Bezeichnungen in den For-meln. Werden relative Bezüge verwendet, so sind entsprechende Formeln einzutra-gen (s. Abb. 2.10). *Hinweis*: Die IF-Bedingung muss in einigen Programmen wie folgt formuliert werden: WENN (UND *time* >= *Tauf*; *time* < *Tzu*); *ZU*; 0).

	Simulation:			
time	0	$ZS_{-1} + DT$	*(Formelblock der Spalte links so oft kopieren, bis Tend erreicht – hier (Tend/dt) mal = 200 Rechenschritte)*
Zustand	0	$ZS_{-1} + Z_{+1}S_{-1}·DT$		
Zufluss	IF($Z_{..2}S$ >T1 AND $Z_{..2}S$ <Tzu; ZU; 0)	*(Kopie von Formel links)*		

Abb. 2.10: Berechnung des Füllvorgangs mit relativen Bezügen in der Tabellenkal-kulation.

Die Indizes der Zeilen (Z) und Spalten (S) verweisen dabei auf vorher berechnete Werte in entsprechend zurück gezählten (negativer Index) oder vorwärts gezählten (positiver Index) Zeilen oder Spalten.

Abb. 2.11 zeigt das Ergebnis der Rechnung mit einem Tabellen-Kalkulations-programm. Es zeigt erwartungsgemäß, dass ab dem Zeitpunkt T_{auf} = 5 (Minuten) die Badewanne sich mit konstantem Zufluss ZU = 20 (Liter/Minute) füllt und am Ende des Füllvorgangs nach T_{zu} = 15 (Minuten) den *Zustand* = 200 (Liter) erreicht hat. Die Berechnung entspricht der Integrationsformel (z = *Zustand*, a = *ZU*, t = *time*)

$$z = \int_{tauf}^{tzu} a\,dt = a \int_{tauf}^{tzu} dt = a\,(t_{zu} - t_{auf}) = 20(15 - 5) = 200$$

2-2.3   Teilmodell Bevölkerungsentwicklung

Kennzeichnend für die Entwicklung einer Bevölkerung (Populationsdynamik) ist die Tatsache, dass sowohl die jährliche Zahl der *Geburten* wie die jährliche Zahl der *Sterbefälle* in erster Linie direkt von der Bevölkerungszahl, d.h. der Zustandsgröße *Bevölkerung* selbst abhängen. Hiermit erhalten wir das Simulationsdiagramm für die Bevölkerungsentwicklung (Abb. 2.12). Es enthält die sechs qualitativen Aussagen (Wirkungspfeile, bzw. Zu- oder Abflüsse):

Füllvorgang

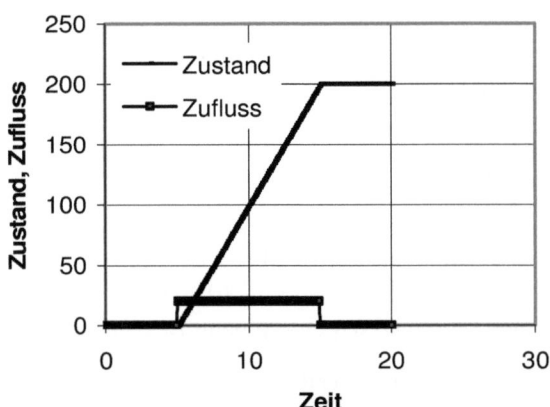

Abb. 2.11: Simulationsergebnis mit einem Tabellen-Kalkulationsprogramm für das Füllen einer Wanne.

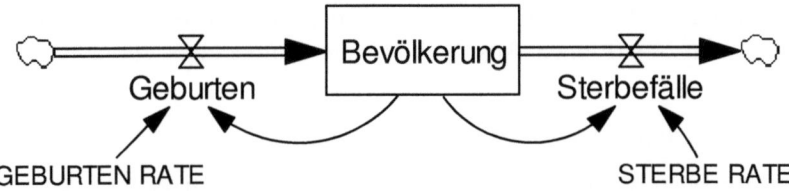

Abb. 2.12: Simulationsdiagramm des Teilmodells für die Bevölkerungsentwicklung.

- Die Größe der *Bevölkerung* bestimmt die Zahl der *Geburten* pro Jahr.
- Die Größe der *Bevölkerung* bestimmt die Zahl der *Sterbefälle* pro Jahr.
- *Geburten* führen zu einem Zuwachs der *Bevölkerung*.
- *Sterbefälle* führen zu einem Verlust von *Bevölkerung*.
- Die GEBURTENRATE beeinflusst die Zahl der *Geburten*.
- Die STERBERATE beeinflusst die Zahl der *Sterbefälle*.

Hier wird die folgende Schreibweise eingeführt: Alle Systemgrößen (mathematische Größen) werden kursiv geschrieben; Vorgabegrößen (Festparameter oder zeitabhängige Parameter) werden in Großbuchstaben geschrieben.

Bei genauerer Betrachtung ist die jährliche Zahl der *Geburten* von der altersspezifischen Fertilität der Frauen und der Zahl der Frauen in den (gebärfähigen) Altersjahrgängen abhängig, aber dies lässt sich in erster Näherung als eine proportionale Abhängigkeit von der *Bevölkerung*szahl ausdrücken:

$Geburten$ = GEBURTENRATE * $Bevölkerung$

Die GEBURTENRATE liegt zwischen etwa 1 Prozent pro Jahr (Industrieländer) und 4 Prozent pro Jahr (Entwicklungsländer).

In ähnlicher Weise lässt sich – unter Vernachlässigung der vom Alter abhängigen Mortalität – die jährliche Zahl der Todesfälle als proportionale Abhängigkeit von der Bevölkerungszahl ausdrücken:

$Sterbefälle$ = STERBERATE * $Bevölkerung$

Die STERBERATE liegt in allen Ländern bei rund 1 Prozent. (Im Gleichgewichtsfall müsste sie (1/Lebenserwartung) betragen, also z.B. 1/80 = 1.25 Prozent pro Jahr bei einer durchschnittlichen Lebenserwartung von 80 Jahren.)

Nach Ablauf eines Jahres lässt sich die neue Bevölkerungszahl ermitteln aus

neue $Bevölkerung$ = alte $Bevölkerung$ + ($Geburten$ – $Sterbefälle$) * 1 Jahr

Diese Beziehung für die $Bevölkerung$ nach einem Zeitschritt Δt (z.B. Δt = 1 Jahr) lässt sich auch allgemeiner schreiben als

$Bevölkerung(t) = Bevölkerung(t- \Delta t) + (Geburten – Sterbefälle) * \Delta t$

Lassen wir hier den Zeitschritt sehr klein werden, so bekommen wir beim Grenzübergang $\Delta t \rightarrow dt \rightarrow 0$ einen Ausdruck für die momentane Veränderungsrate der Bevölkerung:

$d(Bevölkerung)/dt = (Geburten – Sterbefälle)$

Die Formel zur Berechnung der neuen Bevölkerung lässt sich auch schreiben als

$Bevölkerung(t) = Bevölkerung(t- \Delta t) + [d(Bevölkerung)/dt] * \Delta t$

Allgemein lässt sich ein neuer Zustand berechnen aus dem vorhergehenden Zustand vermehrt um die Zustandsänderung mal Zeitschritt:

$Zustand(t) = Zustand(t- \Delta t) + [d(Zustand)/dt] * \Delta t$

Diese Gleichung enthält das 'Rezept' für die Berechnung der zeitlichen Entwicklung eines Systems: Ausgehend von einem vorgegebenen Anfangswert für den $Zustand$ wird für die aufeinander folgenden Zeitschritte der neue $Zustand$ aus dem vorhergehenden Wert berechnet, zu dem die im Zeitschritt erfolgte Zustandsänderung addiert wird. Für jeden Zeitschritt muss dabei die momentane zeitliche Veränderung des Zustands [$d(Zustand)/dt$] ermittelt werden. Diese ergibt sich – je nach System – aus bestimmten algebraischen oder logischen Verknüpfungen anderer Systemgrößen (im Beispiel aus $Bevölkerung$, GEBURTENRATE und STERBERATE). Die formal für jeden Zeitschritt gleich bleibende Rechnung wird nun einfach für alle Zeitschritte wiederholt, bis der Zeitpunkt erreicht ist, an dem die Simulation enden soll.

Diese Formulierung ist Grundlage der numerischen Integration nach Euler und Cauchy. Wir werden sie im Folgenden immer wieder verwenden. Mit dieser allgemeinen Integrationsformel im Hintergrund (oder einer anderen, genaueren wie z.B. Runge-Kutta-Verfahren, s. Kap. 6-1.6) genügen uns jetzt die Angabe der Veränderungsrate $d(Zustand)/dt$ (d.h. der Differentialgleichung; hier für $d(Bevölkerung)/dt$) sowie eines Anfangswerts von *Zustand* und der Parameterwerte zur vollständigen Berechnung des zeitlichen Verhaltens des Modells.

Für die Operation der Zeitintegration der Veränderungsraten einer Zustandsgröße zur Ermittlung des neuen Werts der Zustandsgröße verwenden wir als eigenes Symbol den rechteckigen Kasten; dieser symbolisiert einen Behälter oder Speicher. Alle in den Kasten hinein- oder hinausführenden Zu- oder Abflüsse ('Rohre' mit doppelten Linien und einem 'Ventil') sind als (additive) Beiträge zur Netto-Veränderungsrate der Zustandsgröße zu verstehen.

Ein Simulationsdiagramm wie Abb. 2.12 enthält die folgenden Informationen:

- Jede Systemgröße erscheint mit ihrem Namen als Element, von dem Wirkungen ausgehen oder auf das andere Elemente einwirken.
- Jeder Kasten entspricht der (zeitlichen) Integration einer Zustandsgröße bzw. der Differentialgleichung für die Zustandsgröße.
- Jedes nur durch seinen Namen repräsentierte Element entspricht einer algebraischen oder logischen Verknüpfung anderer Systemgrößen.
- Von Vorgabegrößen (in Großbuchstaben) können nur Wirkungen ausgehen; sie erhalten keine Wirkungen aus dem System (daher keine Eingangspfeile).

Offensichtlich entsprechen sich also das System der Modellgleichungen auf der einen Seite und das Simulationsdiagramm mit seinen Elementen und Wirkungspfeilen auf der anderen.

Wir haben nun das Teilmodell für die Bevölkerungsentwicklung als Simulationsdiagramm dargestellt (Abb. 2.12) und die notwendigen Gleichungen für die Berechnung seiner zeitlichen Entwicklung formuliert. Es bleibt zu überprüfen, ob diese Formulierung ein akzeptables Ergebnis erbringt und für die Zwecke unseres Weltmodells eingesetzt werden kann.

Wir können mit diesen Gleichungen nach dem oben angegebenen Verfahren eine kleine Tabellenkalkulation schreiben und für verschiedene Werte von GEBURTENRATE, STERBERATE und Anfangswerte von *Bevölkerung* Rechnungen durchführen. In diesem Fall lässt sich aber auch (mit dem Anfangswert $Bevölkerung_0$) direkt die analytische Lösung angeben

$$Bevölkerung(t) = Bevölkerung_0 * e^{(\text{GEBURTENRATE} - \text{STERBERATE})\, t}$$

was sich durch Differenzierung $d(Bevölkerung)/dt$ und Einsetzen von $Bevölkerung_0$ leicht überprüfen lässt. Wir erhalten also, je nach dem Vorzeichen von (GEBURTENRATE − STERBERATE), exponentielles Wachstum oder exponentiellen Schwund.

Wie bereits angemerkt, kommt es uns hier darauf an, die Grunddynamik des modellierten Systems zu ermitteln. Wir können daher mit relativen (dimensionslosen) Zustandsgrößen arbeiten. Wir wählen also einen Normalzustand von "1" und befassen uns im Folgenden mit den Veränderungen von diesem ursprünglichen Zustand. Wir wählen die folgenden Quantifizierungen:

$Bevölkerung_0 = 1 [1]$
GEBURTENRATE = 0.01 … 0.05 [1/Jahr]
STERBERATE = 0.01 [1/Jahr]

Die Einheiten (Dimensionen) der Größen sind in eckigen Klammern angegeben. Dimensionslose Größen sind mit [1] gekennzeichnet.

Die spezifischen Veränderungsraten der Zustandsgrößen haben immer die Dimension [1/Zeiteinheit]. Wir verwenden hier die Dimension 'Jahr' für die Zeit, um die simulierte Dynamik mit der Realität besser vergleichen zu können. Im vorliegenden Fall gibt es nicht viel zu vergleichen: Es ergibt sich exponentielles Wachstum oder Zerfall, in Abhängigkeit vom Vorzeichen der Netto-Wachstumsrate (GEBURTENRATE – STERBERATE). Für die Tabellenkalkulation ergibt sich die Modellformulierung in Abb. 2.13.

	Konstanten:		
GEBURTENRATE	= 0.03		
STERBERATE	= 0.01		
Tend	= 100		
DT	= 0.5		
	Simulation:		
time	= 0	= time + DT	*(Formelblock der Spalte links so oft kopieren, bis Tend erreicht – hier (Tend/dt) = 200 Rechenschritte)*
Bevölkerung	= 1	= Bevölkerung +(Geburten – Sterbefälle) *DT	
Geburten	= GEBURTENRATE *Bevölkerung	*(Kopie von Formel links)*	
Sterbefälle	= STERBERATE *Bevölkerung	*(Kopie von Formel links)*	
P	= 1*exp((GEBURTENRATE – STERBERATE) *time)	*(Kopie von Formel links)*	

Abb. 2.13: Schema für die Berechnung der Bevölkerungsentwicklung.

Mit diesem Programm ergeben sich für eine konstante STERBERATE = 0.01 und verschiedene Werte von GEBURTENRATE die in Abb. 2.14 gezeigten exponentiellen Verläufe. In der letzten Zeile der Tabellenkalkulation wird die exakte Lösung für $Bevölkerung_0$ =1, GEBURTENRATE = 0.03 und STERBERATE = 0.01 berechnet.

Der Vergleich mit der schrittweise berechneten Lösung zeigt eine deutliche Abweichung. Bei einer Vergrößerung des Zeitschritts verstärkt sich dieser Rechenfehler. Genaue Berechnungen verlangen daher kleine Schrittweiten.

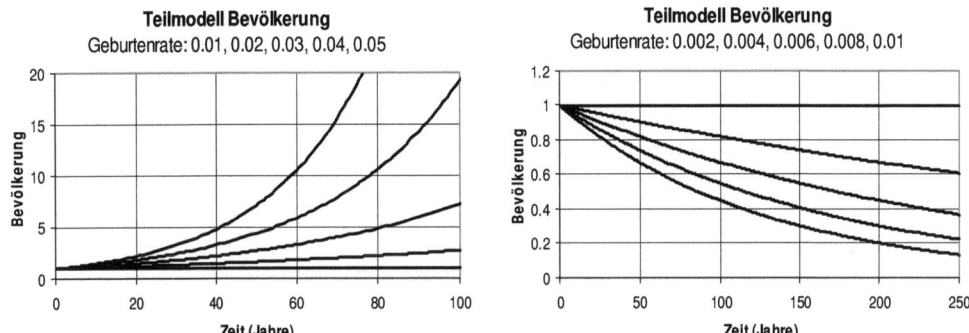

Abb. 2.14: Ergebnisse für das Teilmodell der Bevölkerungsentwicklung für verschiedene Geburtenraten (bei Sterberate = 0.01).

2-2.4 Teilmodell Umweltbelastung

Die meisten Umweltbelastungen können im Lauf der Zeit durch ökologische Prozesse in Boden, Gewässern und Atmosphäre abgebaut werden. Wichtige Ausnahmen sind vom Menschen geschaffene schwer oder nicht abbaubare Chemiestoffe, mit denen die Organismen keine evolutionäre Erfahrung haben. Für die abbaubaren Stoffe gilt, dass sie mit einer bestimmten Rate – also einem bestimmten Prozentsatz pro Zeiteinheit – abgebaut werden können, solange das Ökosystem nicht überlastet worden ist. Lediglich die Zerfallsrate radioaktiver Stoffe ist völlig unbeeinflussbar und daher auch völlig unabhängig von der Stoffmenge und den konkreten Umweltbedingungen.

Ökologische Abbauprozesse haben immer eine Kapazitätsbegrenzung, die durch die Grenzen der jeweilig notwendigen ökologischen Bedingungen (z.B. Nährstoff-, Licht-, und Wasserbeschränkungen) gegeben ist. Bei Überlastung kann der Abbau bestenfalls mit diesem Maximalwert stattfinden; oft ist aber auch mit einem Systemzusammenbruch und einer wesentlichen Verschlechterung der Abbaubedingungen zu rechnen. Eine über dem Schwellenwert liegende Belastung kann z.B. genau die Mikroorganismen zerstören, die für den Schadstoffabbau unverzichtbar sind.

Mit diesem Allgemeinwissen lässt sich das Wortmodell für das Teilmodell 'Umweltbelastung' angeben:

1.   Ein SCHADSTOFFEINTRAG führt zur *Zerstörung*.
2.   *Zerstörung* führt zu weiterer *Umweltbelastung*.

3.   Je größer die ERHOLUNGSRATE umso stärker die *Erholung*.
4.   Die *Erholung* erhöht sich tendenziell mit der *UmweltBelastung*.
5.   *Erholung* führt zur Verringerung der *UmweltBelastung*.
6.   Bei besserer *UmweltQualität* ist auch die *Erholung* größer.
7.   Die *UmweltQualität* sinkt mit steigender *UmweltBelastung*.
8.   Die *UmweltQualität* ist (bei gleicher *Umweltbelastung*) umso geringer, je niedriger die SCHADSCHWELLE liegt.

Mit diesem Wortmodell lässt sich das Simulationsdiagramm zeichnen (Abb. 2.15). Die acht Wirkungsbeziehungen des Wortmodells erscheinen in diesem Diagramm als acht Wirkungspfeile (davon zwei für Zu- und Abflüsse).

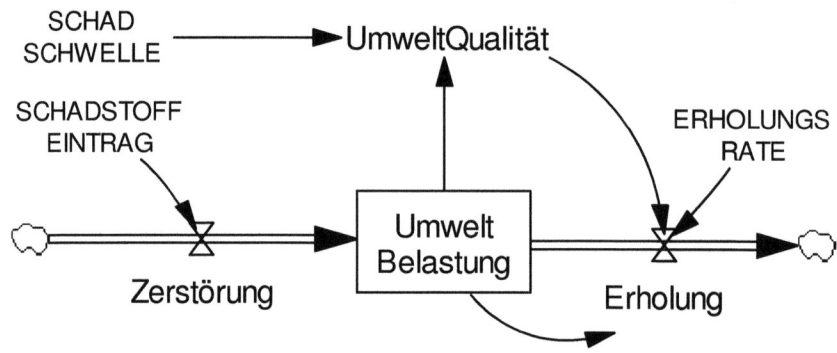

Abb. 2.15: Simulationsdiagramme des Teilmodells für die Entwicklung der Umweltbelastungen.

Im Teilmodell für die Umweltbelastung müssen wir zwei Verhaltensmöglichkeiten berücksichtigen. Liegt die vorhandene Umweltbelastung unter einem kritischen Wert, so ist der Abbau der Umweltbelastung pro Zeiteinheit proportional zur vorhandenen Umweltbelastung. Liegt die Belastung dagegen über dem kritischen Wert, so kann pro Zeiteinheit nur noch die (konstante) Menge abgebaut werden, die der Kapazitätsgrenze (der Schadschwelle) entspricht. Am Verhältnis der Umweltbelastung zur Schadschwelle entscheidet sich daher, welche der zwei Abbaumöglichkeiten momentan zutrifft. Die ständige Belastung pro Zeiteinheit mit neuen Schadstoffen ist in Abb. 2.15 als exogener (von außen bestimmter) SCHADSTOFFEINTRAG vorgegeben. Im Gesamtmodell der Miniwelt wird später dieser Wert als Funktion der Bevölkerungszahl und der produzierenden Anlagen berechnet. Die zeitliche Veränderung der *UmweltBelastung* ergibt sich aus *Zerstörung* und *Erholung*:

$$d(UmweltBelastung)/dt = Zerstörung - Erholung$$

Dabei ist

> *Zerstörung* = SCHADSTOFFEINTRAG

Um das Schwellenverhalten beim Schadstoffabbau zu modellieren muss zunächst ein geeignetes Maß für die relative Belastung gewählt werden:

> *UmweltQualität* = SCHADSCHWELLE / *UmweltBelastung*

Die *UmweltQualität* ist größer als "1" solange die *UmweltBelastung* unter der SCHADSCHWELLE liegt. Wenn sie den kritischen Wert überschreitet, so sinkt die *UmweltQualität* unter "1".

Im unterkritischen Fall, wenn also die Umweltbelastung den kritischen Wert noch nicht erreicht hat und *UmweltQualität* > 1 ist, ergibt sich

> *Erholung* = ERHOLUNGSRATE * *UmweltBelastung*

Im überkritischen Fall, wenn die Umweltbelastung den Schwellenwert überschreitet, d.h. wenn *UmweltQualität* < 1, kann der Belastungsabbau nur noch dem Schwellenwert entsprechen und bleibt daher auf einem konstanten Wert 'hängen', ohne mit zunehmender Belastung weiter zuzunehmen:

> *Erholung* = ERHOLUNGSRATE * SCHADSCHWELLE

Diese zwei Abbaumöglichkeiten entsprechen unterschiedlichen Systemstrukturen und verursachen daher auch qualitativ verschiedenes Verhalten. Der unterkritische Fall entspricht einer exponentiellen Veränderung der Umweltbelastung bis auf ein konstantes Niveau, das sich aus der Höhe des SCHADSTOFFEINTRAG ergibt. Dagegen führt der überkritische Fall zu einem fortwährenden Anwachsen der *Umwelt-Belastung*. Die zwei Fälle werden im Modell mit einer logischen Bedingung zusammengefasst:

> *Erholung* = IF (*UmweltQualität* > 1;
>   ERHOLUNGSRATE * *UmweltBelastung*;
>   ERHOLUNGSRATE * SCHADSCHWELLE)

Diese Schreibweise entspricht der in Tabellen-Kalkulationsprogrammen und Simulationsprogrammen üblichen Schreibweise und ist zu lesen als

> IF *UmweltQualität* > 1
>   THEN *Erholung* = ERHOLUNGSRATE * *UmweltBelastung*
>   ELSE *Erholung* = ERHOLUNGSRATE * SCHADSCHWELLE

IF...THEN...ELSE erscheint in Programmen für den deutschen Sprachraum oft als WENN...DANN...SONST.

Da im Weltmodell mit relativen Zustandsgrößen der Größenordnung "1" gearbeitet werden soll, wird die SCHADSCHWELLE = 1.0 gesetzt. Unter der Annahme, dass unter normalen Bedingungen jedes Jahr 1/10 der Umweltbelastung abgebaut wird (dies entspricht einer Zeitkonstante der Umweltbelastung von 10 Jahren) wird

ERHOLUNGSRATE = 0.1 [1/Jahr]

In der folgenden Simulation mit einem Tabellen-Kalkulationsprogramm (Abb. 2.16) können auch andere Werte für die drei Parameter SCHADSCHWELLE = 1, ERHO-LUNGSRATE = 0.25 und anfängliche $UmweltBelastung_0$ = 0.5 angenommen werden.

	Konstanten:		
SCHADSTOFFEIN-TRAG	= 0.2		
ERHOLUNGSRATE	= 0.25		
SCHADSCHWELLE	= 1		
Tend	= 10		
DT	= 0.05		
	Simulation:		
time	= 0	= time + DT	*Formelblock der Spalte links so oft kopieren, bis Tend erreicht – hier (Tend/dt) = 200 Rechenschritte*
Umwelt Belastung	= 0.5	= UmweltBelastung + DT*(Zerstörung – Belastungs Abbau)	
UmweltQualität	= SCHADSCHWELLE / UmweltBelastung	*(Kopie Formel links)*	
Zerstörung	= SCHADSTOFFEINTRAG	*(Kopie Formel links)*	
Erholung	= IF (UmweltQualität > 1; ERHOLUNGSRATE * UmweltBelastung; ERHOLUNGSRATE * SCHADSCHWELLE)	*(Kopie Formel links)*	

Abb. 2.16: Schema für die Berechnung der Umweltbelastung.

Abb. 2.17 zeigt das Ergebnis von Simulationen mit unterschiedlichen Werten für den Parameter ERHOLUNGSRATE. Sie zeigen deutlich den Wechsel im System-verhalten, wenn das System wegen Überlastung auf den anderen Abbaumodus um-schaltet und die Umweltbelastung ständig weiter anwächst. Dagegen stabilisiert sich das System unabhängig vom Ausgangszustand im Fließgleichgewicht (Abbau = Ein-trag), wenn der SCHADSTOFFEINTRAG die kritische Belastung ERHOLUNGSRATE * SCHADSCHWELLE nicht überschreitet.

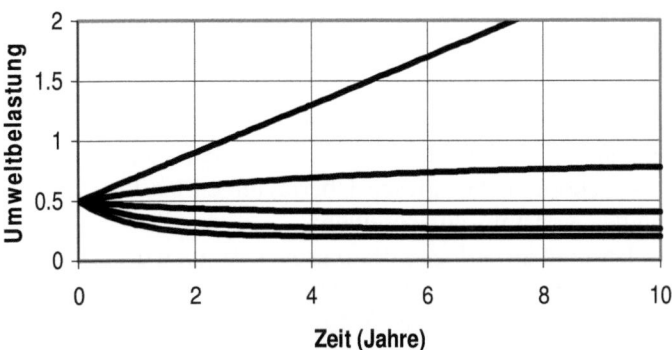

Teilmodell Umweltbelastung
Erholungsrate: 0, 0.25, 0.5, 0.75, 1.0

Abb. 2.17: Ergebnisse für das Teilmodell der Umweltbelastung für verschiedene Erholungsraten der Umweltbelastung. Bei zu geringer Erholungsrate (z.B. geringe Absorptionsrate für Schadstoffe) überschreitet die Umweltbelastung einen Schwellenwert (hier Schadschwelle = 1) und wächst danach wegen unzureichendem Schadstoffabbau ständig weiter an.

2-2.5 Teilmodell für die Konsumentwicklung

Wie bereits erwähnt, sind Rohstoffverbrauch und die damit verbundene Umweltbelastung in erster Linie mit dem Rohstoff- und Energiedurchsatz der Anlagen (Infrastruktur, Maschinen, Fahrzeuge, Gebäude usw.) verbunden. Das Konsumniveau lässt sich daher annähernd über den Investitionswert dieser Anlagen multipliziert mit einem spezifischen Verbrauchswert berechnen. Die zeitliche Entwicklung des Anlagenbestands ist dabei weitgehend 'autokatalytisch', d.h. es besteht eine positive Rückkopplung zwischen dem Anlagenbestand und seiner Wachstumsrate: Die bestehenden Maschinen und Anlagen produzieren im allgemeinen weitere Maschinen und Anlagen über den Ersatzbedarf hinaus – der Gesamtbestand wächst also normalerweise. In Wirtschaftsstatistiken zeigt sich dieser Zusammenhang im (näherungsweise exponentiellen) Wachstum der Anlageninvestitionen und des Brutto-Inlandsprodukts sowie entsprechenden Konsumsteigerungen in vielen Ländern. Es sei angemerkt, dass bei genauerer Betrachtung sehr unterschiedliche spezifische Verbrauchsintensitäten für die verschiedenen Maschinen und Anlagen berücksichtigt werden müssen. So können sich die Energieverbräuche gut und schlecht wärmegedämmter Häuser bei gleichen Investitionskosten und gleicher 'Energiedienstleistung' (gleich warmen Räumen) leicht um einen Faktor 10 unterscheiden.

Zwar ist in der Vergangenheit in vielen Ländern der Konsum ständig exponentiell gewachsen, doch ist kaum anzunehmen, dass sich dieser Trend weiter ungebremst fortsetzt. Schließlich gibt es eine obere Grenze für die Konsumdienstleistungen, die von jedem während einer begrenzten Lebenszeit in Anspruch genommen werden können. Mit bereits verfügbaren technischen Maßnahmen ließe sich darüber hinaus bei gleich bleibendem hohem materiellem Lebensstandard der Energie- und Rohstoffdurchsatz erheblich senken. Es soll hier angenommen werden, dass das Sättigungsniveau des Konsums von einer (fiktiven) Konsumbeschränkung abhängt: Bei einer stärkeren Beschränkung würde sich der Konsum auf niedrigerem Niveau sättigen. Entsprechend würde in diesem Fall auch der Anlagenbestand ein niedrigeres Niveau nicht überschreiten. Mit diesen Überlegungen lässt sich das Wortmodell für die Entwicklung des Konsums aufschreiben:

1.   Je größer der Bestand an *Anlagen* desto größer ist auch der *AnlagenZuwachs*.
2.   Der *AnlagenZuwachs* ist umso höher, je höher die ZUWACHSRATE.
3.   Bei *AnlagenZuwachs* wächst auch der Bestand an *Anlagen*.
4.   Wenn der Bestand an *Anlagen* hoch ist, ist auch das *KonsumNiveau* hoch.
5.   Bei niedrigerem KONSUMZIEL verringert sich der (Netto-)*AnlagenZuwachs* stärker, so dass ein niedrigeres *KonsumNiveau* erreicht wird (über einen niedrigeren Bestand von *Anlagen*).

Diese Zusammenhänge sind im Simulationsdiagram Abb. 2.18 wiedergegeben.

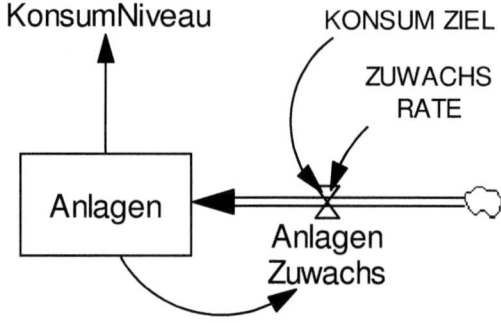

Abb. 2.18: Simulationsdiagramm des Teilmodells für die Entwicklung des Anlagenbestands und des Konsums.

Um das Simulationsprogramm zu schreiben, müssen passende mathematische Formulierungen gefunden werden. Der im Simulationsdiagramm gezeigte Zusammenhang zwischen *AnlagenZuwachs* und *Anlagen* lässt über die Rückkopplung prinzipiell exponentielles Wachstum erwarten. Exponentielles Wachstum kann es aber bei *Anlagen* und *KonsumNiveau* auf Dauer nicht geben, da die notwendigen Material- und Energieflüsse und insbesondere die damit verbundenen Umweltbelastungen an Grenzen stoßen, die ohne Zusammenbruch des Gesamtsystems nicht überschritten werden können. Wir müssen also eine mehr oder weniger realistische Wachstumsbegrenzung einführen. Sinnvoll ist die Vorstellung einer Kapazitätsgrenze und die

Modifizierung des *AnlagenZuwachs* in einer Weise, dass dieser sich bei Annäherung an das KONSUMZIEL auf Null reduziert. Dies kann erreicht werden durch den 'logistischen' Ansatz

$$d(Anlagen)/dt = AnlagenZuwachs$$
$$= \text{ZUWACHSRATE} * Anlagen * [1 - (Anlagen / \text{KONSUMZIEL})]$$

Dabei bestimmt das Verhältnis (*Anlagen*/ KONSUMZIEL) auf welchem Konsumniveau Sättigung eintritt. Wenn *Anlagen* den Wert von KONSUMZIEL erreicht, hört der *AnlagenZuwachs* ganz auf.

Auch in diesem Teilmodell soll wieder mit relativen Einheiten der Größenordnung "1" gearbeitet werden. Es wird angenommen, dass das (relative) *KonsumNiveau* entsprechend dem Bestand an *Anlagen* verläuft.

KonsumNiveau = Anlagen

Für die beispielhaften Rechnungen wird von den folgenden Werten für Parameter und Anfangszustand ausgegangen: ZUWACHSRATE = 0.05 [1/Jahr], Anfangswert für *Anlagen*$_0$ = 1. Der Wert für KONSUMZIEL soll bei den Rechnungen variiert werden, um seinen starken Einfluss auf die Dynamik zu verdeutlichen.

Den Aufbau des Programms für die Tabellenkalkulation zeigt Abb. 2.19.

	Konstanten:		
KONSUMZIEL	= 2		
ZUWACHSRATE	= 0.05		
Tend	= 100		
DT	= 0.5		
	Simulation:		
time	= 0	= time + DT	*(Formelblock der Spalte links so oft kopieren, bis Tend erreicht –*
Anlagen	= 1	= Anlagen +AnlagenZuwachs *DT	
KonsumNiveau	= Anlagen	*(Kopie von Formel links)*	*hier (Tend/dt) = 200 Rechenschritte)*
AnlagenZuwachs	= ZUWACHSRATE *(1−(Anlagen / KONSUMZIEL))	*(Kopie von Formel links)*	

Abb. 2.19: Schema zur Berechnung der Konsumentwicklung.

Die Simulationsergebnisse in Abb. 2.20 zeigen den für die logistische Funktion typischen S-förmigen Sättigungsverlauf für *Anlagen* bzw. *KonsumNiveau*. Je höher der Wert für KONSUMZIEL, umso höher steigt auch das *KonsumNiveau*, bevor es sich schließlich an den Wert für KONSUMZIEL anlegt.

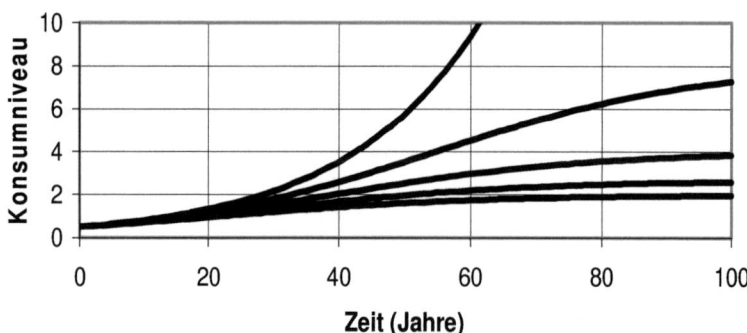

Abb. 2.20: Ergebnisse für das Teilmodell der Konsumentwicklung. Der Sättigungs-wert des Konsumverlaufs entspricht dem Konsumziel.

2-2.6   Verkopplung der Teilmodelle

Die drei Teilmodelle für die Entwicklung von Bevölkerung, Umweltbelastung und Konsum sollen nun in der Weise verkoppelt werden, wie das in der ursprünglich entwickelten Wirkungsstruktur (Abb. 2.1 und 2.7) vorgesehen war. Dabei ist noch einmal im Einzelnen kritisch zu prüfen, wie diese Verkopplung genau auszusehen hat, d.h. wie welche der verschiedenen Größen eines Teilmodells mit welcher Größe eines anderen Teilmodells zu verkoppeln ist. Bei den folgenden Betrachtungen muss im Auge behalten werden, dass wir *Bevölkerung*, *UmweltBelastung* und *Anlagen* als relative Größen definiert haben, deren dimensionslose Werte sich in der Größenord-nung von "1" bewegen sollen.

Für die drei einzelnen Teilmodelle wurden die folgenden Differentialgleichun-gen abgeleitet:

$d(Bevölkerung)/dt = (Geburten - Sterbefälle)$
    $= $ GEBURTENRATE $*Bevölkerung - $ STERBERATE $*Bevölkerung$

$d(UmweltBelastung)/dt = Zerstörung - Erholung$
    $Zerstörung = $ SCHADSTOFFEINTRAG
    $Erholung = $ IF (UmweltQualität > 1;
    ERHOLUNGSRATE $* UmweltBelastung;$
    ERHOLUNGSRATE $* $ SCHADSCHWELLE)

$d(Anlagen)/dt = AnlagenZuwachs$
    $= $ ZUWACHSRATE $*Anlagen*[1-(Anlagen/$ KONSUMZIEL$)]$

Wir untersuchen zunächst, wie die Differentialgleichung für *Bevölkerung* verändert werden muss, um die im Wirkungsdiagramm (Abb. 2.7) angedeuteten Verknüpfungen mit den anderen Teilmodellen zu berücksichtigen. Dort ist eine Wirkungsbeziehung von *Umweltbelastung* über *Kosten* und *Handeln* zu *Bevölkerung* eingetragen. Diese Verbindung sollte einen Einfluss hoher Umweltbelastung auf den Kinderwunsch darstellen. Als Maß für die Umweltbelastung kann die *Umweltqualität* verwendet werden; diese Größe wird daher mit *Geburten* verbunden. Die Stärke dieses Einflusses lässt sich durch einen zusätzlich eingeführten Parameter GEBURTENKONTROLLE regeln.

Eine zweite direkte Verbindung von *Umweltbelastung* zu *Bevölkerung* im Wirkungsdiagramm sollte die Wirkung von Umweltbelastung auf die Gesundheit durch Verminderung der Lebenserwartung darstellen. Diese Verbindung muss im Simulationsmodell daher von *Umweltbelastung* zu *Sterbefälle* gezogen werden: Je höher die Umweltbelastung, umso größer die Zahl der Sterbefälle. Weil die relative Größe *Umweltbelastung* zahlenmäßig die Größenordnung "1" hat, lässt sich *Umweltbelastung* direkt als Faktor für *Sterbefälle* verwenden.

Als dritter Einfluss auf die *Bevölkerung* ist im Wirkungsdiagramm (Abb. 2.7) ein Einfluss des *Konsums* eingezeichnet. Diese Verbindung soll berücksichtigen, dass mit steigendem *KonsumNiveau* ein Absinken der Kindersterblichkeit zu erwarten ist. Das *KonsumNiveau* (Größenordnung "1") wird daher mit *Geburten* direkt gekoppelt und wirkt dort als Faktor. Man beachte aber, dass bei hohen Konsumniveau meist ein umgekehrter Effekt beobachtet wird: Die Reichen haben weniger Kinder. (Vorschlag: Das Modell verändern, um diesen Effekt zu untersuchen!)

Mit diesen Zusätzen lautet die Differentialgleichung für die *Bevölkerung* jetzt

d(*Bevölkerung*)/dt = *Geburten* – *Sterbefälle*
    = GEBURTENRATE **Bevölkerung**(GEBURTENKONTROLLE
    *UmweltQualität)*KonsumNiveau – STERBERATE **Bevölkerung*
    *Umweltbelastung

Wir betrachten jetzt die notwendigen Ergänzungen im Teilmodell für die Umweltbelastung. Die Verkopplung von *Bevölkerung* und *Umweltbelastung* im Wirkungsdiagramm (Abb. 2.7) muss zusammen mit der Kopplung von *Konsum* zu *Umweltbelastung* betrachtet werden, da der Schadstoffeintrag von *Bevölkerung*szahl, *KonsumNiveau* und BELASTUNGSRATE abhängt. Diese Größen müssen miteinander multipliziert werden. Der so berechnete Belastungseintrag ersetzt den Parameter SCHADSTOFFEINTRAG im Teilmodell Umweltbelastung. In den Rechnungen wird für die BELASTUNGSRATE = 0.02 [1/Jahr] angesetzt. (Das bedeutet z.B. für *Bevölkerung* = 5, *KonsumNiveau* = 1, ERHOLUNGSRATE = 0.1 und SCHADSCHWELLE = 1, dass die *Zerstörung* gerade der maximal möglichen *Erholung* von (ERHOLUNGSRATE * SCHADSCHWELLE) = 0.1 entspricht).

Die so veränderte Differentialgleichung für die Umweltbelastung lautet jetzt:

$d(UmweltBelastung)/dt = Zerstörung – Erholung$
$\quad Zerstörung = $ BELASTUNGSRATE $*KonsumNiveau*Bevölkerung$
$\quad Erholung = $ IF $(UmweltQualität > 1;$
$\quad$ ERHOLUNGSRATE $* UmweltBelastung;$
$\quad$ ERHOLUNGSRATE $* $ SCHADSCHWELLE$)$

Schließlich müssen noch die notwendigen Veränderungen im Teilmodell für den Konsum betrachtet werden. Die Verbindung von *Umweltbelastung* zum *Konsum* (bzw. *Anlagen*) im Wirkungsdiagramm (Abb. 2.7) soll berücksichtigen, dass bei zunehmender *UmweltBelastung* sich auch der Bestand an *Anlagen* erhöht (wegen zusätzlicher Einrichtungen zum Umweltschutz und Ressourcenschonung, erhöhtem Verbrauch von Dünger und Pestiziden, erschwerter Ressourcenbeschaffung usw.) *UmweltBelastung* beeinflusst daher den *AnlagenZuwachs*. Da wir mit relativen Größen arbeiten, können wir auch hier einfach einen proportionalen Einfluss annehmen (Multiplikation mit *UmweltBelastung*).

Die noch verbleibende Verkopplung von *Umweltbelastung* über *Kosten* und *Handeln* in Abb. 2.7 soll die Begrenzung des Konsums durch entsprechende gesellschaftliche Eingriffe darstellen. Es liegt nahe, diese Wirkung durch eine funktionale Verbindung zwischen *UmweltBelastung* und *AnlagenZuwachs* darzustellen, die zu einer früheren Sättigung des Ausbaus der *Anlagen* führt. Sie sollte daher den Sättigungsterm der Differentialgleichung beeinflussen. Die Stärke des Sättigungseffekts lässt sich mit dem Parameter KONSUMZIEL beeinflussen. Falls der Wert für KONSUMZIEL unendlich hoch ist, gibt es keine Sättigung und *Anlagen* und *KonsumNiveau* wachsen exponentiell.

Die Differentialgleichung für die Entwicklung der Anlagen lautet jetzt:

$d(Anlagen)/dt = AnlagenZuwachs$
$\quad = $ ZUWACHSRATE $*Anlagen*UmweltBelastung$
$\quad *[1–(Anlagen*UmweltBelastung /$ KONSUMZIEL$)]$

Für ein rechenfähiges Simulationsmodell müssen noch die algebraischen Gleichungen für die Zwischengrößen *UmweltQualität* und *KonsumNiveau* sowie Zahlenwerte für die Systemparameter und die Anfangsbedingungen der drei Zustandsgrößen angegeben werden. Die hier gewählten Zahlenwerte sind beispielhaft. Sie werden in den Simulationen teilweise verändert, um den Einfluss verschiedener Parameter auf das Verhalten des Modells zu untersuchen.

KonsumNiveau	$= Anlagen$
UmweltQualität	$= $ SCHADSCHWELLE $/ UmweltBelastung$
$Bevölkerung_0$	$= 1$
$UmweltBelastung_0$	$= 1$

Anlagen$_0$	= 1
GEBURTENRATE	= 0.03
STERBERATE	= 0.01
GEBURTENKONTROLLE	= 1
SCHADSCHWELLE	= 1
ERHOLUNGSRATE	= 0.1
BELASTUNGSRATE	= 0.02
KONSUMZIEL	= 1
ZUWACHSRATE	= 0.05

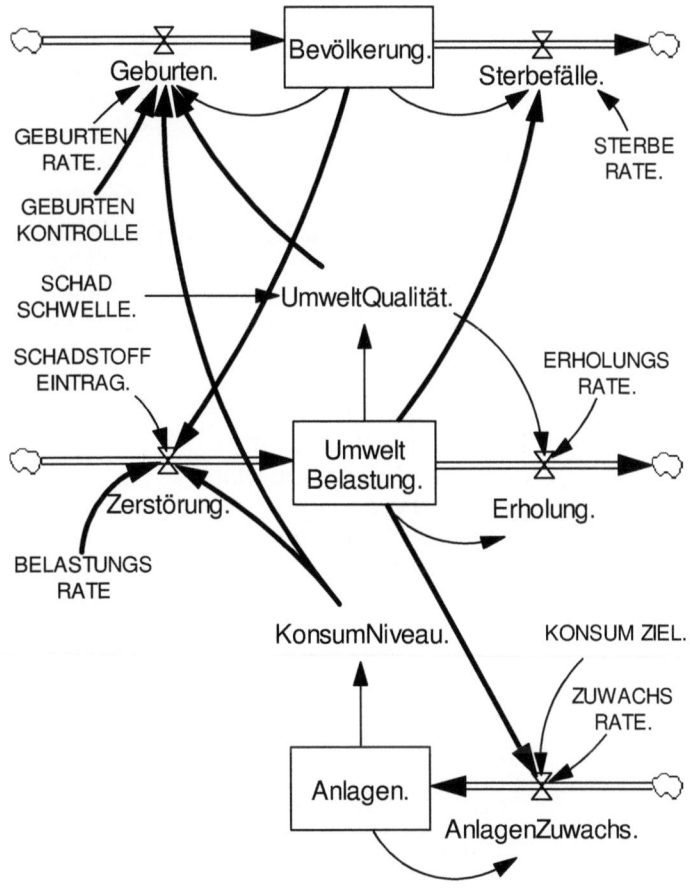

Abb. 2.21: Verkopplung (dicke Pfeile) der drei Teilmodelle für Bevölkerung, Umwelt-belastung und Konsumniveau zum Weltmodell 'Miniwelt'.

	Konstanten:		
GEBURTENRATE	= 0.03		
STERBERATE	= 0.01		
GEBURT.KONTROLLE	= 1		
SCHADSCHWELLE	= 1		
ERHOLUNGSRATE	= 0.1		
BELASTUNGSRATE	= 0.02		
KONSUMZIEL	= 10		
ZUWACHSRATE	= 0.05		
Tend	= 250		
DT	= 1		
	Simulation:		
time	= 0	= time + DT	
Bevölkerung	= 1	= Bevölkerung +(Geburten– Sterbefälle) *DT	
UmweltBelastung	= 1	= UmweltBelastung +(Zerstörung – Erholung) *DT	
Anlagen	= 1	= Anlagen +AnlagenZuwachs*DT	
UmweltQualität	= SCHADSCHWELLE / Umwelt-Belastung	*(Kopie der Formeln der Spalte links)*	
KonsumNiveau	= Anlagen		
Geburten	= GEBURTENRATE *Bevölkerung *(GEBURTEN-KONTROLLE *UmweltQualität) *KonsumNiveau		
Sterbefälle	= STERBERATE *Bevölkerung *Umweltbelastung	$\rightarrow$ *Weitere Spalten: Formelblock dieser Spalte so oft kopieren, bis Tend erreicht – hier (Tend/dt) = 250 Rechenschritte*	
Zerstörung	= BELASTUNGSRATE *KonsumNiveau *Bevölkerung		
Erholung	= IF (UmweltQualität > 1; ERHOLUNGSRATE *UmweltBelastung; ERHOLUNGSRATE * SCHADSCHWELLE)		
AnlagenZuwachs	= ZUWACHSRATE *Anlagen *UmweltBelastung *(1– (Anlagen *UmweltBelastung / KONSUMZIEL))		

Abb. 2.22: Schema zur Berechnung des kleinen Weltmodells.

Das Gesamtmodell mit seinen Teilmodellen und Verkopplungen ist in Abb. 2.21 dargestellt. Wir erkennen hier die vorher entwickelten Teilmodelle wieder. Die oben eingeführten Verkopplungen zwischen den Teilmodellen sind durch dickere Wirkungspfeile gekennzeichnet.

Den Aufbau des Programms für die Tabellenkalkulation zeigt Abb. 2.22.

2-2.7   Simulationen mit der Tabellenkalkulation

Mit dem Tabellen-Kalkulationsprogramm lassen sich jetzt leicht Simulationen des Weltmodells unter verschiedenen Bedingungen (veränderte Anfangsbedingungen und Parameter) durchführen. Die Simulationsergebnisse werden am besten graphisch als Zeitdiagramme dargestellt. Interessant ist vor allem der Einfluss des Sättigungsniveaus des Konsums (Parameter KONSUMZIEL).

Für KONSUMZIEL = 10 (d.h. ein zugelassener Anstieg des *KonsumNiveaus* auf das Zehnfache des Anfangswerts) ergibt sich die in Abb. 2.23 (oben links) gezeigte Entwicklung der drei Zustandsgrößen *Bevölkerung*, *UmweltBelastung* und *Anlagen*. Das System zeigt eine starke, allmählich gedämpfte Schwingung dieser Größen mit einer Periode von etwa 120 Jahren und Phasenverschiebungen zwischen den Größen von ein bis zwei Jahrzehnten.

In dieser Abbildung werden auch die Verläufe dieser Zustandsgrößen gezeigt, so wie sie sich aus den *unverkoppelten* Teilmodellen bei identischer Parametereinstellung ergeben. Die Verläufe in den unverkoppelten Teilmodellen haben mit den Verläufen im verkoppelten Gesamtmodell nichts gemeinsam. Vor allem treten in den einzelnen Teilmodellen keine Schwingungen auf. Die im Gesamtmodell entstehende gedämpfte Schwingung wird daher nicht durch die Teilmodelle selbst, sondern durch ihre Verkopplung verursacht. Diese Beobachtung illustriert deutlich einen Kernsatz der Systemforschung: "Das System ist mehr als die Summe seiner Teile". Die beobachtete Dynamik ist weder in irgendeinem der Systemelemente, noch in den einzeln untersuchten Teilsystemen zu finden – sie ergibt sich erst durch ihre Verkopplung.

Für unbeschränktes Wachstum (KONSUMZIEL → ∞) ergibt sich im Gesamtmodell nach etwa drei Jahrzehnten relativ langsamen Wachstums von *Bevölkerung* und *KonsumNiveau* schließlich ein explosionsartiges Anwachsen des *KonsumNiveaus* und der *UmweltBelastung*. Dies führt zu ziemlich plötzlichem Zusammenbruch der *Bevölkerung*.

Bei hohen Werten von KONSUMZIEL > 10 (vgl. Abb. 2.24 für KONSUMZIEL = 30) zeigt sich ebenfalls noch diese Tendenz zu plötzlichem explosionsartigen Anwachsen von *KonsumNiveau* und *UmweltBelastung* mit nachfolgendem Zusammenbruch der *Bevölkerung*. Die Bevölkerung bleibt danach so lange auf einem Wert nahe Null, bis die Umweltbelastung wieder so weit abgebaut ist, dass ein neuer Wachstumsschub möglich ist.

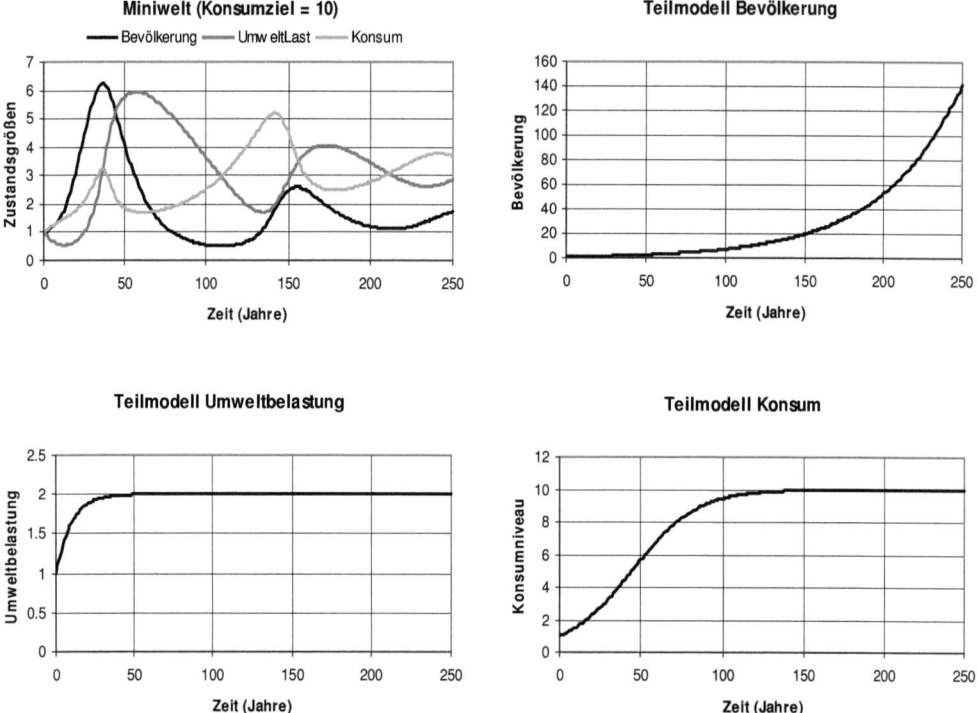

Abb. 2.23: Simulationsergebnisse für das einfache Weltmodell 'Miniwelt' und für die drei Teilmodelle für Bevölkerung, Umweltbelastung und Konsum. Trotz gleicher Systemparameter ist das Verhalten des Gesamtmodells völlig anders als das seiner Teilmodelle; es ist aus dem Verhalten der Teilmodelle nicht zu erklären.

Erst wenn der Eingriffsparameter KONSUMZIEL unter 10 sinkt, ergibt sich etwas weniger dramatisches Verhalten (Abb. 2.24). In diesen Läufen zeigt sich nun sehr deutlich auch ein Einschwingen auf einen Gleichgewichtspunkt mit konstanten Werten für die drei Zustandsgrößen. Wir finden die folgenden Gleichgewichtswerte in Abhängigkeit vom Parameter KONSUMZIEL:

KONSUMZIEL	*Bevölkerung*	*Umweltbelastung*	*KonsumNiveau*
10	1.558	3.119	3.208
2	4.543	1.817	1.101
1	7.211	1.442	0.693

Es zeigt sich, dass im Gleichgewicht ein hohes Konsumniveau mit einer niedrigen Bevölkerung einhergeht, während ein niedrigeres Konsumniveau eine höhere Bevölkerungszahl ermöglicht. In keinem Fall wird das Konsumziel erreicht.

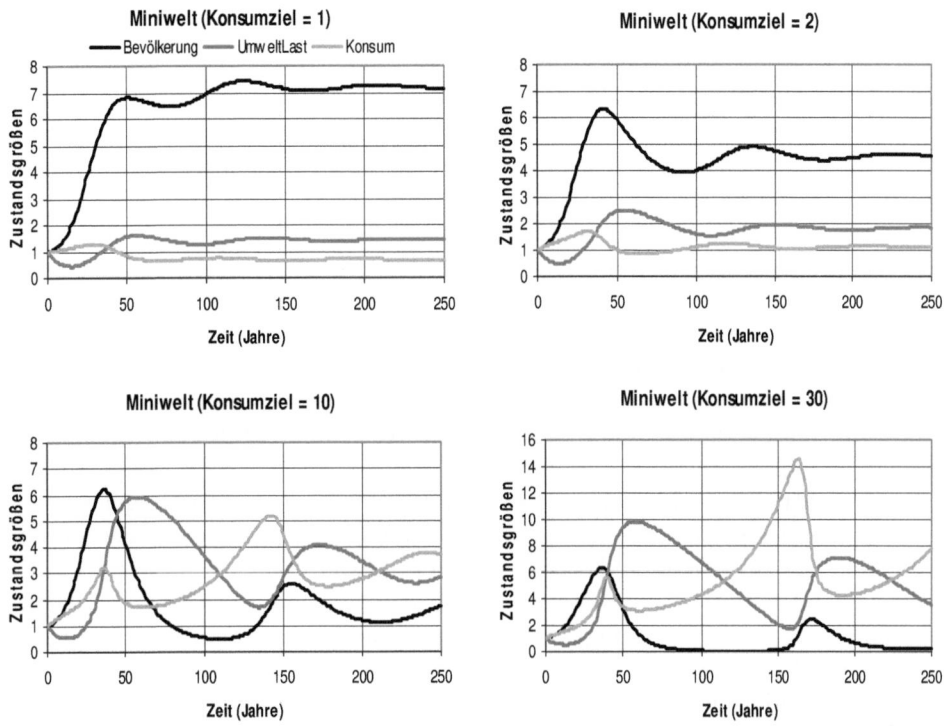

Abb. 2.24: Simulationsergebnisse des Weltmodells 'Miniwelt' für unterschiedliche Konsumziele. Eine stetige Entwicklung ergibt sich lediglich bei niedrigem Konsumziel.

2-2.8   Gültigkeit der Modellformulierung

In Kap. 1-3.10 wurde bereits erwähnt, dass die Gültigkeit eines Modells nach vier verschiedenen Gesichtspunkten überprüft werden muss: Verhaltensgültigkeit, Strukturgültigkeit, empirische Gültigkeit und Anwendungsgültigkeit. Selbstverständlich muss die Gültigkeitsprüfung den Modellzweck berücksichtigen. Wenn wir, wie in diesem Fall "mit einer möglichst geringen Zahl von Größen qualitativ richtige Aussagen über Entwicklungstendenzen und Entwicklungsdynamik ..." erhalten wollen (s. Modellzweck in Abschnitt 2-1.1), dann dürfen wir uns nicht beschweren, wenn das Modell uns keine exakten Angaben z.B. über Bevölkerungszahl und Zahl der Kraftfahrzeuge in Tanzania im Jahr 2023 geben kann.

Das Modell der Miniwelt verhält sich im Großen und Ganzen plausibel. Wenn der Konsum ungehindert anwächst, erhöht sich die Umweltbelastung entsprechend und erzeugt einen Zusammenbruch der Bevölkerung. Die Bevölkerung erholt sich erst wieder, wenn die Umweltbelastung ein verträgliches Maß erreicht hat. Die Dynamiken von Bevölkerung, Umweltbelastung und Konsum sind voneinander abhängig. Der Konsum steigt stark an, wenn die Bevölkerung durch die Umweltbelastung schrumpft. Das System erzeugt Schwingungen besonders dann, wenn der Konsumanstieg nicht durch Konsumbeschränkung gedämpft wird. Schließlich hat das Modellsystem auch Gleichgewichtspunkte, die auf nachvollziehbare Weise vom Parameter KONSUMZIEL abhängen.

Ein solcher erster Eindruck darf aber nie dazu verleiten, den Modellergebnissen nun ohne weitere Überprüfung von Modell und Ergebnissen bedingungslos zu glauben oder sie gar zur Grundlage wichtiger Entscheidungen zu machen.

Zunächst muss noch einmal überprüft werden, ob die mathematische Ableitung und die Programmierung der Gleichungen fehlerfrei sind. Danach müssen – im Rahmen des vorgegebenen Modellzwecks – die Strukturgültigkeit, die Verhaltensgültigkeit, die empirische Gültigkeit und die Anwendungsgültigkeit überprüft werden.

Der **Strukturgültigkeit** galt bei der Entwicklung der Teilmodelle und ihrer Verkopplung hauptsächlich unsere Aufmerksamkeit. Es wurden alle Verknüpfungen eingeführt, die notwendig und erlaubt erschienen, wie etwa der Einfluss der Umweltbelastung auf Geburten und Sterbefälle. Für den zu Beginn von Kap. 2 festgelegten Modellzweck, "mit einer möglichst geringen Zahl von Größen qualitativ richtige Aussagen" zu machen, erscheint die Formulierung ausreichend und strukturell gültig zu sein. Man beachte, dass Strukturgültigkeit 'korrektes' Erkennen von Wirkungsstruktur und Systemgrößen verlangt. Um die zahlenmäßig genauen Zusammenhänge geht es hier noch nicht.

Die **Verhaltensgültigkeit** des Modells ergibt sich wesentlich aus der Struktur, den gewählten Komponenten und ihren Verknüpfungen; sie ist damit auch mit der Strukturgültigkeit verbunden. Die Verhaltensgültigkeit fordert darüber hinaus aber auch ein mit dem Realsystem vergleichbares Verhalten bei Wahl realistischer Systemparameter. Prüfpunkte sind hier z.B.

- Geschwindigkeit von Veränderungsprozessen
- Schwingungsperioden
- Maximal- und Minimalwerte
- Phasenverschiebungen zwischen Zustandsgrößen
- Gleichgewichtswerte
- Stabilitätsverhalten
- Verhalten unter extremen Bedingungen
- Plausibilität

Unter diesen Gesichtspunkten betrachtet, sind die Ergebnisse der 'Miniwelt' nicht implausibel. Im Rahmen des Modellzwecks schließen wir auf Verhaltensgültigkeit.

Eine **empirische Gültigkeit**, d.h. zahlenmäßige Übereinstimmung mit der Realität, ist dagegen auf keinen Fall gegeben. (Aus den Simulationen dürfen daher keine konkreten Schlüsse gezogen werden!) Hierfür hätte das Modell nicht nur in realen Größen mit messbaren Entsprechungen im Realsystem formuliert werden müssen. Auch die Parameter, vor allem aber die Zusammenhänge (etwa der Einfluss der Umweltbelastung auf die Geburtenrate) hätten wesentlich genauer (und komplexer) erfasst und formuliert werden müssen.

Die **Anwendungsgültigkeit** wiederum – als einfaches didaktisches Modell zur Demonstration der dynamischen Effekte elementarer Zusammenhänge zwischen der Umwelt und der menschlichen Gesellschaft – dürfte gegeben sein.

Wir werden auf die Modellbildung mit realen, dimensionsbehafteten Größen zurückkommen, nachdem wir uns im nächsten Kapitel mit einigen grundsätzlichen Betrachtungen zur Modellierung dynamischer Systeme beschäftigt haben.

2-2.9   Vergleich mit 'großen' Weltmodellen

Im Jahr 1972 veröffentliche eine Gruppe von Wissenschaftlern des Massachusetts Institute of Technology (MIT) unter Leitung von Dennis und Donella Meadows die Ergebnisse und später auch die vollständige wissenschaftliche Dokumentation eines relativ komplexen Weltmodells World3 (Meadows et al., 1972, 1974, 1992). Das Modell baute auf einem Weltmodell World2 des MIT-Professors Jay Forrester auf (Forrester 1970), der in den 1960er Jahren die Methode 'System Dynamics' zur Simulation beliebiger dynamischer Systeme entwickelt hatte, die wir auch in diesem Buch verwenden. Der Titel des Buchs der Meadows-Gruppe "Die Grenzen des Wachstums" wurde zu einem geflügelten Wort in der Umweltdebatte der 1970er und 1980er Jahre. Das Buch erschien in 29 wichtigen Sprachen und hat die Denkvorstellungen von Millionen von Menschen geprägt. Zwei Jahrzehnte später erschien ein weiterer Bericht der Meadows-Gruppe mit Ergebnissen, die die neue Datenlage berücksichtigten. Hauptaussage der neuen Simulationen war die Feststellung, dass die Menschheit wahrscheinlich die 'Grenzen des Wachstums' überschritten hatte, ein globaler Zusammenbruch immer wahrscheinlicher geworden war, die Möglichkeit zu einem Übergang auf eine nachhaltige Entwicklung aber immer noch bestand.

World3 ist ein sehr komplexes Modell verglichen mit unserem Modell der 'Miniwelt' (World3 ist vollständig und simulationsfähig dokumentiert in Bossel 2004 'Systemzoo'.) World3 hat 18 Zustandsgrößen, 60 Parameter, 52 Tabellenfunktionen und rund 200 umfangreiche Gleichungen für Zwischengrößen und Veränderungsraten. Natürlich ist dies immer noch eine extrem vereinfachte Beschreibung der realen Welt, aber die Formulierung der Funktionen, Zusammenhänge und Teilmodelle gründete auf einer sehr umfangreichen Datenbasis. Das Modell beschreibt in Einzelheiten die wesentlichen Prozesse, die die Entwicklung bestimmen: Anlageninvestitionen und Wirtschaftswachstum, Bevölkerungsentwicklung, Schadstoffimmission und Schadstoffabbau, Ressourcenabbau, landwirtschaftliche Produktion, Landentwicklung und Beschäftigung in Industrie und Dienstleistungen. Die vom Modell erzeugte Dynamik ergibt sich aus den dynamischen Interaktionen der verschiedenen Prozesse. Falls die Einzelprozesse korrekt beschrieben und die komplexen Beziehungen zwischen ihnen korrekt wiedergegeben wurden, sollte mit einer weitgehenden Übereinstimmung mit Entwicklungen der realen Welt gerechnet werden können. Dies ist tatsächlich der Fall für den Zeitraum nach 1972 (der bei der Modellerstellung noch nicht bekannt war); die weiter in die Zukunft reichenden Szenarioanalysen erscheinen ebenfalls plausibel.

Systemdynamische Modelle wie World3 werden allerdings nicht als Prognoseinstrumente entwickelt. Ihre Hauptaufgabe ist die Untersuchung des gesamten Spektrums der (noch) vorhandenen Entwicklungsmöglichkeiten und die Unterstützung von schwierigen Entscheidungen, um erwünschte Zustände zu erreichen.

Es ist interessant, die Ergebnisse von World3 mit denen unseres kleinen Weltmodells zu vergleichen. Bei beiden Modellen ist versucht worden, die wesentliche verhaltensprägende Systemstruktur zu erfassen – beide Modelle sollten daher ähnliches Verhalten zeigen. Abb. 2.25 zeigt das Ergebnis dieses Vergleichs. Die drei Zustandsgrößen Bevölkerung, Industrieanlagen und Umweltbelastung zeigen ähnliche zeitliche Entwicklung, vor allem auch im Verhältnis untereinander. Konsum und Bevölkerung erreichen etwa zur gleichen Zeit ihren Höhepunkt. Die Umweltbelastung steigt weiter an und hat ihr Maximum etwa drei Jahrzehnte nach dem Maximum von Bevölkerung und Konsum. Es ist zu beachten, dass die 'Miniwelt' mit relativen Größen arbeitet; die Zahlenwerte der beiden Berechnungen unterscheiden sich daher.

Die weitgehende Übereinstimmung zwischen den Modellen überrascht, da sie sich in ihrer Komplexität und ihrem Detaillierungsgrad gewaltig unterscheiden. Diese Übereinstimmung deutet darauf hin, dass die elementare Struktur der beiden Modelle sehr ähnlich sein muss. Mehr Übereinstimmung ist allerdings nicht zu erwarten – wie ein Blick auf die komplexen Modellbeziehungen und Tabellenfunktion von World3 rasch zeigt.

Aus diesem Vergleich ergibt sich ein wichtiger Hinweis: Um die charakteristische Dynamik eines komplexen Systems zu verstehen, empfiehlt es sich, nach der 'essentiellen Struktur' eines Systems zu suchen, die für das systemtypische Verhalten verantwortlich ist. Das führt nicht nur zu einem besseren Verständnis, es wird oft auch zu einfacheren Modellformulierungen führen. Bei manchen Anwendungen (z.B. Modelle des Waldwachstums, wo individuelle Bäume mit gleichen Teilmodellen berechnet werden müssen) kann eine einfachere Modellstruktur zu erheblich reduzierten Rechenzeiten bei nur geringen Einbußen an Genauigkeit führen.

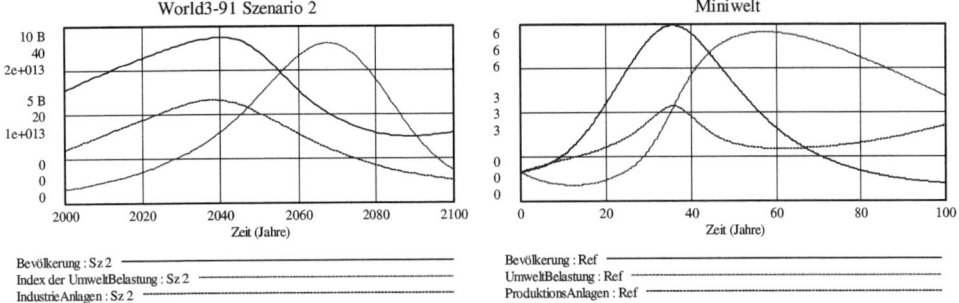

Abb. 2.25:   Vergleich der Simulationsergebnisse der Weltmodelle World3 (oben; Szenario 2 in Meadows et al. 1992) und Miniwelt (unten). Das qualitative Verhalten beider Modelle ist ähnlich – man vergleiche die relative Position der Maxima der drei Kurven.

2-3   Zusammenfassung wichtiger Ergebnisse

In diesem Kapitel diente ein einfaches 'Weltmodell' dazu, die verschiedenen Schritte des Modellbildungsprozesses zu demonstrieren. Wir begannen mit der Definition des Modellzwecks, formulierten das Wortmodell, zeichneten mit diesen Informationen das Wirkungsdiagramm, identifizierten die verschiedenen Elemente des Modellsystems, bestimmten ihre Funktionen und Verkopplungen mit anderen Elementen, schrieben die entsprechenden Gleichungen für die Berechnung nieder, entwickelten damit das Simulationsprogramm, berechneten damit die Entwicklung für verschiedene Szenarien (Parametervorgaben) und beurteilten schließlich noch die Modellgültigkeit. Diese essentiellen Schritte müssen bei jeder Modellentwicklung durchlaufen werden, völlig unabhängig vom konkreten Inhalt der Untersuchung. Die wichtigsten Ergebnisse werden hier noch einmal zusammengefasst:

1.   Die **Systemabbildung** im Wirkungsgraph ist abhängig von der Aufgabenstellung und vom Modellzweck. Dieser sollte genau spezifiziert sein. Er bestimmt u.a. die Wahl der Systemgrenze und der Betrachtungsperspektive.

2.   Der **Wirkungsgraph** konzentriert sich auf die **Wirkungsstruktur** des Systems, nicht auf die genaue Funktion seiner Elemente. Er ist daher im Allgemeinen noch keine vollständige und getreue Abbildung des Realsystems und erlaubt keine gültige Simulation. Mögliche Ausnahme sind lineare und linearisierte Systeme, die ausschließlich aus Zustandsgrößen, multiplikativen Faktoren und additiven Verknüpfungen bestehen.

3.   Das **Systemverhalten** kann in einem **Simulationsmodell** nur dann genau und zuverlässig abgebildet werden, wenn die Eigenschaften der **Systemelemente** und ihre (oft nichtlinearen) **Verkopplungen** korrekt wiedergegeben sind.

4. In dynamischen Systemen lassen sich drei verschiedene Kategorien von Systemelementen unterscheiden:
    Vorgabegrößen (Systemparameter, Anfangswerte der Zustandsgrößen und exogene Einflüsse aus der Systemumgebung). Das System hat keinen Einfluss auf sie; daher können auch keine Wirkungspfeile aus dem System auf sie zeigen. In Simulationsdiagrammen kennzeichnen wir sie mit Grossbuchstaben.
    Zustandsgrößen (Speichergrößen, 'Gedächtnis'größen). Sie verkörpern die Geschichte und Entwicklung des Systems. Sie werden durch ihre Veränderungsraten (Dimension immer: Zustandsgröße/Zeit) ständig verändert. Diese Veränderungsraten sind – mathematisch gesehen – die Differenzen- bzw. Differentialgleichungen für die Zustandsgrößen. Im Simulationsdiagramm werden Zustandsgrößen (und die damit zusammenhängende Zeitintegration der damit verbundenen Veränderungsraten) durch Kästen gekennzeichnet.
    Zwischengrößen (Wandler, Hilfsgrößen). Sie werden durch algebraische oder logische Funktionen von Vorgabegrößen, Zustandsgrößen und/oder andere Zwischengrößen wiedergegeben. Im Simulationsdiagramm sind sie (in diesem Buch) als Größen in Kleinschreibung zu erkennen; Wirkungspfeile können in sie hinein zeigen oder von ihnen ausgehen.

5. Der neue Wert einer **Zustandsgröße** wird in Simulationsmodellen durch **numerische Integration** ermittelt. Hierbei wird aus der Gleichung für den momentanen Wert der Veränderungsrate die Veränderung der Zustandsgröße während eines Zeitschritts ermittelt und zum vorhergehenden Wert der Zustandsgröße addiert.

6. Die wichtigste Eigenheit des Wirkungsdiagramms und des entsprechenden Simulationsdiagramms ist die darin festgehaltene **Rückkopplungsstruktur** des Systems. Bei **positiver Rückkopplung** in einer Rückkopplungsschleife bleibt das Vorzeichen eines Signals erhalten. Wenn es beim Durchlaufen der Schleife verstärkt werden sollte, so ergibt sich hieraus tendenziell eine **Destabilisierung**. Bei einer **negativen Rückkopplung** wird das Vorzeichen des Signals bei einem Durchlauf umgekehrt. Beim nächsten Durchlaufen der Schleife ergibt sich somit eine gegensinnige Wirkung. Tendenziell wirkt eine negative Rückkopplung daher **stabilisierend**.

7. Komplexe Systeme lassen sich meist in **Teilsysteme** auflösen, für die Simulationsmodelle **einzeln entwickelt** und ausgetestet werden können, bevor sie wieder zu einem Gesamtmodell verkoppelt werden. Das Verhalten des **Gesamtmodells** kann sich **sehr unterscheiden** vom Verhalten der einzelnen Teilmodelle: Das Ganze ist nicht die Summe seiner Teile, sondern oft etwas völlig Anderes.

8. Die **Gültigkeit** eines Modells kann sinnvoll nur in Bezug auf den Modellzweck definiert werden. Sie hat vier Aspekte: Strukturgültigkeit, Verhaltensgültigkeit, empirische Gültigkeit und Anwendungsgültigkeit.

9. Das charakteristische Verhalten eines komplexen Systems kann sich aus einer **elementaren Systemstruktur** ergeben, die möglicherweise **generisch** ist und sich in vielen verschiedenen Systemen findet, die sich – oberflächlich betrachtet – völlig unterscheiden, aber ähnliches Verhalten zeigen. Die Erfassung der elementaren Systemstruktur ist ein wichtiger Schritt für das Verständnis eines komplexen Systems.

3 Systemzustand

3-0 Überblick

Das Erkennen der verhaltensrelevanten Systemstruktur und ihre Darstellung im Wirkungsgraph stellen die erste Phase der Modellentwicklung dar. Der Wirkungsgraph lässt einige qualitative Schlüsse über das dargestellte System zu, aber diese Ergebnisse sind zur Beantwortung konkreter Fragestellungen zur Systementwicklung weder ausreichend noch zuverlässig genug. Um zuverlässige Antworten auf konkrete Fragen zu erzeugen, ist jedoch die genauere Beschreibung der Systemkomponenten und ihrer funktionellen Verknüpfungen unumgänglich. Erst diese kann zu einem gültigen mathematischen Modell führen, das den Kern eines Simulationsmodells darstellen muss.

In diesem Kapitel befassen wir uns mit den Grundtypen von Systemelementen, der Grundstruktur dynamischer Systeme, dem Verhalten elementarer Systeme und der korrekten Berücksichtigung der Dimensionen der Systemgrößen.

Bei der Formulierung der mathematischen Modelle stellen wir fest, dass wir es stets mit nur wenigen, ganz bestimmten Kategorien von Größen zu tun haben:

- **Einwirkungen** auf das System, die vom System selbst nicht beeinflusst werden (Vorgabegrößen)
- **Zustandsgrößen** (Speichergrößen) des Systems und ihre **Veränderungsraten**, die sich aus Einwirkungen von außen und aus den Zustandsgrößen selbst ergeben
- **Zwischengrößen** (Wandler) zwischen Einwirkungen und Zustandsgrößen auf der einen und Veränderungsraten auf der anderen Seite.

Der Begriff des 'Zustands', die Beschreibung dynamischer Systeme durch ihre 'Zustandsgleichungen' und die Unterscheidung der Typen von Systemgrößen sind von zentraler Bedeutung bei der Modellbildung und Simulation. Diese Konzepte sind auch die Grundlage für die mathematische Systemanalyse. Sie werden daher in Abschnitt 3-1 eingehender behandelt.

Selbst 'einfachste' Systeme mit nur ein oder zwei Zustandsgrößen können bereits überraschendes Verhalten zeigen. In Abschnitt 3-2 werden beispielhaft mehrere 'Elementarsysteme' vorgestellt, die oft auch als Teile komplexerer Systeme anzutreffen sind und deren Verhalten maßgeblich bestimmen können. Kenntnisse der charakteristischen Verhaltensweisen der verschiedenen Systemelemente und gewisser, einfacher, immer wiederkehrender elementarer Systemstrukturen erleichtern das Verständnis und die Beurteilung auch komplexer dynamischer Systeme wesentlich.

Bei der Modellentwicklun, besonders in Naturwissenschaft und Technik, muss meist mit konkreten, messbaren, dimensionsbehafteten Größen gearbeitet werden. Hier muss besonders sorgfältig darauf geachtet werden, dass bei der Modellformulierung die dimensionale Stimmigkeit gewahrt ist: Auf den beiden Seiten einer Gleichung müssen die Dimensionen identisch sein. Dimensionale Unstimmigkeit ist ein wichtiges Indiz für Fehler in der Modellformulierung. Darüber hinaus kann aber die Forderung nach dimensionaler Stimmigkeit auch konsequent bei der Modellentwicklung eingesetzt werden, um dimensional zulässige funktionale Zusammenhänge zu finden.

Durch Einführung sinnvoll definierter Bezugsgrößen können Systemgrößen, Systemgleichungen und Systemzeit dimensionslos gemacht werden. Bei dieser Betrachtungsweise reduziert sich die Zahl der Systemparameter auf ein Minimum, die Systemgleichungen reduzieren sich auf ihre Kernstruktur und 'langsame' oder 'schnelle' Systeme höchst unterschiedlicher Gestalt können sich so als (mathematisch) identisch erweisen.

Dimensionale Stimmigkeit und dimensionslose Darstellung werden in Abschnitt 3-3 diskutiert. In Abschnitt 3-4 werden die Ergebnisse des Kapitels noch einmal kurz zusammengefasst.

3-1 Systemelemente und elementare Systemstruktur

Bevor wir uns in den folgenden Abschnitten mit der Erstellung weiterer Simulationsmodelle befassen, sollen jetzt zunächst (mit den Erfahrungen aus der Erstellung des Weltmodells)

- die Systemelement-Typen
- die grundsätzliche Art ihrer Verknüpfung

genauer beschrieben werden. Das führt zu einer grundsätzlich gleichen Systemstruktur, die bei allen dynamischen Systeme zu finden ist und die daher auch die Grundlage der mathematischen Systemanalyse mit dem 'Zustandsraum-Ansatz' ist (s. Kap. 6).

3-1.1 Vorgabegrößen

Vorgabegrößen, d.h. Umwelteinwirkungen, Systemparameter und Anfangszustände zeichnen sich dadurch aus, dass sie von der Entwicklung des Systems unabhängig bleiben und daher keine Systemgrößen als Eingänge haben können. Sie können sich *nur* als Funktion der Zeit verändern, falls sie nicht sowieso konstant bleiben.

Die Zeitfunktionen sind vom konkreten Anwendungsfall abhängig und können prinzipiell beliebiger Natur sein. Liegt der Zeitverlauf als Datenreihe vor (z.B. Wetterdaten), so ist die Verwendung einer **Tabellenfunktion** sinnvoll. In Tabellenfunktionen werden numerische Werte für die abhängige Größe (Output) als Funktion einer Folge von Werten der unabhängigen Größe (Input, hier die Zeit) als Zahlentabelle vorgegeben. Die für die Simulation erforderlichen Zwischenwerte erzeugt das

Tabellenfunktions-Programm durch Interpolation zwischen zwei benachbarten Tabellenwerten. Bei der (meistens benutzten) linearen Interpolation wird der Kurvenverlauf durch eine zwischen benachbarten Tabellenpunkten gezogene Gerade dargestellt. Falls größere Genauigkeit gefordert ist, kann die Tabelle durch weitere Zwischenpunkte ergänzt werden. *Beispiel*: Abb. 3.1 zeigt eine Tabelle der Durchschnittstemperatur für die Monate Januar bis Dezember und die graphische Darstellung dieser Werte als Funktion der Monate.

Zeitfunktionen können oft auch direkt als **mathematische Funktionen** vorgegeben werden. *Beispiel*: Die tägliche Durchschnittstemperatur T_{day} in Mitteleuropa lässt sich durch eine Sinus-Funktion der Jahreszeit (*time* = 0 bis 1) approximieren, wobei T_{avg} die Jahresdurchschnittstemperatur und T_{amp} die Jahresamplitude der Temperatur ist:

$$T_{day} = T_{avg} + (T_{amp}/2)\cdot \sin\left[2\pi\,(time - 1/12) - (\pi/2)\right]$$

Monatsmitteltemperatur

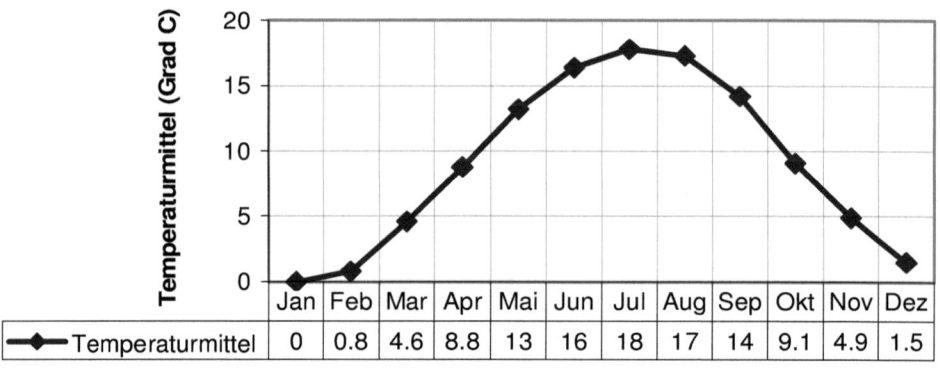

	Jan	Feb	Mar	Apr	Mai	Jun	Jul	Aug	Sep	Okt	Nov	Dez
Temperaturmittel	0	0.8	4.6	8.8	13	16	18	17	14	9.1	4.9	1.5

Abb. 3.1: Mit Tabellenfunktion werden (meist empirisch gefundene) Zusammenhänge dargestellt, die keiner mathematischen Funktion entsprechen. Zwischen Tabellenwerten wird (meist linear) interpoliert. Das Beispiel zeigt die Monatsmitteltemperatur im Jahresverlauf.

3-1.2   Zustandsgrößen

Zustandsgrößen sind immer auch Speichergrößen ('Gedächtnisgrößen'). Im Systemdiagramm werden sie daher durch einen rechteckigen Kasten ('Behälter') dargestellt, mit dem sich aber noch eine Rechenvorschrift verbinden muss. Zwei Arten von Speichergrößen sind von Bedeutung: Integratoren und Verzögerungen.

Der **Integrator** begegnet uns zur Darstellung von Systemzuständen weitaus am häufigsten. Der Integrator hat die Aufgabe, ausgehend von einem vorgegebenen Anfangszustand aus den laufenden Veränderungen einer Zustandsgröße (Zugänge und Abgänge des Bestandes) ständig den aktuellen Zustand zu ermitteln. Ein einfaches Beispiel zur Funktion eines Integrators ist ein Behälter mit regulierbarem Zufluss und Abfluss (z.B. Badewanne). Wie bereits gezeigt (in Kap. 2-2.2), liefert dieses Beispiel bereits das 'Rezept' für die numerische Berechnung des momentanen Zustandswerts: zum vorhergehenden Zustandswert sind die Zu- und Abflüsse im dazwischen liegenden Zeitintervall zu addieren bzw. subtrahieren.

Diese Zu- und Abflüsse hängen von der Länge des Zeitintervalls ab. Um den Einfluss des Zeitintervalls auszuschalten, werden die Zu- und Abflüsse als Flüsse pro Zeiteinheit ausgedrückt und als **Raten** bezeichnet – z.B. "Zuflussrate = 1 Liter pro Sekunde". Aus der Multiplikation mit dem Zeitintervall ergibt sich dann die Zustandsveränderung während dieses Zeitintervalls. In den hier verwendeten Systemdiagrammen sind (Veränderungs)Raten einer Zustandsgröße an den 'rohr'artigen in den Kasten der Zustandsgröße (oder aus diesem heraus) führenden Doppelpfeilen mit dem Ventilsymbol zu erkennen (s. Abb. 2.8).

Wichtig: Die Dimension einer Veränderungsrate ist immer gleich der Dimension der Zustandsgröße geteilt durch die verwendete Zeiteinheit:

$$\text{Dim } (Rate) = \text{Dim } [Zustand \, / \, \text{Dim } (Zeiteinheit)]$$

Manchmal wird der Ausdruck 'Rate' auch für eine 'normalisierte' oder 'spezifische' Rate benutzt, d.h. für die Veränderungsrate einer relativen (dimensionslosen) Zustandsgröße. Die Dimension einer solchen normalisierten Rate ist immer [1/Zeiteinheit] (was auch für eine dimensionslose Zeiteinheit gilt, s. Abschnitt 3-3). Der Kehrwert der normalisierten Rate ist die **Zeitkonstante** der Zustandsveränderung. Im Folgenden werden Dimensionen immer in eckigen Klammern [...] angegeben.

Beispiel:	**Bezeichnung**	**Dimension**	**Zahlenwert**
Zustandsgröße	*Bevölkerung*	[Personen]	90 Mio
Bezugsgröße	*Bevölkerung*$_{1980}$	[Personen]	60 Mio
normalisierte Zustandsgröße	*relative Bevölkerung* *= Bevölkerung/ Bevölkerung*$_{1980}$	[1] *=* [Personen /Personen]	1.5
Veränderungsrate:	*Geburten pro Jahr*	[Personen/Jahr]	900'000
normalisierte Rate	*relative Geburtenrate* *= Geburten pro Jahr / Bevölkerung*	[1/Jahr] = [(Personen /Jahr) /Personen]	0.01 = 1 %

Auch **Verzögerungen** müssen, ähnlich wie Integratoren, (frühere) Systemzustände speichern und für zukünftige Zeitpunkte verfügbar halten. Die Dimensionen der Eingänge und Ausgänge einer Verzögerung müssen identisch sein (was für Integratoren nicht zutrifft!) Verzögerungen können auf verschiedene Weise bewerkstelligt werden; von simulationstechnischer Bedeutung sind Haltespeicher und exponentielle Verzögerungen.

Beispiele: In einem Produktionssystem haben wir es mit Produktions- und Lieferverzögerungen zu tun: Ein heute bestelltes Produkt kann z.B. erst in sechs Wochen an den Kunden ausgeliefert werden. Oder: Personen, die eine Rolltreppe betreten, verlassen sie kurze Zeit später wieder in genau gleicher Reihenfolge. Verzögerungen dieser Art, bei denen die Eingangsgröße als Funktion identisch ist mit der um die Verzögerungszeit verschobenen Ausgangsfunktion, werden als **Transportverzögerungen** oder **Haltespeicher** bezeichnet.

Der Haltespeicher hat die Aufgabe, einen ihm zur Zeit t gemeldeten Zustand erst zu einem späteren Zeitpunkt $(t + T)$ weiterzugeben, wobei T die Verzögerungszeit ist. Anders formuliert: Er gibt erst zum Zeitpunkt t den ihm zum Zeitpunkt $(t - T)$ gemeldeten Zustand weiter. Offensichtlich bedeutet dies, dass er auch die zwischenzeitlich gemeldeten Zustände behalten muss, um sie später richtig weiterzugeben. (Dies kann eine große Zahl von Speichergrößen in der Simulation bedeuten.) Der Haltespeicher ist z.B. zur Darstellung von Transportverzögerungen wichtig (Transportband, Bahntransport, usw.), bei denen das Gut selbst keine Zustandsveränderung erfährt.

Praktische Bedeutung hat auch die **exponentielle Verzögerung** (auch: Glättungsverzögerung). *Beispiel*: Ein Betrieb erhalte täglich sich verändernde Bestellungen für sein Produkt. Vernünftigerweise würde die Firma versuchen, trotz der Bestellschwankungen eine möglichst gleichmäßige Produktion durchzuhalten, indem z.B. pro Tag ein Zehntel des Auftragsbestands abgearbeitet wird. Damit ergibt sich eine Lieferverzögerung (von durchschnittlich zehn Tagen = Zeitkonstante), gleichzeitig aber auch eine Glättung der Ausgangsfunktion (Auslieferungen) verglichen zur Eingangsfunktion (Bestellungen).

Dieser Verzögerungseffekt (wo jederzeit beliebige Eingänge verbucht werden, die Ausgänge aber vom akkumulierten Bestand abhängen) lässt sich durch einen (oder mehrere) Integratoren mit negativer Rückkopplung simulieren (s. Abschnitt 3-2.4). Der Zeitverlauf wird dann durch eine exponentielle Zeitfunktion beschrieben (daher der Name). Die Verzögerungszeit entspricht dabei dem Kehrwert des Rückkopplungsfaktors: Eine schwache Rückkopplung (gleichbedeutend mit geringem 'Leckverlust') ergibt z.B. eine relativ lange Verzögerung.

Die exponentielle Verzögerung unterscheidet sich grundsätzlich von der Verzögerung durch den Haltespeicher: Die Verzögerungszeit ist nur ein mittlerer Verzögerungswert; tatsächlich lässt die exponentielle Verzögerung bereits vom ersten Moment an Information über den neuen Zustand durch. Der große rechentechnische

Vorteil der exponentiellen Verzögerung ist, dass zu ihrer Darstellung (im Gegensatz zum Haltespeicher) nur wenige Zustandsgrößen (meist eine oder drei) erforderlich sind.

3-1.3 Zwischengrößen

Alle Größen, die nicht Vorgabe- oder Zustandsgrößen sind, können jederzeit aus den momentanen Werten von Vorgabe- und/oder Zustandsgrößen durch algebraische oder logische Rechenoperationen ermittelt werden. Sie werden daher als 'Zwischengrößen' oder 'Wandler' bezeichnet.

Für die Zwischengrößen der **algebraischen oder logischen Rechnung** gilt grundsätzlich, dass jede mindestens einen Eingang (auf die Größe zeigender Pfeil) haben muss. Welche Operation mit diesen Eingangsgrößen durchzuführen ist, muss in den Systemgleichungen für jede Zwischengröße spezifiziert werden.

Zu den Zwischengrößen gehören auch die Veränderungsraten der Zustandsgrößen (die Zustandsfunktion f) und die beobachtbaren Ausgangsgrößen (der Ausgangsvektor v)[1]. Sie müssen im allgemeinen Fall als algebraische oder logische Funktionen der Eingangsgrößen u, der Zustandsgrößen z und der Zeit t berechnet werden. Gelegentlich müssen Zusammenhänge auch als Tabellenfunktionen vorgegeben werden.

Bei einigermaßen realistischen Systemdarstellungen können sich hier leicht recht komplexe algebraische Wirkungsketten und Wirkungsnetze ergeben, die u.U. nicht mehr leicht zu überschauen sind. Diese Berechnungsnetze dürfen keine **algebraische Schleife** enthalten, d.h. Rückkopplungsschleifen, die nur über Zwischengrößen laufen. Falls Rückkopplungsschleifen auftreten, müssen sie über eine Zustandsgröße (bzw. eine Verzögerung) führen. Der Grund für diese Beschränkung ist leicht einzusehen: Bei einer geschlossenen algebraischen Berechnungsschleife würde das momentane Rechenergebnis über die Rückmeldung in der Schleife von diesem momentanen Ergebnis abhängen: ein offensichtlich unsinniger Zustand. Eine algebraische Schleife lässt sich, wenn denn eine derartige Rückkopplung unerlässlich sein sollte, durch Einführung einer Verzögerung oder zusätzlichen Zustandsgröße 'heilen'. Eine solche Ergänzung lässt sich auch immer physikalisch begründen, da es in der Realität keine unendlich schnelle Fortpflanzung von Signalen geben kann. Weitere Beschränkungen gibt es aber nicht: Die Wahl der Elemente oder Verknüpfungen richtet sich allein nach den im abzubildenden Realsystem festgestellten Wirkungsbeziehungen. Dies bedeutet auch ausdrücklich die Verwendung nichtlinearer Beziehungen. Professionelle Simulationssoftware zeigt algebraische Schleifen in der

---

[1] Fettgedruckte Kleinbuchstaben bezeichnen Vektoren, fettgedruckte Großbuchstaben bezeichnen Matrizen (s. Kap. 6).

Modellformulierung an; für die Untersuchung von Wirkungsverknüpfungen und Rückkopplungen sind ebenfalls meist entsprechende Hilfsmittel vorgesehen.

Bei der mathematischen Formulierung würde man normalerweise versuchen, bei komplexen (algebraischen) Wirkungsnetzen durch Umformung und Zusammenfassung zu möglichst kompakten Ausdrücken zu gelangen. Diese Vorgehensweise hat bei der Modellbildung wesentliche Nachteile und selten Vorteile und ist daher normalerweise nicht zu empfehlen. Der Rechen- und Speicheraufwand wird durch die Zusammenfassung praktisch nicht reduziert, dagegen geht oft die Überschaubarkeit der Systemdarstellung verloren und das Systemverständnis wird meist erheblich erschwert. Es empfiehlt sich daher meist, im Simulationsdiagramm die im Wortmodell und im Wirkungsdiagramm identifizierten Elemente und Verbindungen zu belassen, selbst wenn sich ihre Zusammenfassung zu komplexeren Ausdrücken und entsprechenden Systemblöcken anbietet.

Von dieser Regel kann abgewichen werden, wenn (a) sich bei sehr komplexen Systemen die Notwendigkeit ergibt, durch Zusammenfassung von Teilprozessen die Übersichtlichkeit zu erhöhen, oder wenn (b) der gleiche Teilprozess mehrfach im System erscheint und dann zweckmäßigerweise durch einen eigenen Systemblock beschrieben wird, oder wenn (c) ein Teilprozess aus relativ trivialen und gut bekannten Schritten besteht, deren vollständige Darstellung zum Systemverständnis nichts beitragen würde. In diesen Fällen kann der Teilprozess durch einen eigenen Systemblock mit den entsprechenden Eingängen und Ausgangsverbindungen dargestellt werden. Dieser Block wird dann in einem entsprechenden Unterprogramm berechnet. Für jede erforderliche Ausgangsgröße muss ein eigener Systemblock definiert werden.

3-1.4   Grundstruktur dynamischer Systeme

Die Grundstruktur dynamischer Systeme lässt sich ableiten aus den zwischen den drei Typen von Systemelementen (Vorgabegrößen, Zustandsgrößen, Zwischengrößen) erlaubten Wirkungsverknüpfungen.

1. Vorgabegrößen (hier: Großbuchstaben) werden von anderen Systemelementen nicht beeinflusst.

2. Die Eingänge von Zustandsgrößen (hier: Kästen) sind immer ihre Veränderungsraten, d.h. Zwischengrößen.

3. Zwischengrößen können Funktionen von Vorgabegrößen und Zustandsgrößen sein. (Formal lassen sich Abhängigkeiten von anderen Zwischengrößen durch Substitution immer auf Vorgabegrößen und Zustandsgrößen zurückführen.)

4. Zustandsgrößen können nur Zwischengrößen direkt beeinflussen.

Wenn man versucht, mit diesen Regeln ein Systemdiagramm zu zeichnen, so erhält man die Grundstruktur dynamischer Systeme in Abb. 3.2. Dieses Systemdiagramm gilt für alle dynamischen Systeme – wir haben hier keinerlei Beschränkung eingeführt. Auf den ersten Blick erscheint es kaum möglich, dass dieses Diagramm die komplexen Systeme unserer Realität darstellen kann. Wenn wir aber jedes Element ('Block') darin als einen 'Vektor', d.h. eine Menge gleichartiger Element (wenn auch unterschiedlicher Funktion) auffassen, und jeden Wirkungspfeil als ein ganzes 'Bündel' von Wirkungen zwischen den verschiedenen Elementen eines Vektors, d.h. als entsprechende Verknüpfungsmatrix begreifen, dann zeigt sich, dass diese Darstellung tatsächlich eine fast unbegrenzte Menge verschiedener Systeme beschreiben kann. Diese 'geometrische' Betrachtung eines Systems hat ihre mathematische Entsprechung in den Zustandsgleichungen eines dynamischen Systems, die wir später behandeln werden.

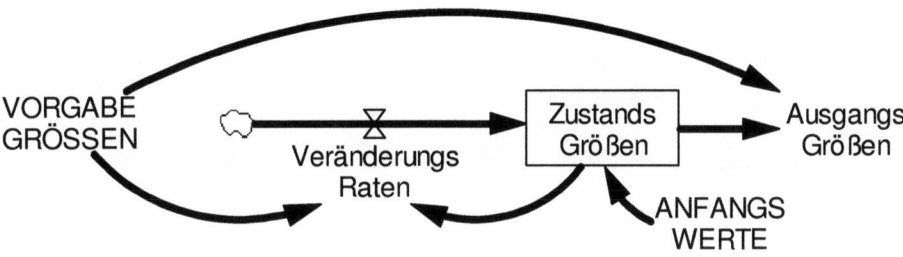

Abb. 3.2: Grundstruktur eines dynamischen Systems. Die Blöcke (Elemente) stehen für Vektoren von Systemgrößen, die Pfeile für Wirkungsmatrizen zwischen den Elementen.

Beispiel: Es sei der Nahrungsverbrauch einer Bevölkerung zu berechen, die sich dynamisch durch Geburten und Sterbefälle verändert, wobei die Geburten- und Sterberaten zeitabhängige Funktionen seien. Es gelten die folgenden Beziehungen (Wortmodell):

1. Der *Nahrungsverbrauch* errechnet sich aus der *Bevölkerung*szahl multipliziert mit dem PRO-KOPF-VERBRAUCH.
2. Die *Bevölkerung* nimmt durch *Geburten* zu.
3. Die *Bevölkerung* nimmt durch *Sterbefälle* ab.
4. Die *Geburten* (pro Jahr) ergeben sich aus der *Bevölkerung*szahl multipliziert mit der (spezifischen) GEBURTENRATE.
5. Die *Sterbefälle* (pro Jahr) ergeben sich aus der *Bevölkerung*szahl multipliziert mit der (spezifischen) STERBERATE.

    In diesem Beispiel ist PRO-KOPF-VERBRAUCH ein (vorgegebener) Parameter, GEBURTENRATE und STERBERATE sind Vorgabegrößen (hier exogene Funktionen der Zeit). Diese Vorgabegrößen sind mit Großbuchstaben gekennzeichnet. *Bevölkerung* ist eine (die einzige) Zustandsgröße (Kasten), *Geburten* und *Sterbefälle* sind die zwei Beiträge zur Zustandsänderung dieser Größe und *Nahrungsverbrauch* ist eine Ausgangsgröße. Mit dieser Information lässt sich das Systemdiagramm zeichnen (Abb. 3.3). Seine Struktur ist identisch mit der Grundstruktur dynamischer Systeme (Abb. 3.2).

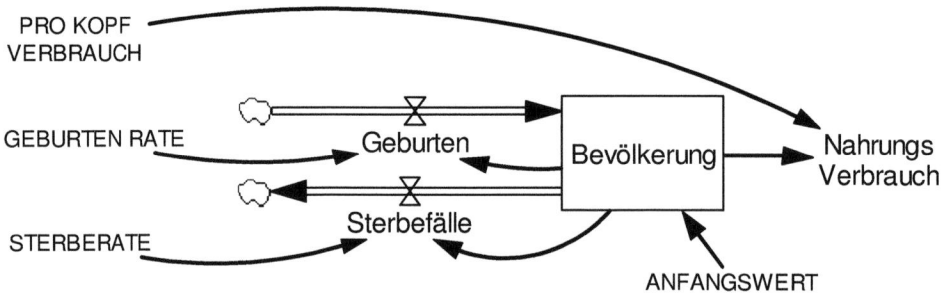

Abb. 3.3: Systemdiagramm zur Dynamik des Nahrungsverbrauchs einer sich durch Geburten und Sterbefälle verändernden Bevölkerung. Die Systemstruktur ist identisch mit der allgemein gültigen Grundstruktur dynamischer Systeme (Abb. 3.2).

    Das Systemdiagramm der Grundstruktur (Abb. 3.2) zeigt klar die zentrale Rolle der Zustandsgrößen. Die Geschichte des Systems wird 'erinnert' im momentanen Systemzustand, der wiederum seine eigene Zustandsveränderung und damit die zukünftige Entwicklung und die Verhaltensgrößen des Systems bestimmt. Wenn bekannt ist, wie sich die Zustandsgrößen verändern, dann können auch die anderen Systemgrößen bestimmt werden. Da aber die Anfangswerte der Zustandsgrößen und alle äußeren Einwirkungen auf das System bekannt sind, so reduziert sich das Problem auf die Ermittlung der Differentialgleichungen (beim kontinuierlichen System) oder Differenzengleichungen (beim diskreten System) für die Veränderungsraten. Die algebraischen (oder logischen) Ausdrücke, die die Veränderungsraten definieren, heißen 'Zustandsfunktionen' **f**. Die algebraischen (oder logischen) Ausdrücke, die Zustandsgrößen und/oder Eingangsgrößen in Ausgangsgrößen des Systems umwandeln, heißen 'Verhaltensfunktion' **g**. Diese beiden Vektorgleichungen werden zusammen als 'Zustandsgleichungen' des Systems bezeichnet.
    Systemdiagramm oder Zustandsgleichungen geben die essentielle Systemstruktur wieder und erlauben daher den Vergleich mit anderen Systemen, die oft nicht die geringste äußerliche Ähnlichkeit haben. Zum Beispiel haben die physika-

lisch völlig unterschiedlichen Systeme in Abb. 3.4 (ein mechanisches und ein elektrisches Schwingungssystem) eine völlig identische Systemstruktur und können daher mit den gleichen Zustandsgleichungen behandelt werden. Führt man geeignete dimensionslose Größen ein, so ist bei gleicher Parameterwahl auch das dynamische Verhalten identisch. Analogcomputer verwenden dieses Prinzip, um z.B. komplexe mechanische Systeme durch elektrische Schaltkreise zu simulieren.

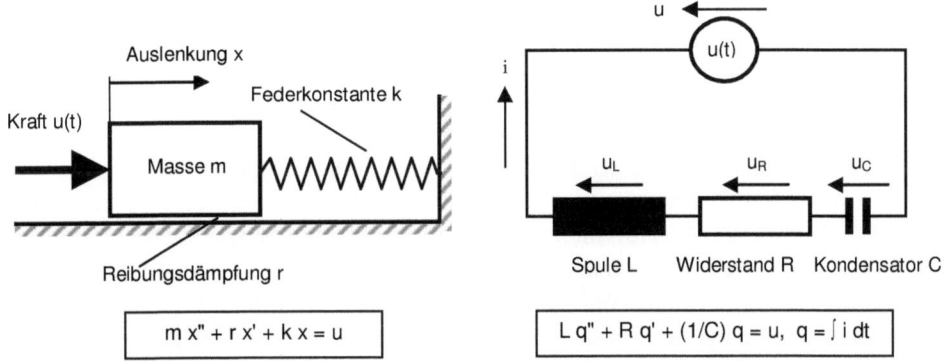

Abb. 3.4: Physikalisch völlig verschiedene Systeme können gleiche Systemstruktur und gleiches Verhalten aufweisen. Die Differentialgleichungen für das mechanische und das elektrisches Schwingungssystem sind identisch. Das eine System kann als Analogsystem des anderen genutzt werden.

3-1.5   Systemzustand und Zustandsraum

Für die Modellbildung und Simulation sind die Auswahl der Zustandsgrößen und die Ermittlung des zeitabhängigen Systemzustands von zentraler Bedeutung. Wir müssen uns mit diesen Begriffen daher noch etwas eingehender befassen.

Ein System, das von früheren Zuständen völlig unabhängig ist, also erinnerungslos und trägheitsfrei ist, kann (im Rahmen seiner physikalischen Grenzen) durch den Eingangsvektor u(t) ohne Verzögerung in jeden beliebigen neuen Zustand versetzt werden. Solche Systeme sind in der Realität recht selten (Annäherungen sind: elektrischer Transformator, Widerstandsnetzwerk, mechanisches Getriebe, Lautsprecher, mechanische Schreibmaschine). Diese erinnerungslosen Systeme haben (idealisiert) keine Zustandsgrößen; ihre Funktion lässt sich als einfache algebraische Umformung von Eingangsgrößen in Ausgangsgrößen darstellen. Sie werden daher als **eingangsbestimmte** oder **erinnerungslose Systeme** bezeichnet.

Die meisten Systeme sind nicht erinnerungslos bzw. trägheitsfrei, da der augenblickliche Zustand des Systems den sofortigen Übergang auf einen beliebigen anderen Zustand nicht zulässt.

Beispiele:

- Ein voller Stausee kann nicht im nächsten Augenblick halb leer sein.
- Ein Zimmer lässt sich nicht urplötzlich aufheizen.
- Ein in Ruhe befindliches Fahrzeug kann nicht im nächsten Augenblick mit 100 km/h fahren.

In diesen und ähnlichen Fällen bestimmt offensichtlich der bisherige Systemzustand zusammen mit den exogenen Eingängen den neuen Zustand. Das bedeutet auch, dass die Geschichte des Systems seinen momentanen Zustand mitbestimmt. Im Gegensatz zu den **eingangsbestimmten Systemen** (trägheitsfreie, erinnerungslose Systeme) bezeichnen wir die trägheitsbehafteten Systeme als **zustandsbestimmte Systeme**.

Es stellt sich nun die wichtige Frage, was denn bei diesen Systemen über den alten Zustand bekannt sein muss, um den neuen Zustand ermitteln zu können. Offensichtlich kommen hierfür nicht alle Systemgrößen in Betracht, da ja einige, wie oben erwähnt, durch algebraische Verknüpfungen mit anderen Systemgrößen direkt berechnet werden können. Wir bezeichnen die gesuchten Systemgrößen, mit denen alle anderen Systemgrößen bestimmt werden können, als Zustandsgrößen.

Zustandsgrößen (Zustandsvariablen) sind die kleinste Menge endogener zeitveränderlicher Systemgrößen, die die vollständige Beschreibung des Systemzustands (im Rahmen der Beschreibungsaufgabe) ermöglichen. Die Anzahl diese Zustandsgrößen ist die **Ordnung** oder **Dimension** n eines Systems.

Eine Zustandsgröße ist im Allgemeinen nicht eindeutig. Gleichwertige Darstellungen des gleichen Systems durch andere Zustandsgrößen sind möglich. Bei anderer, aber gleichwertiger Darstellung bleibt die Zahl der Zustandsgrößen (die Dimension des Systems) immer gleich.

Beispiel: Um die zeitliche Veränderung des Wasserinhalts einer Badewanne zu beschreiben, können als Zustandsgrößen gewählt werden:

- die Höhe H des eingelaufenen Wassers,
- sein Volumen V oder
- seine Masse M.

Entsprechend lassen sich die Zuflüsse bzw. Abflüsse in Wasserhöhe pro Zeit, Volumen pro Zeit oder Masse pro Zeit angeben. Ist die jeweilige Zustandsgröße bekannt, so lassen sich die anderen Systemgrößen hieraus sofort (über entsprechende Umrechnungsfaktoren) berechnen. Aus dem Wasserstand folgen Wasservolumen und Masse, aus dem Wasservolumen folgen der Wasserstand und die Masse, aus der Wassermasse folgen das Volumen und der Wasserstand. Das System hat *einen* Speicher, damit *eine* Zustandsgröße; seine Dimension ist deshalb "1", bzw. es ist ein System 1. Ordnung.

Der **Systemzustand** ist die kleinste Menge der gegenwärtigen Information über ein System, deren Kenntnis zusammen mit der Kenntnis der zeitabhängigen Eingangsfunktionen (bei einem deterministischen System) die Bestimmung der weiteren Systementwicklung ermöglicht.

Der **Zustandsvektor** ist der Vektor der Zustandsgrößen im Zustandsraum. Verändert sich der Systemzustand, so wandert die Spitze des Zustandsvektors an einen anderen Punkt des Zustandsraumes (s. Abb. 3.5).

Der **Zustandsraum** ist der Raum, der von den n Koordinaten des Zustandsvektors **z** aufgespannt wird. Der jeweilige Systemzustand bildet einen Punkt in diesem Koordinatenraum (= Spitze des Zustandsvektors) (siehe Abb. 3.5). Es ist üblich, für den Zustandsraum in zwei Zustandskoordinaten den Begriff **'Phasenebene'** (Zustandsebene) zu verwenden. Im Zustandsraum erscheint die Zeit t als Parameter.

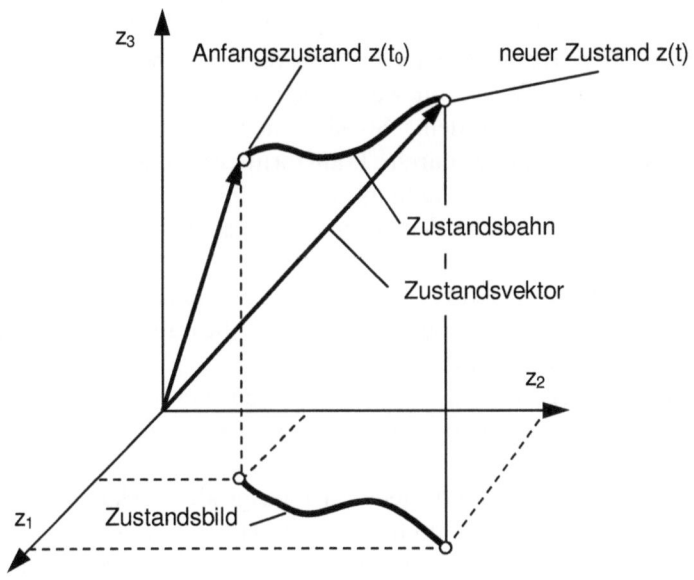

Abb. 3.5: Zustandsvektoren und Zustandsübergang im Zustandsraum. Die Zeit erscheint in dieser Darstellung als Parameter. Die Projektion der Zustandsbahn in eine Zustandsebene (hier z_1, z_2) ergibt ein Zustandsbild (Phasendiagramm).

Beispiel: Ein bestimmtes ökologisches System sei durch drei Zustandsgrößen dargestellt: *Pflanzen*, *Hirsche* und *Wölfe* (gemessen in ihrer jeweiligen Biomasse). Diese drei Größen spannen einen dreidimensionalen Zustandsraum auf mit den drei Koordinaten *Pflanzen*, *Hirsche* und *Wölfe*. Jede Kombination dieser drei Größen kann als entsprechender Punkt im Zustandsraum gezeichnet werden und stellt einen ganz bestimmten Systemzustand dar. Der Zustandsvektor ist der Pfeil vom Ursprung (0, 0, 0) des Zustandsraums zum momentanen Zustand. Wenn sich der Zustand verändert, verschiebt er sich zu einem anderen Punkt im Zustandsraum; der Zustandsvektor verändert dabei seine Länge und seine Richtung. Die **Zustandstrajektorie** ist die **Zustandsbahn** im Zustandsraum während dieser Zustandsveränderung, bzw. die Kurve, die die Spitze des Zustandsvektors dabei beschreibt.

Bei der Systemdarstellung ist wegen der Nicht-Eindeutigkeit der Zustandsgrößen und der oft komplexen Wirkungsbeziehungen die Bestimmung der Zustandsgrößen oft nicht ganz leicht. Kandidaten für Zustandsgrößen sind alle Speicher oder Bestandesgrößen (z.B. Populationen, Energie, Materie, Information) sowie alle Verzögerungs- oder Trägheitsglieder (z.B. Transportverzögerungen, Förderbänder, Warteschlangen usw.). Bei der Auswahl von Zustandsgrößen ist darauf zu achten, dass nicht Speichergrößen einbezogen werden, die direkt aus Zustandsgrößen ermittelt werden können. (In dem Badewannen-Beispiel können z.B. nicht Wasservolumen und Wasserhöhe als getrennte Zustandsgrößen verwendet werden.)

Durch geschickte Wahl von Zustandsgrößen kann eine besonders einfache Systemdarstellung erreicht werden. So lässt sich z.B. bei linearen Systemen eine allgemeine Systemdarstellung durch Transformation mit der Eigenvektormatrix (Modalmatrix) in eine 'elegante' kanonische Darstellung mit entkoppelten Teilsystemen erster Ordnung überführen. Wir kommen in Kap. 6-5 und 6-6.9darauf zurück.

Da der durch die Zustandsgrößen zur Zeit t_0 gegebene Systemzustand $\mathbf{z}(t_0)$ zusammen mit dem Eingangsvektor $\mathbf{u}(t_0, t)$ über den Zeitschritt (t_0, t) es erlaubt, den neuen Systemzustand zur Zeit t zu ermitteln, gilt dies auch für eine beliebige Zahl aufeinander folgender Zeitschritte.

Daraus folgt: Der Zustandsvektor $\mathbf{z}$, bzw. jede der n Zustandsgrößen z_i können (bei deterministischen Systemen) zu jedem Zeitpunkt $t > t_0$ eindeutig bestimmt werden, wenn

1. die Anfangszustände $z_i(t_0)$ für jede Zustandsgröße z_i bekannt sind,
2. der Eingangsvektor $\mathbf{u}(t_0, t)$ im Intervall (t_0, t) gegeben ist.

Praktisch bedeutet dies, dass zur Berechnung des dynamischen Verhaltens eines Systems außer dem Eingangsvektor $\mathbf{u}(t_0, t)$ die Inhalte aller **Speicher** und/oder die Zustände aller **Trägheitsglieder** zu einem bestimmten Zeitpunkt bekannt sein müssen. Diese Erkenntnis kann im übrigen auch zur Ermittlung der Zustandsgrößen verwendet werden, indem nach den Zuständen gesucht wird, die registriert werden müssten, um das System zu einem späteren Zeitpunkt so fortfahren zu lassen, als ob nichts gewesen wäre (Dornröschenproblem). *Beispiele*:

- Bei einem Produktionssystem müssten z.B. die folgenden Zustandsgrößen registriert werden: die Bestände der Materialspeicher und Informationsspeicher, die Bandbeladung, die Geschwindigkeiten und Beladung der Fertigungsautomaten usw.

- Bei einem Waldökosystem müssten u.a. registriert werden: das Nährstoffdepot im Boden, der vorhandene Biomassebestand, die Menge der organischen Auflage usw.
- Bei einer Volkswirtschaft würden z.B. folgende Daten benötigt: Bevölkerung, Anlagenbestand, Rücklagen, Vorratsmengen, Agrarfläche usw.

Bei der Betrachtung dynamischer Systeme müssen wir zwischen kontinuierlichen Systemen und diskreten Systemen unterscheiden. Die Zustände kontinuierlicher Systeme sind zu jedem Zeitpunkt definiert; die Zustände diskreter Systeme nur zu bestimmten Zeitpunkten. Die Systemgleichungen, analytischen Lösungen und Stabilitätsbedingungen beider Systemtypen unterscheiden sich (s. Kap. 6). Wir behandeln in diesem Buch fast ausschließlich kontinuierliche Systeme.

3-1.6 Zustandsgleichung und elementares Blockdiagramm

Wenn wir ein System als 'schwarzen Kasten' von außen betrachten (Abb. 3.6), so sind für uns nur zwei Arten von Größen erkennbar: diejenigen, die als Eingangsgrößen aus der Systemumwelt in das System hineinwirken (**Umwelteinwirkungen** u_i) und diejenigen, die als Ausgangsgrößen außerhalb des Systems feststellbar sind und an denen sich das Verhalten des Systems beobachten lässt (**Verhaltensgrößen** v_j). Die verschiedenen Eingangs- und Ausgangsgrößen lassen sich in einem Umweltvektor **u** und einem Verhaltensvektor **v** zusammenfassen. Zunächst stellt sich also das System als ein Transformator dar, der Umwelteinwirkungen **u** in Verhalten **v** umformt. Sowohl Umwelteinwirkungen wie auch Verhalten verändern sich mit der Zeit, also **u**(t) und **v**(t).

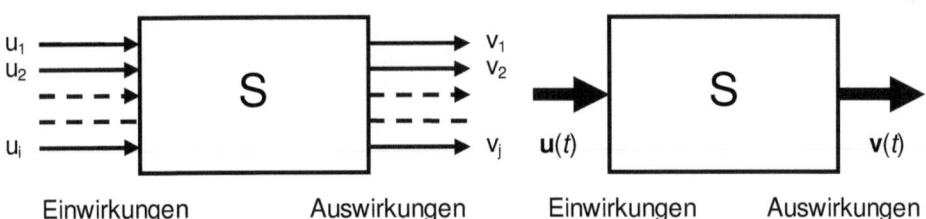

Abb. 3.6: System als 'Schwarzer Kasten' mit Umwelteinwirkungen u_i (Eingangsgrößen, Inputs) und Verhaltensgrößen v_j (Ausgangsgrößen, Outputs). Rechts: Vektordarstellung mit Eingangsvektor **u**(t) und Ausgangsvektor **v**(t)

Bei systemdynamischen Modellen begnügen wir uns nicht mit einer Beschreibung des Verhaltens des schwarzen Kastens als Funktion der Einwirkungen von außen. Selbst wenn eine große Zahl von Beobachtungen des Verhaltens als Funktion äußerer Einwirkungen vorliegen sollte, so ließe sich diese Information nur verlässlich nutzen falls das System erinnerungsfrei und nicht zustandsbestimmt wäre. Sobald Zustandsgrößen eine Rolle spielen, ist auch zu erwarten, dass der sich ändernde Systemzustand das Verhalten verändert. Es wird dann notwendig, Systemelemente und Systemstruktur sorgfältig abzubilden.

Die Beschreibung zustandsbestimmter Systeme – sie sind weitaus am häufigsten anzutreffen – muss also darauf zielen, die verhaltensrelevanten Elemente und Wirkungsbeziehungen im System zu ermitteln und die reale Systemstruktur so genau wie möglich und nötig darzustellen. Da Systemelemente und Systemstruktur das Verhalten bestimmen, müssen wir uns also darum bemühen, den *Inhalt* des schwarzen Kastens zu ermitteln und seine Funktionsweise zu ergründen.

Bei dieser Analyse des Systems und seines Verhaltens spielen, wie uns jetzt mehrfach deutlich geworden ist, die **Zustandsgrößen** z_n eine zentrale Rolle. Auch diese Größen können wir wieder in einem Vektor **z** zusammenfassen, der sich mit der Zeit verändert: $\mathbf{z}(t)$.

Um die Zustandsentwicklung über die Zeit zu ermitteln, müssen wir ansetzen, dass sich der Zustand $\mathbf{z}(t)$ sowohl aus den Umwelteinwirkungen $\mathbf{u}(t)$ wie auch – über Rückkopplungen – aus dem Zustand selbst ergibt. Auch diese Zustandsermittlung kann wiederum zeitabhängig sein, weil sich etwa gewisse Parameter mit der Zeit ändern. Generell müssen wir also zunächst ansetzen:

$$\mathbf{z}(t) = \mathbf{F}[\mathbf{z}(t), \mathbf{u}(t), t]$$

Diese Formulierung verlangt die Erfüllung einer simultanen Bedingung für **z**, d.h. der Zustand zur Zeit t ergibt sich nicht nur aus dem Eingangssignal, sondern auch aus der gleichzeitigen Rückkopplung des noch zu ermittelnden Zustands. Die Aufgabe ist zwar durch Iteration lösbar, doch kann ein reales System wegen endlicher Übertragungsgeschwindigkeiten, Systemträgheiten usw. sich normalerweise nicht in dieser Weise verhalten. Der neue Zustand zur Zeit $(t + \Delta t)$ wird sich also eher aus den Bedingungen zu einem kurz vorherliegenden Zeitpunkt t ergeben (der kleine Zeitschritt zwischen den zwei Zeitpunkten ist mit Δt bezeichnet). Damit ergibt sich die Zustandsgleichung:

$$\mathbf{z}(t + \Delta t) = \mathbf{F}[\mathbf{z}(t), \mathbf{u}(t), t]$$

Der neue Zustand kann bei dieser Formulierung sofort berechnet werden. Voraussetzung ist, dass der vorhergehende Zustand noch gespeichert ist und für die Berechnung verwendet werden kann: Für diese Systemdarstellung wird also ein Speicher für jede Zustandsgröße benötigt. Man beachte, dass sich hier zwangsläufig eine strukturelle Übereinstimmung mit den Zustandsgrößen realer Systeme ergibt: Auch diese sind immer Speichergrößen! Weiter entspricht dieses Bild generell dem in diskreten dynamischen Systemen ablaufenden Prozess und besonders der numerischen Rechnung auf Digitalrechnern, auf die wir bei Simulationen angewiesen sind.

Bei einem kontinuierlichen System sind **z** und **u** ständig verfügbar, nicht nur zu Zeitpunkten im Abstand Δt. Ist **F** stetig und differenzierbar, so lässt sich der Zustand zum Zeitpunkt $(t + \Delta t)$ auch angenähert darstellen als

$$\mathbf{z}(t + \Delta t) = \mathbf{z}(t) + (d\mathbf{F}/dt)\cdot\Delta t,$$
bzw.
$$\mathbf{z}(t + \Delta t) - \mathbf{z}(t) = (d\mathbf{F}/dt)\cdot\Delta t = \mathbf{f}\cdot\Delta t$$

wobei jetzt **f** als $(d\mathbf{F}/dt)$ definiert ist.

Division durch Δt und der Übergang $\Delta t \to dt \to 0$ ergeben die **Zustandsgleichung**:

$$d\mathbf{z}/dt = \mathbf{f}[\mathbf{z}(t), \mathbf{u}(t), t]$$

Das, was wir als Verhalten des Systems beobachten (Verhaltensvektor **v**(t)), wird vor allem eine Funktion der Zustandsgröße **z**(t) des Systems sein. Es kann sich aber auch, wenigstens zum Teil, um eine einfache 'Durchleitung' und Verstärkung oder Abminderung von Eingangssignalen **u**(t) handeln. Die Zusammensetzung des Verhaltensvektors aus diesen Komponenten wird sich im allgemeinen Falle auch mit der Zeit verändern (z.B. durch Verschleiß oder Alterung von Übertragungskomponenten), so dass wir generell als **Ausgangsgleichung** ansetzen müssen:

$$\mathbf{v}(t) = \mathbf{g}[\mathbf{z}(t), \mathbf{u}(t), t]$$

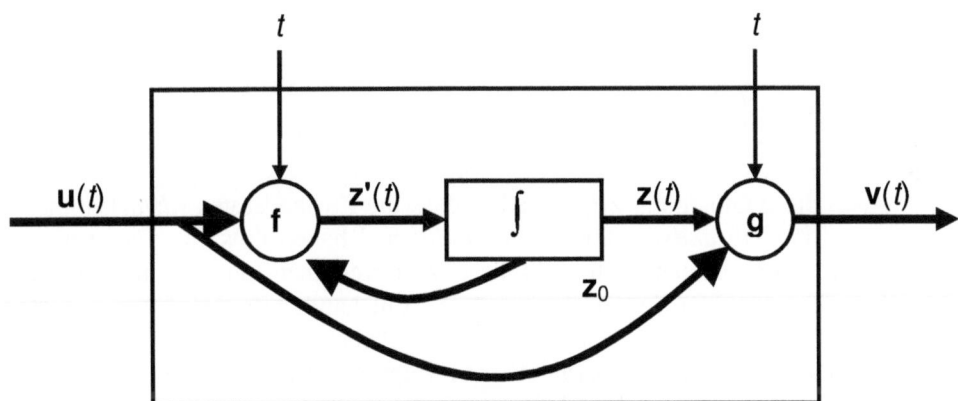

Abb. 3.7: Allgemeines Blockdiagramm für beliebige dynamische Systeme (Vektorgrößen) mit Zustandsfunktion **f** und Ausgangsfunktion **g**.

Mit diesen Überlegungen können wir jetzt das **allgemeine Blockdiagramm** für beliebige kontinuierliche dynamische Systeme aufzeichnen, die auch nichtlinear sein und zeitabhängige Parameter haben können (Abb. 3.7). Beliebig komplexe Modelle der Systemdynamik entsprechen diesem Schema.

3-1.7   Berechnung des Systemzustands

Wir betrachten jetzt das Berechnungsverfahren zunächst für einen Integrator und dann für ein dynamisches System als Ganzes. (Das numerische Integrationsverfahren wurde bereits in Kap. 2-2 kurz erläutert und angewendet.) Um uns den Vorgang besser vorstellen zu können, denken wir wieder an den Füllvorgang für einen Speicher (z.B. Badewanne).

Wir können die Rechenvorschrift für einen Integrator an diesem Beispiel entwickeln, wenn wir uns zunächst vorstellen, dass sich die Einstellungen der Ventile nur zu diskreten Zeitpunkten im Zeitabstand Δt ändern lassen. Dann folgt der neue Systemzustand zum Zeitpunkt t aus dem alten Systemzustand zum Zeitpunkt $(t - \Delta t)$ und dem Nettozufluss in der Zeit zwischen $(t - \Delta t)$ und t, der sich aus der Ventileinstellung zur Zeit $(t - \Delta t)$ (Zu- bzw. Abflussrate) und der Zeitdauer Δt ergibt:

*neuer Zustand = alter Zustand + Zustandsveränderungsrate * Zeitschritt*
$$z_t = z_{t-\Delta t} + (dz/dt)_{t-\Delta t} \cdot \Delta t$$

wobei die Zustandsveränderungsrate (dz/dt) zum Zeitpunkt $(t - \Delta t)$ zu bestimmen ist. Bei kontinuierlichen Systemen, bei denen sich die Zustandsraten in jedem Augenblick ändern können, ergibt sich durch den Übergang $\Delta t \to dt \to 0$ hieraus der neue Zustand als Integration über die Zeit, mit z_0 als Anfangswert:

$$z(t) = z_0 + \int_0^t \left(\frac{dz}{dt}\right) dt$$

Auch diese Gleichung zeigt wieder, dass die Zustandsraten (dz/dt) immer die Dimension [dim(*Zustandsgröße*) / dim(*Zeiteinheit*)] haben müssen. Es ist also berechtigt, die Zustandsraten auch als 'Flüsse' zu bezeichnen, die Ein- und Ausflüsse einer Zustandsgröße pro Zeiteinheit angeben. Oft handelt es sich – wie bei Badewanne oder Spritverbrauch – tatsächlich um physikalische Fließvorgänge.

Die momentane Zustandsrate (dz/dt) folgt aus der systemspezifischen Zustandsfunktion **f**. Diese wird – als algebraische und/oder logische Funktion – getrennt ermittelt und bildet den Eingang des Integrators. Im Systemdiagramm der hier verwendeten Art werden Zustandsraten durch in den Integratorblock mündende (oder aus ihm herausführende) Doppelpfeile ('Rohre' mit 'Ventilen') dargestellt. Die Zustandsrate ist die dem 'Ventil' zugeordnete Größe (vgl. Abb. 2.8).

Bei der Simulation sind wir auf numerische Integration angewiesen. Hierfür existieren bewährte Verfahren, die sich hinsichtlich ihrer numerischen Genauigkeit und Stabilität unterscheiden.

Für die Mehrzahl der Anwendungen der Systemdynamik ist dabei das einfachste Verfahren, die **Euler-Cauchy-Integration**, völlig ausreichend. Sie entspricht der gerade beschriebenen Vorgehensweise. Bei ihr wird vorausgesetzt, dass die Zustandsraten während des Rechenschritts (der Zeitperiode von $(t - \Delta t)$ bis t konstant auf dem Wert zu Beginn der Periode (Zeit $t - \Delta t$) verbleiben. Hieraus ergibt sich ein numerischer Fehler, da in der Realität sich die Zustandsraten zwischenzeitlich verändern können. Der Fehler wird kleiner, wenn die Rechenschrittweite verringert wird. Allerdings stellen sich bei zu kleiner Schrittweite lange Rechenzeiten und Rundungsfehler ein, die das Ergebnis wieder verfälschen können. Hier ist also ein sinnvoller Kompromiss zu finden. Als Faustregel hat sich bewährt, die Rechenschrittweite auf etwa 1/20 der kleinsten Zeitkonstanten bzw. 1/100 der kleinsten Schwingungsperiode im System zu setzen.

Die Rechenvorschrift für den Integrator (Zustandsgröße z) lautet daher:

$$z_t = z_{t-\Delta t} + (dz/dt)_{t-\Delta t} \cdot \Delta t$$

oder, als Programmanweisung, mit Zeitschritt DT

*Zustand := Zustand + Zustandsrate * DT*

Wenn höhere Genauigkeit bei akzeptablen Rechenzeiten verlangt wird, reicht bei größeren Simulationsmodellen das Euler-Cauchy-Verfahren nicht aus. Mit anspruchsvolleren Integrationsverfahren können weit bessere Resultate erzielt werden. Das vielseitigst einsetzbare und verlässlichste Verfahren ist sicher die **Runge-Kutta-Integration** vierter Ordnung. Das Verfahren wird in Kap. 6-1.6 beschrieben. Es verwendet ein gewichtetes Mittel der Zustandsraten an beiden Enden des Integrationsintervalls Δt. Bei den meisten Software-Systemen für die dynamische Simulation kann zwischen dem Euler-Cauchy-Verfahren und dem Runge-Kutta-Verfahren gewählt werden. Die Genauigkeit beider Verfahren wird in Kap. 4-2.3 (Abb. 4.6) verglichen.

Gelegentlich müssen Systeme simuliert werden, bei denen gleichzeitig sehr schnell ablaufende Vorgänge (kleine Zeitkonstante) und sehr langsam ablaufende Vorgänge (große Zeitkonstante) eine Rolle spielen (Beispiel Baumwachstum: Stomataregulation in Minuten, Biomassezuwachs in Jahren). Diese so genannten 'steifen' Systeme können bei der numerischen Integration erhebliche Probleme verursachen. Hier muss man entweder (mit dem Euler-Cauchy-Verfahren) sehr lange Rechenzeiten und Ungenauigkeiten in Kauf nehmen, oder man verwendet effizientere und genauere Verfahren, die selbständig eine optimale Schrittweitenanpassung vornehmen, oder man zerlegt das System in 'schnelle' und 'langsame' Bestandteile und berechnet nur die schnellen Prozesse mit kleiner Schrittweite, oder man ermittelt aus getrennten Simulationen der schnellen Prozesse aggregierte Verhaltensfunktionen, die man dann anstelle dieser Prozesse einfügt. Auch kann es angebracht sein, den Modellansatz im Hinblick auf den Modellzweck zu überdenken – möglicherweise kann das Problem dadurch umgangen werden, dass man sich entweder auf die schnellen oder die langsamen Prozesse konzentriert.

Wir fassen wir hier die **Rechenschritte**, die in einer Computersimulation durchgeführt werden müssen (Abb. 3.8), noch einmal zusammen:

---

1. Vorgabe der **Anfangswerte** der Zustandsgrößen $z_0 = z_1(t_0)$, $z_2(t_0)$, ..., $z_n(t_0)$ und aller **konstanten Parameter**.

Für jeden Zeitpunkt t, $t + \Delta t$, $t + 2\Delta t$,..., $t+n\Delta t$ des Simulationszeitraums (Zeitschleife) sind die folgenden Schritte abzuarbeiten:

2. Ermittlung der **aktuellen Eingangsgrößen** (Einwirkungen der Systemumgebung) $u(t)$.

3. Ermittlung etwaiger **zeitabhängiger Parameter**.

4. Berechnung der **Veränderungsraten** der Zustandsgrößen:

    $d\mathbf{z}/dt = \mathbf{f}[\mathbf{z}(t), \mathbf{u}(t), t]$

5. Numerische **Integration** der Veränderungsraten, um die Zustandsgrößen zu erhalten:

$$\mathbf{z}(t) = \mathbf{z}_0 + \int_0^t \left(\frac{d\mathbf{z}}{dt} \right) dt$$

6. Berechnung der **Ausgangsgrößen** (Verhaltensgrößen) $\mathbf{v}(t)$:

    $\mathbf{v}(t) = \mathbf{g}[\mathbf{z}(t), \mathbf{u}(t), t]$

Die Rechenschritte müssen in dieser Reihenfolge ausgeführt werden, aber die Reihenfolge der Abarbeitung der Gleichungen spielt nur bei den algebraischen Gleichungen (Schritt 4) eine wichtige Rolle, da diese Größen simultan berechnet werden müssen. Die algebraischen Gleichungen müssen daher in der Reihenfolge bearbeitet werden, die durch die Wirkungsverknüpfungen bzw. Pfeilrichtungen im Simulationsdiagramm vorgegeben ist: ausgehend von exogenen Vorgabegrößen und Zustandsgrößen in Pfeilrichtung über die Zwischengrößen bis zurück zu den Zustandsgrößen. Professionelle Simulations-Software ordnet die Berechnungen automatisch; bei selbst geschriebenen Simulationsprogrammen muss auf die richtige Reihenfolge geachtet werden.

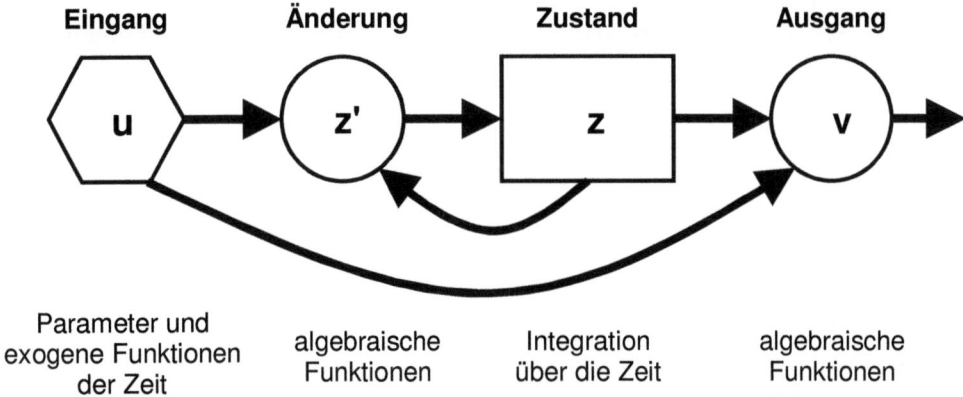

Abb. 3.8: Die unterschiedlichen Rechenvorgänge bei der Simulation dynamischer Systeme.

Wir stellen fest, dass die entwicklungsbestimmenden Eigenheiten eines Systems *alle* in der (generell nichtlinearen) Vektorfunktion **f**, d.h. in den Veränderungsraten der Zustandsgrößen enthalten sind. Die Ausgangsfunktion **g** hat dagegen keine Wirkungen auf die Systementwicklung; sie stellt nur die internen Vorgänge nach außen dar.

Die entscheidende Rolle der Zustandsgrößen wird auch aus Abb. 3.7 und den zugehörigen Gleichungen deutlich: Bei Vorgabe der zeitabhängigen Parameter, der Umweltfunktionen **u**(t) und der Anfangswerte der Zustandsgrößen **z** lässt sich die weitere Entwicklung des (deterministischen) Systems berechnen: Weitere Größen müssen nicht bekannt sein. Insbesondere folgen mit den vorgegebenen Funktionen **f** und **g** alle **z**(t) und **v**(t) aus diesen Größen. Umgekehrt genügt es, bei einer Unterbrechung lediglich die Zustandsgrößen zu speichern.

Wir haben hier bewusst nicht ständig zwischen dem realen dynamischen System und dem entsprechenden dynamischen Simulationsmodell unterschieden. Die Zustandsanalyse gilt für beide: Beide sind dynamische Systeme.

3-1.8 Berechnung kontinuierlicher und diskreter Systeme

Bevor wir uns mit einigen wichtigen Elementarsystemen und ihrem charakteristischen Verhalten befassen, sollen die Unterschiede in der Formulierung und Berechnung von kontinuierlichen und diskreten Systemen an zwei Beispielen gezeigt werden.

Beispiel: Kontinuierliches System

Abb. 3.9 zeigt einen Wasserbehälter mit einem regelbaren Zufluss und einem regelbaren Abfluss. Es gilt die Zustandsgleichung:

$$\frac{dV}{dt} = r_{zu} - r_{ab}$$

bzw.

$$V(t) = V_0 + \int_0^t (r_{zu} - r_{ab})\, dt$$

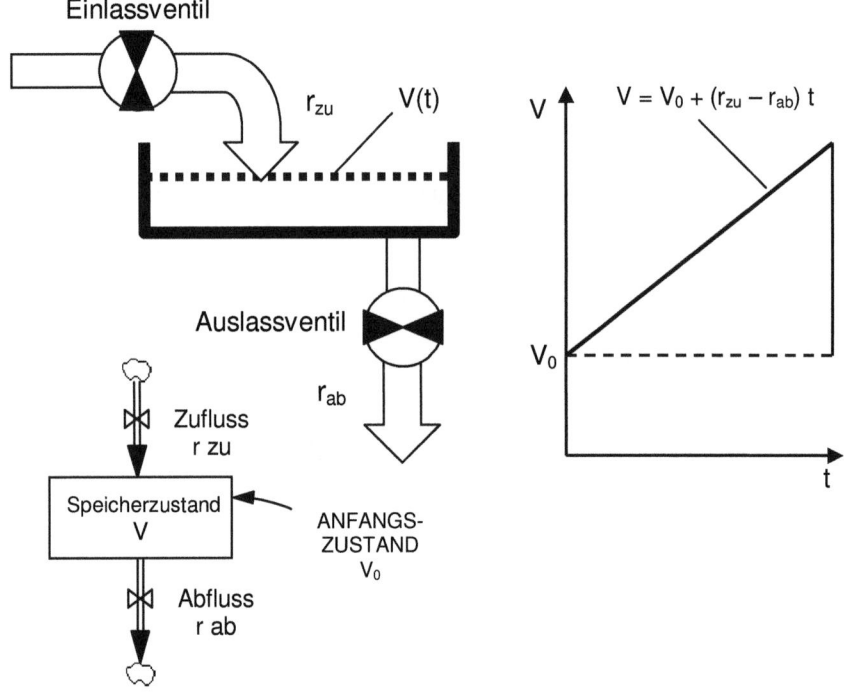

Abb. 3.9: Kontinuierliches Ein-Speichersystem mit konstantem Zufluss und Abfluss. Die Darstellung dynamischer Systeme orientiert sich an diesem Zufluss/Abfluss-modell eines Speichers.

Hierbei ist V_0 der vorgegebene Anfangswert im Behälter, r_{zu} und r_{ab} sind die (im Allgemeinen zeitabhängigen) Zufluss- bzw. Abflussraten (Volumen pro Zeiteinheit). Falls die Zufluss- und Abflussraten über die Zeit von 0 bis t konstant bleiben, ergibt die Integration sofort

$$V(t) = V_0 + (r_{zu} - r_{ab}) \, t$$

d.h., das Volumen nimmt proportional zur Differenz zwischen Zu- und Abflussrate linear mit der Zeit zu oder ab. Abb. 3.9 zeigt die Volumenveränderung für den Fall, dass die Zuflussrate größer als die Abflussrate ist. Die Zustandsgleichung lässt sich auch in dem Blockdiagramm in Abb. 3.9 darstellen. Der Wasserspeicher erscheint hier als Integrator mit einem Anfangswert V_0, dem Eingang $dV/dt = r_{zu} - r_{ab}$ und dem Ausgang $V(t)$. Zu- und Abflussrate werden in diesem Falle exogen vorgegeben. In dieser einfachen Formulierung besteht keine Rückkopplung zwischen der gespeicherten Wassermenge und der Kapazität des Behälters. Bei den Annahmen der Abb. 3.9 würde der Speicher nach einiger Zeit offensichtlich überlaufen.

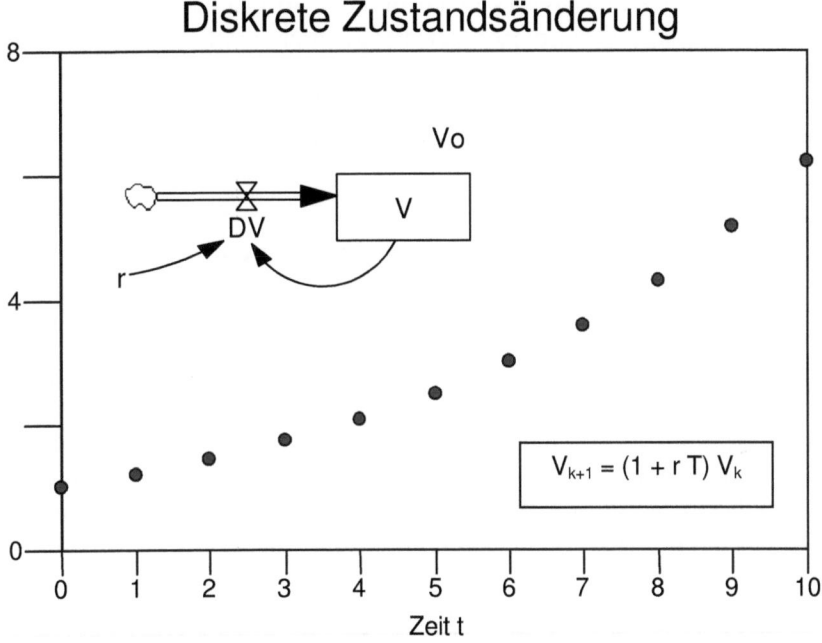

Abb. 3.10: Diskretes Ein-Speichersystem mit einem (jährlichen) Zuwachs, der proportional zum jeweiligen Bestand ist. Bei einem diskreten System ist der Zustand nur zu diskreten Zeitpunkten definiert.

Beispiel: Diskretes System
Wir betrachten ein Sparguthaben, dessen Zinsberechnung jährlich aufgrund des letzten Kontostands erfolge. Damit ergibt sich der neue Kontostand zu:

$$V_{k+1} = V_k + r \, V_k \, T = (1 + rT) \, V_k$$

Hierbei ist V der Kontostand, r der Zinssatz pro Jahr, T die Zeitperiode, nach der die Kontoberechnung stattfindet (hier gleich 1 Jahr). Mit einem Kontostand von V_0 im Jahr 0 beginnend, lässt sich mit dieser Zustandsgleichung der Kontostand in zukünftigen Jahren errechnen:

$$V_1 = (1 + r)\, V_0$$
$$V_2 = (1 + r)^2\, V_0 = (1+r)\, V_1 = (1+r)\, (1+r)\, V_0$$
$$\dots$$
$$V_k = (1 + r)^k\, V_0$$

Die Lösung ist nur für die diskreten Zeitpunkte $k = 0, 1, 2$ usw. definiert. Ihr Verlauf ist in Abb. 3.10 (für $V_0 = 1$) gezeigt. Es handelt sich um eine geometrische Reihe, und damit um geometrisches Wachstum des Sparguthabens.

Das Blockschaltbild für dieses Beispiel zeigt ebenfalls die Abb. 3.10. Hierbei ist nun zu beachten, dass der Zuwachs nicht mehr wie im vorigen Beispiel exogen vorgegeben und konstant ist, sondern dass er als Funktion des Speicherinhalts sich verändert und zu jedem Zeitpunkt neu berechnet werden muss.

3-2   Struktur und Verhalten einiger elementarer Systeme

Mit den in Abschnitt 3-1 besprochenen Systemelementen (Vorgabegrößen, Zustandsgrößen, Zwischengrößen) können dynamische Systemmodelle beliebiger Komplexität aufgebaut werden, die wiederum beliebige Teilprozesse enthalten können. Die meisten dynamischen Systeme verdanken ihr spezifisches Verhalten aber oft wenigen elementaren Systemstrukturen. Einige der im Folgenden besprochenen Elementarsysteme sind uns im 'Weltmodell' bereits begegnet (exponentielles Wachstum, logistisches Wachstum, exponentielle Verzögerung, schwingungsfähiges System). Die hier besprochenen Systeme können alle durch einfache Simulationen mit Tabellen-Kalkulationsprogrammen genauer untersucht werden.

Die wenigen Beispiele vermitteln ein gewisses Bild von den komplexen Verhaltensmöglichkeiten selbst strukturell einfacher Systeme. Oft bestimmen relativ einfache Strukturen dieser Art auch wesentlich das Verhalten sehr viel höher dimensionaler Systeme oder Systemmodelle. Eine Aufgabe der Systemanalyse ist es daher, auch bei komplexen Systemen kompakte, verhaltensrelevante 'Kern'strukturen herauszuarbeiten.

3-2.1   Speicherloses System

Die Grundstruktur eines speicherlosen Systems (System nullter Ordnung) zeigt beispielhaft Abb. 3.11. Das Simulationsdiagramm darf als Elemente nur Vorgabegrößen und Zwischengrößen (Wandler) enthalten, die zusammen der Verhaltensgleichung (Ausgangsgleichung)

$$\mathbf{v}(t) = \mathbf{g}(\mathbf{u}, t)$$

entsprechen. In einem speicherlosen System werden Eingangsgrößen durch algebraische oder logische Anweisungen lediglich transformiert. Der jeweilige Wert der Ausgangsgrößen $\mathbf{v}(t)$ lässt sich also mit diesen Beziehungen jederzeit angeben. Da Zustandsgrößen nicht vorhanden sind, hat die Entwicklungsgeschichte des Systems keinerlei Einfluss auf das augenblickliche Verhalten. Dieses ergibt sich direkt und sofort aus den augenblicklichen Umwelteinwirkungen $\mathbf{u}(t)$.

Das Beispiel in Abb. 3.11 zeigt eine (nichtlineare) Berechnung einer Ausgangsgröße v aus einer zeitabhängigen Sinusschwingung mit Vorgabeparametern Amplitude a und Frequenz ω:

$$v(t) = a \sin^2(\omega t)$$

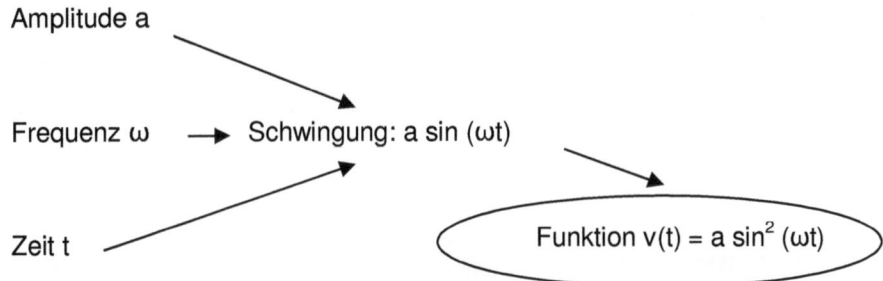

Abb. 3.11: Beispiel für ein speicherloses System: Vorgabeparameter a und ω werden zur Bildung einer zeitabhängigen Sinusfunktion verwendet. Die Funktion ist zu jedem Zeitpunkt aus momentan gültigen Werten berechenbar (erinnerungsloses System, Wandler, Transformator).

3-2.2 Exponentielles Wachstum

Bei speicherlosen Systemen hängt das Verhalten ausschließlich von den Vorgabegrößen ab, die selbst Funktionen der Zeit sein können (wie $\sin \omega t$). Es ist also gänzlich 'von außen' (exogen) bestimmt. Zustandsbestimmte Systeme dagegen können sich auch dann verändern, wenn überhaupt kein äußerer Einfluss vorliegt, da ein Zustand bei entsprechender Rückkopplung bei sich (oder anderen Zuständen) Zustandsänderungen bewirken kann.

Die einfachste Systemstruktur mit dieser Wirkung ergibt sich aus der Eigenkopplung einer Zustandgröße mit sich selbst (Abb. 3.12). Hier hängt die Zustandsveränderung vom Zustand des Systems selbst ab. Je nach Vorzeichen der Rückkopplung ergibt sich exponentielles Wachstum (bei positiver Rückkopplung) oder exponentieller Zerfall (bei negativer Rückkopplung).

Beispiele: Eine Kaninchen-Population nehme pro Monat um 10 Prozent zu. Das bedeutet, dass die Zahl zusätzlicher Kaninchen nach einem Monat aus der anfänglichen Kaninchenzahl multipliziert mit 0.1 berechnet werden kann. Die Zustandsrate ist also eine Funktion des Zustands und bestimmt damit die weitere Zustandsentwicklung; die Population wächst exponentiell. Ähnliches gilt mit umgekehrtem Vorzeichen für den radioaktiven Zerfall: Die in einer Zeitperiode zerfallende Menge ist immer ein bestimmter Prozentsatz der noch vorhandenen Menge. Auch hier bestimmt also der Zustand die Zustandsentwicklung.

Die Zustandsgleichung für diesen Prozess lautet daher

$dx/dt = r\,x$

Diese Gleichung ist linear, da die Zustandsgröße x nur in der 1. Potenz auftritt. Das System ist also ebenfalls linear, wenn es auch ein durchaus 'nichtlineares', nämlich exponentielles Verhalten zeigt.

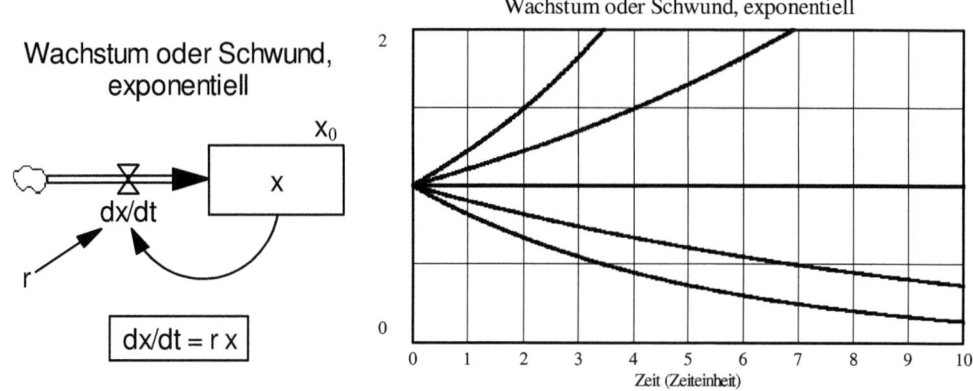

Abb. 3.12: Exponentielles Wachstum und Zerfall: Simulationsdiagramm und Ergebnisse. Ergebnisse für r = -0.2, -0.1, 0, 0.1, 0.2 (von unten).

Die Dynamik hängt ganz von Vorzeichen und Betrag der spezifischen Rate r ab. Dabei ist zu beachten, dass in der Praxis diese Größe oft die Differenz von Gewinnen und Verlusten darstellt. So ist z.B. die Zahl der Geburten und Sterbefälle in einer Population proportional zu den spezifischen Geburten- und Sterberaten b und d und zur Größe der Population x. Anstatt Zuwachsraten und Verlustraten getrennt zu berücksichtigen, kann die Nettowachstumsrate als Differenz der positiven und negativen Wachstumsbeiträge gebildet werden: $r = (b - d)$. Bei dieser Grundstruktur, die sich bei sehr vielen natürlichen Prozessen findet (Zuwächse, Verluste), hängt die Entwicklungsdynamik ganz vom Vorzeichen der Nettowachstumsrate ab: Falls es negativ ist, nimmt der Bestand exponentiell ab; ist es positiv, nimmt er beschleunigt (exponentiell) zu. Im Laufe der Entwicklung können sich Vorzeichen und Betrag ändern; damit kann sich auch das Verhalten qualitativ völlig verändern.

$$dx/dt = (b - d)\, x = r\, x$$

In Abb. 3.12 sind Simulationsergebnisse für unterschiedliche positive und negative Wachstumsraten gezeigt. Die analytische Lösung ist gegeben durch

$$x(t) = x_0\, e^{(b-d)t} = x_0\, e^{rt}$$

3-2.3 Logistisches Wachstum

Unbegrenztes Wachstum kann es in materiellen Prozessen nicht geben. Irgendwann wird eine physikalische Grenze erreicht. Manche Prozesse stoppen erst dann, wenn sie gegen eine unüberwindliche Wand fahren. Bei anderen macht sich die Grenze schon lange vorher bemerkbar und beeinflusst die Systementwicklung. So verlangsamen Überbevölkerung und Nahrungskonkurrenz die Populationsentwicklung von Organismen lange bevor die absolute Grenze erreicht ist und reduzieren so das Populationswachstum allmählich auf Null. Diese Entwicklung wird als 'logistisches Wachstum' bezeichnet. Es hat einen typischen S-förmigen Zeitverlauf und beschreibt viele Sättigungsprozesse sehr genau.

Die Grundstruktur für logistisches Wachstum zeigt Abb. 3.13 (System erster Ordnung). Bei diesem System ist die Wachstumsrate abhängig von den noch bestehenden Wachstumsmöglichkeiten. Solange die Zustandsgröße x (z.B. Population) noch sehr viel kleiner als die Tragfähigkeit k der Umwelt ist, gibt es kaum eine Wachstumsbeschränkung, und die Population vermehrt sich exponentiell. Wenn der Bestand dann aber in die Nähe des möglichen Maximalbestands k kommt, vermindert sich der noch bestehende Freiraum $(k - x)$ gegen Null. Mit dieser kleiner werdenden Differenz wird der exponentielle Wachstumsterm $(r\, x)$ multipliziert, so dass die Wachstumsrate der Population schließlich auf Null zurückgeht, wenn der Bestand an seine Kapazitätsgrenze kommt. Dieses einfache nichtlineare System, das (z.T. mit gewissen Abwandlungen) in vielen ökologischen, ökonomischen, sozialen, physikalischen und technischen Prozessen zu finden ist, zeigt eine typische S-förmige (logistische) Entwicklung.

$$dx/dt = r\, x\, (1 - x/k) = r\, (x/k)\, (k - x)$$

Dieses System ist nichtlinear, da die Zustandsgröße x in der zweiten Potenz auftritt. In Abb. 3.13 sind Simulationsergebnisse für verschiedene Werte der spezifischen

Wachstumsrate r gezeigt. Für die logistische Zustandsgleichung gibt es (ausnahmsweise trotz der Nichtlinearität) eine analytische Lösung

$$x(t) = \frac{k}{1 + c \cdot e^{-rt}}$$

wobei $c = (k/x_0 - 1)$ aus der Anfangsbedingung $x_0 = x(0)$ zu ermitteln ist.

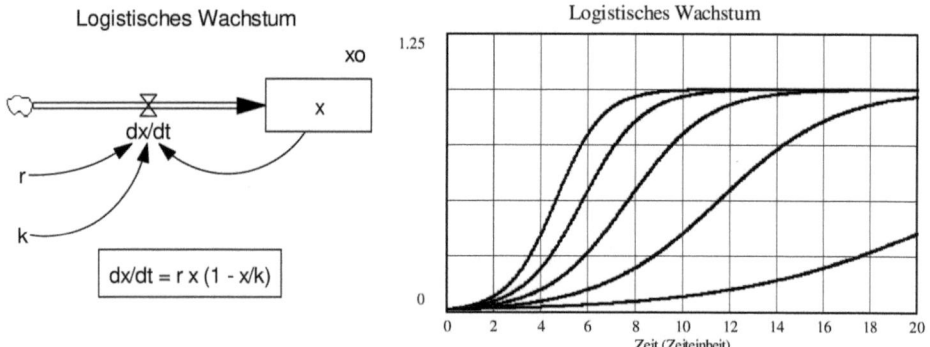

Abb. 3.13: Logistisches Wachstum: Simulationsdiagramm und Ergebnisse. Ergebnisse für Anfangswert $x_0 = 0.01$, k = 1 und r = 0.2, 0.4, 0.6, 0.8, 1.0 (von unten).

3-2.4   Exponentielle Verzögerung (exponentielles Leck)

Ein häufig anzutreffender Prozess, bei dem die Entwicklung sowohl vom Systemeingang wie vom Systemzustand abhängt, ist die exponentielle Verzögerung. Ihre Grundstruktur ist in Abb. 3.14 gezeigt. Bei diesem System besteht, unabhängig vom Systemzustand, ein (konstanter oder zeitabhängiger) Zufluss $u(t)$. Der Abfluss $r\,x$ ist dagegen abhängig vom Systemzustand; er nimmt zu, wenn der Bestand anwächst.

Die Dynamik des Systems kann man sich anhand einer Badewanne mit einem undichten Stopfen (Leckrate $r\,x$) vorstellen: Wenn die Wasserhöhe (der Bestand x) niedrig ist, wird wenig, wenn sie hoch ist, viel ausfließen. Wenn man bei zunächst leerer Badewanne den Wasserhahn auf einen konstanten Zulauf $u > r\,x$ einstellt, wird zwar die Wasserhöhe zunächst zunehmen. Gleichzeitig werden auch die Leckverluste durch den undichten Stopfen solange zunehmen, bis sie genau dem Zulauf entsprechen. Ist dieser Punkt erreicht, so bleibt die Wasserhöhe konstant: das System hat einen Zustand des Fließgleichgewichts erreicht.

Dieser Prozess beschreibt z.B. den Vorgang der Anreicherung von Umweltbelastung – wir haben ihn bereits im Teilmodell 'Umweltbelastung' des Weltmodells verwendet. Hier ist der Eintrag von Umweltbelastung unabhängig vom Belastungszustand, während der natürliche Abbau der Belastung von der Höhe der Umweltbelastung abhängt. Die Umweltbelastung wird sich auf einem Niveau stabilisieren, wo der Schadstoffabbau genau dem (konstanten) Eintrag entspricht.

Der gleiche Einstellvorgang findet statt, wenn die Zuflussrate $u(t)$ eine Funktion der Zeit ist. Bei dieser Elementarstruktur stellt sich also der Zustand $x(t)$ mit einer gewissen Verzögerung auf die Umwelteinwirkung $u(t)$ ein. Die Verzögerung ist dabei umso kleiner, je größer die spezifische Leckrate r ist. Anders ausgedrückt: Ein solches System kann auf sich verändernde Eingänge rascher reagieren, wenn es seine 'Geschichte' schneller vergisst, wenn also die 'Leckrate' r groß ist. Ein System mit dieser Struktur funktioniert daher als Verzögerung, weil sich in seinem momentanen Systemzustand seine kürzlich abgelaufene Geschichte widerspiegelt. Als Maß der Verzögerung benutzt man die Zeitkonstante $T = 1/r$. Die Zustandsgleichung lautet

$$dx/dt = u(t) - r\,x = u(t) - x/T$$

Abb. 3.14 zeigt Simulationsergebnisse für unterschiedliche Leckraten r bzw. Zeitkonstanten T. Bei diesen Simulationen springt $u(t)$ bei $t = 1$ von 0 auf 1 und bleibt dann auf diesem Wert (Sprungfunktion). Auch dieses System ist linear; für u = const ist die analytische Lösung gegeben durch

$$x(t) = \frac{u}{r}(1 - e^{-rt})$$

Bei konstantem Eingang u nähert sich der Verlauf von $x(t)$ der asymptotischen Lösung $x = u/r$ wenn $t \rightarrow \infty$.

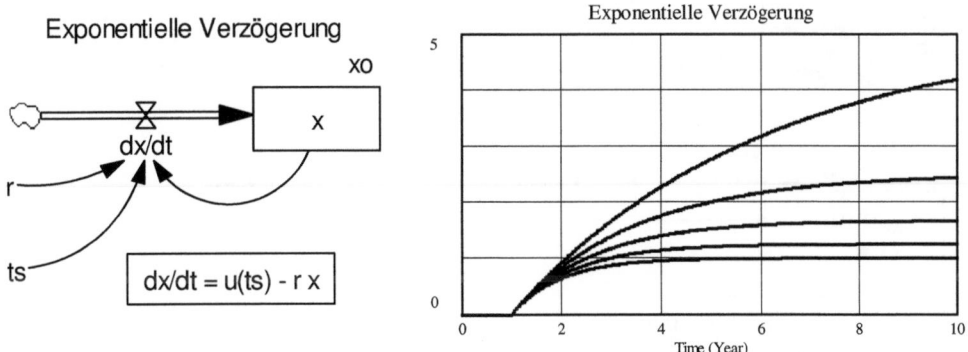

Abb. 3.14: Exponentielle Verzögerung (exponentielles Leck): Reaktion auf einen Einheitssprung u = 1 zur Zeit t_s = 1. Simulationsdiagramm und Ergebnisse für verschiedene Leckraten r = 0.2, 0.4, 0.6, 0.8, 1.0 (von oben).

3-2.5   Linearer Schwinger

Wird eine an einer Feder aufgehängte Masse angestoßen, so wird die Masse mit einer bestimmten Frequenz auf und nieder schwingen. Die Schwingung ist gedämpft: die Ausschläge werden allmählich kleiner, und die Bewegung kommt schließlich zur Ruhe. Viele Systeme schwingen, aber bei kontinuierlichen Systemen sind dafür mindestens zwei Zustandsgrößen erforderlich, die in einer Rückkopplungsschleife miteinander verbunden sind. Beim Feder-Masse-System ist die eine Zustandsgröße die kinetische Energie der Masse, die andere die potentielle Energie der Feder.

Die Grundstruktur des linearen Schwingers zeigt die Abb. 3.15 (System zweiter Ordnung). Wenn der Zustand einer ersten Zustandsgröße die Veränderungsrate einer zweiten bestimmt und diese wiederum die Veränderungsrate der ersten, so haben wir eine über zwei Zustandsgrößen laufende Rückkopplung. Bei einer an einer Feder aufgehängten Masse bestimmt z. B. die Federauslenkung (Zustandsgröße entsprechend der potentiellen Energie) die Federkraft, diese die Beschleunigung der Masse und damit ihre Geschwindigkeit (Zustandsgröße entsprechend der kinetischen Energie), und diese wieder den Ort der Masse und damit die Federauslenkung. Ist der Rückkopplungskreis negativ, kann das System schwingen. Beim Feder-Masse-System bewirkt eine Auslenkung x eine entgegengesetzte Rückstellkraft und damit die negative Rückkopplung.

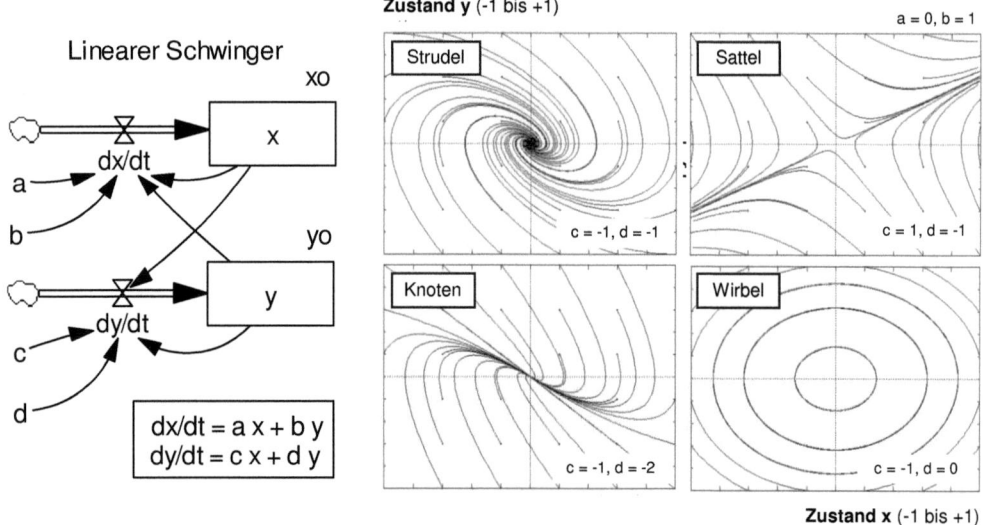

Abb. 3.15: Lineares zweidimensionales System (harmonischer Schwinger) und sein Verhalten im Zustandsraum (x, y) für unterschiedliche Werte für Fremdkopplung c und Eigenkopplung d der Zustandsgröße y.

Beim Feder-Masse-System ist die Veränderungsrate der Auslenkung (dx/dt) gleich der Geschwindigkeit y der Masse. Die Veränderungsrate der Geschwindigkeit (dy/dt) ist gleich der von der Rückstellkraft der Feder ($-k\,x$, der Bewegung entgegen wirkend) verursachten Beschleunigung der Masse. Hierbei ist k die Federkonstante. Dieses System entspricht einem harmonischen Schwinger mit der Kopplungsstärke k und den Zustandsgleichungen

$$dx/dt = y$$
$$dy/dt = -\,k\,x$$

Diese Gleichungen enthalten keinen Dämpfungsterm. Nach einer anfänglichen Auslenkung würde das System ohne Ende mit gleicher Amplitude weiter schwingen. Reale Systeme verlieren aber ihre Bewegungsenergie durch Reibung; ihre Bewegung ist daher gedämpft. Führt man eine (exponentielle) Dämpfungkraft ($-r\,y$) proportional zur Geschwindigkeit der Masse ein (s. Abb. 3.15), so werden Schwingungen gedämpft und nach einiger Zeit ganz verschwinden. Die Systemgleichungen sind dann

$$dx/dt = y \qquad\quad = a\,x + b\,y$$
$$dy/dt = -\,k\,x - r\,y = c\,x + d\,y$$

Um das System allgemeiner diskutieren zu können, wurden hier die Koeffizienten a (hier $a = 0$), b (hier $b = 1$), $c = -\,k$ und $d = -\,r$ eingeführt. Je nach Wert und Vorzeichen von Fremdkopplung c und Eigenkopplung d der Zustandsgröße y zeigt dieses System sehr unterschiedliches Verhalten. Charakteristische Beispiele zeigt Abb. 3.15. Es zeigt sich Folgendes:

- Stabiles Verhalten ergibt sich nur, wenn $c < 0$ und $d < 0$.
- Schwingungen stellen sich ein, wenn $c > (d^2/4)$.

Wenn das System stabil ist, so läuft der Systemzustand nach einer Störung immer auf den Gleichgewichtszustand $x = 0$, $y = 0$ zu (keine Auslenkung, keine Bewegung). Für den Fall der gedämpften harmonischen Schwingung ergibt sich die analytische Lösung für die Auslenkung y als Funktion der Zeit

$$y(t) = C \exp(\sigma t)\sin(\omega_N t + \varphi)$$

wobei die Dämpfungskonstante $\sigma = d/2$ und die charakteristische Frequenz

$$\omega_N = \sqrt{-\,c - (d^2/4)}$$

Der Amplitudenfaktor C und die Phasenverschiebung φ folgen aus den Anfangsbedingungen.

Die charakteristischen Unterschiede zwischen den verschiedenen Verhaltensmodi werden im Zustandsbild (Phasendiagramm) besonders deutlich. Hier werden die Zustandstrajektorien in der Zustandsebene (x, y) aufgetragen. Im Phasendiagramm ergeben sich charakteristische Verhaltensbilder in Abhängigkeit von c und d, die sich wie folgt kategorisieren lassen (s. hierzu Genaueres in Kap. 6-3.2):

1.   Sattel (immer instabil)
2.   Knoten (stabil oder instabil)
3.   Strudel (stabil oder instabil)
4.   Senke (stabil)
5.   Quelle (instabil)
6.   Wirbel (marginal stabil)

Die Bezeichnungen orientieren sich an den typischen Formen der Trajektorien in der Nähe eines Gleichgewichtspunkts. Bei einem stabilen Strudel z.B. laufen alle Trajektorien spiralig auf den Gleichgewichtspunkt zu und enden dort.

Diese Verhaltensmuster sind für die Untersuchung von Systemen von grundsätzlicher Bedeutung, da sich in der Nähe ihrer Gleichgewichtspunkten auch nichtlineare Systeme (meist) durch ihre Linearisierungen ersetzen lassen, um dort das örtliche Verhalten zu untersuchen (s. Kap. 6.4). Beim autonomen linearen System (wie hier) sind diese Gleichgewichtspunkte immer bei $x = 0$, $y = 0$. Bei linearen Systemen sind die Stabilitätsaussagen unabhängig von den Anfangsbedingungen.

Abb. 3.15 zeigt Phasendiagramme für Strudel, Sattel, Knoten und Wirbel für das lineare zweidimensionale System. Die Diagramme unterscheiden sich nur durch die Vorzeichen und Beträge der Koeffizienten c und d der Zustandsgleichungen.

3-2.6   Bistabiler Schwinger

Kleine Änderungen der Systemstruktur können zu großen qualitativen Veränderungen des Systemverhaltens führen. Oft lassen sich solche strukturellen Veränderungen im äußeren Erscheinungsbild des Systems nicht erkennen. Falls Nichtlinearitäten in das System eingebracht werden, kann sich sein Verhalten in völlig überraschender Weise verändern. (Systeme sind nur dann linear, wenn in Zustandsgleichungen die Zustandsgrößen nur in der ersten Potenz und in additiven Kombinationen erscheinen – alle anderen Formulierungen entsprechen nichtlinearen Systemen.)

Eine 'kleine' nichtlineare Veränderung der Gleichungen des linearen Schwingers führt zu einem Schwingungssystem mit einem instabilen und zwei stabilen Gleichgewichtspunkten (Duffing-System). Die Grundstruktur dieses bistabilen Schwingers zeigt Abb. 3.16 (System zweiter Ordnung). Auch hier gibt es wieder eine dämpfende Eigenkopplung an einer Zustandsgröße (y) und eine (lineare) Kopplung zwischen beiden Zustandsgrößen, diesmal allerdings mit positivem Vorzeichen. Zusätzlich gibt es eine nichtlineare (kubische) Kopplung zwischen beiden Zustandsgrößen mit negativem Vorzeichen. Die Zustandsgleichungen lauten

$$dx/dt = y$$
$$dy/dt = x - x^3 - r\,y = x\,(1 - x^2) - r\,y$$

Aus der zweiten Gleichung wird klar, dass die Kopplung von x nach y negativ wird wenn $|x| > 1$. In einiger Entfernung vom Ursprung der Phasenebene wird sich das System daher wie der lineare Schwinger (Abb. 3.15) verhalten. Nahe am Ursprung kehrt sich das Vorzeichen der Rückkopplung von x nach y um. Die Zustandstrajektorien zeigen jetzt ein recht eigenartiges Verhalten (Abb. 3.16; hier $r = 1$): Das System hat zwei stabile Gleichgewichtspunkte (Strudel bei $x = \pm 1$, $y = 0$) und einen instabilen Gleichgewichtspunkt (Sattel bei $x = 0$, $y = 0$). Ist die Zustandsamplitude groß genug und die Dämpfung r klein, so schwingt das System um die Gleichgewichtspunkte herum. Nähert sich die Zustandsbahn den Gleichgewichtspunkten, so läuft sie schließlich auf einen der beiden stabilen Gleichgewichtspunkte zu. An welchem Punkt das System (bei gegebener Dämpfung) zur Ruhe kommt, hängt ganz von den Anfangsbedingungen ab. Das System kann daher zum 'Sortieren' von Eingängen eingesetzt werden (so geschehen in der frühen Radiotechnik).

Im Gegensatz zu linearen Systemen können nichtlineare Systeme also mehrere Gleichgewichtspunkte mit unterschiedlichem Stabilitätsverhalten haben; der Gleichgewichtszustand ist oft abhängig von den Anfangsbedingungen. Schließlich kann es außer Gleichgewichtspunkten auch Grenzzyklen und Gleichgewichtsflächen höherer Ordnung (Grenzzyklen um Grenzzyklen: Tori; s. Kap. 6-3) geben, auf denen ein System stabil schwingen kann.

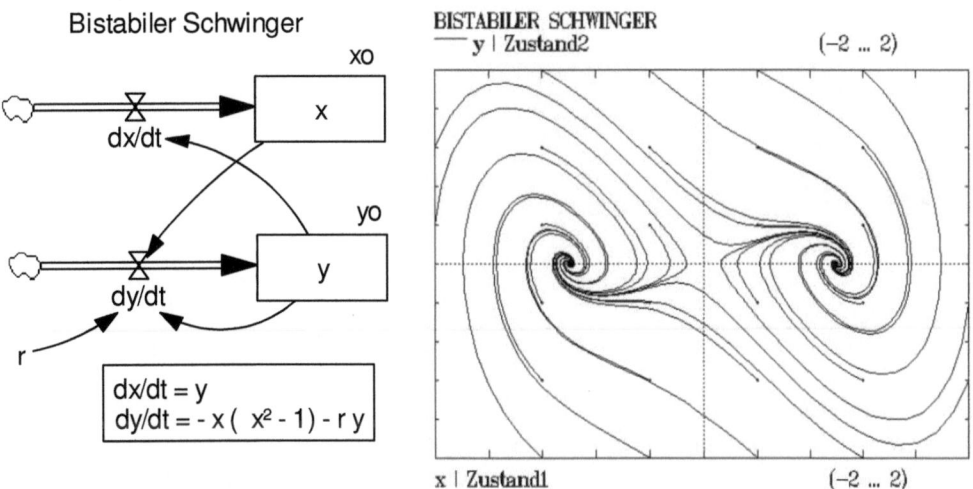

Abb. 3.16: Bistabiler Schwinger: Simulationsdiagramm und Ergebnisse. Abhängig vom Anfangszustand enden die Zustandstrajektorien an zwei verschiedenen Gleichgewichtspunkten. Parameter r = 1.

3-2.7   Chaotischer bistabiler Schwinger

Abgesehen davon, dass der Systemzustand auf einen von zwei Gleichgewichtspunkten zuläuft, ist das Verhalten des bistabilen Schwingers doch ebenso regulär und vorhersehbar wie das des linearen Schwingers. Das Verhalten ändert sich allerdings dramatisch, wenn der bistabile Schwinger mit konstanter Frequenz erregt wird. Wider alles Erwarten wird das Verhalten jetzt 'chaotisch'. Im Phasendiagramm ergeben sich völlig irreguläre und verworrene Zustandstrajektorien (Abb. 3.17).

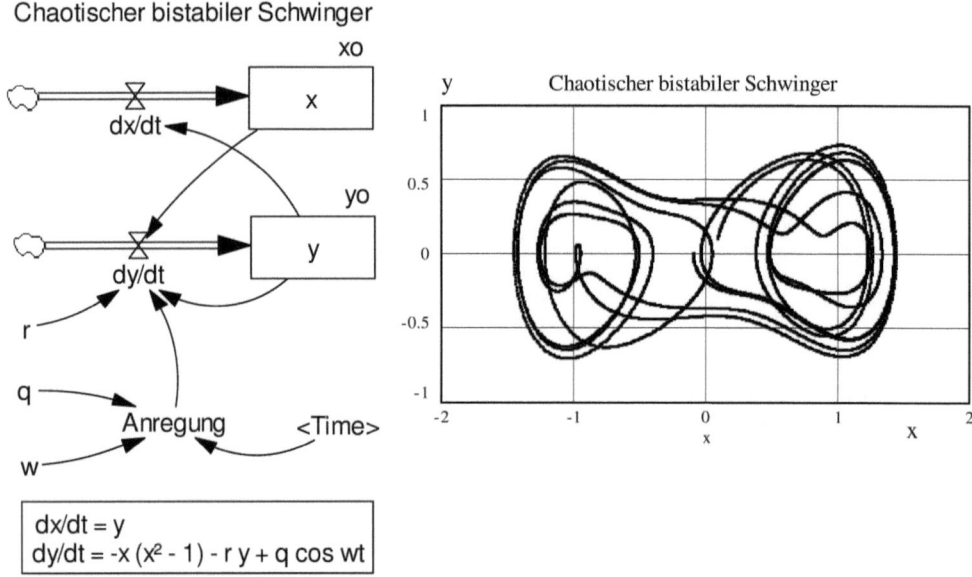

Abb. 3.17: Chaotischer bistabiler Schwinger: Simulationsdiagramm und Ergebnisse in der Phasenebene (für r = 0.45, ω = 1, q = 0.4). Bis auf die periodische Anregung ist das System identisch mit dem bistabilen Schwinger.

Die Grundstruktur des chaotischen bistabilen Schwingers zeigt Abb. 3.17 (Periodisch erregtes Duffing-System; System dritter Ordnung, da t zur Berechnung der Schwingung als dritte Zustandsgröße behandelt werden kann). Die einzige Veränderung gegenüber dem bistabilen Schwinger in Abb. 3.16: Das System wird jetzt durch eine zeitabhängige Kosinusfunktion angeregt.

$$dx/dt = y$$
$$dy/dt = x\,(1 - x^2) - r\,y + q\,cos(\omega t)$$

In gewissen Parameterbereichen ergibt sich jetzt chaotisches Verhalten, das sich in Zeitdiagrammen nur schwer interpretieren lässt. Werden die Zustandstrajektorien in der Phasenebene aufgetragen, so zeigt sich exponentielles Auseinanderlaufen zweier eng benachbarter Zustandsbahnen auf geometrisch komplexen 'chaotischen Attraktoren', die in einer Art 'Acht' die zwei ursprünglichen Gleichgewichtspunkte umschließen. Nachdem sich der Zustand eine Weile um einen der Gleichgewichtspunkte bewegt hat, springt er in den Attraktionsbereich des anderen, umrundet diesen mehrfach und springt dann irgendwann wieder zurück. Trotz der deterministischen Zustandsgleichungen lässt sich keine genaue Angabe über die Zustandsentwicklung mehr machen.

3-2.8   Räuber-Beute-System

Beim logistischen Wachstum (Abschnitt 3-2.3) kann eine Population bis zu einer vorgegebenen unveränderlichen Kapazitätsgrenze k wachsen. Die Population hat hier keinen Einfluss auf die Kapazitätsgrenze. Ein Beispiel ist das jährliche Angebot an Sonnenenergie pro Fläche an einem bestimmten Ort der Erde, das bei ausreichendem Angebot von Nährstoffen und Wasser das Pflanzenwachstum begrenzt. Die Situation verändert sich grundlegend, wenn eine Population von nachwachsenden Ressourcen lebt, deren Regeneration vom vorhandenen Bestand abhängt. Das gilt z.B. für Fleischfresser, die von Pflanzenfressern leben (Füchse und Hasen), aber auch für Menschen, die bestimmte sich erneuernde Ressourcen für ihr Überleben brauchen (Landwirtschaft, Jagd und Fischfang, Trinkwasser, Heizmaterial). Hier sind offensichtlich zwei voneinander abhängige, zeitlich veränderliche Bestände miteinander verkoppelt. Systeme dieser Art werden als Räuber-Beute-Systeme bezeichnet.
    Kennzeichnend für diese Systeme ist, dass die Beutemenge (ein Verlust für die Beutepopulation und gleichzeitig ein Gewinn für die Räuberpopulation) dem Produkt von Beutebestand x und Räuberbestand y proportional ist: Je mehr Beute und je mehr Räuber vorhanden sind, umso größer ist die Beutemenge. Dieser (nichtlineare) Zusammenhang lässt sich in den folgenden Zustandsgleichungen für das System ausdrücken:

$$dx/dt = a\, x\, (1 - x/k) - b\, xy$$
$$dy/dt = c\, xy - d\, y$$

Die erste Gleichung beschreibt logistisches Wachstum der Beute, vermindert um die Verluste durch die Beutegreifer. Die zweite Gleichung erfasst den entsprechenden (Energie)Gewinn des Räubers, vermindert um seine normalen Energieverluste zur Lebenserhaltung (Respiration). Die Parameter: a = Wachstumsrate der Beute, b = spezif. Beuteverluste der Beute, c = spezif. Beutegewinne des Räubers, d = spezif. Energieverbrauch des Räubers, k = Tragfähigkeit des Ökosystems für die Beute.

Abb. 3.18 zeigt das entsprechende Simulationsdiagramm und die Darstellung des Systemverhaltens in der (x, y) Phasenebene für eine beispielhafte Parameterwahl. Es zeigt sich, dass das System stark gedämpft schwingt und sich auf einen Gleichgewichtspunkt hinbewegt. Dem Anwachsen der Beutepopulation folgt (phasenverschoben) ein Anwachsen der Räuberpopulation, gefolgt von einem starken Rückgang der Beutepopulation durch die hohe Räuberpopulation. Nach der Beutepopulation bricht auch die Räuberpopulation zusammen. Jetzt kann sich die Beutepopulation zunächst wieder erholen, bis auch die Räuberpopulation wegen der zunehmenden Beute wieder anwächst und der Vorgang sich (in diesem Falle stark gedämpft) wiederholt.

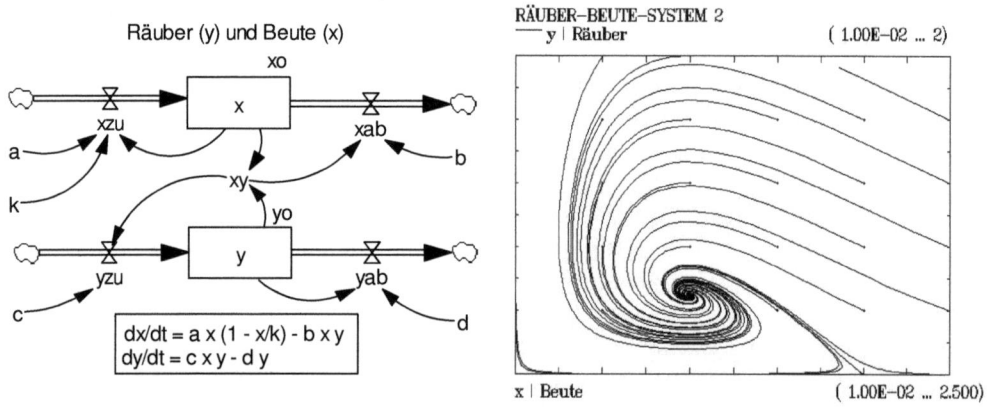

Abb. 3.18: Räuber-Beute-System (normalisiert) mit begrenzter Tragfähigkeit k für die Beute x. Das System schwingt sich auf einen stabilen Gleichgewichtszustand ein. Parameter: Wachstumsrate der Beute a = 1, Beuteverluste der Beute b = 1, Beutegewinne des Räubers c = 1, Energieverbrauch des Räubers d = 1, Tragfähigkeit k = 2.

3-3   Modellentwicklung und dimensionale Analyse

Mathematische Ausdrücke aus dimensionsbehafteten Größen sind nur dann korrekt, wenn die angegebenen Operationen nicht nur für die Werte dieser Größen, sondern auch für ihre Dimensionen stimmen. Diese Stimmigkeit muss auch bei der Modellentwicklung überprüft und strikt eingehalten werden. Die Bedingung der dimensionalen Stimmigkeit kann aber auch verwendet werden, um daraus wichtige Hinweise für die Modellformulierung zu erhalten. Sie unterstützt die Modellbildung auf mehrfache Weise, insbesondere durch

1.   Überprüfung der dimensionalen Stimmigkeit der Modellgleichungen

2. Ermittlung korrekter Umrechnungsfaktoren
3. Unterstützung der Modellformulierung
   Für das Verständnis von Systemen, insbesondere von 'generisch' gleichen (aber oft materiell völlig verschiedenen) Systemen, wie auch für die Ableitung allgemein gültiger Aussagen über ihr Verhalten, sind darüber hinaus von Bedeutung
4. Verwendung von normierten Zustandsgrößen
5. Einführung einer normierten (dimensionslosen) Zeit
   Dieser Abschnitt befasst sich mit diesen fünf Aspekten. Die hier allgemein formulierten Ergebnisse werden im nächsten Kapitel auf die dort entwickelten Simulationsmodelle angewendet.

3-3.1 Überprüfung dimensionaler Stimmigkeit

Bei der Dimensionsanalyse wird jede in einer Gleichung auftretende Größe durch ihre Maßeinheit (Einheit, Dimension) ergänzt. Diese Angabe steht hinter jeder Größe in eckigen Klammern [Einheit]; die Dimensionsangabe unterliegt den gleichen mathematischen Operationen wie die Größe selbst (z.B. L [m] quadriert führt zu L^2 [m^2]). Bei der Überprüfung einer Gleichung muss jetzt auf zweierlei geachtet werden: 1. muss der mathematische Ausdruck zulässig und korrekt sein; und 2. müssen die darin festgelegten mathematischen Operationen, auf die Größen und ihre Dimensionen angewendet, auf beiden Seiten der Gleichung die gleiche Dimension ergeben.
Beispiel: Es sei eine Gesamtenergiemenge E_t eines abwärts rollenden Wagens der Masse m als Summe seiner potentiellen Energie E_p und seiner kinetischen Energie E_k zu berechnen:

$$E_t = E_p + E_k$$

Die potentielle Energie einer von der Höhe Null auf die Höhe h im Gravitationsfeld der Erde (Erdbeschleunigung g) angehobenen Masse m ist allgemein gegeben durch die Formel

$$E_p = m\, g\, h$$

Die kinetische Energie einer sich mit Geschwindigkeit v bewegenden Masse ist

$$E_k = m\, (v^2/2)$$

Die Wagenmasse sei mit M Tonnen [t], die Gravitationskonstante g in Meter/Sekunde^2 [m/s^2], die relative Höhe in H Kilometern [km] und die Geschwindigkeit in V Kilometern pro Stunde [km/h] angegeben. Wenn die entsprechenden Zahlenwerte einfach in die Formel für die Gesamtenergie

$$E_t = M\, g\, H + (1/2)\, M\, V^2$$

eingesetzt werden, so erscheint die Gleichung oberflächlich korrekt, liefert aber ein völlig falsches Ergebnis, da die Dimensionen nicht übereinstimmen – die Formel kann so nicht verwendet werden:

$$E_t \, [?] = M \, [\text{t}] \cdot g \, [\text{m/s}^2] \cdot H \, [\text{km}] + (1/2) \cdot M \, [\text{t}] \cdot V^2 \, [(\text{km/h})^2]$$

Offensichtlich werden hier Äpfel $[\text{t} \cdot \text{m/s}^2 \cdot \text{km}]$ mit Birnen $[\text{t} \cdot (\text{km/h})^2]$ verrechnet. Wir müssen vorher einige Umformungen vornehmen, wenn wir die angegebenen Werte in der Rechnung verwenden wollen. Im Prinzip ist die Gleichung korrekt, da alle Terme die Einheit [Energie] = [Masse · Beschleunigung · Höhe] bzw. [Masse · Geschwindigkeit^2] haben. Tatsächlich können wir beliebige Energieeinheiten auf beiden Seiten der Gleichung verwenden, solange wir sicherstellen, dass die Einheiten auf beiden Seiten identisch sind.

Im Ausdruck für die potentielle Energie $E_p = m \cdot g \cdot h$ können die Einheiten für m, g und h auf der rechten Seite beliebige Einheiten für Masse, Beschleunigung und Höhe sein, so lange die Energie auf der linken Seite in entsprechenden Einheiten ausgedrückt ist.

E_p [Energieeinheit$_1$]
= m [Masseneinheit$_1$] · g [Beschleunigungseinheit$_1$] · h [Längenheit$_1$]

Beispielsweise

[Energieeinheit$_1$] = [kg] [m/s^2] [m] = [kg·(m^2/s^2)]

Im Ausdruck für die kinetische Energie $E_k = m \, (v^2/2)$ ergibt sich die Energieeinheit der linken Seite aus den Einheiten für Masse und Geschwindigkeit auf der rechten Seite:

E_k [Energieeinheit$_2$] = m [Masseeinheit$_2$] · $(1/2) \, v^2$ [Geschwindigkeitseinheit$_2{}^2$]

beispielsweise

[Energieeinheit$_2$] = [kg] [(m^2/s^2)]

Um potentielle und kinetische Energie korrekt zu addieren, müssen beide in der gleichen Energieeinheit angegeben sein:

[Energieeinheit$_1$] = [Energieeinheit$_2$]

Das bedeutet nicht unbedingt, dass im Simulationsmodell durchgängig die gleichen Maßeinheiten (z.B. für Energie) verwendet werden müssen. Oft ist das unpraktisch, weil u.U. Originaldaten verwendet werden müssen, die in fachspezifischen Maßeinheiten ermittelt wurden. So werden etwa Energieflüsse der Photosynthese von Pflanzenphysiologen in Milligramm CO_2-Austausch pro Quadratdezimeter Blattfläche und Stunde $[\text{mgCO}_2 \cdot \text{dm}^{-2} \cdot \text{h}^{-1}]$ angegeben, während der Forstplaner sich für entsprechende Werte in Tonnen Trockensubstanz pro Hektar und Jahr interessiert

[t_{OTS}·ha^{-1}·a^{-1}]. In diesem Fall ist es sinnvoll, im Simulationsmodell stündlich die Blattphotosynthese zu berechnen und dabei die erste Einheit zu verwenden, und das Ergebnis später mit dem korrekten Umwandlungsfaktor auf die zweite Einheit umzurechnen.

Die notwendigen Umrechnungen müssen sorgfältig durchgeführt werden, da sich hier leicht grobe Fehler einschleichen können, die bei der Modellüberprüfung nicht gleich auffallen, da ja die Gleichungen zu stimmen scheinen.

3-3.2 Ermittlung korrekter Umrechnungsfaktoren

Die Ermittlung korrekter Umrechnungsfaktoren hat mit der Auswahl passender Maßeinheiten zu beginnen. In unserem Beispiel legen wir zunächst die Energieeinheit fest, mit der die potentielle und kinetische Energie ausgedrückt werden sollen. Hierzu wählen wir das Joule [J]. Im SI-System (International System of Units) ergibt sich, mit dem Newton [N] als (abgeleitete) Krafteinheit

$$1 \ [J] = 1 \ [Nm] = 1 \ [kg \ (m/s^2)] \ [m] = 1 \ [kg \ (m^2/s^2)]$$

Außerdem gilt: 1 [t] = 1000 [kg] und 1 [km] = 1000 [m]. Die Gravitationskonstante g ist eine Systemkonstante. Für die Erdanziehung gilt im SI-System:

$$g = 9.81 \ [m/s^2]$$

Damit erhalten wir jetzt die potentielle Energie [J] des obigen Beispiels als Funktion der Größe M [t] und H [km]:

$$E_p \ [J] = M \ [t] \cdot 1000 \ [kg/t] \cdot 9.81 \ [m/s^2] \cdot H \ [km] \cdot 1000 \ [m/km]$$
$$= (9.81 \cdot 10^6 \cdot M \cdot H) \ [kg \ m^2/s^2]$$
$$= (9.81 \cdot 10^6 \cdot M \cdot H) \ [J]$$

Auf beiden Seiten der Gleichung steht jetzt die gleiche Energieeinheit [J]. Selbstverständlich gilt diese Gleichung nur für den Fall, dass (wie hier angenommen) M in [t] und H in [km] ausgedrückt ist.

Bei der Umrechnung des Ausdrucks für die kinetische Energie müssen wir zusätzlich beachten, dass eine Stunde 60·60 = 3600 Sekunden entspricht:

$$E_k \ [J] = (1/2) \cdot M \ [t] \cdot 1000 \ [kg/t] \cdot V^2 \ [(km/h)^2] \cdot (1000 \ [m/km])^2 \cdot (3600 \ [s/h])^{-2}$$
$$= (0.5 \cdot 10^3 \cdot 10^6 \cdot 3.6^{-2} \cdot 10^{-6} \cdot M \cdot V^2) \ [kg \ m^2/s^2]$$
$$= (38.58 \cdot M \cdot V^2) \ [J]$$

Diese Formel gilt nur, falls M in [t] und V in [km/h] angegeben sind.

Da jetzt potentielle und kinetische Energie in der gleichen Einheit [J] angegeben sind, kann die Gesamtenergie als Summe der beiden Beiträge berechnet werden. Werden weiterhin die Einheiten M [t], H [km] und V [km/h] verwendet, so folgt

$$E_t \ [J] = (9.81 \cdot 10^6 \ M \cdot H) + (38.58 \cdot M \cdot V^2) \ [J]$$

Die Verwendung der Formel

$$E_t \ [J] = (m \ g \ h) + (0.5 \ m \ v^2)$$

wäre nur zulässig, wenn für alle Größen von vornherein in sich konsistente SI-Größen verwendet würden, wenn also m in [kg], g als 9.81 [m/s^2], h in [m] und v in [m/s] angegeben wären. Dann ergäbe sich

$$E_t \ [J] = (9.81 \ [m/s^2] \cdot m \ [kg] \cdot h \ [m]) + (0.5 \ m \ [kg] \cdot v^2 \ [(m/s)^2]$$
$$= (9.81 \ m \ h + 0.5 \ m \ v^2) \ [kg \ m^2/s^2]$$

Da 1 [J] = 1 [kg m^2/s^2], steht hier auf beiden Seiten der Gleichung die gleiche Einheit [J]. Es lässt sich auch leicht überprüfen (durch Einsetzen von M (oder m), H (oder h) und V (oder v)), dass die beiden letzteren Gleichungen für E_t zum gleichen Ergebnis führen.

3-3.3   Dimensionsanalyse als Hilfe bei der Modellformulierung

Bei der Modellentwicklung haben wir uns bisher nur mit der funktionalen Verkopplung von Systemgrößen befasst, ohne uns um die Einhaltung der dimensionalen Stimmigkeit zu kümmern. Dabei wurde stillschweigend vorausgesetzt, dass alle Größen in miteinander kompatiblen und konsistenten Einheiten (etwa im SI-System) angegeben waren. Dies ist im Allgemeinen nicht der Fall, und jede Modellentwicklung muss daher von einer sorgfältigen Überprüfung der dimensionalen Stimmigkeit begleitet sein.

Diese Überprüfung kann auch konkrete Hinweise für die Modellformulierung liefern, vor allem dann, wenn anfangs noch keine Formeln für bestimmte Zusammenhänge vorliegen. Aus dem Wirkungsgraph ist bekannt, welche Variablen oder Parameter in die Berechnung einer bestimmten Systemgröße einfließen. Außerdem ist bekannt, in welchen Einheiten die verschiedenen Gebergrößen (Einwirkungen) gemessen sind, oder in welcher Einheit die Nehmergröße (resultierende Systemgröße) anzugeben ist. Die Dimensionsanalyse erlaubt dann nur ganz bestimmte Kombination von Eingangsgrößen, um eine zulässige Dimension der Ergebnisgröße zu erreichen. Aus der Dimension der Ergebnisgröße kann dann auf die korrekte Formulierung der Wirkungsbeziehung mit den Eingangsgrößen geschlossen werden. Die Dimensionsanalyse ist daher ein wichtiges Hilfsmittel der Modellentwicklung.

Beispiel: Das Wortmodell für die kinetische Energie einer Masse würde z.B. ergeben

- "Je größer die Masse, desto größer die kinetische Energie".
- "Je größer die Geschwindigkeit, desto größer die kinetische Energie".
  Eine erste naive Modellformulierung könnte daher lauten

$$E_k = A \cdot m \cdot v$$

wobei A ein noch zu bestimmender Faktor wäre. Die Dimensionsprüfung

$$E_k \, [\text{J}] = E_k \, [\text{kg m}^2/\text{s}^2] = A \, [?] \cdot m \, [\text{kg}] \cdot v \, [\text{m/s}]$$

ergibt sofort, dass A die Dimension [m/s] haben müsste, um die Dimensionsgleichung zu erfüllen. Dies ist ein Hinweis darauf, dass v in der 2. Potenz verwendet werden sollte, also

$$E_k \, [\text{J}] = a \, [1] \cdot m \, [\text{kg}] \cdot v^2 \, [(\text{m/s})^2]$$

Bei dieser Formulierung verbleibt jetzt noch eine dimensionslose Wichtung a, die aus anderen Überlegungen oder Untersuchungen (z.B. aus dem Zeitintegral des Impulses mv) zu ermitteln wäre ($a = 1/2$).

Dieses Verfahren der dimensional korrekten Modellentwicklung lässt sich in jedem beliebigen Aufgabenbereich anwenden – gleich, ob es sich um 'harte' mathematische Modelle aus dem naturwissenschaftlichen Bereich mit international definierten Maßeinheiten oder ob es sich um 'weiche' Formulierungen etwa aus dem sozialwissenschaftlichen Bereich mit ad hoc definierten qualitativen Größen handelt. In allen Fällen gilt, dass die Dimensionen – welche auch immer – auf beiden Seiten eines algebraischen Ausdrucks übereinstimmen müssen. In allen Fällen kann diese Forderung daher auch dazu verwendet werden, die Form einer algebraischen Abhängigkeit oder die fehlende Dimension einer Größe einer Gleichung zu finden.

Selbst wenn das Modell nur dimensionslose Größen enthalten sollte, so gilt die Forderung noch für die 'dimensionslosen Dimensionen' der Größen selbst: auch diese müssen auf beiden Seiten einer (dimensionslosen) Gleichung noch übereinstimmen.

Beispiel: Werden eine relative (dimensionslose) Bevölkerungszahl (z.B. *relative Bevölkerung* verglichen mit der Bevölkerung im Jahr 2000 = Bevölkerung /Bevölkerung$_{2000}$) und ein *relativer Autobesitz* pro Kopf (dimensionslos) definiert (z.B. [(Autos /Bevölkerung) /(Autos$_{2000}$ /Bevölkerung$_{2000}$)]), so muss der sich aus dem Produkt ergebende *relative Gesamtautobesitz* (dimensionslos) immer noch die korrekte (dimensionslose) 'Dimension' [Autos/Autos$_{2000}$] besitzen

> *relativer Gesamtautobesitz*
> = *relative Bevölkerung* · *relativer Autobesitz* [Autos/Autos$_{2000}$]
> = [Bevölkerung /Bevölkerung$_{2000}$] · [(Autos /Bevölkerung) /(Autos$_{2000}$ /Bevölkerung$_{2000}$)]

Insbesondere gilt diese Bedingung auch für die Zustandsraten: Diese müssen immer die Dimension der Zustandsgröße pro Zeiteinheit besitzen, selbst wenn es sich um eine relative (dimensionslose) Zeiteinheit handeln sollte.

Beim Modellentwicklungsprozess im nächsten Kapitel wird in einem Fall die Dimension einer Systemgröße mit Hilfe der Dimensionsanalyse festzulegen sein.

3-3.4   Zustandsgleichungen mit normierten Zustandsgrößen

Bei der Modellentwicklung wird normalerweise für jedes Systemelement eine eigene algebraische und/oder logische Beziehung bzw. Integratorgleichung geschrieben. Bei der Systemanalyse realer Systeme muss die Modellformulierung die strukturellen Eigenheiten des Systems relativ genau abbilden. Sie muss weitgehend die realen Systemgrößen und Wirkungsbeziehungen berücksichtigen, um dadurch das Verständnis des Systems zu erleichtern und notwendige Veränderungen der Modellstruktur überschaubar zu machen.

Im Gegensatz dazu wird der Mathematiker normalerweise versuchen, die algebraischen Gleichungen des Modells zusammenzufassen und direkt in die Zustandsgleichungen einzuarbeiten, um das gesamte Modell dann (ohne explizite Berücksichtigung der Zwischengrößen) als ein kompaktes System von Differentialgleichungen zu erhalten. Für die mathematische Analyse (soweit sie möglich ist), insbesondere aber auch zur Klärung der elementaren Wirkungsstruktur des Systems, ist dieses Vorgehen sinnvoll. Zur Untersuchung realer Systeme aber ist es meist notwendig, auch mit dem Modell relativ nahe an den Größen und Parametern des realen Systems zu bleiben, um die Wirkungen der Systemgrößen und Parameter besser identifizieren und verfolgen zu können. Die Kondensation erschwert dann eher das Arbeiten mit dem Modell und das Verständnis seines Verhaltens.

Sobald ein Simulationsmodell vorliegt, kann aber die Kondensation des Modells auf seine elementare Struktur wichtige Erkenntnisse bringen. Es kann sich z.B. zeigen, dass das Modell eine 'generische' Struktur hat, dass es also zu einer bestimmten Klasse von Systemen gehört, die gleiche Systemstruktur haben. Solche 'ähnlichen' Systeme zeigen 'ähnliches' Verhalten, und nach einer entsprechenden 'Ähnlichkeitstransformation' wird es dann möglich, die Lösungen für ein System auch zur Untersuchung des Verhaltensspektrums eines generisch gleichen, aber materiell möglicherweise völlig verschiedenen Systems zu verwenden.

Es darf daher nicht überraschen, dass sich in völlig verschiedenen Fachdisziplinen oft Systeme finden, die sich in der Systemanalyse als system-identisch herausstellen. Generisch gleiche Systeme finden sich in weit auseinander liegenden Feldern wie Physik und Psychologie, Ökonomie und Ökologie, Ingenieurwesen und Ethik, Biologie und Bankwesen. Die Erkenntnisse einer Disziplin lassen sich dann auch auf generisch verwandte Systeme in anderen Disziplinen übertragen.

Die Ableitung kompakter und allgemein gültiger Modellformulierungen verlangt folgende Schritte:
1.   Kondensation der Systemgleichungen durch Substitution
2.   Ableitung dimensionsloser Systemgleichungen.

Systeme können generisch gleiche Struktur zeigen und sich dennoch in ihren zahlenmäßigen Ergebnissen unterscheiden. Die Bevölkerungsentwicklung zweier Länder kann, in relativen Größen ausgedrückt (z.B. *Bevölkerung /Bevölkerung*$_{1950}$), identisch sein, obwohl das eine Land im Jahr 1950 eine Bevölkerung von fünf Millionen, das andere eine von 500 Millionen Menschen hatte.

Um das Verhalten solcher Systeme besser vergleichen zu können, empfiehlt sich die Verwendung normierter Zustandsgrößen. Die Zustandsgrößen werden also auf einen Referenzwert bezogen, so dass jede normierte Zustandsgröße dimensionslos wird und einen Wert der Größenordnung "1" erhält. In gleicher Weise kann auch die unabhängige Veränderliche Zeit t dimensionslos gemacht werden (s. unten).

Bei diesem Verfahren muss beachtet werden, dass sich hierbei normalerweise die Koeffizienten in den Differentialgleichungen ändern. Das Ersetzen der ursprünglichen dimensionsbehafteten Größen in den Zustandsgleichungen durch die neuen dimensionslosen normierten Größen muss sorgfältig durchgeführt werden, um die korrekten Koeffizienten in den neuen Zustandsgleichungen zu erhalten.

Das allgemeine **Verfahren** ist wie folgt:

Die ursprünglichen Zustandsgrößen z_i werden jeweils durch entsprechende Bezugszustände k_i (der gleichen Dimension!) normiert (z.B. Gleichgewichtszustände oder Referenzzustände zu einem bestimmten Zeitpunkt), um die neuen dimensionslosen normierten Zustandsgrößen x_i zu erhalten:

$x_i = z_i/k_i$
bzw.
$z_i = k_i x_i$

Diese Ausdrücke werden für die z_i in die ursprünglichen N Zustandsgleichungen eingesetzt.

$$dz_i/dt = k_i (dx_i/dt) = f_i(z_1, z_2, \dots z_i, \dots z_N, \mathbf{u}, t)$$

Dies ergibt

$$k_i dx_i/dt = f_i (k_1 x_1, k_2 x_2, \dots, k_i x_i, \dots, k_N x_N, \mathbf{u}, t)$$
bzw.
$$dx_i/dt = (1/k_i) f_i (k_1 x_1, k_2 x_2, \dots k_i x_i \dots, k_N x_N, \mathbf{u}, t)$$

Im folgenden Kapitel wird dieses Verfahren angewendet, um das dort entwickelte Fischfangmodell in eine dimensionslose Form zu bringen, die seine generische Struktur leicht erkennen lässt und allgemein gültige Schlüsse über dieses System und sein Verhaltensspektrum ermöglicht.

3-3.5 Dimensionslose Zustandsgleichungen und Zeitnormierung

Generisch gleiche Systeme können sehr unterschiedliche Zeitdynamiken besitzen. Um die Ergebnisse auch im Hinblick auf das Zeitverhalten besser vergleichbar zu machen, empfiehlt sich außer der Normierung der Zustandsgrößen auch die Normierung der Zeit t durch Einführung der dimensionslosen Zeit τ.

$$\tau = t/T$$

Hierbei ist T eine charakteristische Zeit (z.B. die Länge einer normalen Schwingungsperiode). Damit wird

$$t = T\,\tau$$
$$dt = T\,d\tau$$

Wird nun in den Zustandsgleichungen dt durch $T\,d\tau$ ersetzt, so ergeben sich die dimensionslosen Zustandsgleichungen

$$dx_i/d\tau = (T/k_i)\,f_i\,(k_1\,x_1,\ k_2\,x_2,\ \dots\ k_i\,x_i\ \dots,\ k_N\,x_N,\ \mathbf{u},\ T\tau)$$

Hier haben jetzt sowohl die normierten Zustandsgrößen x_i wie die normierte Zeit die Größenordnung "1".

Die Verwendung normierter und dimensionsloser Zustandsgleichungen hat große Bedeutung für Analyse und Vergleich von Systemstruktur und Systemverhalten. Bei Modellentwicklungen werden normierte Zustandsgleichungen häufig verwendet, um Aussagen von größerem Allgemeinheitsgrad zu erhalten. Aus den dort berechneten normierten Zustandsgrößen x_i folgen die fallspezifischen dimensionsbehafteten Zustandsgrößen z_i nach Multiplikation mit den Bezugszuständen k_i

$$z_i = k_i\,x_i$$

Die dimensionsbehaftete Zeit t folgt aus der dimensionslosen Zeit τ nach Multiplikation mit der Bezugszeit T

$$t = T\tau$$

Die normierten Zustandsgleichungen müssen durch Einsetzen von

$$x_i = z_i/k_i$$
und
$$\tau = t/T$$

in die Zustandsgleichungen (dz_i/dt) für die dimensionsbehafteten z_i und t umformuliert werden.

3-4   Zusammenfassung wichtiger Ergebnisse

Während im Kapitel 2 die Wirkungsstruktur von Systemen im Vordergrund stand, haben wir uns in diesem Kapitel mit der genaueren Beschreibung von Systemen befasst. Diese verlangt, dass die unterschiedliche Natur der Systemelemente und der zwischen ihnen ablaufenden Prozesse explizit berücksichtigt wird. Die korrekte Beschreibung der Wirkungen im System setzt auch dimensionale Stimmigkeit der entwickelten Modellbeziehungen voraus. Das Endprodukt der Modellentwicklung sind mathematische Beziehungen und ein äquivalentes Systemdiagramm, die beide als Ausgangspunkt für die Programmierung eines Simulationsmodells dienen können. Die Untersuchungen konzentrierten sich auf kontinuierliche deterministische dynamische Systeme.

Die wichtigsten Ergebnisse werden hier noch einmal zusammengefasst:

1. Generell lassen sich alle dynamischen Systeme mit Eingängen $\mathbf{u}(t)$ und Ausgängen $\mathbf{v}(t)$ durch eine **Zustandsgleichung** und eine **Ausgangsgleichung** beschreiben

$$\mathbf{z}(t) = \mathbf{F}(\mathbf{z}, \mathbf{u}, t)$$
$$\mathbf{v}(t) = \mathbf{g}(\mathbf{z}, \mathbf{u}, t)$$

2. Bei **kontinuierlichen Systemen** (zu jedem Zeitpunkt definiert) kann die Zustandsgleichung als Differentialgleichung für die Zustandsänderungsraten $d\mathbf{z}/dt$ geschrieben werden. Dann sind die **Systemgleichungen**

$$d\mathbf{z}/dt = \mathbf{f}(\mathbf{z}, \mathbf{u}, t)$$
$$\mathbf{v}(t)\ \ = \mathbf{g}(\mathbf{z}, \mathbf{u}, t)$$

Das entsprechende **allgemeine Systemdiagramm** ist in Abb. 3.7 wiedergegeben. Die Ableitung nach der Zeit wird in diesem Buch oft durch einen Strich gekennzeichnet: $\mathbf{z'} = d\mathbf{z}/dt$.

3. Beim kontinuierlichen dynamischen System sind die **Zustandsfunktion f** und die **Verhaltensfunktion g** jederzeit durch **algebraische** (und/oder logische) **Operationen** ermittelbar.

4. Beim kontinuierlichen dynamischen System muss der **Systemzustand $\mathbf{z}(t)$ durch Integration** der Veränderungsraten $d\mathbf{z}/dt$ über die Zeit ermittelt werden. Im einfachsten Fall erfolgt dies mit der numerischen Integration nach Euler und Cauchy über den Zeitschritt Δt:

$$\mathbf{z}_{neu} = \mathbf{z}_{alt} + (d\mathbf{z}/dt)_{alt} \cdot \Delta t$$

5. Das **Verhalten dynamischer Systeme** wird wesentlich von der Zahl der Zustandsgrößen und der Art der Rückkopplungen zwischen ihnen bestimmt. So können Systeme mit zwei oder mehr Zustandsgrößen schwingen; bei drei oder mehr Zustandsgrößen (bzw. bei zwei Zustandsgrößen und periodischer Anregung) kann sich chaotisches Verhalten einstellen.

6. Alle Zustandsgleichungen (**f** oder **F**) und alle Ausgangsgleichungen (**g**) müssen **dimensional stimmig** formuliert sein: Auf beiden Seiten der Gleichungen müssen die gleichen Dimensionen stehen. Diese Bedingung kann bei der korrekten Formulierung der Modellbeziehungen helfen.

7. Werden die Modellgleichungen durch Einführung von Bezugsgrößen normiert, so ergeben sich normierte **dimensionslose Gleichungssysteme**, die für den Vergleich von Systemen und die mathematische Analyse eine bessere Ausgangsbasis bieten.

8. Äußerlich (auch in Bezug auf Struktur und Verhalten) sehr unterschiedlich erscheinende Systeme können eine identische **generische Systemstruktur** aufweisen. Normalisierung der Zustandsgrößen und der Zeit und Einführung von Ähnlichkeitsparametern führt dann zu identischem Verhalten in den neuen Koordinaten.

Wir fassen hier einige allgemeine Beobachtungen über Zustandsgrößen und Systeme zusammen, die bei der Beurteilung deterministischer Systeme nützlich sind. Die Bemerkungen gelten in erster Linie für kontinuierliche Systeme; mögliche Abweichungen bei diskreten Systemen sind vermerkt.

9. Speichergrößen sind immer Zustandsgrößen.

10. Aus den Zuständen der Speicher $\mathbf{z}(t)$ und dem Eingangsvektor $\mathbf{u}(t)$ können alle anderen Systemgrößen zur Zeit t einschließlich der Veränderungsraten $\mathbf{z}'(t)$ der Zustände bestimmt werden.

11. Die Anfangszustände (Speicherinhalte) müssen für die Berechnung der weiteren Systementwicklung bekannt sein. In den Speichergrößen steckt die 'Erinnerung' des Systems an vergangene Zustände.

12. Im allgemeinen (Ausnahme: chaotische Systeme) kann davon ausgegangen werden, dass nach langer Zeit beim nichtautonomen System der ursprüngliche Anfangszustand kaum noch einen Einfluss auf das Systemverhalten hat, weil inzwischen die Effekte der Eingangsfunktionen das Systemverhalten dominieren.

13. Die Zustandsfunktionen $\mathbf{f} = d\mathbf{z}/dt$ geben die Veränderungsraten der Speicherinhalte als Funktion der gegenwärtigen Zustandsgrößen $\mathbf{z}$, des Eingangsvektors $\mathbf{u}$ und u.U. der Zeit t wieder. Es sind dies algebraische Ausdrücke, die linear oder nichtlinear in den Zustandsgrößen sein können.

14. Der neue Speicherzustand folgt (beim kontinuierlichen System) aus der Veränderungsrate $\mathbf{z}'(t)$, dem Zeitintervall, über die sie wirkt und dem alten Zustand durch Integration. Die Zustandsberechnung zerfällt somit in einen algebraischen Teil (Berechnung von $\mathbf{z}' = \mathbf{f}(\mathbf{z}, \mathbf{u}, t)$) und in eine Integration über die Zeit.

15. Veränderungsraten lassen sich als Zu- und/oder Abflüsse der Speichergröße pro Zeiteinheit auffassen. Sie haben immer die Dimension [Speichergröße/Zeiteinheit].

16. Der Speicherinhalt wächst, solange die Summe der Zuflüsse größer ist als die Summe der Abflüsse. Bei gleichbleibendem Zufluss kann daher der Speicherinhalt auch wachsen, wenn sich lediglich die Abflussrate etwas verringert.

17. Auch bei hohen Veränderungsraten kann der Speicherinhalt nicht sofort drastisch verändert werden: Speicher (Zustandsgrößen) wirken daher tendenziell als Trägheiten (Puffer, Verzögerungen). Sie bewirken eine gewisse Entkopplung von den durch andere Zustandsgrößen bestimmten Systemteilen und gegenüber plötzlichen Störungen.

18. Die Zustandsveränderungsrate dz/dt ist oft vom Zustand $z(t)$ selbst abhängig (Rückkopplung); d.h. die Zufluss- bzw. Abflussraten von Speichern sind oft von deren Inhalt abhängig.

19. Negative Rückkopplungen führen (in kontinuierlichen Systemen) tendenziell zur Annäherung an einen Gleichgewichtszustand und damit zur Stabilisierung. Gleichzeitig verhindern oder erschweren sie aber auch unter Umständen notwendige Veränderungen im System.

20. Positive Rückkopplungen sind (in kontinuierlichen Systemen) dagegen selbstverstärkend und können z.B. zu exponentiellem Wachstum führen. Wegen ihrer 'autokatalytischen' Wirkung haben sie für das Anstoßen von Veränderungen wie auch für Wachstumsprozesse große Bedeutung, müssen dann aber durch andere negative Rückkopplungen kompensiert werden, um explosives, zerstörerisches Wachstum zu vermeiden.

21. Die dynamische Entwicklung einer Zustandsgröße ist oft sowohl von negativer als auch von positiver Rückkopplung bestimmt. Das resultierende Verhalten hängt davon ab, welche Rückkopplung jeweils dominiert.

22. Im Allgemeinen wird die durch eine negative Rückkopplung geregelte Zustandsveränderungsrate umso kleiner, je näher der Zustand am Gleichgewicht ist.

23. Rückkopplungen sind oft nichtlinear abhängig vom Systemzustand. Solche Nichtlinearitäten können die relative Dominanz von Rückkopplungen im Laufe der Entwicklung verändern, was grundlegende Verhaltensänderungen des Systems zur Folge haben kann.

24. Wird das Rückkopplungssignal verzögert (z.B. durch eine zwischengeschaltete Zustandsgröße oder ein Verzögerungsglied), so wird die Zustandsveränderung durch einen verzögerten, nicht mehr aktuellen Zustandswert bestimmt. Hieraus kann sich ein Hinausschießen über den Gleichgewichtszustand ergeben. Dies wird ebenfalls verzögert korrigiert, so dass es zu Schwingungen kommen kann.

25. Bei einem kontinuierlichen System können daher Schwingungen auftreten, wenn mindestens ein Speicher und eine Verzögerung bzw. ein zweiter Speicher im System vorhanden sind.

26. Im Gegensatz dazu können bei einem diskreten System Schwingungen bereits bei einem einzigen Speicher auftreten. Bei diesen Systemen kann bei negativer Rückkopplung eine Vorzeichenumkehr im nächsten Schritt erfolgen, die im übernächsten Schritt eine weitere Vorzeichenumkehr zur Folge hat usw.

27.   Gewisse autonome nichtlineare Systeme können chaotisches Verhalten zeigen.
      In diesem Fall laufen Zustandsbahnen exponentiell beschleunigt auseinander.
      Es sind dann keine längerfristigen Vorhersagen des Systemzustands mehr
      möglich.

28.   Gleiche Systemstrukturen führen zu gleichem Verhalten, selbst wenn die Sys-
      teme von ihren physischen Elementen her grundverschieden sind.

4 Systemverhalten

4-0 Überblick

In den vorangegangenen Kapiteln wurde die Bedeutung von Systemstruktur und Systemelementen für die Dynamik von Systemen dargelegt und an kleinen Modellen mit einfachen Simulationsprogrammen demonstriert – noch ohne Beachtung dimensionaler Stimmigkeit oder numerischer Genauigkeit. Daraus ergab sich die grundlegende Erkenntnis, dass bereits bei sehr einfachen Systemen mit komplexem Verhalten gerechnet werden muss. Intuitive Voraussagen über Systemverhalten gehen daher leicht in die Irre. Selbst wenn qualitatives Verhalten abgeschätzt werden kann, sind quantitative Aussagen ohne Computerunterstützung nicht mehr möglich. Dies gilt umso mehr, je größer und komplexer die Systeme sind, deren Verhalten unter verschiedenen Bedingungen untersucht werden muss.

Die Realität konfrontiert uns mit dynamischen Systemen, die nur ganz selten mit einfachen mathematischen Gleichungen dargestellt oder gar mathematisch-analytisch berechnet werden können. Die Modellbildung realer Systeme erfordert neben der meist komplexen strukturtreuen Systemabbildung auch die gewissenhafte Beachtung der Dimensionen und numerischen Relationen der verschiedenen Systemgrößen. Und für die Simulation dieser Systeme reichen einfache Tabellenkalkulationen oder kleine selbst gestrickte Programme meist nicht mehr aus. Um erhebliche Programmierarbeit einzusparen, Fehlermöglichkeiten auf ein Minimum zu reduzieren und die Arbeit auf das Wesentliche – die Modellentwicklung – zu konzentrieren, ist die Verwendung professioneller Simulationssoftware ein Gebot der Vernunft.

In diesem Kapitel werden anhand zweier Beispielsysteme (Rotationspendel und Fischfang) das Verfahren strukturtreuer Modellbildung und die Anwendung graphisch-interaktiver Simulationsverfahren mit ihren vielfältigen Nutzungsmöglichkeiten dargelegt. In Abschnitt 4-1 werden schrittweise und unter Beachtung dimensionaler Stimmigkeit die (nichtlinearen) Modellgleichungen zur Simulation eines Rotationspendels entwickelt. In Abschnitt 4-2 werden mögliche Simulationsverfahren skizziert, wobei besonders auf den graphisch-interaktiven Ansatz eingegangen wird, der für die meisten Simulationen dieses Buchs verwendet wird. In Abschnitt 4-3 werden die Modellgleichungen für das Rotationspendel in ein simulationsfähiges Modell umgesetzt. Mit diesem Simulationsmodell wird das Systemverhalten in mehrfacher Hinsicht untersucht: durch Berechnung des Systemverhaltens in Abhängigkeit seiner Parameter, durch Untersuchung des Globalverhaltens als Funktion der Anfangsbedingungen, durch Ermittlung der Gleichgewichtspunkte und Linearisierung der Systemgleichungen in unmittelbarer Nähe der Gleichgewichtspunkte und durch Reduzierung der Systemgleichungen auf die essentielle Systemstruktur durch Einführung dimensionsloser Größen. In Abschnitt 4-4 wird mit den gleichen Ansätzen ein Simulationsmodell für ein Fischfangunternehmen entwickelt und untersucht.

Die Simulationen und Analysen zeigen unter anderem, dass sich die Dynamik dieses Systems nach Einführung einer neuen Fangtechnik grundlegend ändern kann. In Abschnitt 4-5 werden die wichtigsten Ergebnisse noch einmal zusammengefasst.

4-1   Modellbildung der Rotationspendel-Dynamik

4-1.1   Pendeldynamik: Modellzweck und Wortmodell

Ein Rotationspendel (ein Kreispendel, das auch um seinen Aufhängepunkt kreisen kann) ist ein sehr einfacher Mechanismus, aber es zeigt bereits komplexes, für nicht-lineare Systeme typisches Verhalten. Ein Verständnis dieser Phänomene kann helfen, dass Verhalten anderer komplexer Systeme besser zu verstehen. Das Rotationspendel hat stabile und instabile Gleichgewichtspunkte (am unteren und oberen Totpunkt), es kann die Art seiner Bewegung grundlegend verändern (von der kreisenden zur pendelnden Bewegung), und seine Bewegung hängt entscheidend von den Anfangsbedingungen (Position und Winkelgeschwindigkeit) ab.

An einem (etwa an einer Wand montierten) festen Drehlager mit horizontaler Achse sei ein Stab montiert, an dessen äußerem Ende sich ein schweres Gewicht befindet (Abb. 4.1). Hebt man das Gewicht an, oder gibt man ihm eine Anfangsgeschwindigkeit, bevor man es loslässt, so führt es für eine Weile pendelnde Bewegungen um den Drehpunkt aus, die allmählich immer geringere Ausschläge haben. Schließlich bleibt das Pendel im unteren Ruhepunkt stehen. Ist die Anfangsgeschwindigkeit hoch, so wird das Pendel zunächst um den Drehpunkt rotieren, bis seine Geschwindigkeit sich soweit verringert hat, dass es den oberen Totpunkt nicht mehr durchlaufen kann. Danach ergibt sich wieder eine pendelnde Bewegung bis zum Stillstand.

Offensichtlich ist die Bewegung nicht ganz einfach zu beschreiben: Wir haben es mit zwei qualitativ verschiedenen Bewegungen zu tun (Rotieren mit gleicher Drehrichtung und Pendeln mit wechselnder Drehrichtung). Während der Rotation und während des Pendelns ändert sich die Geschwindigkeit ständig. Die Richtung der Antriebskraft (die Schwerkraft) ändert sich fortlaufend in bezug auf die Bewegungsrichtung. Pendel und Stab werden durch ihren Luftwiderstand gebremst. Dieser hängt von Form und Querschnittsfläche von Stab und Pendel ab, wie auch von der (temperatur- und dichteabhängigen) Zähigkeit der Luft. Die Reibung des Drehlagers bremst ebenfalls die Drehbewegung; sie ist durch die Qualität des Lagers und die Viskosität des Schmierstoffs bestimmt. Der Stab wird, besonders wenn es sich um ein schweres Gewicht handelt, ständig gestreckt und gestaucht, womit sich der Pendelradius (leicht) ändert.

Selbst dieses einfache System zeigt also bei genauerer Betrachtung eine Vielzahl von Komplikationen. Die erste Aufgabe der Modellbildung ist daher immer zunächst die Untersuchung und (vorläufige) Entscheidung darüber, welche Effekte nun tatsächlich verhaltensentscheidend sind, welche wenig Einfluss haben und vernachlässigt werden können und welche durch vereinfachende Annahmen noch zuverlässig beschreibbar gemacht werden können. Oft kann diese Entscheidung a priori nicht belegt werden, da die genauere Untersuchung des Systems ja noch nicht durchgeführt worden ist. Es muss also zunächst einmal mit Hypothesen gearbeitet werden, die erst durch die Untersuchungsergebnisse gerechtfertigt oder widerlegt werden können. Die Auswahl der Vereinfachungen und Hypothesen hängt auch weitgehend vom Modellzweck ab: Zur Ableitung der genauen Gleichungen für ein Pendelchronometer müsste sehr viel präziser und detaillierter gearbeitet werden als für die Ableitung der Gleichungen der Bewegung eines idealisierten, vereinfachten Systems.

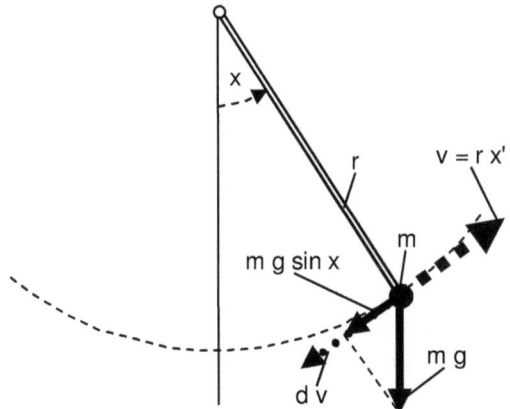

Abb. 4.1: Kräfte und Parameter beim Pendel.

Modellzweck: *Ziel der folgenden Untersuchung soll sein, die Bewegungsgleichungen – das mathematische Modell – für die Bewegung eines idealisierten Rotationspendels abzuleiten. Die Bewegung soll dabei im gesamten Bewegungsbereich korrekt beschrieben werden.*

Es kann zunächst einmal vermutet (und muss später belegt) werden, dass ein stark idealisiertes Pendel eine Bewegung zeigen wird, die dem des realen Pendels gleicher Masse und gleicher Stablänge weitgehend entspricht. Daher die Annahmen:

- Die Masse ist punktförmig am Stabende konzentriert.
- Der Stab ist völlig starr, gewichtslos und hat keinen Luftwiderstand.
- Das Drehlager ist reibungslos.
- Die Geschwindigkeit der Pendelbewegung sei klein, so dass die Strömung im laminaren Bereich bleibt (d.h. kleine Reynolds-Zahl, wobei der Strömungswiderstand linear mit der Geschwindigkeit zunimmt).

Diese vereinfachenden Annahmen berücksichtigen wir im **Wortmodell**, das die Grundlage für die weitere Modellentwicklung sein wird. Das idealisierte zu beschreibende System ist in Abb. 4.1 skizziert. Wir stellen aus Überlegungen und bekannten Tatsachen die folgenden Aussagen zusammen:

- Wegen der starren Aufhängung ist die Bewegung genau auf eine Kreisbahn mit Radius r beschränkt.
- Wegen der starren Aufhängung kann es nur Bewegungskomponenten (Geschwindigkeit, Beschleunigung) tangential zum Kreis geben; in radialer Richtung sind alle Bewegungskomponenten gleich Null.
- Die Position auf der Kreisbahn ist eindeutig durch den Drehwinkel von der Ausgangsposition in Ruhelage bestimmt (x in Bogengrad).
- Die Winkelgeschwindigkeit auf der Kreisbahn ist die momentane Rate der Veränderung der Winkelposition (die Ableitung nach der Zeit dx/dt).
- Die Bahngeschwindigkeit der Pendelmasse m ist gleich der Winkelgeschwindigkeit mal dem Radius: $v = (dx/dt) \cdot r$
- Auf die Masse wirkt ein Strömungswiderstand entgegen der Bewegungsrichtung.
- Der Strömungswiderstand sei proportional zur Bahngeschwindigkeit.
- Der Strömungswiderstand sei proportional zur kinematischen Zähigkeit des Fluids, in dem die Bewegung stattfindet.
- Der Zähigkeitseffekt kann zusammen mit den Widerstandseffekten der Querschnittsfläche und dem Widerstandsbeiwert der Pendelmasse zu einer 'Dämpfungskonstante' d zusammengefasst werden, so dass die Widerstandskraft $d \cdot v$ = $d \cdot r \cdot dx/dt$ beträgt.
- Auf die Pendelmasse wirkt immer die Schwerkraft $m \cdot g$ (proportional zur Pendelmasse m und zur Gravitationskonstanten g) in Richtung des Erdmittelpunkts.
- Die einzige bewegungsrelevante Komponente dieser 'Rückstellkraft' ist die in Bahnrichtung, d.h. $m \cdot g \cdot \sin x$ (Abb. 4.1).
- Auf die Pendelmasse wirken daher zwei Kräfte: (1) die Dämpfungskraft des Strömungswiderstands, (2) die Rückstellkraft der Erdanziehung.
- Die an der Pendelmasse wirkende Beschleunigung ergibt sich aus diesen beiden Kräften.
- Die Beschleunigung ist proportional zur Beschleunigungskraft.
- Die Beschleunigung ist umgekehrt proportional zur Pendelmasse.
- Die Winkelbeschleunigung ist proportional zur Beschleunigung der Pendelmasse, aber umgekehrt proportional zum Radius. (Bei gleicher Massenbeschleunigung und doppeltem Radius ergibt sich der gleiche Bahngeschwindigkeitszuwachs pro Zeiteinheit, aber der halbe Winkelgeschwindigkeitszuwachs).

- Positive Winkelbeschleunigung führt zu wachsender Winkelgeschwindigkeit.
- Eine positive Winkelgeschwindigkeit führt zu zunehmendem Winkel.

In diesem Wortmodell haben wir jetzt alle Informationen über das System gesammelt, die für die weitere Modellentwicklung wichtig zu sein scheinen. Im Idealfall enthält das Wortmodell alle notwendigen und hinreichenden Informationen, aber im Normalfall wird es zunächst auch Überflüssiges enthalten und außerdem bei der Modellentwicklung noch weiter ergänzt werden müssen.

4-1.2   Entwicklung des Wirkungsgraphen für das Kreispendel

Das Wortmodell ist die Basis für den Wirkungsgraphen, in dem die Systemgrößen und ihre Wirkungsstruktur darzustellen sind. Es empfiehlt sich, zunächst eine Liste der Systemgrößen anzulegen, die im Wortmodell eine Rolle spielen. Wir finden hier:

RADIUS	*Winkelbeschleunigung*
MASSE	*Bahngeschwindigkeit*
GRAVITATIONSKONSTANTE	*Schwerkraft-Bahnkomponente*
DÄMPFUNGSKONSTANTE	*Dämpfungskraft*
Winkel	*Beschleunigungskraft*
Winkelgeschwindigkeit	*Massenbeschleunigung*

Hierbei sind RADIUS, MASSE, GRAVITATIONSKONSTANTE und DÄMPFUNGS-KONSTANTE konstante Systemparameter. Die anderen Größen (*kursiv*) sind sich ständig verändernde Systemgrößen.

Wir beginnen mit einer beliebigen Systemgröße und stellen mit Hilfe des Wortmodells fest, welche anderen Größen auf sie einwirken. Dabei finden wir hier die folgenden **Wirkungsbeziehungen**:

1. Der *Winkel* verändert sich, wenn die *Winkelgeschwindigkeit* ungleich Null ist.
2. Die *Winkelgeschwindigkeit* verändert sich durch eine *Winkelbeschleunigung*.
3. Die *Winkelbeschleunigung* ist abhängig von der *Massenbeschleunigung*.
4. Größerer RADIUS bedeutet geringere *Winkelbeschleunigung*.
5. Die *Massenbeschleunigung* hängt von der MASSE des Pendels ab: bei gleicher *Beschleunigungskraft* bedeutet größere Masse eine kleinere Beschleunigung.
6. Je größer die *Beschleunigungskraft*, umso größer die *Massenbeschleunigung*.
7. Die *Dämpfungskraft* wirkt verzögernd auf die *Beschleunigungskraft*.
8. Die *Dämpfungskraft* wächst mit der *Bahngeschwindigkeit* des Pendels an.
9. Bei größerer DÄMPFUNGSKONSTANTE (höherer Viskosität) ist auch die *Dämpfungskraft* größer.
10. Die *Bahngeschwindigkeit* des Pendels wächst mit der *Winkelgeschwindigkeit*.

11. Bei gleicher *Winkelgeschwindigkeit* bedeutet größerer RADIUS eine größere
     Bahngeschwindigkeit.

12. Zur *Beschleunigungskraft* trägt auch die *Schwerkraft-Bahnkomponente*
     (Schwerkraftsanteil in Richtung der Pendelbewegung) bei.

13. Bei größerer GRAVITATIONSKONSTANTE ist auch die *Schwerkraft-*
     Bahnkomponente größer.

14. Bei größerer MASSE ist die *Schwerkraft-Bahnkomponente* größer.

15. Der Beitrag der Schwerkraft hängt davon ab, in wie weit die Bewegungsrich-
     tung (*Winkel*) mit der Richtung der Schwerkraft übereinstimmt. An den Tot-
     punkten (Winkel = 0°, ±180°) ist die Schwerkraft-Bahnkomponente gleich
     Null, beim *Winkel* = ±90° ist sie ein Maximum. Dieser Zusammenhang ist
     durch eine Sinusfunktion sin *x* für die *Bahnkomponente* gegeben.

16. Je größer die *Bahnkomponente* sin *x*, desto größer die *Schwerkraft-Bahnkom-*
     ponente.

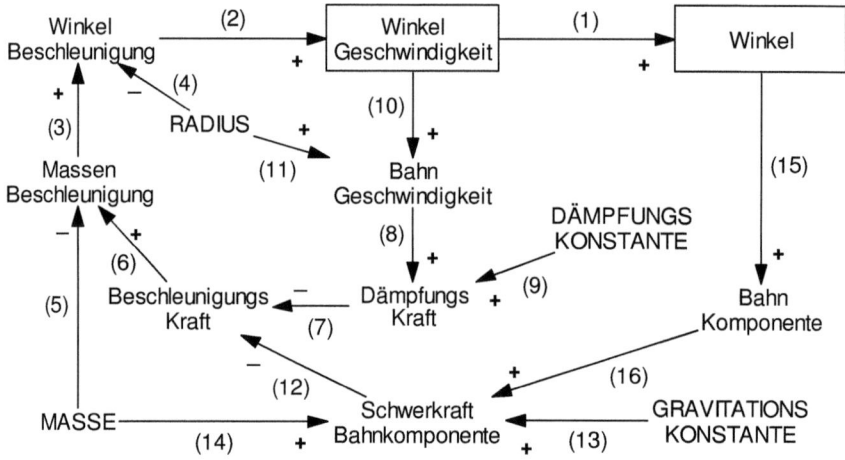

Abb. 4.2: Wirkungsgraph der Systemgrößen für die Pendeldynamik. Plus- und Minus-Zeichen kennzeichnen gleich- und gegensinnige Wirkungen. Die Nummerierung
der Wirkungsbeziehungen entspricht der des Wortmodells.

Diese 'atomaren' Wirkungsbeziehungen lassen sich nun leicht in Form eines
Wirkungsgraphen auftragen (Abb. 4.2). In diesem Bild sind auch die im Wortmodell
festgestellten gegensinnigen Wirkungen durch Minuszeichen angedeutet.

4-1.3 Größen, Dimensionen, Wirkungsbeziehungen beim Kreispendel

Im nächsten Schritt verwenden wir den Wirkungsgraph zur Herleitung der mathematischen Ausdrücke für die Beziehungen zwischen den Systemgrößen. Für jeden Knoten, d.h. jede Systemgröße ist eine eigene Beziehung herzuleiten. Zunächst führen wir Abkürzungen für jede der Größen ein, notieren die jeweilige Maßeinheit und schreiben die Zahlenwerte von bereits bekannten Parametern auf. Die Maßeinheiten sind die des SI-Systems (Länge in Meter [m], Masse in Kilogramm [kg], Zeit in Sekunden [s], Kraft in Newton [N = kg m/s^2], Winkel in Bogengrad [rad]).

r	RADIUS	[m]	vorzugebener Parameter
m	MASSE	[kg]	dgl.
d	DÄMPFUNGSKONSTANTE	[?]*	dgl.
g	GRAVITATIONSKONSTANTE	[m/s^2]	g = 9.81 (physikalische Konstante)
x	*Winkel*	[1]	Winkel in Bogengrad:
x'	*Winkelgeschwindigkeit*	[1/s]	1 rad = 180/π = 57.3 Grad
x''	*Winkelbeschleunigung*	[1/s^2]	
v	*Bahngeschwindigkeit*	[m/s]	
F_b	*Beschleunigungskraft*	[N]	[N = kg m/s^2]
F_g	*Schwerkraft-Bahnkomponente*	[N]	
F_d	*Dämpfungskraft*	[N]	
b	*Massenbeschleunigung*	[m/s^2]	
sin x	*Projektion von x in Bahnrichtung*	[1]	

* Die Dimension von *d* wird unten über die Dimensionsanalyse bestimmt: [N/(m/s)]

Wir zeichnen jetzt noch einmal die Wirkungsstruktur der Abb. 4.2 (einschließlich der Vorzeichen) und tragen jetzt an den entsprechenden Knoten die Abkürzungen für die Größen und die Dimensionen ein (Abb. 4.3).

Aus diesem Graphen lesen wir jetzt an jedem Knoten die Wirkungsbeziehungen zusammen mit den Dimensionen der Größen ab. Wir verwenden dabei das Zeichen "&" als zunächst nicht spezifizierten algebraischen Operator zwischen den Größen. Die richtige algebraische Operation bestimmen wir mit Hilfe der Dimensionsanalyse: Die Einheiten der Systemgrößen müssen auf beiden Seiten jeder Gleichung identisch sein.

Für die *Winkelbeschleunigung x''* gilt:

$$x'' [1/s^2] := r [m] \& b [m/s^2]$$

Die Gleichung lässt sich nur erfüllen wenn

$$x'' = b / r$$

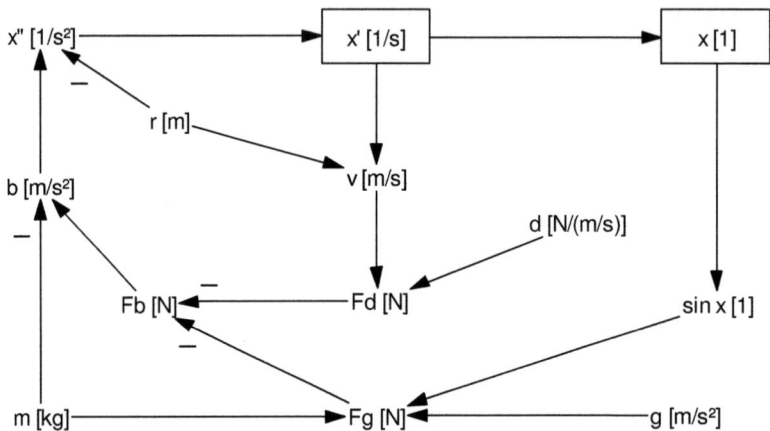

Abb. 4.3: Wirkungsgraph der Pendeldynamik mit Kurzbezeichnungen und Dimensionen. Die Minus-Zeichen kennzeichnen gegensinnige Wirkung; alle anderen Wirkungsbeziehungen sind gleichsinnig.

Diese Formulierung erfüllt auch die Forderung der gegensinnigen Wirkung von r auf x'', die oben in Beziehung 4 gefordert ist.

Für die *Massenbeschleunigung b* gilt

$$b \ [\text{m/s}^2] := m \ [\text{kg}] \ \& \ F_b \ [\text{kg m/s}^2]$$

woraus folgt

$$b = F_b \ / \ m$$

Auch hier ist die (in Beziehung 5 geforderte) gegensinnige Wirkung von m gewährleistet.

Die *Beschleunigungskraft F_b* ergibt sich aus

$$F_b \ [\text{N}] := F_d \ [\text{N}] \ \& \ F_g \ [\text{N}]$$

Offensichtlich kann es sich hier nur um eine Summe handeln. Dabei müssen aber die Vorzeichen des Wirkungsdiagramms beachtet werden. Es folgt

$$F_b = - F_d - F_g$$

(*Winkelgeschwindigkeit*, *Winkelbeschleunigung* und *Beschleunigungskraft* werden in der positiven x-Richtung (*Winkel*) ebenfalls positiv gerechnet. *Dämpfungskraft* und *Schwerkraftkomponenten* wirken bei der aufsteigenden Bewegung des Pendels ($x > 0$) der Bewegung entgegen und haben daher negative Vorzeichen.)

Für die *Dämpfungskraft F_d* ergibt sich

F_d [N] := d [?] & v [m/s]

Da vorher festgelegt wurde, dass die Dämpfungskraft proportional zur Bahngeschwindigkeit sein soll (laminare Strömung), ergibt sich die Dimension von d als [N/(m/s)] und

$$F_d = d \cdot v$$

Die *Schwerkraft-Bahnkomponente* F_g folgt aus der Wirkungsbeziehung

F_g [N = kg m/s^2] := sin x [1] & g [m/s^2] & m [kg]

Dies ist durch einfache Multiplikation erfüllt, daher

$$F_g = \sin x \cdot g \cdot m$$

Für die *Bahngeschwindigkeit* v ergibt sich

v [m/s] := x' [1/s] & r [m]

also

$$v = x' \cdot r$$

Es bleiben jetzt in der Abb. 4.3 noch die Wirkungsbeziehungen für *Winkelgeschwindigkeit*

x' [1/s] := x'' [1/s^2]

und für *Winkel*

x [1] := x' [1/s]

Offensichtlich gibt es keine algebraische Beziehung, die hier zu gleichen Dimensionen auf beiden Seiten führen könnte. Die Operation ist also von anderer Art; der Unterschied in der Zeitdimension gibt einen Hinweis. Tatsächlich haben wir es hier mit der Zeitintegration von Zustandsgrößen zu tun. Die Rechenvorschriften

$$x'\left[\frac{1}{s}\right] = \int x''\left[\frac{1}{s^2}\right] dt\,[s]$$

und

$$x\,[1] = \int x'\left[\frac{1}{s}\right] dt\,[s]$$

zeigen wieder dimensionale Stimmigkeit. Die beiden Größen sind Zustandsgrößen und müssen daher aus Integrationen über die Zeit (hier: Anfangszeit $t = 0$ gesetzt) und vorgegebenen Anfangswerten x'_0 und x_0 ermittelt werden:

$$x' = x'_0 + \int_0^t x'' \, dt$$

und

$$x = x_0 + \int_0^t x' \, dt$$

Damit haben wir für alle Systemgrößen dimensional stimmige mathematische Formulierungen entwickelt. Wir fassen jetzt die Modellgleichungen noch einmal zusammen.

4-1.4   Modellgleichungen und Simulationsdiagramm für das Kreispendel

1. Parameter
Hier wird oft (aber nicht zwingend) zwischen (seltener veränderten) Systemparametern, und (bei Szenarienuntersuchungen häufig veränderten) Szenarioparametern unterschieden.

GRAVITATIONSKONSTANTE = g = 9.81 [m/s^2]
MASSE = m = 1 [kg] (Vorgabe, Systemparameter)
RADIUS = r = 1 [m] (Vorgabe, Systemparameter)
DÄMPFUNGSKONSTANTE = d = ? [N/(m/s)] (Vorgabe, Szenarioparameter)

2. Anfangswerte der Zustandsgrößen
Winkelgeschwindigkeit$_0$ = x'_0 = ? [1/s] (anfängliche *Winkelgeschwindigkeit*)
Winkel$_0$ = x_0 = ? [1] (anfänglicher *Winkel* in Bogengrad)

3. Algebraische Größen
Bahngeschwindigkeit = v = $r \, x'$
Schwerkraft-Bahnkomponente = F_g = $m \, g \, \sin x$
Dämpfungskraft = F_d = $d \, v$
Beschleunigungskraft = F_b = $- F_d - F_g$
Massenbeschleunigung = b = F_b / m
Winkelbeschleunigung = x'' = b / r

4. Zustandsgrößen und Zustandsgleichungen
Die Zustandsgrößen *Winkelgeschwindigkeit* x' und *Winkel* x folgen aus den Anfangswerten und dem Zeitintegral der Veränderungsraten:

$$x' = x'_0 + \int_0^t x'' \, dt$$

$$x = x_0 + \int_0^t x' \, dt$$

Es genügt daher die Angabe der Differentialgleichungen der Zustandsänderungen (Zustandsgleichungen). Mit $x'' = b/r$ sowie den Umbenennungen $x_1 = x$ und $x_2 = x' = dx/dt$ folgt:

$dx_1/dt = x'_1 = x_2$
$dx_2/dt = x'_2 = b/r$

5. Laufzeiteinstellungen
Für die Simulation sind die folgenden (bei Bedarf zu ändernden) Einstellungen vorgesehen:

SIMULATIONSBEGINN = 0 [s]
SIMULATIONSENDE = 10 [s]
ZEITSCHRITT = 0.02 [s]
SPEICHERZEITSCHRITT = 0.02 [s]

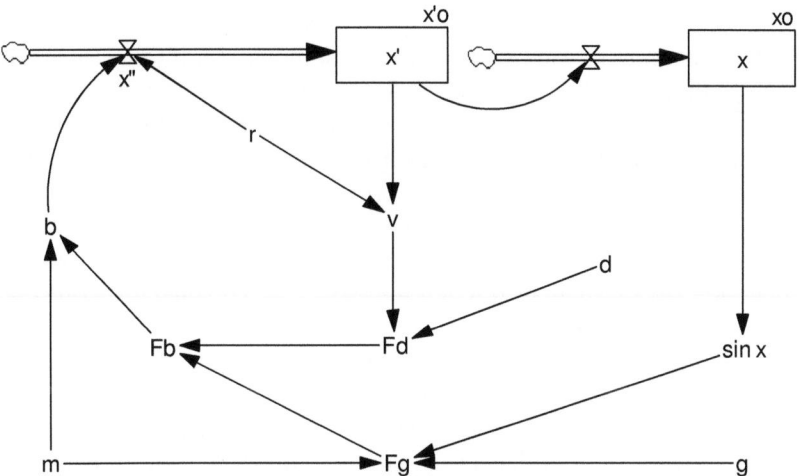

Abb. 4.4: Simulationsdiagramm der unbeschränkten (auch rotierenden) Pendelbewegung, hier mit Kurzbezeichnungen. Die entsprechenden Gleichungen sind in Abschnitt 4-1.4 zusammengestellt.

Mit diesen Modellgleichungen kann jetzt auf der Basis des Wirkungsgraphen (Abb. 4.3) das Simulationsdiagramm (Abb. 4.4) entwickelt werden. Für die an einem Knoten angegebenen Größen gilt jeweils die oben angegebene Gleichung. Zustandsgrößen stehen in Kästen, bei denen auch die jeweiligen Anfangswerte angegeben sind; die Veränderungsraten der Zustandsgrößen zeigen als Doppelpfeile in die Zustandskästen (Zuflüsse) oder aus ihnen heraus (Abflüsse); sie werden aus den algebraischen Beziehungen in Wirkungsketten berechnet, die von Parametern und Zustandsgrößen bis zu den Veränderungsraten (Ventilen) reichen.

Als nächster Arbeitsschritt muss jetzt aus den Modellgleichungen und dem Simulationsdiagramm ein simulationsfähiges Modell entwickelt werden.

4-2   Graphisch-interaktive Modellbildung und Simulation

4-2.1   Simulationsverfahren

Prinzipiell lässt sich für jede Simulationsaufgabe mit einer allgemein einsetzbaren Programmiersprache ein eigenes vollständiges Programm entwickeln, das alle gewünschten Aufgaben der Eingabe, Berechnung, Auswertung und Ergebnisdarstellung übernehmen kann. Aber der Blick auf die vorangegangenen Programmierbeispiele der Kap. 2 und 3 zeigt bereits, wie ineffizient ein solcher Ansatz bei größeren Modellen sein muss: Bei typischen Simulationen beträgt der Anteil der Programmzeilen, die das eigentliche Simulationsmodell spezifizieren, lediglich wenige Prozent des gesamten Programmieraufwands für das vollständige lauffähige Simulationsprogramm. Der größte Teil des Programmieraufwands wird für die numerische Berechnung, die Datenverarbeitung und die Ergebnisdarstellung benötigt. Dies sind Aufgaben, die bei allen Simulationen dynamischer Systeme identisch sind und daher ein für alle mal im Softwaresystem programmiert werden können.

Die jeweilige Neuprogrammierung der gesamten Simulationssoftware macht daher keinen Sinn. Die Verwendung allgemein einsetzbarer Simulationsprogramme ist vor allem aus zwei Gründen möglich und sinnvoll: Unabhängig vom Inhalt eines Simulationsmodells sind

1.   die notwendigen Modellspezifikationen gleichartig
2.   die notwendigen Bearbeitungsaufgaben gleichartig.

Wir haben bereits mehrfach festgestellt, dass sich völlig unabhängig vom Modellinhalt die notwendigen Modellspezifikationen immer in drei Kategorien einteilen lassen, die wir im Simulationsdiagramm auch durch unterschiedliche Symbolik gekennzeichnet haben: Vorgabegrößen, Zustandsgrößen und Zwischengrößen.

Eine allgemein einsetzbare Simulationssoftware muss also Modellinformation in diesen drei Kategorien aufnehmen können. Der konkrete Inhalt ist für das Bearbeitungsprogramm völlig ohne Belang. Es kann daher für beliebige Simulationsaufgaben (der Klasse 'Dynamische Systeme') eingesetzt werden. Der Programmieraufwand bleibt dann auf die Eingabe der Modellinformation beschränkt.

Ähnliches gilt auch von der Bearbeitungsseite her: Unabhängig vom konkreten Modellinhalt sind immer die gleichen Bearbeitungsaufgaben zu erfüllen:

1. Eingabe und Veränderung von Parametern und Anfangswerten
2. Berechnung der Modellgleichungen zu jedem Zeitpunkt (im Simulationszeitraum), Veränderung der Simulationszeit um einen Zeitschritt und Wiederholung der Berechnung
3. Ausgabe von Simulationsergebnissen in numerischer Form (Tabellen)
4. Ausgabe von Simulationsergebnissen in graphischer Form (im Zeitverlauf oder im Zustandsraum)
5. Gestaltung der Ausgabeformate durch den Benutzer
6. Modelländerungen.

Zu diesen immer notwendigen Bearbeitungsaufgaben kommen noch weitere Aufgaben hinzu, die eine Simulationssoftware ebenfalls erfüllen sollte:

7. Mehrfachsimulationen zur Ermittlung der Parameterempfindlichkeit
8. Mehrfachsimulationen zur 'Globalanalyse' des Modellverhaltens im gesamten möglichen Zustandsbereich.

Heute steht dem Benutzer eine breite Palette von Simulationsverfahren zur Verfügung. Sie reicht von der Eigenentwicklung in einer gängigen Programmiersprache bis zum mausgesteuerten Zeichnen des Simulationsdiagramms auf dem Bildschirm und der programmierten Abfrage aller notwendigen Modellinformationen durch den Rechner. Es lassen sich vor allem folgende Gruppen von Simulationsansätzen unterscheiden:

1. **Eigenentwicklung**: Der Modellentwickler schreibt für die Simulationsaufgabe ein eigenes Programm in einer ihm geläufigen allgemein einsetzbaren Programmiersprache wie Fortran, (Visual) Basic, Pascal oder C. Der Vorteil besteht darin, dass er das Programm und seine Möglichkeiten ganz nach den eigenen Anforderungen gestalten kann. Der schwerwiegende Nachteil ist hier, dass der hohe Aufwand für ein anspruchsvolles Programm sich nur lohnt, wenn spezielle Aufgaben erfüllt werden müssen, die von vorhandenen Simulationsumgebungen nicht geleistet werden können.

2. **Simulationsverfahren mit einer gängigen Programmiersprache als Modellsprache**: In diesem Fall schreibt der Modellentwickler lediglich den Programmteil für das Modell in einer allgemein einsetzbaren Programmiersprache. Für die gesamte Simulationsumgebung wird eine vorhandene Software verwendet, mit deren 'Innereien' sich der Benutzer nicht beschäftigen muss. Beispiele sind die Benutzung eines Tabellen-Kalkulationsprogramms mit seinen mannigfachen Möglichkeiten der Berechnung und Ergebnisdarstellung, oder Programmsysteme wie DYSYS und DYSAS für Basic (Bossel 1987/89) und SIMPAS für Turbo-Pascal (Bossel 1992/94). Der Vorteil dieses Ansatzes

ist, dass der Benutzer in einer ihm vertrauten Programmiersprache arbeiten kann und dass er bei der Modellerstellung alle Möglichkeiten nutzen kann, die ihm diese Sprache bietet, einschließlich spezieller, u.U. selbstentwickelter Funktionen und Prozeduren. Der Nachteil des Ansatzes ist, dass ein Minimum an Programmierkenntnissen erforderlich ist.

3. **Simulationsverfahren in einer speziellen Programmiersprache als Modellsprache**: Hier muss der Benutzer das Modell in einer auf die Erfordernisse der Simulation abgestellten speziellen Programmiersprache formulieren. Beispiele sind die früher weit verbreiteten Simulationssprachen CSMP und DYNAMO. Der Vorteil dieser Verfahren liegt in der meist einfachen Programmierung der Simulationsaufgabe. Ein Nachteil ist, dass eine spezielle Simulationssprache gelernt werden muss, die im Allgemeinen mit den vorgesehenen Funktionen im Vergleich zu einer allgemein einsetzbaren Programmiersprache nur eine begrenzte Zahl von Programmiermöglichkeiten bietet.

4. **Interaktive Modellerstellung ohne Programmieraufwand**: Die für die Modellerstellung notwendige Information ist (1) struktureller Natur (Information über Verknüpfungen), (2) qualitativer Natur (Information über den Funktionstyp der Systemelemente), (3) quantitativer Natur (Parameterwerte, Funktionsverläufe). Es liegt daher nahe, diese mit möglichst benutzerfreundlichen Mitteln von der Simulationssoftware abfragen und zu einem lauffähigen Simulationsmodell verknüpfen zu lassen. Das bedeutet etwa die graphische Eingabe der Modellstruktur und die gezielte Abfrage noch nicht definierter Modellzusammenhänge und Parameter. Dieser Weg wird z.B. von verschiedenen Simulationsumgebungen für dynamische Systeme beschritten[1]. Dieser Ansatz hat den Vorteil, dass der Benutzer von jeglicher Programmierung entlastet ist. Dies birgt andererseits den Nachteil, dass er mit seiner Modellformulierung strikt an die Möglichkeiten des Programms gebunden ist (die allerdings sehr umfassend sein können).

Von den vier Ansätzen werden die Eigenprogrammierung (1) und die Verwendung spezieller Simulations-Programmiersprachen (3) in Zukunft geringere Bedeutung haben, weshalb wir nicht weiter auf sie eingehen werden. Dagegen ist einerseits die Modellprogrammierung in einer Tabellenkalkulation oder mit Simulationssoftware für eine gängige Programmiersprache (2) interessant, weil sie besonders flexibel und portierbar ist und geringen Softwareaufwand erfordert. Andererseits wird die Bedeutung benutzerfreundlicher graphisch-interaktiver Modellerstellungsverfahren (4) mit der Verbreitung leistungsfähiger Kleinrechner erheblich zunehmen.

---

[1] z.B. Stella bzw. iThink (High Performance Systems), Vensim (Ventana Systems), PowerSim, sowie Programmsysteme für spezielle Problemstellungen (Regeltechnik, Hydraulik, Elektronik, Produktionsanlagen usw.)

4-2.2 Graphisch-interaktive Modellbildung und Simulation

Eigenschaften und Verhalten eines Systems sind durch seine Struktur bestimmt: Das haben auch die Modellbeispiele deutlich gezeigt. Vor allem sind es die Rückkopplungsschleifen, die einem System seine charakteristische Dynamik geben. Wir haben daher die Strukturentwicklung vom Wortmodell über den Wirkungsgraph bis zum Simulationsdiagramm in den Vordergrund gestellt. Obwohl ein Satz von Differentialgleichungen (mit den ergänzenden algebraischen Gleichungen) die gleiche Information enthält wie sein äquivalentes Simulationsdiagramm, so ist doch die graphische Darstellung der Modellstruktur ungleich anschaulicher, leichter veränderbar und ergänzbar, eher geeignet als gemeinsame Diskussionsgrundlage, einfacher und unmissverständlicher an andere vermittelbar.

Am Beispiel des Rotationspendels wurde gezeigt, wie sich mit Hilfe von Wortmodell, Wirkungsgraph, Dimensionsüberlegungen und Simulationsdiagramm die für die Simulation erforderlichen mathematischen Beziehungen ableiten lassen. Die Modellentwicklung findet so vorwiegend mit dem Zeichenstift auf einem Blatt Papier statt, ohne dass zunächst mathematische Formeln aufgeschrieben werden müssen. Diese Entwicklung ist meist iterativ: Wirkungsbeziehungen werden hypothetisiert, eingezeichnet, in ihren Wirkungen untersucht, wieder verändert oder gelöscht. Bei größeren Modellen kann diese Arbeit des ständigen Änderns und Neuzeichnens die Freude an der Modellentwicklung verderben: Schon manches Simulationsmodell verdankt seine letztendliche Gestalt der Tatsache, dass seine Entwickler es leid waren, das komplexe Diagramm noch einmal zu ändern.

Es liegt daher nahe, die Möglichkeiten des computer-unterstützten Entwurfs auch für die Entwicklung von Simulationen zu nutzen. Für die Simulation dynamischer Systeme der hier betrachteten Art (gewöhnliche Differential- oder Differenzengleichungen als Zustandsgleichungen) wurden mehrere Programmsysteme[2] entwickelt, die alle auf der von Forrester entwickelten Methode 'System Dynamics' basieren und daher auch mit den gleichen (teilweise leicht abgewandelten) Symbolen arbeiten. Die Simulationsbeispiele in diesem Buch wurden mit der im Internet für Lehrzwecke frei verfügbaren Software VenPLE (Vensim Personal Learning Environment)[3] durchgeführt.

Die verschiedenen graphisch-interaktiven 'Systemdynamik'-Programmsysteme arbeiten mit ähnlichen Benutzeroberflächen. Wichtigstes Merkmal ist die interaktive Eingabe von Systemelementen mit ihren Namen und Wirkungsverknüpfungen und von Änderungen und Ergänzungen mit Hilfe der Maus. Die Diagramme stellen in einem Bild zwei getrennte Vorgänge dar: 1. die Zu- und Abflüsse von Zustandsgrößen und 2. die Wirkbeziehungen im System, die diese Zu- und Abflussraten verän-

---

[2] s. Fußnote 1
[3] www.vensim.com

dern (vgl. Abb. 4.4). So kann, beginnend mit einer ersten Systemskizze, allmählich ein komplexes Simulationsdiagramm erstellt werden. Seine Systemelemente – unterschieden nach Parametern, Zwischengrößen, Zustandsraten und Zustandsgrößen – werden mit Wirkungspfeilen und Zu- und Abflussraten verknüpft. Im Simulationsdiagramm sind für jedes Element die Eingänge (durch Wirkungspfeile) angegeben. Mit dieser Information veranlasst das Programm die gezielte Abfrage der entsprechenden (mathematischen oder logischen) Wirkungsbeziehungen und der numerischen Werte in diesen Beziehungen. Damit wird der Benutzer durch die vollständige Spezifizierung des Modells geführt, bis es schließlich simulationsfähig ist.

Die Gleichungen für die einzelnen Modellgrößen werden als normale mathematische Ausdrücke formuliert, wobei alle gebräuchlichen Funktionen und logischen Ausdrücke aus einem Menü ausgewählt werden können. Für jedes Element legt das Programm die Liste der Eingangsgrößen vor, die durch einfaches Anklicken ausgewählt und durch Anklicken der Funktionen zu den korrekten mathematischen Ausdrücken zusammengestellt werden können. Die Schreibarbeit und die damit zusammen hängenden Fehlermöglichkeiten werden so auf ein Minimum reduziert. Nicht analytisch ausdrückbare Zusammenhänge können als graphische (Tabellen-) Funktionen angegeben werden, auch durch einfaches Zeichnen der Funktion auf dem Bildschirm. Auch für diskrete Modelle stehen spezielle Symbole und Funktionen bereit. Zur Modelldokumentation können Erläuterungen usw. eingegeben werden. Mit diesen Möglichkeiten lassen sich die Anforderungen für ein breites Spektrum dynamischer Modelle abdecken. Nach der vollständigen Spezifizierung wird das Modell vom Programmsystem auf vollständige und (mathematisch) korrekte Formulierung überprüft. Werden auch die Einheiten der Modellgrößen vorgegeben, so kann auch die dimensionale Stimmigkeit der Formulierungen überprüft werden.

Nach der vollständigen Spezifizierung, Fehlerkorrektur und Angabe der Laufzeitparameter erfolgt die Simulation. Die einzelnen Systemgrößen lassen sich anwählen und als Zeitdiagramme, Phasendiagramme und Tabellen ausgeben. Die Ergebnisse mehrerer Simulationsläufe lassen sich zur Untersuchung der Parameterempfindlichkeit in einem Bild zusammenfassen und vergleichen. Veränderungen von Parametern und Struktur sind leicht und schnell durchführbar. Strukturbilder, Modellgleichungen und Dokumentation, Graphiken und Ergebnistabellen lassen sich ausdrucken, so dass eine leichte und vollständige Dokumentation des Modells und der Simulationsergebnisse möglich ist. Die Modelle können abgespeichert und jederzeit wieder verwendet werden.

4-2.3   Einige für Simulationen wichtige Funktionen

Für die Formulierung der Systemgleichungen werden vor allem die gängigen mathematischen Funktionen benutzt. Ihre Verwendung in den Systemdynamik-Programmsystemen ist selbsterklärend und muss hier nicht weiter behandelt werden.

Darüber hinaus werden in Simulationsmodellen aber auch weniger geläufige Funktionen häufig verwendet, die daher kurz erläutert werden sollen:
1. Tabellenfunktion
2. Verzögerungsfunktionen
3. Pulsfunktion
4. Stufenfunktion
5. Rampenfunktion
6. Euler-Cauchy und Runge-Kutta-Integration

Die genaue Formulierung dieser Funktionen ist bei den verschiedenen Programmsystemen teilweise unterschiedlich und weicht daher möglicherweise von den folgenden Darstellungen ab. Auch bieten die verschiedenen Programmsysteme meist mehrere Varianten dieser Grundfunktionen an. Die im Einzelfall korrekten Spezifikationen sind im Handbuch des Programmsystems zu finden.

Tabellenfunktion

Oft können Beziehungen zwischen zwei Größen nicht als mathematische Ausdrücke formuliert werden. Das gilt insbesondere für empirische Zusammenhänge, z.B. eine Datenreihe der Mittagstemperaturen für jeden zweiten Tag im April. Solche Daten liegen meist als Tabellen mit entsprechenden Datenpaaren vor (z.B. Tag 20: 13 °C, Tag 22: 17 °C, Tag 24: 11 °C usw.). Daten dieser Art können mit einer Tabellenfunktion in die Simulation übernommen werden. Diese Funktionen besorgen auch die (lineare) Interpolation für Zwischenwerte zwischen benachbarten Tabellenwerten (vgl. Kap. 3-1.1 und Abb. 3.1). Wird z.B. der Temperaturwert für Tag 21 verlangt, so würde das Programm den Wert $13 + (17 − 13)/2 = 15$ °C ermitteln.

Die Eingabe von Tabellenfunktionen unterscheidet sich etwas in den verschiedenen Programmsystemen. Generell hat sie bei N Tabellenwerten die folgende Form:

> *Ausgangsvariable y*
> := TABELLENFUNKTION [*Eingangsvariable x*, (x_1, y_1), (x_2, y_2), …, (x_i, y_i), …, (x_N, y_N)]

Die Tabellenwerte können als Zahlenreihen oder auch durch Zeichnen der Funktion am Bildschirm eingeben werden. Bei der Verwendung der Tabellenfunktion ist Folgendes zu beachten:
1. Die Wertepaare können (meist) in beliebigen Abständen (der Eingangsgröße, hier x) voneinander definiert sein.
2. Zwischen Wertepaaren wird linear interpoliert.

3.   Überschreitet während der Simulation die Eingangsgröße den unteren oder oberen Tabellenwert (x_1, x_N), so werden (normalerweise) die entsprechenden Ausgangswerte (y_1, y_N) verwendet. (Achtung: Es gibt auch Programmsysteme, die dann den Ausgangswert auf Null setzen). Manche Programmsysteme melden eine Überschreitung des Definitionsintervalls.

Verzögerungsfunktionen

Verzögerungen sollen den Wert einer Systemgröße festhalten und nach einer vorgegebenen Verzögerungszeit verfügbar machen. Bei einer Transportverzögerung wird der Zeitverlauf der Eingangsfunktion unverändert, aber um die Verzögerungszeit zeitverschoben wiedergegeben. Da alle Zwischenschritte korrekt 'erinnert' werden müssen, müssen zur Simulation einer Transportverzögerung die Werte für jeden Zeitschritt ermittelt, gespeichert und verschoben werden. Das erfordert einen hohen Speicheraufwand. In vielen Anwendungen reicht der Verzögerungseffekt der 'exponentiellen Verzögerung' ('exponentielles Leck', Kap. 3-2.4) völlig aus. Hier ist die Ausgangsgröße eine geglättete und verzögerte Darstellung der Eingangsgröße.

Meist werden exponentielle Verzögerungen 1. oder 3. Ordnung verwendet, die durch nur einen bzw. drei Integratoren dargestellt werden können. Ihre Ausgänge erbringen das gleiche Zeitintegral (gleiche, aber verzögerte 'Wirkung') wie die Eingangsvariable. Sie werden im Programm aufgerufen durch Verwendung von VERZÖGERUNGSFUNKTION (Delay1 oder Delay3, Anfangswert z_0 optional) in der Form

> *Ausgangsvariable z*
> := DELAY (*Eingangsvariable u*, VERZÖGERUNGSZEIT T, *Anfangswert z_0*)

Intern wird die exponentielle Verzögerung 1. Ordnung des Signals u als Zustandsgröße mit einer negativen Rückkopplung der Stärke ($1/T$) berechnet, wobei T die Verzögerungszeit (Zeitkonstante) ist:

> $dz/dt := u - (1/T) z$
> DELAY1 $:= (1/T) z$

mit dem Anfangswert (falls dieser nicht vorgegeben ist)

> $z_0 := u_0 T$

Bei der exponentiellen Verzögerung 3. Ordnung werden drei Zustandsgrößen verwendet:

> $dz_1/dt := u - (3/T) z_1$
> $dz_2/dt := (3/T) (z_1 - z_2)$
> $dz_3/dt := (3/T) (z_2 - z_3)$
> DELAY3 $:= (3/T) z_3$

Die Anfangswerte werden berechnet aus

$$z_{10} = u_0\, T/3$$
$$z_{20} = u_0\, T/3$$
$$z_{30} = u_0\, T/3$$

Testfunktionen: Die Zeitfunktionen Puls, Stufe, Rampe, Sinus

Bei der Untersuchung des Systemverhaltens, insbesondere der Reaktion auf äußere Einwirkungen, spielen die Pulsfunktion PULSE, die Sprungfunktion STEP, die Rampenfunktion RAMP und die Sinusfunktion SIN eine wichtige Rolle. Die genaue Gestalt dieser Funktionen muss durch ihre jeweiligen Parameter definiert werden. Um die Funktionen richtig einzusetzen, muss man die Bedeutung dieser Parameter kennen (Abb. 4.5).

Durch Addition verschiedener Testfunktionen lassen sich sehr vielfältige und komplexe Testsignale erzeugen. Wo dies nicht ausreicht, kann auch eine entsprechende zeitabhängige Tabellenfunktion als Testfunktion verwendet werden.

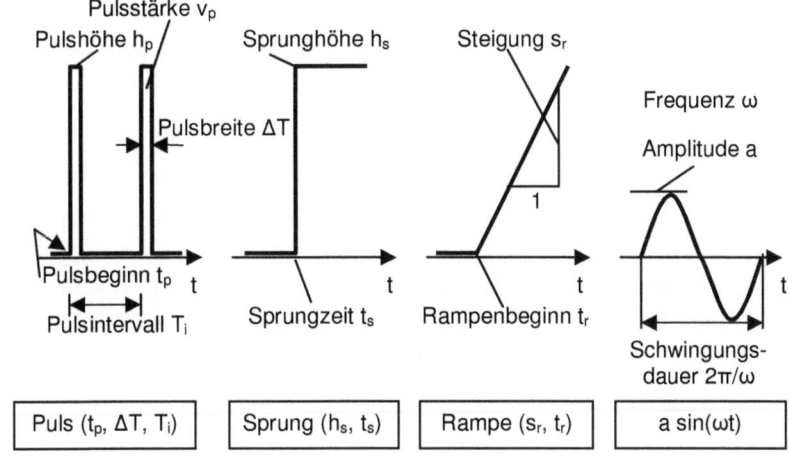

Abb. 4.5: Oft benötigte Testfunktionen und ihre Parameter: Zeitintegral der Pulsfunktion ist die Sprungfunktion, Zeitintegral der Sprungfunktion die Rampenfunktion.

Pulsfunktion

Die Pulsfunktion (s. Abb. 4.5) kann als plötzlicher 'Schlag' verstanden werden, der einem System in unendlich kurzer Zeit versetzt wird. Nach diesem Schlag verharrt die entsprechende Eingangsgröße wieder in ihrem ursprünglichen Zustand (meist Null). Die Pulsstärke wird durch die 'Pulsfläche' gemessen, mathematisch die endliche Fläche eines Pulses unendlich großer Pulshöhe bei unendlich kleiner Pulsweite (Zeitschritt). Da bei der numerischen Simulation der Zeitschritt eine endliche Weite ΔT hat, ergibt sich damit auch eine endliche Pulshöhe h_p. Soll der Puls also die Stärke v_p haben, so folgt hieraus mit der vorgegebenen Schrittweite ΔT die in die Pulsfunktion einzusetzende Pulshöhe:

$$h_p = v_p \, / \, \Delta T$$

Bei einer geforderten Pulsstärke von "1" ('Einheitspuls') und einer Rechenschrittweite von 0.001 wäre also eine Pulshöhe von 1000 einzusetzen. Wird dieser Zusammenhang beachtet (und korrekt programmiert!), so verändert sich die Pulsstärke auch bei Veränderung der Rechenschrittweite nicht. Am Ausgang eines Integrators stünde in jedem Fall ein identisches Integrationsergebnis.

Häufig treten Pulse als Pulsfolgen auf, bei denen sich Pulse in gleichen Zeitabständen wiederholen. Wird eine Folge von Einheitspulsen mit einer beliebigen Zeitfunktion multipliziert (und durch die Schrittweite dividiert, s.o.), so ergibt sich hieraus eine Pulsfolge, die am Ausgangs eines Integrators das gleiche Zeitverhalten approximiert wie die ursprüngliche (kontinuierliche) Zeitfunktion (s. Kap. 6-7.2).

Die verschiedenen Varianten der Pulsfunktion in den verschiedenen Programmsystemen erzeugen immer einen Ausgang der Stärke "1". Sie sind also mit entsprechendem Faktor zu multiplizieren, um eine bestimmte Pulshöhe (oder Vorzeichen) zu erreichen. Die PULSFUNKTION hat (meist) die allgemeine Form

Ausgangsvariable u
:= PULSFUNKTION (BEGINNZEIT, PULSBREITE, INTERVALLZEIT, ENDZEIT)

BEGINNZEIT legt fest, wann die Pulsfolge beginnen, ENDZEIT bestimmt, wann sie enden soll. INTERVALLZEIT ist das (konstante) Zeitintervall zwischen Pulsstarts. PULSBREITE schreibt vor, für welche Zeitdauer der Ausgang "1" erzeugt werden soll. Hier ist das oben Gesagte zu beachten: Wenn z.B. die PULSBREITE = ΔT (Rechenzeitschritt) beträgt, so muss PULSFUNKTION mit $(1/\Delta T)$ multipliziert werden, um eine Pulsstärke (Pulsfläche) von "1" zu erhalten. Die Argumente der Pulsfunktion können auch als (reale) Variablen vorgegeben werden.

Sprungfunktion

Die Sprungfunktion (s. Abb. 4.5) stellt eine 'schlagartige' Veränderung einer Funktion auf einen neuen Wert dar. Nach dem Sprung behält die Funktion den neuen Wert. Die Einheitssprungfunktion (Wert springt von "0" auf "1") ist das Zeitintegral der Einheitspulsfunktion (mit Pulsfläche "1"). Um einen Sprung beliebiger Höhe zu erhalten, wird die Einheitssprungfunktion mit dem entsprechenden Wert multipliziert. Beliebige Zeitfunktionen lassen sich durch eine Serie von Sprungfunktionen mit entsprechender Sprunghöhe und Sprungzeit angenähert darstellen.

Die SPRUNGFUNKTION hat die allgemeine Form

Ausgangsvariable u := SPRUNGFUNKTION (SPRUNGHÖHE, SPRUNGZEIT)

Rampenfunktion

Die Rampenfunktion (s. Abb. 4.5) erzeugt eine linear mit einer konstanten Steigung anwachsende Funktion. Die Einheitsrampe ist das Zeitintegral des Einheitssprungs. Auch eine entsprechend definierte Serie von Rampenfunktionen kann gut zur (annähernden) Darstellung einer beliebigen Eingangsfunktion verwendet werden.

Die RAMPENFUNKTION hat die allgemeine Form

Ausgangsvariable u = RAMPENFUNKTION (STEIGUNG, ANFANGSZEIT)

Oft wird auch eine Endzeit definiert, dann:

Ausgangsvariable u = RAMPENFUNKTION (STEIGUNG, ANFANGSZEIT, END-ZEIT)

Ab dem Zeitpunkt ANFANGSZEIT steigt *u* vom anfänglichen Wert 0 linear bis zum Zeitpunkt ENDZEIT mit *du/dt* = STEIGUNG. Danach ist die STEIGUNG wieder auf den Wert 0 gesetzt.

Sinusfunktion

Sinusfunktionen (s. Abb. 4.5) einer bestimmten Frequenz (oder Kosinusfunktionen; sie unterscheiden sich lediglich durch die Phasenverschiebung um 90°: sin α = −cos (α + π/2), α in Bogengrad) werden häufig verwendet, um die periodische Veränderung einer Eingangsgröße darzustellen und damit die Reaktion des Systems auf die Erregung mit einer bestimmten Frequenz zu untersuchen. Durch eine Fourierreihe von Sinus- und/oder Kosinusfunktionen können beliebige periodische Eingangsfunktionen dargestellt werden (s. Kap. 6-7.3).

Die Sinusfunktion mit gegebener AMPLITUDE hat die allgemeine Form

Ausgangsvariable u
:= AMPLITUDE · SINUS [(2π·FREQUENZ·*Zeit*) + PHASENWINKEL]

Die FREQUENZ gibt die Zahl der Schwingungen pro Zeiteinheit an, der PHASENWINKEL (in Bogengrad) die eventuelle Zeitverschiebung der Schwingung. Anstatt der Frequenz kann auch die Länge der SCHWINGUNGSPERIODE (in Zeiteinheiten) zur Definition verwendet werden:

Ausgangsvariable u
:= AMPLITUDE · SINUS [(2π·*Zeit*/SCHWINGUNGSPERIODE) + PHASENWINKEL]

Numerische Integration

Die meisten Programmsysteme für die Simulation dynamischer Systeme verfügen über mindestens zwei verschiedene Verfahren für die numerische Integration der Zustandsgleichungen: das Euler-Cauchy-Verfahren (Streckenzug-Verfahren, 'Euler') und das Runge-Kutta-Verfahren 4. Ordnung ('RK4'). Das Euler-Cauchy-Verfahren (s. Kap. 2-2.2 und 6-1.6) verwendet einen einfachen und leicht verständlichen Ansatz, ist aber oft nicht genau genug, besonders wenn Schwingungen auftreten. Das Runge-Kutta-Verfahren (s. Kap. 6-1.6) hat eine viel höhere Genauigkeit auch bei größerer Schrittweite, ist aber auch langsamer und eignet sich daher nicht so gut für die schnelle Abschätzung des Verhaltens größerer Systeme.

Im Euler-Cauchy-Verfahren werden die momentanen Werte für die Zustandsgrößen und ihre Veränderungsraten zur Berechnung neuer Zustandswerte verwendet:

$$z_{neu} = z_{alt} + (dz/dt)_{alt} \cdot \Delta T$$
oder
$$Zustand(i)_{neu} = Zustand(i)_{alt} + Rate(i)_{alt} \cdot \text{ZEITSCHRITT}$$

Für einfache Modelle ist dieses Verfahren meist genau genug – falls die Rechenschrittweite (ΔT) klein genug gewählt wurde. Diese Wahl stellt meist einen Kompromiss dar zwischen der geforderten Rechengenauigkeit und der Rechenzeit. Dabei ist zu beachten, dass durch Verkleinerung der Rechenschrittweite die Genauigkeit nicht beliebig erhöht werden kann, da dann sich aufsummierende Rundungsfehler das Ergebnis verfälschen können. Die Schrittweite sollte etwa so gewählt werden, dass in einem Bereich starker Veränderung einer Zustandsgröße (z.B. der Halbperiode einer Sinusschwingung) mindestens 20 bis 100 Rechenschritte liegen.

Bei der Verwendung dieser Methode sollte auf jeden Fall durch Veränderung der Schrittweite überprüft werden, ob diese einen signifikanten Einfluss auf das Simulationsergebnis hat. Die Schrittweite muss klein genug sein, um den Rechenfehler im erlaubten Bereich zu halten.

Für genaue Simulationen und bei 'steifen' Systemen (bei denen sich die Zeitkonstanten der verschiedenen Prozesse sehr stark unterscheiden) ist das Euler-Cauchy-Verfahren nicht geeignet. Für die meisten Anwendungen in der Praxis ist das Runge-Kutta-Verfahren 4. Ordnung bestens geeignet. Weitere Verfahren sind verfügbar, u.a. auch für steife Systeme (z.B. Press et al. 1988: S. 547-577, S. 777-792).

Die unterschiedliche Qualität der Integrationsverfahren wird bei der Simulation eines ungedämpften harmonischen Schwingers deutlich (s. Kap. 3-2.5 und Abb. 3.15). Werden die beiden Zustandsgrößen x und y in einem Zustandsdiagramm aufgetragen (Abb. 4.6) so muss die exakte Lösung der ungedämpften Schwingung als geschlossene Ellipse (oder Kreis) erscheinen. In der Abb. 4.6 wird deutlich, dass das Runge-Kutta-Verfahren bereits bei einer mittleren Schrittweite dieses Ergebnis erreicht – also sehr genau ist. Dagegen ist das Simulationsergebnis des Euler-Cauchy-

Verfahrens stark schrittweiten-abhängig (großer Fehler bei grober Schrittweite), und selbst bei kleiner Schrittweite ist kein genaues Ergebnis zu erzielen: Die Ellipse wird zu einer auseinander laufenden Spirale. Diese Beobachtung muss eine Warnung sein: Bei Wahl des falschen Integrationsverfahrens und zu großer Schrittweite kann es bei allen Simulationen zu Rechenfehlern kommen, die auf den ersten Blick nicht auffallen (das Ergebnis sieht ja 'glatt' aus), die aber ein völlig falsches Bild vom Systemverhalten zeichnen.

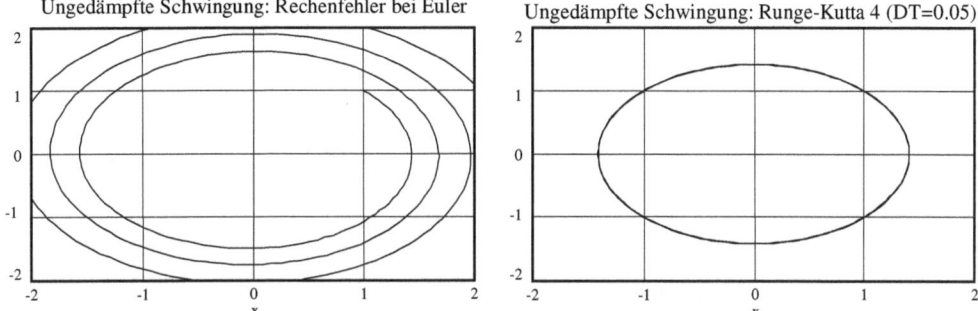

Abb. 4.6: Vergleich von Simulationsergebnissen für den ungedämpften harmonischen Schwinger, erzeugt mit dem Euler-Verfahren (links) und dem Runge-Kutta-Verfahren (rechts). Bei gleicher Rechenschrittweite führt das Runge-Kutta-Verfahren (4. Ordnung) zu einer genauen Lösung (Ellipse), während sich beim Euler-Verfahren der Fehler ständig vergrößert.

4-3   Simulation der Rotationspendel-Dynamik

4-3.1   Vom Strukturdiagramm zum Simulationsmodell

Modellstruktur und Modellgleichungen für das Rotationspendel wurden in Abschnitt 4-1 entwickelt. Diese Informationen werden jetzt in ein graphisch-interaktives Programmsystem (wie Vensim, Stella/iThink oder Powersim) eingesetzt, um ein rechenfähiges Simulationsmodell zu entwickeln, damit verschiedene Arten von Simulationen durchzuführen und so ein möglichst vollständiges Bild vom Verhalten dieses Systems unter den verschiedensten Bedingungen zu erhalten. Diese Programme unterscheiden sich kaum in ihrem grundsätzlichen Ansatz, wohl aber in Einzelheiten der graphischen Darstellung und Benutzung. Die folgende Beschreibung ist daher allgemein gehalten; programmspezifische Eigenheiten sind dem jeweiligen Programmhandbuch zu entnehmen. Anhand von Übungsbeispielen aus dem Handbuch sollte man sich mit der Software vertraut machen.

Das Simulationsdiagramm in Abb. 4.4 entspricht den üblichen Konventionen der Systemdynamik und kann daher direkt am Bildschirm in eines der genannten Programmsysteme eingegeben werden. Zum Zeichnen werden die entsprechenden Symbole am Bildrand angeklickt, auf die gewünschte Stelle der Zeichenfläche gesetzt oder gezogen und mit dem Namen der entsprechenden Größe gekennzeichnet (Kästen für Zustandsgrößen, 'Rohre und Ventile' für Zustandsraten, Namen oder Kreise für Zwischengrößen, Pfeile für Wirkungsverbindungen). Die Position der Größen kann noch nach Belieben verschoben werden, bis eine möglichst übersichtliche Systemdarstellung entstanden ist. Zur besseren Verständlichkeit werden jetzt wieder die Langnamen für die Systemgrößen verwendet. Damit entsteht jetzt am Bildschirm das Simulationsdiagramm der Abb. 4.7.

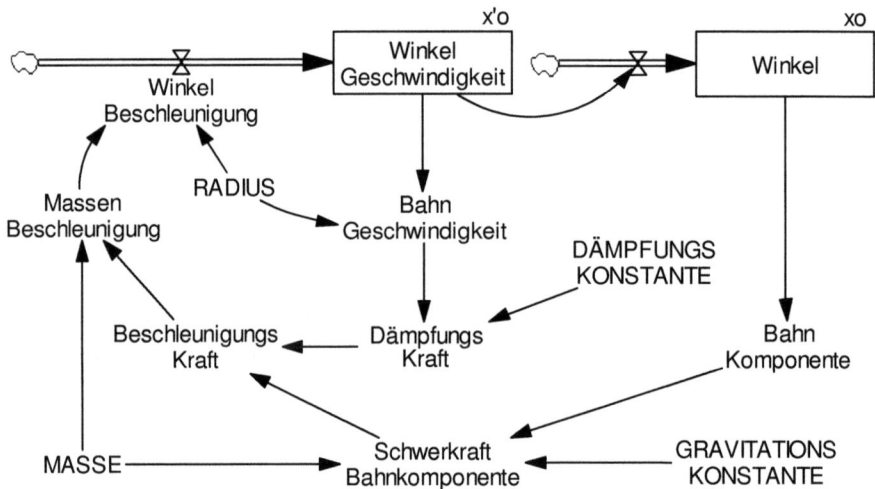

Abb. 4.7: Simulationsdiagramm für das Rotationspendel, aufgebaut im graphisch-interaktiven Programmsystem für die dynamische Simulation.

Aus den Wirkungsverknüpfungen (Pfeile) kann die Simulations-Software entnehmen, welche Einflussgrößen auf jede einzelne Größe wirken. Wenn jetzt (im Modus für die Eingabe der Systemgleichungen) eine einzelne Größe angeklickt wird, so erscheint ein Formular mit dem Namen der Größe, einer Liste der auf sie wirkenden Größen (Pfeile) und mit einem 'Taschenrechner' und der Liste der verfügbaren mathematischen und logischen Funktionen. Durch einfaches Anklicken können dann Zahlenwerte eingegeben und auch komplexe mathematische Beziehungen zwischen den Eingabegrößen formuliert werden.

Wir geben jetzt für jedes Systemelement die in Abschnitt 4-1.4 zusammen gestellten Systemgleichungen ein. Bei Zustandsgrößen müssen auch die Anfangswerte vorgegeben werden. Abhängigkeiten zweier Größen, die nicht mathematisch forma-lisierbar sind, können als graphische (Tabellen)Funktionen eingegeben werden, in-dem entweder Tabellenwerte angegeben, oder die Funktion mit der Maus direkt auf den Bildschirm gezeichnet wird.

Formulierungsfehler werden bei der Eingabe abgefangen. Wenn es die Simu-lations-Software vorsieht, sollte jetzt auch die korrekte Dimension der entsprechen-den Systemgröße eingegeben bzw. überprüft werden. (Das Programm kann sie aus den Dimensionen der einwirkenden Größen und dem angegebenen mathematischen Zusammenhang ermitteln). Sind alle Daten und Beziehungen vollständig eingege-ben, so meldet das Programm, dass das Modell simulationsfähig ist und ob alle Di-mensionen stimmig sind. Das Programm weist auf eventuelle Fehlformulierungen hin und erwartet die Korrektur. Die Modellgleichungen lassen sich ausdrucken; sie sind in Abb. 4.8 dokumentiert.

(1)   BahnGeschwindigkeit = RADIUS*WinkelGeschwindigkeit [m/s]
(2)   BahnKomponente = SIN(Winkel) [1]
(3)   MassenBeschleunigung = BeschleunigungsKraft/MASSE [m/s²]
(4)   BeschleunigungsKraft = -SchwerkraftBahnkomponente -DämpfungsKraft [m*kg/s²]
(5)   DÄMPFUNGS KONSTANTE = 1 [kg*(m/s²)/(m/s)]
(6)   DämpfungsKraft = DÄMPFUNGS KONSTANTE*BahnGeschwindigkeit [m*kg/s²]
(7)   GRAVITATIONS KONSTANTE = 9.81 [m/(s²)]
(8)   MASSE = 1 [kg]
(9)   RADIUS = 1 [m]
(10) SchwerkraftBahnkomponente = MASSE*GRAVITATIONS KONSTANTE *BahnKomponente [kg*(m/s²)]
(11) Winkel = INTEG (WinkelGeschwindigkeit, xo) [1]
(12) WinkelBeschleunigung = MassenBeschleunigung/RADIUS [1/(s²)]
(13) WinkelGeschwindigkeit = INTEG (WinkelBeschleunigung, x'o) [1/s]
(14) x'o = 10 [1/s]
(15) xo = 0 [1]
(16) INITIAL TIME = 0 [Second]
(17) FINAL TIME = 10 [Second]
(18) TIME STEP = 0.02 [Second]
(19) SAVEPER = TIME STEP [Second]

Abb. 4.8: Simulationsgleichungen für das Rotationspendel, erzeugt vom graphisch-interaktiven Programmsystem nach Eingabe des Simulationsdiagramms und der Be-ziehungen zwischen den Systemelementen. Parameterwerte für den Standardlauf.

4-3.2   Standardlauf und interaktive Benutzung

Nach der Eingabe und Überprüfung des Strukturdiagramms, aller Modellgleichungen und aller Parameterwerte kann simuliert werden. Hierzu müssen zunächst die Laufzeitdaten gesetzt (Beginn, Ende, Rechenschrittweite, Speicherschrittweite) und das Integrationsverfahren gewählt werden (im Normalfall ist es das Euler-Verfahren). Mit dem Simulationsstart beginnt die schrittweise Berechnung aller Systemgrößen. Diese werden im zeitlichen Abstand der Speicherschrittweite gespeichert und stehen nach dem Lauf unter ihrem Namen als Funktionen der (Modell)Zeit zur Verfügung.

Die Simulationsergebnisse können in beliebiger Zusammenstellung als Tabellen, Zeitdiagramme oder als Funktion anderer Systemgrößen dargestellt werden. Besondere Bedeutung für zwei- und dreidimensionale Systeme hat die Darstellung der zeitlichen Entwicklung des Systemzustands im Zustandsraum. Da bei nichtlinearen Systemen das Systemverhalten stark von den Anfangsbedingungen abhängen kann, interessiert oft ein Bild der Zustandsbahnen in Abhängigkeit von den Anfangsbedingungen ('Globalanalyse'). Um den Einfluss eines bestimmten Parameters auf die Systementwicklung zu untersuchen, wird bei Sensitivitätsuntersuchungen der betreffende Parameter systematisch über einen vorgegebenen Bereich variiert, und die Zeitverläufe oder Phasenkurven dieser Simulationen werden dann in Tabellen oder Diagrammen miteinander verglichen.

Die Simulation kann in einer animierten Darstellung des Simulationsdiagramms betrachtet werden, bei der bei jeder Systemgröße deren Zeitverlauf gezeichnet wird, oder sich die 'Behälter' der Zustandsgrößen entsprechend den Simulationsergebnissen füllen oder entleeren und die 'Flüsse', Zwischengrößen und Parameter durch entsprechende Zeigerstellungen von 'Tachos' angezeigt werden. Oft ist die interaktive Verstellung von Systemparametern durch Schieberegler möglich. Fast gleichzeitig kann dann das daraus resultierende Systemverhalten in der animierten Systemdarstellung beobachtet werden. Diese Art der Darstellung ist außerordentlich nützlich bei der Fehlersuche, oder um komplexes Systemverhalten besser zu verstehen.

Die Voreinstellungen der Modell- und Laufzeitparameter entsprechen im Normalfall dem 'Standardlauf', d.h. einem Zeitverhalten, das für das Modell mehr oder weniger repräsentativ ist und als Ausgangsbasis für vergleichende Untersuchungen mit anderen Parametereinstellungen usw. genommen werden kann.

Für den Standardlauf des Rotationspendels wurden (neben den oben angegebenen Systemparameterwerten) die folgenden Szenariowerte gewählt:

DÄMPFUNGSKONSTANTE $d = 1$ [N/(m/s)]
Winkel$_0$ $x_0 = 0$ [rad]
Winkelgeschwindigkeit$_0$ $x'_0 = 10$ [rad/]
SIMULATIONSBEGINN $T_0 = 0$ [s]

Simulationsende T_{end} = 10 [s]
Rechenschritt ΔT = 0.02 [s]
Speicherschritt ΔS = 0.02 [s]

Damit ist das Simulationsmodell des Rotationspendels vollständig quantifiziert und der Standardlauf kann gerechnet werden. Die Anfangsbedingungen für die beiden Zustandsgrößen Winkel und Winkelgeschwindigkeit entsprechen der Ausgangslage des Pendels im unteren Totpunkt, wo es mit einer hohen Winkelgeschwindigkeit (von 10 Radian pro Sekunde = 10·57.3 = 573 Grad pro Sekunde) seine gedämpfte Bewegung beginnt.

Time (Second)	Winkel	Winkel Geschwindigkeit
0	0	10
1	5.40883	5.31045
2	7.23272	-2.50722
3	5.64615	1.21469
4	6.68342	-0.62077
5	6.03586	0.32618
6	6.43507	-0.17210
7	6.19023	0.08977
8	6.33991	-0.04575
9	6.24865	0.02247
10	6.30416	-0.01042

Abb. 4.9: Simulationsergebnisse für das Rotationspendel. Zeittabelle für den Standardlauf mit Speicherschrittweite = 1 [s].

Die Simulationsergebnisse sind tabellarisch in Abb. 4.9 gezeigt. Die entsprechenden Zeitkurven für Winkel und Winkelgeschwindigkeit sind in Abb. 4.10 wiedergegeben. Die Maßstäbe der Kurven können mit dem Programm beliebig eingestellt werden und wurden hier so gewählt, dass beide Kurven eine gemeinsame Nullachse haben. Schließlich zeigt Abb. 4.11 noch das Phasendiagramm für den gleichen Simulationslauf.

Das Zeitdiagramm von *Winkel* und *Winkelgeschwindigkeit* zeigt deutlich, dass unter den gegebenen Anfangsbedingungen (hohe Winkelgeschwindigkeit am unteren Totpunkt) das Pendel einen vollen Umlauf macht und dann nach gedämpfter pendelnder Bewegung zur Ruhe kommt. Der Ruhewinkel des Pendels kann über die Maßstabsmarkierung am Rand der Graphik abgelesen werden (ungefähr 6.3). Das entspricht einem vollen Kreis (2π = 6.28). Dieses Ergebnis bestätigt sich auch aus der Tabelle (Abb. 4.9). Man beachte, dass das Pendel zur Zeit t = 10 noch nicht ganz zur Ruhe gekommen ist.

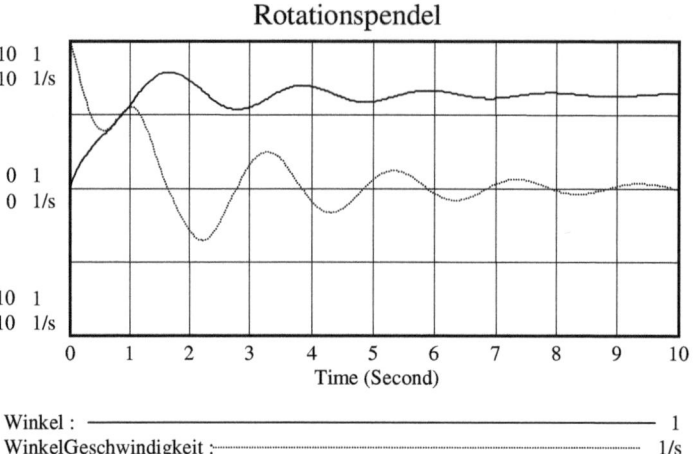

Abb. 4.10: Simulationsergebnisse für das Rotationspendel. Zeitdiagramm für den Standardlauf. Nach einem Vollkreis schwingt das Pendel stark gedämpft um den unteren Totpunkt.

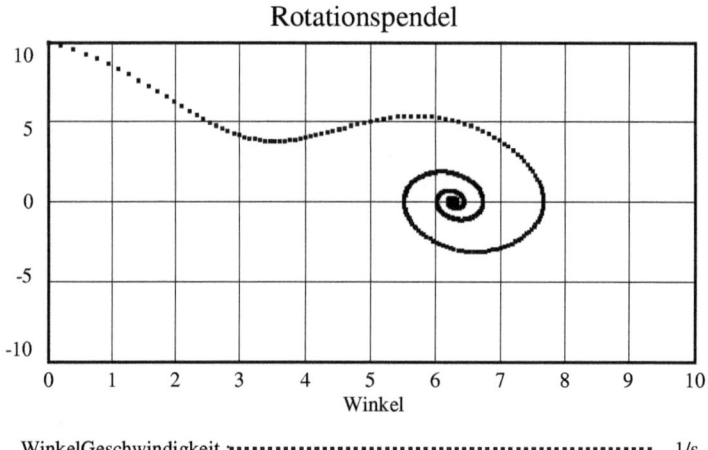

Abb. 4.11: Simulationsergebnisse für das Rotationspendel. Zustandsbild (Winkel und Winkelgeschwindigkeit) für den Standardlauf.

Eine andere Darstellung dieses Prozesses ergibt sich im Phasendiagramm (Abb. 4.11). Hier zeigt sich eine Spiralbewegung der zwei Zustandsgrößen, die auf einen Gleichgewichtspunkt mit Geschwindigkeit 0 und Winkel 2π zuläuft. Im Phasenbild ergibt sich eine zeitabhängige Zustandstrajektorie, in der Zeit als implizite Variable erscheint. Nach einer vollen Kreisbewegung wird die Bewegung vom unteren Totpunkt bei 2π eingefangen. Die spiralige Bewegung stellt die Pendelbewegung mit positiver und negativer Winkelgeschwindigkeit um den unteren Totpunkt dar, bis schließlich das Pendel an diesem stabilen Gleichgewichtspunkt vollständig zur Ruhe kommt.

4-3.3   Parameteränderung und Parameterempfindlichkeit

Um das Systemverhalten unter veränderten Bedingungen zu untersuchen, müssen die Voreinstellungswerte verändert werden. Hier stehen die Parameter MASSE, RADIUS, DÄMPFUNGSKONSTANTE, die Anfangswerte der Zustandsgrößen *Winkel* und *Winkelgeschwindigkeit*, Beginn und Ende der Simulation und die Rechenschrittweite zur Verfügung. Wir wollen die Wirkung stärkerer Dämpfung auf die Pendelbewegung untersuchen und verändern den Wert der DÄMPFUNGSKONSTANTE *d* von "1" auf "2".

Wir stellen fest, dass jetzt die Dämpfung das Pendel daran hindert, den oberen Totpunkt zu erreichen. Das Pendel fällt daraufhin zurück und kommt relativ rasch am unteren Totpunkt zum Stillstand (Abb. 4.12). Das Phasendiagramm (wie in Abb. 4.11) zeigt nun eine stark gedämpfte Zustandsspirale.

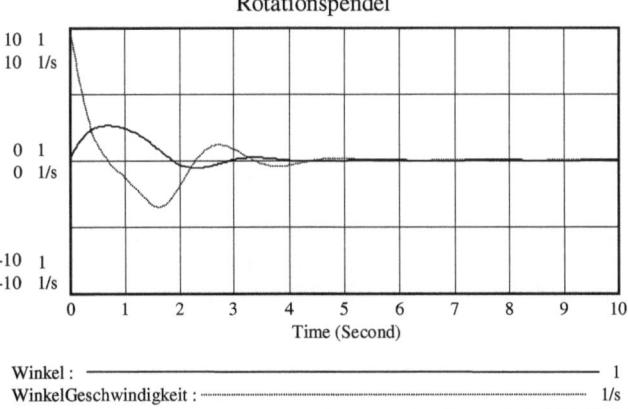

Abb. 4.12: Rotationspendel: Pendelbewegung bei höherer Dämpfung (*d* = 2).

In der Praxis steht am Beginn der Arbeit mit einem neuen Modell zunächst eine Erkundungsphase, in der erst einmal das Verhalten im gesamten möglichen Parameterbereich untersucht werden muss, oft für eine ganze Reihe bestimmter Parameterkombinationen ('Szenarien'). Vor allem interessieren

1.   der Einfluss von **System- und Szenarioparametern**
2.   der Einfluss der **Anfangsbedingungen**

Wegen der Vielzahl der Läufe ist es dann lästig, jedes Mal eine individuelle Parameterauswahl und nach dem Lauf eine individuelle Skalierung durchführen zu müssen, bevor untereinander vergleichbare Graphiken erzeugt werden können. Programmsysteme für die dynamische Simulation erleichtern diese Arbeit durch Sensitivitätsanalysen, bei denen ausgewählte Parameter in einem vorgegebenen Wertebereich verändert werden und die Ergebnisse der entsprechenden Simulationsläufe vergleichend dargestellt werden.

Beim Rotationspendel beeinflusst die Dämpfung das Modellverhalten erheblich und verursacht qualitativ sehr unterschiedliches Verhalten. Abb. 4.13 zeigt das Phasendiagramm einer Sensitivitätsuntersuchung für DÄMPFUNGSKONSTANTE = 0, 0.5, 1, 1.5, 2 und 2.5. Abb. 4.14 zeigt das entsprechende Zeitdiagramm.

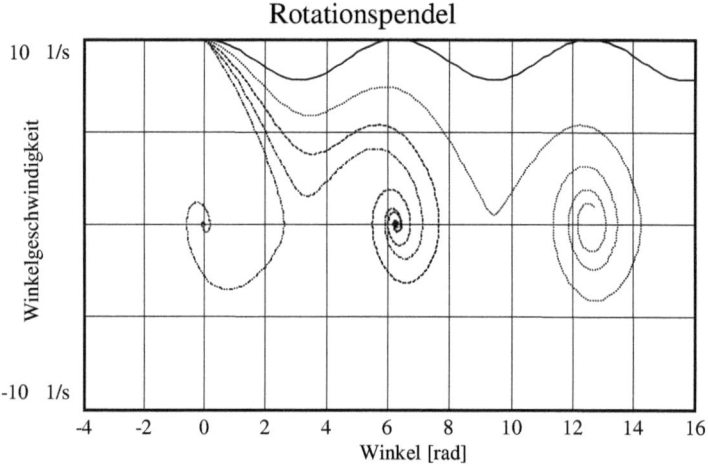

Abb. 4.13: Rotationspendel: Untersuchungen der Parameterempfindlichkeit in Bezug auf den Dämpfungsparameter im Zustandsbild (Winkelgeschwindigkeit über Winkel). Dämpfungsparameter *d* = 0, 0.5, 1.0, 1.5, 2.0 (von rechts).

Das Phasenbild (Abb. 4.13) zeigt, in Abhängigkeit von der Parameterwahl, unterschiedliche Lösungstypen: Die ungedämpfte Bewegung (obere Kurve für *d* = 0) besteht in einer fortlaufenden kreisenden Bewegung, die nicht zur Ruhe kommen wird. Die Winkelgeschwindigkeit ändert sich (annähernd) sinusförmig während des Kreisens. Bei leichter Dämpfung (*d* = 0.5) macht das Pendel zwei Kreisumläufe, bevor es (beim unteren Totpunkt bei 4π) zur Ruhe kommt. Ist die Dämpfung größer (*d* = 1 und 1.5), so schafft es nur einen vollen Umlauf, bevor es (beim unteren Totpunkt bei 2π) ausschwingt. Bei noch etwas größerer Dämpfung (*d* = 2) kommt das Pendel nicht mehr über den oberen Totpunkt hinweg und kommt mit stark gedämpftem Pendeln (beim unteren Totpunkt) zur Ruhe. Ist schließlich die Dämpfung sehr hoch (*d* = 5 und höher), so hört das Pendeln völlig auf; das Pendel bewegt sich lediglich auf den unteren Totpunkt zu, ohne vor dem Stillstand die Pendelrichtung noch einmal zu verändern. Eine andere Darstellung der gleichen Bewegungen ergibt sich durch Auswahl der Zeit für die horizontale Achse und des Winkels für die vertikale Achse (Abb. 4.14). Hier wird die Rolle der Dämpfung für das Abklingen der Bewegung noch etwas offensichtlicher.

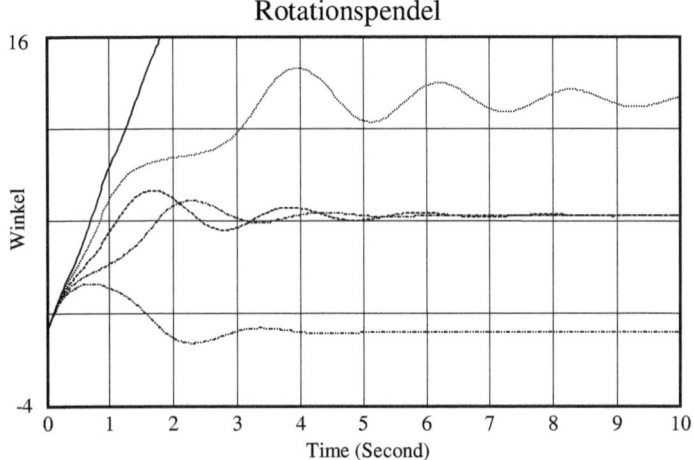

Abb. 4.14: Rotationspendel: Untersuchungen der Parameterempfindlichkeit in Bezug auf den Dämpfungsparameter im Zeitdiagramm. Dämpfungsparameter d = 0, 0.5, 1.0, 1.5, 2.0 (von oben).

4-3.4   Globale Verhaltensuntersuchung

Nichtlineare Systeme zeigen oft eine Abhängigkeit des qualitativen Verhaltens von den Anfangsbedingungen, so etwa unterschiedliche Attraktionsbereiche, die unterschiedliches Stabilitätsverhalten aufweisen können. Für einen bestimmten Satz von Anfangsbedingungen bewegt sich der Systemzustand z.B. auf einen stabilen Gleichgewichtspunkt zu; für einen anderen Satz von Anfangsbedingungen bleibt er instabil. Dieses Globalverhalten lässt sich bei zwei bzw. drei Zustandsgrößen im zwei- bzw. dreidimensionalen Zustandsraum gut veranschaulichen, indem die Zustandsbahnen einer Vielzahl von Simulationen mit unterschiedlichen Anfangsbedingungen dargestellt werden.

Die Darstellung des Globalverhaltens in dieser Weise ist daher vor allem dann nützlich, wenn das Modell nur über zwei Zustandsgrößen verfügt – in diesem Falle erscheint das gesamte Systemverhalten in einem einzigen Diagramm. Falls das System mehr als zwei Zustandsgrößen hat, wird die Interpretation eines solchen Zustandsbilds schwierig, da es nur eine zweidimensionale Projektion eines mehrdimensionalen Systems zeigt.

Untersuchungen zum Globalverhalten lassen sich mit den Mitteln der Sensitivitätsanalyse durchführen, bei der nun die Anfangswerte der Zustandsgrößen variiert werden müssen. Es ist auch möglich, im Rahmen einer einzigen Simulation den Zustand nach einer gewissen Laufzeit auf einen neuen Anfangszustand springen zu lassen, damit die Simulation bis zum nächsten Sprung zu einem neuen Anfangswert weiterzuführen und auf diese Weise z.B. die Zustandstrajektorien für einen Raster von 10 mal 10 Anfangswerten zu berechnen (s. z.B. Anwendungen in Bossel 2004 'Systemzoo' und in Bossel 1992/94).

Die Abb. 4.15 und 4.16 zeigen entsprechende Berechnungen des Globalverhaltens für das Rotationspendel bei unterschiedlicher Simulationslänge für die einzelnen Läufe. (Berechnet mit SIMPAS aus Bossel 1992/1994).

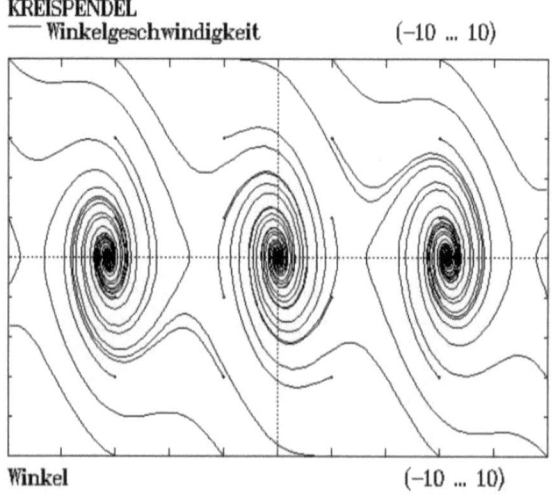

Abb. 4.15: Rotationspendel: Untersuchung des Globalverhaltens in Abhängigkeit von verschiedenen Anfangsbedingungen der zwei Zustandsgrößen (Winkel und Winkelgeschwindigkeit). Die drei stabilen Strudel entsprechen den unteren Totpunkten des Pendels bei − 2π, 0, +2π. Dazwischen liegen instabile Sättel an den obere Totpunkten bei −π, 0, +π.

Abb. 4.15 zeigt das Zustandsbild für das gedämpfte Rotationspendel, wobei die einzelnen Trajektorien fast den gesamten Pendelvorgang bis zum Stillstand zeigen. Es zeigt sich eine deutliche Abhängigkeit von den Anfangswerten: Bei hoher anfänglicher Winkelgeschwindigkeit ergibt sich vor dem gedämpften Pendeln wieder mehrfaches Kreisen, d.h. ein 'Wandern' zu einem Gleichgewichtspunkt bei einem Mehrfachen von 2π. Ist die Winkelgeschwindigkeit anfangs niedrig, so bleibt das Pendel in seinem ursprünglichen Attraktionsbereich und pendelt nur gedämpft hin und her – was im Bild einer spiraligen Bewegung entspricht.

In diesem Phasendiagramm erscheinen die unteren Totpunkte (bei 2 $n\,\pi$, $n = 0$, ±1, ±2...) als stabile Strudel. Sie 'fangen die Bewegung in ihrer Umgebung ein'. Dagegen stellen die oberen Totpunkte (bei 2 $(n{+}1)\,\pi$, $n = 0$, ±1, ±2...) Sättel dar, auf die die Bewegung zunächst zuläuft. Ist der Betrag der Geschwindigkeit am oberen Totpunkt noch größer als Null, so geht die Bewegung über diesen Totpunkt hinweg. Sinkt er vorher auf Null, so kehrt sich die Bewegung in eine Pendelbewegung um. Der obere Totpunkt ist instabil: bei kleinster Störung aus diesem Gleichgewichtspunkt bewegt sich das Pendel auf den unteren Totpunkt zu.

Um das Lösungsfeld noch etwas genauer zu untersuchen, ist in Abb. 4.16 der Winkelbereich so gewählt, dass er von (–2π bis 2π) d.h. von (–6.283 bis 6.283) reicht. Außerdem wird eine feinere Gittereinteilung (21 mal 21 Anfangszustände) und eine kurze Simulationszeit für jede Trajektorie (1/50 der ursprünglichen Länge) verwendet. Damit liegen dann der untere Totpunkt (nullter Ordnung) in der Mitte des Bildes, die unteren Totpunkte erster Ordnung genau auf dem Bildrand und die oberen Totpunkte (erster Ordnung) jeweils in der Mitte dazwischen. Verfolgt man jetzt die Richtung der einzelnen 'Windfähnchen', so ergibt sich hieraus das Bewegungsbild für beliebige Anfangspunkte. Beginnt die Bewegung z.B. in der linken oberen Ecke des Phasenbildes (im unteren Totpunkt mit $x = -\,2\pi$, $x' = 10$), so führt sie zunächst unter erheblicher Verlangsamung der Geschwindigkeit zum oberen Totpunkt und darüber hinaus, um dann nach einigen Pendelbewegungen am unteren Totpunkt zu enden.

$$(dr)^2 = (dx)^2 + (dx')^2$$

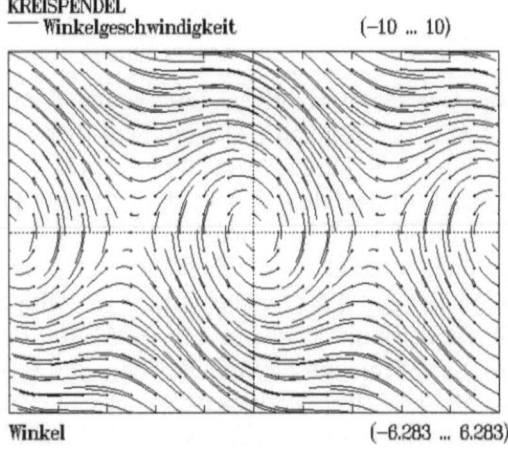

KREISPENDEL
—— Winkelgeschwindigkeit   (–10 ... 10)

Winkel   (–6.283 ... 6.283)

Abb. 4.16: Rotationspendel: Genauere Untersuchung des Lösungsfelds im Zustandsraum. Die unteren Totpunkte sind jetzt in der Mitte und am rechten und am linken Rand (bei – 2π, 0, +2π); die oberen Totpunkte liegen jeweils dazwischen.

An der Länge der Windfähnchen ist die Geschwindigkeit der Bewegung im Zustandsraum, d.h. die Gesamtveränderungsrate dr deutlich zu erkennen, wobei hier gilt:

In Abb. 4.16 ist deutlich zu sehen, dass diese Veränderung an den oberen und unteren Totpunkten (bei $x = 0$, $\pm\pi$, $\pm2\pi$) verschwindet: Diese Punkte sind Gleichgewichtspunkte. Offensichtlich unterscheiden sie sich aber hinsichtlich der Bewegung in ihrer Nähe: Wir haben bereits Strudel und Sättel identifiziert. Um die Bewegung in der Nähe der Gleichgewichtspunkte genauer zu untersuchen, fokussieren wir weiter auf ihre unmittelbare Nähe.

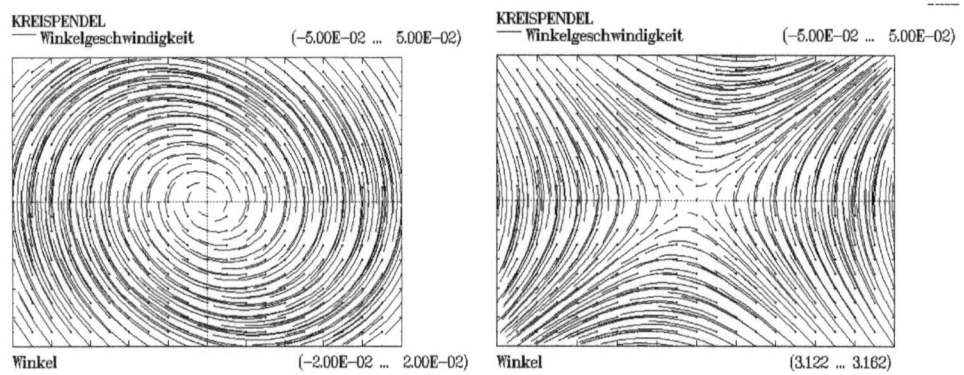

Abb. 4.17: Zustandsbahnen des (nichtlinearen) Rotationspendels in der Nähe seiner Gleichgewichtspunkts. Links: am unterer Totpunkt (Strudel, stabil); rechts: am oberen Totpunkt (Sattel, instabil).

Für die Untersuchung der Verhältnisse am unteren Totpunkt werden der Winkelbereich (–0.02 bis 0.02), der Winkelgeschwindigkeitsbereich (–0.05 bis 0.05), ein 20 mal 20-Gitter und eine sehr kurze Simulationszeit (1/50 des Normalwerts) gewählt. Es ergibt sich das Lösungsfeld der Abb. 4.17 (links). Dies zeigt deutlich den Strudelcharakter dieses Gleichgewichtspunkts: Alle Fähnchen zeigen immer nach innen. Die Gesamtveränderungsrate (Fähnchenlänge) verringert sich radial mit Annäherung an den unteren Totpunkt; dort verschwindet sie völlig.

Der nächste obere Totpunkt liegt bei $\pi = 3.14159$. Für den Winkelbereich (3.12159 bis 3.16159), den Winkelgeschwindigkeitsbereich (–0.05 bis 0.05) und das gleiche Gitter wie in Abb. 4.17 (links) ergeben sich jetzt die Zustandstrajektorien am oberen Totpunkt in Abb. 4.17 (rechts). Hier ist deutlich zu erkennen, dass die Gesamtveränderungsrate am Totpunkt zwar verschwindet, dass aber die Bewegung nach anfänglichem Zulaufen auf den Totpunkt dann abbiegt und sich wieder von ihm wegbewegt. Diese Bewegung ist charakteristisch für einen Sattel.

4-3.5 Kondensation des mathematischen Modells des Kreispendels

Computersimulationen eines Modellsystems, und seien sie noch so zahlreich, können nur Informationen liefern, die die Qualität von empirischen Beobachtungen haben: Sie lassen uns gewisse Schlussfolgerungen vermuten, aber sie beweisen nichts mit letzter Gewissheit. Exakte Aussagen kann nur die mathematische Analyse liefern – wo sie überhaupt einsetzbar ist (bei komplexeren Systemen ist sie oft nicht einsetzbar). Um zu einem möglichst tiefen Verständnis von Systemen zu kommen, empfiehlt sich aber immer, soweit möglich auch mit der mathematischen Analyse zu arbeiten. Auch bei der Untersuchung der Dynamik des Rotationspendels führt sie weiter. Dieser Aspekt soll daher beispielhaft etwas vertieft werden.

Wenn wir die Modellgleichungen des Rotationspendels nacheinander einsetzen, erhalten wir schließlich eine sehr knappe Systemdarstellung:

$$F_b = - F_d - F_g$$
$$= - m\, g \sin x - v\, d$$
$$= - m\, g \sin x - r\, d\, x'$$

Weiter ist wegen $b = F_b/m$ und $x'' = b/r$

$$F_b = m\, b = m\, x''\, r$$

und damit ergibt sich

$$m\, x''\, r + m\, g \sin x + r\, d\, x' = 0$$
bzw.
$$x'' + (d/m)\, x' + (g/r) \sin x = 0$$

Dies ist die Differentialgleichung 2. Ordnung für das Kreispendel. Sie ist nichtlinear wegen des Terms $\sin x$. Zur vollständigen Spezifizierung der Aufgabe müssen auch hier noch die Anfangswerte x'_0 und x_0 vorgegeben werden.

Auch für dieses mathematische Modell können wir mit den Systemdynamik-Symbolen wieder ein Simulationsdiagramm aufzeichnen (Abb. 4.18 oben). Wir beginnen mit der Zustandsgröße x, die als einzigen Eingang ihre Veränderungsrate x' hat. Diese ergibt sich wiederum aus der Integration der Veränderungsrate x''. Wie diese (algebraisch) zu berechnen ist, folgt aus der gerade abgeleiteten Differentialgleichung 2. Ordnung durch Umstellung:

$$x'' = - (d/m)\, x' - (g/r) \sin x$$

Wir müssen also im Diagramm entsprechende Rückkopplungen von x' auf x'' und von x auf x'' einführen. Die erste Rückkopplung ist linear in x', mit der Gewichtung $(-d/m)$. Bei der zweiten muss zunächst der nichtlineare Term $\sin x$ bestimmt werden, bevor das Ergebnis mit $(-g/r)$ gewichtet wird.

Offensichtlich ist hier x' neben x ebenfalls eine Zustandsgröße. Wir können daher auch eine Umbenennung vornehmen:

$$x = x_1$$
$$x'_1 = x_2$$

Damit ergibt sich jetzt ein System von zwei Differentialgleichungen 1. Ordnung:

$$x'_1 = x_2$$
$$x'_2 = -(d/m) x_2 - (g/r) \sin x_1$$

mit den Anfangsbedingungen $x_{10} = x_0$ und $x_{20} = x'_0$. Das allgemeine Verfahren der Umwandlung einer Differential- oder Differenzengleichung n-ter Ordnung in einen Satz von n Differential- oder Differenzengleichungen 1. Ordnung wird in Kap. 6-1.7 bis 6-1.9 erläutert.

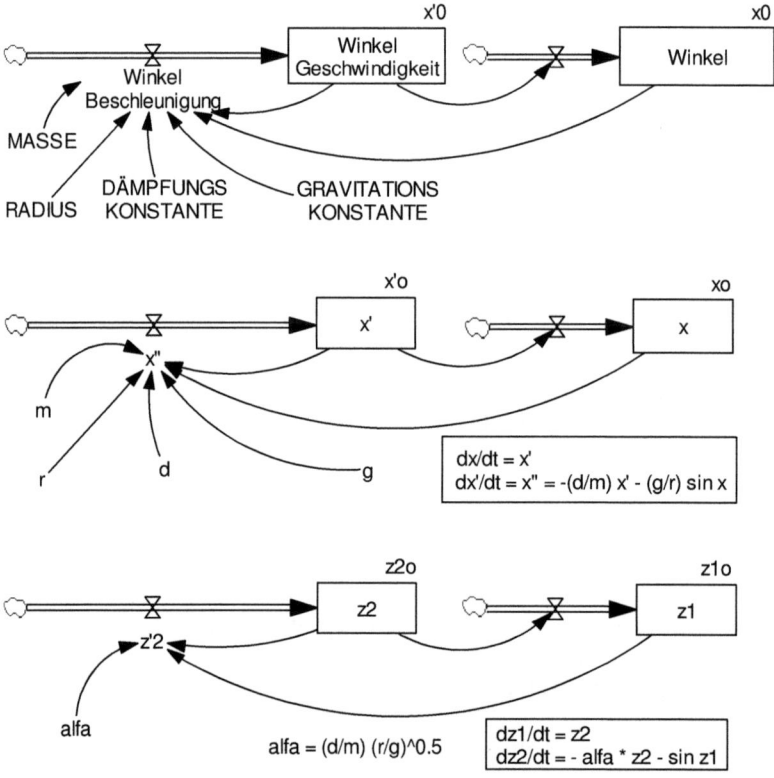

Abb. 4.18: Kompaktdarstellungen des Pendelsystems. Oben: Kondensation des ursprünglichen Systems mit dimensionsbehafteten Parametern; unten: generisches Modell mit dimensionslosen Größen und einem einzigen (dimensionslosen) Parameter α = (d/m)√(r/g).

Die Zustandsgleichungen für das Rotationspendel haben in der gezeigten Form vier Parameter (d, m, g, r). Die Untersuchung des ganzen Verhaltensspektrums des Systems ist anscheinend nur möglich, wenn wir jeden Parameter einzeln systematisch verändern, auf diese Weise eine riesige Anzahl von Simulationen erzeugen, die das ganze Spektrum möglicher Parameterkombinationen abdecken und schließlich versuchen, das Verhalten des Systems mit Hilfe dieser Datenmenge zu verstehen.

Glücklicherweise ist die Angelegenheit weniger kompliziert, und das gilt in der Praxis auch für viele gänzlich andere Systeme. Das folgende Verfahren hat daher für die Praxis große Bedeutung. Wenn die Zustandsgleichungen unter Verwendung dimensionsloser Variablen umgeschrieben werden, so stellt sich meist heraus, dass sich die ursprünglichen Parameter zu einer kleineren Anzahl dimensionsloser Parameter kombinieren lassen. Damit reduziert sich die Zahl der zu untersuchenden Fälle erheblich. Die sich damit ergebenden dimensionslosen Zustandsgleichungen sind generisch, d.h. sie beschreiben eine Vielzahl mathematisch ähnlicher (aber physisch oft völlig verschiedener) Systeme. Für die gleichen Werte der dimensionslosen Parameter ergeben sich identische Lösungen, die dann leicht in die realen dimensionsbehafteten Variablen umgerechnet werden können.

In die ursprüngliche Differentialgleichung, hier des Rotationspendels

$$x'' + (d/m)\, x' + (g/r) \sin x = 0$$

werden dimensionslose Zustandsgrößen eingeführt. In diesem Fall ist der Winkel x bereits dimensionslos (in Bogengrad [rad]), aber die Dimension der Zeit tritt in den Ableitungen x' und x'' auf. Wir benennen x um in z und führen eine dimensionslose Zeit τ ein, indem wir die reale Zeit t auf eine Bezugszeit T beziehen:

$$\tau = t\, /\, T$$

Die Ableitungen nach der Zeit lassen sich jetzt mit der dimensionslosen Zeit ausdrücken:

$$x' = dx/dt = (1/T)\, dz/d\tau = (1/T)\, z'$$
$$x'' = d^2x/dt^2 = (1/T^2)\, d^2z/d\tau^2 = (1/T^2)\, z''$$

Werden jetzt x' und x'' in der Differentialgleichung des Rotationspendels durch diese Ausdrücke ersetzt, so ergibt sich die Differentialgleichung

$$z'' + (d/m)\, T\, z' + (g/r)\, T^2 \sin z = 0$$

Wir müssen jetzt noch eine geeignete Bezugszeit T definieren. Ein geeigneter Kandidat ist

$$T = (r/g)^{1/2}$$

da dieser zum Verschwinden des Koeffizienten des dritten Gliedes in der Differentialgleichung führt. Damit ergibt sich die Differentialgleichung

$$z'' + (d/m)(r/g)^{1/2} z' + \sin z = 0$$

Tatsächlich ist die hier verwendete Bezugszeit der Kehrwert der Eigenfrequenz des ungedämpften Systems bei kleinem Winkel x, die sich durch Lösen der entsprechenden Differentialgleichung

$$x'' + (g/r) x = 0$$

ergibt als Kreisfrequenz $2 \pi f = \omega_0 = (g/r)^{1/2}$. Die Differentialgleichung kann nun in der **generischen Form**

$$z'' + \alpha z' + \sin z = 0$$

mit einem einzigen dimensionslosen Pendelparameter

$$\alpha = (d/m) (r/g)^{1/2}$$

geschrieben werden. Das entsprechende Simulationsdiagramm in Abb. 4.18 unten stellt daher das Pendelsystem in seiner allgemeinsten Form dar.

In der generischen Formulierung haben alle Pendel mit gleichem Parameter α identische Lösungen, ausgedrückt in z, z' und z'' und dimensionsloser Zeit τ. So gilt die generische Differentialgleichung bei gleichem α gleichermaßen für ein Pendel von Radius 100 m und Masse 10 kg, oder Radius 0.01 m und Masse 0.1 kg, oder Radius 1 m und Masse 1 kg. Allerdings muss die Zeitfunktion des Verhaltens um den Zeitfaktor $T = (r/g)^{1/2}$ gestreckt werden. Aus der dimensionlosen Lösung ergibt sich die dimensionsbehaftete Lösung in realen Variablen wie folgt:

$$t = \tau T$$
$$x(t) = z(\tau T)$$
$$x'(t) = (1/T) z'(\tau T)$$
$$x''(t) = (1/T^2) z''(\tau T)$$

Durch die Einführung dimensionsloser Variablen und dimensionsloser Zeit lässt sich die mathematische Formulierung eines Systems auf das Essentielle reduzieren, die Zahl der Parameter auf ein Minimum beschränken und die generische Struktur des Systems herausstellen. Die Simulationen können dann mit dem generischen System durchgeführt werden. Eine einfache Umrechnung der Ergebnisse führt dann zu Lösungen auch für spezielle Fälle.

Wir haben hier das gleiche Simulationsmodell mit n Zustandsgrößen in mehreren äquivalenten Darstellungsformen kennen gelernt, die ineinander überführt werden können und die identische Ergebnisse liefern:

1.   Ausführliches Simulationsdiagramm mit einem Satz von Simulationsgleichungen (Spezifikation von Parametern und exogenen Größen, algebraischen Gleichungen und Differentialgleichungen);
2.   eine Differentialgleichung *n*-ter Ordnung;
3.   *n* Differentialgleichungen 1. Ordnung;
4.   kompaktes Simulationsdiagramm

Für die Untersuchung des Verhaltens in der Nähe der Gleichgewichtspunkte und andere mathematische Analysen ist die Darstellung als ein System von Zustandsgleichungen 1. Ordnung am besten geeignet.

4-3.6   Linearisierung und Verhalten an den Gleichgewichtspunkten

In den Phasenbildern der Globalanalysen für das Rotationspendel haben wir bereits Gleichgewichtspunkte festgestellt, an denen die 'Bewegung' im Zustandsraum verschwindet. Wenn die Bewegung auf einen Gleichgewichtspunkt zuläuft, wie am unteren Totpunkt des Pendels, ist dieser stabil; wenn sie von ihm wegläuft, wie am oberen Totpunkt, ist er instabil.

Die hier im Phasenbild festgestellten Gleichgewichtspunkte lassen sich auch analytisch bestimmen. An Gleichgewichtspunkten verschwinden die Veränderungsraten, die Bewegung kommt zur Ruhe. Wenn die Zustandsgrößen im Vektor **z** zusammengefasst werden, so gilt die folgende Gleichgewichtsbedingung:

$d\mathbf{z}/dt = \mathbf{0}$

Die Zustandsgleichungen des Pendels lauten

$dx/dt = y$
$dy/dt = -(g/r) \sin x - (d/m) \, y$

Die Bedingung für die Gleichgewichtspunkte ist daher

$0 = y$
$0 = -(g/r) \sin x - (d/m) \, y$

Offensichtlich ist diese Bedingung nur erfüllt, wenn $y = 0$ (d.h. die Winkelgeschwindigkeit verschwindet) und wenn $\sin x = 0$. Der Sinus verschwindet an den unteren und oberen Totpunkten, d.h. für $x = 0, \pm\pi, \pm 2\pi, \dots, \pm n\pi, \; n = 1, 2, 3, \dots$

Die wichtigste Information über ein dynamisches System ist neben der Lage seiner Gleichgewichtspunkte das Verhalten und die Stabilität in der Nähe dieser Punkte. Bei nichtlinearen Systemen lässt sich diese Information meist durch Linearisierung der Zustandsgleichungen nahe den Gleichgewichtspunkten und die Untersuchung des linearisierten Systems gewinnen. Dabei wird auf die Verfahren der Analyse linearer Systeme zurückgegriffen (s. Kap. 6-4). Das Verfahren soll hier für das Rotationspendel demonstriert werden.

Sehr nahe am unteren Totpunkt ist der Auslenkungswinkel sehr klein und es gilt dort die Bedingung $\sin x \approx x$. Die nichtlinearen Zustandsgleichungen können dort *lokal* durch lineare Zustandsgleichungen ersetzt werden:

$$dx/dt = y$$
$$dy/dt = -(g/r)\,x - (d/m)\,y$$

Am oberen Totpunkt definieren wir jetzt x als kleine Winkelabweichung von der senkrechten Stellung des Pendels. Hat Bewegung gegen den Uhrzeigersinn weiterhin positives Vorzeichen, so zeigt die Projektion $\sin x$ jetzt nach links (weg vom oberen Totpunkt). Das Vorzeichen dieses Beitrags ist daher umzukehren, und die nichtlinearen Zustandsgleichungen sind daher am oberen Totpunkt zu ersetzen durch das lineare System

$$dx/dt = y$$
$$dy/dt = -(g/r)\,(-x) - (d/m)\,y$$

Formal können diese Gleichungen auch mit der Jacobi-Matrix abgeleitet werden (Kap. 6-4.4).

Beide linearen Gleichungssysteme entsprechen denen des linearen Schwingers (s. Kap. 3-2.5).

$$dx/dt = A\,x + B\,y$$
$$dy/dt = C\,x + D\,y$$

Mit ihnen lassen sich jetzt die Zustandspfade in der Nähe der Gleichgewichtspunkte am unteren und oberen Totpunkt des (nichtlinearen) Rotationspendels untersuchen. Wir können das hierfür in Kap. 3 entwickelte Simulationsmodell verwenden. Hierzu werden die entsprechenden Parameterwerte in die Gleichungen eingesetzt: $A = 0$, $B = 1$, $C = \pm (g/r) = \pm 9.81$, $D = (d/m) = -1$.

Die Zustandsbahnen dieser Simulationen an den zwei Totpunkten sind in Abb. 4.19 wiedergegeben. Am unteren Totpunkt zeigt sich wieder ein Strudel, am oberen Totpunkt ein Sattel. Der Vergleich mit den Zustandsbildern in der Nähe der Gleichgewichtspunkte des nichtlinearen Systems (Abb. 4.17) zeigt eine fast völlige Übereinstimmung. Daraus kann geschlossen werden, dass die linearisierten Differentialgleichungen in der Nähe der Gleichgewichtspunkte das vollständige nichtlineare System ersetzen können. Insbesondere können aus den Ergebnissen Rückschlüsse auf die Stabilität der Gleichgewichtspunkte des nichtlinearen Systems gezogen werden. Diese Aussage hat generelle Bedeutung für die Untersuchung nichtlinearer Systeme, für die nur selten analytische Lösungen entwickelt werden können.

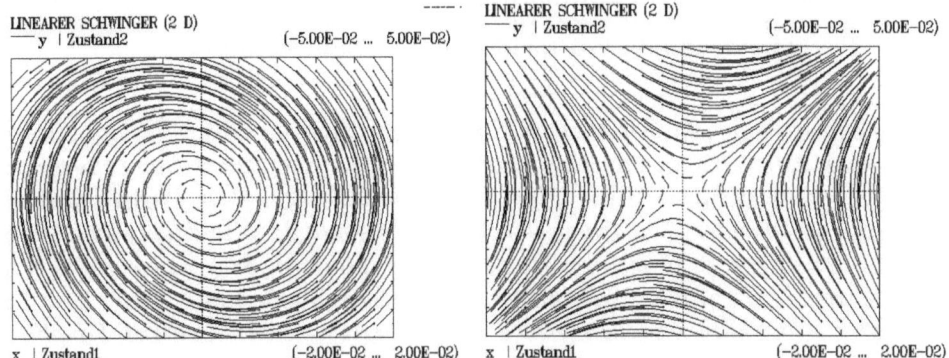

Abb. 4.19: Zustandsbahnen in der Nähe der Gleichgewichtspunkte des Rotationspendels, hier berechnet mit den linearisierten Pendelgleichungen (= Differentialgleichungen des linearen Schwingers). Links: stabiler Strudel am unteren Totpunkt, rechts: instabiler Sattel am oberen Totpunkt. In beiden Fällen zählt der Winkel *x* vom jeweiligen Gleichgewichtspunkt.

4-3.7 Zusammenfassung der Beobachtungen am Modell des Pendels

Wir haben hier mit dem Modell des Rotationspendels die Bearbeitungsmöglichkeiten von graphisch-interaktiver Simulations-Software demonstriert und dabei eine Reihe von Beobachtungen zum Verhalten eines dynamischen Systems gemacht, die später noch vertieft werden sollen:

1. Das qualitative Verhalten eines dynamischen Systems ist abhängig von der Wahl seiner Parameter und Anfangswerte (beim nichtlinearen System).

2. Ein (nichtlineares) System kann mehrere Gleichgewichtspunkte haben, an denen seine 'Bewegung', d.h. alle Veränderungsraten verschwinden. Wird dieser Zustand einmal erreicht, so ergeben sich keine Veränderungen mehr (falls das System ungestört bleibt).

3. Gleichgewichtspunkte können stabil oder instabil sein. Bei kleiner Auslenkung aus einem stabilen Gleichgewichtspunkt führt die Bewegung wieder in diesen zurück. Bei einem instabilen Gleichgewichtspunkt führt die kleinste Auslenkung zu weiterem und beschleunigtem Weglaufen von diesem Punkt.

4. Das gleiche System kann – je nach Wahl der Parameter und Anfangswerte – qualitativ verschiedene Verhaltensmodi zeigen. Beim Pendel ist sowohl kreisende, wie pendelnde, wie langsame aperiodische Bewegung möglich.

5. Die Bewegung und das Abklingen von Schwingungen werden durch die Dämpfung des Systems stark bestimmt. Bei kleiner Dämpfung ergeben sich Schwingungen; bei hoher Dämpfung zeigt sich aperiodische Bewegung.

4-4   Modellbildung und Simulation der Fischfangdynamik

4-4.1   Fischfangdynamik: Wortmodell und Wirkungsgraph

Wir beginnen mit einer **Systembeschreibung**:

In einem großen Binnensee wird Fischfang betrieben. Ohne Fischfang würde die Fischpopulation bis an ihre Kapazitätsgrenze wachsen. Diese Kapazitätsgrenze ist eine gegebene Größe, die vor allem vom Nährstoffangebot im Wasser und dem sich daraus ergebenden Wachstum von Algen, Phytoplankton und Zooplankton bestimmt ist. Die Reproduktionsprozesse der Fische (Laichen, Brut, Aufzucht) begrenzen die maximale spezifische Wachstumsrate der Fischpopulation.

Der durchschnittliche Fangertrag ist abhängig von der Zahl der Fangboote und der Größe des Fischbestands. Pro Boot wird unter günstigen Bedingungen jährlich eine bestimmte Menge Fisch gefangen. Im Betrieb verursachen die Boote dabei bestimmte Unterhalts- und Betriebskosten. Die Fischer versuchen, ihren Nettoverdienst zu maximieren und investieren einen Teil etwaiger Überschüsse in den Kauf neuer Boote. Damit werden z.T. unbrauchbar gewordene ältere Boote ersetzt, z.T. wird damit aber auch die Bootszahl vergrößert, um die Fangmenge und den Verdienst zu erhöhen. Wenn – wegen zu geringen Fängen und/oder zu geringen Preisen für Fisch – keine Überschüsse erwirtschaftet werden können, werden keine neuen Boote erworben und der aktive Bootsbestand verringert sich durch Stilllegungen.

Erste Überlegungen (aus der Sicht der Fischer) zeigen hier, dass die Fangmenge und damit der Verdienst gering sein werden, wenn entweder nur wenige oder aber zu viele Boote zum Fang ausfahren. Es wird also wahrscheinlich ein Optimum für die Zahl der Boote geben, das aber von den finanziellen Bedingungen (Fischpreis und Bootsunkosten) und von den ökologischen Bedingungen (nachhaltig erzielbarer Fischertrag) abhängen wird. Für die Fischer wäre es wichtig, diese Bedingungen zu kennen, um den Fischfang gemeinsam so zu regeln, dass (1) es weder zu einem ökologischen Zusammenbruch (der Fischpopulation) noch einem ökonomischen Zusammenbruch (der Fischereibetriebe) kommt und (2) sich eine nachhaltige (dauerhafte) Bewirtschaftung des Binnensees unter optimalen ökonomischen Bedingungen ergibt. Da es sich hier um relativ komplexe miteinander verwobene ökologische und ökonomische Prozesse handelt, ist die Entwicklung eines mathematischen Modells für die Computersimulation unter verschiedenen angenommenen Bedingungen und für die Suche nach einer optimalen Lösung angebracht.

Hieraus ergibt sich der **Modellzweck**: *Das Modell soll bei Berücksichtigung der ökologischen Bedingungen der Populationsdynamik der Fische unter Fangbedingungen, sowie der ökonomischen Bedingungen der Fischereibetriebe die Dynamik des Fischfangs so darstellen, dass die Ergebnisse als Entscheidungshilfe verwendet werden können. Insbesondere soll sich auch ein Überblick über die Verhaltensmöglichkeiten (z.B. ökologische und ökonomische Zusammenbrüche) ergeben.*

Unter Beachtung dieses Modellzwecks können wir nun Informationen zum **Wortmodell** sammeln. Diese werden zum Teil aus der Systembeschreibung stammen, zum Teil müssen darüber hinaus aber noch ergänzende Informationen beschafft werden, um Wissenslücken in den Wirkungspfaden zu schließen. Wir unterscheiden SYSTEMPARAMETER von *Systemvariablen* durch entsprechende Schriftart.

Im Teilmodell für den **Fischbestand** bestehen die folgenden Zusammenhänge (1 bis 9). Sie beschreiben, wie der Fischbestand sich abhängig von den natürlichen Entwicklungsbedingungen und der 'Ausbeutung' durch die Fischer entwickelt.

1. Der *Fischzuwachs* hängt von der momentanen Größe des *Fischbestands* ab.
2. Der *Fischzuwachs* ist umso größer, je größer die MAXIMALE FISCHZUWACHS-RATE.
3. Der *Fischzuwachs* verringert sich, wenn die (relative) *Fischdichte* sich einer durch die MAXIMALE FISCHKAPAZITÄT gegebene Grenze annähert.
4. Der *Fischbestand* erhöht sich durch *Fischzuwachs*.
5. Der *Fischbestand* verringert sich durch die (jährliche) *Fangmenge*.
6. Die *Fischdichte* erhöht sich entsprechend der Zunahme des *Fischbestands*.
7. Bei geringerer MAXIMALER FISCHKAPAZITÄT ergibt sich bei gleichem *Fischbestand* eine höhere (relative) *Fischdichte*.
8. Die MAXIMALE FISCHKAPAZITÄT entspricht der Fläche des FANGGEBIETS (da der Energieeintrag aus solarer Einstrahlung, der zum Wachsen von Phytomasse als Fischnahrung führt, proportional zur Oberfläche des Gewässers ist).
9. Die MAXIMALE FISCHKAPAZITÄT hängt ab von der SPEZIFISCHEN FISCHKAPAZITÄT des Gewässers. Ohne Fischernte würde sich der Fischbestand bis zu dieser ökologischen Tragfähigkeitsgrenze entwickeln. Wenn der Bestand sich dieser Grenze nähert, verschwindet der Fischzuwachs allmählich bis auf Null.

Im Teilmodell für den **Bootsbestand** lassen sich die folgenden Zusammenhänge (10 bis 27) formulieren. Sie beschreiben, wie die Anzahl der Fischerboote sich in Abhängigkeit von den ökonomischen Bedingungen des Fischfangs verändert.

10. Der *Bootsbestand* erhöht sich durch die Zahl der (jährlichen) *Neuerwerbungen Boote*.
11. Der *Bootsbestand* vermindert sich durch die Zahl der jährlichen *Stilllegungen Boote*.
12. Die maximal mögliche jährliche Fangmenge der Flotte, das *Fangpotential*, bestimmt sich aus der Größe des *Bootsbestands*.
13. Das *Fangpotential* hängt ab von der Leistungsfähigkeit der Boote, d.h. der maximalen SPEZIFISCHEN FANGMENGE pro Jahr für jedes Boot.
14. Die tatsächliche *Fangmenge* ist umso größer, je höher das *Fangpotential* ist.
15. Die *Fangmenge* nimmt mit der *Fischdichte* zu.
16. Der (jährliche) *Fangerlös* nimmt mit der *Fangmenge* zu.

17. Der *Fangerlös* erhöht sich proportional zum *Fischpreis*.
18. Das *Nettoeinkommen* ist umso höher, je höher der *Fangerlös* ist.
19. Das *Nettoeinkommen* ist geringer, wenn der *Bootsunterhalt* teurer ist.
20. Die Gesamtkosten des *Bootsunterhalts* sind höher, wenn die SPEZIFISCHEN UNTERHALTSKOSTEN (pro Boot) größer sind.
21. Die Gesamtkosten des *Bootsunterhalts* nehmen mit der Höhe des *Bootsbestands* zu.
22. Bei höherem Nettoeinkommen stehen mehr *Investitionsmittel Boote* zur Verfügung.
23. Bei höherem INVESTITIONSANTEIL BOOTE (Anteil des Nettoeinkommens, der für Neuinvestitionen in Boote verwendet wird) stehen mehr *Investitionsmittel Boote* zur Verfügung.
24. Wenn mehr *Investitionsmittel Boote* verfügbar sind, kann mehr Geld in *Neuerwerb Boote* investiert werden.
25. Bei höheren BOOTSNEUKOSTEN ist der *Neuerwerb Boote* geringer.
26. Die (jährliche) Zahl der *Stilllegungen Boote* ist abhängig von der spezifischen STILLLEGUNGSRATE (die zur BOOTSLEBENSDAUER umgekehrt proportional ist).
27. Die (jährliche) Anzahl von *Stilllegungen Boote* hängt vom momentanen *Bootsbestand* ab.

Mit diesen Systemgrößen und den im Wortmodell festgestellten Wirkungszusammenhängen lässt sich nun der Wirkungsgraph (Abb. 4.20) zeichnen. Offensichtlich sind der Fischbestand und der Bootsbestand Zustandsgrößen (sie werden daher in Abb. 4.21 als Kästen gezeichnet). Den 27 hier festgestellten Wirkungszusammenhängen entsprechen genau 27 Wirkungspfeile im Wirkungsgraph.

4-4.2   Größen, Dimensionen, Zusammenhänge bei der Fischfangdynamik

Anhand des Wirkungsgraphen machen wir uns wieder eine Liste der Systemgrößen, ihrer Dimensionen und ihrer mathematischen Kurzbezeichnungen, die wir für die weiteren Untersuchungen verwenden wollen (s. auch Abb. 4.21). Bei der Auswahl der Bezeichnungen sollte man sich von praktischen Überlegungen leiten lassen. Wir wollen hier einbuchstabige Größen verwenden, um die mathematischen Manipulationen überschaubarer zu machen. Wo dies nicht notwendig ist, empfiehlt sich die Verwendung längerer aber selbsterklärender Namen. Dies erleichtert das Verständnis der Anweisungen in Simulationsprogrammen erheblich.

Beispiel: Im Folgenden werden die spezifischen Betriebskosten mit "O" bezeichnet. Im Programm leichter lesbar ist SPEZ BETRIEBSKOSTEN.

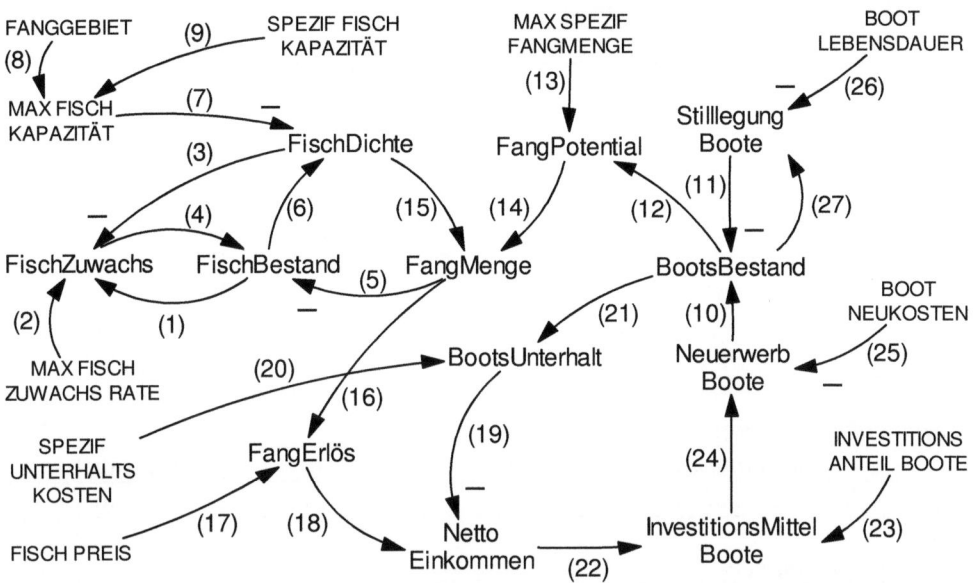

Abb. 4.20: Wirkungsgraph der Systemgrößen der Fischfangdynamik. Die Nummerierung der Wirkungsbeziehungen entspricht der im Wortmodell (Abschnitt 4-4.1). Gegensinnige Wirkungen sind durch Minus-Zeichen gekennzeichnet.

1. Parameter

AR	= FANGGEBIET	= 100	[km^2]
C	= SPEZ. FISCHKAPAZITÄT	= 100	[t Fisch/km^2]
K	= MAX. FISCHKAPAZITÄT	= C·AR	[t Fisch]
A	= MAX. FISCHZUWACHSRATE	= 1	[1/a]
F	= MAX. SPEZ. FANGMENGE	= 100	[t Fisch/(Boot·Jahr)]
O	= SPEZ. UNTERHALTSKOSTEN	= 50000	[€/(Boot·Jahr)]
Q	= BOOTSNEUKOSTEN	= 100000	[€/Boot]
1/D	= BOOTSLEBENSDAUER	= 15	[Jahr]
		D = 1/15	[1/Jahr]
I	= INVESTITIONSANTEIL BOOTE	= 1/2	[1]
P	= FISCHPREIS	= 1000	[€/t Fisch]

2. Anfangswerte der Zustandsgrößen

z_1	= *Fischbestand$_0$* (Anfangswert)	= 5000	[t Fisch]
z_2	= *Bootsbestand$_0$* (Anfangswert)	= 100	[Boote]

3. Algebraische Zwischengrößen

h	= Fischdichte	= z_1 / K	[1]
r	= Fischzuwachs	= $A\,z_1\,(1-h)$	[t Fisch/Jahr]
b	= Fangpotential	= $F\,z_2$	[t Fisch/Jahr]
m	= Fangmenge	= $b\,h$	[t Fisch/Jahr]
v	= Fangerlös	= $P\,m$	[€/Jahr]
u	= Bootsunterhalt	= $O\,z_2$	[€/Jahr]
n	= Nettoeinkommen	= $v - u$	[€/Jahr]
g	= Investitionsmittel_Boote	= $I\,n$	[€/Jahr]
w	= Neuerwerb_Boote	= g / Q	[Boote/Jahr]
s	= Stilllegung_Boote	= $D\,z_2$	[Boote/Jahr]

4. Zustandsgleichungen

d(Fischbestand)/dt	= dz_1/dt	= $r - m$	[t Fisch/Jahr]
d(Bootsbestand)dt	= dz_2/dt	= $w - s$	[t Fisch/Jahr]

5. Laufzeitparameter

Simulationsbeginn	= 0	[Jahr]
Simulationsende	= 20	[Jahr]
Zeitschritt	= 0.02	[Jahr]

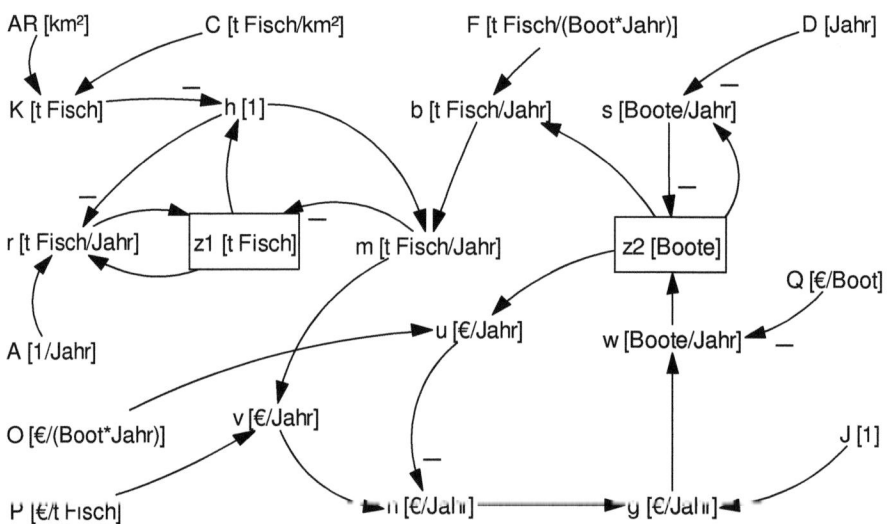

Abb. 4.21: Wirkungsgraph mit den Kurzbezeichnungen und Dimensionen der Systemgrößen der Fischfangdynamik.

4-4.3 Simulationsdiagramm und Simulationsmodell der Fischfangdynamik

Mit diesen Beziehungen lassen sich nun mit der Struktur des Wirkungsgraphen das Simulationsdiagramm mit einem graphisch-interaktiven Simulationsprogramm aufzeichnen (Abb. 4.22) und die entsprechenden Modellgleichungen (mit Dimensionen) eingeben (Abb. 4.23). Bei der Eingabe werden jetzt zur besseren Übersichtlichkeit die Langnamen verwendet. Mit der Eingabe der Modellbeziehungen ist das Simulationsmodell rechenfähig und dimensional stimmig. Beides kann die Simulations-Software überprüfen.

4-4.4 Standardlauf des Fischfang-Modells

Wir untersuchen zunächst das Modellverhalten mit den Parametern der Voreinstellung. Wenn nach der Simulation die Ergebnisse verfügbar sind, skalieren wir die Grafiken auf runde Zahlen, z.B.: Fische (0 bis 10000), Boote (0 bis 100), Fangmenge (0 bis 5000). Hier wie auch in anderen Simulationen empfiehlt es sich dringend, den Nullpunkt als die untere Grenze der Darstellung zu wählen, da sonst sich leicht ein falscher Eindruck von den Ergebnissen und dem dynamischen Verhalten des Systems festsetzt.

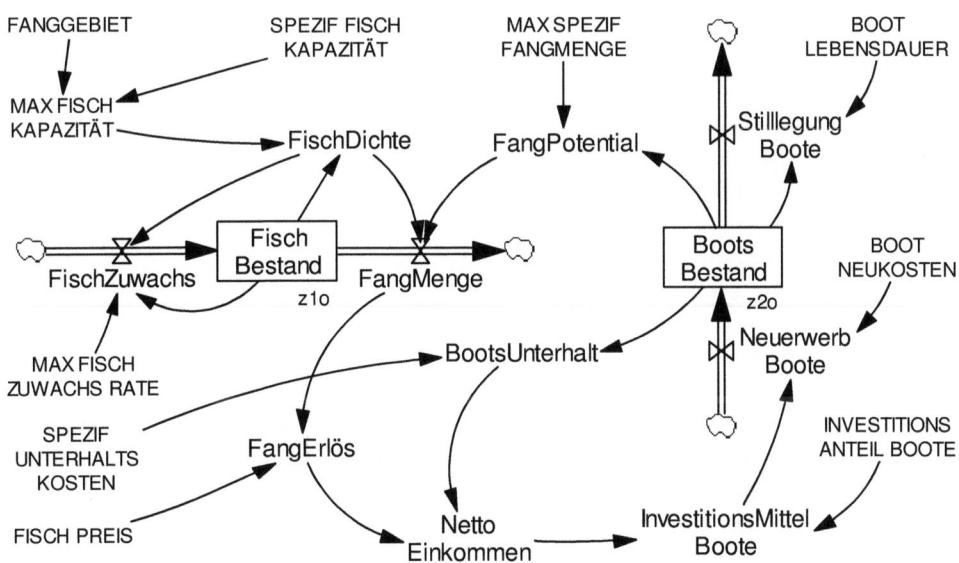

Abb. 4.22: Simulationsdiagramm zur Berechnung der Fischfangdynamik.

(1)   BOOT LEBENSDAUER = 15 [Year]
(2)   BOOT NEUKOSTEN = 100000 [€/Boot]
(3)   BootsBestand = INTEG (Neuerwerb Boote -Stilllegung Boote,z2o) [Boot]
(4)   BootsUnterhalt = SPEZIF UNTERHALTS KOSTEN*BootsBestand [€/Year]
(5)   FangErlös = FISCH PREIS*FangMenge [€/Year]
(6)   FANGGEBIET = 100 [km²]
(7)   FangMenge = FangPotential*FischDichte [t Fisch/Year]
(8)   FangPotential = MAX SPEZIF FANGMENGE*BootsBestand [t Fisch/Year]
(9)   FISCH PREIS = 1000 [€/t Fisch]
(10) FischBestand = INTEG (+FischZuwachs -FangMenge,z1o) [t Fisch]
(11) FischDichte = FischBestand/MAX FISCH KAPAZITÄT [1]
(12) FischZuwachs = MAX FISCH ZUWACHS RATE*FischBestand*(1 -
       FischDichte) [t Fisch/Year]
(13) INVESTITIONS ANTEIL BOOTE = 0.5 [1]
(14) InvestitionsMittel Boote = INVESTITIONS ANTEIL BOOTE*NettoEinkommen
       [€/Year]
(15) MAX FISCHKAPAZITÄT = SPEZIF FISCHKAPAZITÄT*FANGGEBIET [t Fisch]
(16) MAX FISCH ZUWACHS RATE = 1 [1/Year]
(17) MAX SPEZIF FANGMENGE = 100 [t Fisch/(Boot*Year)]
(18) NettoEinkommen = FangErlös -BootsUnterhalt [€/Year]
(19) Neuerwerb Boote = InvestitionsMittel Boote/BOOT NEUKOSTEN [Boot/Year]
(20) SPEZIF FISCH KAPAZITÄT = 100 [t Fisch/km²]
(21) SPEZIF UNTERHALTS KOSTEN = 50000 [€/(Boot*Year)]
(22) Stilllegung Boote = BootsBestand/BOOT LEBENSDAUER [Boot/Year]
(23) z1o = 5000 [t Fisch]
(24) z2o = 100 [Boot]
(25) INITIAL TIME = 0 [Year]
(26) FINAL TIME = 20 [Year]
(27) TIME STEP = 0.02 [Year]
(28) SAVEPER = TIME STEP [Year]

Abb. 4.23: Modellgleichungen zur Simulation der Fischfangdynamik. Die Parameterwerte gelten für den Standardlauf.

Wir betrachten zunächst die zeitabhängige Darstellung der Ergebnisse (*Zeit* als horizontale Achse; *Fischbestand*, *Bootsbestand* und *Fangmenge* vertikal) (Abb. 4.24). Nach anfänglich starkem Rückgang vom Anfangswert 5000 [t Fisch] auf ein Minimum von etwa 3000 erholt sich der *Fischbestand* wieder und stabilisiert sich langfristig bei einem Wert von etwa 6300. Der *Bootsbestand* sinkt rasch von seinem Anfangswert von 100 auf etwa 36, wo er sich stabilisiert. Die jährliche *Fangmenge* geht von ihrem Anfangswert von 5000 [t Fisch/Jahr] sehr rasch zurück auf ein Minimum von etwa 1800, stabilisiert sich dann aber ebenfalls bei etwa 2300. Die genauen Werte lassen sich einer tabellarischen Darstellung der Ergebnisse entnehmen.

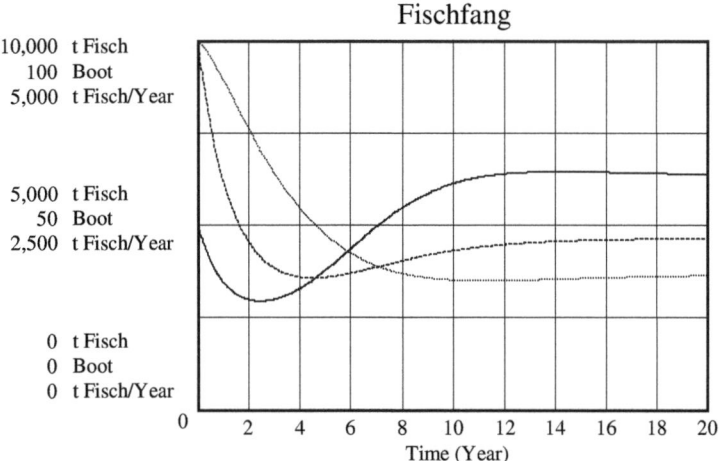

Abb. 4.24: Zeitkurven der Simulation des Fischfangsystems (Standardlauf).

Offensichtlich stellt sich das System mit diesen Voreinstellungen nach etwa einem Jahrzehnt auf ein Fließgleichgewicht ein, bei dem sich die Zustandsgrößen *Fischbestand* und *Bootsbestand* nicht mehr verändern, und Verluste (durch Fischfang und Bootsstilllegung) genau durch Gewinne (durch Fischnachwuchs und Bootsanschaffungen) kompensiert werden.   Auch ein Phasendiagramm des Simulationsergebnisses (mit *Fischbestand* als horizontaler, *Bootsbestand* als vertikaler Achse) macht deutlich, dass sich das System rasch auf einen stabilen Gleichgewichtspunkt hin bewegt.

4-4.5   Verhalten bei Parameteränderungen

Um das Verhalten des Modells genauer kennen zu lernen, müssen die Einflüsse der verschiedenen Parameter und Anfangsbedingungen genauer untersucht werden. Wir könnten über die Abfrage einzelne Parameter oder Parameterkombinationen ändern, doch ist dies eine zeitraubende Arbeitsweise, die sich nicht gut für umfangreiche systematische Untersuchungen eignet.   Hierzu sollten eher die Möglichkeiten zur Untersuchung der Parameterempfindlichkeit durch Sensititvitätsanalysen genutzt werden. Dabei werden Parameter in einem vorgegebenen Bereich systematisch verändert, die entsprechenden Simulationen durchgeführt und die Ergebnisse vergleichend dokumentiert.

Zunächst interessiert der Einfluss der Anfangsbedingungen für *Fischbestand* und *Bootsbestand*. Abb. 4.25 zeigt das Zustandsbild einer Globalanalyse der beiden Zustandsgrößen. Hier zeigt sich deutlich, dass unabhängig von den Anfangsbedingungen in diesem Bereich der Systemzustand immer auf den stabilen Gleichgewichtspunkt bei (etwa) 37 Booten und 6300 t Fisch zusteuert. Ist etwa die anfängliche Bootszahl sehr hoch, so reduziert sich diese rasch, bis es wieder zu einem Anwachsen und zur Stabilisierung der Fischpopulation kommt. Ist die anfängliche Fischpopulation sehr hoch, so wird diese durch den Fischfang sehr rasch auf den Gleichgewichtswert dezimiert.

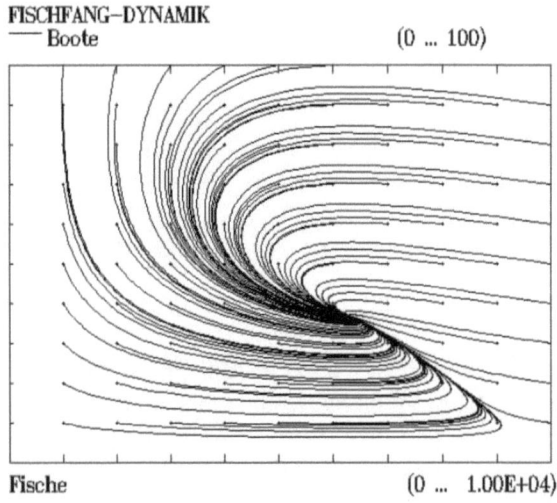

FISCHFANG–DYNAMIK
—— Boote   (0 ... 100)

Fische   (0 ... 1.00E+04)

Abb. 4.25: Untersuchung der globalen Dynamik des Fischfangmodells im Zustandsraum für die Parameter der Voreinstellung (Standardlauf). Alle Zustandspfade streben auf einen stabilen Gleichgewichtspunkt zu.

Nachdem wir den Überblick über das Globalverhalten für die Parameterwerte der Voreinstellung haben und festgestellt haben, dass es von einem stabilen Knoten (degenerierter Strudel) bestimmt ist, interessiert uns jetzt, wie sich das Bild verändert, wenn einzelne Parameter verändert werden. Für Parameteränderungen kommen in erster Linie die Szenarioparameter in Betracht, d.h. hier die maximale SPEZIFISCHE FANGMENGE der Boote, der FISCHPREIS und der INVESTITIONSANTEIL BOOTE zum Erwerb neuer Boote. Um Einschwingvorgänge bei Gleichgewichtspunkten bei den folgenden Arbeitsschritten besser verfolgen zu können, verändern wir zunächst den Anfangswert des *Bootsbestands*$_0$ auf 25 und das SIMULATIONSENDE auf 50 [Jahre]. Der Anfangswert liegt jetzt näher am beobachteten Gleichgewichtspunkt.

Um das Systemverhalten bei veränderten Parametern zu untersuchen, befassen wir uns zunächst mit einer Sensitivitätsanalyse des Parameters SPEZIFISCHE FANGMENGE, den wir im Bereich von 50 bis 250 [t Fisch/(Boot·Jahr)] variieren. Die Simulationsergebnisse werden wieder im Zustandsbild dargestellt (Abb. 4.26). Hier zeigt sich Folgendes: Bei geringer SPEZIFISCHER FANGMENGE (50) verringert sich der *Bootsbestand* bis auf Null, was das Anwachsen des *Fischbestands* bis zur Kapazitätsgrenze zur Folge hat. In diesem Fall trägt sich der Fischfang offensichtlich ökonomisch nicht; die Fischer haben nicht genügend Mittel für Neuinvestitionen übrig. Wird die SPEZIFISCHE FANGMENGE erhöht (auf 100), so ergibt sich der bereits ermittelte Gleichgewichtspunkt bei 6300 t Fisch und 36 Booten, der aperiodisch erreicht wird. Wird die SPEZIFISCHE FANGMENGE noch weiter erhöht (auf 150 bis 250), so verschiebt sich der Gleichgewichtspunkt mit wachsender spezifischer Fangmenge zu kleinerem *Fischbestand* und geringerem *Bootsbestand*. Außerdem stellt sich jetzt eine sehr stark gedämpfte Schwingung um den Gleichgewichtspunkt ein: Bevor dieser Punkt erreicht wird, geht der *Fischbestand* erst extrem zurück. Das System stabilisiert sich aber auch an diesen Gleichgewichtspunkten.

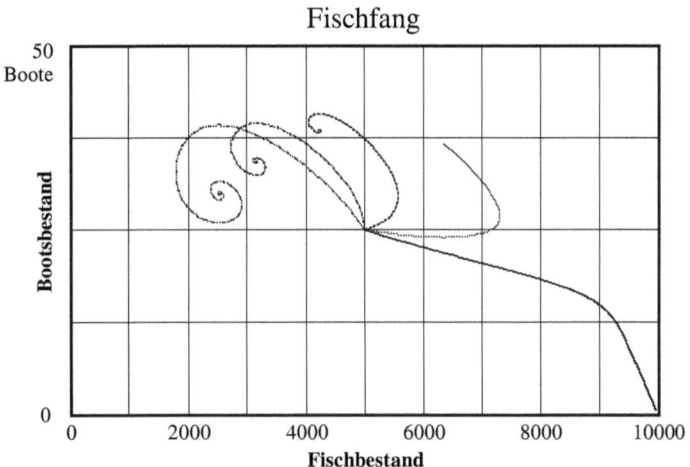

Abb. 4.26: Veränderung der globalen Dynamik bei Parameteränderung im Fischfangmodell. Ist die maximale SPEZIFISCHE FANGMENGE (hier: 50, 100, 150, 200, 250) zu klein, so kommt der Fischfang aus ökonomischen Gründen zum Erliegen.

In ähnlicher Weise untersuchen wir auch die Empfindlichkeit des Modellverhaltens in Bezug auf den FISCHPREIS. Wir geben hier den Bereich (500 bis 2500) an, wählen wieder das Zustandsbild für *Fischbestand* und *Bootsbestand* und erhalten das Ergebnis in Abb. 4.27. Hier zeigt sich jetzt, dass sich bei höherem FISCHPREIS ein größerer *Bootsbestand* halten kann, allerdings bei dann reduziertem *Fischbestand*.

Hier stellt sich nun die Frage, welche jährliche *Fangmenge* unter diesen Bedingungen erzielt werden kann. Hierzu werden die Ergebnisse für *Fangmenge* aus dieser Parameteruntersuchung als Funktion des Fischbestands gezeichnet (Abb. 4.28). Hier zeigt sich nun deutlich, dass die (nachhaltig erzielbare) *Fangmenge* bei einem FISCHPREIS von etwa 1250 [€/t Fisch] ein Optimum hat (von etwa 2500 [t Fisch/Jahr]): Bei höherem wie auch bei niedrigerem FISCHPREIS ist die *Fangmenge* geringer. Sinkt der Fischpreis unter ein Minimum (rd. € 900/ t Fisch), so ist die Fischerei ökonomisch nicht überlebensfähig. (Vor Vergleichen mit realen Zahlen sei gewarnt, da wir hier lediglich die Verhaltensweisen eines sehr einfachen Modells mit fiktiven Parametern untersuchen!)

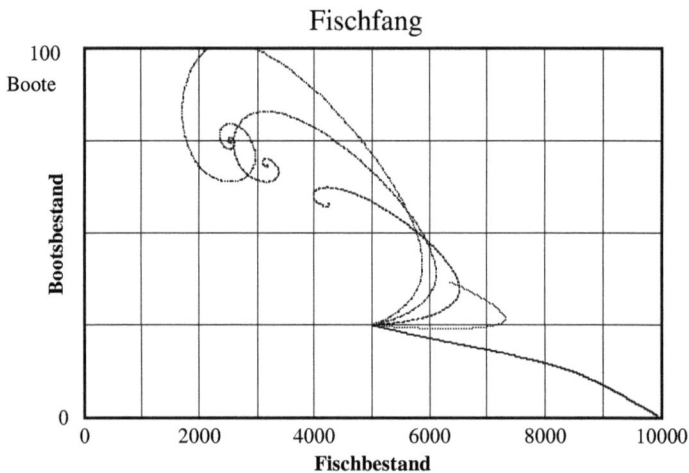

Abb. 4.27: Veränderung der globalen Dynamik bei Parameteränderung im Fischfangmodell. Ist der FISCHPREIS (hier: 500, 1000, 1500, 2000, 2500) zu gering, so führen die ökonomischen Bedingungen zum Erliegen des Fischfangs.

Wir haben hier nur bei zwei Parametern die Parameterempfindlichkeit des Fischfang-Modells untersucht. Weitere interessante Ergebnisse werden sich beim Arbeiten mit anderen Parametern ergeben, so etwa bei Veränderung der maximalen SPEZIFISCHEN FISCHZUWACHSRATE oder der ökonomischen Parameter. Um sich mit Hilfe des Simulationsmodells an eine (unter einem gegebenen Bewertungsaspekt) günstige Lösung heranzutasten, können mit Hilfe der Sensitivitätsuntersuchungen die in Frage kommenden Parameterbereiche besser und schneller eingegrenzt werden. Die Analyse des Globalverhaltens bringt dann mit dem Bild der möglichen Zustandspfade einen umfassenden Überblick über die Verhaltensmöglichkeiten des Systems.

4-4.6   Modifizierung für dichte-unabhängige Fangmenge

Bei allen Simulationen mit dem Fischfang-Modell beobachten wir zwar gelegentlich (bei ungünstigen ökonomischen Bedingungen) ein 'Aussterben' der Bootsflotte, aber nie einen vollständigen Zusammenbruch der Fischpopulation. Die Erklärung hierfür finden wir in den oben entwickelten Modellgleichungen: Die *Fangmenge* ist abhängig von der *Fischdichte*

Fangmenge *:=* Fangpotential · Fischdichte

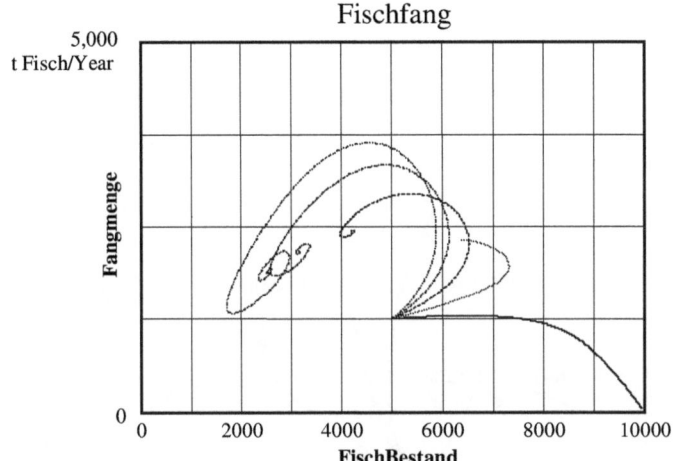

Abb. 4.28: Untersuchung der unter Gleichgewichtsbedingungen erzielbaren Fangmenge in Abhängigkeit vom FISCHPREIS (500, 1000, 1500, 2000, 2500).

Das bedeutet, dass bei abnehmender *Fischdichte* (und entsprechend abnehmendem *Fischbestand*) die *Fangmenge* schließlich gegen Null geht. Dies hat aber entsprechende ökonomische Konsequenzen für die Fischereibetriebe: Der Bootsbestand geht ebenfalls stark zurück, damit reduziert sich die Fangmenge weiter. Die Fischpopulation wird damit vor dem völligen Zusammenbruch bewahrt. Schließlich stellt sich zwischen *Fischbestand* und *Bootsbestand* immer ein Gleichgewicht ein. Dieses Verhalten lässt sich durch Untersuchungen der Parameterempfindlichkeit z.B. für hohe Werte der maximalen SPEZIFISCHEN FANGMENGE gut zeigen.

Die hier verwendete implizite Annahme, dass die Fische gleichmäßig über das Fanggebiet verteilt sind, entspricht bei vielen wirtschaftlich interessanten Fischarten nicht der Realität. Diese treten oft in Fischschwärmen auf, die mit modernen Techniken gut zu orten sind. Das bedeutet aber, dass die Fangmenge nicht mehr von der (durchschnittlichen) Fischdichte, sondern nur noch von der Güte der Ortungstechnik und der Fangkapazität der Flotte abhängt:

Fangmenge := Fangpotential · Fangchance

Damit ändert sich aber das Systemverhalten grundlegend, wie wir sehen werden.

Um das Fischfang-Modell entsprechend zu modifizieren, führen wir zunächst drei neue Parameter zum Vorhandensein von ORTUNGSTECHNIK, für zugelassene MAXIMALE BOOTSZAHL sowie die FANGCHANCE ein, die berücksichtigt, dass auch bei ausgefeilter Ortungstechnik die Fangmenge geringer ist als das vorhandene Fangpotential. Das Simulationsmodell wird entsprechend modifiziert (dicke Pfeile in Abb. 4.29) und durch entsprechende zusätzlichen Modellgleichungen ergänzt. Dabei muss berücksichtigt werden, dass der Fischbestand nicht negativ werden kann (bei der dichteabhängigen Fangmenge ist dies von vornherein unmöglich) und dass u. U. die maximale Bootszahl beschränkt bleiben muss, um Überfischen zu verhindern.

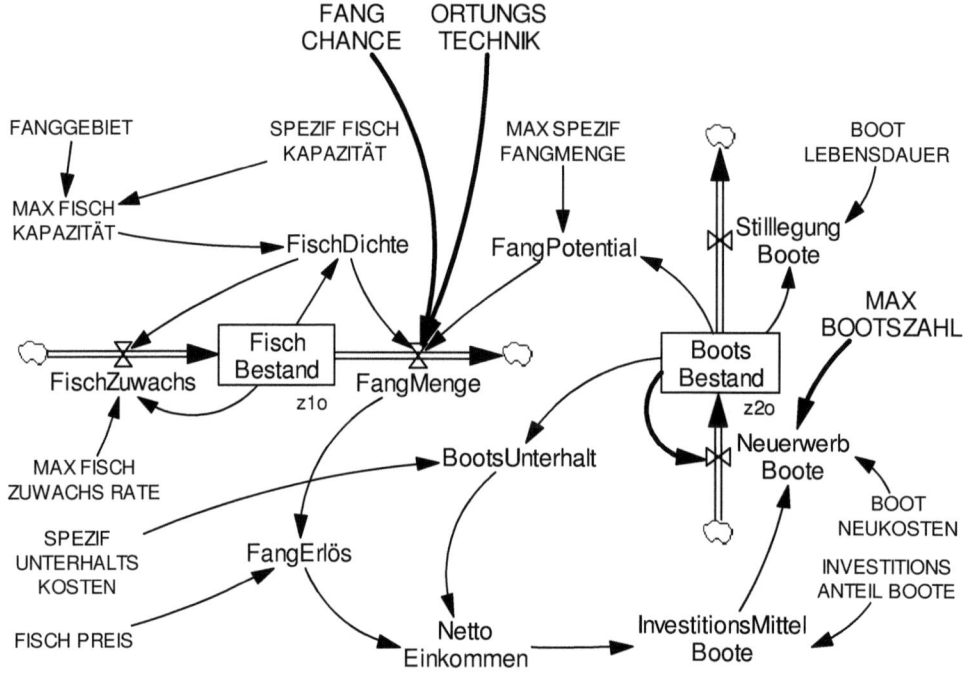

(07)   FangMenge = IF THEN ELSE(ORTUNGS TECHNIK>0.1, IF THEN EL-
        SE(FischDichte>0, FangPotential *FANG CHANCE, 0), FangPotenti-
        al*FischDichte) [t Fisch/Year]
(19)   Neuerwerb Boote = IF THEN ELSE(BootsBestand>MAX BOOTSZAHL, 0,
        InvestitionsMittel Boote/BOOT NEUKOSTEN) [Boot/Year]
(29)   FANG CHANCE = 0.8 [1]
(30)   ORTUNGS TECHNIK = 1 [1]
(31)   MAX BOOTSZAHL = 1000 [Boot]

Abb. 4.29: Ergänzungen des Fischfangmodells (dicke Pfeile), um eine Effizienzstei-
gerung der Fischereiboote durch Ortungstechnik zu berücksichtigen.

4-4.7   Simulationsergebnisse für dichte-unabhängigen Fischfang

Um einen ersten Überblick über das Verhalten des geänderten Modells zu erhalten, untersuchen wir zunächst das globale Verhalten mit den vorhandenen Voreinstellungen und dem Parameter ORTUNGSTECHNIK = 1. Hier zeigt sich, dass unabhängig von den Anfangsbedingungen die Fischpopulation immer (durch Überfischen) zusammenbricht. Um dies zu vermeiden, bieten sich zunächst zwei Möglichkeiten an: (1) Begrenzung der Fangmenge pro Boot und (2) Begrenzung der Bootszahl.

Wir untersuchen zunächst den Einfluss des Parameters SPEZIFISCHE FANG-MENGE im Bereich 0 bis 60 [t Fisch/(Boot·Jahr)]. Die entsprechenden Zustandspfade werden im Zustandsbild für *Fischbestand* (0 bis 10000) und *Bootsbestand* (0 bis 125) dargestellt (Abb. 4.30). Das Bild zeigt, dass es bei diesen Parameterbedingungen keinen Kompromiss gibt: Entweder die Bootsflotte verschwindet aus ökonomischen Gründen (bei Fangmenge 0 bis etwa 45), oder die Fischpopulation verschwindet durch Überfischen, wenn die Fangmenge größer 45 ist. (Die kritische Größe der Fangmenge lässt sich durch Verfeinern des Parameterintervalls genauer auf etwa 46.1 eingrenzen).

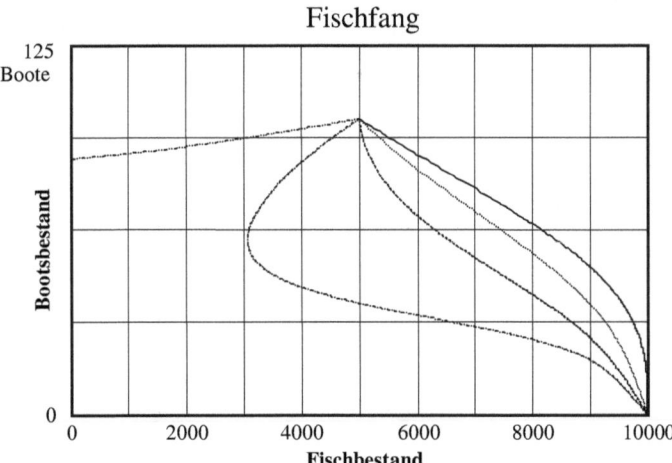

Abb. 4.30: Fischfang mit Ortung: Bei Verwendung von Ortungstechnik gibt es (ohne Fangbegrenzungen) keinen Kompromiss: Entweder die Fischpopulation verschwindet durch Überfischen, oder die Fischerei muss aus ökonomischen Gründen aufgegeben werden. SPEZ FANGMENGE = 0, 15, 30, 45 (Pfade rechts), 60 (Pfad links).

Untersuchen wir auf ähnliche Weise die Wirkung allein einer Begrenzung der Bootszahl, so können wir feststellen, dass auch hier (mit den Parametern der Voreinstellung) der *Fischbestand* immer zusammenbricht, wenn der anfängliche *Bootsbe-*

stand relativ groß ist. Ist die anfängliche Bootszahl dagegen klein, so läuft das Modell auf einen stabilen Zustand ein, wenn die Bootszahl auf einen niedrigen Wert begrenzt bleibt.

Für die weitere Analyse des offensichtlich komplexen Globalverhaltens des Modellsystems geben wir eine MAXIMALE BOOTSZAHL von 25 vor. Für die unterschiedlichen Anfangszustände für *Fischbestand* und *Bootsbestand* erhalten wir das komplexe Bild der Zustandspfade in Abb. 4.31. Es zeigt sich, dass es tatsächlich einen stabilen Bereich gibt (im rechten unteren Teil des Bildes, unterhalb der gestrichelten Linie): Alle Zustandspfade laufen dort auf die Bootsobergrenze zu (25 Boote). Der *Fischbestand* stellt sich auf einen Wert von 7236 ein (der in diesem Bild nicht zu erkennen ist). Liegen die Anfangswerte dagegen im linken oberen Teil des Zustandsbildes, oberhalb der gestrichelt eingezeichneten Linie, so bricht der *Fischbestand* immer zusammen. Unter diesen Bedingungen ist der Bootsbestand im Verhältnis zum Fischbestand zu groß. Der Fischzuwachs kann die Folgen der Überfischung nicht kompensieren. In diesem Fall erfolgt der Zusammenbruch des *Fischbestands* viel zu rasch, ohne eine unmittelbare durchgreifende Wirkung auf den *Bootsbestand*. Eine Stabilisierung ist daher hier nicht möglich.

Im Gegensatz zu linearen dynamischen Systemen stellen wir hier unterschiedliche Stabilitätsbedingungen in den verschiedenen Zustandsregionen fest – eine gängige Eigenschaft nichtlinearer Systeme.

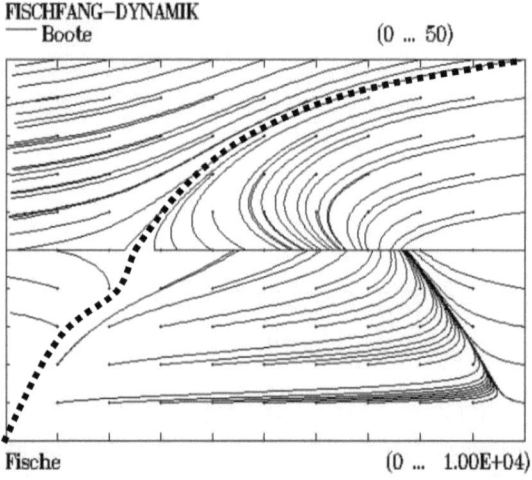

FISCHFANG–DYNAMIK
— Boote   (0 ... 50)

Fische   (0 ... 1.00E+04)

Abb. 4.31: Fischfang mit Ortung: Untersuchung des Globalverhaltens bei Begrenzung der MAXIMALEN BOOTSZAHL auf 25. In Abhängigkeit vom Anfangszustand für Fische und Boote zeigt sich jetzt entweder ein Einlaufen auf einen stabilen Gleichgewichtszustand oder der Zusammenbruch der Fischpopulation.

Auch hier interessiert wieder die *Fangmenge*, die nachhaltig erreicht werden kann. Wir setzen den Anfangswert für Boote auf 10, untersuchen dann die Parameterempfindlichkeit der MAXIMALEN BOOTSZAHL im Bereich 0 bis 40 Boote und zeichnen das Ergebnis für die jährliche Fangmenge im Zeitverlauf (Abb. 4.32). Wir stellen hier (und bei weiterer Verfeinerung des Untersuchungsbereichs) fest, dass sich für Bootsobergrenzen, die etwas unter 32 liegen, ein stabiler Zustand mit einem konstanten und nachhaltigen Fischertrag ergibt. Wird dagegen die Bootsobergrenze auf 32 oder darüber erhöht, so bricht das Modellsystem nach etwa vier Jahrzehnten wegen Überfischens zusammen. Das Bedenkliche ist hier allerdings, dass der maximale Ertrag (von 2500 [t Fisch/Jahr]) genau mit dem kritischen Grenzwert für die Bootszahl zusammentrifft, der den Zusammenbruch hervorruft. Aus ökonomischen Gründen würde man in der Nähe dieses Maximalertrags operieren wollen; bei einer leichten Überschreitung der zulässigen Fangquote würde das System aber bereits zusammenbrechen. Der nachhaltige Maximalertrag ist übrigens genau so hoch wie beim dichteabhängigen Fischfang, außer dass sich dort das System selbst stabilisiert und ein Überfischen nicht zum Zusammenbruch führen kann.

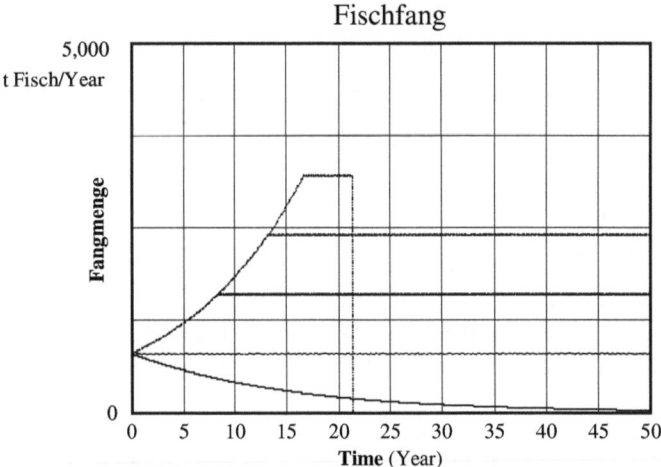

Abb. 4.32: Fischfang mit Ortung: Untersuchung der nachhaltig erzielbaren Fangmenge in Abhängigkeit von der MAXIMALEN BOOTSZAHL (0, 10, 20, 30, 40). Der maximale Ertrag ergibt sich genau an der Zusammenbruchsgrenze (32 Boote)!

4-4.8   Kondensation des Fischfangmodells zur Räuber-Beute-Struktur

Die Simulationen mit dem Fischfangmodell zeigen ein komplexes Verhalten, u.a. parameterabhängige stabile und instabile Gleichgewichtspunkte und Attraktionsbereiche. Bei diesem Modell führt die mathematische Kondensation der Modellgleichungen zu weiteren interessanten Erkenntnissen über die Systemstruktur, so dass wir zunächst noch eine kompakte Darstellung entwickeln wollen.

Werden in die Differentialgleichungen für die beiden Zustandsgrößen *Fischbestand* z_1 und *Bootsbestand* z_2 nacheinander die verschiedenen algebraischen Gleichungen für die Zwischengrößen und Zustandsraten eingesetzt (Abschnitt 4-4.2), so erhalten wir für den *Fischbestand* z_1

$$dz_1/dt = \text{A } z_1 \, (1 - z_1/\text{K}) - \text{F } (z_1/\text{K}) \, z_2$$

und für den *Bootsbestand* z_2

$$dz_2/dt = (\text{P F } (z_1/\text{K}) \, z_2 - \text{O } z_2) \, \text{I} \, / \, \text{Q} - \text{D } z_2$$

Wenn wir einführen

$$\text{J} = (\text{P I})/\text{Q}$$
$$\text{E} = (\text{O I})/\text{Q} + \text{D}$$

so lassen sich die Zustandsgleichungen des Modellsystems schreiben als

$$z_1' = \text{A } z_1 \, (1 - z_1/\text{K}) - \text{F } z_2 \, z_1/\text{K}$$
$$z_2' = \text{J F } z_2 \, z_1/\text{K} - \text{E } z_2$$

Dieses System hat genau die Struktur des klassischen Räuber-Beute-Systems mit logistischer Sättigung bei der Beute (vgl. Abschnitt 3-2.8 und Abb. 3.18):

$$x' = \text{A } x \, (1-x) - \text{B } x \, y$$
$$y' = \text{C } x \, y - \text{D } y$$

Der erste Teil der ersten Gleichung entspricht dem logistischen Wachstum der Beute. Der zweite Teil entspricht den Fangverlusten; er hängt sowohl von der Population der Räuber wie der der Beute ab. Der erste Teil der zweiten Gleichung zeigt den entsprechenden Gewinn der Räuber, der zweite den Verlust durch Eigenverbrauch.

Wenn wir ein Simulationsdiagramm für die Kompaktdarstellung des Fischfangmodells zeichnen (Abb. 4.33), so wird diese generische Struktur noch deutlicher: Auf der linken Seite der Zustandsgröße z_1 (bzw. x = Beute) erscheint die Struktur des logistischen Wachstums (vgl. Abb. 3.18). An der Zustandsgröße z_2 (bzw. y = Räuber) sehen wir die für exponentiellen Zerfall typische Eigenkopplung. Beide Zustandsgrößen sind multiplikativ (nichtlinear!) miteinander verkoppelt. Das Resultat dieser Verkopplung bedeutet einen Verlust für die Beute und einen Gewinn für den Räuber. Da eine Rückkopplungsschleife über beide Zustandsgrößen führt, sind Schwingungen im System für bestimmte Parameterkombinationen zu erwarten – wie die die Simulationen ja auch gezeigt haben.

Die Einführung dimensionsloser Variablen führt zu einfacheren Systemgleichungen und erleichtert Untersuchung und Vergleich der generischen Struktur (vgl.

Kap. 3-3). Beim Fischfangmodell bietet sich an, den *Fischbestand* z_1 mit seiner Kapazitätsgrenze K und den *Bootsbestand* z_2 mit einer 'Normalanzahl' L zu normieren und damit einen normierten *Fischbestand* x und eine normierte *Bootsbestand* y zu definieren:

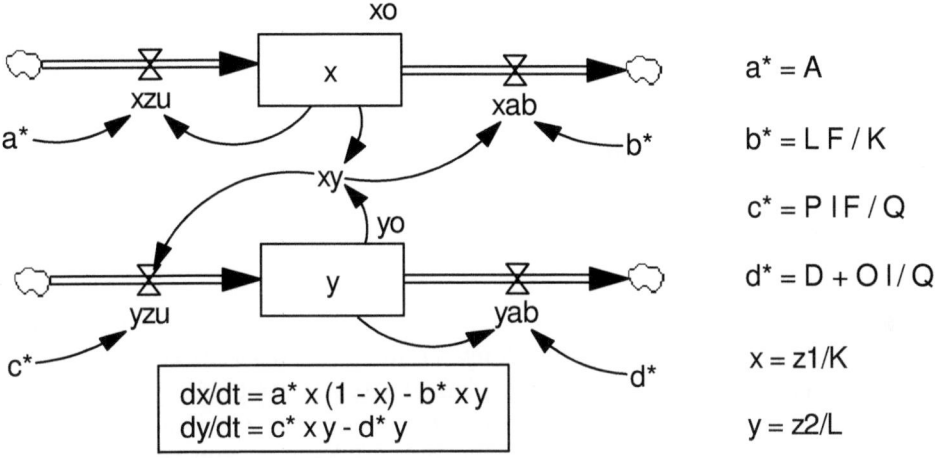

$$a^* = A$$

$$b^* = L\,F\,/\,K$$

$$c^* = P\,I\,F\,/\,Q$$

$$d^* = D + O\,I\,/\,Q$$

$$x = z1/K$$

$$y = z2/L$$

$$dx/dt = a^* x\,(1 - x) - b^* x\,y$$
$$dy/dt = c^* x\,y - d^* y$$

Abb. 4.33: Kompaktdarstellung des Fischfangsystems. Die Struktur ist identisch mit der des Räuber-Beute-Systems bei begrenzter Beutekapazität.

$x = z_1/\mathrm{K}$
$y = z_2/\mathrm{L}$
bzw.
$z_1 = \mathrm{K}\,x$
$z_2 = \mathrm{L}\,y$

Werden diese Definitionen in die Zustandsgleichungen für z_1 und z_2 eingesetzt, so ergibt sich für die normierten Zustandsgleichungen

$$dx/dt = x' = \mathrm{A} \cdot x\,(1 - x) - (\mathrm{L/K})\,\mathrm{F} \cdot x\,y$$
$$dy/dt = y' = \mathrm{C}\,\mathrm{F} \cdot x\,y - \mathrm{E} \cdot y$$

Man beachte, dass die generische Struktur erhalten blieb, die Koeffizienten der Terme sich aber geändert haben. Mit

$a^* = \mathrm{A}$
$b^* = (\mathrm{L/K})\,\mathrm{F}$
$c^* = \mathrm{J}\,\mathrm{F} = \mathrm{P}\,\mathrm{I}\,\mathrm{F}/\mathrm{Q}$
$d^* = \mathrm{E} = \mathrm{D} + \mathrm{O}\,\mathrm{I}\,/\,\mathrm{Q}$

ergeben sich wieder die generischen Zustandsgleichungen des Räuber-Beute-Systems (Abb. 4.33, vgl. Abb. 3.18).

Das Gleichungssystem kann völlig dimensionslos gemacht und damit in seine allgemeinste Form überführt werden, wenn auch die Zeit *t* durch eine Bezugszeit T dimensionslos gemacht wird. Die Einführung der dimensionslosen Zeit $\tau = t/\text{T}$ in das normierte Fischfangmodell führt zu den dimensionslosen Zustandsgleichungen

$$dx/d\tau = \text{T} \cdot \text{A} \cdot x\,(1-x) - \text{T} \cdot (\text{J/K})\,\text{F} \cdot x\,y$$
$$dy/d\tau = \text{T} \cdot \text{J}\,\text{F} \cdot x\,y - \text{T} \cdot \text{E} \cdot y$$

Wieder ist die generische Struktur erhalten geblieben; nur die Koeffizienten der Terme haben sich geändert. Jetzt ergeben sich mit

A = T·A
B = T·(L/K) F
C = T·J F
D = T·E

wieder die generischen Zustandsgleichungen (Abb. 3.18) des Räuber-Beute-Systems.

Die zur Normierung verwendete charakteristische Zeit sollte immer durch einen Parameter oder eine Kombination von Parametern mit der Dimension der Zeiteinheit dargestellt werden, die für die Dynamik des Systems von besonderer Bedeutung sind. In diesem Fall haben alle Parameter (A, (L/K) F, J F, E) die Dimension [1/Jahr]; ihr Kehrwert käme also als charakteristische Zeiteinheit in Frage. Das sinnvollste Zeitmaß ist allerdings sicher der Kehrwert der SPEZIFISCHEN FISCHZUWACHSRATE A, weil dieser den Regenerationsvorgang des *Fischbestands* und damit die Dynamik des Systems maßgeblich bestimmt. Daher wird gesetzt

T = 1/A

Wird dies in die zuletzt formulierten Zustandsgleichungen eingeführt, so ergeben sich die dimensionslosen Zustandsgleichungen

$$dx/d\tau = x\,(1-x) - (\text{L/K})\,(\text{F/A})\,x\,y$$
$$dy/d\tau = (\text{J/A})\,\text{F}\,x\,y - (\text{E/A})\,y$$

Mit der Definition der Koeffizienten

$\underline{a}$ = 1
$\underline{b}$ = (L/K) (F/A)
$\underline{c}$ = (J/A) F
$\underline{d}$ = E/A

ergeben sich wieder die generischen Zustandsgleichungen für das Räuber-Beute-System (Gl. 3.18).

$$dx/d\tau = \underline{a}\, x\, (1 - x) - \underline{b}\, x\, y$$
$$dy/d\tau = \underline{c}\, x\, y - \underline{d}\, y$$

In dieser Form ist (mit $\underline{a} = 1$) das logistische Wachstum der Beutepopulation (1. Term der 1. Gleichung) parameter-unabhängig (bis auf die Streckung der Zeitachse mit $\tau = t/T = A\, t$).

4-4.9 Gleichgewichtspunkte des Fischfangmodells

In den Simulationsbeispielen wird wieder die Bedeutung der Gleichgewichtspunkte des Systems (oder Modells) deutlich. Um einschätzen zu können, ob ein System überhaupt zu einem stabilen Zustand des Fließgleichgewichts fähig ist, müssen die Gleichgewichtspunkte und das Verhalten in ihrer Nähe bekannt sein: Laufen alle Zustandsbahnen auf den Gleichgewichtspunkt zu, so ist er stabil. Entfernen sie sich von ihm, so ist dort kein stabiler Systemzustand möglich. Bei diesen Untersuchungen kann, wie gezeigt, die Simulation (insbesondere die Globalanalyse und die Sensitivitätsanalyse) von großer Hilfe sein. Einfacher wäre es allerdings, wenn sich ohne das Herantasten über viele Simulationsläufe die Gleichgewichtspunkte eines Systems und die dort herrschenden Stabilitätsbedingungen direkt bestimmen ließen. Dies ist mit Hilfe der Zustandsgleichungen tatsächlich möglich.

Am Gleichgewichtspunkt ist das System in Ruhe, der Zustand verändert sich nicht. Alle Ableitungen der Zustandsgrößen nach der Zeit müssen daher identisch Null sein. Aus den dann verbleibenden algebraischen Gleichungen lassen sich die Zustandswerte am Gleichgewichtspunkt ermitteln (s. hierzu auch Kap. 6-2).

Im Abschnitt 4-4.8 hatten wir mit den dort verwendeten Abkürzungen die zwei **Zustandsgleichungen** für das **dichteabhängige Fischfangmodell** abgeleitet:

$$z_1' = A\, z_1\, (1 - z_1/K) - F\, z_2\, z_1/K$$
$$z_2' = J\, F\, z_2\, z_1/K - E\, z_2$$

wobei

$$J = (P\ I)/Q$$
$$E = (O\ I)/Q + D$$

Hieraus ergeben sich mit der Bedingung, dass an Gleichgewichtspunkten die Ableitungen der Zustandsgrößen nach der Zeit verschwinden müssen

$$z_1' = 0$$
$$z_2' = 0$$

die Koordinaten der **Gleichgewichtspunkte** für das **dichteabhängige Fischfangmodell**.

Ein erster Gleichgewichtspunkt findet sich am Koordinatenursprung

$z_{1GP1} = 0$
$z_{2GP1} = 0$

Ein zweiter Gleichgewichtspunkt entspricht der MAXIMALEN FISCHKAPAZITÄT K. Da 'negative' Boote in der Realität nicht auftreten, gilt

$z_{1GP2} = K$ für $z_{2GP2} \leq 0$

Der dritte Gleichgewichtspunkt ist definiert durch

$z_{1GP3} = (K\ E)/(F\ J) = (K/F)\ [(O\ I)/Q + D]/(P\ I/Q)$
$z_{2GP3} = (K\ A/F)\ [1 - E/(F\ J)] = (K\ A/F)\ [1 - \{(O\ I)/Q + D\}/\{F\ P\ I/Q\}]$

Setzen wir in diese Beziehungen die Parameterwerte der Voreinstellungen des Simulationsmodells zur Fischfangdynamik (Abschnitt 4-4.2) ein, so erhalten wir die Zustandskoordinaten des Gleichgewichtspunkts

$z_{1GP3} = 6333$ [t Fisch]
$z_{2GP3} = 37$ [Boote]

Diese Werte decken sich mit den in den Simulationen festgestellten Gleichgewichtspunkten

Wird das Modell wie in Abschnitt 4-4.6 modifiziert, um die Fangmenge von der Fischdichte unabhängig zu machen (durch Fischortung), so muss die Verknüpfung $m = h\ b$ in Abb. 4.21 bzw. Gleichung (7) in den Modellgleichungen in Abb. 4.23 ersetzt werden durch

$m = X\ b = X\ F\ z_2$

wobei X die FANGCHANCE bezeichnet (vgl. Abb. 4.29). Die **Zustandsgleichungen** für das **dichte-unabhängige Fischfangmodell** werden nun

$z_1' = A\ z_1\ (1 - z_1/K) - X\ F\ z_2$
$z_2' = J\ X\ F\ z_2 - z_2\ E$

Mit der Gleichgewichtsbedingung $z_1' = 0$, $z_2' = 0$ folgen hieraus die Zustandskoordinaten des Gleichgewichtspunkts für das dichte-unabhängige Fischfangmodell

$z_{1GP1} = 0$
$z_{2GP1} = 0$

d.h. dieses System hat überhaupt keinen 'freien' Gleichgewichtspunkt mit nicht verschwindenden Zustandsgrößen. Ein **Gleichgewichtspunkt** lässt sich allerdings 'erzwingen' durch Festlegen der Bootszahlgrenze $z_{2GP} = Y$. Das bedeutet, dass die Zustandsgleichung für z_2 (an diesem Punkt) überflüssig wird. Setzen wir das entsprechende Y in die Gleichgewichtsbedingung für z_{1GP} ein, so erhalten wir die Bedingung

$$A\ z_{1GP}\ (1 - z_{1GP}/K) = X\ Y\ F$$

Diese quadratische Gleichung für z_{1GP} hat die Lösung

$$z_{1GP3,4} = [K/(2\ A)]\ [A \pm (A^2 - 4\ A\ X\ Y\ F/K)^{1/2}]$$

Reelle Lösungen ergeben sich für a $\geq$ 4 X Y F/K. Der Parameter A ist die maximale SPEZIFISCHE FISCHZUWACHSRATE. Setzen wir die bisher verwendeten Parameterwerte der Voreinstellungen ein, so ist diese kritische Zuwachsrate

A_{kr} = 4 X Y F/ K
= 4 * *Fangchance* * BOOTSGRENZE * SPEZIFISCHE FANGMENGE / MAX FISCHKAPAZITÄT
$= 4{\cdot}(0.8){\cdot}(25){\cdot}(100) / 10000 = 0.8$

Die *Fischzuwachsrate* muss bei dieser Parameterkonstellation also größer als 0.8 sein, um ein Gleichgewicht zu erhalten. Für den in den bisherigen Simulationen angenommenen Wert von A = 1 erhalten wir zwei Gleichgewichtswerte für den Fischbestand

z_{1GP} = (10000/2) [1 $\pm$ (1 – 0.8)$^{1/2}$]
= 5000 [1 $\pm$ (0.2)$^{1/2}$]
= 5000 [1 $\pm$ 0.4472]

d.h.

z_{1GP3} = 7236
z_{2GP3} = 25
z_{1GP4} = 2764
z_{2GP4} = 25

Der Gleichgewichtspunkt z_{1GP3} lässt sich durch die Simulation des dichteunabhängigen Modells (ORTUNGSTECHNIK = 1) sofort bestätigen (Ergebnistabelle). Es handelt sich hier offensichtlich um einen stabilen Knoten, der sich in Abb. 4.31 deutlich zeigt. Um den anderen Gleichgewichtspunkt z_{1GP4} zu erkennen, müssen wir die Abb. 4.31 noch einmal genauer betrachten. Hier kreuzt die die beiden Verhaltensbereiche (Zusammenbruch des *Fischbestands* oben links, Erhalt des *Fischbestands* unten rechts) trennende 'Separatrix' die horizontale Linie der MAXIMALEN BOOTSZAHL (hier: 25). Liegt der Anfangszustand links vom Kreuzungspunkt mit der Separatrix auf der Bootsgrenze, so würde er nach links laufen (Zusammenbruch des *Fischbestands*). Läge er rechts vom Kreuzungspunkt, würde er auf den stabilen Gleichgewichtspunkt z_{1GP3} zulaufen. Bei diesem Kreuzungspunkt muss es sich also um den zweiten Gleichgewichtspunkt z_{1GP4} handeln. Offensichtlich ist dieser ein Sattel und damit instabil.

Diese Vermutung können wir mit dem Simulationsmodell genauer untersuchen, indem wir mit der Globalanalyse den Zustandsraum um z_{1GP4} genauer betrachten. Hierbei empfiehlt es sich, möglichst einen Simulationspunkt auf diesen Punkt zu legen. Wir wählen daher für Fische den Bereich (2764 ± 100) und für Boote den Bereich (25 ± 0.5). Das Bild der Zustandpfade in diesem Bereich bestätigt die Vermutung: Es handelt sich um den zweiten Gleichgewichtspunkt, einen Sattel. (Zur genaueren Simulation sollte eine kleinere Schrittweite gewählt werden).

4-4.10   Zusammenfassung der Beobachtungen am Fischfangmodell

Das Fischfangmodell hat uns zu einigen Einsichten zum Verhalten dynamischer Systeme im Allgemeinen und zur wirtschaftlichen Nutzung ökologischer System im Besonderen verholfen, die hier noch einmal zusammengefasst werden sollen.

1. Bei nichtlinearen Systemen muss sich die Untersuchung des Verhaltens auf den gesamten möglichen Zustandsbereich erstrecken (Globalanalyse der möglichen Zustandsbahnen), da das Verhalten von mehreren (stabilen und instabilen) Gleichgewichtspunkten (allgemeiner: Attraktoren) bestimmt sein kann, die getrennte Einzugsbereiche haben.

2. Das Globalverhalten kann (auch und gerade in seiner qualitativen Ausprägung) stark parameterabhängig sein. Wenn analytische Untersuchungen schwierig oder nicht möglich sind (wie meist bei nichtlinearen Systemen), sind umfangreiche Simulations- und Sensitivitätsuntersuchungen erforderlich.

3. Gleichgewichtszustände können aus den Zustands(raten)gleichungen ermittelt werden: Die Ableitungen aller Zustandsgrößen nach der Zeit müssen am Gleichgewichtspunkt verschwinden.

4. Die Stabilität eines Gleichgewichtspunkts zeigt sich aus dem Verlauf der Zustandsbahnen in seiner Umgebung: Bei einem stabilen Gleichgewichtspunkt verlassen keine Zustandsbahnen eine um den Punkt in seiner unmittelbaren Umgebung gezogene Oberfläche.

5. Eine 'geringfügige' Veränderung in einem System kann eine gravierende qualitative Änderung des Verhaltens und der Stabilitätsbedingungen zur Folge haben. Im Fischfangbeispiel verändert sich das ursprüngliche System (beuteabhängige Fangrate) mit einem stabilen Gleichgewichtspunkt allein durch Einführung einer besseren Ortungstechnik zu einem System (beute-unabhängige Fangrate mit Fangflottenbegrenzung) mit einem instabilen und einem stabilen Bereich.

6. Die Einführung einer 'besseren' (Ortungs)Technik kann destabilisierend wirken, da sie eine (unbemerkte) Strukturveränderung des Systems hervorruft. Während das Fischfangsystem mit der beuteabhängigen Fangrate selbststabilisierend war, lässt es sich bei besserer Ortungstechnik nur noch durch die strikte Begrenzung der Fangflotte vor dem Zusammenbruch bewahren – die Einführung von Fanggrenzen pro Boot reicht zur Stabilisierung nicht aus.

7.   Ist die Ausbeutungsrate eines ökologischen (regenerativen) Systems ('Beute') direkt abhängig vom noch vorhandenen Ressourcenbestand und ist außerdem die Existenz des Ausbeuters ('Räubers') *ausschließlich* von dieser Ressource abhängig, so kann sich ein stabiles Gleichgewicht (ohne Zusammenbruch) entwickeln.

8.   Kann der Ausbeuter auf eine andere Ressource ausweichen, so kann es zur vollständigen Ausbeutung und zum Zusammenbruch der Beuteressource kommen. (Zur Stabilisierung der Nutzung natürlicher Ressourcen dürften daher nur Unternehmen zugelassen werden, denen Ausweichmöglichkeiten auf andere wirtschaftliche Betätigungen unmöglich gemacht werden, und die beim Zusammenbruch einer Ressource ebenfalls alles verlieren würden).

9.   Falls die Fangmenge (hier: durch bessere Ortungstechnik) unabhängig vom Beutebestand wird, kann das System nur durch strikte Einhaltung einer maximalen Fangrate (hier: *Bootsbestand* · SPEZIFISCHE FANGMENGE) stabilisiert werden, die unterhalb der Regenerationsrate des Beutebestands liegen muss.

10.   In diesem Fall entspricht der maximale nachhaltige Ertrag der kritischen Nutzungsrate: Bei geringster Übernutzung, oder bei geringstem Rückgang der Regenerationsrate der Beute bricht das System zusammen. Stabilisierung dieses Systems erfordert eine Nutzung in sicherem Abstand vom maximalen Ertragswert.

11.   Bei der Nutzung regenerativer Systeme kann die Einführung einer besseren Technik destabilisierend wirken und zusätzliche Stabilisierungsanstrengungen erfordern, ohne Vorteile beim nachhaltigen Ertrag zu bringen.

4-5   Zusammenfassung wichtiger Ergebnisse

Für das Rotationspendel und die Fischfangdynamik wurden in diesem Kapitel lauffähige Simulationsmodelle entwickelt, mit einem graphisch-interaktiven Programmsystem implementiert und über ein breites Parameter- und Verhaltensspektrum untersucht.

In Kapitel 3 und 4 wurde der Prozess der Modellbildung und Simulation mehrfach durchlaufen. Die einzelnen Phasen und Schritte der Modellentwicklung sind in Abb. 4.34 noch einmal zusammengestellt.

Die wichtigsten Ergebnisse dieses Kapitels in der Zusammenfassung:

Phasen der Modellentwicklung

1. Entwicklung des Modellkonzepts
- Aufgabenstellung erfassen
- Modellzweck definieren
- Normales' Verhaltensmuster (Referenzverhalten) überlegen

2. Modellentwicklung
- System im Detail verbal beschreiben (Wortmodell)
- Systemgrenze ziehen
- Wichtige Teilsysteme und ihre Wirkungsbeziehungen identifizieren
- Wirkungsstruktur entwickeln
- Zustandsgrößen ermitteln
- Systemelemente und ihre Funktionen spezifizieren
- Wirkungsverknüpfungen identifizieren und quantifizieren
- Rückkopplungen erfassen
- Exogene Parameter und Einflüsse bestimmen und quantifizieren
- Anfangsbedingungen und freie Parameter für Referenzverhalten wählen
- Mit geeignetem Simulationsverfahren programmieren

3. Modellprüfung
- Modellstruktur an Modellzweck und Systemstruktur überprüfen (Strukturgültigkeit)
- Programmierfehler ausmerzen
- Referenzlauf erzeugen (u.U. Änderung der freien Parameter)
- Über den möglichen Parameter- und Verhaltensbereich testen (Plausibilität und Robustheit)
- Verhaltensweisen überprüfen (Verhaltensgültigkeit)
- Mit Beobachtungen vergleichen (Zeitreihen) (empirische Gültigkeit)
- Parametersensitivität überprüfen
- Szenariountersuchungen (realistische Parameterkombinationen)
- Wirkungen von Maßnahmen und Eingriffen untersuchen
- Folgen möglicher/notwendiger Strukturveränderungen untersuchen
- Erfüllung des Modellzwecks überprüfen (Anwendungsgültigkeit)

4. Ergebnisvermittlung
- Modell auf die 'essentielle' Struktur kondensieren
- verhaltensbestimmende Rückkopplungsschleifen identifizieren
- Verhaltensweisen begründen

Abb. 4.34: Phasen der Modellentwicklung und Modellprüfung.

1. **Simulationsmodelle** dynamischer Systeme haben alle einen prinzipiell **glei-chen Aufbau** mit gleichartigen Komponenten (Vorgabegrößen, Zustandsgrö-ßen, Zwischengrößen einschließlich Veränderungsraten). Daher stellen sich die prinzipiell gleichen Anforderungen bei der Bearbeitung.

2. Unabhängig vom konkreten Inhalt (dem eigentlichen Modell) kann daher **all-gemein einsetzbare Simulations-Software** entwickelt werden. Eine Vielzahl solcher Programmsysteme steht für unterschiedliche Rechnersysteme und An-wendungen zur Verfügung; viele verwenden eine eigene Simulationssprache.

3. Für die **Simulationspraxis** sind besonders **zwei Ansätze** interessant: (1) Die Verwendung von Simulationssystemen, die verbreitete Programmiersprachen mit allen ihren Möglichkeiten benutzen, und (2) bildschirmorientierte Simula-tionssysteme, die alle Möglichkeiten interaktiver Graphik auch für die Mo-dellbildung bereitstellen. Beide Ansätze wurden hier verwendet.

4. Herausragendes Kennzeichen der meisten realitätsnahen Simulationsmodelle ist ihre **Nichtlinearität**. Sie stehen daher der mathematischen Analyse (meist) nicht offen und können nur durch **Computersimulation** untersucht werden.

5. Das **Verhalten** solcher Systeme ist in oft überraschender Weise abhängig von Parametereinstellungen, Anfangswerten, Umwelteinwirkungen und Struktur-veränderungen. Die umfassende Analyse erfordert daher eine Vielzahl von Simulationsläufen über das ganze Spektrum möglicher Parameterkonstellatio-nen und Anfangswerte. Simulationssysteme sollten daher nicht nur einzelne Simulationsläufe gestatten, sondern müssen auch Vielfachsimulationen zur **Globalanalyse** und Untersuchung der **Parametersensitivitäten** erlauben.

6. Besonderes Interesse gilt den **Gleichgewichtszuständen** eines Systems, die sich ermitteln lassen aus der Bedingung $d\mathbf{z}/dt = \mathbf{0}$.

7. Die **Stabilität** oder Instabilität eines Gleichgewichtspunkts ergibt sich aus dem dynamischen Verhalten in der Nähe des Gleichgewichtszustands, d.h. aus dem Verlauf der Zustandsbahnen. Oft ist eine Linearisierung des Originalsystems am Gleichgewichtspunkt möglich. Das erlaubt die mathematische Untersu-chung der Stabilität mit Hilfe des lokal gültigen linearen Ersatzsystems.

Die Modellentwicklung wird oft an dieser Stelle abgeschlossen werden, wenn nämlich der Zweck der Untersuchung vor allem darin bestand, ein gegebenes System und sein dynamisches Verhalten unter gegebenen Bedingungen umfassend zu verste-hen. Vielfach beginnt mit einer solchen Untersuchung aber erst die richtige Arbeit, wenn nämlich ein unbefriedigend arbeitendes System stabilisiert, verbessert und optimiert werden soll. Meist lassen sich diese Aufgaben durch einfache Parameter-änderungen bei Festhalten an der Systemstruktur nicht mehr lösen. Es muss dann oft zunächst erst einmal nach Maßstäben und Kriterien gesucht werden, um die Leistung des Systems für einen gegebenen Zweck beurteilen und vergleichen zu können. Erst dann kann 'optimiert' werden. Und vielfach stellt sich heraus, dass eine Änderung oder Ergänzung der Systemstruktur unumgänglich ist. Dies gilt besonders für viele technische Systeme, die oft erst durch komplexe Regelsysteme stabilisiert werden können.

Das folgende Kapitel 5 befasst sich daher u.U. mit folgenden Fragen:

- Wie lässt sich ein komplexes System so steuern, dass es (an vorgegebenen Kriterien gemessen) 'optimales' Verhalten erbringt? Wie muss man z.B. ein komplexes System regenerativer Ressourcen (wie ein Fischfanggebiet) so bewirtschaften, dass die Fischpopulationen nicht zusammenbrechen, die Artenvielfalt erhalten bleibt und trotzdem ein nachhaltiger hoher gleich bleibender Ertrag erzielt wird?

- Lassen sich Wege finden, um ein instabiles oder marginal stabiles System mit geringem Aufwand so zu verändern, dass es auch bei Störungen stabiles Verhalten zeigt? Kann man z.B. das Pendelsystem so verändern, dass es auch in seinem oberen Totpunkt noch stabil ist?

5 Systementwurf

5-0 Überblick

In den vorangegangenen Kapiteln wurde schrittweise der Prozess der Modellentwicklung durchlaufen, von der anfänglichen Aufgabenstellung bis hin zu Simulationsläufen mit einem (im Rahmen der Aufgabenstellung) gültigen Modell. Nach diesen Schritten steht ein Werkzeug zur Verfügung, mit dem wir – je nach Parameterwahl – meist das ganze Verhaltensspektrum untersuchen können. Damit erweitert sich unser Systemverständnis enorm. Simulationen mit dem Modell bringen neue Erkenntnisse über das System.

Die Ergebnisse können aber auch zur Erkenntnis führen, dass das Systemverhalten inakzeptabel, unbefriedigend oder einfach nur recht undurchschaubar ist. So mag sich z.B. auch unter 'normalen' Bedingungen instabiles Verhalten zeigen, oder Zustandswerte bleiben hinter den Anforderungen zurück, oder die Vielzahl freier Parameter macht eine systematische Suche nach guten Lösungen fast unmöglich. Diese Probleme stellen sich vor allem dann, wenn die Modellentwicklung nicht nur der Nachbildung eines bestehenden Systems und seines Verhaltens galt, sondern wenn das Simulationsmodell verwendet werden soll, um damit Maßnahmen für 'besseres' Systemverhalten zu finden.

Bei der Arbeit mit Systemen oder Modellen haben wir es immer mit drei Grundkomponenten zu tun: dem System S, den Systemeingängen I (Einwirkungen auf das System aus der Systemumwelt) und den aus S und I resultierendem Systemverhalten, ausgedrückt durch die beobachtbaren Systemausgänge O. Mit diesen drei Komponenten ergeben sich die drei Grundaufgaben der Systemanalyse (Abb. 5.1):

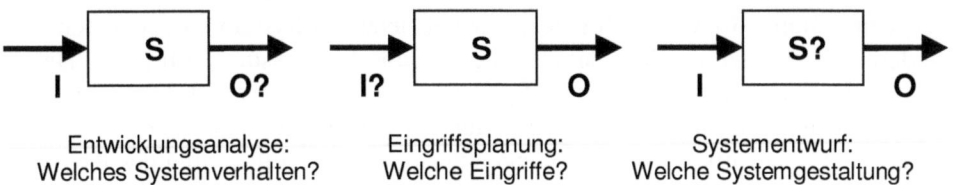

Abb. 5.1: Die drei Grundaufgaben der Systemanalyse: Entwicklungsanalyse, Eingriffsplanung, Systementwurf

1. **Entwicklungsanalyse**: Hier ist zu ermitteln, wie sich bei gegebenen Einwirkungen das Verhalten eines gegebenen Systems entwickelt.
2. **Eingriffsplanung**: Hier ist zu ermitteln, welche Eingriffe vorgenommen werden müssen, um bei einem gegebenen System ein bestimmtes Verhalten zu erreichen.

3.   **Systementwurf**: Hier ist zu ermitteln, wie ein System gestaltet werden muss, um bei gegebenen Einwirkungen ein bestimmtes Verhalten zu zeigen.

Diese drei Grundaufgaben sollen kurz erläutert werden.   Die Herangehensweisen unterscheiden sich grundsätzlich.

Entwicklungsanalyse: In diesem Fall existiert ein Modell des Systems, und die konstanten oder zeitabhängigen Systemeingänge und Parameter sind bekannt (oder werden als 'Szenarien' angenommen).   Es ist jetzt das Verhalten des Systems unter diesen Bedingungen zu ermitteln.   Meist werden dabei die Parameter und Szenarien über ein breites Spektrum von Bedingungen verändert, um die daraus sich ergebenden Entwicklungspfade zu ermitteln und diese Ergebnisse vergleichen und bewerten zu können.   *Beispiel*: Untersuchung und vergleichende Bewertung der globalen Bevölkerungs- und Umweltentwicklung bei unterschiedlichen Szenarien für Art, Zeitpunkt und Stärke von Maßnahmen der Geburtenkontrolle, Ressourcenersparnis und Konsumbeschränkung.

Eingriffsplanung: In diesem Fall existiert wieder ein Modell des Systems und das erwünschte Verhalten ist vorgegeben (u.U. als Funktion der Zeit).   Jetzt sind die konstanten oder zeitabhängigen Eingriffe in das System zu bestimmen, um das gewünschte Verhalten zu erzielen.   In technischen und (betriebs)wirtschaftlichen Systemen ist oft die Optimierung des Systemverhaltens angestrebt: Es müssen die (oft zeitabhängigen) Eingriffsparameter ermittelt werden, mit denen sich ein (an vorgegebenen Kriterien gemessen) 'optimales' Systemverhalten ergibt.   *Beispiel*: Auffinden einer Fangstrategie für ein Fischfanggebiet, die zu nachhaltigen maximalen wirtschaftlichen Erträgen – ohne Zusammenbruch der Fischpopulation – führt.)

Systementwurf: In diesem Fall sind die (konstanten oder zeitabhängigen) Parameter und Einwirkungen auf das System bekannt und die erwünschte Entwicklung des Systemzustands ist vorgeschrieben.   Es soll jetzt ein System so entworfen oder verändert und ergänzt werden, dass es die gewünschte Leistung erbringt.   Häufig stellt sich die Aufgabe, ein gegebenes System so zu modifizieren, dass es sich stabil verhält, oder generell ein 'besseres' Verhalten als vorher entwickelt.   *Beispiel*: Einbau zusätzlicher negativer Rückkopplungen zur raschen Stabilisierung des Kreispendels an seinem oberen (instabilen) Totpunkt.

Wir werden uns in diesem Kapitel mit diesen drei Untersuchungsaspekten anhand der genannten Beispiele befassen.   Hierfür stehen jetzt die bereits entwickelten Simulationsmodelle für die 'Miniwelt', die Fischfangdynamik und das Rotationspendel zur Verfügung, die wir leicht mit Programmsystemen für die dynamische Simulation untersuchen, verändern und ergänzen können.

Bei diesen drei Aufgaben hat die Bewertung des Systemverhaltens und der Ergebnisse eine zentrale Bedeutung.   Was ist etwa unter einer 'inakzeptablen Entwicklung', einem 'optimalen Ertrag' oder einem 'guten Stabilitätsverhalten' zu verstehen? Solche Bewertungsergebnisse können erst ernst genommen werden, wenn sie nicht einfach die gefühlsmäßige Einschätzung des Beobachters wiedergeben, sondern auf einer formalen und reproduzierbaren systematischen Bewertung gründen. Das erfordert, dass **Bewertungskriterien** und Bewertungsverfahren sauber und vollständig definiert werden. Mit dem Bewertungsaspekt werden wir uns in Abschnitt 5-1 zunächst befassen.

Im Abschnitt 5-2 wird der Bewertungsansatz auf die **Entwicklungsanalyse** und die vergleichende Bewertung unterschiedlicher Entwicklungen des 'Weltmodells' angewendet. Hier wird ein Verfahren entwickelt, um durch Bewertung der Wirkungen auf grundlegende 'Interessen' des Systems die Ergebnisse verschiedener Simulationsläufe systematisch vergleichen zu können.

Im Abschnitt 5-3 wird der grundsätzliche Ansatz der **Eingriffsplanung** am früher entwickelten Fischfangmodell demonstriert. Es wird damit nach Management-Eingriffen gesucht, die bei vorgegebenen Bewertungskriterien und Kriterienwichtungen zu 'optimalen' Betriebsergebnissen führen.

Im Abschnitt 5-4 wird der Ansatz des **Systementwurfs** am Beispiel des Rotationspendels entwickelt. Dieses System soll durch ein zusätzliches Regelsystem ergänzt werden, das das Pendel auf seinem oberen Totpunkt selbst bei Störungseinwirkungen stabilisieren kann. Die Aufgabe lässt sich mit unterschiedlichen Reglern erfüllen, und auch hier stellt sich wieder die Aufgaben einer 'optimalen' Regelung bei vorgegebenen Leistungskriterien.

Im Abschnitt 5-4 werden die Ergebnisse dieses Kapitels noch einmal zusammengefasst.

5-1 Kriterien und Bewertung des Systemverhaltens

5-1.1 Orientoren, Indikatoren, Kriterien

Die Betrachtungen dieses Kapitels gelten generell nicht nur für Modelle als Abbildungen von Systemen, sondern auch für Systeme selbst. Ein Modell muss also nicht unbedingt vorliegen. Wir sprechen daher im Folgenden meist von Systemen und Systemverhalten (als übergeordnete Begriffe).

Die Beurteilung von Systemverhalten und Simulationsergebnissen setzt die Verwendung entsprechender Maßstäbe – Kriterien – voraus. Bei einer ersten ad-hoc-Beurteilung werden wir oft genug ein Ergebnis als 'gut', ein anderes als 'schlecht' empfinden, ohne uns über den angelegten Maßstab genauer im Klaren zu sein. Intuitive Beurteilungen dieser Art sind nicht belegbar, nicht reproduzierbar und von anderen kaum nachvollziehbar. Sie können, falls sie etwa auf Erfahrung basieren, gelegentlich zur ersten Orientierung und Sichtung oder als eine anfängliche Suchheuristik beim Sondieren möglicher Lösungen dienen. Für die systematische vergleichende Bewertung oder die Suche nach 'optimalen' Lösungen sind aber sauber definierte

Bewertungskriterien und nachvollziehbar angelegte Bewertungsverfahren unumgänglich.

Die Beurteilung einer Systementwicklung setzt immer zweierlei voraus:

1. **Beurteilungskriterien** müssen für alle interessierenden Systemaspekte vorliegen.

2. Der **Systemzustand** in bezug auf alle interessierenden Systemaspekte muss für den Zeitpunkt bekannt sein, für den die Beurteilung gilt.

Beurteilungskriterien und Zustandsbeschreibung müssen sich also direkt entsprechen: Eine unvollständige Zustandsbeschreibung etwa, bei der der Zustand im Hinblick auf ein als notwendig erachtetes Kriterium nicht beurteilt werden kann, ist ebenso unzulässig wie ein unvollständiger Kriteriensatz, der es z.B. nicht erlaubt, eine existentielle Bedrohung des Systems zu erkennen.

Die Gesamtheit der Kriterien, an denen sich eine Systementwicklung zu orientieren hat, bezeichnen wir im Folgenden als **Orientoren**. Dieser Begriff soll klarstellen, dass wir es mit Kriterien zu tun haben, an denen Systeme (oder ihre Betreiber) ihre Entscheidungen und Handlungen in Bezug auf diese Systeme orientieren. Orientoren sind Aspekte, Begriffe oder Dimensionen (wie 'Freiheit'), die ein zu beachtendes Kriterium, nicht aber dessen gewünschte Ausprägung bezeichnen.

Um eine Systementwicklung im Hinblick auf anlegbare Orientoren beurteilen zu können, muss der Systemzustand auf die Orientierungsdimensionen abgebildet und es müssen Ist-Werte – **Indikatoren** – des Systemzustands mit entsprechenden Sollwerten im 'Orientierungsraum' verglichen werden können.

Bei der Beurteilung der Systementwicklung spielen grundsätzlich drei unterschiedliche Arten von **normativen Kriterien** (Sollwert-Vorgaben) eine wichtige Rolle:

1. **Beschränkungen**, die Zustandsgrößen, andere Systemgrößen, deren Endzustände, die Zeitdauer des Vorgangs oder Steuereingriffe auf zulässige Bereiche begrenzen;

2. **Gütemaße**, die es ermöglichen, innerhalb der zulässigen Lösungen 'bessere' von 'schlechteren' Zustandsentwicklungen zu unterscheiden und u.U. auch nach 'optimalen' Lösungen zu suchen;

3. **Wichtungen**, die bei mehreren gleichzeitig geltenden Gütekriterien eine zusammenfassende Beurteilung ermöglichen sollen.

Die Beurteilung von Systemverhalten wird bei realitätsnahen Problemen fast immer dadurch erschwert, dass mehrere Beschränkungen und Gütemaße gleichzeitig zu beachten sind. Während es bei 'strengen' Beschränkungen keine Kompromisse geben kann, sind sie aber bei Gütemaßen meist zulässig. Die Gesamtbeurteilung einer Systementwicklung hängt daher bei mehreren anzulegenden Gütemaßen entscheidend davon ab, welche relativen Wichtungen einzelnen Kriterien zugemessen werden.

Systemgrößen oder Funktionen von Systemgrößen, für die Sollwerte definiert und mit Istwerten verglichen werden können, bezeichnen wir als **Indikatorgrößen (Indikatoren)**. Wo nicht alle Indikatorgrößen bereits beobachtet oder berechnet werden, müssen also die Systembeobachtung oder das Simulationsmodell erweitert werden. Bei der Beurteilung eines realen Systems sind dann weitere Indikatorgrößen zu beobachten, oder es müssen aus vorhandenen Beobachtungsgrößen die notwendigen Indikatorgrößen gebildet werden. Bei der Simulation müssen u.U. zusätzliche Modellformulierungen eingeführt werden, aus denen sich die notwendigen Indikatorgrößen ergeben.

Ein *Beispiel* zur Verdeutlichung dieser Begriffe: Bei der Beurteilung der globalen Entwicklung (der realen Welt oder eines 'Weltmodells') werden u.a. Orientoren und die entsprechenden Indikatoren zu den folgenden (zunächst nur vage definierten) Aspekten eine Rolle spielen: Lebenserwartung, Ernährungsstand, Gesundheitsgefährdung (z.B. durch Schadstoffe aus der Umwelt), Umweltzustand, Wohlstand, Ressourcenverbrauch, sozialer Fortschritt. Um zu einer Gesamtbeurteilung zu kommen, müssen Indikatoren mit entsprechenden Zielen (Sollwerten) definiert werden, an denen durch Vergleich mit den Istwerten der Indikatoren die Erfüllung der Orientoren konkret überprüft werden kann. Die folgenden Überlegungen sind nur als Beispiele zu verstehen.

Orientor: Lebenserwartung
Ziel: "Mittlere Lebenserwartung darf nicht kleiner als 60 Jahre sein."
Indikator: Aktuelle mittlere Lebenserwartung

Orientor: Ernährungsstand
Ziel: "Tägliche Aufnahme von Nahrungsenergie darf 8000 kJ/Tag pro Person nicht unterschreiten."
Indikator: Aktuelles mittleres tägliches Nahrungsangebot pro Person

Orientor: Gesundheitsgefährdung
Ziel: "Nitratbelastung des Trinkwassers darf 50 mg/l nicht überschreiten."
Indikator: Maximum der (jahreszeitlich schwankenden) Nitratkonzentration

Orientor: Umweltzustand
Ziel: "Die Regenerationsfähigkeit der Umwelt muss erhalten bleiben."
Indikator: Nachhaltigkeit der wesentlichen Umweltnutzungen, ausgedrückt durch die Erhaltung von Schlüsselpopulationen (Pflanzenwelt, Tierwelt)

Orientor: Wohlstand
Ziel: "Erreichen eines (definierten) Mindestwohlstands in kürzester Zeit."

Indikator: Abstand zwischen Wohlstandsziel und aktuellem Wohlstand, integriert über die Zeit. Dieses Zeitintegral wird durch die optimale Lösung minimiert.

Orientor: Ressourcenverbrauch
Ziel: "Minimierung des Verbrauchs nichterneuerbarer Ressourcen."
Indikator: Langjähriges Zeitintegral des Jahresverbrauchs fossiler Brennstoffe. Die optimale Lösung minimiert dieses Zeitintegral.

Orientor: Sozialer Fortschritt.
Ziel: "Möglichst rasches Erreichen einer (bestimmten) hohen durchschnittlichen Lebenserwartung und eines (bestimmten) hohen durchschnittlichen Wohlstands."
Indikator: Zeitintegral der gewichteten Summe der (normierten) Diskrepanzen zwischen aktuellem und erwünschtem Stand. Die optimale Lösung minimiert dieses Zeitintegral.

Wir stoßen hier wieder auf die drei oben erwähnten Arten normativer Kriterien:

1. **Beschränkungen** (Grenzen, die nicht überschritten werden dürfen, wie hier bei Lebenserwartung, Ernährungsstand, Umweltzustand und Gesundheitsgefährdung durch Umweltbelastung)

2. **Gütemaße** (Minimierung oder Maximierung von Zeitintegralen wie hier bei Wohlstand, Ressourcenverbrauch und Sozialer Fortschritt)

3. **Wichtungen** (unterschiedliche relative Berücksichtigung verschiedener Komponenten, wie hier bei Umweltzustand und Sozialer Fortschritt).

Woher stammen die Kriterien zur Beurteilung einer Systementwicklung? Offensichtlich haben sie einen Einfluss auf Art und Umfang der Systembeobachtung bzw. der Modellerstellung: Werden andere Kriterien für wichtig gehalten, so verschiebt sich die Beobachtungs-, Beschreibungs- und Bewertungsperspektive. Die Auswahl der Kriterien ist zum einen vom unmittelbaren Bewertungs- und Begründungsinteresse des Untersuchenden, zum anderen aber auch von seinem System- und Problemverständnis geprägt. Sie ist mithin nur selten eindeutig. Gerade bei kritischen Systemuntersuchungen ist es aber unbedingt erforderlich, dass sich alle am Ergebnis Interessierten – auch und gerade, wenn sie verschiedenen (politischen) Lagern angehören – auf gleiche Bewertungskriterien und Verfahren einigen. Nur so sind Missverständnisse und unfruchtbare Bewertungsstreite weitgehend zu vermeiden, auch wenn dann von den verschiedenen Lagern unterschiedliche (aber offengelegte) Gewichtungen für die verschiedenen Kriterien angesetzt werden.

In vielen Fällen der Systembeurteilung ist die Kriterienauswahl nicht strittig. Das gilt ganz besonders bei Systemen, in denen Zustände und Zustandsraten durchweg in der gleichen 'Währung' angegeben werden können. Bei Wirtschaftlichkeitsbetrachtungen etwa werden Zustände in Geldwerten (Investitionswerte, Rücklagen,

Auftragswerte), Zustandsraten in Geldströmen (Einnahmen, Ausgaben, Abschreibungen, Investitionsraten) angegeben. Bei Produktionsprozessen und anderen technischen Prozessen spielen Bestände von Energie und/oder Material und ihre Veränderungsraten (Leistung, Materialflüsse) eine Rolle. In diesen Fällen lassen sich (im Hinblick auf den Systemerfolg) unumstrittene Beurteilungskriterien etwa der Profitmaximierung oder der Verbrauchsminimierung für Energie- und/oder Rohstoffe formulieren.

Oft genug wird aber der Fehler gemacht, solche 'Ein-Kriterien-Beurteilungen' auch auf Systeme auszudehnen, deren Kriterienraum von vornherein multidimensional ist, und bei denen daher die Systemvorgänge prinzipiell nicht in einer einzigen 'Systemwährung' (einem einzigen Kriterium) aufgerechnet werden dürfen. Ein Beispiel ist der Versuch, etwa bei Straßenbaumaßnahmen ökologische Auswirkungen (z.B. Verlust eines Waldgebiets) ökonomisch zu bewerten, indem etwa der 'Erholungswert' (über die potentielle Erhöhung des Lebenseinkommens durch bessere Gesundheit der Spaziergänger) oder der Wert einer vom Aussterben bedrohten Pflanzenart (über ihren potentiellen ökonomischen Nutzen als pharmazeutisches Produkt) monetarisiert wird.

Viele lehnen derartige Nutzwertanalysen intuitiv ab, ohne das recht begründen zu können. Ihnen wird oft genug 'Irrationalität' vorgeworfen. Wir wollen uns im Folgenden von der systemtheoretischen Seite mit der Beurteilung von Systemverhalten befassen. Dabei zeigt sich, dass die ein-kriteriale Betrachtungsweise im Allgemeinen prinzipiell unzulässig ist und nur in Sonderfällen (wie den genannten Wirtschaftlichkeits- oder Effizienzbetrachtungen) legitim angewendet werden kann.

5-1.2   Systemverhalten und Orientierungstheorie

Ein System existiert immer in einer Systemumwelt. Diese wirkt auf verschiedene Weise auf das System ein (Einwirkungen), und dieses beeinflusst auf seine Weise die Systemumwelt (Auswirkungen, s. Abb. 1.2). Bei der Betrachtung der allgemeinen Eigenschaften von Systemen in Kap. 1-2 und insbesondere der Definition der Systemgrenze in Kap. 1-2.3 wurde bereits darauf hingewiesen, dass die Systemgrenze dort gezogen werden sollte, wo die Kopplungen mit der Umwelt relativ schwach sind. Damit sind über die Umwelt laufende (nennenswerte) Rückkopplungen des Systems mit sich selbst auszuschließen. Solche Rückkopplungen müssen dem System zugerechnet werden und müssen daher innerhalb der Systemgrenze liegen. Die Systemgrenze ist in diesem Fall entsprechend zu verschieben.

Diese Vorstellung von Systemumwelt und Systemgrenze impliziert, dass Systeme den Einflüssen und Eigenschaften ihrer Systemumwelt unterliegen, ohne diese wesentlich und rasch ändern zu können. Das System muss daher mit der Systemumwelt zurecht kommen, die es vorfindet.

Falls Systeme schon lange in ihrer Systemumwelt existieren (wie etwa eine Tier- oder Pflanzenart, die seit hunderten von Millionen Jahren existiert; oder wie das System 'Familie', dass das menschliche Leben seit hunderttausenden von Jahren organisiert), so beweist das vor allem, dass sie sich erfolgreich an ihre spezifische Systemumwelt angepasst haben. Das bedeutet aber, dass das System über Eigenschaften verfügen muss, die die Eigenschaften ihrer Systemumwelt widerspiegeln. Die Umwelt formt daher das System. Langfristig überleben können nur Systeme, die sich ihrer Umwelt angepasst haben.

Die gleiche grundsätzliche Betrachtung gilt auch für den Entwurf von Systemen. Falls ein neues System (ein Produkt, eine Institution, ein Betrieb) in seiner Umwelt überleben soll, muss es so 'konstruiert' sein, dass es mit den spezifischen Gegebenheiten seiner Umwelt erfolgreich umgehen kann.

Diese Beobachtungen mögen trivial erscheinen, aber sie bekommen eine entscheidende Bedeutung, wenn wir uns mit den grundlegenden Eigenschaften von Systemumwelten näher befassen. Es zeigt sich dann, dass Systemumwelten einige fundamentale Eigenschaften haben, die allen Systemen gewisse 'Entwurfsprinzipien' aufzwingen, um ihre langfristige Erhaltung und Entfaltung zu sichern. Diese Entwurfsprinzipien werden hier als 'Leitwerte' bezeichnet. Es sind grundlegende Orientoren, die alle zu einem Mindestmaß erfüllt werden müssen, um langfristig die Existenz und Entwicklung eines Systems zu sichern. An ihnen müssen sich Entwicklung, Verhalten und Veränderung eines Systems orientieren.

Die Ermittlung dieser Leitwerte muss sich also an den grundlegenden Eigenschaften von Systemumwelten orientieren. Diese Eigenschaften sollen im Folgenden an zwei Beispielen erläutert werden. Auf den ersten Blick haben diese Beispiele – Waldökosystem und Industriebetrieb– nichts gemeinsam. In den völlig unterschiedlichen Systemumwelten erkennen wir aber sechs gemeinsame Eigenschaften.

1. **Normalzustand der Systemumwelt**. Der Umweltzustand schwankt in gewissen Grenzen um einen Normalzustand, auf den das System eingestellt sein muss.
Wald: Ein mitteleuropäischer Wald existiert in einer Umwelt, deren Normalzustand charakterisiert ist durch eine mittlere Jahrestemperatur von etwa 10 Grad Celsius (Bereich: -20 bis +30 Grad C), einen jährlichen Niederschlag von 800 mm (Bereich: 500 bis 1100 mm), Nährstoffversorgung je nach Standorteigenschaften, usw.
Betrieb: Ein Industriebetrieb in einer hessischen Kleinstadt muss mit spezifischen ökonomischen, sozialen, kulturellen, rechtlichen und politischen Umweltbedingungen zurechtkommen, die sich sehr von denen z.B. eines indischen Dorfes unterscheiden.

2. **Ressourcenknappheit**: Die für Funktion und Entwicklung eines Systems notwendigen Ressourcen (Energie, Materie, Information) sind nur begrenzt, verstreut und ungleich verteilt verfügbar.

Wald: Wasser und Nährstoffe sind im Boden nur spärlich und ungleich verteilt vorhanden; Sonnenlicht gibt es ausreichend nur in der oberen Laubkrone; das für Wachstum und Überleben notwendige CO_2 ist nur in großer Verdünnung in der Luft enthalten. Im Winter ist nicht genügend Sonnenlicht verfügbar.

Betrieb: Der Betrieb braucht Wasser, Elektrizität, Rohstoffe, Darlehen, Arbeiter; jeder dieser Faktoren kann nur mit beträchtlichen Bemühungen beschafft werden.

3. **Umweltvielfalt**: Die Systemumwelt bietet meist eine große, in Zeit und Raum stark veränderliche Vielfalt von Prozessen, Bedingungen, Gestalten, Mustern, Systemen.

Wald: Die Waldumwelt ist von Tag und Nacht, Sommer und Winter, Regen und Schnee, vielen Tier- und Pflanzenarten, Waldarbeiten, Förstern und vielen anderen Prozessen und Einflüssen geprägt.

Betrieb: Der Betrieb muss in einer Umwelt existieren mit vielfältigen Quellen für Rohstoffe und Energie, Wettbewerbern, Kunden, verschiedenen Gesetzen und Bestimmungen, unterschiedlichen Transport- und Produktionsmitteln, Angestellten mit sehr verschiedenen Ausbildungen und Persönlichkeiten, usw.

4. **Umweltfluktuation (Umweltschwankungen)**: Der Umweltzustand zeigt z.T. starke, meist zufällige Schwankungen um seinen Normalzustand.

Wald: Das Waldökosystem kann durch ungewöhnlichen Frost im Juni, den plötzlichen Ausbruch einer Insektenplage, eine lange Dürre oder Schadstoffbelastung aufgrund eines industriellen Betriebsunfalls gestresst werden.

Betrieb: Der Betrieb kann betroffen sein von einer Rezession, einem Börsenzusammenbruch, einem plötzlichen Anstieg der Energiepreise, einem unerwarteten Wettbewerber oder einem Regierungswechsel, der zu strikteren Umweltstandards führt.

5. **Umweltwandel**: Im Lauf der Zeit kann der normale Umweltzustand sich allmählich oder plötzlich in einen dauerhaft anderen normalen Umweltzustand verändern.

Wald: In Europa und anderswo hat sich das Klima seit der letzten Eiszeit beträchtlich verändert, und es gibt jetzt einen beschleunigten Klimawandel als Folge der Treibhausgase, die aus anthropogenen Quellen in die Atmosphäre gelangen. Dies verändert die Umwelt von Waldökosystemen stetig und dauerhaft.

Betrieb: Die ökonomischen, sozialen und technologischen Umwelten einer Gesellschaft und damit des Betriebs verändern sich langfristig und dauerhaft (z.B. Wandel zur Dienstleistungsgesellschaft, Veränderung der Familiengröße, Einführung von Computern und Industrierobotern, Integration in der Europäischen Union).

6. **Andere Systeme**: Fast immer findet ein System in seiner Systemumwelt noch andere dynamische Systeme vor, die seine Umweltbedingungen verändern können.

Wald: Das Waldökosystemen muss interagieren mit Tieren, die dort äsen, Blüten bestäuben, Samen verbreiten und Bestandsabfälle zersetzen; mit Landwirtschaft, Fluss- und Bergökosystemen an seinen Rändern; mit Siedlungen und Transportsystemen; mit Industrien und ihrer Umweltverschmutzung.

Betrieb: Das Unternehmen hängt ab von den Interaktionen und Handlungen seiner Lieferanten und Kunden, von Stadtverwaltung und Politikern, von Wettbewerbern und Bankiers.

Aus dieser Betrachtung ergibt sich als Konsequenz: Ein System kann in seiner Systemumwelt langfristig nur überleben und sich entwickeln und entfalten, wenn es entweder während seiner Evolution in dieser Umwelt gelernt hat, mit ihren Bedingungen zurecht zu kommen, oder wenn es bereits in der Konstruktion diesen Bedingungen angepasst wurde.

Bevor wir uns mit den Entwurfsprinzipien (den 'Leitwerten') befassen, die hieraus abgeleitet werden können, betrachten wir noch einmal die Grundstruktur von Systemen. Hieraus ergeben sich Hinweise darauf, wo die Reaktionen auf Umwelteinwirkungen im System angesiedelt und wie sie gestaltet sein müssen.

Wir haben in Kap. 3 die allgemeine Form der Systemgleichungen eines beliebigen (kontinuierlichen deterministischen) dynamischen Systems kennen gelernt:

$$d\mathbf{z}/dt = \mathbf{f}(\mathbf{z}, \mathbf{u}, t)$$
$$\mathbf{v} \quad = \mathbf{g}(\mathbf{z}, \mathbf{u}, t)$$

Hierbei ist $\mathbf{z}$ der Zustandvektor, $\mathbf{u}$ der Vektor der Umwelteinwirkungen, $\mathbf{v}$ der Vektor der Verhaltensgrößen, t die Zeit, $\mathbf{f}$ die Zustands(vektor)funktion und $\mathbf{g}$ die Verhaltens(vektor)funktion. Der Zusammenhang zwischen diesen Größen und Funktionen ist in Abb. 3.7 verdeutlicht.

Das Verhalten des Systems zeigt sich nach außen nur durch die Größen $\mathbf{v}$. Es ist bestimmt einmal durch eine direkte 'Durchleitung' (u.U. nach algebraischer Umformung) von Umwelteinwirkungen $\mathbf{u}$ auf das System und zum anderen durch die internen Zustandsgrößen $\mathbf{z}$ des Systems, die teilweise aus Umwelteinwirkungen $\mathbf{u}$, teilweise vor allem aber auch durch sich selbst (über Rückkopplungen im System) bestimmt werden. Zustandsfunktion $\mathbf{f}$ und Verhaltensfunktion $\mathbf{g}$ können auch noch direkt von der Zeit abhängig sein (z.B. Alterung).

Diese grundsätzlichen Zusammenhänge gelten für beliebige (zustandsbestimmte) dynamische Systeme, sowohl für einfache mechanische Regelsysteme wie auch für hochkomplexe und intelligente Systeme wie etwa menschliche Individuen und Organisationen.

Die Entwicklung zustandsbestimmter Systeme, für die die obige Formulierung der Zustands- und Verhaltensgleichung gilt, ist nur teilweise durch äußere Einflüsse $\mathbf{u}$ bedingt. Die Eigendynamik ihrer Zustandsgrößen $\mathbf{z}$ gibt diesen Systemen ein gewisses Maß an autonomer Eigenentwicklung. Die Systementwicklung wird damit vom System selbst abhängig. Das bedeutet, dass sich in der Zustandsfunktion **f** und der Verhaltensfunktion **g** neben der momentanen Verhaltensreaktion auch teilweise die Chancen und Gefahren der langfristigen Systementwicklung selbst verbergen. Bei den folgenden Betrachtungen gehen wir daher von der Vorstellung aus, dass ein bereits bewährtes zustandsbestimmtes System im Laufe seiner evolutionären, individuellen, sozialen oder technischen Entwicklung mit einer Kombination von Zustands- und Verhaltensfunktion ausgestattet worden ist, die ihm erlaubt, seinen Systemzweck längerfristig adäquat zu erfüllen.

Um diesen Systemzweck zu erfüllen, muss sich jedes System in seiner Umwelt behaupten können. Es darf also nicht bereits bei ganz 'normalen' Umwelteinflüssen seine Funktion aufgeben, zusammenbrechen und u.U. zerstört werden. Im Gegenteil, von 'intelligenteren' Systemen sollte sogar verlangt werden, dass sie auch mit gänzlich neuen, stark veränderten Umweltbedingungen noch zurecht kommen.

Diese 'selbstverständlichen' Bedingungen führen zu ganz bestimmten Anforderungen an Verhalten und Leistung zustandsbestimmter dynamischer Systeme. Sie lassen sich als Entwurfskriterien angeben. Wegen ihrer grundsätzlichen Bedeutung für Systeme und Systemverhalten generell bezeichnen wir sie als **Leitwerte**. Entscheidend ist, wie sich zeigen wird, dass jeder einzelne dieser Leitwerte Bedeutung für die Systementwicklung hat und vom System (bewusst oder unbewusst) berücksichtigt werden sollte: Nichtbeachtung wird mit Existenzgefährdung bestraft.

Im Folgenden sprechen wir immer wieder von den 'Interessen des Systems', auch wenn es sich um Systeme handelt, die keiner eigenen Überlegung fähig sind. Wir meinen damit Interessen, die einem System von einem Beobachter zugeschrieben werden können, solange das System seinen (durch Systemstruktur und Systemelemente bestimmten) Systemzweck erfüllt. *Beispiel*: Einer Pflanze, die ihre Zweige ins Licht reckt, kann ein 'Interesse' am Sonnenlicht unterstellt werden.

5-1.3   Existenz in der normalen Umwelt

Ein System existiert im Rahmen seiner Systemidentität, solange es seinem Systemzweck entsprechend funktioniert. Das setzt aber voraus, dass sich seine Zustandsgrößen in gewissen zulässigen Grenzen halten oder bewegen:

$$\mathbf{z}_{min} \leq \mathbf{z} \leq \mathbf{z}_{max}$$

Aus dieser Überlegung leiten wir den Leitwert **Existenz** ab. Er steht für ein implizites Systeminteresse an seiner unmittelbaren Existenz.

Dieser Leitwert führt unmittelbar zu Anforderungen an die Systemstruktur (interne Komponente) und sein Verhalten in der Umwelt (externe Komponente):

1. Das System muss über eine schützende Hülle verfügen, um Bedrohungen **u** aus der Umwelt abzuhalten, die seinen Systemzustand **z** aus dem zulässigen Bereich bringen könnten (Anforderung an die Zustandsfunktion **f**).
    Beispiel: Die Druckkabine eines Flugzeugs schützt Passagiere vor geringem Luftdruck, Sauerstoffmangel und extremer Kälte in großer Flughöhe.
2. Die Systemstruktur **f** selbst darf nicht zu bedrohlichen Systemzuständen führen.
    Beispiel: Der den Herzschlag regulierende Rückkopplungsmechanismus darf nicht versagen (wie beim plötzlichen Kindstod).
3. Das System darf kein existenzgefährdendes Verhalten zeigen (Anforderung an die Verhaltensfunktion **g**).
    Beispiel: Selbstmord.

5-1.4   Wirksamkeit bei der Beschaffung knapper Ressourcen

Die im System ablaufenden Prozesse benötigen Energie, Materie und Information aus der Systemumwelt. Diese Ressourcen stehen meist nicht unbegrenzt und kostenlos zur Verfügung – Systeme müssen zu ihrer Beschaffung oft erheblichen Aufwand treiben. Systeme müssen auch in anderer Weise auf ihre Umwelt einwirken (Verhalten **v**), um ihren Systemzweck zu erfüllen (z.B. um sich zu verteidigen). Diese Bemühungen und ihre Wirkungen müssen in einem ausgewogenen Verhältnis stehen.

Dies führt zum zweiten Leitwert **Wirksamkeit**. Diese Anforderung soll sicherstellen, dass – längerfristig gesehen – der erzielte Erfolg den Aufwand lohnt. Kein System kann auf Dauer mehr ausgeben, als es einnimmt. Je besser das Verhältnis von Wirkung zu Aufwand ist, umso höher ist die 'Wirksamkeit'. Das Verhältnis muss und wird nicht in jedem Moment 'stimmen'. Es ist auch nur zu verlangen, dass die Wirksamkeitsbilanz über einen längeren Zeitabschnitt positiv bleibt. Abweichungen können umso eher und umso länger verkraftet werden, je größer die entsprechenden Speicher des Systems sind. Bei diesen Überlegungen ist zu beachten, dass es für das System normalerweise nicht darum geht, dass seine eigenen Prozesse und seine Interaktionen mit seiner Umwelt mit höchster Effizienz ablaufen, sondern nur darum, dass sie wirksam sind und auf Dauer weniger kosten als sie einbringen.

Wenn wir die elementare Systemstruktur unter diesem Gesichtspunkt betrachten, so stellen wir fest, dass der Leitwert Wirksamkeit wieder eine die Prozesse im System betreffende (interne, durch die Zustandsfunktion **f** gegebene) und eine die Interaktion mit der Umwelt betreffende (externe, durch die Verhaltensfunktion **g** gegebene) Komponente hat:

1. Die interne Systemstruktur (d.h. die Zustandsfunktion **f**) muss eine wirksame Nutzung der für die Erhaltung, Entwicklung und Entfaltung des Systems notwendigen und verfügbaren Ressourcen einschließlich der verfügbaren Zeit ermöglichen.
    Beispiel: Ein Betrieb darf längerfristig nicht mehr für Löhne und Produktionskosten ausgeben, als er durch Verkäufe einnimmt.
2. Das äußere Verhalten des Systems **v** (d.h. die Verhaltensfunktion **g**) muss einen hinreichend wirksamen Einfluss auf die Systemumwelt ausüben können (Ressourcenbeschaffung; wirksame und rechtzeitige Interaktion mit anderen Systemen der Umwelt).
    Beispiel: Ein Politiker kann nur dann grundlegende Veränderungen bewirken, wenn seine Vorstellungen weithin bekannt werden und breite Unterstützung finden.

5-1.5   Handlungsfreiheit im Umgang mit Umweltvielfalt

Die Umweltvielfalt stellt ein System vor besondere Probleme. Im Allgemeinen ist die Umweltvielfalt, mit der sich ein System konfrontiert sieht, weit größer als seine Verhaltensvielfalt. Je mehr Umweltvielfalt, umso vielfältiger müssen auch die Verhaltensmöglichkeiten sein – es sei denn, das System kann sich den Herausforderungen einfach entziehen. (Ashby 1956: "Only variety can cope with variety.")

Dies führt zu einem dritten Leitwert **Handlungsfreiheit**. Diese Anforderung soll sicherstellen, dass das System die Möglichkeit hat, auf verschiedene Art und Weise auf die Herausforderungen zu reagieren, die sich ihm stellen und sich vor Überforderung durch die Umweltvielfalt zu schützen. Dies kann auf verschiedene Weisen geschehen, die wieder interne und externe Komponenten haben.

1. Das System reagiert mit einer angemessenen Reaktion aus dem Repertoire der Zustandsfunktion **f**.
    Beispiel: Ein Entenküken läuft auf Land und schwimmt aber, sobald es ins Wasser geworfen wird.
2. Das System versucht über eine angemessene Verhaltensreaktion aus seinem Verhaltensrepertoire **g** Einfluss auf die Umwelt zu nehmen, so dass diese Einwirkungen in einen Bereich verschoben werden, der mit der vorhandenen Systemvielfalt bewältigt werden kann.
    Beispiel: Wird ein Wanderer von einem plötzlichen Kälteeinbruch überrascht, so wird er warme Kleidung anziehen, oder ein Feuer machen, oder versuchen, eine Hütte zu erreichen.
3. Das System sucht sich eine andere Systemumwelt **u**, oder eine passende Nische (mit günstigeren Bedingungen) in der jetzigen Umwelt.
    Beispiel: Wechsel des Arbeitsplatzes, Auswanderung, Flucht, Aufsuchen und Besetzen einer passenden ökologischen Nische.

5-1.6   Sicherheit vor Umweltschwankungen

Umwelteinwirkungen sind im Allgemeinen nicht nur vielfältig, sondern auch in ihrer Ausprägung zeitvariabel, zufälligen Veränderungen unterworfen und damit unsicher. Der Systemzustand darf aber nicht in kritischer Weise von nicht absehbaren Veränderungen der Umwelt abhängen.

Das führt zum vierten Leitwert **Sicherheit**. Diese Anforderung soll sicherstellen, dass sich das System vor unvorhergesehenen schädlichen Einwirkungen aus der sich ständig verändernden Umwelt schützen kann. Die Sicherheitsforderung hat zwei Aspekte:
1.   Weitgehende Unabhängigkeit von instabilen Umweltfaktoren
2.   Stabilität der Umweltfaktoren von denen das System abhängig bleibt.

Den verschiedenartigen Bedrohungen der Sicherheit des Systems muss mit jeweils angepassten, prinzipiell verschiedenen Maßnahmen begegnet werden. Sie beziehen sich wieder entweder auf interne Prozesse im System oder auf gezielte Veränderungen seiner externen Umwelt.
1.   Weitgehende Abkopplung von instabilen Umweltfaktoren durch (teilweise) Isolierung, selektive Aufnahme oder Sättigungseffekte. Das bedeutet entsprechende Anpassungen in der Zustandsfunktion **f**.
      Beispiel: Bau eines Hauses, um sich vor wechselhaften und existenzbedrohenden Wetterbedingungen zu schützen.
2.   Schaffung von Speichern und Puffern zum Auffangen von Überlasten und Überbrücken von Versorgungslücken. Das bedeutet eine Veränderung der Systemstruktur **f** und/oder von Systemparametern.
      Beispiel: Vorratshaltung für Nahrungsmittel, Wasser, Brennstoff usw. für den Winter oder in Kriegszeiten.
3.   Schaffung einer selbststabilisierenden Struktur (mit regelnder Rückkopplung) und Absicherung gegen ein 'Umkippen' in instabile Attraktionsbereiche. Das bedeutet ebenfalls entsprechende Veränderung der Zustandsfunktion **f**.
      Beispiel: Drehzahlregler an Motoren, die bei zu hoher Drehzahl die Treibstoffzufuhr verringern.
4.   Die Entschärfung potentiell gefährlicher Bedrohungen aus der Umwelt. Dies ist gleichbedeutend mit einer Veränderung der Umwelteinwirkungen **u** durch gezieltes Verhalten **v**.
      Beispiel: Deichbau, Entwaffnung von Feinden, Schädlingsbekämpfung.

5-1.7   Wandlungsfähigkeit zur Anpassung an veränderte Umwelt

Wenn ein System sich bedrohlichen Einwirkungen aus seiner Umwelt nicht entziehen kann, bleibt ihm nur noch die Möglichkeit, das eigene System so zu verändern, dass es besser mit den Einwirkungen aus der Umwelt zurechtkommt. Systemveränderungen können notwendig werden, um Überleben und Entwicklung des Systems zu sichern, sie können darüber hinaus aber auch unumgänglich sein, um die Integrität des Systems zu erhalten, selbst wenn dabei die Identität verändert werden muss (s. Kap. 1-2.12).

Das führt zum fünften Leitwert **Wandlungsfähigkeit**. Diese Anforderung soll sicherstellen, dass das System bei Bedarf seine Systemparameter und/oder die Systemstruktur verändern kann, um damit auf Herausforderung angepasster und besser reagieren zu können. Grundsätzlich stehen zur Erfüllung des Leitwerts Wandlungsfähigkeit zwei Wege offen:

1. Veränderung der Verhaltensfunktion **g** so dass sich bei gleichem Zustandsvektor **z** ein verändertes Verhalten **v** ergibt, das mit den (veränderten) Umwelteinwirkungen **u** besser zurechtkommt.
   Beispiel: Versöhnung mit einem Gegner, nachdem dieser in eine einflussreiche Machtposition gelangt ist.

2. Veränderung der Zustandsfunktion **f**, so dass sich aus den (veränderten) Umwelteinwirkungen **u** ein anderer (besser angepasster) Zustandsvektor **z** ergibt.
   Beispiel: Umbau des Energiesystems auf regenerative Energieträger und rationellere Energienutzung.

Während sich bei einem Verhaltenswandel **g** das System im Kern nicht ändert, geht mit einer Änderung der Struktur der Zustandsfunktion **f** eine grundsätzliche Systemveränderung einher. Die Zustandsfunktion **f** ist der 'Kern' des Systems und bestimmt seine Identität. Nach einer solchen strukturellen Veränderung ist das System nicht mehr das 'alte'; es hat seine Systemidentität verändert.

Systemwandel bietet oft die einzige Möglichkeit, um mit veränderten Umweltbedingungen fertig zu werden. Dabei ist deutlich zwischen Parameterveränderung und Strukturwandel zu unterscheiden. Parameterveränderungen sichern das System meist nur für einen beschränkten Zeitraum oder bei kleineren Umweltveränderungen. Strukturwandel dagegen erlaubt eine evolutionäre Anpassung an Umweltveränderungen. Meist wird es sich hierbei um Koevolution handeln, da die Systemveränderung auch einen verändernden Einfluss auf die Umwelt ausübt.

Der Leitwert Wandlungsfähigkeit erinnert daran, dass ein System in einer sich verändernden Umwelt die Fähigkeit haben sollte, Struktur und Verhalten grundlegend zu ändern. Wie das im Einzelnen zu geschehen hat, muss offen bleiben; es setzt jedenfalls die Fähigkeit zur Selbstorganisation voraus. Trotzdem lassen sich Hinweise auf Bedingungen geben, die Wandlungsfähigkeit erleichtern, wie

- Vielseitig verwendbare Strukturelemente
- Vielfalt innerhalb der Systemstruktur
- Redundante, aber physisch anders geartete Prozesse
- Dezentralität und Teilautonomie
- Erinnerung als Informationsspeicher, der Lernen ermöglicht

- Rechtzeitige Untersuchung systemarer Alternativen und erforderlicher Wandlungsprozesse

5-1.8   Berücksichtigung anderer Systeme in der Systemumwelt

Die bisherigen Betrachtungen beschränkten sich auf ein einzelnes System, das sich in seiner Systemumwelt bewähren muss. In der Realität ist eine solche Situation selten. Meist enthält die Systemumwelt eines Systems auch andere Systeme, von deren Verhalten es beeinflusst wird. In vielen Fällen können solche Systeme und ihr Verhalten einfach als unabänderlicher Teil der normalen Umwelt aufgefasst werden (wie etwa der Strom der U-Bahn-Benutzer auf dem morgendlichen Weg zur Arbeit). Oft aber wird das Verhalten eines Systems sehr stark beeinflusst durch das Verhalten eines anderen Systems (wie bei der direkten Interaktion in einem Gespräch oder einer Auseinandersetzung). Dabei spielt antizipiertes Verhalten (Hineindenken in ein anderes System) oft eine größere Rolle als das tatsächliche Verhalten.

Das führt zum sechsten Leitwert **Koexistenz**. Er erinnert daran, dass ein System auch im Eigeninteresse das Verhalten und die Interessen anderer, mit ihm und seiner Umwelt interagierender Systeme berücksichtigen muss.

Fast immer setzen sich die äußeren Einwirkungen **u** auf ein System zusammen aus Einwirkungen $\mathbf{u}_u$ aus der 'unsystemaren' Umwelt und Einwirkungen $\mathbf{u}_p$, die vom Verhalten $\mathbf{v}_p$ anderer Partnersysteme in der gemeinsamen Umwelt herrühren:

$$\mathbf{u} = \mathbf{u}_u + \mathbf{u}_p(\mathbf{v}_p)$$

D.h. ein System wird im Allgemeinen auch auf das Verhalten anderer Systeme reagieren müssen. Prinzipiell ändert das zunächst nichts an unserem Gesamtbild vom Systemverhalten: Die Einwirkungen eines anderen Systems sind lediglich ein Teil der anfallenden Umwelteinwirkungen **u** und müssen wie diese verarbeitet werden.

Allerdings hat oft das Verhalten ganz bestimmter Systeme in der Umwelt eine besondere Bedeutung für ein System. Diesem Verhalten wird daher besondere Aufmerksamkeit geschenkt, und es kann ganz spezifische Verhaltensreaktionen hervorrufen. Im Grunde bedeutet das, dass ein System die Leitwerte eines anderen Systems (wenigstens teilweise) berücksichtigt. Eine Mutter, die ihr spielendes Kind beobachtet, ist z.B. besorgt um seine Sicherheit. Besonders offensichtlich ist die Berücksichtigung des Verhaltens und der Interessen anderer Systeme im eigenen Verhalten bei Systemen, die – wie höhere Tiere und natürlich Menschen – die Fähigkeit zur Antizipation haben. Die Rücksichtnahme auf andere Systeme ist nicht immer vom Eigeninteresse diktiert. Gelegentliches selbstzerstörerisches Verhalten von Individuen in der Tierwelt, das aber zur Erhaltung der Art beiträgt, wird gern mit einem 'Egoismus der Gene' begründet.

Berücksichtigung der Interessen eines anderen Systems erfordert zunächst (1) (bewusstes oder unbewusstes) Erkennen des Partnersystems in seiner spezifischen Situation und (2) (bewusste oder unbewusste) Antizipation der (mindestens) kurzfristigen weiteren Entwicklung.

Von Rücksichtnahme können wir aber erst sprechen, wenn die Beachtung des anderen Systems über die 'normale' Berücksichtigung als einer von vielen Umweltfaktoren hinausgeht, wenn also die Systeminteressen des anderen Systems auch mit einer gewissen Gewichtung neben den eigenen, und damit (meist) auch mit gewissen Abstrichen an eigenen Interessen berücksichtigt werden.

Der Leitwert **Koexistenz** (Rücksichtnahme) kann Systemverhalten auf zwei verschiedene Weisen beeinflussen:

1. Das System muss erkennen können, dass in einer Situation ein anderes betroffen ist. Eine entsprechende Reaktion muss verfügbar sein. Die selektive Informationsaufnahme und die Wahl eines angepassten Verhaltens erfordern eine entsprechende Zustandsfunktion **f** mit der Fähigkeit zur Differenzierung, Unterscheidung und Gewichtung von Beobachtungen und Handlungen.
   Beispiel: Das unterschiedliche Verhalten eines Tieres bei Annäherung eines nahen Verwandten oder eines Raubtiers.

2. Um die unterschiedlichen (internen) Reaktionen in Verhalten zu verwandeln, das der Situation angepasst ist, müssen entsprechende Verhaltensmuster und Verhaltensmöglichkeiten im Verhaltensrepertoire **g** verfügbar sein.
   Beispiel: Ameisen zeigen sowohl individuelles Verhalten wie koordiniertes soziales Verhalten Hunderter von Individuen.

Dabei muss es sich durchaus nicht nur um direkt und unmittelbar interagierende Systeme handeln. Aus ihrem Verhalten schließend, können wir Organismen oft zuschreiben, dass sie sich an der Erhaltung der Art, also zukünftigen Generationen orientieren. Bei Menschen und den von ihnen geführten Organisationen und Institutionen wissen wir es genau: Sie können sich (u.a. durch Simulationen) ein Bild der Konsequenzen ihrer Handlungen für heutige und zukünftige (lebende und unbelebte) Systeme machen. Wo sie handeln müssen und damit Schicksale beeinflussen, stellt sich die Frage der Rücksichtnahme auf andere, heute und in der Zukunft. Damit kommt das Problem der relativen Gewichtung der Interessen anderer – und damit Ethik – sofort ins Spiel. Menschliches (bewusstes) Handeln ist daher ohne Ethik nicht möglich.

'Ethik' ist dabei nur der Hinweis, dass die Interessen anderer Systeme mit (meist) frei gewählten relativen Gewichtungen in die eigenen Überlegungen einbezogen werden. Diese relativen Gewichtungen können vom nackten Egoismus bis zum aufopfernden Altruismus reichen: Als bewusstes Wesen hat der Mensch die Qual der Wahl – genauer: die Freiheit und Pflicht zur Wahl.

Es spricht allerdings einiges dafür, dass die Wahl nicht ganz so offen ist, wie oft vermutet: Wenn wir nämlich Menschheit, natürlicher Umwelt und menschlicher Kultur als permanenten Systemen Erhaltungswert zubilligen, dann müssen wir konsequenterweise uns sowohl für die Interessen heutiger als auch zukünftiger Teilsysteme partnerschaftlich einsetzen: anderer Menschen und Völker, anderer Länder, anderer Arten, von Ökosystemen und zukünftigen Generationen.

5-1.9   Leitwerte, Orientierung und Beurteilung von Systemverhalten

Unsere Überlegungen führen zu der grundsätzlichen Aussage, dass die elementaren Eigenschaften einer Systemumwelt bei einem System die Orientierung an gewissen grundlegenden Prinzipien – den Leitwerten – erzwingen. Diese Leitwerte spielen bei Verhalten, Entwicklung und Evolution eines Systems eine entscheidende Rolle. Sie müssen daher auch beim Entwurf eines 'künstlichen' Systems beachtet werden, wenn das System langfristig existenzfähig und erfolgreich sein soll. Zwischen den elementaren Eigenschaften der Systemumwelt und den Leitwerten besteht ein direkter Zusammenhang (Abb. 5.2):

Umwelteigenschaften	**Leitwerte**
Normalzustand	EXISTENZ
Ressourcenknappheit	WIRKSAMKEIT
Vielfalt	HANDLUNGSFREIHEIT
Fluktuation	SICHERHEIT
Wandel	WANDLUNGSFÄHIGKEIT
andere Systeme	KOEXISTENZ

Im Hinblick auf Systemuntersuchungen ergeben sich hieraus u.a. folgende Schlussfolgerungen:

1. Bei bereits lange existierenden 'bewährten' Systemen (Organismen, Ökosystemen, sozialen Organisationen) ist davon auszugehen, dass sich im Laufe ihrer Evolution die Zustandsfunktion f und Verhaltensfunktion g im Zusammenspiel mit der (bisherigen) Umwelt u so entwickelt haben, dass eine ausreichende Leitwerterfüllung gegeben ist.

2. Bei der Neuentwicklung von Systemen müssen Zustandsfunktion f und Verhaltensfunktion g so 'konstruiert' werden, dass im Zusammenspiel mit der gegebenen Umwelt eine ausreichende Leitwerterfüllung gegeben ist.

3. Jeder Leitwert steht für eine bestimmte einzigartige Anforderung (die nicht durch irgendeine Kombination anderer Leitwerterfüllungen ersetzt werden kann). Daher müssen alle Leitwerte gleichzeitig beachtet werden. Die Defizite in der Erfüllung eines bestimmten Leitwerts können nicht durch Übererfül-

lung anderer Leitwerte beseitigt werden. Eine vollständige Beurteilung von Systemverhalten und Systementwickelt verlangt daher zwangsläufig die gleichzeitige Beachtung mehrerer Kriterien.

4. Bei unbewusst agierenden Systemen wird diese Leitwertorientierung durch die Umwelt erzwungen – Nichtbeachtung bedeutet Erhaltungs- und Entfaltungsnachteile und langfristig Untergang des Systems.

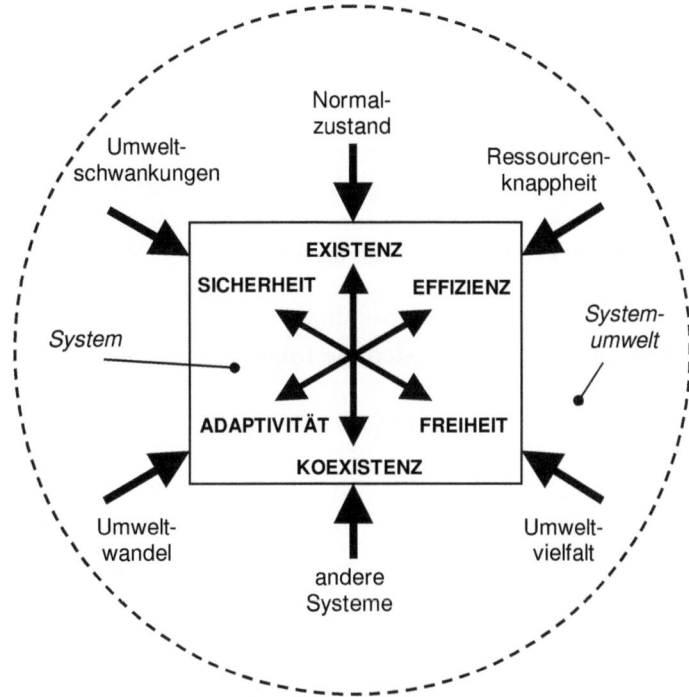

Abb. 5.2: Leitwertstern. Um Existenz- und Entfaltungsfähigkeit eines Systems nachhaltig zu sichern, muss ein Minimum jedes Leitwerts erfüllt sein.

5. Bewusst agierende Systeme können unterschiedliche (ethische) Wichtungen auf die Leitwertkategorien, auf abgeleitete Orientoren und auf die Interessen von Partnersystemen legen. Hieraus ergibt sich unterschiedliches Verhalten. Systemerhaltung und Systementfaltung verlangen aber auch hier langfristig ein Mindestmaß abgestimmter Leitwerterfüllung.

6. Entwicklungsanalyse, Eingriffsplanung wie auch Systementwurf sollten sich an der Leitwerterfüllung der betroffenen Systeme orientieren.

Diese Überlegungen müssen in einen praktischen Ansatz zur Verwendung bei Entwicklungsanalyse, Eingriffsplanung und Systementwurf übersetzt werden.

Zur Untersuchung eines gegebenen Systems in seiner spezifischen Umwelt müssen Indikatorgrößen bestimmt werden, mit denen die jeweilige Leitwerterfüllung gemessen werden kann. Weiter müssen Abbildungsfunktionen definiert werden, die den durch die Indikatorgrößen repräsentierten Systemzustand auf die Leitwerte abbilden, um die jeweilige Leitwerterfüllung zu ermitteln. Meist zeigt sich, dass ein bestimmter Indikator auf mehr als einen Leitwert wirkt, oder umgekehrt, dass mehrere Indikatoren auf einen bestimmten Leitwert wirken. Da für diese Analyse der Systemzustand abgebildet werden muss, ist eine an der Realstruktur orientierte Modellierung unumgänglich. Die Abbildungsfunktionen lassen sich wegen der zwangsläufig 'unscharfen' Begriffe der Leitwerte nicht eindeutig definieren; Interpretationsspielräume bleiben bestehen. Das sollte nicht von der Anwendung des Ansatzes abschrecken. Hauptziel muss es sein, alle für das System relevanten Orientierungsaspekte umfassend zu berücksichtigen. Das wird mit dem Leitwertansatz weitgehend erreicht.

Beispiel: Es sei die Leitwerterfüllung der Entwicklung eines Landes zu ermitteln. Für Einzelpersonen lassen sich die folgenden Zusammenhänge zwischen Indikatoren und Leitwerten erkennen:

1. *Lebenserwartung* betrifft HANDLUNGSFREIHEIT.
2. *Einkommen* betrifft WIRKSAMKEIT (schwach), HANDLUNGSFREIHEIT (stark), SICHERHEIT (schwach) und WANDLUNGSFÄHIGKEIT (schwach).
3. *Ernährung* betrifft EXISTENZ (stark), HANDLUNGSFREIHEIT (schwach) und SICHERHEIT (schwach).
4. *Ausbildung* betrifft WIRKSAMKEIT (stark), HANDLUNGSFREIHEIT (stark) und WANDLUNGSFÄHIGKEIT (stark), usw.

Bei der Ermittlung dieser Betroffenheiten muss klar festgelegt sein, bei welchem Indikatorwert die entsprechende Leitwerterfüllung unter ein zulässiges Minimum fällt. In diesem Fall muss bei diesem Leitwert ein 'rotes Licht' angehen, gänzlich unabhängig von möglicherweise positiven Beiträgen anderer Indikatoren. Wenn beispielsweise *Ernährung* unter das Minimum fällt, so muss das 'rote Licht' beim Leitwert EXISTENZ alle Anstrengungen auf diesen Mangel richten, unabhängig von möglicherweise besten Bedingungen bei den anderen Leitwerterfüllungen.

Der Leitwert KOEXISTENZ erfordert die explizite Einführung der Leitwertsysteme relevanter anderer Systeme. Zusätzlich zu den Leitwerten für das Individuum wären also gegebenenfalls die Leitwerte zu berücksichtigen für 'das Land', 'die Industrie', 'die Umwelt', 'andere Länder', 'zukünftige Generationen', usw. Diese Systeme werden mit unterschiedlichen Wichtungen in die Bewertung eingehen, wobei die Wichtungen ethische Überlegungen widerspiegeln.

Bei der Beurteilung der Leitwerterfüllung komplexer Systeme ist es sinnvoll, allgemeinere Orientoren in speziellere aufzuspalten und auf diese Weise eine 'Orientierungshierarchie' mit mehreren Ebenen aufzubauen. Bei der Beurteilung der Politik eines Landes wird z.B. der Leitwert WIRKSAMKEIT in seine verschiedenen Aspekte zu zerlegen sein: ökonomische, technische, rechtliche, politische Wirksamkeit.

Erst wenn das notwendige Minimum *aller* Leitwerte gesichert ist, kann daran gedacht werden, den (subjektiven) Nutzen von noch besserer Leitwerterfüllung in den verschiedenen Kategorien miteinander zu vergleichen und u.U. auf weitere Steigerung einer bestimmten Leitwerterfüllung zu verzichten, um dafür Steigerung bei einer anderen Leitwerterfüllung zu erzielen. Hierbei spielt die relative Wichtung der verschiedenen Leitwerte (oder generell: Orientoren) eine Rolle. *Beispiel*: Ein gut funktionierender Betrieb verzichtet auf weitere absichernde Rücklagen (SICHERHEIT) und investiert in energiesparenden Anlagen, um seine Energie- und Kosteneffizienz (WIRKSAMKEIT) zu erhöhen.

Wir haben es also bei der Beurteilung und Orientierung von Systemverhalten mit einem zweistufigen Bewertungsvorgang zu tun, wobei sich beide Stufen im Ansatz grundsätzlich unterscheiden:

1. Zunächst muss für *jeden* Leitwert einzeln ein bestimmtes Minimum an Erfüllung gewährleistet sein. Solange das nicht der Fall ist, muss sich die Aufmerksamkeit den Defiziten einzeln zuwenden.

2. Erst wenn die Minimalerfüllung aller Leitwerte garantiert ist, kann ein Güte-, Nutzen- oder Zufriedenheitsindex maximiert werden, in dem jetzt alle Leitwert(über)erfüllungen mit Wichtungen erscheinen und so gegeneinander verrechnet werden können.

Auch hier stoßen wir also wieder auf **Beschränkungen**, die auf jeden Fall einzeln eingehalten werden müssen und nicht miteinander verrechenbar sind; **Gütemaße**, in denen über das Minimum hinausgehende Beiträge auf gleiche 'Währung' (z.B. 'Nutzen') umgerechnet und miteinander verrechnet werden können; **Wichtungen**, die das relative Gewicht einzelner Beiträge in Gütekriterien bestimmen.

Bei der Untersuchung dynamischer Systeme haben wir es mit unterschiedlichen Graden von Selbstorganisation und Bewusstsein zu tun. Das muss bei Leitwertbetrachtungen berücksichtigt werden.

Einfache **strukturstarre Systeme** mit konstanten Parametern (Technik, lernunfähige Organismen) haben keine Wahlfreiheit. Die Untersuchung der Leitwerterfüllung kann sich daher nur auf den Entwurf oder die Evolution solcher Systeme beziehen.

Bei komplexeren **selbstorganisierenden Systemen**, die zur Parameterveränderung und zum Strukturwandel fähig sind, muss sich dieser Wandel zwangsläufig an den Leitwerten orientieren. Diese Orientierung kann durch die Realität selbst erzwungen werden (Versuch und Irrtum, Bewährung in der Evolution), sie kann aber auch (bewusst oder unbewusst) durch Antizipation der Umweltreaktion erfolgen.

Bei unbewusst agierenden Systemen wird die Leitwertbeachtung also langfristig von der Umwelt 'durchgesetzt': Es überleben auf Dauer nur Systeme, die eine ausreichende Leitwerterfüllung bieten.

Bei selbstorganisierenden **bewusst handelnden Systemen** (menschliche Akteure, Organisationen und Institutionen) ist durchaus zu erwarten, dass Verhaltensentscheidungen sich nicht oder nur teilweise an Leitwerterfordernissen orientieren. Die Beurteilung von Entscheidungs- und Entwicklungsalternativen im Hinblick auf die zu erwartende Leitwerterfüllung kann hier aber eine wertvolle Entscheidungshilfe bieten.

In den folgenden Simulationsbeispielen für die 'Miniwelt', das Fischfangsystem und die Stabilisierung des Kreispendels im oberen Totpunkt verwenden wir diese grundsätzlichen Überlegungen und Bewertungsansätze. Ausführlichere Darstellungen des Leitwertansatzes und der Orientierungstheorie finden sich u.a. in Bossel 1977, 1998, 1999.

5-2   Entwicklungsanalyse

5-2.1   Überblick

Die Entwicklungsanalyse eines Simulationsmodells, d.h. die Untersuchung und vergleichende Bewertung verschiedener möglicher Entwicklungspfade, stellt sich als eine erste wichtige Aufgabe. Zwar lässt sich durch viel herumprobierendes Simulieren allmählich auch ein Überblick über die Verhaltensweisen eines Systems gewinnen, doch ist ein systematischer Ansatz immer vorzuziehen. Die Leitwerttheorie bietet ein immer und für beliebige Systeme anwendbares Gerüst für systematische Untersuchungen.

Die erste Aufgabe der Entwicklungsanalyse besteht darin, trotz der Vielzahl der unsicheren oder einstellbaren, oft auch zeitabhängigen Parameter die wesentlichen Entwicklungspfade des Systems relativ rasch zu erkennen, ohne dass dabei wichtige andere Entwicklungsalternativen übersehen werden. Die Effizienz dieses Versuchs, einen umfassenden Überblick über das gesamte Systemverhalten zu bekommen, hängt wesentlich davon ab, inwieweit die Parameterkonstellationen zu in sich konsistenten und plausiblen 'Szenarien' gebündelt werden können.

Die zweite Aufgabe der Entwicklungsanalyse ist es, die verschiedenen plausiblen Entwicklungspfade vergleichend zu bewerten, so dass klar wird, welcher Pfad (oder welche Pfadgruppe) vorzugsweise anzusteuern ist. Bei diesem Schritt sind Bewertungskriterien einzubauen, die die Erhaltungs- und Entfaltungsinteressen des betrachteten Systems (und u.U. auch die Interessen seines Bewirtschafters) widerspiegeln. Für kleine Modelle wie die 'Miniwelt' ist es noch meist möglich, durch einfachen Vergleich der Resultate eine 'gute' von einer 'schlechten' Entwicklung zu unterscheiden. Für komplexere Modelle wird das fast unmöglich. Eine zuverlässige vergleichende Bewertung erfordert dann einen systematischen und vollständigen Ansatz. Der Orientierungsansatz erweist sich hier als nützlich und geeignet.

Die Formulierung einer solchen vergleichenden Bewertung liegt nie eindeutig fest: Es existieren immer verschiedene Möglichkeiten. Der entscheidende Punkt ist aber, dass der Orientierungsansatz die Berücksichtigung eines umfassenden Kriteriensatzes erzwingt, der das ganze Spektrum der Umwelteigenschaften und Systeminteressen berücksichtigt. Unabhängig von der konkreten Auswahl von Kriterien und Indikatoren werden so mit hoher Sicherheit alle für die Systementwicklung wichtigen Aspekte angemessen berücksichtigt.

In diesem Abschnitt wenden wir uns noch einmal dem in Kap. 2 behandelten Miniwelt-Modell zu (Kap. 2-2.6, bes. Abb. 2.21, 2.22). Wir werden es zunächst mit einem graphisch-interaktiven Simulationssystem programmieren. Danach werden Kriterien bestimmt und Indikatoren für die Beurteilung der Systementwicklung ermittelt, um dann durch Abbildung der Indikatoren auf die Kriterien die jeweilige Leitwerterfüllung zu überprüfen.

Die Berechnung der Kriterienerfüllung muss zusätzlich zu den Modellgleichungen programmiert werden. Mit dem erweiterten Simulationsprogramm werden dann zwei alternative Szenarien der Systementwicklung untersucht, in denen jeweils in sich konsistente und plausible zeitliche Entwicklungen der System- und Szenarioparameter festgelegt sind. Die Simulationsläufe erzeugen nun nicht nur den zeitlichen Verlauf der interessierenden Systemgrößen, sondern außerdem den zeitlichen Ablauf der Kriterienerfüllungen. Mit diesen Informationen ist eine vergleichende Bewertung der zwei Entwicklungspfade möglich.

5-2.2 Systemgrößen und Simulationsmodell der Miniwelt

In Kapitel 2 wurden die Modellgleichungen für ein Miniwelt-System abgeleitet, mit dem die wesentlichen Zusammenhänge zwischen Bevölkerungsentwicklung, Konsum und Umweltbelastung untersucht werden können (s. Kap. 2-2). Wir stellen hier die Systemgleichungen noch einmal zusammen.

1. Parameter

> GEBURTENRATE = 0.03 [1/Jahr]
> STERBERATE = 0.01 [1/Jahr]
> ERHOLUNGSRATE = 0.1 [1/Jahr]
> ZUWACHSRATE = 0.05 [1/Jahr]
> BELASTUNGSRATE = 0.02 [1/Jahr]
> SCHADSCHWELLE = 1 [1]

GEBURTENKONTROLLE = 1.0 [1]
KONSUMZIEL = 10 [1]

2. Anfangswerte der Zustandsgrößen

$Bevölkerung_0 = 1$ [1]
$Anlagen_0 = 1$ [1]
$Umweltbelastung_0 = 1$ [1]

3. Algebraische Zwischengrößen

Umweltqualität = SCHADSCHWELLE/*Umweltbelastung*
Konsumniveau = *Anlagen*
Geburten = GEBURTENRATE * GEBURTENKONTROLLE * *Bevölkerung*
* *Umweltqualität* * *Konsumniveau*
Sterbefälle = STERBERATE * *Bevölkerung* * *Umweltbelastung*
Zerstörung = BELASTUNGSRATE * *Konsumniveau* * *Bevölkerung*
Erholung = IF (*Umweltqualität* > 1) THEN (ERHOLUNGSRATE
* *Umweltbelastung*) ELSE (ERHOLUNGSRATE * SCHADSCHWELLE)
Anlagenzuwachs = ZUWACHSRATE * *Konsumniveau* * *Umweltbelastung*
* [1 – (*Konsumniveau* * *Umweltbelastung* / KONSUMZIEL)]

4. Zustandsgleichungen

d(Bevölkerung)/dt = Geburten – Sterbefälle
d(Anlagen)/dt = Anlagenzuwachs
d(Umweltbelastung)/dt = Belastungszuwachs – Belastungsabbau

5. Laufzeitparameter

START = 0 [Jahr]
FINAL = 500 [Jahr]
TIMESTEP = 0.2 [Jahr]

Das Simulationsdiagramm für dieses Modell zeigt Abb. 5.3. Es entspricht genau dem Modell in Abb. 2.21, wurde aber umgezeichnet. Nach dem Zeichnen des Simulationsdiagramms mit der Simulationssoftware auf dem Computerbildschirm werden die Gleichungen für die verschiedenen Systemgrößen eingegeben. Die Software kann die Systemgleichungen dokumentieren (Abb. 5.4).

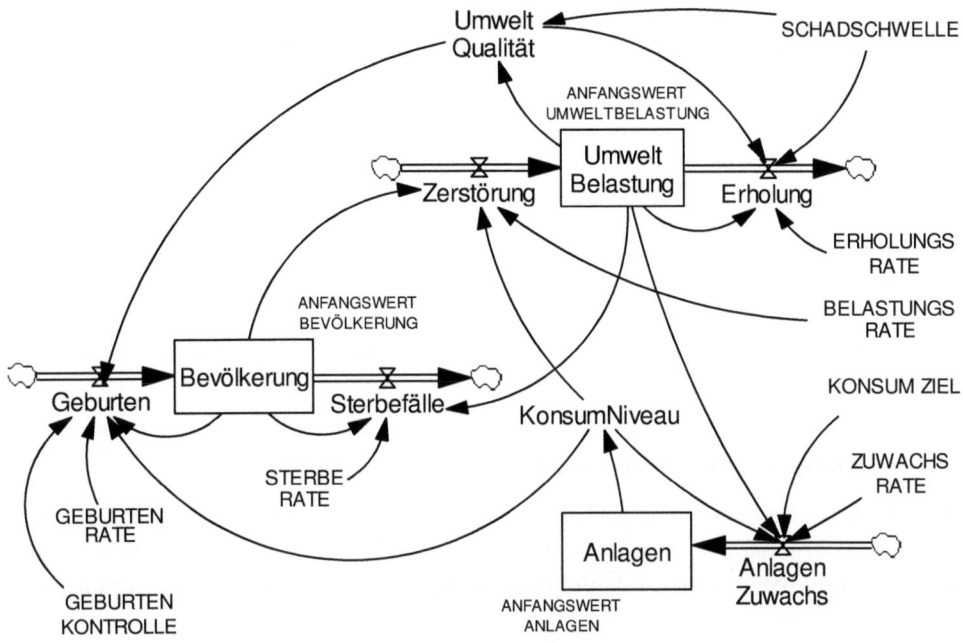

Abb. 5.3: Simulationsdiagramm für das Mini-Weltmodell

(1)   ANFANGSWERT ANLAGEN = 1 [1]
(2)   ANFANGSWERT BEVÖLKERUNG = 1 [1]
(3)   ANFANGSWERT UMWELTBELASTUNG = 1 [1]
(4)   Anlagen = INTEG (AnlagenZuwachs, ANFANGSWERT ANLAGEN) [1]
(5)   AnlagenZuwachs = ZUWACHS RATE *KonsumNiveau *UmweltBelastung
      *(1-(KonsumNiveau *UmweltBelastung /KONSUM ZIEL)) [1/Year]
(6)   BELASTUNGS RATE = 0.02 [1/Year]
(7)   Bevölkerung = INTEG (Geburten -Sterbefälle, ANFANGSWERT BEVÖLKE-
      RUNG) [1]
(8)   Erholung = IF THEN ELSE(UmweltQualität > 1, ERHOLUNGS RATE
      *UmweltBelastung, ERHOLUNGS RATE *SCHADSCHWELLE) [1/Year]
(9)   ERHOLUNGS RATE = 0.1 [1/Year]
(10) Geburten = GEBURTEN RATE *Bevölkerung *UmweltQualität
      *KonsumNiveau *GEBURTEN KONTROLLE [1/Year]
(11) GEBURTEN KONTROLLE = 1 [1]
(12) GEBURTEN RATE = 0.03 [1/Year]
(13) KONSUM ZIEL = 10 [1]
(14) KonsumNiveau = Anlagen [1]
(15) SCHADSCHWELLE = 1 [1]
(16) STERBE RATE = 0.01 [1/Year]

(17)   Sterbefälle = STERBE RATE *Bevölkerung *UmweltBelastung [1/Year]
(18)   UmweltBelastung = INTEG (+Zerstörung -Erholung, ANFANGSWERT UM-
        WELTBELASTUNG) [1]
(19)   UmweltQualität = SCHADSCHWELLE /UmweltBelastung [1]
(20)   Zerstörung = BELASTUNGS RATE *Bevölkerung *KonsumNiveau [1/Year]
(21)   ZUWACHS RATE = 0.05 [1/Year]
(22)   INITIAL TIME = 0 [Year]
(23)   FINAL TIME = 500 [Year]
(24)   TIME STEP = 0.2 [Year]
(25)   SAVEPER = TIME STEP [Year]

Abb. 5.4: Simulationsgleichungen des Mini-Weltmodells. Die Parametereinstellungen entsprechen dem Standardszenario.

5-2.3   Kriterien und Indikatoren der Systementwicklung

Um die Ergebnisse verschiedener Simulationsläufe in ihrer Bedeutung für das simulierte System abschätzen zu können, müssen sie auf seine Leitwertdimensionen abgebildet werden. Nach unseren früheren Überlegungen zur Leitwertorientierung sind
dabei zwei Aspekte getrennt zu betrachten:
1.   Es muss überprüft werden, ob das notwendige Minimum der Leitwerterfüllung
       für jeden einzelnen Leitwert erreicht wird.
2.   Die Güte der Leitwerterfüllung insgesamt ist (für einzelne Orientoren und ein
       zusammenfassendes Gütemaß) auszuweisen.
       Aus den simulierten Systementwicklungen ist dann diejenige am günstigsten,
die 1. die Minimalbedingungen aller Leitwerte einzeln erfüllt und 2. gleichzeitig (mit
der geforderten Wichtung der Leitwerte) die insgesamt beste Leitwerterfüllung liefert.
       Um diese Berechnungen mit dem Simulationsmodell der Miniwelt durchfüh-
ren zu können, müssen wir noch entsprechende Bewertungszusammenhänge definieren und in das Modell einführen. Die folgende Implementierung des Verfahrens
erhebt keinen Anspruch auf Vollständigkeit, wie auch das Modell der Miniwelt nur
als grobes Abbild gewertet werden darf. Es geht hier lediglich um die Demonstration
des Verfahrens.
       Zunächst ist zu entscheiden, wessen Interessen im Bewertungsverfahren abge-
bildet sein sollen, d.h. wessen Leitwerterfüllung soll ermittelt werden? Die zwei
wesentlichen Akteure in der Miniwelt, deren Entwicklung für die Leitwerte des Gesamtsystems von erheblicher Bedeutung ist, sind die Bevölkerung und die Umwelt.
Bei der Formulierung der Bewertungen müssen wir deren Interessen im Auge behalten. Um alle für das Gesamtsystem wichtigen Gesichtspunkte zu berücksichtigen,
orientieren wir uns an den Leitwertdimensionen. Die folgenden Beziehungen gelten
für die Leitwerte des Gesamtsystems 'Miniwelt' (Bevölkerung, Produktion, Umwelt).

Die verwendeten Beziehungen sind lediglich als Beispiele zu verstehen; andere Formulierungen wären möglich.

Existenz: Eine Bevölkerung hört auf als Volk zu existieren, wenn ihre Zahl unter einen kritischen Wert fällt. Ähnlich verliert Umwelt ihre Identität (als uns vertraute Umwelt), wenn ihre Qualität unter ein Minimum sinkt. Da im Modell relative Größen verwendet werden, wo der Betrag "1" etwa normalen Bedingungen entspricht, können wir formulieren

"EXISTENZ ist bedroht, falls *Bevölkerung* unter 0.1 schrumpft."
"EXISTENZ ist bedroht, falls *Umweltqualität* unter 0.1 absinkt."

Entsprechend setzen wir daher die Beschränkungen

Bevölkerung > 0.1 !
Umweltqualität > 0.1 !

Das Ausrufungszeichen ist als "soll sein …" zu lesen. Fallen diese Indikatoren unter diesen Wert, so ist eine nicht tolerierbare Bedrohung des Leitwerts EXISTENZ zu melden.

Wirksamkeit (Effizienz): Als Maße für die Effizienz kommen hier z.B. in Betracht das Verhältnis der *Erholung* zur *Zerstörung* (das entspricht der 'Erneuerungskraft' der Umwelt), sowie das Verhältnis der *Umweltqualität* zum *Konsumniveau* (ein Maß für 'Durchsetzungskraft' der Umwelt bei gegebener Industrieproduktion). Folgende Forderungen ließen sich formulieren:

"WIRKSAMKEIT ist bedroht, falls die *Erholung* (von Umweltbelastungen) wesentlich unter die *Zerstörung* sinkt."
"WIRKSAMKEIT ist bedroht, falls die *Umweltqualität* niedrig ist im Vergleich zum *Konsumniveau*."

Wir verwenden daher die Beschränkungen

Erholung / Zerstörung > 0.95 !
Umweltqualität / Konsumniveau > 0.4 !

Bei kleineren Werten ist Verletzung des Leitwerts WIRKSAMKEIT zu melden.

Handlungsfreiheit: Wenn wir annehmen, dass das Konsumniveau materielle Möglichkeiten und damit Handlungsfreiheit vermittelt, so kann es als Indikator für diese Leitwerterfüllung genommen werden. Die Handlungsfreiheit wird eingeschränkt, wenn die Umweltqualität schlecht wird (und ihre Verbesserung Mittel beansprucht). Weiter muss eine zu geringe Lebenserwartung als Einschränkung der Handlungsfreiheit verstanden werden. Diese Bedingungen lassen sich formulieren als

"HANDLUNGSFREIHEIT ist bedroht, wenn das *Konsumniveau* unter einen bestimmten Mindestwert absinkt."

"HANDLUNGSFREIHEIT ist bedroht, wenn die *Umweltqualität* unter einen bestimmten Mindestwert absinkt."

"HANDLUNGSFREIHEIT ist bedroht, wenn die Zahl der *Sterbefälle* pro *Bevölkerung* zu hoch ist."

Wir verwenden daher die Beschränkungen

Konsumniveau > 0.8 !
Umweltqualität > 0.5 !
Sterbefälle / Bevölkerung < 0.02 !

Die letztere Bedingung entspricht einer mittleren Lebenserwartung von 50 Jahren. Unter- bzw. Überschreitungen der Werte bedeuten Verletzung der HANDLUNGSFREIHEIT.

Sicherheit: Sicherheitsbedrohend ist es, wenn die Zahl der *Sterbefälle* die der *Geburten* überschreitet, die Bevölkerung also tendenziell ausstirbt. Sicherheitsbedrohend ist es aber auch, wenn die Bevölkerung sehr stark anwächst. Eine weitere Sicherheitsbedrohung folgt aus einer zunehmenden Zerstörung der Umwelt. Es lässt sich formulieren

"SICHERHEIT ist bedroht, wenn die *Bevölkerung* sich zu rasch vermehrt."

"SICHERHEIT ist bedroht, wenn die *Bevölkerung* zu rasch schrumpft."

"SICHERHEIT ist bedroht, wenn die *Erholung* (von Umweltbelastungen) geringer ist als die *Zerstörung*."

Hiermit formulieren wir die Beschränkungen:

Geburten / Sterbefälle < 1.1 !
Geburten / Sterbefälle > 0.9 !
Erholung / Zerstörung > 0.95 !

Die Verletzung dieser Bedingungen bedeutet eine Bedrohung von SICHERHEIT und muss daher gemeldet werden. Die zuletzt aufgeführte Bedingung ist identisch mit der unter WIRKSAMKEIT, aber sie gilt hier einem anderen Aspekt (SICHERHEIT).

Wandlungsfähigkeit (Adaptivität): Das System wird wandlungsfähiger sein, wenn z.B. die Umweltqualität relativ gut ist, die Bevölkerung nicht allzu groß ist und die Konsumsteigerung (gemessen am Anlagenzuwachs) bei ausreichendem Konsumniveau nur gering oder negativ ist. Das lässt sich etwa formulieren durch

"WANDLUNGSFÄHIGKEIT ist bedroht, wenn die *Umweltqualität* unter einen bestimmten Mindestwert absinkt."

"WANDLUNGSFÄHIGKEIT ist bedroht, wenn die *Bevölkerung* über eine bestimmte Bevölkerungszahl ansteigt."

"WANDLUNGSFÄHIGKEIT ist bedroht, wenn der *Anlagenzuwachs* zu rasch erfolgt."

"WANDLUNGSFÄHIGKEIT ist bedroht, wenn das *Konsumniveau* zu gering ist."

Wir formulieren daher die Beschränkungen:

Umweltqualität > 0.5!
Bevölkerung < 4 !
Anlagenzuwachs < 0.02 !
Konsumniveau > 0.5 !

Falls die Indikatoren diese Bedingungen verletzen, muss eine Bedrohung für den Leitwert WANDLUNGSFÄHIGKEIT gemeldet werden.

Koexistenz: Im Modell ist die Umwelt vor völliger Zerstörung teilweise geschützt, da dies auch eine starke Verminderung der Bevölkerung bedeuten würde. Hier ist aber vorstellbar, dass aus ethischen Gründen, die über eigennützige Überlegungen hinausgehen, die Bewahrung der Umwelt als Wert für sich erwünscht ist. Als Bedingung lässt sich hier z.B. formulieren:

"KOEXISTENZ ist bedroht, wenn die *Umweltqualität* unter ein Mindestmaß absinkt."

Als entsprechende Beschränkung ausgedrückt:

Umweltqualität > 0.5 !

Bei kleineren Werten wird Verletzung des Leitwerts KOEXISTENZ angezeigt. Die gleiche Bedingung wurde bereits in Bezug auf WIRKSAMKEIT und WANDLUNGSFÄHIGKEIT verwendet, aber die Bedeutung der Beschränkung für das System ist jedes Mal verschieden.

Diese Bedingungen werden über Tabellenfunktionen in das Miniwelt-Modell eingefügt (s. Simulationsdiagramm in Abb. 5.5 und Simulationsgleichungen in Abb. 5.6 für den Zusatzmodul zur Miniwelt). In diesen Tabellenfunktionen wird hier vereinfachend angenommen, dass bei Erfüllung der oben formulierten Bedingungen der Beitrag zur Leitwerterfüllung mit zunehmender Verbesserung linear bis auf einen Maximalwert von "1" ansteigt. Man beachte, dass gelegentlich mehrere Bedingungen gleichzeitig erfüllt sein müssen, um das Minimum eines Leitwerts abzudecken. Der Leitwert gilt als nicht erfüllt, wenn auch nur eine dieser Bedingungen nicht erfüllt ist. Als Beispiel für die Verwendung von Tabellenfunktionen für die Ermittlung von Beiträgen zur Leitwerterfüllung ist in Abb. 5.7 die Tabellenfunktion für die Abbildung des Indikators (*Sterbefälle / Geburten*) auf den Leitwert SICHERHEIT wiedergegeben.

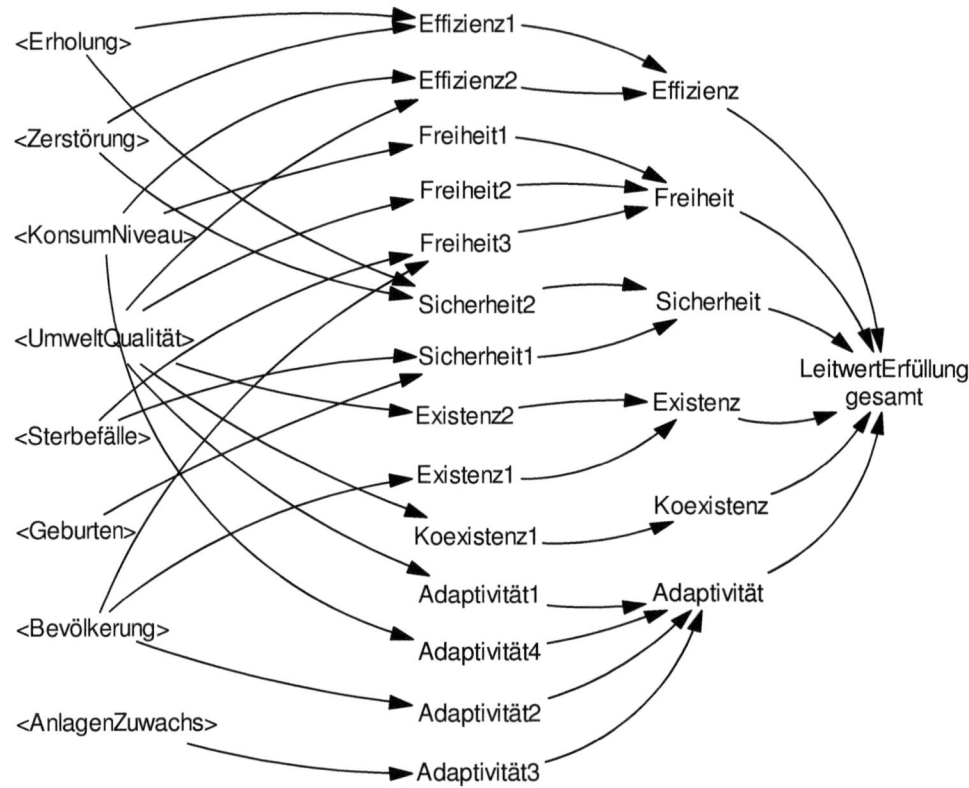

Abb. 5.5: Simulationsdiagramm zur Berechnung der Leitwerterfüllung der Miniwelt.

(1)   Adaptivität = IF THEN ELSE (Adaptivität1 *Adaptivität2 *Adaptivität3
        *Adaptivität4 > 0, (Adaptivität1 +Adaptivität2 +Adaptivität3 +Adaptivität4) /4, 0)
        [1]
(2)   Adaptivität1 = WITH LOOKUP (UmweltQualität,([(0, 0) -(2, 2)], (0, 0), (0.5, 0),
        (1.5, 1), (2, 1))) [1]
(3)   Adaptivität2 = WITH LOOKUP (Bevölkerung, ([(0, 0) -(10, 2)], (0, 1), (1.5, 1),
        (4, 0), (10, 0))) [1]
(4)   Adaptivität3 = WITH LOOKUP (AnlagenZuwachs, ([(0, 0) -(0.1, 2)], (0, 1),
        (0,01, 1) ,(0.02, 0) ,(0.1, 0))) [1]
(5)   Adaptivität4 = WITH LOOKUP (KonsumNiveau, ([(0, 0) -(10, 2)], (0, 0), (0.5,
        0), (2, 1), (4, 1))) [1]
(6)   Effizienz = IF THEN ELSE (Effizienz1 *Effizienz2 > 0, (Effizienz1 +Effizienz2)
        /2, 0) [1]

(7) Effizienz1 = WITH LOOKUP (Erholung /Zerstörung,([(0, 0) -(2, 2)], (0, 0),
     (0.95, 0), (1.5, 1), (2, 1))) [1]
(8) Effizienz2 = WITH LOOKUP (UmweltQualität /KonsumNiveau, ([(0, 0) -(2, 2)],
     (0, 0), (0.4, 0), (1, 1), (2, 1))) [1]
(9) Existenz = IF THEN ELSE (Existenz1 *Existenz2 > 0, (Existenz1 +Existenz2)
     /2, 0) [1]
(10) Existenz1 = WITH LOOKUP (Bevölkerung, ([(0, 0) -(1, 2)], (0, 0), (0.1, 0),
     (0.2, 1), (1, 1))) [1]
(11) Existenz2 = WITH LOOKUP (UmweltQualität, ([(0, 0) -(1, 2)], (0,0), (0.1, 0),
     (0.2, 1), (1, 1))) [1]
(12) Freiheit = IF THEN ELSE (Freiheit1 *Freiheit2 *Freiheit3 > 0, (Freiheit1
     +Freiheit2 +Freiheit3) /3, 0) [1]
(13) Freiheit1 = WITH LOOKUP (KonsumNiveau, ([(0, 0) -(4, 2)], (0, 0), (0.8, 0),
     (2, 1), (4, 1))) [1]
(14) Freiheit2 = WITH LOOKUP (UmweltQualität, ([(0, 0) -(2, 2)], (0, 0), (0.5, 0),
     (1, 1), (2, 1))) [1]
(15) Freiheit3 = WITH LOOKUP (Sterbefälle /Bevölkerung, ([(0, 0) -(0.1, 2)], (0, 1),
     (0.01, 1), (0.03, 0), (0.1, 0))) [1]
(16) Koexistenz = IF THEN ELSE (Koexistenz1 > 0, Koexistenz1, 0) [1]
(17) Koexistenz1 = WITH LOOKUP (UmweltQualität, ([(0, 0) -(2, 2)], (0, 0), (0.5, 0),
     (1, 1), (2, 1))) [1]
(18) Sicherheit = IF THEN ELSE (Sicherheit1 *Sicherheit2 > 0, (Sicherheit1
     +Sicherheit2) /2, 0) [1]
(19) Sicherheit1 = WITH LOOKUP (Sterbefälle /Geburten, ([(0, 0) -(2, 2)], (0, 0),
     (0.9, 0), (1, 1), (1.1, 0), (2,0))) [1]
(20) Sicherheit2 = WITH LOOKUP (Erholung /Zerstörung, ([(0, 0) -(2, 2)], (0,0),
     (0.95, 0), (1.2,1), (2,1))) [1]
(21) LeitwertErfüllung gesamt = (Existenz +Effizienz +Freiheit +Sicherheit
     +Adaptivität +Koexistenz) /6 [1]
(22) INITIAL TIME = 0 [Year]
(23) FINAL TIME = 500 [Year]
(24) TIME STEP = 0.2 [Year]
(25) SAVEPER = 50 [Year]

Abb. 5.6: Modellgleichungen zur Berechnung der Leitwerterfüllung der Miniwelt.

Die Form der hier verwendeten Tabellenfunktionen mag zu grob erscheinen, und es besteht die Versuchung, 'glattere' oder 'genauere' Funktionen zu formulieren. Tatsächlich haben wir es aber mit 'unscharfen' Beziehungen zu tun, die sich mit präzisen Zahlenwerten nur unzureichend wiedergeben lassen. Beispielsweise ist die Formulierung "*Umweltqualität* > 0.5!" nur eine grobe Übersetzung dessen, was eigentlich gemeint ist ("Die Umwelt muss mit relativ guter *Umweltqualität* erhalten bleiben.") Mit den Werkzeugen der 'Unscharfen Mathematik' (fuzzy mathematics, s. u.a. Zimmermann 1991) lassen sich solche Beziehungen genauer ausdrücken und vor allem auch mathematisch korrekt verarbeiten. Der Ausdruck "ziemlich guter Zustand" ließe sich z.B. darstellen durch eine Zugehörigkeit (membership) von 20% in "schlechter Zustand" und 80% in "guter Zustand". "Guter Zustand" und "schlechter Zustand" lassen sich wiederum durch unscharfe Beziehungen zu bestimmten Indikatorwerten ausdrücken. Unscharfe Beziehungen sind daher für Orientierungs- und Bewertungsaufgaben besonders geeignet, und sie haben sich besonders bei der Regelung und Lenkung komplexer Prozesse bestens bewährt ('fuzzy control'). Die unscharfe Beschreibung ist allerdings nicht zwingend notwendig, und der hier verwendete Ansatz ist für viele Anwendungen völlig ausreichend.

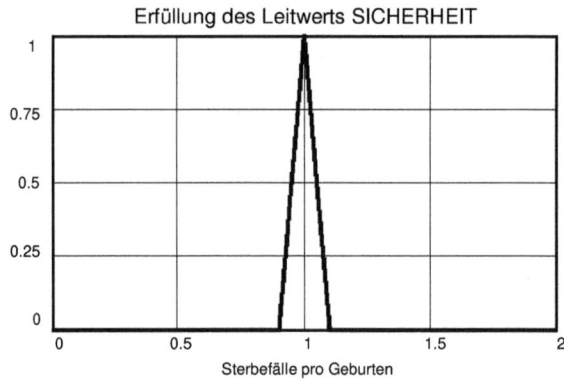

Abb. 5.7: Beziehung zwischen dem Indikator (*Sterbefälle / Geburten*) und dem Leitwert SICHERHEIT.

In unserem Simulationsprogramm der Miniwelt (Abb. 5.5, 5.6) werden die oben entwickelten Abbildungen von Indikatoren auf Orientoren verwendet, um Verletzungen der einzelnen Leitwerte zu melden. Wenn die notwendigen Minima für alle Leitwerte erfüllt sind, kann versucht werden, die Gesamtbefriedigung der Leitwerte durch Verbesserung einzelner Leitwerterfüllungen noch zu steigern.

Um ein Maß für den Gesamtzustand der Leitwerterfüllung zu haben, addieren wir hier einfach die gewichteten Leitwertbeiträge zu einer Gesamtsumme und dividieren durch die Zahl der Leitwerte (= 6). Die Wichtungen W_i sind Einschätzungen, die die Bedeutung jeder Leitwertdimension für die Gesamtentwicklung wiedergeben sollen.

Leitwerterfüllung gesamt =

= $(1/6) \cdot (W_{Existenz} \cdot Existenz + W_{Effizienz} \cdot Effizienz + W_{Freiheit} \cdot Freiheit$
+ $W_{Sicherheit} \cdot Sicherheit + W_{Adaptivität} \cdot Adaptivität + W_{Koexistenz} \cdot Koexistenz)$

Im Programm für die Miniwelt sind alle Wichtungen $W_i = 1$. Diese Berechnung der Gesamt-Leitwerterfüllung ist in das Modell eingefügt (Abb. 5.5, 5.6).

Sowohl die einzelnen Leitwertbeiträge wie auch der Wert für die *Leitwerterfüllung gesamt* werden durch Division durch die Zahl der Einzelbeiträge auf "1" normiert. So gibt es hier z.B. drei Einzelbeiträge (*Freiheit₁*, *Freiheit₂*, *Freiheit₃*) zur Erfüllung des Leitwerts HANDLUNGSFREIHEIT. Die Leitwerterfüllung *Freiheit* wird daher berechnet aus:

$$Freiheit = (1/3) \cdot (Freiheit_1 + Freiheit_2 + Freiheit_3)$$

Falls auch nur einer dieser Beiträge nicht erfüllt (gleich Null) ist, wird die Leitwerterfüllung insgesamt auf Null gesetzt. Die obige Formulierung gilt daher nur wenn

$$Freiheit_1 \cdot Freiheit_2 \cdot Freiheit_3 > 0$$

Alle anderen Leitwertbeiträge werden sinngemäß behandelt (s. Modellgleichungen für Miniwelt mit Leitwerterfüllung in Abb. 5.6).

Das Schema der Abbildung von Indikatoren auf die Orientoren zur Berechnung der Leitwerterfüllung und schließlich zur Berechnung der Gesamtbefriedigung ist aus dem Simulationsdiagramm in Abb. 5.6 gut ersichtlich. Dieses Schema ist typisch für an Kriterien orientierte Bewertungsverfahren. Man beachte, dass einzelne Indikatoren gleichzeitig auf verschiedene Orientoren 'laden' können, da der gleiche Indikator gleichzeitig positive Beiträge für einige, negative Beiträge für andere Orientoren liefern kann. Umgekehrt hängt die Erfüllung einzelner Orientoren meist davon ab, dass mehrere Indikatoren sich gleichzeitig in akzeptablen Zuständen befinden. Bei komplexeren Bewertungsvorgängen muss u.U. eine ganze Bewertungshierarchie mit mehreren Orientierungsebenen entwickelt werden (s. Bossel u.a. 1989).

5-2.4 Szenarienentwürfe und Simulationsläufe

Das Verhalten von Systemen ist teilweise durch Systemparameter und Szenarienparameter bestimmt, die beide wiederum zeitabhängig sein können. Während Systemparameter im Allgemeinen bekannt sind (oder als bekannte Systemcharakteristika vorausgesetzt werden), gilt dies nicht für die Parameter, die Umwelteinflüsse auf das System beschreiben. Einwirkungen aus der Umwelt sind definitionsgemäß nicht durch das System beeinflusst; Aussagen über ihre Größe und Veränderung müssen daher aus anderen Quellen als der Systemdarstellung stammen. Im Allgemeinen bleibt nur die Möglichkeit, gut begründete Annahmen über die zukünftige Entwicklung dieser Größen zu machen. Dabei muss aber das Bündel der Annahmen über die Einwirkungen aus der Systemumgebung in sich plausibel und konsistent sein. Beliebige Parameterkombinationen sind in der Praxis selten zu finden. Aus kombinatorischen Gründen zwingt die Praxis auch zur Bündelung von Annahmen.

In sich konsistente und plausible Annahmen über die zukünftige Entwicklung systembeeinflussender exogener Größen bezeichnen wir als 'Szenarien'. Die effiziente und umfassende Nutzung der Aussagemöglichkeiten gerade großer Simulationsmodelle ist nur über die Formulierung von Szenarien möglich. Ihrer Entwicklung muss daher einige Aufmerksamkeit gewidmet werden.

Es ist üblich, Szenarien zusammenfassende, möglichst aussagekräftige Kurzbezeichnungen zu geben. Ein erster Szenarienkandidat ist immer die (überraschungsfreie) Weiterführung gegenwärtiger Bedingungen (Standard-Szenario, Referenz-Szenario, Status-Quo-Szenario). In anderen Szenarien werden bestimmte (plausible) Kombinationen von Entwicklungen und Eingriffen in das System aussagekräftig gebündelt (z.B. 'nachhaltige Entwicklung', 'ungebremstes Wachstum' usw.).

In unser einfaches Mini-Weltmodell wurden vier Szenarioparameter aufgenommen:
1.   GEBURTENRATE
2.   ZUWACHSRATE
3.   GEBURTENKONTROLLE
4.   KONSUMZIEL

Bereits diese vier Parameter würden eine riesige Zahl möglicher Kombinationen erlauben, die aber größtenteils nicht plausibel sein würden (etwa: niedrige Geburtenrate bei fehlender Geburtenkontrolle). Der Blick auf die Berechnung der *Geburten* zeigt, dass dort GEBURTENRATE und GEBURTENKONTROLLE als Faktoren auftauchen. Es genügt also, nur einen dieser Parameter zu verändern. Wir setzen daher GEBURTENKONTROLLE = 1 (kein Einfluss) und beschränken uns auf Annahmen über die verbleibenden drei Parameter.

Um einige grundsätzliche Verhaltenstendenzen des Modells zu zeigen, überlegen wir uns im Folgenden zwei unterschiedliche Szenarien, die einen Einblick in die Breite des Verhaltensspektrums des Modells unter uns interessierenden Bedingungen geben können, und mit denen sich die Brauchbarkeit des Orientierungsansatzes demonstrieren lässt.

Das **Standard-Szenario** soll einer Fortführung der gegenwärtigen Bedingungen entsprechen: hohe Geburtenrate, hohe Zuwachsrate bei Investitionen, kaum Konsumbeschränkung. Entsprechend werden die folgenden Szenarioparameter gewählt.

GEBURTENRATE = 0.03 [1/Jahr]
ZUWACHSRATE = 0.05 [1/Jahr]
KONSUMZIEL = 10 [1]
(d.h. der Konsum darf auf das 10-fache des Ausgangsniveaus von 1 steigen)

Als Kontrast bietet sich die Untersuchung eines **Beschränkungsszenarios** an, bei dem die Geburtenrate sich an der Sterberate orientiert, die einer hohen Lebenserwartung entspricht, und bei dem die weitere Konsumsteigerung begrenzt ist. Bei konstanter Bevölkerung entspricht eine Lebenserwartung von 80 Jahren einer Sterberate von 1/80 = 0.0125, die dann gleich der Geburtenrate sein muss. Der Sättigungswert des materiellen Konsums sei erheblich reduziert (von 10 auf 2). Für dieses Szenario werden folgende Parameter gewählt:

GEBURTENRATE = 0.0125 [1/Jahr]
ZUWACHSRATE = 0.05 [1/Jahr]
KONSUMZIEL = 2 [1]

Die unterschiedliche Verhaltenscharakteristik der beiden Simulationsläufe zeigt sich sehr deutlich in den beiden entsprechenden Zustandsbildern in Abb. 5.8.

Beim **Standardszenario** wachsen Bevölkerung und Konsum zunächst stark an (bis auf einen maximalen Bevölkerungswert von 5.932). Dann bricht die hohe Bevölkerungszahl rasch zusammen, und das Gleichgewicht schwingt sich bei einem Bevölkerungswert von 1.55, einem Konsumwert von 3.22 und einer Umweltbelastung von 3.01 ein. Werden die drei Zustandsgrößen über der Zeit aufgetragen (Abb. 5.9), so zeigt sich, dass die mit dem Konsumanstieg zeitverzögert anwachsende Umweltbelastung zu dem Zusammenbruch der Bevölkerung und dem Einschwingen auf einen niedrigen Wert (etwa 1.5) führt.

Beim **Beschränkungsszenario** (Abb. 5.8 und 5.9) gibt es einen solchen Zusammenbruch nicht. Bevölkerung und Konsum wachsen relativ kontinuierlich und schwingen sich auf Gleichgewichtswerte von Bevölkerung = 3.933 und Konsum = 1.473 ein. Der Verlauf der drei Zustandsgrößen über der Zeit zeigt auch bei der Umweltbelastung nur eine allmähliche Veränderung auf einen Gleichgewichtswert von 1.357.

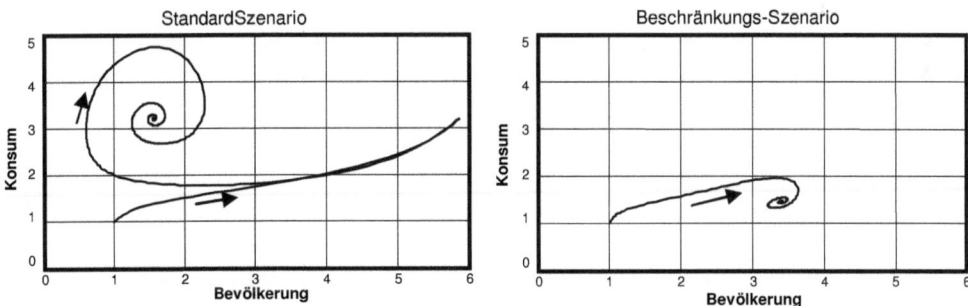

Abb. 5.8: Phasenbilder der Zustandsgrößen Bevölkerung und Konsum für das Standardszenario (links) und das Beschränkungsszenario (rechts).

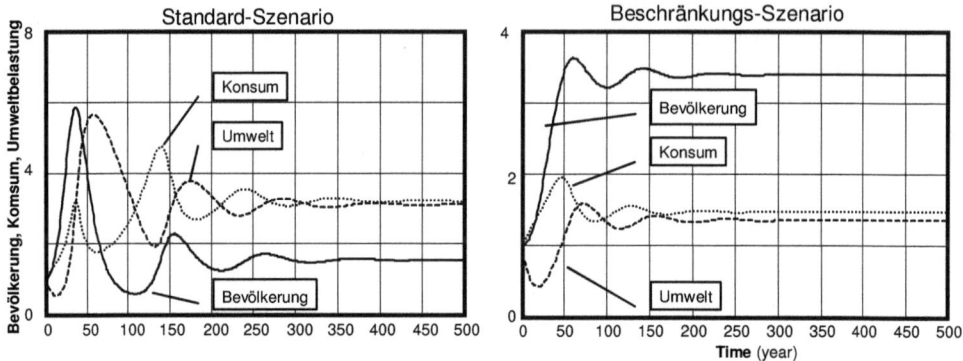

Abb. 5.9: Zeitkurven der Simulationsergebnisse für Bevölkerung, Konsum und Umweltbelastung für das Standardszenario (links) und das Beschränkungsszenario
(rechts).

5-2.5   Vergleichende Bewertung der Simulationsläufe

Für das simple Weltmodell mit seinen wenigen Variablen ist der Vergleich der beiden Szenarienläufe noch einfach, und ein formelles Bewertungsverfahren ist hier
nicht unbedingt erforderlich.   Für komplexere Simulationsmodelle mit vielen Zu-
stands- und Ausgangsgrößen wird die vergleichende Bewertung verschiedener Simulationsläufe schwierig, solange man eine Bewertung lediglich über einen Vergleich
der Zustandsgrößen versucht. Welche Kombinationen von Zustandswerten sind 'besser' oder 'schlechter' als andere? Welche Werte der Zustandsgrößen sind noch zulässig, welche nicht? Bewegt sich das System auf einen Zustand zu, der seine Entwicklung und sein Überleben gefährdet, ohne dass das sich aus den Verläufen der Systemgrößen rechtzeitig und eindeutig ergibt?

Mit der Abbildung des jeweiligen Systemzustands auf die Leitwerte und der
Ermittlung der jeweiligen Leitwerterfüllung (Abb. 5.5) vereinfacht sich diese Aufga-
be, das Verhalten im Hinblick auf die Gesamtinteressen des Systems zu beurteilen.
Die Zusammenhänge zwischen den Modellgrößen (Indikatoren) mit den Leitwerten
(Orientoren) wurden für das Mini-Weltmodell in den Tabellenfunktionen festgelegt.

Die Simulationsergebnisse für beide Szenarien lassen sich durch Ausdrucken
der Leitwerterfüllungen (hier in Abständen von 50 Simulationsjahren) gut vergleichen (Abb. 5.10). In beiden Fällen ist für die gesamte Simulationsperiode die Existenz des Systems gesichert, aber die anderen Leitwerterfüllungen unterscheiden sich
enorm.

Standardszenario

Time (Year)	Existenz	Effizienz	Freiheit	Sicherheit	Adaptivität	Koexistenz
0	1	1	0.7222	0	0	1
50	0.9112	0	0	0	0	0
100	1	0	0	0	0	0
150	1	0	0	0	0	0
200	1	0	0	0	0	0
250	1	0	0	0	0	0
300	1	0	0	0	0	0
350	1	0	0	0.2361	0	0
400	1	0	0	0.4457	0	0
450	1	0	0	0.5055	0	0
500	1	0	0	0.5559	0	0

Beschränkungsszenario

Time (Year)	Existenz	Effizienz	Freiheit	Sicherheit	Adaptivität	Koexistenz
0	1	1	0.7222	0	0	1
50	1	0	0.8806	0	0.6390	0.7582
100	1	0.2639	0.6188	0.7950	0.5433	0.5155
150	1	0.0884	0.5934	0.1778	0.5190	0.4186
200	1	0.1342	0.6375	0.3481	0.5398	0.5067
250	1	0.1335	0.6098	0.4903	0.5289	0.4606
300	1	0.1245	0.6216	0.5538	0.5330	0.4768
350	1	0.1310	0.6183	0.5991	0.5321	0.4737
400	1	0.1279	0.6185	0.5949	0.5320	0.4728
450	1	0.1289	0.6190	0.5963	0.5322	0.4741
500	1	0.1288	0.6186	0.5981	0.5321	0.4733

Abb. 5.10: Leitwerterfüllungen für Standardszenario (oben) und Beschränkungsszenario (unten).

Beim Standardszenario sind fast während der gesamten Simulationsperiode (von 500 Jahren) alle Leitwerte außer EXISTENZ nicht erfüllt. Beim Beschränkungsszenario dagegen gibt es nur anfangs (bei SICHERHEIT und WANDLUNGSFÄHIGKEIT) Probleme; danach pendeln sich die Leitwerterfüllungen auf akzeptable Werte ein.

Dieses Ergebnis gibt einen deutlichen Hinweis darauf, dass das Beschränkungsszenario für unsere Miniwelt große Vorteile hätte. Damit ist aber noch nicht gesagt, dass dieses Beschränkungsszenario die beste Entwicklungsmöglichkeit im Hinblick auf die Leitwerterfüllungen bietet. Hier bietet sich nun der Vergleich der Gesamtbefriedigung bei verschiedenen Szenarien an, um gezielt nach weiteren Verbesserungsmöglichkeiten zu suchen.

In Abb. 5.11 ist die Entwicklung der *Leitwerterfüllung gesamt* mit einer Sensitivitätsanalyse für den Parameter KONSUMZIEL genauer untersucht worden. Wir stellen hier fest, dass sich noch weitere Verbesserungen durch eine weitere Senkung des KONSUMZIELS erreichen lassen. Die Zustandsbilder für die drei Zustandsgrößen zeigen deutlich (Abb. 5.12), dass die Gleichgewichtszustände mit guter Leitwerterfüllung durchaus verschiedenen Kombinationen von Bevölkerung, Konsum und Umweltlast im Gleichgewichtszustand entsprechen.

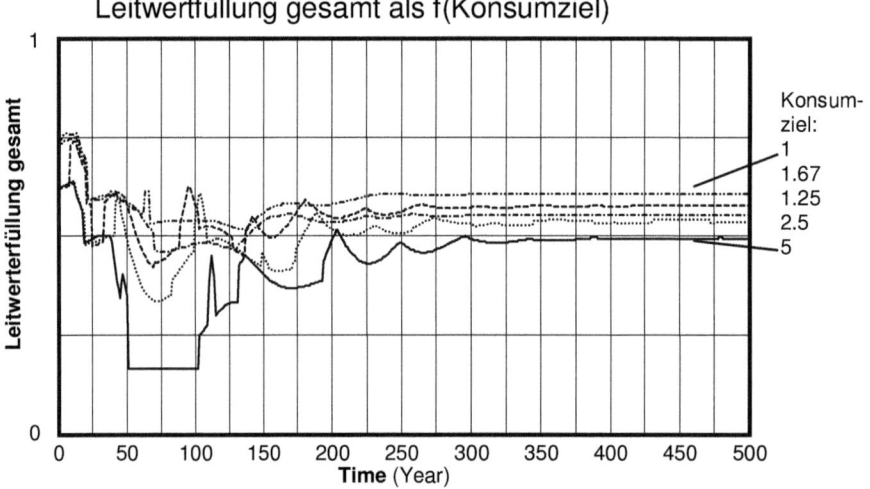

Abb. 5.11: Entwicklung der Gesamt-Leitwerterfüllung beim Beschränkungsszenario in Abhängigkeit vom Parameter KONSUMZIEL (1, 1.25, 1.67, 2.5, 5).

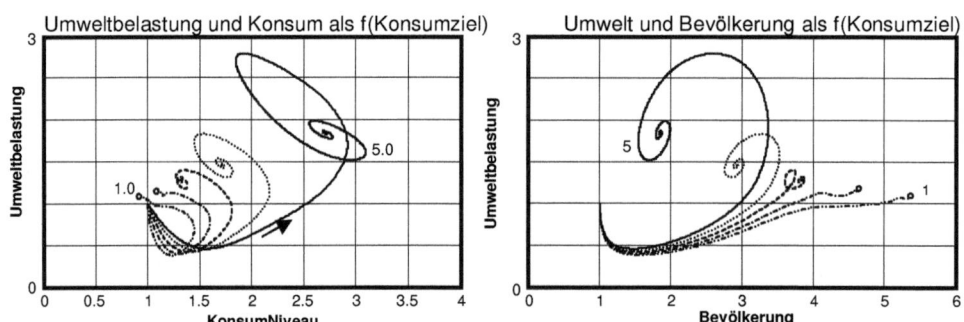

Abb. 5.12: Abhängigkeit der Gleichgewichtspunkte für Umweltbelastung, Konsum und Bevölkerung vom Parameter KONSUMZIEL (1, 1.25, 1.67, 2.5, 5) im Beschränkungsszenario.

Im Beispiel der Miniwelt wurden die Szenarioparameter im (simulierten) Zeitverlauf nicht verändert. Für viele praktische Untersuchungen ist diese Annahme konstanter Parameter nicht realistisch. So ist es z.B. realistischer, von einem allmählichen Absinken der spezifischen Geburtenrate von einem heutigen hohen auf einen späteren niedrigen Gleichgewichtswert auszugehen. Oder auch: Die Einführung energie- und ressourcensparender Techniken ändert den Konsumsättigungswert rasch in einem bestimmten Zeitabschnitt.

Zeitabhängigkeiten der Parameter lassen sich auf einfache Weise durch zeitabhängige Tabellenfunktionen berücksichtigen. Die weitere Bearbeitung der Simulationsläufe, insbesondere die vergleichende Ermittlung der Leitwerterfüllung, ist identisch mit dem gerade beschriebenen Weg.

In diesem Abschnitt wurde ein Simulationsmodell dazu verwendet, um mögliche Entwicklungspfade des Systems für unterschiedliche Szenarien zu berechnen und die jeweiligen Wirkungen auf die Überlebens- und Entfaltungsinteressen des Systems zu ermitteln. Im nächsten Abschnitt wird ein Simulationsmodell dazu verwendet, um Steuereingriffe zu ermitteln, mit denen eine erwünschte Entwicklung herbeigeführt werden kann, die – an bestimmten Kriterien gemessen – 'besser' oder sogar 'optimal' ist.

5-3 Eingriffsplanung

5-3.1 Überblick

Hinter der Entwicklung eines Simulationsmodells steckt oft genug der Wunsch, eine Steuerungs-, Verwaltungs- oder Bewirtschaftungsaufgabe 'optimal' zu lösen. Tatsächlich ist es in vielen praktischen Fällen möglich, ein eindeutiges Gütekriterium zu definieren, dessen jeweilige Erfüllung mit entsprechenden Indikatorgrößen aus dem Modellsystem jederzeit zu berechnen ist. Es verbleibt dann noch die Aufgabe, eine systematische Suche nach derjenigen Parameterkonstellation zu programmieren, die eine optimale Lösung unter Beachtung der vorgegebenen Beschränkungen (auch: 'Nebenbedingungen') liefert, bei der das Gütekriterium einen maximalen (oder minimalen) Wert aufweist. Hierzu steht eine größere Zahl numerischer Verfahren zur Verfügung, mit denen wir uns hier aber nicht auseinandersetzen werden. Hierzu sei auf die umfangreiche Literatur zur Optimierung verwiesen (z.B. Schwefel 1981, 1995, Rechenberg 1994).

Das Ziel der 'optimalen Lösung' ist zwar verständlich, doch sollte man sich der Probleme und Fallgruben der Optimierung bewusst sein. Kurz gesagt ist Optimierung nur zulässig, wenn es 'perfektes Wissen' (umfassendes und präzises Wissen) über das System, sein Verhalten und seine Leistung in Abhängigkeit von Parameteränderungen, und über die zukünftige Entwicklung der Systemumwelt und ihrer Einwirkungen auf das System gibt. Weiter muss sichergestellt sein, dass die 'optimalen' Einstellungen der Systemparameter und Eingriffe nicht die Funktionsfähigkeit und Robustheit des Systems erodieren: Alle Leitwerterfüllungen des Systems müssen oberhalb der erforderlichen Minimalwerte liegen. Das bedeutet, dass Optimierung anwendbar ist auf Problem wie die Minimierung von Produktionskosten oder die Entwicklung besserer Lenkungsstrategien für technische Systeme, aber das Optimierung meist fehl am Platze ist bei den komplexeren Problemen der realen Welt, wie etwa bei gesellschaftlichen und ökologischen Systemen und ihren Entwicklungspfaden in eine ungewisse Zukunft.

Trotzdem kann auch bei den täglichen Aufgaben der Eingriffsplanung die Grundidee der Optimierung dabei helfen, 'bessere' Lösungen zu entwickeln – falls geeignete Gütewerte angegeben werden können. Die Abbildung von Indikatoren auf Orientoren, und die Berechnung individueller und zusammenfassender Orientor- und Leitwerterfüllungen kann solche Gütewerte liefern.

Für die verschiedenen möglichen Parameterkonstellationen eines Systems ergeben sich unterschiedliche Gütewerte. Bei zwei Parametern lassen sich die Gütewerte als 'Höhe' über der jeweiligen Parameter-Koordinatenkombination auftragen, so dass ein 'Gütegebirge' mit 'Bergspitzen' und 'Tälern' entsteht. Aufgabe des Optimierungsprogramms ist es dann, möglichst rasch die höchsten Spitzen ausfindig zu machen (meist im n-dimensionalen Raum). Die meisten Programme sondieren zunächst den ganzen Parameterbereich und konzentrieren sich dann auf Gebiete, in denen 'Bergspitzen' vermutet werden können. Nach diesen wird dann lokal gesucht, z.B. mit der Methode der größten Steigung, bei der das Programm dem höchsten Veränderungsgradienten folgt, bis es (auf der Bergspitze) keine Verbesserungen oder nur noch Verschlechterungen in weiteren Versuchen feststellen kann. Allerdings muss geprüft werden, ob es sich hier nicht nur um ein lokales Optimum handelt. Meist ist daher eine breite Untersuchung des gesamten Parameterbereichs erforderlich.

Ein anderer Ansatz zur numerischen Optimierung (Evolutionsstrategie) orientiert sich an Vorgängen der Evolution (Holland 1975, Schwefel 1977, Kirkpatrick 1983, Rechenberg 1994, Schwefel 1995). Hier werden die Parameter gleichzeitig um kleine zufällige Beträge verändert, ähnlich wie bei genetischen Mutationen. Wenn Verbesserungen des Gütekriteriums eintreten, werden die erfolgreichen Parameter übernommen und dienen als Ausgangspunkt für die weitere Suche.

In vielen praktischen Fällen müssen nicht nur eine Vielzahl von Beschränkungen gleichzeitig eingehalten werden, sondern es müssen gleichzeitig auch noch mehrere Gütekriterien beachtet werden, die prinzipiell nicht auf ein einziges Kriterium aggregiert werden können (Beispiel: Gewinnmaximierung bei minimaler ökologischer Belastung und maximalen Sozialleistungen). Wir hatten bei der Beschäftigung mit den Leitwerten gesehen, dass derartige Aggregationen grundsätzlich nicht zulässig sind, solange nicht die notwendigen Minima jeder Leitwerterfüllung gewährleistet ist. Erst wenn diese erfüllt sind, dürfen zusammenfassende Gütekriterien definiert werden, wobei das Ergebnis der Aggregation aber von den gewählten Wichtungen abhängt. Mit den Fragen der Optimierung unter gleichzeitiger Beachtung mehrerer Gütekriterien befasst sich die Polyoptimierung (z.B. Peschel/Riedel 1976, Steuer 1986).

Wir werden uns hier lediglich mit der Formulierung der Optimierungsaufgabe unter Verwendung eines dynamischen Simulationsmodells befassen, d.h. der Formulierung eines anwendbaren Gütekriteriums und der einzuhaltenden Beschränkungen, sowie der Definition von Indikatorgrößen zur Berechnung des Werts des Gütekriteriums. Mit diesen Ergänzungen zum Simulationsmodell kann dann die systematische Suche nach dem Optimum (oder den Optima) beginnen. Wir werden hier nur eine manuelle heuristische Suche durchführen, um das Verfahren zu erläutern. Dabei wollen wir für das Modell der Fischfangdynamik optimale Bewirtschaftungsstrategien suchen.

5-3.2   Beschränkungen und Gütekriterien für die Fischfang-Optimierung

Wir hatten in Kap. 4 zwei Varianten des Fischfang-Modells untersucht. In der ersten Fassung war die Fangmenge abhängig von der jeweiligen Fischdichte. Bei Überfischen ging die Fangmenge soweit zurück, dass wegen der geringen Fangerlöse auch die Bootsflotte reduziert wurde, so dass sich der Fischbestand allmählich wieder erholen konnte. Einen vollständigen Zusammenbruch des Bestands konnte es daher nicht geben; das System ist inhärent stabil.

In der zweiten Fassung wurde eine wirksame Ortungstechnik eingeführt, mit der auch bei geringer Fischdichte noch verbleibende Restbestände aufgespürt und wirtschaftlich genutzt werden können – bis die Population soweit reduziert worden ist, das sie sich nicht mehr erholen kann. Dieses System war inhärent instabil und konnte erst durch eine Begrenzung der Fischereiflotte stabilisiert werden. Selbst dann ist aber ein Zusammenbruch möglich, wenn die Fischpopulation – z.B. durch natürliche Einflüsse – unter eine gewisse kritische Grenze fällt. Bei diesem dichteunabhängigen Fischfang wäre also von vornherein der Leitwert SICHERHEIT nur dann erfüllbar, wenn strikte Einhaltung von Fangnormen gesichert wäre und das System außerdem auch nicht den geringsten natürlichen Schwankungen unterläge. Da diese Bedingungen nicht realistisch sind, besteht für diese Lösung immer das Risiko des plötzlichen katastrophalen Zusammenbruchs.

In das ursprüngliche Simulationsprogramm für diese beiden Fälle sollen nun Gütekriterien eingefügt werden, um damit nach Bewirtschaftungseingriffen zu suchen, die zu 'optimalen' oder wenigstens 'besseren' Ergebnissen führen. Die Auswahl der Gütekriterien wird einen erheblichen Einfluss auf die Ergebnisse haben.

Bei der Optimierungsaufgabe stellt sich als erstes die Frage, was optimiert werden soll. Allein vom Standpunkt der Versorgung einer Bevölkerung her wäre der Fischertrag zu maximieren. Betrachtet man dagegen ein Fischereiunternehmen für sich, so ständen sicher der ökonomische Erfolg und damit die Profitmaximierung im Vordergrund.

Hier folgt aber sofort die Frage nach dem Zeithorizont der Optimierung: Optimierung über ein Jahr, ein Jahrzehnt, ein Jahrhundert, für immer? Offensichtlich entscheidet sich hieran bereits das Ergebnis: Wenn der Zeitraum begrenzt ist, wird die Optimierung immer dazu führen, dass am Ende der Periode noch alle erreichbaren Restbestände ausgebeutet werden. Wenn wir einen optimalen Fischertrag 'für immer', d.h. 'Nachhaltigkeit' fordern, so bedeutet das eine Dauernutzung an einem Gleichgewichtspunkt, bei dem sich die Zustandsgrößen im Fließgleichgewicht befinden. Die jährliche Fangrate würde dann konstant sein und genau dem jährlichen Nachwachsen des Fischbestands entsprechen. Wir wollen uns hier mit den Bedingungen für eine nachhaltige Lösung befassen, die einen unbegrenzten Zeithorizont verlangt.

Das Ziel der Nachhaltigkeit ist implizit im Leitwertansatz enthalten, der im Abschnitt 5.1 entwickelt wurde: Die Minimalerfüllung aller Leitwerte sichert das Überleben und die Entwicklung des Systems und damit seine Nachhaltigkeit.

Als Bedingung für die nachhaltige Nutzung des Systems können wir daher die Nachhaltigkeitsbeschränkung einführen. Wir fordern daher, dass sowohl der Fischbestand als auch der Bootsbestand unter Gleichgewichtsbedingungen unverändert bleiben müssen:

$$d(Fischbestand)/dt = 0 \ !$$
$$d(Bootsbestand)/dt = 0 \ !$$

mit der Nebenbedingung, dass *Fischbestand* > 0, d.h. dass die Fische nicht verschwinden dürfen.

Die Maximierung der nachhaltigen *Fangmenge* ohne Beachtung der ökonomischen Bedingungen der Fischer ist sicher keine realistische Lösung. Wir könnten diesen Fall (z.B. einer staatlich subventionierten Fangflotte) simulieren, indem wir alle ökonomischen Berechnungen entfernen und die Bootszuwachsrate *Neuerwerb Boote* direkt an die *Fangmenge* koppeln. (Die Bootsverlustrate *Stilllegung Boote* durch Alterung und Verschrottung bleibt).

Unter Wirtschaftlichkeitsbedingungen wäre dagegen der nachhaltige Nettogewinn (*Profitrate*) zu maximieren. Da Nachhaltigkeit das Verharren an einem Gleichgewichtspunkt bedeutet, so wäre dann auch die *Profitrate* konstant (Profit pro Zeiteinheit). Für das optimale Ergebnis am Gleichgewichtspunkt gilt dann die Forderung, dass die *Profitrate* (der jährliche Nettogewinn) ein Maximum erreichen soll.

Profitrate$_{GP}$ = max!

Das Optimierungsproblem kann übrigens immer auf entweder ein Minimierungs- oder ein Maximierungsproblem zurückgeführt werden, da das Auffinden eines Minimums einer Funktion X immer dem Auffinden des Maximums der gleichen Funktion mit negativem Vorzeichen ($-X$) entspricht:

$$\max (X)! = \min (-X)!$$

Normalerweise wird der Anfangszustand der Untersuchung recht weit vom späteren Gleichgewichtspunkt entfernt liegen. Es gibt dann eine Vielzahl möglicher Zustandspfade, die zum Gleichgewichtspunkt führen. Beim Fischfang könnten sich für die verschiedenen Pfade verschiedene Entwicklungen der *Profitrate* ergeben, die in der Anfangsphase bis zum Erreichen des Gleichgewichtspunkts zu insgesamt unterschiedlichem Gesamtprofit führen. Daher könnte als Optimierungskriterium auch ein Zeitintegral formuliert werden:

$$\int_0^T Profitrate(t)\ dt = \max!$$

Hierbei ist T die Zeitspanne bis zum Erreichen einer definierten Annäherung an den Gleichgewichtspunkt mit *Profitrate$_{GP}$*. Auch T könnte als Gütekriterium dienen, um diese Annäherung möglichst rasch zu erreichen:

$$T = \min!$$

Um Versorgungsprobleme zu berücksichtigen, könnte als weiteres Kriterium gelten

$$Fangmenge_{GP} = \max!$$

oder auch zur Optimierung des Einschwingvorgangs

$$\int_0^T Fangmenge(t)\ dt = \max!$$

Es wird deutlich, dass je nach Bewirtschaftungsinteresse verschiedene Formulierungen von Gütekriterien möglich und sinnvoll sein können, und dass u.U. mehrere Gütekriterien gleichzeitig optimiert werden müssen. Das ist nur möglich, wenn über eine gewichtete Summe der Kriterien Kompromisse gemacht werden können.

Da die einzelnen Kriterienbeiträge K_i sehr unterschiedliche Größenordnungen haben können, müssen sie zunächst auf ihre möglichen Maximalwerte oder andere Vergleichswerte K_i^* normiert werden, bevor die gewichtete Kriteriensumme gebildet wird. Um auch diese wieder zu normieren, wird sie durch die Summe der Wichtungen geteilt:

$$k = \sum_i w_i \left(\frac{K_i}{K_i^*} \right) / \sum_i w_i$$

Das (dimensionslose) Gütekriterium k hat nun etwa die Größenordnung "1". (Durch Multiplikation mit 100 würde sich ein Index in der Größenordnung "100" ergeben.)

Die Optimierungsvorschrift könnte dann lauten

$k = $ max!

Falls einzelne Teilkriterien K_j *minimiert* werden sollen, so ist in der obigen Gleichung der jeweilige Term (K_j/K_j^*) durch seinen Kehrwert (K_j^*/K_j) zu ersetzen.

5-3.3   Ergänzungen des Modells für Optimierungsuntersuchungen

Um mit dem Fischfang-Modell Unterschiede zwischen einer Fangmengenoptimierung und einer Wirtschaftlichkeits-Optimierung zeigen und auch Kompromisslösungen zwischen beiden Ansätzen untersuchen zu können, formulieren wir einen (dimensionslosen) Güteindex (Größenordnung "100"):

Güteindex [1]
:= 100·[(MENGENWICHTUNG· *relative Fangmenge*) + (PROFITWICHTUNG
· *relative Profitrate*)] / (MENGENWICHTUNG + PROFITWICHTUNG);

Hierbei verwenden wir zur Definition der normierten Größen *relative Fangmenge* und *relative Profitrate* eine jährliche *Fangmenge* entsprechend der MAXIMALEN FISCHKAPAZITÄT (*Fischbestand* an der Kapazitätsgrenze):

relative Fangmenge := *Fangmenge* / MAXIMALE FISCHKAPAZITÄT;
relative Profitrate := *Profitrate* / (FISCHPREIS · MAXIMALE FISCHKAPAZITÄT);

Diese Berechnung wird in das Simulationsmodell für den Fischfang eingesetzt. Das so ergänzte Simulationsmodell und seine Modellgleichungen sind in Abb. 5.13 und 5.14 dokumentiert.

Die Kriterienwichtungen werden als Parameter (mit veränderbaren Werten) eingefügt, z.B.:

MENGENWICHTUNG := 0 [1]
PROFITWICHTUNG := 1 [1]

Die Berechnung der *Profitrate* muss neu in das Modell eingefügt werden:

Profitrate [€/Jahr] := *Nettoeinkommen – Investitionsmittel Boote*

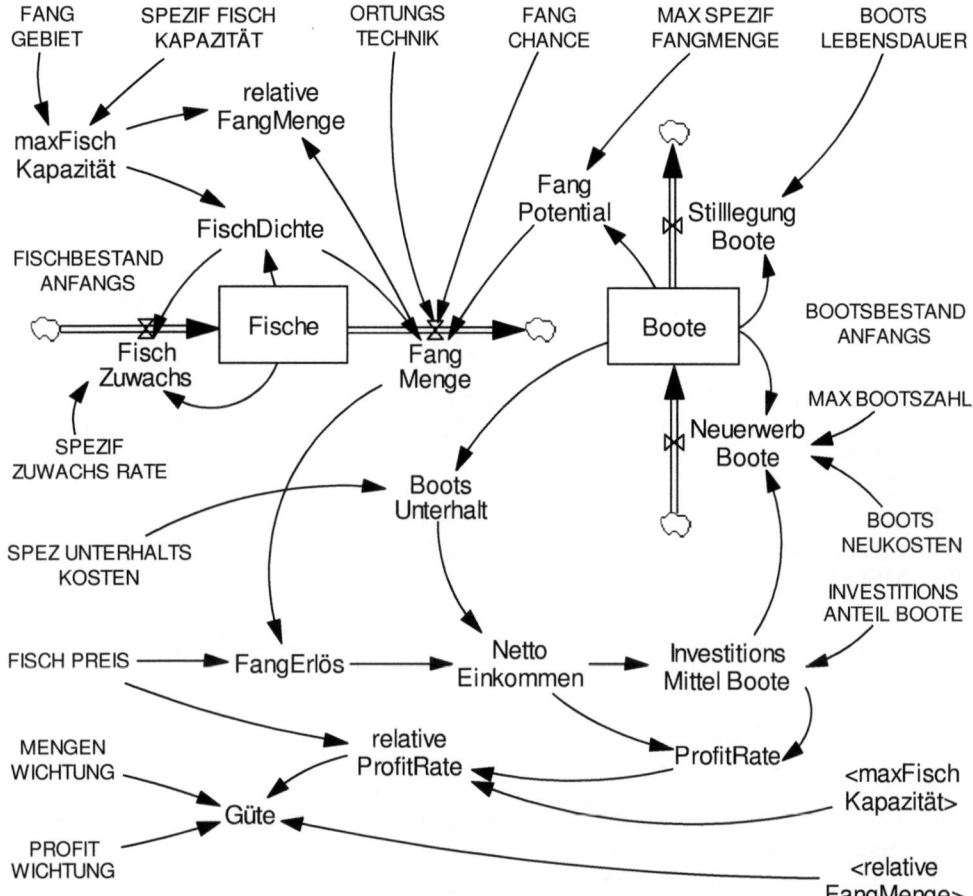

Abb. 5.13: Simulationsdiagramm für das Fischfang-Modell mit Gütekriterien und Kriteriengewichtung zur Optimierung von Entscheidungsparametern.

(1)   Boote = INTEG (Neuerwerb Boote -Stilllegung Boote,
       BOOTSBESTAND ANFANGS) [Boot]
(2)   BOOTS LEBENSDAUER = 15 [Year]
(3)   BOOTS NEUKOSTEN = 100000 [$/Boot]
(4)   BOOTSBESTAND ANFANGS = 10 [Boot]
(5)   BootsUnterhalt = SPEZ UNTERHALTS KOSTEN *Boote [$/Year]
(6)   FANG CHANCE = 0.8 [1]
(7)   FANG GEBIET = 100 [km²]
(8)   FangErlös = FISCH PREIS *FangMenge [$/Year]
(9)   FangMenge = IF THEN ELSE (ORTUNGS TECHNIK = 0,

FangPotential *FischDichte, IF THEN ELSE (FischDichte >0,
FangPotential *FANG CHANCE, 0)) [t Fisch/Year]

(10)   FangPotential = MAX SPEZIF FANGMENGE *Boote [t Fisch/Year]

(11)   FISCH PREIS = 1000 [$/t Fisch]

(12)   FISCHBESTAND ANFANGS = 5000 [t Fisch]

(13)   FischDichte = Fische /maxFischKapazität [1]

(14)   Fische = INTEG (+FischZuwachs -FangMenge, FISCHBESTAND ANFANGS)
       [t Fisch]

(15)   FischZuwachs = SPEZIF ZUWACHS RATE *Fische*(1 -FischDichte)
       [t Fisch/Year]

(16)   Güte = ((MENGEN WICHTUNG *relative FangMenge) +(PROFIT WICHTUNG
       *relative ProfitRate)) *100/ (MENGEN WICHTUNG +PROFIT WICHTUNG)
       [1/Year]

(17)   INVESTITIONS ANTEIL BOOTE = 0.3 [1]

(18)   InvestitionsMittel Boote = INVESTITIONS ANTEIL BOOTE *NettoEinkommen
       [$/Year]

(19)   MAX BOOTSZAHL = 30 [Boot]

(20)   MAX SPEZIF FANGMENGE = 100 [t Fisch/ (Boot*Year)]

(21)   maxFischKapazität = FANG GEBIET *SPEZIF FISCH KAPAZITÄT [t Fisch]

(22)   MENGEN WICHTUNG = 0 [1]

(23)   NettoEinkommen = FangErlös -BootsUnterhalt [$/Year]

(24)   Neuerwerb Boote = IF THEN ELSE(Boote > MAX BOOTSZAHL, 0,
       InvestitionsMittel Boote /BOOTS NEUKOSTEN) [Boot/Year]

(25)   ORTUNGS TECHNIK = 1 [1]

(26)   PROFIT WICHTUNG = 1 [1]

(27)   ProfitRate = NettoEinkommen -InvestitionsMittel Boote [$/Year]

(28)   relative FangMenge = FangMenge /maxFischKapazität [1/Year]

(29)   relative ProfitRate = ProfitRate/ (FISCH PREIS *maxFischKapazität) [1/Year]

(30)   SPEZ UNTERHALTS KOSTEN = 50000 [$/(Boot*Year)]

(31)   SPEZIF FISCH KAPAZITÄT = 100 [t Fisch/km²]

(32)   SPEZIF ZUWACHS RATE = 1 [1/Year]

(33)   Stilllegung Boote = Boote /BOOTS LEBENSDAUER [Boot/Year]

(34)   INITIAL TIME = 0 [Year]

(35)   FINAL TIME = 100 [Year]

(36)   TIME STEP = 0.02 [Year]]

(37)   SAVEPER = TIME STEP [Year]

Abb. 5.14: Modellgleichungen für das Fischfang-Modell zur Optimierung von Entscheidungsparametern. Parameter für Fischfang mit Ortungstechnik (s. Abb. 5.17).

Mit diesen Ergänzungen lassen sich nun Simulationsläufe mit unterschiedlichen Wichtungen für *Fangmenge* und *Profitrate* durchführen. Da hier Optima aus
einer Vielzahl von Läufen gewonnen werden müssen (ein formales Optimierungs-
programm wird nicht verwendet), werden mit entsprechenden Sensitivitätsuntersu-

chungen die Ergebnisse von jeweils fünf Simulationen für verschiedene Parameter-einstellungen verglichen.

Dazu muss zunächst noch geklärt werden, für welche Parameter die Optimierung durchgeführt werden soll. Prinzipiell stehen alle System- und Szenarioparameter (mit Ausnahme der Wichtungen) zur Verfügung. Wir wollen hier aber annehmen, dass bis auf den Nettoerlös-Anteil, der in den Neuerwerb von Booten gesteckt wird (INVESTITIONSANTEIL BOOTE) alle anderen Parameter feste Konstanten sind. Wir verändern hier also nur diesen Parameter und die relativen Wichtungen der *Fangmenge* (MENGENWICHTUNG) bzw. der *Profitrate* (PROFITWICHTUNG) auf der Suche nach optimalen Lösungen.

5-3.4 Optimaler Investitionsanteil bei Fischfang ohne Ortungstechnik

Für ein nach Wirtschaftlichkeitsgesichtspunkten arbeitendes Fischereiunternehmen wäre als wichtige Frage zu klären, wie viel Prozent des jährlichen Gewinns (hier: *Nettoeinkommen*) unter Gleichgewichtsbedingungen wieder in die Neuanschaffung von Booten investiert werden sollten (INVESTITIONSANTEIL BOOTE). Ein hoher *Bootsbestand* bedeutet hohe Unterhalts- und Betriebskosten (*Bootsunterhalt*) und beschneidet damit den höheren Gewinn, den eine größere Bootsflotte bringen kann; ein zu geringer *Bootsbestand* liefert nur eine geringe *Fangmenge* und damit ebenfalls geringen Gewinn (*Profitrate*).

Für die folgenden Untersuchungen verwenden wir zunächst die Standardeinstellungen des Modells. Beim dichteabhängigen Fischfang ist (wie in Kap. 4. gezeigt) nicht zu befürchten, dass selbst bei großem *Bootsbestand* der *Fischbestand* zusammenbricht. Im Folgenden verwenden wir einen anfänglichen *Bootsbestand$_0$* von 25 und einen Simulationszeitraum von 250 Jahren.

Werden die Orte der Gleichgewichtswerte für unterschiedliche INVESTITIONS-ANTEILE BOOTE in der Darstellung der *Profitrate* in Abhängigkeit von der *Fangmenge* und dem *Bootsbestand* miteinander durch Kurven verbunden (Abb. 5.15), so zeigt sich deutlich ein Maximum der *Profitrate* (etwa 470'000 €/Jahr) bei einem Investitionsanteil von 0.25 (25%) und einer Bootszahl von 23. Die erzielte *Fangmenge* (bei 1800 t Fisch/Jahr) liegt dann aber erheblich unter der 'bei Einsatz aller Kräfte' (und bei Vernachlässigung ökonomischer Gesichtspunkte) erreichbaren *Fangmenge* von 2500, bei einem INVESTITIONSANTEIL BOOTE von 1 (100%) und 43 Booten.

Wie sich das Optimum verschiebt, wenn die Kriterien *Profitrate* und *Fangmenge* unterschiedlich gewichtet werden, zeigt Abb. 5.16. Wird die *Fangmenge* fünfmal so hoch bewertet wie die *Profitrate*, so verschiebt sich das Optimum des *Güteindex* zu einem hohen INVESTITIONSANTEIL von > 0.9 und einem entsprechenden hohen *Bootsbestand* von etwa 45 (Abb. 5.16 links). Wird umgekehrt die *Profitrate* fünfmal so hoch bewertet wie die *Fangmenge*, so liegt das Optimum des INVESTITIONSANTEILS bei etwa 0.3 mit einem BOOTSBESTAND von etwa 27 (Abb. 5.16

rechts). Das Ergebnis ist also sehr deutlich abhängig von den Wichtungen der verschiedenen Kriterien im für die Optimierung benutzten Güteindex. (Man sollte immer nach der Definition des Güteindex fragen, wenn einem die 'beste Lösung' empfohlen wird!)

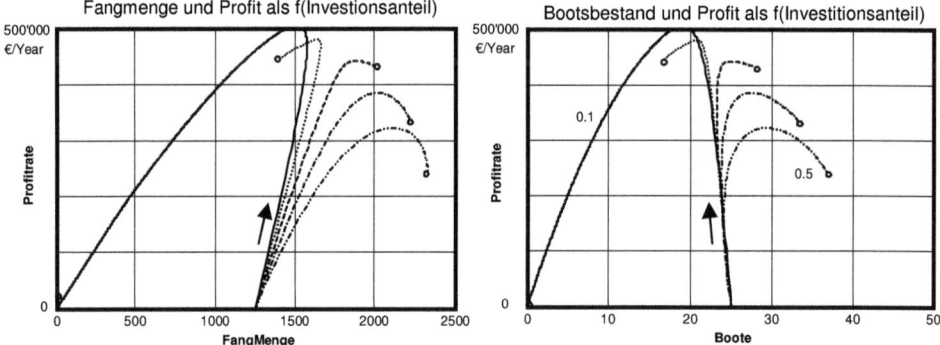

Abb. 5.15: Fischfang ohne Ortungstechnik: Abhängigkeit der Gleichgewichtswerte von *Profitrate, Fangmenge* (links) bzw. *Bootsbestand* (rechts) vom INVESTITIONSANTEIL BOOTE (0.1, 0.2, 0.3, 0.4, 0.5). Maximale Profitrate bei einem Investitionsanteil von etwa 0.25.

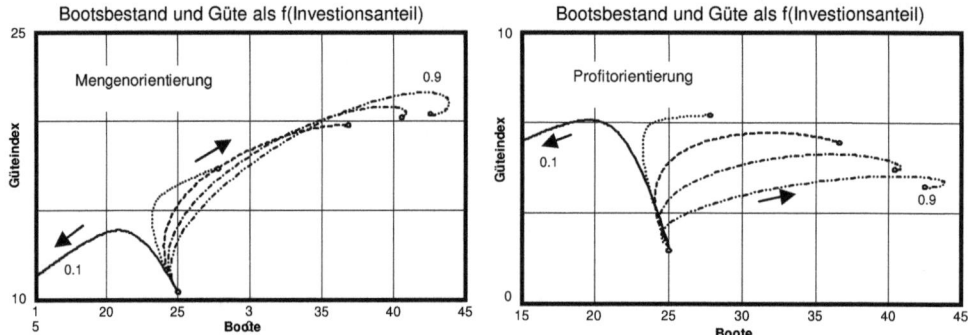

Abb. 5.16: Fischfang ohne Ortung: Verschiebung des optimalen Werts für den *Güteindex* in Abhängigkeit von der MENGENWICHTUNG (links: 5, rechts: 1) und der PROFITWICHTUNG (links: 1, rechts: 5). INVESTITIONSANTEIL BOOTE = 0.1, 0.3, 0.5, 0.7, 0.9.

5-3.5   Optimaler Investitionsanteil bei Fischfang mit Ortungstechnik

Wird eine Ortungstechnik verwendet, so verändert sich das Verhalten des Fischfangsystems radikal, wie in Kap. 4 gezeigt wurde. Man vergleiche hierzu die Zustandsbilder 4.25 und 4.31. Beim (dichteabhängigen) Fischfang ohne Ortungstechnik kann die Fischpopulation nicht zusammenbrechen (Abb. 4.25). Beim (dichteunabhängigen) Fischfang mit Ortungstechnik dagegen kann nur eine strikte Begrenzung der MAXIMALEN BOOTSZAHL zu einem Gleichgewichtszustand mit nachhaltiger Nutzung führen (Abb. 4.31). Ist anfangs der *Fischbestand* noch klein, so kann auch bei anfangs geringem *Bootsbestand* der *Fischbestand* völlig zusammenbrechen. In den folgenden Untersuchungen wählen wir daher einen geringen Anfangswert von 10 für den *Bootsbestand* und optimieren ausschließlich im Hinblick auf die *Profitrate*. Der Parameter ORTUNGSTECHNIK wird auf "1" gesetzt, die Zeitgrenze auf 100 Jahre.

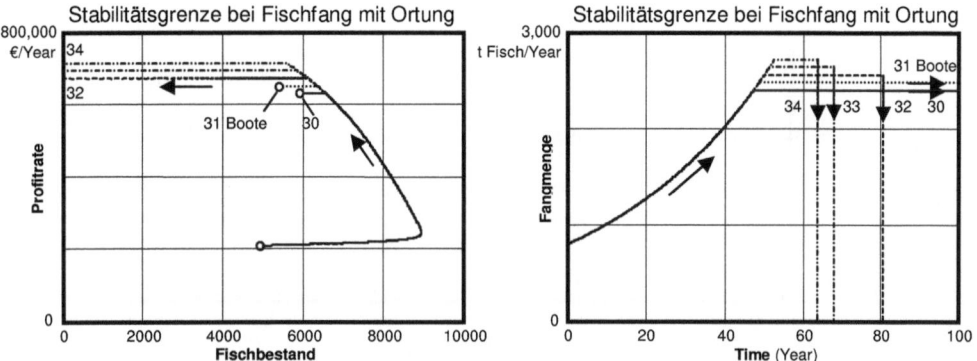

Abb. 5.17: Fischfang mit Ortung: Profitrate und Fischbestand in Abhängigkeit vom Parameter MAXIMALE BOOTSZAHL (30, 31, 32, 33, 34). Das optimale Ergebnis zeigt sich genau an der Stabilitätsgrenze.

Wir grenzen zunächst wieder den INVESTITIONSANTEIL BOOTE für eine optimale *Profitrate* ein und suchen dann nach der MAXIMALEN BOOTSZAHL, die maximale *Profitrate* verspricht. Wird die MAXIMALE BOOTSZAHL zunächst auf 25 begrenzt, so ergibt sich ein optimaler INVESTITIONSANTEIL von etwa 0.3. Mit diesem Wert werden die weiteren Untersuchungen durchgeführt. Wird die *Profitrate* über dem *Fischbestand* aufgetragen (Abb. 5.17 links) so zeigt sich (für Bootszahlen von 30 bis 34) ein Profitanstieg, der aber bei einer Bootszahl von >31 nicht zu einer stabilen Gleichgewichtslösung, sondern später zu einem plötzlichen Zusammenbruch der Fischpopulation führt. Das optimale Ergebnis ergibt sich bei einer MAXIMALEN BOOTSZAHL von 31 bei einer *Profitrate* von etwa 680'000 €/Jahr. Der Fischbestand bleibt dann bei etwa 5200.

Der Vergleich mit der Optimierung des dichteabhängigen Fischfangs (Gleichgewichtszustand: *Profitrate* = 470'000, *Bootsbestand* = 23), zeigt ein wesentlich günstigeres ökonomisches Ergebnis bei Einsatz der Ortungstechnik, doch wird dies erkauft durch Bewirtschaftung an der Stabilitätsgrenze des Systems. Geringes Überfischen führt hier zum Zusammenbruch der Fischpopulation (und damit zum Zusammenbruch der Fischereiindustrie). Setzen wir eine Obergrenze von 30 Booten an, so zeigt die Untersuchung der Abhängigkeit der *Profitrate* vom FISCHPREIS (Abb. 5.18) einen stark nichtlinearen Zusammenhang: Unter einem Preis von 800 €/t Fisch rentiert sich der Fischfang nicht mehr.

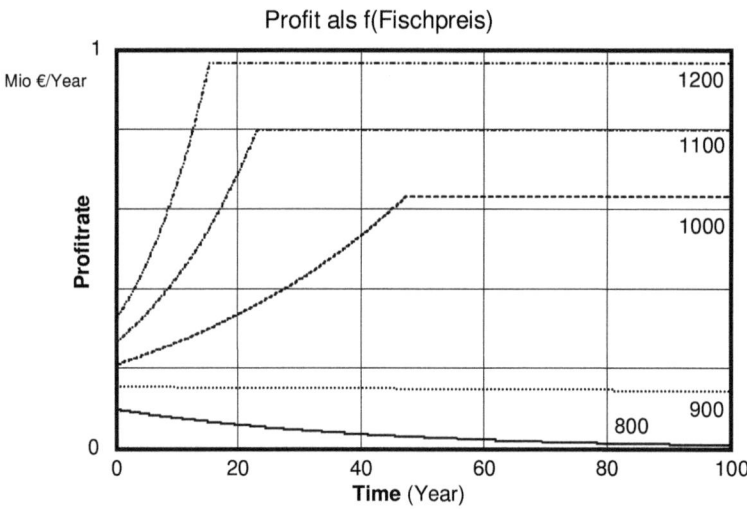

Abb. 5.18: Fischfang mit Ortung: Starke nichtlineare Abhängigkeit der Profitrate vom FISCHPREIS (800, 900, 1000, 1100, 1200).

5-3.6 Optimierung über einen Zeitpfad

Bei den hier gezeigten Beispielen haben wir nach optimalen Parameterwerten unter Gleichgewichtsbedingungen gesucht, ohne dabei die Entwicklung vom Ausgangszustand zum Gleichgewichtszustand zu berücksichtigen. In der Realität wird man meist auch den Übergangspfad vom Ausgangszustand zum Gleichgewichtszustand in die Untersuchung einbeziehen müssen. Um die Bedingungen (Parametereinstellungen) zu finden, die etwa die Übergangsperiode möglichst kurz und die Gewinnsumme möglichst hoch werden lassen, muss ein Güteindex aus einem entsprechend gewichteten Zeitintegral gebildet werden, das bis zum Erreichen eines bestimmten Zeitpunkts T optimiert werden soll, wie zum Beispiel

$$\ddot{U}bergangsg\ddot{u}te = \int_{0}^{T} \frac{PROFITWICHTUNG \cdot relative \ Profitrate}{ZEITWICHTUNG \cdot T} \, dt$$

Bei der Diskussion der Leitwerte in Abschnitt 5.1 wurde betont, dass die umsichtige und umfassende Bewertung einer Systementwicklung alle relevanten Aspekte der Systeminteraktion mit der Systemumwelt berücksichtigen muss. Nur so können die 'Interessen' des Systems an langfristigem Überleben und dauerhafter Entwicklung bei der Langfristplanung und der Eingriffsplanung korrekt berücksichtigt werden. Der Leitwertansatz kann daher auch Grundlage für die Optimierung sein. In diesem Fall ist das Maximum an aggregierter Leitwerterfüllung (*Leitwerterfüllung gesamt*) zu finden unter der Bedingung, dass bei allen Leitwerten das notwendige Minimum ständig eingehalten wird.

Bei Übergangsprozessen (z.B. von einer 'Wachstumswirtschaft' zu einer 'nachhaltigen Wirtschaft') kann es allerdings sein, dass vorübergehend gewisse Leitwertverletzungen in Kauf genommen werden müssen, um später einen nachhaltigen Zustand mit hoher Gesamtbefriedigung der Leitwerte zu erreichen. Auch in diesem Fall ist Optimierung über einen Zeitpfade, wie oben erläutert, anwendbar.

5-4 Systementwurf

5-4.1 Überblick

Bei der Evolution natürlicher Systeme hat die systemnotwendige Orientierung an den Leitwerten dafür gesorgt, dass nur Systeme (Organismen, Ökosysteme) mit einer im Allgemeinen robusten adaptiven Regelung (**f**, **g**) überlebten. Durch menschliche Eingriffe und andere indirekt vom Menschen verursachte Einwirkungen (z.B. Umweltbelastungen) werden diese Regelmechanismen aber oft gestört oder zerstört und können ihre Regelfunktion nicht mehr wahrnehmen. So muss der Mensch etwa bei den vom ihm massiv veränderten Systemen in der Land- und Forstwirtschaft ständig regelnd und stabilisierend eingreifen, um diese Systeme im gewünschten Zustand zu halten (Schädlingsbekämpfung, Bewässerung, Düngung, Erosionsschutz).

Die Regelungs- und Stabilisierungsaufgabe stellt sich noch direkter bei vielen technischen Systemen, die ohne eine spezielle Strukturergänzung durch regelnde Komponenten oder ein spezielles Regelsystem hoffnungslos instabil wären und nicht sicher benutzt werden könnten. Beispiele sind: Flugzeuge, chemische Reaktoren, Atomkraftwerke. Nicht immer gelingt es dabei, inhärente Stabilität zu erreichen, die auch bei Ausfall aller Leistungsquellen noch bestehen bleibt (wie etwa bei Flugzeugen durch sorgfältige Abstimmung der verschiedenen Kräfte und Momente).

Auf einem ganz anderen Gebiet, im gesellschaftlichen Bereich, werden ständig neue und oft große Einrichtungen, Organisationen und Rechtssysteme geschaffen oder verändert. Diese Systeme haben Zustandsgrößen wie Speicher und institutionelles 'Gedächtnis', die charakteristisches Verhalten – Eigendynamik – verursachen, das sich gelegentlich den Prozessen widersetzt, die es eigentlich fördern soll. *Beispiele*: neue internationale Organisationen, Umweltgesetze, politischer und wirtschaftlicher Wandel in vielen Ländern. Auch in diesen Fällen sind neue Systeme so zu entwerfen, oder bestehende Systeme so zu verändern, dass sie ihre eigentliche

Aufgabe und vorgegebene Leistungskriterien sicher, zuverlässig und in einem stabilen dynamischen Prozess erfüllen können.

Festzuhalten bleibt, dass Verhalten und Leistung von Systemen durch Strukturveränderungen prinzipiell verbessert und insbesondere instabile System durch entsprechende Strukturergänzungen stabilisiert werden können. Mit diesen Aufgaben befassen sich Systementwurf und Konstruktion. Mit der speziellen Aufgabe der Analyse und Synthese von Regelsystemen befasst sich die Regeltheorie.

Die Aufgabe, ein System durch eine Strukturergänzung zu stabilisieren, steht in direktem Bezug zu den Leitwerten. In erster Linie soll die Strukturergänzung die SICHERHEIT des Systems durch Wahrung seiner Stabilität gewährleisten und damit auch die EXISTENZ garantieren. Der Regelvorgang selbst muss WIRKSAMKEIT zeigen, d.h. rasch und mit möglichst geringem Energieaufwand verlaufen. Nach Möglichkeit sollte sich das Regelsystem an veränderliche Umweltbedingungen anpassen können und daher WANDLUNGSFÄHIGKEIT haben. Die Regelung soll HANDLUNGS-FREIHEIT verschaffen, so dass sich etwa der Betreiber (z.B. Pilot) als Teil des Gesamtsystems nicht ständig mit Stabilisierungsaufgaben herumschlagen muss, sondern sich anderen Aufgaben widmen kann.

In diesem Abschnitt befassen wir uns mit der Stabilisierung eines anfangs hoffnungslos instabilen Systems, nämlich des (in Kapitel 4 besprochenen) Rotationspendels an seinem oberen Totpunkt. Wir werden uns zunächst eine Strukturergänzung überlegen, die zu einer Stabilisierung führen könnte. Für diese neue Struktur werden dann die Bewegungsgleichungen abgeleitet, die sich als hochgradig nichtlinear herausstellen. Da wir davon ausgehen, dass uns die Stabilisierungsaufgabe gelingen wird und das Pendel dann bei seinen Bewegungen in der Nähe des oberen Totpunkts verbleibt, können wir die Bewegungsgleichungen durch Linearisierung wesentlich vereinfachen. Wir entwerfen dann eine Regelfunktion, die von den Zustandsgrößen des Systems abhängt und lassen deren Parameter zunächst offen. Damit haben wir die notwendigen Gleichungen für das entsprechende Simulationsmodell. In mehrfachen Simulationen suchen wir nach Kombinationen von Regelparametern, die ein gutes Stabilitätsverhalten bringen. Dabei hilft die Einführung eines Gütekriteriums für die Effizienz der Regelung (minimaler Energieverbrauch). Der ganze Prozess ist typisch für die Aufgaben, die beim Entwurf komplexer dynamischer Systeme gelöst werden müssen.

5-4.2   Stabilisierung durch geänderte Systemstruktur: Systemgleichungen

Aus Erfahrung (Balancieren eines Besenstiels) wissen wir, dass ein instabiles System wie das Rotationspendel an seinem oberen Totpunkt stabilisiert werden kann, wenn der Drehpunkt geschickt und rechtzeitig so zur Seite bewegt wird, dass diese Bewegung der Fallbewegung entgegenkommt und sie auffängt. Eine Verschiebung des

Drehpunkts ist also zur Stabilisierung notwendig und muss im geänderten System und seinen Bewegungsgleichungen eine Rolle spielen.

Um das Pendel zu stabilisieren, können wir es mit seinem Drehpunkt mittels eines Kippgelenks auf einem kleinen Wagen montieren, dessen Räder von einem Elektromotor vorwärts und rückwärts angetrieben werden können. (Wir wollen hier vereinfachend annehmen, dass das Pendel sich nur in einer Ebene bewegen kann). Am Wagen und am Pendel sind Sensoren montiert, die Informationen über den jeweiligen Zustand des Systems an einen Regler weitergeben, der wiederum den Elektroantrieb entsprechend steuert. Die relevanten Zustandsgrößen und die Reaktion des Reglers darauf müssen wir im Folgenden noch bestimmen.

Zunächst einmal stellen wir fest, dass unser System komplizierter geworden ist, und die Beschreibung durch die Systemgleichungen des nichtlinearen Kreispendels nicht mehr ausreicht. Das Gesamtsystem besteht aus dem Pendel *und* dem Wagen mit seinem über ein Regelsystem gesteuerten Antrieb. Da der Wagen eine bestimmte Masse hat, die bei jeder Korrektur der Stabbewegung ebenfalls beschleunigt (oder verzögert) werden muss, müssen wir nun Wagen und Pendel als eine dynamische Einheit betrachten und die Bewegungsgleichungen entsprechend neu ableiten.

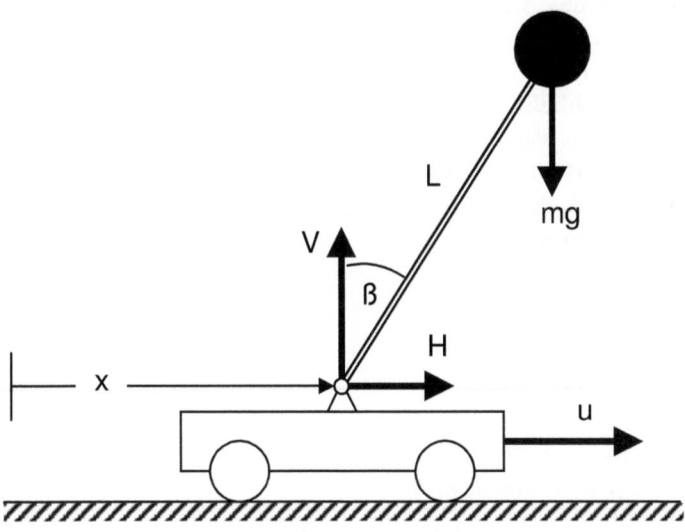

Abb. 5.19: Realisierung des Balancierens eines umgekehrten Pendels durch einen über die Kippbewegung geregelten Wagen.

Dieses System ist in Abb. 5.19 skizziert. Das Pendel der Länge L mit der Pendelmasse m (kugelförmig, Radius r) ist an seinem unteren Ende auf einem Wagen der Masse M gelagert, so dass es in einer Ebene (Papierebene) um den Winkel β kippen kann. Um die Kippbewegung aufzufangen, kann der Wagen durch eine Regelkraft u in der x-Richtung (Papierebene) nach links oder rechts verschoben werden. Es ist eine Regelfunktion zu finden, die in Reaktion auf die Kipp- und Fahrbewegung zu einer stabilisierenden Regelkraft $u(t)$ führt. Die Kippbewegung wird durch die Schwerkraft mit Gravitationskonstante g verursacht. (Auch hier werden Variable kursiv, Parameter, Vorgabegrößen und mathematische Funktionen in Normalschrift geschrieben).

Die Bewegungsgleichungen ergeben sich aus der (üblichen) Bedingung, dass die Summen der Kräfte und Momente sowohl am Pendel wie auch am Wagen verschwinden müssen. Zur Herleitung wird das Gesamtsystem am Kipplager 'aufgeschnitten', wobei dann die dort herrschenden Reaktionskräfte in horizontaler Richtung H und vertikaler Richtung V entsprechend berücksichtigt werden müssen.

Die horizontale Beschleunigungskraft am Wagen ist gleich der Regelkraft minus der vom Pendel herrührenden horizontalen Auflagerkraft. Am Pendel selbst ist diese horizontale Auflagerkraft wiederum gleich der Horizontalkomponente der Beschleunigungskraft des Stabschwerpunkts. Die vertikale Beschleunigungskraft am Pendelschwerpunkt ergibt sich aus der vertikalen Auflagerkraft minus der im Pendelschwerpunkt angreifenden Gewichtskraft des Pendels. Um die Dynamik vollständig zu erfassen, muss schließlich noch die Momentensumme um den Pendelschwerpunkt gebildet werden: Das Beschleunigungsmoment folgt aus der Summe der Momente, die sich aus der vertikalen bzw. horizontalen Auflagerkraft und ihrem jeweiligen Abstand vom Pendelschwerpunkt ergeben. Mit diesen Überlegungen ergeben sich die folgenden Gleichungen:

Kräfte am Wagen (nur horizontal):

$$u - H = \text{M } d^2x/dt^2$$

Kräfte am Stab:

$$H = \text{m } d^2(x + \text{L } \sin\beta)/dt^2$$
$$V - \text{m g} = \text{m } d^2(\text{L } \cos\beta)/dt^2$$

Momentensumme um den Pendelschwerpunkt:

$$V \text{ L } \sin\beta - H \text{ L } \cos\beta = \text{I } d^2\beta/dt^2$$

Auf der rechten Seite steht das Produkt des Trägheitsmoments I des Pendels mit der Winkelbeschleunigung $\beta'' = d^2\beta/dt^2$. Wenn wir annehmen, dass die Pendelmasse in einer Kugel vom Radius r konzentriert und der Stab gewichtslos ist, so ist

$$I = (2/5) \, m \, r^2$$

(Für einen Stab mit gleichverteilter Masse m und Länge L wäre $I = (1/12) \, m \, L^2$).

In den Gleichungen für die horizontalen und vertikalen Kräfte am Pendel stehen die zweiten Ableitungen der Stabschwerpunktkoordinaten nach der Zeit. Werden diese Ausdrücke ausdifferenziert, so ergeben sich jetzt insgesamt vier recht komplizierte Bewegungsgleichungen für die Unbekannten β, x, V und H. Die nichtlinearen Ausdrücke in diesen Gleichungen machen die mathematische Analyse fast unmöglich.

An dieser Stelle müssen wir uns daran erinnern, was der Zweck der Untersuchung ist: Es geht schließlich nicht um die präzise Beschreibung der komplexen Bewegungsabläufe etwa auch für große Kippwinkel, sondern es soll ein Regler gefunden werden, der diese Auslenkungen von vornherein möglichst klein hält. Wenn wir also davon ausgehen, dass uns dies gelingen wird, so können wir das Gleichungssystem erheblich vereinfachen, indem wir annehmen, dass der Winkel sich zwar ständig verändert, dass aber sein Betrag dank der Regelung immer sehr klein bleibt (wenige Winkelgrade).

Unter diesen Bedingungen gilt bekanntermaßen, dass der Sinus eines kleinen Winkels etwa gleich dem Winkel (in Bogengrad!) selbst, der Kosinus aber etwa 1 wird. Führen wir diese Annahmen in das Gleichungssystem ein, so ergeben sich bereits erhebliche Vereinfachungen. In den Gleichungen tauchen aber immer noch nichtlineare Terme auf. Es handelt sich hier um Produkte des Kippwinkels und seiner ersten und zweiten Ableitungen (Winkelgeschwindigkeit und Winkelbeschleunigung).

Da wir von der Annahme ausgehen, dass der Winkel immer relativ klein bleibt, so wird auch die Winkelgeschwindigkeit relativ klein sein. Werden zwei derartig kleine Größen miteinander multipliziert, so ist das Produkt erst recht sehr klein und kann daher für die Zwecke der Untersuchung vernachlässigt werden. Damit bekommen wir nun vier relativ einfache Gleichungen, aus denen sich außerdem noch die Auflagekräfte H und V eliminieren lassen, so dass noch zwei Differentialgleichungen zweiter Ordnung für β und x übrig bleiben:

$$(I + m \, L^2) \, d^2\beta/dt^2 + m \, L \, d^2x/dt^2 - m \, g \, L \, \beta = 0$$
$$m \, L \, d^2\beta/dt^2 + (m + M) \, d^2x/dt^2 = u$$

Werden diese Gleichungen nach den höchsten Ableitungen aufgelöst, so ergeben sich die Systemgleichungen in der einfachen linearen Form

$$d^2\beta/dt^2 = a \, \beta + b \, u$$
$$d^2x/dt^2 = c \, \beta + d \, u$$

Hierbei wurden die folgenden Abkürzungen verwendet:

$$A = I\,(m + M) + m\,M\,L^2$$
$$a = g\,(m + M)\,m\,L\,/\,A$$
$$b = -\,m\,L\,/\,A$$
$$c = -\,g\,m^2\,L^2\,/\,A$$
$$d = (I + m\,L^2)\,/\,A$$

(Zur Herleitung der Systemgleichungen s. Bossel 1987/1989, 206-207.)

Die zwei abgeleiteten Differentialgleichungen zweiter Ordnung sagen aus, dass die Winkelbeschleunigung sich aus dem jeweiligen Kippwinkel β und der Regelkraft u ergibt, während die Fahrbeschleunigung des Wagens sich ebenfalls aus dem Kippwinkel und der Regelkraft berechnet. Offensichtlich sind der jeweilige Kippwinkel und die Fahrposition Zustandsgrößen des Systems. Da sich aber beide nur durch zweifache Integration der Winkelbeschleunigung bzw. der Fahrbeschleunigung ergeben, so verstecken sich in dieser Formulierung noch als weitere Zustandsgrößen die Winkelgeschwindigkeit und die Fahrgeschwindigkeit.

In den Systemgleichungen ist die Reglerfunktion u bislang noch undefiniert. Um eine Regelung durchführen zu können, muss der Regler über den Zustand des Systems informiert sein. Prinzipiell ist daher zunächst anzunehmen, dass jede der vier Zustandsgrößen in den Regler gekoppelt wird. Wenn wir ansetzen, dass u eine lineare Funktion von Winkel β, Winkelgeschwindigkeit $d\beta/dt$, Position x und Geschwindigkeit dx/dt ist, die jeweils mit Regelparametern k_β, $k_{\beta t}$, k_x und k_{xt} gewichtet sind

$$u = k_\beta\,\beta + k_{\beta t}\,d\beta/dt + k_x\,x + k_{xt}\,dx/dt$$

dann sind die Systemgleichungen linear und erlauben (auch) eine analytische Lösung. Im Folgenden befassen wir uns allerdings nur mit der Simulation, d.h. der numerischen Integration dieses Systems.

Die Ableitung ergab zwei Differentialgleichungen jeweils zweiter Ordnung, d.h. ein System vierter Ordnung, das sich auch durch vier Differentialgleichungen jeweils erster Ordnung ausdrücken lässt. Mit

$$z_1 = \beta, \quad z_2 = d\beta/dt, \quad z_3 = x, \quad z_4 = dx/dt$$

ergibt sich das System

$$dz_1/dt = z_2$$
$$dz_2/dt = a\,z_1 + b\,u$$
$$dz_3/dt = z_4$$
$$dz_4/dt = c\,z_1 + d\,u$$

mit der Reglerfunktion

$$u = k_\beta\,z_1 + k_{\beta t}\,z_2 + k_x\,z_3 + k_{xt}\,z_4$$

Für die Simulation verwenden wir die Systemgleichungen in dieser Form.

Das hier gezeigte Verfahren der Entwicklung der Systemgleichungen ist von grundlegender Bedeutung. Es hat immer die folgenden Schritte (s. auch Kap. 6-4 und die Linearisierung der Pendelgleichungen in Kap. 4-3.6):

1. Ableitung der vollständigen (meist nichtlinearen) Bewegungsgleichungen unter Verwendung der relevanten physikalischen Beziehungen.
2. Vereinfachung des gefundenen Systems von Differentialgleichungen durch die Annahme kleiner Störungen von einem Ausgangszustand (Arbeitspunkt) oder einer Bezugstrajektorie des Zustands. Die Produkte der Störungen oder ihrer Ableitungen werden dann sehr klein und können vernachlässigt werden, so dass sich ein lineares Gleichungssystem ergibt.

Das dynamische Verhalten (in der Nähe des Bezugszustands für den die Linearisierung gilt) kann selbstverständlich erst analysiert oder simuliert werden, wenn die Regelfunktion u genau beschrieben worden ist. Die Modellgleichungen werden hier noch einmal zusammengestellt.

1. Parameter

g	= GRAVITATION	= 9.81 [m/s^2]
L	= PENDELLÄNGE	= 1 [m]
M	= WAGENMASSE	= 1 [kg]
m	= PENDELMASSE	= 1 [kg]
r	= PENDELMASSE RADIUS	= 0.05 [m]
k_w	= WINKEL RÜCKKOPPLUNG	= 100 [N/rad]
k_{wt}	= WINKELGESCHWIND RÜCKKOPPLUNG	= 30 [N/(rad s)]
k_x	= POSITION RÜCKKOPPLUNG	= 3 [N/m]
k_{xt}	= GESCHWIND RÜCKKOPPLUNG	= 10 [N/(m/s)]
AMP	= STÖRAMPLITUDE	= 0 [N]

Berechnete Konstanten:

I	$= 2 \cdot m \cdot r^{2/5}$	TRÄGHEITSMOMENT KUGEL
A	$= I \cdot (m+M) + m \cdot M \cdot L^2$	
a	$= g \cdot (m+M) \cdot m \cdot L / A$	
b	$= - m \cdot L / A$	
c	$= - g \cdot m^2 \cdot L^2 / A$	
d	$= (I + m \cdot L^2) / A$	

2. Anfangswerte der Zustandsgrößen

z_1	$= \beta$	= *Winkel$_0$*	= 0.2 [rad]
z_2	$= \beta'$	= *Winkelgeschwindigkeit$_0$*	= 0 [rad/s]
z_3	$= x$	= *Position$_0$*	= 0 [m]

z_4 $= x'$ $= Geschwindigkeit_0$ $= 0$ [m/s]

z_5 $= w$ $= Regelarbeit_0$ $= 0$ [Nm]

3. Algebraische Zwischengrößen

    s $= $ AMP$\cdot(2\cdot$random$- 1)$ $= Störkraft$ [N]

    u $= k_\beta\cdot\beta + k_{\beta t}\cdot\beta' + k_x\cdot x + k_{xt}\cdot x'$ $= Regelkraft$ [N]

    β'' $= a\cdot\beta + b\cdot(u+s)$ $= d^2\beta/dt^2$ [rad/s^2]

    x'' $= c\cdot\beta + d\cdot(u+s)$ $= d^2x/dt^2$ [m/s^2]

4. Zustandsgleichungen

    dz_1/dt $= \beta'$ $= Winkel\ Änderung$ [rad/s]

    dz_2/dt $= \beta''$ $= Winkelgeschwind\ Änderung$ [rad/s^2]

    dz_3/dt $= x'$ $= Position\ Änderung$ [m/s]

    dz_4/dt $= x''$ $= Geschwind\ Änderung$ [m/s^2]

    dz_5/dt $=$ abs$(u\cdot x')$ $= Regelleistung$ [N m/s]

5. Laufzeitparameter

    START $= 0$ [s]

    FINAL $= 10$ [s]

    TIMESTEP $= 0.01$ [s]

5-4.3   Simulationsmodell für das stabilisierte Pendelsystem

Mit den hier ermittelten Wirkungsbeziehungen und der angenommenen linearen Reglerfunktion können nun das Simulationsdiagramm gezeichnet (Abb. 5.20) und die Simulationsgleichungen spezifiziert werden (Abb. 5.21). Aus den konstanten Parameterwerten des Systems (m, M, L und g) ergeben sich das Trägheitsmoment des Pendels I sowie die vier Koeffizienten a, b, c und d. Diese Größen müssen nur einmal zu Beginn der Simulation ermittelt werden. Im Simulationsdiagramm stehen sie als multiplikative Wichtungen. Die Regelparameter können bei den Simulationsläufen leicht verändert werden.

    Um die Reaktion des Systems auf zufällige Störungen untersuchen zu können, wurde eine zufällige *Störkraft s* eingeführt, die (wie die *Regelkraft u*) horizontal auf den Wagen wirkt, aber zu jedem Simulationszeitpunkt mittels Zufallsgenerator ermittelt wird. Die maximale STÖRAMPLITUDE (AMP) wird vom Benutzer als Parameter bestimmt.

    Zur besseren Einschätzung des Regelerfolgs wird die momentan notwendige *Regelleistung* berechnet, die sich als Produkt aus *Regelkraft* und *Geschwindigkeit* ergibt ($u\cdot x_t$). Das Integral dieser Leistung über die Zeit ergibt die insgesamt aufgewendete *Regelarbeit*; diese wird daher als weitere Zustandsgröße z_5 geführt.

Mit dem Simulationsdiagramm (Abb. 5.20) und den obigen Gleichungen lässt sich nun das Simulationsmodell erstellen (Abb. 5.21).

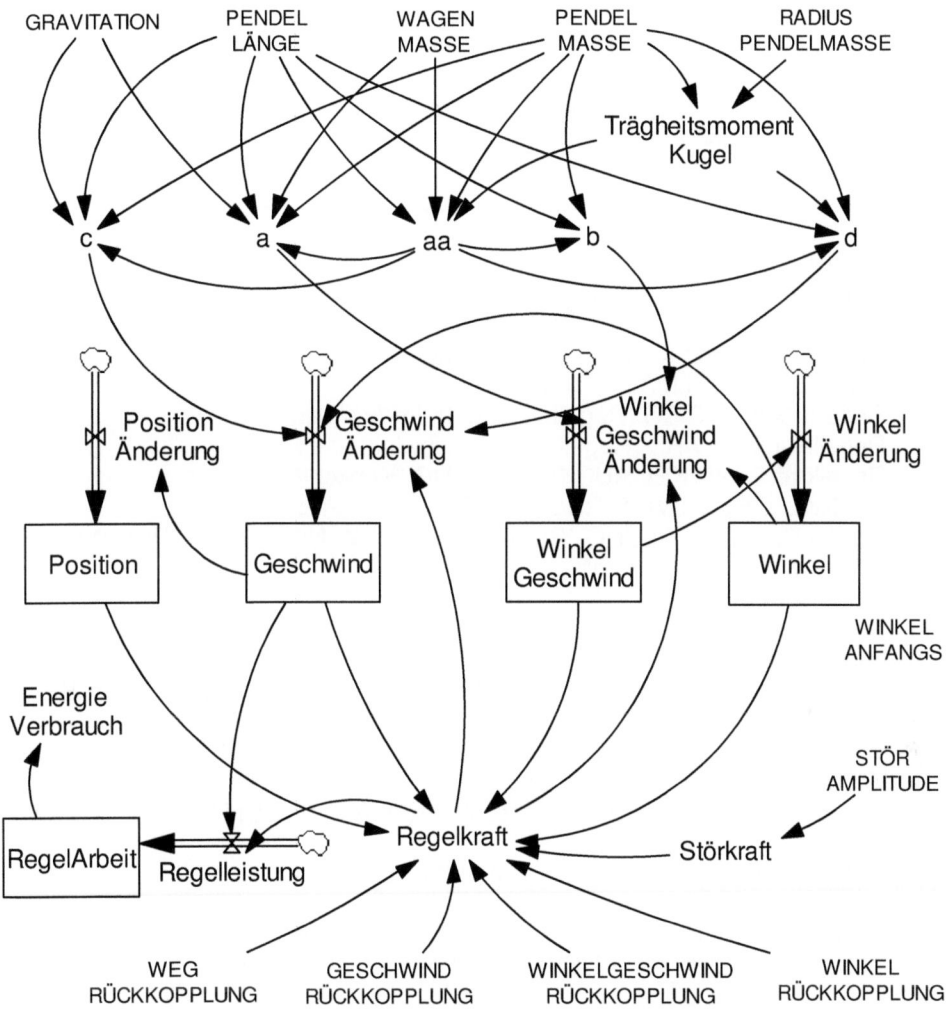

Abb. 5.20: Simulationsdiagramm für die Kipp- und Fahrbewegung des umgekehrten Pendels und ihre Regelung und Stabilisierung.

(1)   a = GRAVITATION *(PENDEL MASSE +WAGEN MASSE) *PENDEL MASSE
       *PENDEL LÄNGE /aa [1/(sec²)]
(2)   aa = TrägheitsmomentKugel *(PENDEL MASSE +WAGEN MASSE)
       +PENDEL MASSE *WAGEN MASSE * PENDEL LÄNGE^2 [m²*kg²]
(3)   b = -PENDEL MASSE *PENDEL LÄNGE /aa [1/(kg*m)]
(4)   c = -GRAVITATION*PENDEL MASSE^2 *PENDEL LÄNGE^2 /aa [m/(sec²)]
(5)   d = (TrägheitsmomentKugel +PENDELMASSE *PENDEL LÄNGE^2) /aa [1/kg]
(6)   EnergieVerbrauch = RegelArbeit [m²*kg/(sec²)]
(7)   Geschwind = INTEG (GeschwindÄnderung, 0) [m/sec]
(8)   GESCHWIND RÜCKKOPPLUNG = 10 [kg/sec]
(9)   GeschwindÄnderung = c*Winkel +d*Regelkraft [m/(sec²)]
(10)   GRAVITATION = 9.81 [m/(sec²)]
(11)   PENDEL LÄNGE = 1 [m]
(12)   PENDEL MASSE = 1 [kg]
(13)   Position = INTEG (PositionÄnderung, 0) [m]
(14)   PositionÄnderung = Geschwind [m/sec]
(15)   RADIUS PENDELMASSE = 0.05 [m]
(16)   RegelArbeit = INTEG (Regelleistung, 0) [m²*kg/(sec²)]
(17)   Regelleistung = ABS (Regelkraft *Geschwind) [m²*kg/sec³]
(18)   Regelkraft = WINKEL RÜCKKOPPLUNG *Winkel
       +WINKELGESCHWIND RÜCKKOPPLUNG *WinkelGeschwind
       +WEG RÜCKKOPPLUNG *Position +GESCHWIND RÜCKKOPPLUNG
       *Geschwind +Störkraft [m*kg/sec²]
(19)   STÖR AMPLITUDE = 0 [kg*m/sec²]
(20)   Störkraft = STÖR AMPLITUDE *(2*RANDOM UNIFORM(0, 1, 0) -1)
       [m*kg/sec²]
(21)   TrägheitsmomentKugel = 2*PENDEL MASSE *RADIUS PENDELMASSE^2/5
       [m²*kg]
(22)   WAGEN MASSE = 1 [kg]
(23)   WEG RÜCKKOPPLUNG = 3 [kg/sec²]
(24)   Winkel = INTEG (WinkelÄnderung, WINKEL ANFANGS) [1]
(25)   WINKEL ANFANGS = 0.2 [1]
(26)   WINKEL RÜCKKOPPLUNG = 100 [kg*m/sec²]
(27)   WinkelÄnderung = WinkelGeschwind [1/sec]
(28)   WinkelGeschwind = INTEG (WinkelGeschwindÄnderung, 0) [1/sec]
(29)   WINKELGESCHWIND RÜCKKOPPLUNG = 30 [m*kg/sec]
(30)   WinkelGeschwindÄnderung = a*Winkel +b*Regelkraft [(1/sec)/sec]
(31)   INITIAL TIME = 0 [sec]
(32)   FINAL TIME = 10 [sec]
(33)   TIME STEP = 0.01 [sec]
(34)   SAVEPER = TIME STEP [sec]

Abb. 5.21: Modellgleichungen zur Simulation der Kipp- und Fahrdynamik des umgekehrten Pendels und der Regelung des Balanciervorgangs.

5-4.4 Simulationsläufe und Suche nach 'guten' Regelparametern

Die Voreinstellungen des Modells entsprechen einer relativ guten Lösung des Regel-
problems für das umgekehrte instabile Pendel. Dies lässt sich am einfachsten durch
Betrachtung der Zustandsbilder für Winkel und Position feststellen (Abb. 5.22).
(Diese Voreinstellungswerte wurden mit Hilfe mehrere Simulationsläufe gefunden.)

Es zeigt sich, dass die Auswahl der Regelparameter nur in gewissen Bereichen
zu stabilen Lösungen führt, und dass auch in diesen Grenzen Veränderungen der
Regelparameter zu deutlich anderem dynamischen Verhalten des Systems führen.
Hiervon sollte man sich durch einiges Experimentieren mit den vier Regelparametern
überzeugen. Auch die Veränderung der Pendelmasse hat eine starke Änderung der
Dynamik zur Folge. Werden zufällige Störungen der Wagenbewegung (mit STÖR-
AMPLITUDE AMP) eingeführt, so fällt dem Regelsystem mit zunehmender Stärke der
Störungen das Ausregeln schwerer, bis es schließlich diese Aufgabe nicht mehr erfül-
len kann.

In Abb. 5.22 (links) wurde der Einfluss des Geschwindigkeits-Rückkopplungs-
parameters auf das Verhalten mit einer Sensitivitätsanalyse untersucht. Es zeigt sich
in diesen Fällen, dass der Kippwinkel relativ rasch auf Null reduziert wird, während
die Positionsauslenkung dabei groß werden kann und dann auch nur langsam auf
Null zurückgeht. (Hier besonders langsam für $k_{xt} = 5$). In jedem Fall dauert der Sta-
bilisierungsvorgang selbst bei erheblicher Anfangsstörung nur wenige Sekunden.

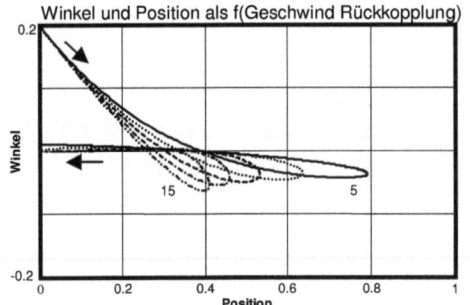 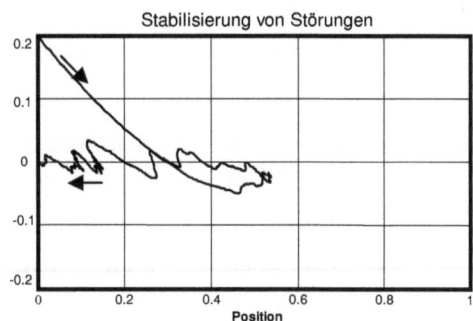

Abb. 5.22: Zustandsdiagramm für Weg und Winkel. Links: Abhängigkeit vom Regelparameter GESCHWINDIGKEITSRÜCKKOPPLUNG (5, 7.5, 10, 12.5, 15). Die Positionsregelung ist erheblich langsamer als die Kippwinkelregelung. Rechts: Einfluss zufälliger Störungen (STÖRAMPLITUDE = 10, GESCHWINDIGKEITSRÜCKKOPPLUNG = 10) auf
den Zustandspfad. Mit zunehmender Störamplitude wird Stabilisierung schwieriger.

Wie das System auf zufällige Störungen reagiert, zeigt sich im Zustandsdiagramm der Abb. 5.22 (rechts). Das Grundverhalten entspricht zwar dem ungestörten
System, doch überlagert sich darauf die Reaktion auf die ständigen zufälligen Stö-

rungen. Jedenfalls zeigt sich, dass der Regler nicht nur die ursprüngliche Aufgabe meistert, das fallende Pendel abzufangen und in die senkrechte Position zurückzubringen, sondern dass er außerdem noch mit weiteren Störungen in gewissen Grenzen fertig werden kann. In den meisten realen Anwendungen muss dies von einem Regelsystem verlangt werden.

Der Einfluss der Pendelmasse zeigt sich deutlich im Zeitbild des Winkels (Abb. 5.23): Mit wachsender Pendelmasse werden die Ausschläge größer. Beim Überschreiten einer kritischen Masse ist das System (mit konstanten Regelparametern) nicht mehr zu stabilisieren.

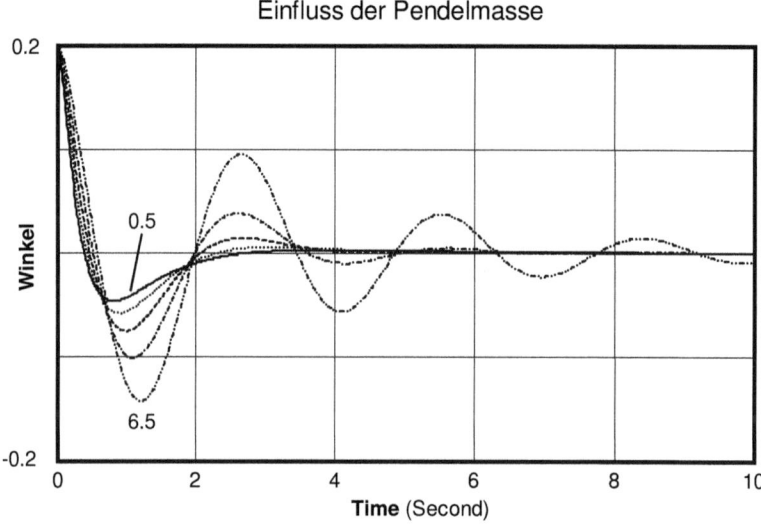

Abb. 5.23: Einfluss der Pendelmasse auf die Stabilisierung der Kippbewegung. Mit zunehmender Masse (0.5, 2, 3.5, 5, 6.5) werden die Kippausschläge größer und schwieriger zu dämpfen.

Mit Hilfe einer Sensitivitätsanalyse lässt sich auch rasch ein Überblick über die Wirkungen unterschiedlicher Regelparameter gewinnen. In Abb. 5.24 werden die Einflüsse der Rückkopplungsfaktoren für Winkel (links) und Winkelgeschwindigkeit (rechts) auf das Zeitverhalten des Kippwinkels untersucht. In Abb. 5.25 sind Zeitkurven für die Wagenposition in Abhängigkeit von den Rückkopplungsfaktoren für Weg und Geschwindigkeit gezeigt. Wenn wir aus diesen Diagrammen die jeweils günstigsten Parameterwerte (für schnelle Rückführung) nehmen, erweist sich allerdings die damit gebildete Regelfunktion als destabilisierend. Dies ist ein Hinweis darauf, dass die Parameter nicht unabhängig voneinander optimiert werden können.

Bei der Suche nach 'guten' oder sogar 'optimalen' Einstellungen für die Regelparameter müssen wir uns darüber klar werden, welche Kriterien wir bei der Beurteilung anlegen wollen. Soll das Pendel möglichst rasch wieder senkrecht stehen?
Muss der Wagen rasch wieder zum Nullpunkt zurückgebracht werden? Muss beides
gleichzeitig erreicht werden, oder kann die Positionsregelung wesentlich länger dauern als die Winkelregelung (wie in den Beispielen)? Darf das System überschwin-
gen? Soll der Arbeitsaufwand für den Regelvorgang (die aufgewendete Energiemenge) minimiert werden?

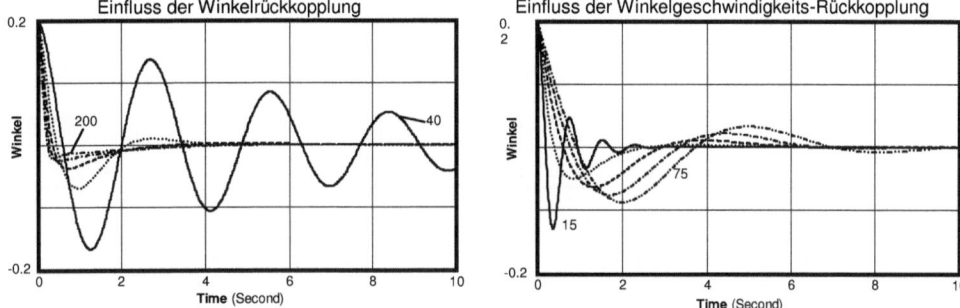

Abb. 5.24: Einfluss der WINKELRÜCKKOPPLUNG (links; 40, 80, 120, 200) und der WIN-
KELGESCHWINDIGKEITSRÜCKKOPPLUNG (rechts; 15, 30, 45, 60, 75) auf die Kippbewe-
gung. Stabile Lösungen zeigen sich nur in einem gewissen Parameterbereich; die
Regelparameter können nur im Zusammenspiel optimiert werden.

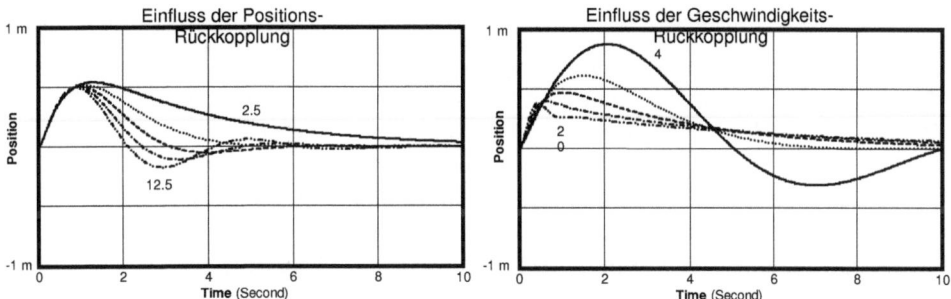

Abb. 5.25: Einfluss der WEGRÜCKKOPPLUNG (links; 2.5, 5, 7.5, 10, 12.5) und der GE-
SCHWINDIGKEITSRÜCKKOPPLUNG (rechts; 4, 8, 12, 16, 20) auf die Fahrposition. Akzeptable und stabile Lösungen zeigen sich nur in einem gewissen Parameterbereich.

Um hier verschiedene Regellösungen besser vergleichen zu können, ist es angebracht, Kriterien zu formulieren, mit denen der Erfolg des Regelvorgangs gemessen und verglichen werden kann. *Beispiele*: Zeitkonstante (Anfangssteigung) der Rückstellung, Überschwingmaß, Dämpfungsmaß, Energieverbrauch. Da es bei vielen Regelvorgängen darauf ankommt, eine wirksame Regelung mit möglichst geringem Energieaufwand zu betreiben, verwenden wir hier für den Vergleich verschiedener Regelfunktionen die zur Stabilisierung der anfänglichen Störung aufzubringende Energiemenge, d.h. die Regelarbeit als Zeitintegral der Regelleistung.

Die Abbildung 5.26 zeigt deutlich, dass sich in Abhängigkeit von der Wahl der Regelparameter erhebliche Unterschiede im Energiebedarf des Regelsystems ergeben können. Bei Veränderung des Parameters $k_{\beta t}$ (WINKELGESCHWINDIGKEITS-RÜCK-KOPPLUNG) ergeben sich die folgenden Energieverbräuche (Regelarbeit) zur Stabilisierung der anfänglichen Störung von 0.2 rad (Abb. 5.26 links):

$k_{\beta t}$	20	30	40	50	60
Regelarbeit [Nm]	1.857	1.078	1.133	1.491	1.969

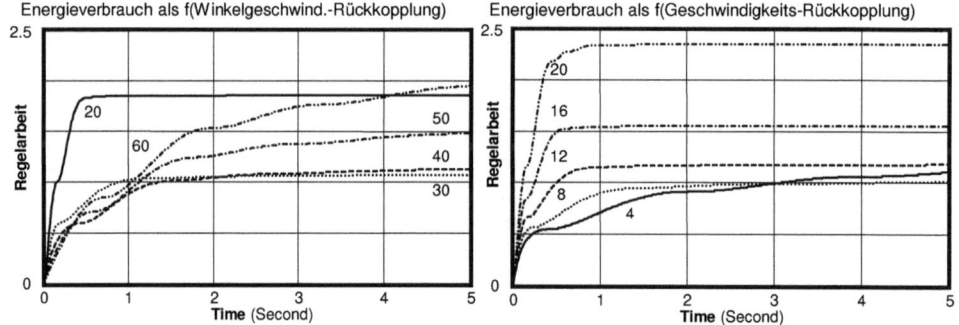

Abb. 5.26: Optimierung der WINKELGESCHWINDIGKEITSRÜCKKOPPLUNG (links; 20, 30, 40, 50, 60) und der GESCHWINDIGKEITSRÜCKKOPPLUNG (rechts; 4, 8, 12, 16, 20) durch Minimierung der für die Stabilisierung erforderlichen Regelarbeit.

Hier zeigt sich ein Optimalwert für die Regelarbeit von 1.078 bei $k_{\beta t} = 30$. Bei $k_{\beta t} = 20$ und 60 ist der Energieaufwand fast doppelt so hoch. Große Unterschiede zeigen sich auch bei der Variation des Parameters k_{xt} (Abb. 5.26 rechts).

Die weitere Suche nach der energetisch besseren Lösung zeigt, dass mit der Wahl der Regelparameter $k_{\beta} = 100$, $k_{\beta t} = 30$, $k_x = 1$, $k_{xt} = 7.5$ der Energiebedarf für die Regelaufgabe noch auf 0.707 verringert werden kann, ohne dass sich die Qualität und Dynamik der Regelung wesentlich ändern. Offensichtlich haben Untersuchungen dieser Art in vielen technischen Anwendungen erhebliche Bedeutung. Mit Hilfe der Simulation und entsprechender Beurteilungskriterien sind sie leicht möglich.

5-5   Zusammenfassung wichtiger Ergebnisse

Mit der Erstellung eines Simulationsmodells und einigen Simulationsläufen ist die ursprüngliche Aufgabe, ein System besser zu verstehen und sein Verhalten zu 'verbessern', meist nur zum Teil gelöst. Eine nachvollziehbare Antwort auf die Frage, was 'besser' sei, kommt an der Definition von Bewertungskriterien und der Festlegung eines Bewertungsverfahrens nicht vorbei. Das Bewertungsproblem stellt sich nicht nur bei der Beurteilung von Simulationsergebnissen, sondern auch des Verhaltens realer Systeme. Es hat nicht nur für einen Beobachter Bedeutung, sondern es betrifft auch die Entwicklung des Systems selbst und seine Fähigkeit, auf Umwelteinwirkungen angemessen zu reagieren.

Mit diesen Fragen haben wir uns in diesem Kapitel befasst. Dabei zeigte sich, dass die grundlegende Struktur eines dynamischen Systems und die Einbettung in seine Systemumwelt bereits bestimmte Anforderungen stellen, die erfüllt werden müssen, wenn das System funktionsfähig, entwicklungsfähig und entfaltungsfähig bleiben soll. Mit den daraus ableitbaren 'Leitwerten' lässt sich ein Bewertungsgerüst erstellen, das bei den wichtigen Aufgaben der Bewertung alternativer Entwicklungspfade, der Suche nach 'optimalen' Lösungen und der Stabilisierung instabiler Systeme von Bedeutung ist. Diese Aspekte wurden an drei Simulationsmodellen beispielhaft untersucht.

Wichtige Ergebnisse werden hier noch einmal zusammengefasst:

1. Jedes mit seiner Umwelt interagierende dynamische System lässt sich grundsätzlich durch eine **Zustandsfunktion f(z, u,** t**)** und eine Verhaltensfunktion **g(z, u,** t**)** beschreiben, in denen die inneren Systembeziehungen wie auch die Interaktionen mit der Umwelt festgelegt sind (Abb. 3.7).

2. Diese Systemzusammenhänge bedingen bestimmte **Anforderungen** an den 'Entwurf' des Systems, wenn es in seiner Systemumwelt bestehen soll. Diese Anforderungen werden als 'Leitwerte' bezeichnet. Sie entsprechen den **Grundeigenschaften einer Systemumwelt**: Normalzustand, knappe Ressourcen, Vielfalt, Fluktuation, Wandel, Anwesenheit anderer Systeme.

3. Die **Leitwerte** von offenen (mit der Umwelt interagierenden) Systemen sind: **Existenz, Wirksamkeit, Handlungsfreiheit, Sicherheit, Wandlungsfähigkeit, Koexistenz**.

4. Diese Leitwertdimensionen sind voneinander **unabhängig** und nicht gegenseitig substituierbar.

5. Ein System ist in seiner Umwelt nur auf Dauer **existenz- und entfaltungsfähig**, wenn jeder der Leitwerte ein Minimum an Beachtung und Erfüllung findet.

6. Die Verkürzung des Bewertungsproblems auf ein einziges Gütekriterium oder auf einen Kriteriensatz, der die Leitwertdimensionen nicht vollständig abdeckt, ist nur zulässig, wenn die notwendige **minimale Erfüllung aller Leitwerte** gewährleistet ist.

7. Die **vergleichende Bewertung** unterschiedlicher Systementwicklungen (Entwicklungspfade für unterschiedliche Szenarien) sollte auf den Leitwert-Überlegungen gründen.

8. Auch **Systementwurf** und **Systemoptimierung** müssen sich an den Leitwert-Überlegungen orientieren.

9. Die **Systemstabilisierung** durch Systemveränderung (Strukturergänzung mit Regelungsfunktion) dient dazu, ein existenzbedrohendes Defizit der Leitwerterfüllung (vor allem SICHERHEIT) zu beseitigen.

10. Die Beurteilung einer Systementwicklung setzt die Beobachtung von **Indikatoren**, d.h. bestimmten Systemgrößen voraus, für die Sollwerte definiert sein müssen.

11. Die Auswahl der Indikatoren muss **vollständig** sein, d.h. ein umfassendes Bild des momentanen Systemzustands liefern.

12. Zur Beurteilung und Bewertung von Systemzuständen müssen **Orientoren**, d.h. verschiedene Beurteilungskriterien definiert sein.

13. Bei der Bewertung wird der **Systemzustand** (ausgedrückt durch die Istwerte der Indikatoren) **auf die 'Systeminteressen'** (ausgedrückt durch die Orientoren) **abgebildet**.

14. Die **Auswahl der Orientoren** muss die Interessen des Systems (und seines Bewirtschafters) umfassend widerspiegeln.

15. Für die Beurteilung einer Systementwicklung sind **drei Arten von Kriterien** erforderlich, die sich in ihrer Anwendung grundsätzlich unterscheiden: **Beschränkungen, Gütemaße, Wichtungen**.

16. Bei Nichterfüllung von **Beschränkungen** muss sich die **Aufmerksamkeit** auf diese **Lücken** konzentrieren. Kompensation eines Defizits durch Übererfüllung anderer Aspekte ist im Allgemeinen nicht möglich. Insbesondere gilt dies für die Leitwerte.

17. **Gütemaße**, die unterschiedliche Kriterienerfüllungen miteinander verrechenbar machen, können erst bei Erfüllung aller Beschränkungen (z.B. Leitwerterfüllung) sinnvoll verwendet werden.

18. **Wichtungen** von Kriterien geben die subjektive Einschätzung ihrer relativen Bedeutung wieder.

19. **Szenarien** sind plausible und (möglichst) in sich konsistente Annahmen über das gesamte Bündel zukünftiger exogener Einflüsse, die ein System in seiner Entwicklung bestimmen können.

20. **Entwicklungspfade**, die sich aufgrund unterschiedlicher Szenarien ergeben, werden durch die systematische Abbildung der zustandsbeschreibenden Indikatoren auf relevante Orientoren besser vergleichbar und bewertbar gemacht.

21. Abbildung der **Systementwicklung** auf die Leitwerte lässt systembedrohende (Fehl)-Entwicklungen rasch und rechtzeitig erkennen.

22. Die Suche nach 'besseren Lösungen', insbesondere die **Optimierung** erfordert (außer der Festlegung einzuhaltender Beschränkungen) die Definition eines Gütemaßes, in das wiederum verschiedene Einzelkriterien mit unterschiedlichen Wichtungen eingehen können.

23. Das **Optimierungsergebnis** hängt immer von der Definition des Gütemaßes, der Auswahl der Einzelkriterien und ihrer relativen Gewichtung ab.

24. Systeme mit zunächst unbefriedigendem oder instabilem Verhalten können durch gezielte **Strukturänderung** (meist: Einbau von Rückkopplungen und anderen Regelmechanismen) in ihrem Verhalten verbessert oder stabilisiert werden.

25. Untersuchungen zur **Regelung und Stabilisierung** setzen voraus, dass die Systemgleichungen des (veränderten) Systems bekannt sind.

26. Zur Untersuchung des in einem engen Zustandsbereich geregelten Verhaltens können die vollständigen **Systemgleichungen** meist wesentlich **vereinfacht** werden (Linearisierung, Vernachlässigung kleiner Größen).

27. Das Regelverhalten ist abhängig von der Wahl der **Reglerfunktion** und ihrer **Regelparameter**.

28. Zur (vergleichenden) **Beurteilung des Regelverhaltens** müssen (wie bei der Optimierung) aussagekräftige Einzelkriterien und Gütemaße aus gewichteten Einzelkriterien definiert werden, die aus Indikatoren des Systemzustands zu berechnen sind. Auch hier hängt das Ergebnis von den gewählten Wichtungen ab.

29. Die (unvermeidbaren) subjektiven Elemente eines Bewertungsvorgangs werden durch **formale Bewertungsverfahren** mit sauber definierten Kriterien und Wichtungen besser erkennbar und diskutierbar.

6 Systemanalyse

6-0 Überblick

Ein einzelner Simulationslauf beschreibt die Dynamik eines Modellsystems unter ganz bestimmten Bedingungen. Allgemeinere Aussagen lassen sich erst aus einer Vielzahl von Simulationen gewinnen, bei denen wichtige Parameter über einen bestimmten Bereich verändert werden. Wegen der Vielzahl möglicher Parameterkombinationen müssen daher plausible Parameterkombinationen in 'Szenarien' zusammengefasst werden.

Auch systematisch angelegte Simulationsuntersuchungen behalten prinzipiell den Charakter des 'Herumprobierens', des Herumstocherns mit einer langen Stange im Dunkeln. Wünschenswert wäre es, aus Zustands- und Verhaltensgleichungen direkt und analytisch Aufschluss über das gesamte Verhaltensspektrum eines Systems zu bekommen. Bei linearen Systemen ist dies mit einem gut entwickelten Satz analytischer Werkzeuge immer möglich. Die meisten interessanten Systeme der Realität aber sind nichtlinear, und der analytische Weg steht hier nur sehr beschränkt zur Verfügung.

Aber auch bei der Untersuchung eines nichtlinearen Systems sollten alle analytischen Möglichkeiten genutzt werden. Hierzu gehören besonders die Ermittlung der Gleichgewichtspunkte oder anderer Attraktionsbereiche und die Untersuchung des Systemverhaltens in der Nähe dieser Punkte oder Bereiche. Bei diesen Untersuchungen spielt die (lokale) Linearisierung nichtlinearer Systeme und die ausführliche Untersuchung des linearen Ersatzsystems mit den Verfahren der linearen Systemanalyse eine wichtige Rolle.

In diesem Kapitel werden im Abschnitt 6-1 zunächst Systembegriffe geklärt und die Zustandsgleichungen für kontinuierliche und diskrete Systeme entwickelt. In Abschnitt 6-2 werden die Gleichgewichtsbedingungen für verschiedene Systemtypen festgestellt. In Abschnitt 6-3 folgt ein Überblick über Verhalten und Stabilität linearer und nichtlinearer Systeme – sie unterscheiden sich grundsätzlich. In eingeschränkten Bereichen können aber auch nichtlineare Systeme mit den Werkzeugen der linearen Systemanalyse untersucht werden. Abschnitt 6-4 stellt die hierfür notwendigen Verfahren der Linearisierung vor.

Da die weiteren Untersuchungen Grundkenntnisse der Vektor- und Matrixalgebra, über Eigenwerte und Eigenvektoren der Systemmatrizen usw. voraussetzen, werden in Abschnitt 6-5 die wesentlichen Konzepte zusammengefasst. Der Abschnitt 6-6 befasst sich vor allem mit der Lösung des freien linearen dynamischen Systems, der Umformung der Systemdarstellung durch Basistransformationen und dem Verhalten und der Stabilität bei freier Bewegung. In Abschnitt 6-7 wird mit Hilfe des Überlagerungsprinzips auch die Dynamik des erzwungenen Verhaltens linearer dynamischer Systeme mit aperiodischen und periodischen Eingängen ermittelt. Im Abschnitt 6-8 werden die wesentlichen Ergebnisse noch einmal zusammengefasst.

Die Darstellung ist knapp gehalten und auf das Wesentliche beschränkt. Denen, die mit der Materie vertraut sind, mag sie als Erinnerung ausreichen. Für diejenigen, denen der Stoff neu ist, mag sie als Einstieg in ein Gebiet dienen, das in unzähligen Texten ausführlich abgehandelt worden ist (s. Literaturhinweise).

6-1 Zustandsgleichungen dynamischer Systeme

6-1.1 Systembegriffe

Ein System S existiert in einer Systemumwelt U. Es besteht aus Elementen E_p, die durch Wirkungen w_{pq} (von Element E_p auf Element E_q) miteinander verbunden sind (Abb. 6.1). Eine (gedachte) Systemgrenze G trennt die Elemente des Systems von anderen Elementen in der Systemumwelt. Es gibt Einwirkungen u_i aus der Systemumwelt auf das System und (aus der Umwelt) beobachtbares Verhalten des Systems, das durch Verhaltensgrößen v_j beschrieben ist. Der Zustand des Systems wird durch Zustandsgrößen z_n beschrieben. Zustandsgrößen sind Speichergrößen eines Systems. Nicht jedem Systemelement entspricht eine Zustandsgröße. Das beobachtbare Verhalten ergibt sich aus den Umwelteinwirkungen und den Zustandsgrößen.

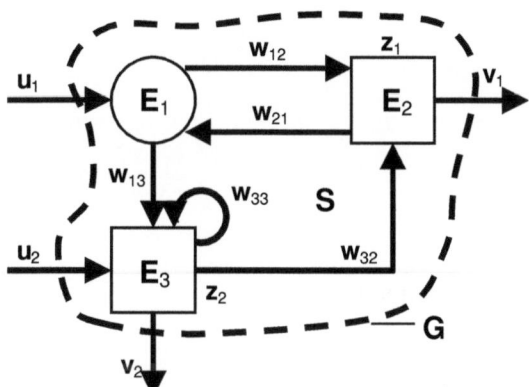

Abb. 6.1: Systembegriffe: System S, Umwelt U, Systemgrenze G, Umwelteinwirkungen u_i, Verhaltensauswirkungen v_j, Systemelemente E_p, Zustandsgrößen z_n, Wirkungen w_{pq} zwischen Systemelementen.

6-1.2   Systemgrößen als Vektoren

Vektoren dienen der kompakten Darstellung von Größen mit mehreren Komponenten. Für Systemuntersuchungen werden Umweltwirkungen, Verhalten und Systemzustand in entsprechenden Vektoren zusammengefasst. Vektoren werden mit fetten Kleinbuchstaben, Matrizen (die aus Spalten- oder Zeilenvektoren bestehen) mit fetten Großbuchstaben geschrieben.

Umweltvektor:

$$\mathbf{u} = \begin{bmatrix} u_1 \\ u_2 \\ ... \\ u_i \end{bmatrix}$$

Verhaltensvektor:

$$\mathbf{v} = \begin{bmatrix} v_1 \\ v_2 \\ ... \\ v_j \end{bmatrix}$$

Zustandsvektor:

$$\mathbf{z} = \begin{bmatrix} z_1 \\ z_2 \\ ... \\ z_n \end{bmatrix}$$

Vektor der Zustandsänderungen:

$$\mathbf{z}' = d\mathbf{z}\,/\,dt = \begin{bmatrix} z'_1 \\ z'_2 \\ ... \\ z'_n \end{bmatrix} = \begin{bmatrix} dz_1/dt \\ dz_2/dt \\ ... \\ dz_n/dt \end{bmatrix}$$

6-1.3   Allgemeine Zustands- und Verhaltensgleichungen

Allgemein sind der Systemzustand **z** und das Verhalten **v** Funktionen der Umwelteinwirkung **u**, des Systemzustands **z** und u.U. der Zeit t (z.B. zeitabhängige Parameteränderung):

$$\mathbf{z}(t) = \mathbf{f}^{0}\,[\mathbf{z}(t),\, \mathbf{u}(t),\, t] \qquad \text{(Zustandsgleichung)}$$
$$\mathbf{v}(t) = \mathbf{g}\,[\mathbf{z}(t),\, \mathbf{u}(t),\, t] \qquad \text{(Verhaltensgleichung)}$$

Die simultane Bedingung für **z** (als Funktion von **z**) muss durch Verwendung früherer Zustandsinformation aufgelöst werden.

Ein **zeitdiskretes System** ist zu diskreten Zeitpunkten

$$t = 0 \cdot \Delta T,\ \ 1 \cdot \Delta T,\ \ 2 \cdot \Delta T,\ \dots\ k \cdot \Delta T \ \dots$$

definiert, wobei ΔT den gewählten (konstanten) Betrag des Zeitschritts angibt. Ein bestimmter Zeitpunkt ist durch Angabe von k definiert.

Der Systemzustand folgt hier aus den Bedingungen des vorhergehenden Zeitschritts. Die Systemgleichungen für ein zeitdiskretes System sind dann

$$\mathbf{z}(k+1) = \mathbf{f}[\mathbf{z}(k),\, \mathbf{u}(k),\, k] \qquad \text{(Zustandsgleichung)} \qquad (6.1)$$
$$\mathbf{v}(k)\ \ \ = \mathbf{g}[\mathbf{z}(k),\, \mathbf{u}(k),\, k] \qquad \text{(Verhaltensgleichung)}.$$

In einer anderen gebräuchlichen Schreibweise für den Zeitindex lassen sich die Systemgleichungen des zeitdiskreten Systems schreiben als

$$\mathbf{z}_{k+1} = \mathbf{f}(\mathbf{z}_k,\, \mathbf{u}_k,\, k)$$
$$\mathbf{v}_k\ \ \ = \mathbf{g}(\mathbf{z}_k,\, \mathbf{u}_k,\, k)$$

Bei einem **zeitkontinuierlichen System** lässt sich die Rate der Zustandsveränderung $d\mathbf{z}/dt = \mathbf{z}'$ aus den Bedingungen zur Zeit t ermitteln. Der neue Zustand folgt dann aus der Zeitintegration der Zustandsrate und dem vorhergehenden (bzw. Anfangs-)Zustand.

Die Systemgleichungen sind hier:

$$\mathbf{z}'(t) = \mathbf{f}[\mathbf{z}(t),\, \mathbf{u}(t),\, t] \qquad \text{(Zustandsgleichung)} \qquad (6.2)$$
$$\mathbf{v}(t) = \mathbf{g}[\mathbf{z}(t),\, \mathbf{u}(t),\, t] \qquad \text{(Verhaltensgleichung)}$$

Sowohl beim diskreten System (6.1) wie beim kontinuierlichen System (6.2) folgen die Verhaltensgrößen $\mathbf{v}(t)$ direkt aus algebraischen (oder logischen) Ausdrücken.

6-1.4   Allgemeines Systemdiagramm für dynamische Systeme

Die Systemgleichungen (6.1) und (6.2) für diskrete oder kontinuierliche Systeme lassen sich als allgemein gültiges Systemdiagramm darstellen (Abb. 6.2).

Der Kasten für die Zustandsgröße **z** repräsentiert:

1. beim diskreten System die Speicherung des jeweils letzten, durch die Zustandsfunktion **f** definierten Zustandswerts **z**$(k+1)$;
2. beim kontinuierlichen System die Zeitintegration der durch **f** gegebenen aktuellen Zustandsveränderungsrate **z**$'(t) = d\mathbf{z}/dt$.

In beiden Fällen steht im Kasten der jeweils aktuelle Wert der Zustandsgröße **z**.

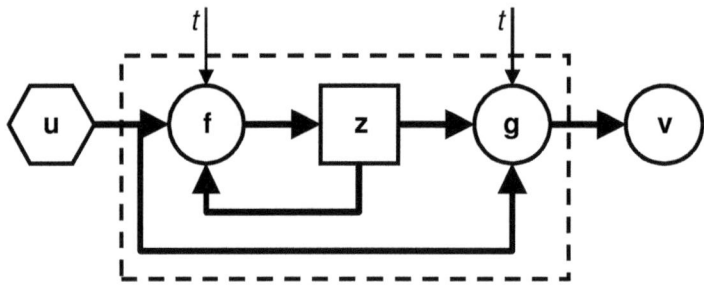

Abb. 6.2: Allgemeines Systemdiagramm dynamischer Systeme.

6-1.5   Zustandsberechnung

Die Zustandsgleichung des diskreten Systems (6.1) ist eine Differenzengleichung erster Ordnung und stellt bereits die Rechenvorschrift für die Zustandsberechnung dar.

Die Zustandsgleichung des kontinuierlichen Systems (6.2) führt (als algebraischer Ausdruck) zur Berechnung der Zustandsveränderungsrate **z**$'(t)$. Diese muss unter Beachtung der Anfangsbedingungen **z**(t_0) über die Zeit integriert werden, um **z**(t) zu erhalten. Nur bei linearen Systemen (s. unten) und bei wenigen nichtlinearen Systemen ist die analytische Integration möglich. Numerische Integration dagegen ist bei allen zeitkontinuierlichen Systemen möglich und einfach durchführbar.

6-1.6   Numerische Integration der Zustandsgleichung

Euler-Cauchy Integration: Bei einem Integrationszeitschritt von ΔT folgt der neue Zustand aus dem vorhergehenden Zustand und der mit dem vorhergehenden Zustand (aus Gl. 6.2) ermittelten Zustandsveränderungsrate $(d\mathbf{z}/dt) = \mathbf{f}$. (Im Folgenden wird **f**(**z**, **u**, t) als **f**(**z**, t) zusammengefasst.)

$$\mathbf{z}(t+\Delta T) \;=\; \mathbf{z}(t) + \mathbf{f}(\mathbf{z},\, t) \cdot \Delta T \tag{6.3}$$

Der Rechenfehler dieses Verfahrens hat die Größenordnung $O(\Delta T)^2$. Es ist also meistens eine sehr kleine Schrittweite erforderlich (die wieder Rundungsfehler und lange Rechenzeiten mit sich bringt).

Runge-Kutta-Verfahren 4. Ordnung: Dieses Verfahren hat einen wesentlich kleineren Fehlerterm $O(\Delta T)^5$ und ermöglicht daher größere Schrittweite ΔT. Pro Rechenschritt muss allerdings die Zustandsfunktion **f** viermal berechnet werden. Jeder Vektor-Zwischenwert $\mathbf{k}_i$ besteht aus n Komponenten k_{ij}, i.e. $\mathbf{k}_i = (k_{i1}, k_{i2}, \ldots, k_{in})$.

$$\mathbf{k}_1 = \Delta T \cdot \mathbf{f}(\mathbf{z}, t)$$
$$\mathbf{k}_2 = \Delta T \cdot \mathbf{f}(\mathbf{z} + \mathbf{k}_1/2, t + \Delta T/2)$$
$$\mathbf{k}_3 = \Delta T \cdot \mathbf{f}(\mathbf{z} + \mathbf{k}_2/2, t + \Delta T/2)$$
$$\mathbf{k}_4 = \Delta T \cdot \mathbf{f}(\mathbf{z} + \mathbf{k}_3, \quad t + \Delta T) \tag{6.4a}$$

Das Integrationsergebnis wird berechnet aus

$$\mathbf{z}(t+\Delta t) = \mathbf{z}(t) + \mathbf{k}_1/6 + \mathbf{k}_2/3 + \mathbf{k}_3/3 + \mathbf{k}_4/6 \tag{6.4b}$$

6-1.7 Umformung in Zustandsgleichungen 1. Ordnung

Für die analytische wie die numerische Behandlung der Zustandsgleichungen ist die Form der Differenzengleichung (6.1) oder Differentialgleichung (6.2) erster Ordnung zweckmäßig. Gewöhnliche Differenzen- oder Differentialgleichungen n-ter Ordnung können durch Einführen neuer Zustandsgrößen immer in n Gleichungen 1. Ordnung umgewandelt werden.

6-1.8 Umformung einer Differentialgleichung n-ter Ordnung

Die ursprüngliche Differentialgleichung für die abhängige Größe y enthalte diese selbst sowie ihre Ableitungen $d^i y/dt^i$ bis zur höchsten Ordnung n.

1. Es werden n neue Zustandsgrößen z_i eingeführt, deren erste der ursprünglichen Größe y entspricht.
2. Die weiteren $(n-1)$ Zustandsgrößen entsprechen den Ableitungen der Größe y bis zur n-ten Ordnung.
3. Die ursprüngliche Differentialgleichung wird nach der höchsten Ableitung aufgelöst, für die sich jetzt ein Ausdruck ergibt, der nur noch die Ableitungen niedrigerer Ordnung bzw. die z_i enthält.
4. Damit erhalten wir jetzt ein System von n Differentialgleichungen erster Ordnung von der Form

$$d\mathbf{z}/dt = \mathbf{z'} = \mathbf{f}(\mathbf{z}, \mathbf{u}, t)$$

Das folgende Schema verdeutlicht die Vorgehensweise.

$$y \qquad = \qquad\qquad z_1 \qquad\qquad\qquad \text{Zustandsgleichungen (6.5)}$$

$$
\begin{aligned}
dy/dt &= z'_1 &&= z_2 \\
d^2y/dt^2 &= z'_2 &&= z_3 \\
&\quad\ \ \dots \\
d^{n-1}y/dt^{n-1} &= z'_{n-1} &&= z_n \\
d^n y/dt^n &= z'_n &&= f(z_1, z_2, \dots z_n, \mathbf{u}, t)
\end{aligned}
$$

Beispiel: ursprüngliches (nichtlineares) System

$$y'' + y^2\, y' + ky = u$$

Auflösung nach der höchsten Ableitung:

$$y'' = u - y^2\, y' - ky$$

Nach Umbenennung: $y = z_1$ lauten jetzt die Zustandsgleichungen

$$
\begin{aligned}
y' &= z'_1 = z_2 \\
y'' &= z'_2 = u - z_1^{\,2} z_2 - k{\cdot}z_1
\end{aligned}
$$

6-1.9   Umformung einer Differenzengleichung n-ter Ordnung

Die ursprüngliche Differenzengleichung für die abhängige Größe y enthalte diese selbst mit dem niedrigsten Zeitindex $(k-i)$ bis hin zum höchsten Zeitindex $(k+j)$. Die Gesamtspanne der Zeitschritte ist $(k+j) - (k-i) = n$.

1. Die Differenzengleichung wird für die abhängige Veränderliche mit dem höchsten Zeitindex gelöst.
2. Alle k-Indizes werden um die gleiche Schrittzahl so verschoben, dass auf der linken Seite der Differenzengleichung das y mit dem höchsten Zeitindex jetzt $y(k+1)$ heißt.
3. Es werden n neue Zustandsgrößen z_i eingeführt, wobei

$$
\begin{aligned}
y(k+1-n) &= &&z_1(k) \qquad\qquad \text{Zustandsgleichungen (6.6)} \\
y(k+2-n) &= z_1(k+1) &&= z_2(k) \\
&\quad\ \ \dots \\
y(k) &= z_{n-1}(k+1) &&= z_n(k) \\
y(k+1) &= z_n(k+1) &&= f[z_1(k), z_2(k), \dots, z_n(k), \mathbf{u}(k), k]
\end{aligned}
$$

4. Allgemein lassen sich dann die Zustandsgleichungen für ein diskretes, zeitvariantes, nichtlineares System wie folgt schreiben:

$$\mathbf{z}(k+1) = \mathbf{f}[\mathbf{z}(k), \mathbf{u}(k)]$$

Beispiel: Nichtlineare Differenzengleichung mit zeitabhängigem Parameter

$$k \cdot y(k+2) \cdot y(k+1) = [y(k) \cdot y(k-1)]^{1/2}$$

Ordnung: $(k+2) - (k-1) = 2+1 = 3$, höchster Index: $k+2$
Lösung für das y mit dem höchsten Index:

$$y(k+2) = [y(k) \cdot y(k-1)]^{1/2} / [k \cdot y(k+1)]$$

Umbenennung (Indexverschiebung um -1)

$$y(k+1) = [y(k-1) \cdot y(k-2)]^{1/2} / [(k-1) \cdot y(k)]$$

Neue Zustandsgrößen:

$y(k-2)$	$=$		$= \quad z_1(k)$	Zustandsgleichungen
$y(k-1)$	$=$	$z_1(k+1)$	$= \quad z_2(k)$	
$y(k)$	$=$	$z_2(k+1)$	$= \quad z_3(k)$	
$y(k+1)$	$=$	$z_3(k+1)$	$= \quad [z_2(k) \cdot z_1(k)]^{1/2} / [(k-1) \cdot z_3(k)]$	

Die ursprüngliche nichtlineare Differenzengleichung 3. Ordnung wird in der Standardform also zu einem System von drei Differenzengleichungen 1. Ordnung für die Zustandsgrößen z_1, z_2 und z_3. Nichtlinearität und Zeitvarianz des ursprünglichen Systems bleiben in der 3. Gleichung erhalten.

6-1.10 Zustandsgleichung und Systemdynamik

Die Verhaltensfunktion $\mathbf{g}$ (in Gl. 6.1, 6.2) stellt lediglich eine algebraische Umrechnung der Zustandsvariablen $\mathbf{z}$ und Umwelteinwirkungen $\mathbf{u}$ in die in der Umwelt beobachtbaren Verhaltensgrößen $\mathbf{v}$ dar. Damit wird die Systemdynamik durch die Zustandsfunktion $\mathbf{f}$ bestimmt, aus der sich der jeweils aktuelle Zustand $\mathbf{z}$ ergibt:

$$\mathbf{z}(k+1) = \mathbf{f}[\mathbf{z}(k), \mathbf{u}(k), k] \qquad \text{(diskretes System)} \qquad (6.1a)$$
$$\mathbf{z}'(t) \quad = \mathbf{f}[\mathbf{z}(t), \mathbf{u}(t), t] \qquad \text{(kontinuierliches System)} \qquad (6.2a)$$

Bei entsprechender Zustandsfunktion $\mathbf{f}$ können durch gezielte Umwelteinwirkungen $\mathbf{u}$ bestimmte Zustandswerte $\mathbf{z}$ erzwungen werden. Durch Änderung von $\mathbf{f}$ und/oder gezielte Einwirkungen **u** ergibt sich prinzipiell die Möglichkeit, Systemdynamik zu verändern und Systeme zu regeln und zu steuern.

Bevor eine solche Aufgabe bearbeitet wird, ist aber zunächst einmal die Eigendynamik des freien (autonomen, homogenen) Systems mit konstanten Parametern, d.h. des Systems ohne, oder bei konstanten Umwelteinwirkungen (**u** = **0** oder **u** = **u**$_c$) zu untersuchen. In diesem Falle kann eine beobachtete Systemdynamik nicht auf dynamische Einwirkungen durch **u** oder zeitvariante Parameter zurückgeführt werden

Für autonome Systeme mit zeitinvarianten Parametern vereinfachen sich daher die Zustandsgleichungen zu

$$\mathbf{z}(k{+}1) = \mathbf{f}[\mathbf{z}(k)] \qquad \text{(diskretes System)}$$
$$\mathbf{z}'(t) \quad = \mathbf{f}[\mathbf{z}(t)] \qquad \text{(kontinuierliches System)}$$

6-2   Gleichgewichtspunkte

6-2.1   Gleichgewichtspunkte als Ruhepunkte

Gleichgewichtspunkte (stationäre Punkte, Fixpunkte) sind natürliche Ruhepunkte eines Systems. Ihre Kenntnis ist für die Beurteilung des Systemverhaltens wichtig. An diesen Stellen verschwinden die Ableitungen der Zustandsgrößen nach der Zeit. Stationäre Punkte sind gleichzeitig auch singuläre Punkte, in denen die Richtung der Zustandsbahnen unbestimmt ist, da Zustandsbahnen aus allen Richtungen hier enden.

Ein Zustandsvektor **z*** kennzeichnet einen **Gleichgewichtspunkt**, wenn er die Eigenschaft hat, dass das System bei konstantem Eingang **u*** für alle zukünftigen Zeiten im Zustand **z*** verharrt sobald es diesen Zustand erreicht hat. Dies gilt für alle linearen und nichtlinearen Systeme.

Generell ergeben sich Gleichgewichtspunkte zeitinvarianter Systeme bei konstantem Eingang **u*** aus der Bedingung

$$\mathbf{0} \;= \mathbf{f}(\mathbf{z}^*, \mathbf{u}^*) \qquad \text{(kontinuierliches System)} \qquad (6.7)$$
$$\mathbf{z}^* = \mathbf{f}(\mathbf{z}^*, \mathbf{u}^*) \qquad \text{(diskretes System)} \qquad (6.8)$$

In beiden Fällen ist **z*** als Lösungsvektor der algebraischen Gleichungssysteme (6.7) bzw. (6.8) zu bestimmen.

6-2.2 Gleichgewichtspunkte bei nichtlinearen Systemen

Beim **kontinuierlichen System**

$$\mathbf{z}'(t) = \mathbf{f}[\mathbf{z}(t), t]$$

sind die Gleichgewichtspunkte gegeben durch die Bedingung $d\mathbf{z}/dt = \mathbf{z}' = \mathbf{0}$, also

$$\mathbf{f}(\mathbf{z}^*, t) = \mathbf{0}$$

Beim **zeitinvarianten kontinuierlichen System**

$$\mathbf{z}'(t) = \mathbf{f}[\mathbf{z}(t)]$$

entfällt die Zeitabhängigkeit in der Bedingung für die Gleichgewichtspunkte:

$$\mathbf{f}(\mathbf{z}^*) = \mathbf{0}$$

Beim **diskreten zeitvarianten System**

$$\mathbf{z}(k+1) = \mathbf{f}[\mathbf{z}(k), k]$$

ergeben sich die stationären Punkte aus der Bedingung

$$\mathbf{z}^* = \mathbf{f}(\mathbf{z}^*, k) \quad \text{für alle } k$$

Ist das **System zeitinvariant**

$$\mathbf{z}(k+1) = \mathbf{f}[\mathbf{z}(k)]$$

so ist die Bedingung für die Gleichgewichtspunkte

$$\mathbf{z}^* = \mathbf{f}(\mathbf{z}^*)$$

Bei einem nichtlinearen System sind die Gleichgewichtspunkte Lösungen nichtlinearer algebraischer Gleichungen. Es sind also im allgemeinen mehrere Gleichgewichtspunkte möglich. Jede Verteilung im Zustandsraum ist möglich.

6-2.3 Gleichgewichtspunkte kontinuierlicher linearer Systeme

Wir betrachten das homogene (freie, autonome) System:

$$\mathbf{z}'(t) = \mathbf{A}\,\mathbf{z}(t)$$

Für $\mathbf{z} = \mathbf{0}$ wird $\mathbf{z}' = \mathbf{0}$: Dieser Zustandswert ist also ein Ruhepunkt des Systems. Offensichtlich ist der Koordinatenursprung $\mathbf{z} = \mathbf{0}$ immer ein Gleichgewichtspunkt homogener kontinuierlicher Systeme. Er ist gleichzeitig der einzige Gleichgewichtspunkt eines solchen Systems, es sei denn, die Systemmatrix $\mathbf{A}$ ist singulär, d.h. $\mathbf{0}$ erscheint als ein Eigenwert von $\mathbf{A}$. Nur in diesem Fall bestehen noch andere Gleichgewichtspunkte.

Bei einem nichthomogenen System mit konstantem Eingang **u***

$$\mathbf{z}'(t) = \mathbf{A}\,\mathbf{z}(t) + \mathbf{B}\,\mathbf{u}(t)$$

gilt für einen Gleichgewichtspunkt

$$\mathbf{0} = \mathbf{A}\,\mathbf{z}^* + \mathbf{B}\,\mathbf{u}^*$$

Falls **A** nicht singulär ist, dann ist der Gleichgewichtspunkt durch

$$\mathbf{z}^* = -\mathbf{A}^{-1}\,\mathbf{B}\,\mathbf{u}^*$$

gegeben. Falls **A** singulär ist, dann ist die Existenz von Gleichgewichtspunkten unbestimmt.

6-2.4   Gleichgewichtspunkte diskreter linearer Systeme

Das homogene (freie, autonome) System

$$\mathbf{z}(k+1) = \mathbf{A}\,\mathbf{z}(k)$$

hat immer $\mathbf{z}^* = \mathbf{0}$ als Gleichgewichtspunkt. Da an einem Gleichgewichtspunkt gilt

$$\mathbf{z}^* = \mathbf{A}\,\mathbf{z}^*$$

so ist auch der Eigenvektor **z*** zum Eigenwert $\lambda = 1$ ein Gleichgewichtspunkt. Falls das System keinen Eigenwert $\lambda = 1$ hat, so ist $\mathbf{z}^* = \mathbf{0}$ der einzige Gleichgewichtspunkt.

Beim inhomogenen (nicht-autonomen) System

$$\mathbf{z}(k+1) = \mathbf{A}\,\mathbf{z}(k) + \mathbf{B}\,\mathbf{u}(k)$$

muss der stationäre Punkt erfüllen

$$\mathbf{z}^* = \mathbf{A}\,\mathbf{z}^* + \mathbf{B}\,\mathbf{u}^*$$

Wenn die Systemmatrix **A** keinen Eigenwert $\lambda = 1$ hat, dann ist die Matrix $[\mathbf{I} - \mathbf{A}]$ nicht singulär, und es gibt eine eindeutige Lösung für den stationären Punkt:

$$\mathbf{z}^* = [\mathbf{I} - \mathbf{A}]^{-1}\,\mathbf{B}\,\mathbf{u}^*$$

Falls $\lambda = 1$ ein Eigenwert ist, dann existiert entweder kein Gleichgewichtspunkt oder es existieren unendlich viele. Praktisch ist diese Möglichkeit nicht von großer Bedeutung, denn auch durch leichte Veränderungen der Koeffizienten von **A** ergibt sich immer ein Eigenwert, der von 1 verschieden ist und damit ein eindeutiger stationärer Punkt.

6-3   Verhalten und Stabilität dynamischer Systeme

6-3.1   Einführung in das Verhalten linearer kontinuierlicher Systeme

Bereits an einem linearen System zweiter Ordnung lassen sich alle für das Verhalten linearer Systeme auch höherer Ordnung wichtigen Konzepte untersuchen.

1.   Die Differentialgleichung des Schwingers zweiter Ordnung

$$\frac{d^2 y}{dt^2} + 2\xi\omega_0 \frac{dy}{dt} + \omega_0^2 y = 0$$

kann auch in der Standardform als zwei Differentialgleichungen 1. Ordnung geschrieben werden:

$$x'_1 = x_2$$
$$x'_2 = -\omega_0^2 x_1 - 2\xi\omega_0 x_2$$

bzw. in Vektorform:

$$\mathbf{x}' = \mathbf{A}\,\mathbf{x}$$

mit der Systemmatrix

$$\mathbf{A} = \begin{bmatrix} 0 & 1 \\ -\omega_0^2 & -2\xi\omega_0 \end{bmatrix}$$

Die charakteristische Gleichung ergibt sich direkt aus dieser Standardform der Systemmatrix (vgl. Abschnitt 6-6.8):

$$\lambda^2 + 2\xi\omega_0\lambda + \omega_0^2 = 0$$

Diese quadratische Gleichung hat die Lösungen

$$\lambda_{1,2} = -\xi\omega_0 \pm \omega_0\sqrt{\xi^2 - 1}$$

In dieser Darstellung ist ω_0 die **Eigenfrequenz** des ungedämpften Systems; d.h., wenn keine Dämpfung vorhanden ist ($\xi = 0$), ergibt sich für das freie Verhalten des Systems (homogene Lösung) eine harmonische Schwingung der Frequenz ω_0. Hat das System eine **Dämpfung** ($\xi > 0$), so ergeben sich, wie aus dem Wurzelausdruck für die Eigenwerte λ_1 und λ_2 hervorgeht, mit allmählich wachsender Dämpfung zunächst noch weiterhin Schwingungen mit durch den Dämpfungsfaktor modifizierter Frequenz, die aber völlig verschwinden, wenn der Dämpfungsfaktor $\xi = 1$ wird. Der Wert $\xi = 1$ wird daher als kritische Dämpfung bezeichnet. Wird $\xi > 1$ (überkritische Dämpfung), so bleiben die Wurzeln rein reell; eine Schwingung kann nicht mehr auftreten. Schwingungen sind also lediglich im unterkritisch gedämpften Bereich zu erwarten.

2.   Ein lineares freies System zweiter oder höherer Ordnung kann bei gegebenen Anfangsbedingungen (Anfangsauslenkung) oder einem aperiodischen Eingang (Stoß, Sprung) mit Schwingungen reagieren, ohne durch Schwingungen angeregt zu sein. Die auftretenden Frequenzen bestimmen sich aus den Koeffizienten der Differentialgleichung bzw. der Systemmatrix **A**. Sie entsprechen den Eigenfrequenzen des Systems, modifiziert durch die im System vorhandene Dämpfung.

3.   Ein lineares System n-ter Ordnung hat n Eigenwerte, unter denen maximal $n/2$ konjugiert-komplexe Eigenwertpaare sein können. Damit hat ein lineares System n-ter Ordnung maximal $n/2$ Eigenfrequenzen (n gerade) bzw. $(n-1)/2$ Eigenfrequenzen (n ungerade).

4.   Sobald ein einziger Eigenwert einen positiven Realteil hat, der größer als Null ist, ergibt sich ein Aufklingen der Lösung und damit Instabilität. Umgekehrt ist ein Abklingen (Stabilität) nur dann möglich, wenn die Realteile aller Eigenwerte kleiner als Null sind. Für den Fall, dass der Realteil einer oder mehrerer Eigenwerte genau gleich Null ist, ergibt sich marginale Stabilität. Ohne weitere Störungen bleibt daher beim harmonischen Schwinger die Amplitude der Schwingung über die Zeit konstant.

5.   Längerfristig dominiert in allen Fällen der Eigenwert mit der kleinsten Dämpfung (größter Realteil). Soll also das langfristige Verhalten des Systems abgeschätzt werden, so genügt es, diesen Eigenwert zu betrachten.

6.   Für Systeme höherer Ordnung als $n = 2$ kann kein qualitativ anderes Verhalten hinzukommen als es bereits für die Systeme 1. und 2. Ordnung betrachtet wurde. Deshalb hat die Diskussion der Systeme zweiter Ordnung grundsätzliche Bedeutung.

7.   Der Wurzelort der Eigenwerte in der komplexen Ebene gibt Einblick in das allgemeine Verhalten und die Stabilität des Systems. Meist genügt die Wurzelortdarstellung für eine Beurteilung des Systems (s. Abb. 6.6).

8.   Die Stabilität und das allgemeine Verhalten von linearen Systemen sind nur abhängig von der Systemmatrix **A** bzw. den Koeffizienten der Differentialgleichungen. Sie sind – im Gegensatz zu nichtlinearen Systemen – weder von Anfangswerten noch von Eingangsfunktionen bestimmt.

6-3.2   Verhaltensmöglichkeiten eines linearen Systems

Verhalten und Stabilität eines linearen Systems sind durch seine Systemmatrix **A** bzw. seine Eigenwerte λ_i bestimmt. Weil in allen linearen Systemen zweiter und höherer Ordnung komplexe Eigenwerte auftreten können und weil Wurzeln anderer Art nicht möglich sind solange die Systemmatrix reelle Koeffizienten hat, zeigen zweidimensionale lineare Systeme alle Verhaltensmodi, die bei linearen System beliebiger Ordnung möglich sind. Die Analyse zweidimensionaler linearer Systeme ist daher von grundsätzlicher Bedeutung.

Die möglichen Verhaltensweisen lassen sich in Abhängigkeit von den Koeffizienten der Systemmatrix **A** eines zweidimensionalen kontinuierlichen Systems als Quelle, Senke, Knoten, Sattel, Wirbel und Strudel kategorisieren (s. auch das Modell 'Linearer Schwinger' in Kap. 3-2.5 und Abbildung 3.15).

Sei $\mathbf{A} = \begin{bmatrix} a & b \\ c & d \end{bmatrix}$ und $p = a+d$, $q = ad - bc$. Dann gilt:

Quelle, instabil:	falls $4q = p^2$ und $p > 0$
Senke, stabil:	falls $4q = p^2$ und $p \le 0$
Strudel, instabil:	falls $4q > p^2$ und $p > 0$
Wirbel, marginal stabil:	falls $4q > p^2$ und $p = 0$
Strudel, stabil:	falls $4q > p^2$ und $p < 0$
Linienquelle, instabil:	falls $q = 0$ und $p \ge 0$
Liniensenke, stabil:	falls $q = 0$ und $p < 0$
Sattel, instabil:	falls $q < 0$
Knoten, instabil:	falls $q > 0$ und $4q < p^2$ und $p > 0$
Knoten, stabil:	falls $q > 0$ und $4q < p^2$ und $p \le 0$.

Die entsprechenden Verhaltensbereiche sind in Abb. 6.3 als Funktion von p und q dargestellt.

6-3.3   Stabilität nichtlinearer Systeme

Die Stabilität nichtlinearer Systeme unterscheidet sich erheblich von der linearer Systeme:

1.   Die Stabilität eines nichtlinearen Systems ist abhängig vom Eingang **u**: Das freie (homogene) System kann z.B. stabil sein, aber unter bestimmten Eingangsbedingungen (z.B. Sprungfunktion) instabil werden. Umgekehrt kann ein instabiles nichtlineares System u.U. durch einen entsprechenden Eingang stabilisiert werden.

2.   Die Stabilität des freien Systems kann stark vom Anfangszustand $\mathbf{z}_0$ abhängen. Der Grund hierfür ist die Tatsache, dass ein nichtlineares System oft mehrere Gleichgewichtspunkte hat, die jeder für sich unterschiedliches Stabilitätsverhalten haben. Es hängt dann vom Anfangszustand ab, auf welchen Gleichgewichtszustand das System zuläuft bzw. von welchem Gleichgewichtspunkt es sich zunehmend entfernt.

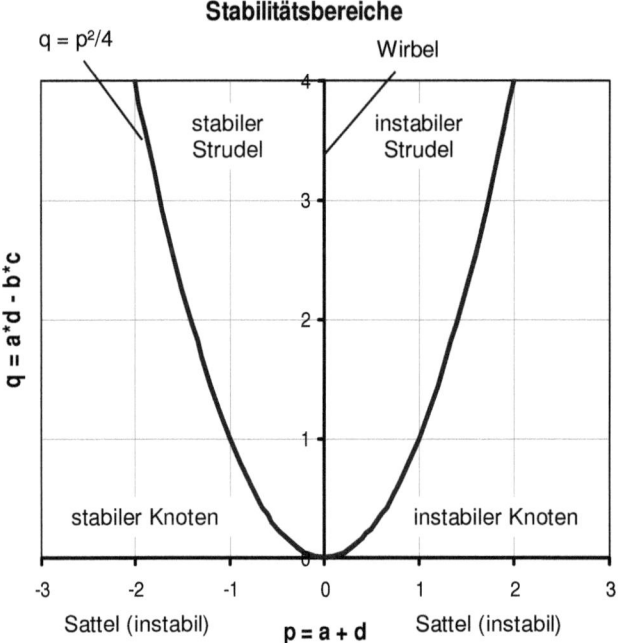

Abb. 6.3: Abhängigkeit des Verhaltens und der Stabilität eines linearen Systems mit zwei Zustandsgrößen von seinen Systemparametern $p = a + d$ und $q = ad - bc$.

Für ein nichtlineares System müssen die Stabilitätsdefinitionen enger gefasst werden, da sie nicht mehr wie bei linearen Systemen für den gesamten Zustandsbereich gelten können. Die Stabilitätseigenschaften können also nur das Verhalten ausgehend von einem Anfangszustand nahe einem Gleichgewichtspunkt beschreiben. Der Zustand kann in der Nachbarschaft des Gleichgewichtspunkts bleiben; er kann sich aber auch zunehmend von diesem fortbewegen. Als stabil wird ein Verhalten bezeichnet, bei dem der Zustand in der Nähe des Gleichgewichtspunkts bleibt oder auf diesen zuläuft. Instabil dagegen ist ein Verhalten, bei dem sich der Zustand zunehmend von ihm entfernt.

Bei nichtlinearen Systemen bezieht sich Stabilität immer auf das Verhalten in der Umgebung eines Gleichgewichtspunkts. Für die Stabilitätsanalyse ist es daher erlaubt, in der unmittelbaren Nähe des Gleichgewichtspunkts die volle nichtlineare Systembeschreibung durch eine einfachere Approximation zu ersetzen. Oft reicht hierfür die lineare Approximation, die durch eine Linearisierung des nichtlinearen Systems um den Gleichgewichtspunkt erhalten wird. (s. Abschnitt 6-4).

6-3.4   Attraktoren nichtlinearer Systeme

Während lineare Systeme nur einen einzigen Gleichgewichtspunkt haben können und im gesamten Zustandsraum gleiches Verhalten und gleiche Stabilität zeigen, finden sich bei nichtlinearen Systemen zusätzliche komplexe Phänomene. Das Verhalten wird vom Ausgangspunkt im Zustandsraum abhängig.

Gleichgewichtspunkte

Beim nichtlinearen System sind **mehrere Gleichgewichtspunkte** möglich, wobei in der unmittelbaren Nachbarschaft eines solchen Punktes sich das nichtlineare System und seine lineare Approximation nicht unterscheiden. Da mehrere Gleichgewichtspunkte existieren können, bestehen aus topologischen Gründen u.U. auch Trennlinien oder Trennflächen (Separatrix), die selbst durch die singulären Punkte verlaufen und die Zustandsebene in Bereiche mit verschiedenem Verhaltenscharakter einteilen. Befindet sich der Systemzustand einmal auf einer Seite der Trennfläche, so besteht keine Möglichkeit, in freier Bewegung auf die andere Seite zu kommen.

Beispiel: Das Modell 'Bistabiler Schwinger' (in Kap. 3-26 und Abb. 3.16) zeigt Trennflächen, die sich spiralig um die drei Gleichgewichtspunkte wickeln.

Grenzzyklen

Nichtlineare Systeme können gelegentlich Grenzzyklen zeigen. Es handelt sich hierbei um geschlossene Zustandskurven, die nicht überschritten werden können und die daher den Zustandsraum in Regionen mit unterschiedlichem Verhalten einteilen.

Beispiel: Beim van der Pol Oszillator

$$z'_1 = z_2$$
$$z'_2 = (1-z_1^2)\, z_2 - z_1$$

wird der Grenzzyklus durch die nichtlineare Dämpfungsfunktion $(1-z_1^2)$ verursacht. Sie führt bei kleinerem z_1 zu einer positiven Rückkopplung (d.h. einer negativen Dämpfung). Damit wird das System in einen mittleren stabilen periodischen Zustand, den Grenzzyklus getrieben, auf den sich die Zustandsbahnen von innen und von außen hinbewegen. Grenzzyklen können stabil, instabil oder semistabil sein.

Ein Kriterium für Grenzzyklen lässt sich aus der Dämpfungsfunktion $(1-z_1^2)$ des van der Pol Oszillators ableiten: Ein Grenzzyklus muss erwartet werden, wenn sie symmetrisch ist und bei kleinem Zustandswert (hier: z_1) anregend, bei größerem dämpfend wirkt.

Tori

In Systemen mit mehr als zwei Zustandsgrößen kann es in Analogie zu den Grenzzyklen zweidimensionaler Systeme Flächen geben, die die Bewegung des Systems 'einfangen'. Diese Attraktoren heißen hier **Torus**. Bei einem dreidimensionalen

System etwa kann die Bewegung auf einem Ring ablaufen. Dieser Zustandspfad entspricht zwei voneinander unabhängigen Schwingungen, deren Frequenz durch die Geschwindigkeit auf dem kleinen bzw. großen Radius des Ringes bestimmt wird. Ähnliche höherdimensionale Attraktoren können sich bei Systemen höherer Ordnung finden. Sie entstehen aus der Überlagerung von mehr als zwei grenzzyklusartigen Schwingungen.

Chaotische Attraktoren

Bei den meisten realen Systemen bleiben benachbarte Zustandsbahnen im Laufe der Zeit nahe beieinander. Diese Systeme sind daher vorhersagbar. Aus den Anfangswerten lässt sich die zukünftige Entwicklung ermitteln, und diese Entwicklung ist gegenüber Messfehlern der Anfangswerte nicht sehr empfindlich.

Es gibt eine weitere Klasse von Systemen, die zwar Attraktorflächen haben, in denen sich der jeweilige Systemzustand nach einiger Zeit befinden muss, ohne dass allerdings sein Ort vorhergesagt werden kann. Dies ist darin begründet, dass benachbarte Zustandsbahnen auf der Attraktorfläche exponentiell divergieren. Da sie diese aber nicht verlassen können, muss die Fläche ein 'Zurückfalten' auf geschlossene Bahnen erlauben. Zwei ursprünglich eng benachbarte Trajektorien können nach kurzer Zeit völlig verschiedene Bahnen einnehmen.

Systeme mit diesen **seltsamen** oder **chaotischen Attraktoren** haben keine Vorhersagbarkeit mehr: Der Endzustand könnte irgendwo auf dem Attraktor sein. Damit gibt es hier keinen Zusammenhang zwischen Vergangenheit (Anfangsbedingung) und Zukunft mehr, obwohl diese Systeme völlig deterministisch sind.

Das ständige Auseinanderstrecken und darauf folgende Falten der Zustandsbahnen eines chaotischen Attraktors ist mit dem Ausrollen und Falten eines Teiges vergleichbar: Auch hier verteilt sich ein Löffel Mehl ('Anfangszustand') nach kürzester Zeit über den gesamten Teig (den 'chaotischen Attraktor'): Der spätere Ort eines Mehlkörnchens lässt keinen Rückschluss mehr auf den Anfangsort zu.

Die Existenz von Chaos in dynamischen Systemen bedeutet, dass der Berechenbarkeit zukünftiger Entwicklungen prinzipielle Grenzen gesetzt sind, sobald sich in einem System chaotische Attraktoren finden. Allerdings bedeutet dies auch wiederum nicht völlige Beliebigkeit der zukünftigen Systemzustände, da diese sich ja auf dem Attraktor befinden müssen. Aufgabe der Systemanalyse und Simulation ist es dann, diese Attraktorflächen zu ermitteln.

Beispiel: Der in Kap. 3-27 und Abb. 3.17 dargestellte chaotische bistabile Schwinger. Modelle weiterer chaotischer Systeme (z.B. Lorenz Wetterchaos, Rössler Attraktor, verkoppelte Dynamos) finden sich in Bossel 2004 'Systemzoo'. Beim Rössler-Attraktor lässt sich das Falten und Vermischen der Zustandsbahnen besonders gut verfolgen.

6-3.5   Strukturveränderung von Systemen

Nicht selten stoßen wir in der Praxis auf Systeme, die beim Erreichen bestimmter Zustandsbedingungen 'umschalten' und damit ihr Verhalten qualitativ verändern. Dieses Umschalten kann etwa bedeuten, dass beim Erreichen gewisser Schwellenwerte Parameter verändert, Verbindungen unterbrochen oder aktiviert, oder ganze Subsysteme ab- oder dazugeschaltet werden. Pflanzen und Tiere etwa verfügen über solche Mechanismen, um z.B. Belastungssituationen (z.B. Wasserstress oder Bedrohung durch einen Fressfeind) überstehen zu können.

Systemanalytisch bedeutet das 'Umschalten', dass sich die Zustandsgleichungen verändern, dass das ursprüngliche System von Ratengleichungen also in Abhängigkeit vom Systemzustand durch ein anderes ersetzt wird. Wir sprechen dann von einer Strukturveränderung. Bei der Simulation lässt sich der Umschaltvorgang durch Einfügen logischer Bedingungen oder durch Funktionen mit sprunghaften Veränderungen leicht darstellen.

Bei der Verhaltens- und Stabilitätsanalyse muss berücksichtigt werden, dass sich aus den veränderten Zustandsbedingungen im Allgemeinen andere Gleichgewichtspunkte mit anderen Stabilitätsbedingungen ergeben.

Umschaltungen und dementsprechende Struktur- und Verhaltensänderungen finden sich häufig in Simulationsmodellen, z.B. beim Umschalten des Schadstoff-Abbaumodus in der 'Miniwelt' (Kap. 2-2.4), sowie in vielen Modellen des 'Systemzoos' (Bossel 2004) (wie: 'Waldwachstum', 'Übernutzung und Zusammenbruch', 'Tragödie der Allmende', 'Nachhaltige Nutzung erneuerbarer Ressourcen').

6-3.6   Vergleich linearer und nichtlinearer dynamischer Systeme

Lineare Systeme

Mit einer Veränderung der Amplitude eines **Eingangssignals** (oder einer Anfangsbedingung) verändert sich die Amplitude der **Systemantwort** genau **proportional**. Der Charakter (Form und Verlauf) der Systemantwort ist unabhängig von der Amplitude des Eingangssignals und den Anfangsbedingungen.

Nichtlineare Systeme

Eine Veränderung der Amplitude eines **Eingangssignals** (oder einer Anfangsbedingung) verursacht im allgemeinen eine **nicht proportionale** Veränderung der **Systemantwort**. Der Charakter (Form und Verlauf) der Systemantwort kann sich mit der Amplitude des Eingangssignals wie auch mit den Anfangsbedingungen drastisch ändern.

Überlagerungsprinzip gilt: Die Systemantwort auf komplexe periodische oder aperiodische Eingänge kann als Summe der Systemantworten auf Elementarfunktionen (z.B. Sinus, Impuls) berechnet werden.

Überlagerungsprinzip gilt nicht: Das Systemverhalten kann nicht als Summe der Reaktionen auf Einzelsignale ermittelt werden.

Gleichgewichtszustand unabhängig von den **Anfangsbedingungen**.

Gleichgewichtszustand abhängig von den **Anfangsbedingungen**.

Ein **einziger Attraktor** (Gleichgewichtspunkt) des homogenen Systems bei $z = 0$.

Mehrere Attraktoren unterschiedlicher Art möglich: Gleichgewichtspunkte, Grenzzyklen, Tori, Chaotische Attraktoren.

Qualitativ gleiches Verhalten im gesamten Zustandsbereich.

Qualitative Änderung des Verhaltens möglich (Bifurkation, Strukturdynamik).

Stabilität ist eine **Systemeigenschaft**, unabhängig von Betrag und Vorzeichen der Eingänge oder der Anfangsbedingungen.

Stabilität u.U. **abhängig von** Betrag und Vorzeichen der **Eingänge** und/oder der **Anfangsbedingungen**.

Quasi-stationärer Ausgang (nach Abklingen des Einflusses der Anfangsbedingungen): **Frequenzkomponenten** identisch mit **Eingangsfrequenz**.

Quasi-stationärer Ausgang: **höhere harmonische und subharmonische Frequenzen** als Reaktion auf die Eingangsfrequenz möglich.

Resonanz bei einer gewissen Frequenz; bei Erhöhung oder Verminderung der Frequenz: **kontinuierliche Veränderung** des Amplitudenverhältnisses und des Phasenwinkels.

Sprunghafte **Amplituden- und Phasenveränderungen in der Resonanznähe** möglich (Verhalten u.a. abhängig vom Betrag des (Sinus)Eingangs).

Grenzzyklus möglich: unabhängig von Eingangsgrößen oder Anfangsbedingungen ergibt sich Schwingung einer bestimmten Frequenz und Amplitude, ohne dass diese durch eine Eingangsfrequenz erzwungen ist.

6-4   Linearisierung nichtlinearer Systeme

6-4.1   Linearisierung der Zustandsgleichung

Im Allgemeinen ist die Vektorzustandsgleichung

$$\mathbf{z}'(t) = \mathbf{f}(\mathbf{z}, \mathbf{u}, t)$$

nichtlinear und damit der analytischen Untersuchung nur in Ausnahmefällen zugänglich.

Im Gegensatz dazu ist eine lineare Vektorzustandsgleichung der Form

$$\mathbf{z}'(t) = \mathbf{A}(t)\,\mathbf{z}(t) + \mathbf{B}(t)\,\mathbf{u}(t)$$

analytisch gut zu behandeln.

Da das Verhalten von nichtlinearen Systemen oft nur in einem begrenzten Zustandsbereich und für relativ eng umschriebene Anfangsbedingungen und Eingangsfunktionen interessiert, bietet sich an, das ursprüngliche nichtlineare System im interessierenden Bereich zu linearisieren und sein Verhalten an einem lokal gültigen linearen Ersatzsystem zu untersuchen.

Ein **linearer Term** ist ein Term 1. Ordnung (Proportionalität) in der Zustandsgröße z_i oder ihren Ableitungen. Die Funktionen in der unabhängigen Veränderlichen t können beliebig sein.

Linear sind also nur Terme der Form

$$a \cdot f(t) \cdot z, \ a \cdot f(t) \cdot \left(\frac{dz}{dt} \right), \ ..., \ a \cdot f(t) \cdot \left(\frac{d^n z}{dt^n} \right); \ \ n = 1, 2, ..., N$$

Eine **lineare Differentialgleichung** ist eine Differentialgleichung, die aus einer **Summe linearer Terme** besteht. Alle anderen Differentialgleichungen sind nichtlinear.

Lineare Approximation: Interessiert das Verhalten um einen gewissen Bezugszustand (Arbeitspunkt) herum bzw. in einem gewissen (beschränkten) Zustandsbereich und sind die Nichtlinearitäten des Systems auf (einige) Funktionen beschränkt, die in diesem Bereich als lineare Abhängigkeiten approximiert werden können, ohne essentielle Eigenschaften des Systems preiszugeben, so ist die Linearisierung besonders einfach und zulässig. Die lineare Abhängigkeit kann oft (besonders bei empirischen Funktionen) durch graphische Approximation gewonnen werden.

6-4.2   Störungsansatz

Es werden die Auswirkungen kleiner Störungen Δz von einem Ausgangszustand z_0 betrachtet. Der Zustand ergibt sich also aus

$$z = z_0 + \Delta z$$

Dieser Ansatz bewährt sich besonders bei der Untersuchung des Verhaltens in der Nähe eines Gleichgewichtspunktes ($z_0 = z^*$) des nichtlinearen Systems.

Werden in dem zu linearisierenden Ausdruck der ursprüngliche Zustandsvektor z durch $z_0 + \Delta z$ ersetzt und die angegebenen nichtlinearen Operationen ausgeführt, so ergeben sich erstens Glieder, die in Δz linear sind und zweitens weitere Glieder höherer Ordnung in Δz. Werden die Glieder quadratischer (zweiter) und höherer Ordnung vernachlässigt, so bleibt ein linearer Ausdruck Δz. Diese Approximation gilt selbstverständlich nur, solange Δz klein bleibt. Meist ist es möglich und sinnvoll, die Gleichung für den Bezugszustand vom linearisierten Ausdruck abzuziehen. Es verbleibt dann eine lineare Zustandsgleichung für den **Störungszustand** Δz. Die weitere Analyse bezieht sich dann auf dieses lineare System von **Störungsdifferentialgleichungen**.

Im Folgenden wird das Verfahren für die Untersuchung eines (nichtlinearen) Räuber-Beute-Systems in der Nähe seiner Gleichgewichtspunkte gezeigt (s. Kap. 3-2.8 und Abb. 3.18).

Beispiel: Räuber-Beute-System (nichtlinear)

$$x' = a_1 x + a_2 x y$$
$$y' = b_1 y + b_2 x y$$

Am Gleichgewichtspunkt x_0, y_0 verschwinden die Veränderungsraten:

$$x' = 0 = a_1 x_0 + a_2 x_0 y_0$$
$$y' = 0 = b_1 y_0 + b_2 x_0 y_0$$

In der Nähe des Gleichgewichtspunkts gilt:

$$x = x_0 + \Delta x$$
$$y = y_0 + \Delta y$$

Damit werden die Differentialgleichungen

$$x' = a_1 (x_0 + \Delta x) + a_2 (x_0 + \Delta x)(y_0 + \Delta y)$$
$$y' = b_1 (y_0 + \Delta y) + b_2 (x_0 + \Delta x)(y_0 + \Delta y).$$

Ausmultipliziert:

$$x' = a_1 x_0 + a_2 x_0 y_0 + a_1 \Delta x + a_2 y_0 \Delta x + a_2 x_0 \Delta y + a_2 \Delta x \Delta y$$
$$y' = b_1 y_0 + b_2 x_0 y_0 + b_1 \Delta y + b_2 y_0 \Delta x + b_2 x_0 \Delta y + b_2 \Delta x \Delta y$$

Die ersten beiden Terme sind Null (wegen der Gleichgewichtsbedingung). Der letzte Term ist (in der Nähe des Gleichgewichtspunktes) sehr klein und kann vernachlässigt werden. Da

$$x' = \frac{dx}{dt} = \frac{d(x_o + \Delta x)}{dt} = \frac{d(\Delta x)}{dt} = \Delta x'$$

und entsprechend $y' = \Delta y'$, so ergibt sich das **lineare System** (Störungsdifferentialgleichung):

$$\Delta x' = (a_1 + a_2 y_0)\, \Delta x + (a_2 x_0)\, \Delta y$$
$$\Delta y' = (b_2 y_0)\, \Delta x + (b_1 + b_2 x_0)\, \Delta y$$

bzw. als Vektorzustandsgleichung

$$\Delta \mathbf{z}' = \mathbf{A}\, \Delta \mathbf{z}$$

mit der am Gleichgewichtspunkt gültigen Systemmatrix $\mathbf{A}$

$$\mathbf{A} = \begin{bmatrix} a_1 + a_2 y_0 & a_2 x_0 \\ b_2 y_0 & b_1 + b_2 x_0 \end{bmatrix}$$

6-4.3 Approximation durch Taylor-Reihe

Falls ein nichtlinearer Term $f(\mathbf{z}) = f(z_1, z_2, \ldots z_n)$ analytisch vorgegeben oder analytisch ausdrückbar ist, so ist die Linearisierung durch Anschreiben einer Taylor-Reihe um dem Arbeitspunkt $\mathbf{z} = \mathbf{a} = (a_1, a_2, \ldots a_n)$ möglich. Die Taylor-Entwicklung lautet:

$$f(z_1, z_2, \ldots z_n) = f(a_1, a_2, \ldots, a_n) + \sum_{i=1}^{n} \left(\frac{\partial f}{\partial z_i} \right)_a \cdot (z_i - a_i)$$

$$+ \frac{1}{2!} \sum_{i=1}^{n} \sum_{j=1}^{n} \left(\frac{\partial^2 f}{\partial z_i \partial z_j} \right)_a \cdot (z_i - a_i)(z_j - a_j)$$

$$+ \text{ Terme höherer Ordnung}$$

Die Terme der zweiten und höheren Ordnung werden dabei im allgemeinen vernachlässigt. Sie können allerdings in Sonderfällen von Bedeutung sein (wenn z.B. die Terme 1. Ordnung Null sind).

Auch bei komplexen Funktionen führt die Linearisierung zu einfachen linearen Annäherungen (s. Zusammenstellung in Abschnitt 6-6.13). In dieser Liste wurde der Bezugspunkt $z = a$ als "1" normalisiert. Diese Zusammenstellung macht gleichzeitig deutlich, warum in der Nähe eines Bezugspunktes ein komplexes System auch gültig durch einen einfachen Wirkungsgraphen angenähert werden kann, der lediglich Additionen und multiplikative Parameter enthält.

6-4.4   Linearisierung der Zustandsgleichung: Jacobi-Matrix

Das Verfahren der Linearisierung ist nicht auf einen Bezugszustand beschränkt; es kann auch in Bezug auf eine Bezugstrajektorie des Systemzustands linearisiert werden. Entsprechend muss die Taylor-Entwicklung des vollen nichtlinearen Systems um die Bezugstrajektorie vorgenommen werden. Diese Bezugstrajektorie ist eine vorgegebene Entwicklung des Systemzustands, von der die voraussichtliche Entwicklung des Systems nur wenig abweicht. Die Linearisierung führt wieder zu Störungsdifferentialgleichungen, die die Abweichungen von der Bezugstrajektorie beschreiben. Diese Störungsdifferentialgleichungen sind linear und lassen sich daher mit allen Methoden der linearen Analyse untersuchen.

Dieser Ansatz hat ganz besonders dann Vorteile, wenn Steuerungs- oder Regelungsvorgänge berechnet werden sollen. Erfüllt das Regelungssystem seine Aufgabe richtig, so führt es trotz kleiner Abweichungen von der Bezugstrajektorie den Systemzustand wieder nahe an diese zurück, so dass die linearen Störungsdifferentialgleichungen weiterhin ihre Gültigkeit behalten. Dies setzt Stabilität der Störungsdifferentialgleichung voraus. Damit ist es durch Taylor-Entwicklung um die Bezugstrajektorie herum unter gewissen Umständen möglich, ein nichtlineares System auch in einem weiteren Verhaltensbereich durch ein lineares System gültig darzustellen.

Die Linearisierung entlang einer Bezugstrajektorie geht aus von der nichtlinearen Zustandsgleichung

$$\mathbf{z}' = \mathbf{f}(\mathbf{z}, \mathbf{u}) \qquad\qquad \text{oder} \qquad\qquad \mathbf{z}(k+1) = \mathbf{f}[\mathbf{z}(k), \mathbf{u}(k)]$$

Die folgende Ableitung gilt für das kontinuierliche System.

Wir bezeichnen den (vorgegebenen) Bezugszustandsvektor mit $\mathbf{z}_0(t)$ (Bezugstrajektorie) und den (vorgegebenen) Bezugseingangsvektor mit $\mathbf{u}_0(t)$ (Steuervektor). Wenn der Eingang genau = $\mathbf{u}_0$, dann ist der Zustand genau $\mathbf{z}_0$, d.h., die Zustandsgleichung ist erfüllt:

$$\mathbf{z}'_0 = \mathbf{f}(\mathbf{z}_0, \mathbf{u}_0)$$

Der tatsächliche Zustand und der tatsächliche Eingang seien leicht verschieden vom Bezugszustand:

$$\mathbf{z} = \mathbf{z}_0 + \Delta\mathbf{z}$$
$$\mathbf{u} = \mathbf{u}_0 + \Delta\mathbf{u}$$

$\Delta\mathbf{z}$ und $\Delta\mathbf{u}$ sind die Abweichungen vom Bezugszustandsvektor bzw. Bezugseingangsvektor.

Zustandsvektor $\mathbf{z}$ und Eingangsvektor $\mathbf{u}$ müssen die nichtlineare Zustandsgleichung erfüllen:

$$d(\mathbf{z}_0 + \Delta\mathbf{z})/dt = \mathbf{z'}_0 + \Delta\mathbf{z'} = \mathbf{f}(\mathbf{z}_0 + \Delta\mathbf{z}, \mathbf{u}_0 + \Delta\mathbf{u})$$

Da die Abweichungen $\Delta\mathbf{z}$ und $\Delta\mathbf{u}$ klein sind, kann jede Komponente dieser Gleichung als Taylor-Reihe geschrieben werden:

$$\frac{d(z_{i0} + \Delta z_i)}{dt} \approx \mathbf{f}_i(\mathbf{z}_0, \mathbf{u}_0) + \frac{\partial f_i}{\partial z_1}\Delta z_i + \ldots + \frac{\partial f_i}{\partial z_n}\Delta z_n$$
$$+ \frac{\partial f_i}{\partial u_1}\Delta u_i + \ldots + \frac{\partial f_i}{\partial u_m}\Delta u_m$$

Hierbei sind die Ableitungen entlang der Bezugstrajektorie zu ermitteln. (Es wird die Annahme gemacht, dass alle partiellen Ableitungen existieren).

Da entlang der Bezugstrajektorie gilt: $z'_{i0} = f_i(\mathbf{z}_0, \mathbf{u}_0)$, erhält man nach Abzug dieses Bezugsanteils das folgende System linearer Differentialgleichungen für die Zustandsabweichungen:

$$\frac{d(\Delta z_i)}{dt} \approx \left(\frac{\partial f_i}{\partial z_1}\right)_0 \cdot \Delta z_1 \ldots + \left(\frac{\partial f_i}{\partial z_i}\right)_0 \cdot \Delta z_i + \ldots + \left(\frac{\partial f_i}{\partial z_n}\right)_0 \cdot \Delta z_n \qquad i = 1,2,\ldots n$$
$$+ \left(\frac{\partial f_i}{\partial u_1}\right)_0 \cdot \Delta u_1 \ldots + \left(\frac{\partial f_i}{\partial u_j}\right)_0 \cdot \Delta u_j + \ldots + \left(\frac{\partial f_i}{\partial u_m}\right)_0 \cdot \Delta u_m \qquad j = 1,2,\ldots m$$

Dieses System kann auch wieder als Vektorgleichung dargestellt werden, wenn wir die folgenden Jacobi'schen Matrizen definieren:

$$\mathbf{A} = \begin{bmatrix} \dfrac{\partial f_1}{\partial z_1} & \ldots & \dfrac{\partial f_1}{\partial z_n} \\ \ldots & \ldots & \ldots \\ \dfrac{\partial f_n}{\partial z_1} & \ldots & \dfrac{\partial f_n}{\partial z_n} \end{bmatrix}_0 = \left(\frac{\partial \mathbf{f}}{\partial \mathbf{z}}\right)_0 \tag{6.9a}$$

$$\mathbf{B} = \begin{bmatrix} \dfrac{\partial f_1}{\partial u_1} & \cdots & \dfrac{\partial f_1}{\partial u_m} \\ \cdots & \cdots & \cdots \\ \dfrac{\partial f_n}{\partial u_1} & \cdots & \dfrac{\partial f_n}{\partial u_m} \end{bmatrix}_0 = \left(\dfrac{\partial \mathbf{f}}{\partial \mathbf{u}} \right)_0 \tag{6.9b}$$

Der Index "$_0$" bedeutet hier, dass die partiellen Differentiale entlang der Bezugstrajektorie (oder am Bezugspunkt zu nehmen sind).

Mit diesen Jacobi'schen Matrizen kann nun das approximierende lineare Gleichungssystem für die Zustandsabweichungen des kontinuierlichen Systems geschrieben werden als:

$$\Delta \mathbf{z}' = \mathbf{A}\, \Delta \mathbf{z} + \mathbf{B}\, \Delta \mathbf{u}$$

Für das diskrete System ergibt sich entsprechend

$$\Delta \mathbf{z}(k+1) = \mathbf{A}\, \Delta \mathbf{z}(k) + \mathbf{B}\, \Delta \mathbf{u}(k)$$

Im Allgemeinen sind diese Gleichungen zeitvariant, mit $\mathbf{A}(t)$ und $\mathbf{B}(t)$.

Die linearen Störungsdifferentialgleichungen gelten natürlich auch für einen konstanten Bezugszustand (z.B. Gleichgewichtspunkt) mit $\mathbf{z}_0$ = const, $\mathbf{u}_0$ = const.

Oft ergeben sich über den gesamten interessierenden Zustandsbereich eines Systems nichtlineare Veränderungen, die durch eine einzige Linearisierung nicht adäquat dargestellt werden können. In solchen Fällen kann oft eine stückweise Linearisierung angewendet werden. Bei einem Übergang von einem in den anderen Bereich müssen dann die Systemparameter entsprechend verändert werden, was sich bei der Computersimulation leicht durch entsprechende Programmierung erreichen lässt.

6-5   Matrizenoperationen für lineare dynamische Systeme

6-5.1   Operationen mit Matrizen und Vektoren

Die einfachste Form eines homogenen zeitkontinuierlichen Systems ergibt sich dann, wenn die Zustandsraten $z_i' = dz_i/dt$ linear von den Zuständen z_i abhängen:

$$dz_1/dt = z'_1 = a_{11}\, z_1 + a_{12}\, z_2 + \ldots + a_{1n}\, z_n \tag{6.10}$$
$$dz_2/dt = z'_2 = a_{21}\, z_1 + a_{22}\, z_2 + \ldots + a_{2n}\, z_n$$
$$\ldots\ =\ \ldots$$
$$dz_n/dt = z'_n = a_{1n}\, z_1 + a_{n2}\, z_2 + \ldots + a_{nn}\, z_n$$

Hierbei sind die a_{ij} konstante oder zeitabhängige Systemparameter, die den Beitrag des Zustands z_j zur Zustandsänderungsrate z'_i quantifizieren.

Durch Verwendung der Spaltenvektoren für den Systemzustand

$$\mathbf{z} = \begin{bmatrix} z_1 \\ z_2 \\ \cdots \\ z_n \end{bmatrix}$$

und für die Änderungsraten des Systemzustands

$$\frac{d\mathbf{z}}{dt} = \mathbf{z'} = \begin{bmatrix} z'_1 \\ z'_2 \\ \cdots \\ z'_n \end{bmatrix}$$

sowie der Systemmatrix

$$\mathbf{A} = \begin{bmatrix} a_{11} & a_{12} & \cdots & a_{1n} \\ a_{21} & a_{22} & \cdots & a_{2n} \\ \cdots & \cdots & \cdots & \cdots \\ a_{n1} & a_{n2} & \cdots & a_{nn} \end{bmatrix}$$

lässt sich die Zustandsgleichung (6.10) wesentlich kompakter schreiben als

$$d\mathbf{z}/dt = \mathbf{z'} = \mathbf{A}\,\mathbf{z} \tag{6.11}$$

Für Operationen mit Matrizen und Vektoren gelten die Regeln der linearen Algebra.

Addition von Matrizen ist nur definiert für Matrizen gleicher Dimension (m Zeilen, n Spalten).

Falls $\mathbf{A} = [a_{ij}]$, $\mathbf{B} = [b_{ij}]$, $\mathbf{C} = [c_{ij}]$ und $\mathbf{C} = \mathbf{A} + \mathbf{B}$, dann lassen sich die Elemente von $\mathbf{C}$ bestimmen durch

$$c_{ij} = a_{ij} + b_{ij}$$

d.h. die Elemente mit gleichen Indizes werden einzeln addiert.

Skalare Multiplikation von Matrizen. Wird eine Matrix $\mathbf{A} = [a_{ij}]$ mit einem Skalar α (reelle oder komplexe Zahl) multipliziert, so gilt

$$\alpha \mathbf{A} = [\alpha\, a_{ij}]$$

d.h. jedes Matrixelement ist mit dem Faktor α zu multiplizieren.

Matrizenmultiplikation. Das Matrizenprodukt $\mathbf{C} = \mathbf{AB}$ ist nur definiert, wenn die Spaltenzahl von $\mathbf{A}$ mit der Zeilenzahl von $\mathbf{B}$ übereinstimmt.

Ist $\mathbf{A}$ eine $(m \cdot n)$ Matrix und $\mathbf{B}$ eine $(n \cdot p)$ Matrix, so ist die Matrix $\mathbf{C} = \mathbf{A}\,\mathbf{B}$ definiert als $(m \cdot p)$ Matrix mit den Elementen

$$c_{ik} = \sum_{j=1}^{n} a_{ij} b_{jk}$$

Insbesondere ergibt sich hieraus für das Produkt $\mathbf{A}\,\mathbf{z}$ (der rechten Seite der Zustandsgleichung 6.11) der Spaltenvektor $\mathbf{y}$ mit den Elementen

$$y_i = \sum_{j=1}^{n} a_{ij} z_j$$

Dies ist genau die rechte Seite der Gl. (6.10).

Zur Lösung linearer Gleichungssysteme erweist sich die Definition der **Determinante** einer quadratischen $(n \cdot n)$ Matrix $\mathbf{A}$ als zweckmäßig. Die Determinante ist eine skalare Zahl. Sie ist definiert durch

$$\det \mathbf{A} = \sum_{j=1}^{n} a_{ij} C_{ij} = \sum_{i=1}^{n} a_{ij} C_{ij}$$

Hierbei ist der **Kofaktor** C_{ij} des Elements a_{ij} definiert durch

$$C_{ij} = (-1)^{i+j} M_{ij}$$

Der **Minor** M_{ij} ist die Determinante derjenigen Matrix, die aus $\mathbf{A}$ durch Herausstreichen der i-ten Reihe und j-ten Spalte entsteht. Mit dieser Laplace'schen Zerlegung kann eine Determinante n-ter Ordnung aus einer Kombination von Determinanten der Ordnung $(n-1)$ berechnet werden.

Falls die Determinante einer quadratischen Matrix $\mathbf{A}$ ungleich Null ist, so hat die $(n \cdot n)$ Matrix $\mathbf{A}$ eine $(n \cdot n)$ **Kehrmatrix** $\mathbf{A}^{-1}$. Das Produkt beider Matrizen ist die **Einheitsmatrix I**:

$$\mathbf{A}\,\mathbf{A}^{-1} = \mathbf{I}$$

wobei

$$I = \begin{bmatrix} 1 & 0 & . & 0 \\ 0 & 1 & . & 0 \\ . & . & . & . \\ 0 & 0 & . & 1 \end{bmatrix}$$

Werden die Elemente der Kehrmatrix A^{-1} mit a_{ij}^{-1} bezeichnet, so berechnet sich die Kehrmatrix aus

$$A^{-1} = [a_{ij}^{-1}] = [C_{ji}] \, / \det A$$

wobei der Kofaktor $C_{ji} = (-1)^{j+i} M_{ji}$ wieder über den entsprechenden Minor definiert ist.

6-5.2   Eigenwerte, Eigenvektoren und charakteristische Gleichung

Die **Eigenwerte** λ_i und **Eigenvektoren** e_i einer (symmetrischen) Matrix A bestimmen sich aus der **Eigenvektorgleichung**

$$A \, e = \lambda \, e$$

die auch geschrieben werden kann als

$$[A - \lambda I] \, e = 0 \tag{6.12}$$

Diese homogene Gleichung hat eine nichttriviale Lösung $e \neq 0$ nur dann, wenn die Matrix singulär ist, d.h. wenn

$$\det[A - \lambda I] = 0 \tag{6.13}$$

Diese Gleichung heißt **charakteristische Gleichung** von A. Das Ausschreiben dieser Determinante führt zum **charakteristischen Polynom**

$$p(\lambda) = \lambda^n + a_{n-1} \lambda^{n-1} + a_{n-2} \lambda^{n-2} + \ldots + a_1\lambda + a_0 = 0 \tag{6.14}$$

Hierbei ist n die Dimension der Matrix A. Die n Wurzeln dieses Polynoms n-ten Grades sind die **Eigenwerte** der Matrix A.

Das Polynom kann auch geschrieben werden als

$$p(\lambda) = (\lambda - \lambda_1) \, (\lambda - \lambda_2) \ldots (\lambda - \lambda_n) = 0$$

Offensichtlich ist also für jeden der n Eigenwerte λ_i die Gleichungsbedingung erfüllt. Sind die Koeffizienten a_{ij} der Matrix A reell, so können die λ_i reell oder komplex sein, d.h. generell gilt

$$\lambda_i = \sigma_i + i\omega_i$$

mit Realteil $\text{Re}(\lambda_i) = \sigma_i$ und Imaginärteil $\text{Im}(\lambda_i) = \omega_i$.

Werden die so ermittelten Eigenwerte einzeln in die Eigenvektorgleichung (6.12) eingesetzt, so ergeben sich nach den entsprechenden Matrizenmultiplikationen die jeweils n Komponenten e_{ij} oder n Eigenvektoren $\mathbf{e}_i$

$$\mathbf{e}_1 = \begin{bmatrix} e_{11} \\ e_{12} \\ \dots \\ e_{1n} \end{bmatrix}, \quad \mathbf{e}_2 = \begin{bmatrix} e_{21} \\ e_{22} \\ \dots \\ e_{2n} \end{bmatrix}, \quad \dots, \quad \mathbf{e}_n = \begin{bmatrix} e_{n1} \\ e_{n2} \\ \dots \\ e_{nn} \end{bmatrix}$$

Die aus den Eigenvektoren $\mathbf{e}_i$ zusammengesetzte Matrix wird als **Modalmatrix** oder **Eigenvektormatrix** bezeichnet:

$$\mathbf{M} = [\mathbf{e}_1 \quad \mathbf{e}_2 \quad \dots \mathbf{e}_n]$$

Eine quadratische $(n \cdot n)$ Matrix $\mathbf{A}$ mit einfachen Eigenwerten λ_1, λ_2, ... λ_n (alle Eigenwerte verschieden) und entsprechenden Eigenvektoren $\mathbf{e}_1$, $\mathbf{e}_2$, ... $\mathbf{e}_n$ lässt sich durch Transformation mit der Modalmatrix $\mathbf{M}$ in die (diagonale) Eigenwertmatrix $\mathbf{\Lambda}$ überführen:

$$\mathbf{\Lambda} = \mathbf{M}^{-1} \mathbf{A} \mathbf{M}$$

bzw.

$$\mathbf{A} = \mathbf{M} \mathbf{\Lambda} \mathbf{M}^{-1}$$

Hierbei ist die **Eigenwertmatrix** $\mathbf{\Lambda}$

$$\mathbf{\Lambda} = \begin{bmatrix} \lambda_1 & 0 & \cdots & 0 \\ 0 & \lambda_2 & \cdots & 0 \\ \dots & \dots & \dots & \dots \\ 0 & 0 & \cdots & \lambda_n \end{bmatrix}$$

6-5.3   Basistransformation

Ein Vektor $\mathbf{x}$ ist bestimmt durch die Richtung der Basisvektoren, die zu seiner Beschreibung gewählt werden (Koordinatensystem) und durch die auf jede der Basisvektoren projizierte Länge des ursprünglichen Vektors (Abb. 6.4). Werden die Eigenvektoren $\mathbf{e}_i$ als Basisvektoren benutzt, so lässt sich der Vektor $\mathbf{x}$ ausdrücken als

$$\mathbf{x} = z_1 \mathbf{e}_1 + z_2 \mathbf{e}_2 + \ldots + z_n \mathbf{e}_n = \begin{bmatrix} \mathbf{e}_1 & \mathbf{e}_2 & \ldots & \mathbf{e}_n \end{bmatrix} \begin{bmatrix} z_1 \\ z_2 \\ \ldots \\ z_n \end{bmatrix}$$

oder

$$\mathbf{x} = \mathbf{M}\,\mathbf{z}$$

Die z_i sind hierbei die (mit positiven oder negativen Vorzeichen behafteten) Längen des $\mathbf{x}$-Vektors in der neuen Basis der Eigenvektoren $\mathbf{e}_i$. Diese Komponenten z_i in der Eigenvektorbasis lassen sich daher bestimmen mit den Komponenten x_i der ursprünglichen Basis durch

$$\mathbf{z} = \mathbf{M}^{-1}\,\mathbf{x}$$

Diese Operationen mit Eigenwerten und Eigenvektoren der Systemmatrix $\mathbf{A}$ haben große Bedeutung bei der Analyse linearer zeitdiskreter wie auch zeitkontinuierlicher Systeme.

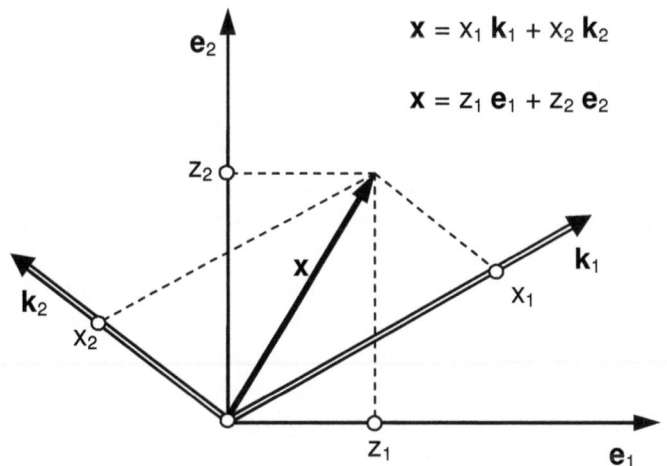

Abb. 6.4: Basistransformation eines Vektors. Der Vektor $\mathbf{x}$ hat in der orthogonalen Basis ($\mathbf{e}_1$, $\mathbf{e}_2$) die Koordinaten z_1, z_2 ; in der schiefwinkligen Basis ($\mathbf{k}_1$, $\mathbf{k}_2$) die Koordinaten x_1, x_2.

6-6   Verhalten und Stabilität linearer Systeme bei freier Bewegung

6-6.1   Form der allgemeinen Lösung der Zustandsgleichung

Die vollständige Lösung der Zustandsgleichungen **linearer Systeme**

$$\mathbf{z'} = \mathbf{A}\,\mathbf{z} + \mathbf{B}\,\mathbf{u} \qquad \text{(kontinuierliches System)} \qquad (6.15)$$

bzw.

$$\mathbf{z}(k+1) = \mathbf{A}\,\mathbf{z}(k) + \mathbf{B}\,\mathbf{u}(k) \qquad \text{(diskretes System)} \qquad (6.16)$$

besteht aus zwei sehr verschiedenen Anteilen

$$\mathbf{z} = \mathbf{z}_h + \mathbf{z}_p$$

Der erste 'homogene' Anteil $\mathbf{z}_h$, die homogene (freie, ungezwungene) Lösung des homogenen (autonomen) Systems

$$\mathbf{z'} = \mathbf{A}\,\mathbf{z}$$

bzw.

$$\mathbf{z}(k+1) = \mathbf{A}\,\mathbf{z}(k)$$

hängt nur vom Anfangswert der Zustandsgröße $\mathbf{z}_0$ oder $\mathbf{z}(t_0)$ ab und ist unabhängig vom Eingangsvektor **u**. Die freie Lösung beschreibt das Systemverhalten, wenn es sich lediglich in Reaktion auf Anfangsbedingungen, ohne Eingriffe von außen (Eingänge) entwickeln würde. Für stabile Systeme ist von Bedeutung, dass der Einfluss der Anfangsbedingungen nach einiger Zeit abklingen muss, so dass man nach längerer Laufzeit davon ausgehen kann, dass der gegenwärtige Zustand kaum noch durch die Anfangsbedingungen bestimmt wird.

Der zweite Teil der Lösung, die partikuläre (erzwungene) Lösung $\mathbf{z}_p$ ist dagegen völlig unabhängig von den Anfangsbedingungen und hängt ausschließlich vom Verlauf der Eingangsgröße **u** in der Zeit von t_0 bis t ab. Da der Effekt der Anfangsbedingungen bei stabilen Systemen allmählich abklingen muss, dominiert mit der Zeit diese erzwungene Lösung, soweit entsprechende Eingänge überhaupt vorliegen.

6-6.2   Lineare dynamische Systeme

Die einfachste Form der Zustandsfunktion ist die lineare Form, bei der sich die Zustandsänderung aus einer linearen Kombination der momentanen Zustände ergibt:

$$\mathbf{z}(k+1) = \mathbf{A} \ \mathbf{z}(k) \qquad \text{(diskretes System)} \qquad (6.17)$$
$$\mathbf{z}'(t) \quad = \mathbf{A} \ \mathbf{z}(t) \qquad \text{(kontinuierliches System)}. \qquad (6.18)$$

$\mathbf{A}$ ist die **Systemmatrix** des linearen Systems. Beim zeitinvarianten System sind alle Elemente a_{ij} dieser Matrix Konstanten. Ist die Systemmatrix nicht singulär, ist also ihre Determinante ungleich Null:

$$\det \mathbf{A} \ne 0$$

so folgt aus den Bedingungen (6.7) und (6.8) als einziger Gleichgewichtspunkt für autonome lineare dynamische Systeme der Zustand

$$\mathbf{z} = \mathbf{0}$$

6-6.3   Lösung des homogenen zeitinvarianten diskreten Systems

Die rekursive Rechenvorschrift (6.17)

$$\mathbf{z}(k+1) = \mathbf{A} \ \mathbf{z}(k)$$

führt mit dem Anfangswert $\mathbf{z}(0)$ zu

$$\mathbf{z}(1) = \mathbf{A} \ \mathbf{z}(0)$$
$$\mathbf{z}(2) = \mathbf{A} \ \mathbf{z}(1) = \mathbf{A}{\cdot}\mathbf{A} \ \mathbf{z}(0) = \mathbf{A}^2 \ \mathbf{z}(0)$$
$$\dots$$
$$\mathbf{z}(k) = \mathbf{A}^k \ \mathbf{z}(0) \qquad \text{(diskretes System)} \qquad (6.19)$$

$\mathbf{A}^k$ ist die **Übergangsmatrix** des linearen diskreten Systems.

6-6.4   Lösung mit der diagonalen Eigenwertmatrix

Die Übergangsmatrix $\mathbf{A}^k$ lässt sich mit den Eigenwerten λ_n und Eigenvektoren $\mathbf{e}_n$ der Systemmatrix $\mathbf{A}$, bzw. der aus ihnen zusammengesetzten Modalmatrix

$$\mathbf{M} = [\mathbf{e}_1 \ \ \mathbf{e}_2 \ \dots \ \mathbf{e}_n]$$

und ihrer Kehrmatrix $\mathbf{M}^{-1}$ ausdrücken als

$$\mathbf{A}^k = \mathbf{M} \ \mathbf{\Lambda}^k \ \mathbf{M}^{-1}$$

wobei die Eigenwertmatrix (bei einfachen Eigenwerten)

$$\mathbf{\Lambda} = \begin{bmatrix} \lambda_1 & 0 & \cdots & 0 \\ 0 & \lambda_2 & \cdots & 0 \\ \cdots & \cdots & \cdots & \cdots \\ 0 & 0 & \cdots & \lambda_n \end{bmatrix}$$

Damit lässt sich die Lösung des homogenen Systems $\mathbf{z}(k+1) = \mathbf{A}\,\mathbf{z}(k)$ auch schreiben als

$$\mathbf{z}(k) = \mathbf{M}\,\mathbf{\Lambda}^k\,\mathbf{M}^{-1} \cdot \mathbf{z}(0) \tag{6.20}$$

6-6.5   Lösung des homogenen zeitinvarianten kontinuierlichen Systems

Die homogene (autonome) Vektorzustandsgleichung lautet (6.18):

$$\mathbf{z}' = \mathbf{A}\,\mathbf{z} \qquad\qquad \text{mit}\quad \mathbf{z}(0) = \mathbf{z}_0$$

Wir treffen die Annahme, dass der Lösungsvektor $\mathbf{z}$ durch eine Potenzreihe in t dargestellt werden kann, deren Koeffizienten durch Spaltenvektoren $\mathbf{a}_i$ gegeben sind:

$$\mathbf{z} = \mathbf{a}_0 + \mathbf{a}_1\,t + \mathbf{a}_2\,t^2 + \ldots + \mathbf{a}_n\,t^n + \ldots$$

Wir differenzieren diese Reihe nach t, um die Ableitung $\mathbf{z}'$ zu erhalten und führen die Potenzreihen für $\mathbf{z}$ und $\mathbf{z}'$ in die homogene Differentialgleichung (6.18) ein:

$$\mathbf{a}_1 + 2\mathbf{a}_2\,t + 3\mathbf{a}_3\,t^2 + \ldots = \mathbf{A}\,(\mathbf{a}_0 + \mathbf{a}_1\,t + \mathbf{a}_2\,t^2 + \ldots)$$

Der Koeffizientenvergleich ergibt

$$\mathbf{a}_1 = \mathbf{A}\,\mathbf{a}_0$$
$$\mathbf{a}_2 = \mathbf{A}\,\mathbf{a}_1/2 = \mathbf{A}\,\mathbf{A}\,\mathbf{a}_0/2 = \mathbf{A}^2\,\mathbf{a}_0/2$$
$$\ldots$$
$$\mathbf{a}_n = \mathbf{A}^n\,\mathbf{a}_0/n!$$

wobei der Koeffizientenvektor $\mathbf{a}_0$ wiederum durch die Anfangsbedingungen $\mathbf{z}_0 = \mathbf{a}_0$ gegeben ist. Damit ergibt sich der Lösungsvektor $\mathbf{z}$ als

$$\mathbf{z} = \mathbf{z}_0 + \mathbf{A}\,\mathbf{z}_0\,t + (\mathbf{A}^2/2)\,\mathbf{z}_0\,t^2 + \ldots + (\mathbf{A}^n/n!)\,\mathbf{z}_0\,t^n + \ldots$$
$$= (\mathbf{I} + \mathbf{A}\,t + (\mathbf{A}^2/2)\,t^2 + \ldots + (\mathbf{A}^n/n!)\,t^n + \ldots\,)\,\mathbf{z}_0$$

Die Reihenentwicklung in der Klammer wird als $e^{\mathbf{A}t}$ zusammengefasst und als **Matrixexponentialfunktion** oder **Übergangsmatrix** $\mathbf{\Phi}(t)$ bezeichnet. Die Lösung der homogenen Vektordifferentialgleichungen lässt sich damit schreiben als

$$\mathbf{z}(t) = e^{\mathbf{A}t}\,\mathbf{z}_0 = \mathbf{\Phi}(t)\,\mathbf{z}_0 \tag{6.21}$$

Die Übergangsmatrix $e^{At} = \boldsymbol{\Phi}(t)$ ist eine lineare Transformation (eine quadratische Matrix der Dimension $n \cdot n$), die den Anfangszustand $\mathbf{z}_0$ in den neuen Systemzustand $\mathbf{z}(t)$ überführt.

6-6.6 Lösung mit dem diagonalen Matrixexponential

Das Matrixexponential e^{At} lässt sich mit den Eigenwerten λ_n und Eigenvektoren $\mathbf{e}_n$ der Systemmatrix $\mathbf{A}$ bzw. der aus ihnen zusammengesetzten Modalmatrix

$$\mathbf{M} = [\mathbf{e}_1 \ \ \mathbf{e}_2 \ ... \ \mathbf{e}_n]$$

und ihrer Kehrmatrix $\mathbf{M}^{-1}$ ausdrücken:

$$e^{At} = \mathbf{M} \, e^{\Lambda t} \, \mathbf{M}^{-1} \qquad \text{wobei}$$

$$e^{\Lambda t} = \begin{bmatrix} e^{\lambda_1 t} & 0 & \cdots & 0 \\ 0 & e^{\lambda_2 t} & \cdots & 0 \\ \cdots & \cdots & \cdots & \cdots \\ 0 & 0 & \cdots & e^{\lambda_n t} \end{bmatrix}$$

Damit lässt sich die Lösung des homogenen Systems auch schreiben als

$$\mathbf{z}(t) = \mathbf{M} \, e^{\Lambda t} \, \mathbf{M}^{-1} \cdot \mathbf{z}_0 \qquad (6.22)$$

Herleitung von $\ e^{At} = \mathbf{M} \, e^{\Lambda t} \, \mathbf{M}^{-1}$ mit $\mathbf{A}^k = \mathbf{M} \boldsymbol{\Lambda}^k \mathbf{M}^{-1}$:

$$e^{At} = \mathbf{I} + \mathbf{A} \cdot t + \mathbf{A}^2 \cdot t^2 / 2! + \ldots$$
$$= \mathbf{I} + (\mathbf{M} \boldsymbol{\Lambda} \mathbf{M}^{-1}) \cdot t + (\mathbf{M} \boldsymbol{\Lambda}^2 \mathbf{M}^{-1}) \cdot t^2 / 2! + \cdots$$
$$= \mathbf{M}(\mathbf{I} + \boldsymbol{\Lambda} t + \boldsymbol{\Lambda}^2 \, t^2 / 2! + \ldots) \mathbf{M}^{-1}$$
$$e^{At} = \mathbf{M} e^{\Lambda t} \, \mathbf{M}^{-1}$$

6-6.7 Stabilitätsbetrachtungen für lineare Systeme

Ein lineares zeitinvariantes System mit konstantem Eingang $\mathbf{u}$ wird als asymptotisch **stabil** bezeichnet, wenn sich bei beliebigen Anfangsbedingungen $\mathbf{z}_0$ bzw. $\mathbf{z}(0)$ der Zustandsvektor $\mathbf{z}(t)$ bzw. $\mathbf{z}(k)$ mit fortschreitender Zeit dem Gleichgewichtszustand $\mathbf{z}^*$ nähert.

Aus den Lösungen (6.20) und (6.22) ergeben sich unmittelbar Aussagen zum Stabilitätsverhalten in Abhängigkeit von den Eigenwerten λ_i der Systemmatrix $\mathbf{A}$.

Das homogene **diskrete lineare System** ist **stabil**, wenn die Beträge aller Eigenwerte kleiner als 1 sind (also innerhalb des Einheitskreises in der komplexen Eigenwert-Ebene liegen)

$$|\lambda_i| < 1 \tag{6.23}$$

Das homogene **kontinuierliche lineare System** ist **stabil**, wenn alle Eigenwerte einen negativen Realteil haben (also in der linken Halbebene der komplexen Eigenwert-Ebene liegen)

$$\text{Re}(\lambda_i) < 0 \tag{6.24}$$

Die Stabilität eines linearen Systems ist unabhängig davon, ob das System erregt ist oder nicht; sie wird lediglich durch **A** bestimmt.

Ein erregtes System ist bezüglich einer Menge $U = \{u(t)\}$ von Eingangssignalen stabil, wenn der Zustandsvektor für alle Signale aus dieser Menge beschränkt bleibt. Ein schwingungsfähiges **un**gedämpftes System ist z.B. bei Erregung mit der Resonanzfrequenz bezüglich dieser nicht stabil.

6-6.8   Allgemeine Form, Standardform und Normalform: Umrechnung

Sei $\mathbf{A}_x$ die $(n \cdot n)$ Systemmatrix in der allgemeinen Form

$$\mathbf{A}_x = [a_{ij}]$$

Mit dem Zustandsvektor **x** ist die Zustandsgleichung des linearen homogenen Systems

$$\mathbf{x}' = \mathbf{A}_x \, \mathbf{x} \qquad \qquad \text{(kontinuierliches System)}$$
$$\mathbf{x}(k{+}1) = \mathbf{A}_x \, \mathbf{x}(k) \qquad \text{(diskretes System)}$$

$\mathbf{A}_x$ habe die einfachen Eigenwerte λ_i und die entsprechende Modalmatrix $\mathbf{M}_x$. Sei **z** der Zustandsvektor des diagonalisierten Systems mit der Systemmatrix $\mathbf{A}_z = \mathbf{\Lambda}$ (bestehend aus den einfachen Eigenwerten λ_i der Systemmatrix $\mathbf{A}_x$).

$$\mathbf{z}' = \mathbf{\Lambda} \, \mathbf{z} \qquad \text{bzw.} \qquad \mathbf{z}(k{+}1) = \mathbf{\Lambda} \, \mathbf{z}(k)$$

Dann folgt der Zustandsvektor **x** aus (s. Abschnitt 6-5.3)

$$\mathbf{x} = \mathbf{M}_x \, \mathbf{z}$$

bzw. der Zustandsvektor **z** aus

$$\mathbf{z} = \mathbf{M}_x^{-1} \, \mathbf{x}$$

Für ein weiteres System mit der Systemmatrix $\mathbf{A}_y$ und wiederum den gleichen Eigenwerten λ_i, und der Zustandsgleichung

$$\mathbf{y}' = \mathbf{A}_y\,\mathbf{y} \qquad \text{bzw.} \qquad \mathbf{y}(k+1) = \mathbf{A}_y\,\mathbf{y}(k)$$

folgt dann entsprechend der Zustandsvektor $\mathbf{y}$ aus

$$\mathbf{y} = \mathbf{M}_y\,\mathbf{z}$$

bzw. der Zustandsvektor $\mathbf{z}$ aus

$$\mathbf{z} = \mathbf{M}_y^{-1}\,\mathbf{y}$$

Hiermit ergibt sich für die Umrechnung des Zustandsvektors $\mathbf{x}$ auf den Zustandsvektor $\mathbf{y}$ und umgekehrt:

$$\mathbf{x} = \mathbf{M}_x\,\mathbf{M}_y^{-1}\,\mathbf{y}$$

bzw.

$$\mathbf{y} = \mathbf{M}_y\,\mathbf{M}_x^{-1}\,\mathbf{x}$$

Für die Umrechnung sind also erforderlich die Modalmatrizen $\mathbf{M}_x$ und $\mathbf{M}_y$ der beiden Systeme bzw. die Eigenvektoren von $\mathbf{A}_x$ and $\mathbf{A}_y$, die aus den Eigenvektorgleichungen folgen:

$$[\mathbf{A}_x - \lambda\mathbf{I}]\,\mathbf{e}_x = \mathbf{0} \qquad \text{und} \qquad [\mathbf{A}_y - \lambda\mathbf{I}]\,\mathbf{e}_y = \mathbf{0}$$

Die **allgemeine Form** der $(n\cdot n)$ Systemmatrix hat eine beliebige Verteilung reeller Koeffizienten

$$\mathbf{A}_x = [a_{ij}]$$

Die **Normalform** der Systemmatrix entspricht der diagonalen Eigenwert-Matrix $\mathbf{\Lambda}$ mit den Eigenwerten λ_i auf der Hauptdiagonalen:

$$\mathbf{A}_z = \mathbf{\Lambda} = \begin{bmatrix} \lambda_1 & 0 & \cdots & 0 \\ 0 & \lambda_2 & \cdots & 0 \\ \cdots & \cdots & \cdots & \cdots \\ 0 & 0 & \cdots & \lambda_n \end{bmatrix}$$

Die **Standardform** der Systemmatrix folgt aus dem charakteristischen Polynom des Systems $\mathbf{A}_x$:

$$p(\lambda) = \lambda^n + a_{n-1}\,\lambda^{n-1} + a_{n-2}\,\lambda^{n-2} + \ldots + a_1\,\lambda + a_0 = 0$$

durch Verteilung der Koeffizienten in der folgenden Weise:

$$\mathbf{A}_y = \begin{bmatrix} 0 & 1 & 0 & \cdots & 0 & 0 \\ 0 & 0 & 1 & \cdots & 0 & 0 \\ \cdots & \cdots & \cdots & \cdots & \cdots & \cdots \\ 0 & 0 & 0 & \cdots & 0 & 1 \\ -a_0 & -a_1 & -a_2 & \cdots & -a_{n-2} & -a_{n-1} \end{bmatrix} \qquad (6.25)$$

$\mathbf{A}_x$, $\mathbf{A}_y$ und $\mathbf{A}_z$ haben offensichtlich das gleiche charakteristische Polynom, damit die gleichen Eigenwerte und gleiche Dynamik und Stabilität.

Die praktische Bedeutung der Transformation von der allgemeinen Form in die Standardform bzw. Normalform liegt in der – gerade bei höherdimensionalen Systemen – enormen Reduktion der Zahl der möglichen Verkopplungen zwischen den n Zustandsgrößen:

	Zahl der möglichen Verkopplungen:
allgemeine Form:	n^2
Standardform:	$(2n) - 1$
Normalform:	n

Der Vorteil der effizienten Darstellung in der verhaltensäquivalenten Standardform oder Normalform wird erkauft durch die Notwendigkeit der Umrechnung der Ergebnisse aus der Standardform (Zustandsvektor $\mathbf{y}$) bzw. Normalform (Zustandsvektor $\mathbf{z}$) in die allgemeine Form (Zustandsvektor $\mathbf{x}$) des Originalsystems mit Hilfe der Umwandlungsmatrizen (Ausgangsmatrizen) $\mathbf{C}_y$ bzw. $\mathbf{C}_z$:

$$\mathbf{x} = \mathbf{C}_y \, \mathbf{y} \qquad\qquad \mathbf{x} = \mathbf{C}_z \, \mathbf{z}$$

mit   mit

$$\mathbf{C}_y = \mathbf{M}_x \, \mathbf{M}_y^{-1} \qquad\qquad \mathbf{C}_z = \mathbf{M}_x$$

Das Verfahren ist in der folgenden Übersicht am Beispiel dargestellt. Man beachte die strukturell unterschiedliche Form der drei Systeme mit den Zustandsvektoren $\mathbf{x}$, $\mathbf{y}$ und $\mathbf{z}$, die aber identische Ergebnisse (x_1, x_2) liefern.

6-6.9   Verhaltensäquivalente Systeme: Beispiel

Allgemeine Form	*Standardform*	*Normalform*

Systemmatrix

$$\mathbf{A}_x = \begin{bmatrix} 2 & 1 \\ 2 & 3 \end{bmatrix}$$

charakterist. Gleichung

$$p(\lambda) = \lambda^2 - 5\lambda + 4 = 0$$

$$\mathbf{A}_y = \begin{bmatrix} 0 & 1 \\ -4 & 5 \end{bmatrix}$$

Eigenwerte:

$$\lambda_1 = 1$$

$$\lambda_2 = 4$$

$$\mathbf{A}_z = \begin{bmatrix} 1 & 0 \\ 0 & 4 \end{bmatrix}$$

Modalmatrizen $\mathbf{M} = \begin{bmatrix} \mathbf{e}_1 & \mathbf{e}_2 & \dots & \mathbf{e}_n \end{bmatrix}$ aus

$$\begin{bmatrix} \mathbf{A}_x - \lambda\mathbf{I} \end{bmatrix}\mathbf{e}_x = \mathbf{0} \qquad \begin{bmatrix} \mathbf{A}_y - \lambda\mathbf{I} \end{bmatrix}\mathbf{e}_y = \mathbf{0} \qquad \begin{bmatrix} \mathbf{A}_z - \lambda\mathbf{I} \end{bmatrix}\mathbf{e}_z = \mathbf{0}$$

$$\mathbf{M}_x = \begin{bmatrix} 1 & 1 \\ -1 & 2 \end{bmatrix} \qquad \mathbf{M}_y = \begin{bmatrix} 1 & 1 \\ 1 & 4 \end{bmatrix} \qquad \mathbf{M}_z = \begin{bmatrix} 1 & 0 \\ 0 & 1 \end{bmatrix}$$

invertiert:

$$\mathbf{M}_x^{-1} = \tfrac{1}{3}\begin{bmatrix} 2 & -1 \\ 1 & 1 \end{bmatrix} \qquad \mathbf{M}_y^{-1} = \tfrac{1}{3}\begin{bmatrix} 4 & -1 \\ -1 & 1 \end{bmatrix} \qquad \mathbf{M}_z^{-1} = \begin{bmatrix} 1 & 0 \\ 0 & 1 \end{bmatrix}$$

Umrechnung der Zustandsvektoren $\mathbf{y}$ und $\mathbf{z}$ auf den Systemausgang (= $\mathbf{x}$)

$$\mathbf{x} = \mathbf{C}_x\mathbf{x} \qquad\qquad \mathbf{x} = \mathbf{C}_y\mathbf{y} \qquad\qquad \mathbf{x} = \mathbf{C}_z\mathbf{z}$$

mit der Ausgangsmatrix

$$\mathbf{C}_x = \mathbf{I} \qquad\qquad \mathbf{C}_y = \mathbf{M}_x \mathbf{M}_y^{-1} \qquad\qquad \mathbf{C}_z = \mathbf{M}_x$$

$$= \begin{bmatrix} 1 & 0 \\ 0 & 1 \end{bmatrix} \qquad\qquad = \begin{bmatrix} 1 & 0 \\ -2 & 1 \end{bmatrix} \qquad\qquad = \begin{bmatrix} 1 & 1 \\ -1 & 2 \end{bmatrix}$$

invertiert:

$$\mathbf{C}_x^{-1} = \begin{bmatrix} 1 & 0 \\ 0 & 1 \end{bmatrix} \qquad \mathbf{C}_y^{-1} = \begin{bmatrix} 1 & 0 \\ 2 & 1 \end{bmatrix} \qquad \mathbf{C}_z^{-1} = \begin{bmatrix} 2 & -1 \\ 1 & 1 \end{bmatrix} \cdot \frac{1}{3}$$

und damit $\qquad\qquad \mathbf{y} = \mathbf{C}_y^{-1} \mathbf{x} \qquad\qquad \mathbf{z} = \mathbf{C}_z^{-1} \mathbf{x}.$

Der Zustand $\mathbf{x}$ folgt daher aus jedem der drei Systeme mit

$$
\begin{array}{lll}
x_1 = x_1 & x_1 = \;\; 1 \cdot y_1 + 0 \cdot y_2 & x_1 = \;\; 1 \cdot z_1 + 1 \cdot z_2 \\
x_2 = x_2 & x_2 = -2 \cdot y_1 + 1 \cdot y_2 & x_2 = -1 \cdot z_1 + 2 \cdot z_2.
\end{array}
$$

Die Anfangswerte in der jeweiligen Systemdarstellung müssen aus $\mathbf{x}_0$ durch Umrechnung ermittelt werden:

$$
\begin{array}{lll}
x_{10} = x_{10} & y_{10} = 1 \cdot x_{10} + 0 \cdot x_{20} & z_{10} = \frac{2}{3} \cdot x_{10} - \frac{1}{3} \cdot x_{20} \\
x_{20} = x_{20} & y_{20} = 2 \cdot x_{10} + 1 \cdot x_{20} & z_{20} = \frac{1}{3} \cdot x_{10} + \frac{1}{3} \cdot x_{20}.
\end{array}
$$

Hiermit ergeben sich nun die Simulationsdiagramme, die identische Ergebnisse für $\mathbf{x}$ erbringen (Abb. 6.5). Als 'Black Box' betrachtet, sind diese drei Systeme völlig identisch. Sie erzeugen bei den gleichen Anfangsbedingungen völlig gleiches Verhalten.

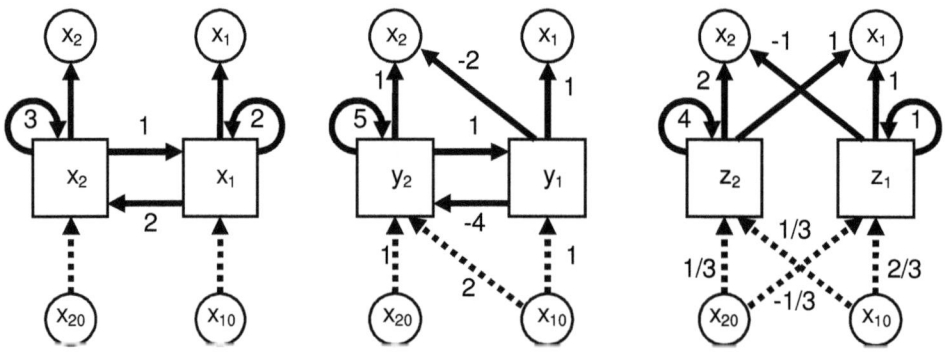

Abb. 6.5: Drei Systeme mit identischem Verhalten (x_1, x_2), aber unterschiedlichen Zustandsgrößen und Systemstruktur. Die Systemmatrix hat allgemeine Form (links), Standardform (Mitte), Normalform (rechts). Die Eigenwerte sind identisch.

6-6.10 Verhaltensweisen linearer Systeme

Die charakteristische Gleichung (6.13)

$$\det[\mathbf{A} - \lambda\mathbf{I}] = 0$$

der $(n \cdot n)$ Matrix $\mathbf{A}$ mit reellen Koeffizienten a_{ij} bzw. das ihr entsprechende charakteristische Polynom (6.14)

$$p(\lambda) = \lambda^n + a_{n-1}\lambda^{n-1} + a_{n-2}\lambda^{n-2} + \dots + a_1\lambda + a_0 = 0$$

haben n Eigenwerte λ_i, die
1. rein reell oder
2. komplex (Realteil + Imaginärteil)

sein können. Die Wurzeln mit Imaginärteil (Fall 2) können nur als konjugiert komplexe Paare auftreten. Es ergeben sich die folgenden Verhaltensmöglichkeiten.

6-6.11 Kontinuierliche Systeme

Generell können Eigenwerte konjugiert komplex sein:

$$\lambda = \sigma \pm i\omega$$

Eigenwerte sind reell, wenn der Imaginärteil (ω) verschwindet.

1. Reeller Eigenwert $\lambda = \sigma$

Der einzige Verhaltensmodus (Eigenvorgang) $e^{\sigma t}$ erlaubt exponentielles Wachstum wenn $\sigma > 0$, gleichbleibenden Wert wenn $\sigma = 0$, oder exponentielles Abklingen wenn $\sigma < 0$. Das System ist instabil, wenn einer der Eigenwerte positiv ist ($\lambda_i > 0$).

2. Konjugiert-komplexes Eigenwertpaar $\lambda_{1,2} = \sigma \pm i\omega$

Einem konjugiert-komplexen Eigenwertpaar mit dem (gleichen) Realteil σ und den konjugierten Imaginärteilen $(+i\omega)$ und $(-i\omega)$ entsprechen die komplexen Verhaltensmodi

$$e^{(\sigma+i\omega)t}, \ e^{(\sigma-i\omega)t}$$

Sie lassen sich durch Anwendung der Euler'schen Formeln umformen zu dem charakteristischen Lösungsmodus (Eigenvorgang)

$$e^{\sigma t}(A \sin \omega t + B \cos \omega t)$$

Terme dieser Art bedeuten Schwingung mit der Frequenz ω und der exponentiellen Dämpfung ($\sigma < 0$) bzw. Anfachung ($\sigma > 0$). Die Schwingungsfrequenz ist also durch den Imaginärteil ω des Eigenwerts gegeben, die Dämpfungs- (oder Anfachungs)rate durch den Realteil σ. Der Sonderfall $\sigma = 0$ entspricht der ungedämpften Schwingung. Die Verhaltensmöglichkeiten linearer kontinuierlicher Systeme sind in Abb. 6.6 zusammengestellt.

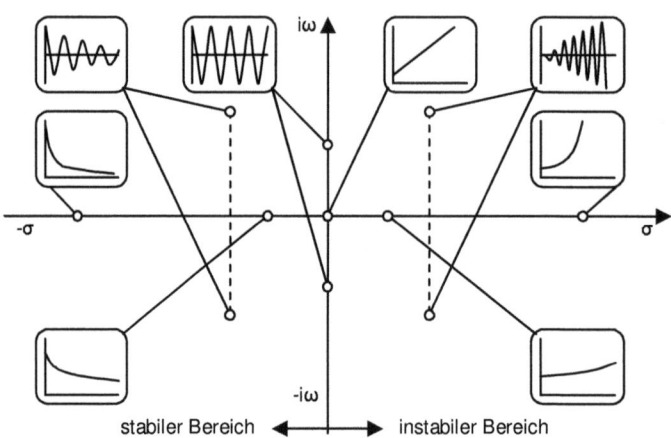

stabiler Bereich ◄——► instabiler Bereich

Abb. 6.6: Verhaltensmöglichkeiten eines linearen Systems in Abhängigkeit von der Lage seiner Eigenwerte (Wurzelorte) in der komplexen Zahlenebene.

6-6.12   Diskrete Systeme

Generell sind auch hier Eigenwerte komplex. Zweckmäßigerweise werden sie hier ausgedrückt als (Radius r, Winkel θ):

$$\lambda = \sigma + i\omega = r\,e^{i\theta} = r\,(\cos\theta + i\sin\theta)$$

1.   Reeller Eigenwert: $\lambda = r, \quad \theta = 0$
Der Lösungsmodus (Eigenvorgang) ist

$$r^k$$

Die Glieder dieser geometrischen Folge wachsen, falls $|r| > 1$ und nehmen ab, wenn $|r| < 1$. Falls der Eigenwert negativ ist ($r < 0$), so ergibt sich als Lösungsmodus eine alternierende geometrische Reihe (ständiger Vorzeichenwechsel).

2.   Konjugiert-komplexes Eigenwertpaar: $\lambda = r\,(\cos\theta \pm i\sin\theta)$
Der Verhaltensmodus (Eigenvorgang) hat die Form

$$r^k\,(A\sin\theta k + B\cos\theta k)$$

d.h. eine Schwingung über den Zeitindex k, die entsprechend dem Betrag r des Eigenwerts geometrisch anwächst (oder schwindet).

6-6.13 Pulsdynamik der Wirkungsstruktur

Das Wirkungsdiagramm eines Systems (mathematisch ein 'Graph') gibt durch seine Pfeilstruktur an, wie Wirkungen (Anstöße, Einflüsse) in der vernetzten Struktur des (Modell-)Systems weitergegeben werden. Es liegt daher nahe, bereits aus dieser Modellskizze Informationen über mögliches Systemverhalten zu gewinnen. Das kann über qualitative Abschätzungen, Rechnungen, logische Deduktion oder mathematische Analyse des Systemgraphen geschehen. So lassen negative Rückkopplungsschleifen eine gedämpfte Dynamik vermuten; bei positiver Rückkopplung muss mit der Verstärkung anfänglicher Störungen und Instabilität gerechnet werden.

Mit dem Wirkungsgraph kann die Fortpflanzung kleiner Störungen (Pulse) im System untersucht werden, selbst wenn die Systemelemente (hier als 'Knoten' dargestellt) nur ungenau bekannt sind. Aus den Ergebnissen der Störungsdynamik lassen sich Rückschlüsse ziehen auf kritische Systemparameter und kritische strukturelle Verbindungen im System.

Im Wirkungsgraph wird nicht zwischen den Typen von Systemelementen (Zustandsgrößen, Veränderungsraten, Zwischengrößen) unterschieden. Alle Knoten werden als identische Halteglieder behandelt, die Information speichern und sie zum nächsten Zeitpunkt an die Nachbarknoten weitergeben. Das Wirkungsdiagramm reduziert sich dadurch auf ein lineares System, dessen Dynamik und Stabilität mit den hier besprochenen Verfahren behandelt werden können. Dabei spielen wieder die Eigenwerte der Systemmatrix **A** eine wichtige Rolle; sie führen zu Erkenntnissen über Systemverhalten und Stabilität des Wirkungsgraphen.

Im (seltenen) Fall wo das reale System vollständig und gültig durch lineare Differenzen- oder Differentialgleichungen dargestellt werden kann, lassen sich bereits aus dem Wirkungsgraph gültige Schlüsse zum Systemverhalten ziehen. Das gilt besonders dann, wenn (lokale) Linearisierung in der Nähe eines Gleichgewichtspunkts oder einer Bezugstrajektorie möglich ist (s. Abschnitt 6-4). Allgemein gilt aber, dass aus den Wirkungsgraphen nichtlinearer Systeme keine zuverlässigen Aussagen über Systemverhalten und Stabilität gewonnen werden können. Entsprechende Schlussfolgerungen sind meist falsch und irreführend. Zu der genauen Darstellung von Systemelementen und ihrer Verknüpfung mit ihren charakteristischen Eigenschaften gibt es keine Alternative. Um zu gültigen Aussagen zu kommen, muss ein 'vollwertiges' dynamisches Simulationsmodell erstellt werden.

Der Wirkungsgraph beschreibt die Wirkungsstruktur eines Systems ohne zwischen Elementen zu differenzieren. Um zu untersuchen, wie sich Störungen in der Wirkungsstruktur fortpflanzen, kann entweder mit einer diskreten, oder mit einer kontinuierlichen Formulierung gearbeitet werden. Bei der diskreten Formulierung ist der diskrete Zustand eines Knotens eine Funktion der diskreten Zustände der Nachbarknoten. Die Knoten selbst werden als Halteglieder dargestellt, die Information für ein Zeitintervall Δt halten und dann an Nachbarknoten weitergeben. Bei der kontinuierlichen Formulierung hängt die Veränderungsrate eines Knotenzustands von den Zuständen der Nachbarknoten ab. Knoten werden hier durch Integratoren dargestellt. In beiden Fällen sind nur additive Verknüpfungen der Eingänge an den Knoten erlaubt. Von den möglichen Formulierungen der Pulsdynamik sind drei für die Untersuchung der Störungsdynamik besonders interessant.

Beim **diskreten Prozess** verändern sich die Zustände x_k an den Knoten zu diskreten Zeitpunkten als Funktion der Zustände der Nachbarknoten, wobei die Systemmatrix **A** die Koeffizienten der linearen Transformation enthält:

$$x_{k+1} = A\ x_k$$

Der Vorgang ist (zustands)stabil falls alle Eigenwerte im Betrag kleiner als 1 sind.

$$|\lambda_i| < 1$$

Beim **Pulsprozess** verändern sich die Pulse $p_k = (x_{k+1} - x_k)$ an den Knoten zu diskreten Zeitpunkten als Funktion der Pulse an den Nachbarknoten. Die Systemmatrix **A** beschreibt hier die lineare Transformation der Pulse:

$$p_{k+1} = A\ p_k$$

Der Vorgang ist (puls)stabil falls alle Eigenwerte von **A** im Betrag gleich oder kleiner als 1 sind.

$$|\lambda_i| \leq 1$$

Man beachte, dass ein System pulsstabil, aber zustandsinstabil sein kann. (Wenn z.B. der Puls konstant bleibt, kann der Zustand unbegrenzt anwachsen.)

Beim **kontinuierlichen Prozess** verändert sich der Zustand **x** kontinuierlich mit der Veränderungsrate $d\mathbf{x}/dt$, die sich aus der linearen Zustandstransformation mit der Systemmatrix **A** ergibt:

$$d\mathbf{x}/dt = A\ x$$

Dieser Vorgang ist stabil falls die Realteile aller Eigenwerte von **A** negativ sind:

$$\mathrm{Re}(\lambda_i) < 0$$

Marginale Stabilität ergibt sich für den Fall $\mathrm{Re}(\lambda_i) = 0$.

Lineare Modelle (wie Wirkungsgraphen) sollten immer mit Skepsis betrachtet werden, da sie verhaltensrelevante (nichtlineare) Systemeigenschaften nicht beschreiben können. Die Aufstellung des Wirkungsgraphen ist daher auch nur ein erster Schritt im Modellbildungsprozess, dem als zweiter notwendiger Schritt die Bestimmung der spezifischen Eigenheiten der Systemelemente und ihrer funktionellen Verknüpfungen im Gesamtsystem folgen muss.

Für kleine Störungen ($x \ll 1$, $y \ll 1$) von einem Ausgangszustand ($x^* = 1$, $y^* = 1$) gelten die folgenden – häufig nützlichen – linearen Approximationen:

$(1 \pm x)^n \approx 1 \pm nx$

$(1 \pm x)^2 \approx 1 \pm 2x$

$(1 \pm x)^{0.5} \approx 1 \pm x/2$

$1/(1+x) \approx 1 - x$

$e^x \approx 1 + x$

$\ln(1+x) \approx x$

$\cos x \approx 1$

$\sin x \approx x$

$(1 + x)(1 + y) \approx 1 + x + y$, usw.

6-6.14 Stabilitätsprüfung für lineare Systeme

Die Stabilitätsbedingung ist für **kontinuierliche Systeme**:

$\operatorname{Re}(\lambda) < 0$

Für **diskrete Systeme** gilt:

$|\lambda| < 1$

Ist die charakteristische Gleichung der Systemmatrix **A** eines **kontinuierlichen Systems** in der Form (6.14) gegeben,

$\lambda^n + a_{n-1}\lambda^{n-1} + \ldots + a_1\lambda + a_0 = 0$

so kann aus den Koeffizienten a_i mit dem **Routh-Schema** festgestellt werden, wie viele instabile Eigenwerte ein System hat. Die Koeffizienten werden nach dem folgenden Schema geordnet:

n	a_n	a_{n-2}	a_{n-4}	$\ldots$
$n-1$	a_{n-1}	a_{n-3}	a_{n-5}	$\ldots$
$n-2$	b_1	b_2	b_3	$\ldots$
$n-3$	c_1	c_2		$\ldots$
$\ldots$	$\ldots$			
1	f_1			
0	g_1			

mit   *(6.26)*

$$b_1 = (1/a_{n-1}) \cdot (a_{n-1}a_{n-2} - a_n a_{n-3})$$
$$b_2 = (1/a_{n-1}) \cdot (a_{n-1}a_{n-4} - a_n a_{n-5})$$

...

$$c_1 = (1/b_1) \cdot (b_1 a_{n-3} - a_{n-1} b_2)$$
$$c_2 = (1/b_1) \cdot (b_1 a_{n-5} - a_{n-1} b_3)$$

...

Routh-Kriterium: Die Zahl der instabilen Eigenwerte (Wurzeln) des Systems ist gleich der Zahl der Zeichenwechsel in der ersten Koeffizientenspalte. (Ein einziger Zeichenwechsel bedeutet bereits Instabilität.)

Falls sich in der ersten Koeffizientenspalte eine Null ergibt, so ist diese durch eine kleine positive Größe ε zu ersetzen. Das Schema kann dann vervollständigt werden. Das Routh-Kriterium wird dann unter der Bedingung $\varepsilon \to 0$ verwendet. Das Kriterium kann eingesetzt werden, um Systemparameter zu bestimmen, die ein stabiles System garantieren.

Das Kriterium kann auch auf **diskrete Systeme** angewendet werden, doch muss hier beachtet werden, dass die Stabilitätsregion innerhalb des Einheitskreises in der komplexen z-Ebene liegt.

Die Transformation

$$\lambda = \frac{z+1}{z-1} \quad \text{bzw.} \quad z = \frac{\lambda+1}{\lambda-1}$$

transformiert das Innere des Einheitskreises in der komplexen z-Ebene in die linke Halbebene in der λ-Ebene. Wird diese Transformation auf die charakteristische Gleichung eines diskreten Systems

$$A_n z^n + A_{n-1} z^{n-1} + \ldots + A_1 z + A_0 = 0$$

angewendet, so ergibt die Transformation $z = (\lambda+1)/(\lambda-1)$ ein Polynom gleicher Ordnung in λ der Form (6.14), auf das nun das Routh-Schema und das Routh-Kriterium angewendet werden können. Jeder Zeichenwechsel in der ersten Koeffizientenspalte bedeutet dann einen instabilen Eigenwert außerhalb des Einheitskreises in der z-Ebene.

6-7   Verhalten linearer Systeme bei erzwungener Bewegung

6-7.1   Lineare Systeme und Überlagerungsprinzip

Bei einem linearen kontinuierlichen (bzw. diskreten) System vereinfacht sich die ursprüngliche Zustandsgleichung (6.2, 6.1)

$$\mathbf{z}' = \mathbf{f}(\mathbf{z}, \mathbf{u}, t) \qquad\qquad \text{bzw.} \qquad \mathbf{z}(k+1) = \mathbf{f}\,[\mathbf{z}(k), \mathbf{u}(k), k]$$

zu (6.15, 6.16):

$$\mathbf{z}' = \mathbf{A}(t)\,\mathbf{z} + \mathbf{B}(t)\,\mathbf{u} \qquad\qquad \text{bzw.} \qquad \mathbf{z}(k+1) = \mathbf{A}(k)\,\mathbf{z}(k) + \mathbf{B}(k)\,\mathbf{u}(k)$$

und die Verhaltensgleichung (Ausgangsgleichung)

$$\mathbf{v} = \mathbf{g}(\mathbf{z}, \mathbf{u}, t) \qquad\qquad \text{bzw.} \qquad \mathbf{v}(k) = \mathbf{g}[\mathbf{z}(k), \mathbf{u}(k), k]$$

zu

$$\mathbf{v} = \mathbf{C}(t)\,\mathbf{z} + \mathbf{D}(t)\,\mathbf{u} \qquad\qquad \text{bzw.} \qquad \mathbf{v}(k) = \mathbf{C}(k)\,\mathbf{z}(k) + \mathbf{D}(k)\,\mathbf{u}(k)$$

Bei einem zeitinvarianten linearen System reduzieren sich Zustands- und Verhaltensgleichung zu

$$\mathbf{z}' = \mathbf{A}\,\mathbf{z} + \mathbf{B}\,\mathbf{u} \qquad\qquad \text{bzw.} \qquad \mathbf{z}(k+1) = \mathbf{A}\,\mathbf{z}(k) + \mathbf{B}\,\mathbf{u}(k) \qquad (6.27\text{a,}$$
$$\mathbf{v} = \mathbf{C}\,\mathbf{z} + \mathbf{D}\,\mathbf{u} \qquad\qquad \text{bzw.} \qquad \mathbf{v}(k) \ \ = \mathbf{C}\,\mathbf{z}(k) + \mathbf{D}\,\mathbf{u}(k) \qquad 6.27\text{b)}$$

Überlagerungsprinzip: Die Antwort $\mathbf{z}(t)$ eines linearen Systems auf mehrere gleichzeitig wirkende Eingänge $\mathbf{u}_1(t)$, $\mathbf{u}_2(t)$, ... , $\mathbf{u}_n(t)$ ist gleich der Summe der Antworten auf jeden einzeln wirkenden Eingang. D.h., wenn $\mathbf{z}_i(t)$ die Systemantwort auf $\mathbf{u}_i(t)$ ist, dann ist

$$\mathbf{z}(t) = \sum_{i=1}^{n} \mathbf{z}_i(t) \quad bzw. \quad \mathbf{z}(k) = \sum_{i=1}^{n} \mathbf{z}_i(k)$$

Das Überlagerungsprinzip gilt auch für zeitabhängige Systemmatrix $\mathbf{A}(t)$ und zeitabhängige Eingangsmatrix $\mathbf{B}(t)$.

Da eine beliebige Eingangsfunktion $\mathbf{u}(t)$ als Summe elementarer Funktionen (wie Puls-, Sprung-, Rampen- und Sinusfunktion) approximiert werden kann, kann mit Hilfe des Überlagerungsprinzips die Zustandsentwicklung eines linearen Systems in Reaktion auf beliebige Umwelteinwirkungen durch die Summation von Elementarlösungen ermittelt werden.

6-7.2   Darstellung aperiodischer Eingangsfunktionen

Für Systemuntersuchungen von besonderer Bedeutung ist die **Impulsfunktion** $\delta(t)$.
Sie ist definiert durch die folgenden Eigenschaften:

$$\delta(t - a) = 0 \quad \text{für} \ t \neq a$$

$$\int_{a-\varepsilon}^{a+\varepsilon} \delta(t - a)dt = 1 \ \text{mit} \ \varepsilon > 0$$

und damit

$$\int_{-\infty}^{t} \delta(t - a)dt = \sigma(t - a)$$

Das Integral der Impulsfunktion über einen Zeitraum, der den Impulszeitpunkt
$t = a$ einschließt, ist also genau die **Einheitssprungfunktion** $\sigma(t-a)$; wobei der
Sprung zum Impulszeitpunkt $t = a$ erfolgt.

Mit Hilfe der Impulsfunktion kann eine beliebige Zeitfunktion $u(t)$ auch als
Summe diskreter Pulse approximiert werden

$$u(t) \approx \sum_{i=1}^{n} u(t_i) \cdot \Delta t \cdot \delta(t - t_i)$$

Zu den Zeitpunkten t_i werden also im Zeitabstand Δt Pulse der Stärke $u(t_i) \cdot \Delta t$ (Pulsfläche) aufgegeben, die am System die (angenähert) gleiche Wirkung erzeugen wie
die ursprüngliche Funktion $u(t)$. Es handelt sich also nicht um eine Approximation
der Funktion $u(t)$ selbst, sondern von deren *Wirkung* als Summe entsprechender Pulse.

Für eine 'fortlaufende' Eingangsfunktion $u(t)$ mit $u(t) = 0$ für $t < 0$ (bzw. $k < 0$)
ergibt sich dann

$$u(t) \approx \sum_{k=0}^{\infty} [u(k \Delta \tau)] \cdot \delta(t - k \Delta \tau) \cdot \Delta \tau$$

in der diskreten Darstellung und

$$u(t) = \int_{0}^{\infty} u(\tau) \cdot \delta(t - \tau) \cdot d\tau$$

in der kontinuierlichen Darstellung nach dem Grenzübergang $\Delta \tau \rightarrow d\tau \rightarrow 0$.

6-7.3 Darstellung periodischer Eingangsfunktionen

Oft sind die Systemeingänge periodischer Natur, d.h. ein Funktionsverlauf wiederholt sich nach einer Periode. In diesem Falle ist es möglich, diese periodische Funktion durch eine Summe von Sinus- und Kosinus-Schwingungen verschiedener Frequenz (bzw. durch phasenverschobene Sinusschwingungen) darzustellen. Diese Approximation als Fourier-Reihe lässt sich darstellen als

$$u(t) = A_0 + \sum_{n=1}^{\infty} (A_n \cos n\omega t + B_n \sin n\omega t)$$

oder auch

$$u(t) = A_0 + \sum_{n=1}^{\infty} C_n \sin(n\omega t + \varphi_n)$$

Hierbei müssen die zunächst unbekannten Koeffizienten A_0 , A_n und B_n bestimmt werden durch Integration über die Periode T.

$$A_0 = \frac{1}{T} \int_{-T/2}^{+T/2} u(\tau)\, d\tau$$

$$A_n = \frac{2}{T} \int_{-T/2}^{+T/2} u(\tau) \cos\, n\omega\tau \cdot d\tau$$

$$B_n = \frac{2}{T} \int_{-T/2}^{+T/2} u(\tau) \sin\, n\omega\tau \cdot d\tau$$

C_n und φ_n folgen mit

$$C_n = \sqrt{A_n^2 + B_n^2}$$

$$\varphi_n = \arctan\left(\frac{B_n}{A_n}\right)$$

$$\omega = \frac{2\pi}{T}$$

Die Auswertung der Integrale kann analytisch, durch numerische Approximation oder auch graphisch geschehen. Normalerweise reichen für eine zufrieden stellende Approximation einer Funktion wenige Glieder der Fourier-Reihe aus. Wird höhere Genauigkeit verlangt, so müssen mehr Glieder der Reihe berücksichtigt werden.

Durch Übergang auf T gegen ∞ ist auch die Approximation aperiodischer Funktionen durch Fourier-Transformationen möglich.

6-7.4   Lösung der inhomogenen (linearen) Vektorzustandsgleichung

Mit Hilfe des Überlagerungsprinzips ergibt sich für die inhomogene Zustandsgleichung des diskreten zeitinvarianten Systems (6.27b)

$$\mathbf{z}(k+1) = \mathbf{A}\,\mathbf{z}(k) + \mathbf{B}\,\mathbf{u}(k)$$

für den Eingang $\mathbf{u}(k)$ die Lösung

$$\mathbf{z}(k) = \mathbf{A}^{k}\,\mathbf{z}(0) + \sum_{j=0}^{k-1} \mathbf{A}^{k-j-1}\mathbf{B}\,\mathbf{u}(j) \tag{6.28}$$

Das lineare kontinuierliche zeitinvariante System (6.27a)

$$\mathbf{z}' = \mathbf{A}\,\mathbf{z} + \mathbf{B}\,\mathbf{u}$$

hat für den Eingang $\mathbf{u}(t)$ die Lösung

$$\mathbf{z}(t) = \mathrm{e}^{\mathbf{A}t} \cdot \mathbf{z}_0 + \mathrm{e}^{\mathbf{A}t} \cdot \int_0^t \mathrm{e}^{-\mathbf{A}\tau}\,\mathbf{B}\,\mathbf{u}(\tau)\,\mathrm{d}\tau$$

$$= \mathrm{e}^{\mathbf{A}t} \cdot \mathbf{z}_0 + \int_0^t \mathrm{e}^{\mathbf{A}(t-\tau)}\mathbf{B}\,\mathbf{u}(\tau)\,\mathrm{d}\tau \tag{6.29}$$

Dieses Ergebnis lässt sich als Reaktion auf eine Summe von Einzelimpulsen $\mathbf{u}$ zu den verschiedenen Zeitpunkten τ verstehen.

Der erste Term ($\mathrm{e}^{\mathbf{A}t}\,\mathbf{z}_0$) stellt das durch die Anfangsbedingung $\mathbf{z}_0$ verursachte freie (homogene) Systemverhalten dar. Der Integrand des zweiten Terms lässt sich wie folgt interpretieren: Die Eingangsfunktion $\mathbf{u}(t)$ wird durch individuelle Pulse der Höhe $\mathbf{u}(\tau)$ und Zeitdauer $\Delta\tau$ dargestellt. Durch den Puls $\mathbf{u}(\tau)\cdot\Delta\tau$ zur Zeit $t = \tau$ und die Transformation durch die Eingangsmatrix $\mathbf{B}$ wird der Zustand um $\Delta\mathbf{z} = \mathbf{B}\,\mathbf{u}(\tau)\cdot\Delta\tau$ verändert. Mit dem Zeitpunkt τ (bei dem $(t-\tau) = 0$) beginnt das Abklingen des zur Zeit $t = \tau$ aufgegebenen Einzelpulses entsprechend der Übergangsmatrix (Fundamentalmatrix) $\mathrm{e}^{\mathbf{A}t}$, d.h. die Systemantwort auf den Puls allein ist

$$\mathrm{e}^{\mathbf{A}\,(t-\tau)}\,\mathbf{B}\,\mathbf{u}(\tau)\,\Delta\tau$$

Werden die Antworten aller Einzelpulse unter Verwendung des Überlagerungsprinzips bis zum interessierenden Zeitpunkt t aufsummiert und im Grenzübergang $\Delta\tau \to$ $d\tau \to 0$ aufintegriert, so ergibt sich der Ausdruck (6.29). Der Ausdruck (6.28) für das diskrete System lässt sich analog herleiten.

6-7.5 Diagonalisierung des Systems, Entkopplung der Eigenvorgänge

Auch bei der Untersuchung des erzwungenen Verhaltens ergibt sich eine besonders einfache Systemdarstellung, wenn man durch eine entsprechende Transformation die ursprüngliche Systemmatrix **A** durch eine äquivalente Matrix ersetzt, die lediglich Eintragungen auf der Hauptdiagonalen hat. Diese Diagonalisierung ist möglich, wenn die Systemmatrix **A** voneinander verschiedene Eigenwerte hat. Wenn dies nicht der Fall ist, kann zumindest eine näherungsweise Diagonalisierung mit Hilfe der Jordan'schen Normalform erreicht werden, die ähnliche Vorteile aufweist. Wir befassen uns hier nur mit dem Fall, dass die Eigenwerte der Systemmatrix **A** des diskreten oder kontinuierlichen Systems voneinander verschieden sind.

Da sich der Ansatz für diskrete und für kontinuierliche Systeme prinzipiell nicht unterscheidet, soll das Verfahren hier parallel dargestellt werden. Ausgangspunkt sind die Systemgleichungen für das zeitinvariante diskrete bzw. kontinuierliche System.

Diskretes System	*Kontinuierliches System*
$\mathbf{x}(k+1) = \mathbf{A}\,\mathbf{x}(k) + \mathbf{B}\,\mathbf{u}(k)$ $\mathbf{v}(k) = \mathbf{C}\,\mathbf{x}(k) + \mathbf{D}\,\mathbf{u}(k)$	$\mathbf{x}' = \mathbf{A}\,\mathbf{x} + \mathbf{B}\,\mathbf{u}$ $\mathbf{v} = \mathbf{C}\,\mathbf{x} + \mathbf{D}\,\mathbf{u}$
Allgemeine Lösung: $\mathbf{x}(k) = \mathbf{A}^k \mathbf{x}(0) + \displaystyle\sum_{j=0}^{k-1} \mathbf{A}^{k-j-1}\mathbf{B}\,\mathbf{u}(t)$ $\mathbf{v}(k) = \mathbf{C}\,\mathbf{x} + \mathbf{D}\,\mathbf{u}$	$\mathbf{x}(t) = \mathrm{e}^{\mathbf{A}t}\mathbf{x}_0 + \mathrm{e}^{\mathbf{A}t}\displaystyle\int_0^t \mathrm{e}^{-\mathbf{A}\tau}\mathbf{B}\,\mathbf{u}(\tau)d\tau$ $\mathbf{v}(t) = \mathbf{C}\,\mathbf{x} + \mathbf{D}\,\mathbf{u}$

Verfahren:
1. Eigenwerte von **A** bestimmen. Falls die Eigenwerte nicht alle voneinander verschieden sind, sollte geprüft werden, ob durch kleine vertretbare Änderungen der Systemmatrix **A** voneinander verschiedene Eigenwerte erreicht werden können.
2. Eigenvektoren der Systemmatrix **A** ermitteln.
3. Modalmatrix der Eigenvektoren **M** aufstellen.

4.   Ursprüngliche Variable **x** transformieren:

$$\mathbf{x}(k) = \mathbf{M}\,\mathbf{z}(k) \qquad\qquad \mathbf{x}(t) = \mathbf{M}\,\mathbf{z}(t)$$

5.   Das ursprüngliche homogene System wird dann

$$\mathbf{x}(k+1) = \mathbf{A}\,\mathbf{x}(k) \qquad\qquad \mathbf{x}'(t) = \mathbf{A}\,\mathbf{x}(t)$$

$$\mathbf{M}\,\mathbf{z}(k+1) = \mathbf{A}\,\mathbf{M}\,\mathbf{z}(k) \qquad\qquad \mathbf{M}\,\mathbf{z}'(t) = \mathbf{A}\,\mathbf{M}\,\mathbf{z}(t) \quad \text{oder}$$

$$\mathbf{z}(k+1) = \mathbf{M}^{-1}\mathbf{A}\,\mathbf{M}\,\mathbf{z}(k) \qquad\qquad \mathbf{z}'(t) = \mathbf{M}^{-1}\mathbf{A}\,\mathbf{M}\,\mathbf{z}(t)$$

Weil $\mathbf{M}^{-1}\mathbf{A}\,\mathbf{M} = \mathbf{\Lambda}$, folgt das neue homogene System in Normalform

$$\mathbf{z}(k+1) = \mathbf{\Lambda}\,\mathbf{z}(k) \qquad\qquad \mathbf{z}'(t) = \mathbf{\Lambda}\,\mathbf{z}(t)\,.$$

6.   Die Übergangsmatrix folgt aus

$$\mathbf{A}^k = \mathbf{M}\,\mathbf{\Lambda}^k\,\mathbf{M}^{-1} \qquad\qquad e^{\mathbf{A}t} = \mathbf{M}e^{\mathbf{\Lambda}t}\,\mathbf{M}^{-1} \quad \text{wobei}$$

$$\mathbf{\Lambda} = \begin{bmatrix} \lambda_1 & 0 & \cdots & 0 \\ 0 & \lambda_2 & \cdots & 0 \\ \cdots & \cdots & \cdots & \cdots \\ 0 & 0 & \cdots & \lambda_n \end{bmatrix} \qquad e^{\mathbf{\Lambda}t} = \begin{bmatrix} e^{\lambda_1 t} & 0 & \cdots & 0 \\ 0 & e^{\lambda_2 t} & \cdots & \cdots \\ \cdots & \cdots & \cdots & \cdots \\ 0 & \cdots & \cdots & e^{\lambda_n t} \end{bmatrix}.$$

7.   Durch diese Transformation wurde das System in n getrennte Systeme zerlegt.

8.   Die Transformation überführt die Zustandsgleichungen in der Standardform in die **Normalform** der Zustandsgleichungen:

$$\mathbf{z}(k+1) = \mathbf{\Lambda}\,\mathbf{z}(k) + \mathbf{B}_n\,\mathbf{u}(k) \qquad\qquad \mathbf{z}' = \mathbf{\Lambda}\,\mathbf{z} + \mathbf{B}_n\,\mathbf{u}$$

$$\mathbf{v}(k) \;\; = \mathbf{C}_n\,\mathbf{z}(k) + \mathbf{D}_n\,\mathbf{u}(k) \qquad\qquad \mathbf{v} = \mathbf{C}_n\,\mathbf{z} + \mathbf{D}_n\,\mathbf{u}$$

wobei

$$\mathbf{\Lambda} = \mathbf{M}^{-1}\mathbf{A}\,\mathbf{M}$$
$$\mathbf{B}_n = \mathbf{M}^{-1}\mathbf{B}$$
$$\mathbf{C}_n = \mathbf{C}\,\mathbf{M}$$
$$\mathbf{D}_n = \mathbf{D}\,.$$

9.   Die **allgemeine Lösung** der Normalform ist dann   (6.30, 6.31)

$$\mathbf{z}(k) = \mathbf{\Lambda}^k\,\mathbf{z}(0) + \sum_{j=0}^{k-1} \mathbf{\Lambda}^{k-j-1}\,\mathbf{B}_n\,\mathbf{u}(j) \qquad\qquad \mathbf{z}(t) = e^{\mathbf{\Lambda}t}\,\mathbf{z}_0 + e^{\mathbf{\Lambda}t} \cdot \int_0^t e^{-\mathbf{\Lambda}\tau}\,\mathbf{B}_n\,\mathbf{u}(\tau)\,d\tau$$

10. Für die **Rücktransformation** des **z**-Vektors in den **x**-Vektor gilt (s. Pkt. 4)

$$\mathbf{x}(k) = \mathbf{M}\,\mathbf{z}(k) \qquad\qquad \mathbf{x}(t) = \mathbf{M}\,\mathbf{z}(t)$$

6-7.6   Verhalten bei periodischen Eingangsfunktionen (Frequenzgang)

Bisher wurde das Übergangsverhalten von Systemen als Reaktion auf aperiodische Eingänge betrachtet. Das Übergangsverhalten wird durch die Übergangsmatrix $\mathbf{\Phi}$ = $e^{\mathbf{A}t}$ bzw. die Systemmatrix $\mathbf{A}$ bestimmt. Verhaltensdynamik und Stabilität können daher aus der freien Bewegung (homogenen Lösung) abgeleitet werden.

Es zeigte sich, dass sich bei geringer Dämpfung im System Schwingungen ergeben können, auch wenn die Eingangsfunktionen selbst keine Schwingungen aufweisen. Es ist anzunehmen, dass diese Eigenschwingungen sich verstärken, wenn sie durch einen periodischen Eingang mit einer Frequenz in der Nähe der Eigenfrequenz angefacht werden. Wir wollen uns daher in diesem Abschnitt mit der Systemreaktion auf Eingangsschwingungen befassen. Wegen der möglichen Resonanzvorgänge ist zu erwarten, dass die Systemreaktion stark von der anfachenden Eingangsfrequenz abhängen wird. Diese Abhängigkeit wird als **Frequenzgang** bezeichnet.

Die Frequenzganganalyse gewinnt ihre besondere Bedeutung durch die Tatsache, dass ein beliebiges periodisches Signal durch eine Fourier-Reihe approximiert werden kann, in der Beiträge verschiedener Frequenzen auftauchen können. Das Überlagerungsprinzip für lineare Systeme garantiert uns, dass wir die Systemreaktionen auf beliebige periodische Eingangssignale dadurch ermitteln können, dass wir die Systemreaktionen auf die einzelnen Signalkomponenten aufsummieren. Da beliebige periodische Signale durch Sinusschwingungen der verschiedenen Frequenzen approximiert werden können, genügt es offensichtlich, den Frequenzgang eines Systems auf Sinusschwingungen über den gesamten Frequenzbereich zu ermitteln. Für ein Differentialgleichungssystem n-ter Ordnung

$$\frac{d^n x}{dt^n} + a_{n-1}\,\frac{d^{n-1} x}{dt^{n-1}} + \ldots + a_0 x = u(t) \qquad\qquad (6.32)$$

bzw. seine n Zustandsgleichungen in der Standardform (mit $\mathbf{b}$ = Spaltenvektor $(0, 0 \ldots , 1)$)

$$\mathbf{x}' = \mathbf{A}\,\mathbf{x} + \mathbf{B}\,\mathbf{u} = \mathbf{A}\,\mathbf{x} + \mathbf{b}\,u(t)$$

ergibt sich bei Eingabe eines Sinussignals

$$u(t) = U\cos(\omega t)$$

das Ausgangssignal

$$x(t) = |G| U \cos (\omega t + \varphi)$$

wobei die komplexe **Frequenzübertragungsfunktion** = Frequenzgang $G(i\omega)$

$$G(i\omega) = |G(\omega)| e^{i\varphi(\omega)} = 1/[(i\omega)^n + a^{n-1}(i\omega)^{n-1} + ... + a_0] = 1/[\det(i\omega\mathbf{I} - \mathbf{A})]$$

Dieser Ausdruck kann daher mit den Koeffizienten des charakteristischen Polynoms bzw. der Differentialgleichung (6.32) direkt hingeschrieben werden.

Das **Amplitudenverhältnis** zwischen Ausgangs- und Eingangssignal ist gleich dem Betrag des Frequenzgangs und ergibt sich aus Realteil und Imaginärteil der Übertragungsfunktion $G(i\omega)$:

$$|G(i\omega)| = \sqrt{(\mathrm{Re}\,G)^2 + (\mathrm{Im}\,G)^2}$$

Der **Phasenwinkel** des Frequenzgangs drückt die Phasenverschiebung zwischen Eingang und Ausgang aus; er folgt aus

$$\varphi = \arctan \frac{\mathrm{Im}\,G(i\omega)}{\mathrm{Re}\,G(i\omega)}$$

Die geometrischen Zusammenhänge sind in Abb. 6.7 dargestellt.

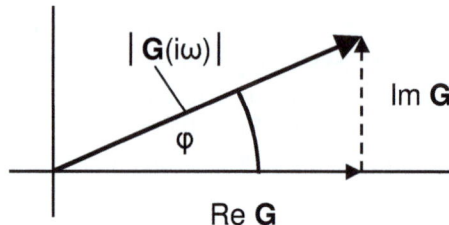

Abb. 6.7: Betrag und Phasenwinkel der Frequenzübertragungsfunktion $G(i\omega)$.

Der **Frequenzgang** $G(i\omega)$ kennzeichnet das Übertragungsverhalten eines linearen Systems in Abhängigkeit von der Frequenz des harmonischen Eingangssignals. Der Betrag des Frequenzgangs $|G(\omega)|$ wird üblicherweise als **Amplitudengang** bezeichnet, der Verlauf des Phasenwinkels $\varphi(\omega)$ in Abhängigkeit von der Frequenz als **Phasengang**. Die Amplitude des Ausgangssignals wird dementsprechend durch Multiplikation der Amplitude des Eingangssignals mit dem Amplitudengang erhalten; seine Phasenverschiebung ergibt sich aus dem Phasenwinkel.

Die Analyse zeigt also, dass bei Erregung durch eine harmonische Schwingung der Systemausgang dieser Schwingung folgt, allerdings um einen frequenzabhängigen Phasenwinkel φ verschoben. Die Amplitude der Ausgangsschwingung $|G| |U|$ hängt ebenfalls von der Eingangsfrequenz ω ab. Amplitudenverhältnis und Phasenwinkel werden von den Koeffizienten der Differentialgleichung bzw. allgemeiner von den Elementen der Systemmatrix **A** bestimmt. Beispielhaft zeigt die Untersuchung des Frequenzgangs eines Schwingers 2. Ordnung mit dem in Kap. 3-2.5 entwickelten Modell 'Linearer Schwinger' in Abb. 6.8 deutlich, dass sich in der Nähe der Eigenfrequenz ω_0 des Systems ein Aufschaukeln ergeben kann (Resonanz), das um so stärker ist, je kleiner die Dämpfung ξ ist. Bei nichtvorhandener Dämpfung ($\xi = 0$), würde sich bei Erregung mit der Eigenfrequenz eine unendlich große Resonanzamplitude ergeben. Das zur Berechnung des Frequenzgangs in Abb. 6.8 verwendete Simulationsmodell ist in Abb. 6.9 dokumentiert.

Frequenzgang eines linearen Schwingers

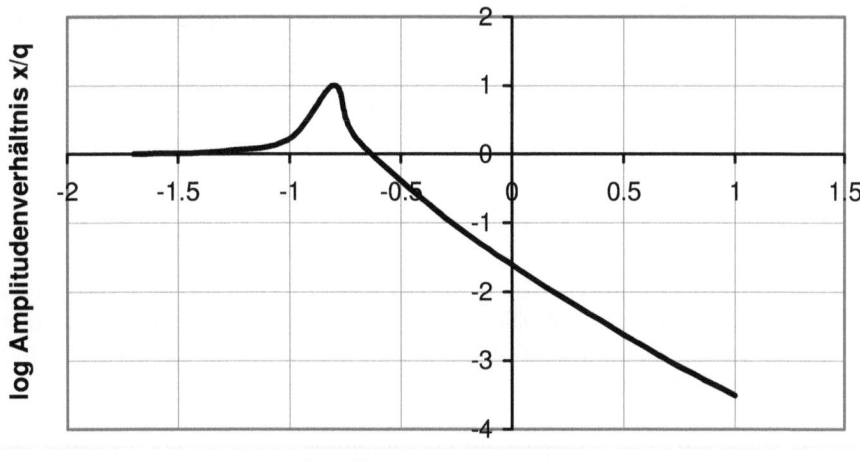

log Erregungsfrequenz w

Abb. 6.8: Frequenzgang eines linearen Schwingers 2. Ordnung: Logarithmus der Amplitude der Zustandsgröße x in Abhängigkeit vom Logarithmus der Frequenz der erregenden Sinusschwingung u = sin $(2\pi \omega t)$. (Modell 'Linearer Schwinger' in Kap. 3-2.5 mit $a = 0$, $b = 1$, $c = -1$, $d = -0.1$.)

Bei einem linearen Schwinger zweiter Ordnung zeigt sich folgendes Verhalten: Bei niedriger Frequenz kann das System der Erregungsschwingung noch schnell genug folgen; der Phasenwinkel eilt daher nur geringfügig der Erregungsschwingung nach. Mit wachsender Erregungsfrequenz wächst auch, insbesondere bei starker Dämpfung, der Phasenwinkel, bis er bei Erregung mit der Eigenfrequenz um genau 90 Grad nacheilt. Bei einer weiteren Erhöhung der Anregungsfrequenz steigt der nachlaufende Phasenwinkel bis auf 180 Grad an.

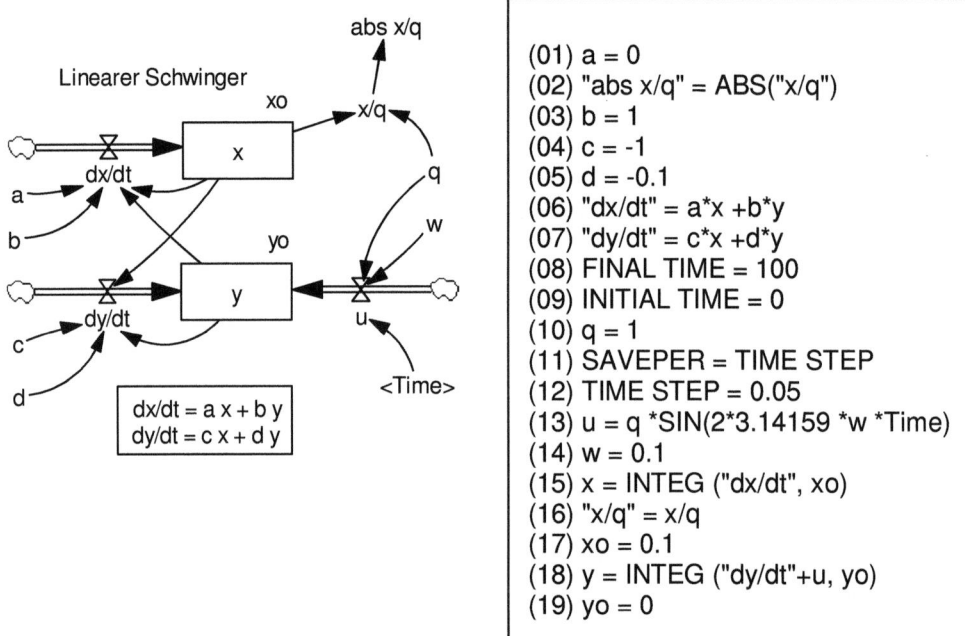

(01) a = 0
(02) "abs x/q" = ABS("x/q")
(03) b = 1
(04) c = -1
(05) d = -0.1
(06) "dx/dt" = a*x +b*y
(07) "dy/dt" = c*x +d*y
(08) FINAL TIME = 100
(09) INITIAL TIME = 0
(10) q = 1
(11) SAVEPER = TIME STEP
(12) TIME STEP = 0.05
(13) u = q *SIN(2*3.14159 *w *Time)
(14) w = 0.1
(15) x = INTEG ("dx/dt", xo)
(16) "x/q" = x/q
(17) xo = 0.1
(18) y = INTEG ("dy/dt"+u, yo)
(19) yo = 0

Abb. 6.9: Simulationsmodell zur Berechnung des Frequenzgangs des linearen Schwingers. Die Werte für das Amplitudenverhältnis x/q als Funktion der Erregungsfrequenz ω wurden in ein Tabellen-Kalkulationsprogramm übertragen und dort logarithmiert, um Abb. 6.8 zu erzeugen.

Um die Reaktion eines Systems auf ein beliebiges periodisches Eingangssignal ermitteln zu können, das ja mit Hilfe der Fourier-Analyse als eine Summe von Sinusschwingungen verschiedener Frequenzen dargestellt werden kann, muss der Frequenzgang für alle Frequenzen bekannt sein. Für die Praxis hat die experimentelle Ermittlung des Frequenzgangs besondere Bedeutung. Oft handelt es sich bei den zu untersuchenden Systemen um komplexe oder mathematisch schwer darstellbare Systeme. Das Verfahren besteht darin, durch einen Signalgenerator Sinussignale der verschiedenen Frequenzen am Eingang aufzugeben und am Ausgang das komplexe Ausgangssignal, d.h. seine Amplitude und Phase zu messen. Mit den Messdaten werden Diagramme in der Art der Abb. 6.8 erstellt (Bode-Diagramme, s. unten).

Auch bei komplexen Systemen können diese Frequenzgangskennlinien sehr oft durch die Kennlinien einfacherer linearer Systeme angenähert werden, deren Parameter sich aus der Frequenzkennlinie ermitteln lassen. Mit den so ermittelten einfacheren Modellsystemen können dann rechnerisch relativ leicht umfangreiche Untersuchungen angestellt werden, um das Verhalten des realen Systems besser zu verstehen und um eventuell unerwünschtes Verhalten durch Einschaltung entsprechender Regelsysteme zu korrigieren.

6-7.7   Darstellungen des Frequenzgangs

Die **Frequenzkennlinie** (Bode-Diagramm) eignet sich besonders zur Auftragung der Ergebnisse der experimentellen Frequenzganguntersuchung und zur Ermittlung der Systemgleichung (des realen Systems oder eines sein Verhalten approximierenden Modellsystems). In der üblichen logarithmischen Auftragung (vgl. Abb. 6.8) lässt sich der Verlauf der Frequenzgangkennlinie durch eine Folge von Geraden verschiedener Steigung darstellen. Die Knickpunkte liegen jeweils bei den Eigenfrequenzen des Systems, wo sich auch der Phasenwinkel relativ plötzlich ändert. Diese Knickfrequenzen und die Steigung der Näherungsgeraden zwischen den Knickpunkten entsprechen direkt der charakteristischen Gleichung des Systems, die sich daher aus diesen Messwerten rekonstruieren lässt. Das Verfahren (Bode-Verfahren) ist in der regeltechnischen Literatur ausführlich beschrieben.

Die **Frequenzgang-Ortskurve** ist eine Auftragung der komplexen Zahl $G(i\omega)$ in der komplexen Zahlenebene. In dieser Darstellung ist der Amplitudengang durch die Länge des Radiusvektors vom Koordinatenursprung dargestellt, während der Phasenwinkel φ als Winkel zwischen der Abszisse und dem jeweiligen Frequenzgangvektor abzulesen ist. Für die Frequenz 0 (konstantes Signal) beginnt die Ortskurve auf dem Punkt (1, 0) der Abszisse. Sie endet im Koordinatenursprung (0, 0), wenn die Frequenz gegen Unendlich geht, da das System den Frequenzen, die oberhalb seiner höchsten Eigenfrequenz liegen, schließlich nur noch mit verschwindend kleiner Amplitude folgen kann (vgl. Abb. 6.8). Die Frequenzgang-Ortskurve hat besondere Bedeutung für Stabilitätsuntersuchungen (Nyquist-Verfahren). Das Verfahren ist in der regeltechnischen Literatur ausführlich beschrieben.

6-8   Zusammenfassung wichtiger Ergebnisse

Wo sie anwendbar ist, ermöglicht die mathematische Systemanalyse Aussagen von allgemeinerer Bedeutung über ein dynamisches System, als sie mit Simulationen gemacht werden können. In diesem Kapitel wurden die wichtigsten mathematischen Konzepte zusammengestellt. Ausgangspunkt sind die bei der Modellbildung ermittelten Systemgleichungen, d.h. die Zustandsgleichung für die Zustandsgrößen **z** und die Verhaltensgleichung (Ausgangsgleichung) für die Verhaltensgrößen (Ausgangsgrößen) **v** als Funktion der Eingangsgrößen **u** und der Zustandsgrößen **z**.

Im Folgenden werden die wichtigsten Ergebnisse zusammengefasst; wir beschränken uns auf zeitinvariante Systeme.

1.   Die allgemeine Form der **Systemgleichungen** ist für kontinuierliche Systeme

$$d\mathbf{z}/dt = \mathbf{f}[\mathbf{z}(t), \mathbf{u}(t)]$$
$$\mathbf{v}(t) \;\; = \mathbf{g}[\mathbf{z}(t), \mathbf{u}(t)]$$

und für diskrete Systeme

$$\mathbf{z}(k+1) = \mathbf{f}[\mathbf{z}(k), \mathbf{u}(k)]$$
$$\mathbf{v}(k) \;\;\;\; = \mathbf{g}[\mathbf{z}(k), \mathbf{u}(k)]$$

2.   **Gleichgewichtsbedingungen** beim Gleichgewichtszustand **z*** (bei konstantem Eingang **u***) beim kontinuierlichen System

$$\mathbf{0} = \mathbf{f}(\mathbf{z}^*, \mathbf{u}^*)$$

und beim diskreten System

$$\mathbf{z}^* = \mathbf{f}(\mathbf{z}^*, \mathbf{u}^*)$$

3.   Die **Systemgleichungen linearer Systeme** sind beim kontinuierlichen System:

$$d\mathbf{z}/dt = \mathbf{A}\,\mathbf{z} + \mathbf{B}\,\mathbf{u}$$
$$\mathbf{v} \;\;\;\; = \mathbf{C}\,\mathbf{z} + \mathbf{D}\,\mathbf{u}$$

und beim diskreten System

$$\mathbf{z}(k+1) = \mathbf{A}\,\mathbf{z}(k) + \mathbf{B}\,\mathbf{u}(k)$$
$$\mathbf{v}(k) \;\;\;\; = \mathbf{C}\,\mathbf{z}(k) + \mathbf{D}\,\mathbf{u}(k)$$

4.   **Linearisierung**: Nichtlineare Systeme können im allgemeinen in der Nähe ihrer Gleichgewichtspunkte **z*** linearisiert werden. Mit **u** = **0** und dem Ansatz

$$\Delta\mathbf{z} = \mathbf{z} - \mathbf{z}^*$$

folgen lineare Zustandsgleichungen für den Störungszustand $\Delta\mathbf{z}$. Für das kontinuierliche System

$$\Delta\mathbf{z}' = d(\Delta\mathbf{z})/dt = \mathbf{A}\,\Delta\mathbf{z}$$

und für das diskrete System

$$\Delta\mathbf{z}(k+1) = \mathbf{A}\,\Delta\mathbf{z}(k)$$

Die Systemmatrix **A** ist hierbei gegeben durch die (am Gleichgewichtspunkt **z*** auszuwertende) **Jacobi'sche Matrix**.

$$\mathbf{A} = \mathbf{J} = \begin{bmatrix} \dfrac{\partial f_1}{\partial z_1} & \cdots & \dfrac{\partial f_1}{\partial z_n} \\ \cdots & \cdots & \cdots \\ \dfrac{\partial f_n}{\partial z_1} & \cdots & \dfrac{\partial f_n}{\partial z_n} \end{bmatrix}_{\mathbf{z}*}$$

5.   Für lineare Systeme gilt das **Überlagerungsprinzip**: Die Gesamtantwort des Systems setzt sich aus der Summe der Einzelreaktionen auf Anfangsbedingungen und auf Einzelbestandteile des Eingangssignals zusammen.

6.   Für lineare dynamische Systeme lassen sich **analytische Lösungen** angeben. Für das kontinuierliche System ergibt sich

$$\mathbf{z}(t) = e^{\mathbf{A}t}\, \mathbf{z}_0 + e^{\mathbf{A}t} \cdot \int_0^t e^{-\mathbf{A}\tau}\, \mathbf{B}\, \mathbf{u}(\tau) d\tau$$

und für das diskrete System

$$\mathbf{z}(k) = \mathbf{A}^k\, \mathbf{z}(0) + \sum_{j=0}^{k-1} \mathbf{A}^{k-j-1}\, \mathbf{B}\, \mathbf{u}(j)$$

Damit bestimmt die Systemmatrix **A** die Eigenschaften und charakteristische Dynamik des Systems bei freier wie bei erzwungener Bewegung.

7.   Die n **Eigenwerte** λ_i der $(n \cdot n)$ Systemmatrix **A** bestimmen sich aus der charakteristischen Gleichung

$$\det [\mathbf{A} - \lambda\mathbf{I}] = 0$$

8.   Die n **Eigenvektoren** $\mathbf{e}_i$ der Matrix **A** folgen aus der für jeden der n Eigenwerte λ_i geschriebenen Eigenvektorgleichung

$$[\mathbf{A} - \lambda_i\mathbf{I}]\, \mathbf{e} = \mathbf{0}$$

Die Eigenvektormatrix **M** (Modalmatrix) besteht aus den n Eigenvektoren (Spaltenvektoren) $\mathbf{e}_i$.

9.   Die Systemmatrix **A** lässt sich mit Hilfe der Modalmatrix **M** in die diagonale **Eigenwertmatrix Λ** überführen:

$$\Lambda = M^{-1} A M$$
$$A = M \Lambda M^{-1}$$

Bei einfachen Eigenwerten stehen in Λ die Eigenwerte auf der Hauptdiagonalen; alle anderen Koeffizienten sind gleich Null.

10.   Ersetzen von A durch $M \Lambda M^{-1}$ in den Lösungen linearer Systeme (Punkt 6) führt zu Stabilitätsbedingungen für lineare Systeme: Ein kontinuierliches System ist stabil, wenn der Realteil aller Eigenwerte von A negativ ist. Ein diskretes System ist stabil, wenn der Betrag aller Eigenwerte von A kleiner als 1 ist.

11.   Ohne die Eigenwerte bestimmen zu müssen, erlaubt das **Routh-Kriterium** eine Aussage über die Zahl der instabilen Eigenwerte eines Systems und über **Bedingungen der Instabilität** in Abhängigkeit von Systemparametern. Das Routh-Kriterium für zeitkontinuierliche Systeme ist nach der Transformation $\lambda = (z+1)/(z-1)$ auch auf diskrete Systeme anwendbar.

12.   **Verschiedene Systemformulierungen** gleicher Dimension n (d.h. verschiedene A) können die gleichen Eigenwerte haben und daher **identisches Verhalten** erzeugen: die Wahl der Zustandsgrößen ist nicht eindeutig.

13.   Die allgemeine Form der Systemmatrix (mit n^2 möglichen Verknüpfungen) lässt sich, unter Verwendung der Koeffizienten des charakteristischen Polynoms, in die wesentlich einfachere **Standardform** (mit $(2n-1)$ möglichen Verknüpfungen) überführen. Bei Verwendung der **Normalform** sind die einzelnen Zustandsgrößen völlig **entkoppelt** (bei einfachen Eigenwerten), und die Eigenwerte erscheinen als Rückkopplungsparameter der Eigenkopplungen (n mögliche Verknüpfungen). Unter Verwendung der Modalmatrizen sind die Zustandsgrößen eines Systems umrechenbar in die des äquivalenten anderen Systems.

14.   Bei Erregung durch eine periodische Funktion ist die Systemantwort eines linearen Systems abhängig von der Frequenz des Eingangssignals (**Frequenzgang**). Es kann Resonanz auftreten. Aus dem Frequenzgang kann auf die Struktur (Zustandsgleichung) des Systems geschlossen werden.

15.   Nichtlineare Systeme unterscheiden sich grundsätzlich von linearen Systemen. Vor allem können sie mehrere Gleichgewichtspunkte oder andere Attraktionsbereiche unterschiedlicher Stabilität haben. **Linearisierung** gilt daher nur **lokal**.

16.   **Wirkungsgraphen** werden unter der Annahme **kleiner Veränderungen** von einem Ausgangszustand abgeleitet. Da zwischen Systemelementen nicht differen-

ziert wird – sie sind alle vom gleichen Typ – und nur additive Verknüpfungen zugelassen werden, sind Wirkungsgraphen lineare Darstellungen von Systemen.

17.   Die im **Wirkungsgraphen** enthaltene Information der Art "Systemgröße z_i wirkt auf Systemgröße z_j" lässt sich auf verschiedene Weisen interpretieren, die alle zu **linearen Systemformulierungen** führen:

(a) "Der Zustand von z_j ergibt sich direkt aus dem Zustand von z_i." Dies ist formalisierbar als diskretes System

$$\mathbf{z}(k+1) = \mathbf{A}\,\mathbf{z}(k)$$

wobei **A** die Systemmatrix des Wirkungsgraphen ist.

(b) "Die Zustandsveränderung von z_j (Puls bei z_j) ergibt sich direkt aus der Zustandsveränderung von z_i (Puls bei z_i)." Die Formulierung ist hier formal äquivalent zu (a):

$$\mathbf{p}(k+1) = \mathbf{A}\,\mathbf{p}(k)$$

Der Puls ist definiert als $\mathbf{p}(k+1) = \mathbf{z}(k+1) - \mathbf{z}(k)$. Diese Formulierung liegt den Untersuchungen der Pulsdynamik von Wirkungsgraphen zugrunde.

(c) "Die Zustandsveränderung von z_j (Puls oder Rate) folgt direkt aus dem Zustand von z_i." Diese Formulierung führt zu einem System linearer Differentialgleichungen erster Ordnung:

$$d\mathbf{z}/dt = \mathbf{A}\,\mathbf{z}$$

7   Systemzoo

7-0   Überblick

Unser tägliches Leben und die Entwicklung unserer Welt werden bestimmt durch komplexe, miteinander verkoppelte dynamische Systeme: Menschen, Tiere, Pflanzen, Technik, Betriebe, Städte, Wolken, Wälder. Obwohl beständig in ihrer äußeren Gestalt, werden sie von meist unsichtbaren Prozessen laufend verändert und verändern dabei ihre Umwelt. Kenntnis über die mögliche Dynamik ist in vielen Bereichen lebenswichtig. Die dynamischen Prozesse müssen mit den Mitteln der Systemanalyse erschlossen werden: mit der mathematischen Modellbildung und der Computersimulation.

Der 'Systemzoo' ist eine Sammlung von etwa hundert Simulationsmodellen komplexer dynamischer Systeme[1] aus allen Lebensbereichen, in den Abteilungen: Elementarsysteme, Technik und Physik, Klima und Pflanzenwuchs, Ökosysteme und Ressourcen, Wirtschaft und Gesellschaft, Globale Entwicklung. Sämtliche Modelle (im weltweit verwendeten 'System Dynamics' Standard) sind ausführlich und vollständig dokumentiert, ausgeprüft und lauffähig und können mit frei verfügbarer Simulationssoftware mit äußerst umfangreichen Bearbeitungsmöglichkeiten betrieben werden. In diesem Kapitel werden die Simulationsmodelle des 'Systemzoos' kurz beschrieben, um einen Überblick über den weiten Anwendungsbereich der Modellbildung und Simulation dynamischer Systeme zu geben.

Teil 1 **'Elementarsysteme'** der Systemzoo-Dokumentation stellt kleinere Systeme vor, die sich als Komponenten in vielen Systemen finden und deren Dynamik maßgeblich bestimmen (wie exponentielles und logistisches Wachstum, Schwingungen, Verzögerungen usw.). Dieser Teil ist auch eine Einführung in die praktische Seite der Modellbildung und Simulation. Teil 2 **'Technik und Physik'** befasst sich mit einem Gebiet, in dem die mathematische Modellbildung dynamischer Systeme entstanden ist und in dem Simulationen seit jeher große Bedeutung haben. Hier werden auch die Verhaltenseigenheiten komplexer (nichtlinearer) Systeme untersucht, wie z.B. Grenzzyklen, Attraktoren, mehrfache Gleichgewichtspunkte, Chaos. Aus den Bereichen der Regeltechnik, Flugdynamik und Aerodynamik werden komplexere Modelle dokumentiert. In Teil 3 **'Klima und Pflanzenwuchs'** werden Anwendungen aus den Bereichen der Klimaforschung, des globalen CO_2-Haushalts, der Photoproduktion der Pflanzen, des Waldwachstums sowie des Wasser-, Energie- und Nährstoffhaushalts der Pflanzenproduktion in der Landwirtschaft vorgestellt. Teil 4 **'Ökosysteme und Ressourcen'** befasst sich vor allem mit der Dynamik, die sich durch die Interaktion von Pflanzen, Tieren und Menschen mit anderen Organismen

---

[1] H. Bossel 2004: Systemzoo – 100 Simulationsmodelle komplexer Systeme aus Technik, Umwelt, Wirtschaft und Gesellschaft.

und den Ressourcen der Umwelt ergibt: durch Konkurrenz um Nahrung und Nähr-stoffe und durch Nutzung erneuerbarer und Ausbeutung nicht erneuerbarer Ressour-cen. In Teil 5 **'Wirtschaft und Gesellschaft'** werden dynamische Prozesse in die-sem Bereich erfasst und simuliert: bei Produktion, Lagerhaltung, Verkauf und Kon-sum, bei der Konkurrenz um Märkte, bei der persönlichen Lebensplanung, Arbeitslo-sigkeit, Einflüssen von Steuern auf Verkehrsentwicklung und Wirtschaft und schließ-lich auch bei sozialpsychologischen Prozessen wie Eskalation, Abhängigkeit und Aggression. Teil 6 **'Globale Entwicklung'** bringt Simulationsmodelle, die für die Untersuchung gesellschaftlicher Entwicklungen Bedeutung haben: Bevölkerung, Wohnraum, Lebensunterhalt, Renten, Staatsverschuldung, Globalisierung, internati-onale Konkurrenz, Weltmodelle (mit den Originalmodellen von Forrester und Mea-dows vom MIT). Vorgestellt wird auch die nichtnumerische Wissensverarbeitung zur Simulation von Entscheidungsvorgängen und Folgenabschätzungen.

Hinweise zur Modelldokumentation im 'Systemzoo'

- Die Modelle und ihre Simulationsprogramme sind vollständig dokumentiert; sie können mit einer Vielzahl von Programmsystemen implementiert und berechnet werden. Die Dokumentation verwendet die weltweit verwendete Standard-Sym-bolik des System Dynamics Verfahrens.
- Die Simulationsmodelle wurden mit der Software Vensim PLE® (Personal Lear-ning Environment) entwickelt, die für Lehrzwecke und Privatgebrauch frei im In-ternet verfügbar ist.
- Die meisten Modelle sind 'generisch' und gelten daher auch in ganz anderen An-wendungsbereichen. Hinweise dazu finden sich in der jeweiligen Modellbe-schreibung.
- Die Modelle in den verschiedenen Teilen der Dokumentation sind weitgehend unabhängig von einander und bauen nicht aufeinander auf. Es ist daher nicht notwendig (und nicht empfehlenswert), die Modelle nacheinander 'abzuarbeiten'.
- Bei den Modelldokumentationen wird durchweg die gleiche Notation verwendet: Alle Modellgrößen sind in *Kursivschrift* angegeben; für Vorgabegrößen werden GROSS-Buchstaben verwendet. In den Systemdiagrammen sind Zustandsgrößen als Kästen gezeichnet.
- Wenn auch die Modellbeschreibungen sehr unterschiedlich sind, so orientiert sich jede Dokumentation doch an dem folgenden Schema: Beschreibung der Proble-matik, des Vorkommens und der wesentlichen Eigenschaften des Systems, voll-ständiges Systemdiagramm (z.T. mehrere Diagramme), vollständige Auflistung der Modellgleichungen, Beschreibung eines Referenzlaufs und Zeitdiagramme in-teressanter Ergebnisse, Hinweise auf Besonderheiten, Bearbeitungsvorschläge, Literaturhinweise.

7-1   Elementarsysteme

Die verhaltensbestimmende Struktur dynamischer Systeme, d.h. das Zusammenwir-ken ihrer Komponenten, lässt sich selten in der äußeren Gestalt des Systems erken-nen. Systeme können äußerlich grundverschieden sein und trotzdem über die gleiche Systemstruktur und damit die gleichen Verhaltensweisen verfügen. Die Systemwis-senschaft ist daher – wie auch die Mathematik – eine übergreifende Wissenschaft, die in allen Bereichen unserer Realität und in allen Wissenschaftsbereichen, die sich mit dieser Realität befassen, ihr Arbeitsgebiet findet. Der Systemzoo bringt Beispie-le u.a. aus Technik, Umwelt, Wirtschaft und Gesellschaft, die auf den ersten Blick nichts miteinander gemeinsam haben. Erst die Systemdiagramme zeigen häufig auf-tretende Gemeinsamkeiten der Systemstruktur. Gewisse 'Elementarsysteme' finden sich als Systembausteine in den unterschiedlichsten Kombinationen in ganz ver-schiedenen Zusammenhängen. Das charakteristische Verhalten dieser Bausteine teilt sich auch dem Gesamtsystem mit, in dem sie eingebettet sind. Manchmal bestimmt es das Verhalten in entscheidender Weise mit.

Es ist deshalb wichtig, mit dem grundsätzlichen Verhalten solcher Systembau-steine vertraut zu sein und ihren Einfluss auf das Verhalten des Gesamtsystems be-reits aus ihrer Systemstruktur und der Art ihrer Einkopplung ins Gesamtsystem ein-schätzen zu können. Dieser Teil befasst sich mit 17 relativ einfachen Elementarsys-temen, die uns in den unterschiedlichsten Systemen und Zusammenhängen immer wieder begegnen.

Z101 Einfach-Integration. Das wichtigste Systemelement – Kern jedes dynami-schen Systems – ist die Kombination einer Zustandsgröße mit ihrer (zeitlichen) Ver-änderungsrate. Der Prototyp dieses Elementarsystems ist die Badewanne: Die Was-sermenge in der Wanne ist die Zustandsgröße (Speichergröße, Bestand). Sie verän-dert sich durch Zufluss und Abfluss. Die Veränderungsrate ist positiv, wenn der Wasserhahn offen und der Abflussstöpsel geschlossen sind. Sie ist negativ, wenn der Hahn zu und der Stöpsel gezogen ist. Mathematisch lässt sich dieser Vorgang durch eine Integration über die Zeit beschreiben: Ausgehend vom Anfangszustand (Wanne leer) werden Zufluss und Abfluss über die (Bade)Zeit integriert. Zu jedem Zeitpunkt kann so der Füllungszustand der Wanne bestimmt werden. Im Modell Z101 sind verschiedene Testfunktionen als Zustandsänderungen vorgesehen, die dann als Zeit-integrale im Zustand erscheinen.

Z102 Zustand und Zustandsänderung. Die Entwicklung des Zustands mit der Zeit hängt ganz von seiner Veränderungsrate ab. In diesem Modell werden vier häufig anzutreffende Änderungsfunktionen verwendet, um ihren Einfluss auf den Zustand zu untersuchen: 1. Der Zufluss bleibt konstant, der Zustand ändert sich dann linear; 2. der Zufluss wird in Abhängigkeit vom Zustand geregelt; 3. der Zufluss verändert sich als vorgegebene Funktion der Zeit; 4. der Zufluss muss gegen ein 'Leck' im System 'ankämpfen'.

Z103 Exponentielles Wachstum und Zerfall. Wenn die Zustandsänderung proportional zum jeweiligen Zustand und positiv ist (positive Rückkopplung), kommt es zu exponentiellem Wachstum. Wir kennen den Vorgang vom Zins und Zinseszins: Jährlich wird das Guthaben um einen kleinen Bruchteil des bereits vorhandenen Guthabens (die Zinsrate) aufgestockt. So wächst auch ein anfangs kleines Guthaben nach langer Zeit ins Unermessliche. Wenn aber die Zustandsänderung proportional zum jeweiligen Zustand und negativ ist (negative Rückkopplung), vermindert sich die Zustandsgröße ständig. Je weniger noch vorhanden ist, umso geringer werden die Abzüge – der Bestand geht schließlich ganz allmählich gegen Null, kann aber nicht negativ werden. Das Abklingen von Radioaktivität mit einer für jeden Stoff charakteristischen Zerfallsrate ist ein solcher Vorgang.

Z104 Exponentielle Verzögerung. Eine Zustandsgröße ist ein Speicher der Auswirkungen vergangener Zu- und Abflüsse und damit so etwas wie das Gedächtnis eines Systems. Geht durch eine negative Rückkopplung wie beim exponentiellen Zerfall ständig ein Teil des Speicherinhalts verloren, so wird dies vor allem die vor längerer Zeit wirkenden Veränderungen betreffen, während jüngere Veränderungen noch relativ stark präsent sind. Eine Zustandsgröße mit einem solchen 'exponentiellen Leck' 'erinnert' daher Veränderungen mit einer Zeitverzögerung. Das macht man sich in Systemsimulationen oft zunutze, um damit Signale zu verzögern – wobei sich allerdings ihre Form etwas verändert.

Z105 Zeitabhängiges Wachstum. Ist der Bestand auf seine Veränderungsrate zurückgekoppelt, so entscheidet die Rückkopplung mit ihrer Größe und ihrem Vorzeichen darüber, ob und wie schnell der Bestand anwächst oder zerfällt. Die Veränderungsrate ist oft selbst eine Funktion der Systemgrößen und kann sich im Lauf der Zeit stark verändern. Sie kann aber auch als Zeitfunktion vorgegeben sein und damit die Bestandsentwicklung bestimmen (z.B. als jahreszeitlicher Einfluss auf das Pflanzenwachstum). Das Modell zeigt, wie die Zeitfunktion der Veränderungsrate als Tabellenfunktion oder logische Funktion eingegeben werden kann.

Z106 Einfache Populationsdynamik. Populationen von Organismen (Pflanze, Tiere, Menschen), aber auch von Kapitalgütern (Häuser, Fabriken, Fahrzeuge) unterliegen den Prozessen von Geburt und Tod, Neubau und Zerfall. Überwiegen die Geburten über die Sterbefälle, wächst die Population. Geburten und Sterbefälle aber sind proportional zum Bevölkerungsbestand: je mehr Menschen, um so mehr Geburten und Sterbefälle. Dabei gibt die Geburtenrate (bzw. Sterberate) an, um welchen Prozentsatz sich die Bevölkerungszahl pro Jahr durch Geburten vermehrt (bzw. vermindert).

Geburten- und Sterberate können sich im Lauf der Zeit verändern (durch Geburten-kontrolle und Fortschritte in der Medizin). Solche Veränderungen müssen bei Simulationen möglicher zukünftiger Entwicklungen als Szenarien eingegeben werden.

Z107 Ansteckung in einer Population. Die Ausbreitung einer ansteckenden Krankheit, die Verbreitung eines Gerüchts, eines neuen Produkts oder neuer Erkenntnisse und viele andere Vorgänge von grundsätzlicher Bedeutung lassen sich gut durch ein einfaches dynamisches Modell mit einer einzigen Zustandsgröße ('Infizierte') beschreiben. Der Bestand der Infizierten wächst umso schneller, je mehr Infizierte es (schon) und je mehr noch nicht Infizierte (der Rest der Bevölkerung) es (noch) gibt. Wenn der größere Teil der Population bereits infiziert worden ist, flaut die Ansteckungswelle wieder ab. Die Ausbreitungsgeschwindigkeit hängt von der Kontakthäufigkeit und der Übertragungswahrscheinlichkeit bei jedem Kontakt ab.

Z108 Überlastung eines Speichers. Bei den bisher betrachteten Wachstumsprozessen war keine obere Begrenzung der Zustandsgröße vorgesehen. In der Realität gibt es aber immer Begrenzungen. Eine häufig vorkommende Begrenzung ist der Überlauf bei Überlastung: die überlaufende Badewanne oder Talsperre, Flutspitzen wenn Böden einen Starkregen nicht mehr aufnehmen können, Kurzschluss bei hoher Spannung, Kurzschlusshandlungen bei zu hohem Stress. Typisch für diesen Vorgang ist der sehr stark erhöhte Abfluss des Speicherinhalts (Zustandsgröße), sobald eine kritische Grenze überschritten ist. Dadurch können meist auch stark erhöhte Zuflüsse (Zustandsänderungen) abgefangen werden.

Z109 Logistisches Wachstum bei konstanter Ernte. Eine (besonders bei Organismen und gesellschaftlichen Vorgängen) sehr häufige Wachstumsbegrenzung entsteht durch Rückwirkung des Bestands auf die Wachstumsrate. Besiedeln z.B. erst wenige Organismen ein günstiges Terrain (oder wird ein neues attraktives Produkt eingeführt), so hat der anfängliche Zuwachs seine maximale Wachstumsrate. Da nun immer mehr Organismen sich die gleiche Nahrungsbasis teilen müssen (oder immer weniger Käufer zu finden sind, die das Produkt noch nicht haben), sinkt die Wachstumsrate allmählich auf Null. Die Wachstumsrate wird hier also durch den Sättigungsgrad (mit Organismen oder Produkten) in Bezug auf den augenblicklichen Bestand gesteuert. Das Modell beschreibt z.B. in etwa das Anwachsen von Fischpopulationen, und es kann auch Auskunft darüber geben, was beim Abfischen eintreten kann. Wird bis zu einer bestimmten kritischen Menge pro Jahr abgefischt, so ist der Bestand nicht gefährdet: der Fischfang wäre nachhaltig. Wird aber über diese kritische Grenze hinaus abgefischt, so bricht der Fischbestand in kurzer Zeit und unaufhaltsam zusammen. Als Differenzengleichung formuliert, zeigt das System bei hohen Wachstumsraten chaotisches Verhalten.

Z110 Logistisches Wachstum bei bestands-abhängiger Ernte. Eine kleine Veränderung im System kann oft dazu führen, dass sich sein Verhalten radikal ändert. Wird z.B. bei einer vom logistischen Wachstum bestimmten Population dafür gesorgt, dass die Erntemenge immer am vorhandenen Bestand ausgerichtet wird (je weniger vorhanden, um so weniger wird geerntet), so bleibt die Population auf jeden Fall erhalten und kann nicht ausgelöscht werden.

Z111 Dichte-abhängiges Wachstum (Michaelis-Menten). Gewisse biologische und chemische Sättigungsprozesse werden zutreffend mit einer anderen Formulierung des Sättigungsterms dargestellt. In dieser Formulierung bestimmt eine 'Halbsättigungskonstante' das Sättigungsverhalten.

Z112 Zweifache Integration. Die zweifache Zeitintegration einer Größe ist besonders in physikalischen Vorgängen häufig: Die Zustandsveränderung der Position ist die Geschwindigkeit, während die Zustandsveränderung der Geschwindigkeit die Beschleunigung ist. Wird die Beschleunigung also über die Zeit integriert, so erhält man (nach Vorgabe der Anfangsgeschwindigkeit) die Geschwindigkeit als Funktion der Zeit. Wird diese über die Zeit integriert, so folgt daraus (nach Vorgabe der Anfangsposition) die Position als Funktion der Zeit. Falls die Zustände zu ihren Zustandsänderungen negativ rückgekoppelt sind, und sich über dieses 'Lecks' 'Verluste' (Dämpfungen) ergeben, so entsteht wieder (wie bei Z104 Exponentielle Verzögerung) ein Verzögerungseffekt.

Z113 Übergang zwischen zwei Zuständen. Oft bleiben Organismen oder Gegenstände eine Zeitlang in einem bestimmten Zustand, um dann in einen anderen überzugehen (und später u.U. noch in weitere). Beispiele: Kinder werden erwachsen, Erwachsene werden alt; Schmetterlingseier werden zu Raupen, Raupen zu Puppen, Puppen zu Schmetterlingen; leere Flaschen aus dem Lager kommen zur Abfüllung, werden verpackt und verschifft, kommen ins Lager des Händlers und dann in den Kühlschrank des Käufers. Bei solchen Übergängen bleiben (bis auf einige Sterbefälle oder zerbrochene Flaschen) die Individuen erhalten; sie werden also nur von einem Zustand in einen anderen geschoben, wenn bestimmte Kriterien erfüllt sind. Die Verluste (Zustandsänderung: Individuen pro Zeiteinheit) des früheren Zustands erscheinen als Gewinn (Zustandsänderung: Individuen pro Zeiteinheit) des späteren Zustands. Im Unterschied zu Z112 Zweifache Integration behalten hier die Zustandsgrößen nach der Integration über die Zeit die gleiche Dimension (Individuen). Der Übergang zwischen Zuständen ist das Kernelement jedes Bevölkerungsmodells.

Z114 Linearer Schwinger. Schwingungsfähige Systeme haben enorme Bedeutung besonders in allen Bereichen der Technik und Physik, aber auch in anderen Bereichen. Schwingungen können immer dann auftreten, wenn Systemgrößen verzögert rückgekoppelt werden und sich damit Schwingungen erregen und aufschaukeln können. Bei kontinuierlichen Systemen (zu jedem Zeitpunkt definierten Systemen, wie wir sie im allgemeinen in der Natur vorfinden) sind dazu mindestens zwei verkoppelte Zustandsgrößen notwendig. Zwei Zustandsgrößen lassen sich mit insgesamt vier Rückkopplungen verbinden. Je nach Stärke und Vorzeichen der Rückkopplungen ergibt sich gänzlich unterschiedliches, stabiles oder instabiles, periodisches oder aperiodisches Verhalten, das die grundsätzlichen Verhaltensmöglichkeiten schwingungsfähiger (linearer) Systeme demonstriert. Beispiele für Schwinger sind mechanische und elektrische Schwingungssysteme (z.B. Kraftfahrzeugfederung, elektrischer Schwingkreis) und die periodischen Schwankungen in Produktionssystemen.

Z115 Zustandsbilder. Nichtlineare Systeme können in verschiedenen Zustandsbereichen gänzlich unterschiedliches Verhalten zeigen. Im Gegensatz zu linearen Systemen können sie mehrere (stabile und instabile) Gleichgewichtspunkte und mehrere Attraktionsbereiche haben und Grenzzyklen oder chaotisches Verhalten aufweisen. Um einen Überblick über das globalen Verhalten für eine bestimmte Parameterkonstellation zu erhalten, muss der gesamte relevante Zustandsraum untersucht werden. Bei zweidimensionalen Systemen ist das mit Hilfe von Zustandsbildern (Phasenportraits) gut möglich. Hierfür wird ein Zusatzprogramm vorgestellt, das bei mehreren Modellen des Systemzoos zur Untersuchung des Globalverhaltens eingesetzt wird.

Z116 Dreifache Integration und exponentielle Verzögerung. Die exponentielle Verzögerung dritter Ordnung wird (wie auch die erster Ordnung, Z104) in vielen Simulationen zur Verzögerung von Signalen verwendet. Analog zu den Modellen Z104 und Z112 sind hier drei Integratoren hintereinander geschaltet. Bei Simulationen mit Verzögerungen muss beachtet werden, dass diese durch Zustandsgrößen dargestellt werden, deren Anfangswerte (genau wie bei anderen Zustandsgrößen) vorgegeben werden müssen. (Oft werden sie einfach anfangs auf Null gesetzt, aber das ist nicht immer zulässig!)

Z117 Linearer Schwinger 3. Ordnung. Schwinger dritter und höherer Ordnung (d.h. mit drei und mehr linear verkoppelten Zustandsgrößen) spielen in vielen (vor allem wieder technischen) Bereichen eine Rolle. Sie unterscheiden sich in ihren Verhaltensmöglichkeiten aber prinzipiell nicht vom linearen Schwinger 2. Ordnung (Z114). Es gelten für sie die gleichen mathematischen Ansätze mit entsprechenden Verhaltensmöglichkeiten (stabil, instabil, periodisch, aperiodisch).

7-2   Technik und Physik

Unabhängig voneinander entwickelten Newton und Leibniz etwa gleichzeitig die Infinitesimalrechnung und legten damit die Grundlage für die Berechnung dynamischer Systeme. Grundprozesse der Mechanik, wie die Bewegung von Körpern als Reaktion auf Beschleunigungen, konnten mit diesem mathematischen Ansatz der Differential- und Integralrechnung genau beschrieben und berechnet werden. Die weitaus meisten mathematischen Modellbildungen und Simulationen hat es daher für dynamische Systeme in Technik und Physik gegeben, weil deren Dynamik weitgehend von exakten, mathematisch formulierbaren Naturgesetzen bestimmt wird. Die dort entwickelten Methoden der Systemdarstellung, Systemanalyse, Regelung und Optimierung, Berechnung und Computersimulation sind erst im späteren 20. Jahrhunderts zunehmend auch in andere – weniger exakt formulierbare, d.h. 'weichere' – Bereiche der Natur- und Sozialwissenschaften übertragen worden.

Vor dem Aufkommen der Computer mussten sich Untersuchungen dynamischer Systeme fast ausschließlich auf 'lineare' oder 'linearisierte' Systeme beschränken, für die der Rechenaufwand noch mit Stift, Papier und viel Zeit zu bewältigen war, die aber nur ein beschränktes Verhaltensrepertoire haben. Erst mit der Möglichkeit der Computersimulation zeigte sich die ungeheure Vielfalt dynamischen Verhaltens bei den vorher zwangsläufig weitgehend ignorierten 'nichtlinearen' Systemen[6]. Es zeigte sich vor allem, dass nichtlineare Systeme einerseits chaotisches Verhalten (etwa beim Wetter), andererseits selbstorganisierendes und ordnendes Verhalten (etwa beim Laser) zeigen können. Sie ermöglichen damit u.a. die Entwicklung des Lebens und seine Evolution, wie auch ähnliche Prozesse etwa in den Sozialwissenschaften. Nichtlineare Systeme sind es also, die die Entwicklungen in allen Bereichen der Realität vorwiegend bestimmen[7].

Die in diesem Teil des Systemzoos vorgestellten 14 Simulationsmodelle geben einerseits einen Einblick in mögliche Verhaltensweisen nichtlinearer Systeme. Andererseits stellen sie beispielhaft auch typische technische Anwendungen von Simulationsmodellen bei Regelungs- und Optimierungsaufgaben und bei der Berechnung von Wärmeflüssen und Geschwindigkeitsverteilungen in Strömungen dar.

---

[6] Bei linearen Systemen sind Zustandsänderungen ausschließlich als Zeitfunktionen oder als lineare Funktionen von Zustandsgrößen erlaubt (z.B. $dx/dt = ax + c$). Bei nichtlinearen Systemen ist jede beliebige Zustandsänderung möglich (z.B. $dx/dt = ax(1-x)$ logistisches Wachstum). In der Realität finden sich oft sehr komplexe nichtlineare Zusammenhänge, die zu überraschendem Verhalten führen können (z.B. Chaos).

[7] s. hierzu Klaus Mainzer: Thinking in Complexity – The computational dynamics of matter, mind, and mankind. 4th ed., Springer Heidelberg 2003

Z201 Rotationspendel. Ein Pendel: eine an einem starren gewichtslosen Stab an einem Drehpunkt aufgehängte Masse – ein einfacheres mechanisches System ist kaum denkbar. Korrekt formuliert, erweist es sich aber bereits als nichtlineares System mit mehreren Verhaltensmöglichkeiten, je nach Anfangsgeschwindigkeit und -position des Pendels und seinem Luftwiderstand. Die Bewegung ist instabil im oberen Totpunkt, stabil um den unteren Totpunkt. Bei hoher Anfangsgeschwindigkeit wird das Pendel zunächst um seinen Drehpunkt kreisen, später wird es um den unteren Totpunkt pendeln und dort schließlich zur Ruhe kommen. Nur wenn die Pendelausschläge als sehr klein angenommen werden, kann das System mit einer linearen Differentialgleichung formuliert werden, die das Verhalten auch des nichtlinearen System an seinen Totpunkten ersatzweise beschreiben kann.

Z202 van der Pol Schwinger. Aus den Anfangszeiten der Radiotechnik stammt ein Schwingungssystem, bei dem eine nichtlineare Komponente im Schaltkreis (Triode-Radioröhre) eine Stabilisierung elektronischer Schwingungen auf die konstante Frequenz eines 'Grenzzyklus' bewirkt. Die gleiche Systemstruktur stabilisiert auch die Herztätigkeit, führt zu wind-erregten Schwingungen bei Bauteilen, zu Flattererscheinungen an Flugzeugen, oder zu periodischen chemischen Reaktionen.

Z203 Brüsselator. In der Chemie ist die Belousov-Zhabotinsky-Reaktion bekannt geworden durch ihre Eigenschaft, unter gewissen Bedingungen zu Schwingungen und räumlichen Mustern zu führen. Ursache ist auch hier eine nichtlineare Zustandsänderung. Der 'Brüsselator' ist ein einfaches Modell dieser Reaktion, mit dem sich die Verhaltensmöglichkeiten untersuchen lassen. Die chemische Oszillation – die periodische Schwankung der Konzentrationen zweier Komponenten – wird auch hier durch einen Grenzzyklus stabilisiert.

Z204 Bistabiler Schwinger. Fügt man einem linearen Schwinger (wie Z114) eine kubische negative Rückkopplung einer Zustandgröße auf die Veränderungsrate der zweiten hinzu, so können sich (gedämpfte) Schwingungen um einen von zwei stabilen Gleichgewichtspunkten ergeben. Ein (positiver oder negativer) kubischer Rückkopplungsterm ist Kennzeichen der sog. Duffing-Systeme. Zu ihnen gehören u.a. der elektrische Relaxations-Schwingkreis mit kubischer Widerstandsfunktion, ein mechanischer Schwinger mit progressiver Verhärtung einer Feder, eine Blattfeder zwischen zwei Permanent-Magneten. Der Schwinger mit negativer kubischer Rückkopplung kann als Flip-Flop Schalter zum Sortieren verwendet werden: Je nach Anfangszustand läuft das System auf einen von zwei möglichen stabilen Zuständen zu.

Z205 Chaotischer bistabiler Schwinger. Das regelmäßige Verhalten des bistabilen Schwingers ändert sich völlig, wenn er mit einer harmonischen Schwingung erregt wird. Das System lässt sich z.B. realisieren durch einen festen Rahmen, in dem eine

Blattfeder zwischen zwei Permanentmagneten schwingen kann. Wird der Rahmen nun regelmäßig hin und her bewegt, so schwingt die Blattfeder zeitweise um den einen Gleichgewichtspunkt des bistabilen Schwingers, um dann 'völlig unvorherseh- bar' in den Attraktionsbereich des anderen Gleichgewichtspunkts zu springen, dort kürzer oder länger zu verbleiben, wieder zurückzuspringen, usw. Das System zeigt unvorhersehbares chaotisches Verhalten – obwohl seine Komponenten (die bistabile Schwingung und die periodische Anregung) jeweils völlig reguläre und exakt bere- chenbare Vorgänge sind.

Z206 Lorenz Chaos. Chaotische Vorgänge zeichnen sich dadurch aus, dass winzige Unterschiede bei Anfangszuständen zu völlig anderen Systementwicklungen führen können. Das Wetter ist ein Beispiel: Der sprichwörtliche Flügelschlag eines Schmet- terlings in Westafrika kann (theoretisch) darüber entscheiden, ob sich ein Hurrikan in der Karibik entwickelt. Bei Computersimulationen grundsätzlicher Wettervorgänge mit einem extrem vereinfachten Gleichungssystem stieß Lorenz auf dieses Phäno- men. Auf dem Lorenz-Attraktor, der selbst die Form eines Schmetterlings hat, be- wegt sich der Systemzustand in unvorhersehbarer Weise mal um den einen, dann um den zweiten stabilen Gleichgewichtspunkt – ohne aber je zur Ruhe zu kommen.

Z207 Rössler Chaos. Grundsätzliche Einsichten in chaotische Vorgänge lassen sich mit dem Rössler-Attraktor, dem 'einfach gefalteten Band' gewinnen. Es ist eine ma- thematische Konstruktion und stellt kein reales System dar. Je nach Parameterwahl stellen sich hier mehrperiodige Grenzzyklen oder ähnlich verlaufende (aber sich nicht wiederholende) chaotische Bahnen ein.

Z208 Chaos bei verkoppelten Dynamos. Werden zwei Dynamos verkoppelt, so dass der im einen Dynamo erzeugte Strom den anderen durch einen Elektromotor antreibt – und umgekehrt – und werden Reibungsverluste vernachlässigt, so ergibt auch die- ses verkoppelte System ein chaotisches Verhalten. Auch hier bewegen sich die Zu- standsbahnen um einen Gleichgewichtspunkt, um dann plötzlich in den Bereich des anderen Gleichgewichtspunkts zu springen.

Z209 Balanzierer mit Regler. Instabile Systeme lassen sich durch den Einfluss zu- sätzlicher Systemkomponenten stabilisieren. Ein aufrecht stehender Besen lässt sich z.B. auf dem Zeigefinger stabilisieren, indem man den Finger so hin und her bewegt, dass das beginnende Umfallen immer gerade wieder aufgefangen wird. Das Problem hat große praktische Bedeutung z.B. beim Start von Weltraumraketen. Um einen Prozess wirksam regeln zu können, müssen wichtige Zustandsgrößen gemessen und mit dem gewünschten Zustand verglichen werden. Bei Abweichungen greift eine negative Rückkopplung, die der unerwünschten Entwicklung eine rückstellende Kraft entgegensetzt. Der Entwurf effizienter Regler ist eine Wissenschaft für sich, denn jeder muss speziell für das System entwickelt werden, bei dem er eingesetzt werden soll. Hierbei spielt die Computersimulation eine wichtige Rolle. Regelung wird nicht nur in technischen Prozessen gezielt eingesetzt, sondern sie findet sich überall, vor allem auch bei Organismen (z.B. Temperaturkontrolle) oder in Ökosystemen (z.B. Populationskontrolle durch Nährstoffmangel oder Fressfeinde).

Z210 Thermiksuche. Erhebliche technische Bedeutung hat auch die Optimierung von Prozessen: möglichst hoher Nutzen (Raumwärme, Transport, Produktion) bei möglichst geringem Energieverbrauch, hohe Ernte bei möglichst geringem Einsatz von Bewässerung, Düngern und Pestiziden, oder allgemein: bestmögliche Nutzung vorhandener Ressourcen. Wegen der Komplexität des Systems und der Umstände, unter denen es optimal arbeiten soll, ist das Auffinden etwaiger Optima oft schwierig. Optimierung gleicht der Aufgabe, mit verbundenen Augen in einem bergigen Gelände rasch den höchsten Berg zu finden und zu erklimmen. Diese Aufgabe stellt sich auch dem Segelflieger, der unsichtbare Aufwinde finden und in ihnen möglichst rasch steigen muss. Es gilt, hierfür eine optimale Flugregel zu finden, die sicheres Auffinden der Thermik und rasches Steigen in ihr gewährleistet. Die so ermittelte Flugregel ist auch auf ganz andere Fälle anwendbar, in denen unter unbekannten Bedingungen optimiert werden muss.

Z211 Flugdynamik. Piloten von Verkehrs- und Militärflugzeugen absolvieren Hunderte von Flugstunden in Flugsimulatoren. Deren simuliertes Verhalten entspricht so genau dem der richtigen Flugzeuge, dass die am Simulator gewonnene Flugerfahrung die aus vielen kostspieligen Flugstunden ersetzen kann. Vor allem können gefahrlos Flugmanöver und Gefahrenzustände trainiert werden. Grundlage jedes Flugsimulators ist ein System von Differentialgleichungen, das unter Berücksichtigung der Steuereingriffe und aller Geschwindigkeiten und Beschleunigungen und der dadurch verursachten Kräfte und Momente die jeweiligen Bewegungen des Flugzeuges berechnet. Im Gleichungssystem müssen Massenkräfte und -momente wie auch die aerodynamischen Kräfte und Momente von Rumpf, Tragflächen und Steuerflächen berücksichtigt werden. Das Gleichungssystem muss mit einer großen Zahl sog. Beiwerte quantifiziert werden, die aus umfangreichen Berechnungen oder Messungen stammen. Simulierte Flugdynamik ist bereits beim Flugzeugentwurf eine wichtige Unterstützung, um gut abgestimmte und sichere Flugeigenschaften zu erreichen.

Z212 Hausheizung. Die Temperatur im Innern eines Wohnhauses ist davon abhängig, wie viel Wärme durch die Heizung erzeugt, durch Sonneneinstrahlung gewonnen und durch Außenwände, Fenster, Dach und Boden abgegeben wird. Bei dieser Wärmebilanz spielen die Größen der Außenflächen, ihre Orientierung zur Sonne und vor allem die Wärmeübergangswerte der verwendeten Bau- und Dämmmaterialien eine herausragende Rolle. Schließlich ist die Wärmebilanz noch vom täglichen

Wechsel von Außentemperatur, Heizleistung, Sonnenstand und Sonnenscheindauer
abhängig. Um ein Haus optimal für niedrigen Energieverbrauch zu entwerfen und
auszurüsten, muss seine jahreszeitlich sich verändernde Energiebilanz in einem Simulationsmodell dargestellt werden. Mit einem solchen Modell können leicht die
unterschiedlichsten Entwurfsvarianten untersucht werden, um eine optimale Ausle-
gung in Bezug auf Fensterflächen, Baumaterialien, Heizungssystem, Energieverbrauch, Kosten und Ästhetik zu finden.

Z213 Wärmefluss. Die bisher betrachteten Systeme haben als einzige unabhängige
Veränderliche die Zeit. Sie können daher durch gewöhnliche Differentialgleichungen ausgedrückt werden, in denen nur die Ableitung nach der Zeit (z.B. *df/dt*) erscheint. Viele Vorgänge in der Realität sind aber nicht nur zeitlich veränderlich sondern sie haben auch eine räumlich veränderliche Verteilung (wie z.B. Temperaturverteilung in einem einseitig erhitzten Stück Stahl, Geschwindigkeitsfeld um einen Flü-
gel, Konzentration eines punktuell eingeleiteten chemischen Stoffes in einem Gewässer). Solche Prozesse müssen mit partiellen Differentialgleichungen beschrieben
werden, in denen partielle Ableitungen (Zeichen: ∂) nach allen verwendeten unabhängigen Veränderlichen (meist: Zeit t und Raumkoordinaten x, y und z) erscheinen
(d.h. $\partial f/\partial t$, $\partial f/\partial x$, $\partial f/\partial y$ usw.). Es ist manchmal möglich, einen mit partiellen Differentialgleichungen dargestellten Prozess mit einem System gewöhnlicher Differenti-
algleichungen auszudrücken, die dann mit den hierfür entwickelten Computerverfah-
ren effizient berechnet werden können. Der Trick hierbei ist, die räumliche Verteilung durch eine mathematische Funktion zu approximieren, deren Parameter dann
durch die numerische Integration der verbleibenden gewöhnlichen Differentialgleichungen ermittelt werden können. Variationen dieses Verfahren haben als 'Methode
der finiten Elemente' eine weite Verbreitung vor allem bei technischen Anwendungen gefunden (z.B. Spannungs- und Temperaturverteilungen in komplexen Bauteilen, Strömungsberechnungen, Simulation von Crashtests). Als einfaches Beispiel für
dieses Verfahren wird die über die Länge eines Metallstabes variable und zeitlich
veränderliche Temperaturverteilung in Abhängigkeit von unterschiedlicher und zeitabhängigen Erhitzung oder Abkühlung an seinen beiden Enden berechnet.

Z214 Grenzschichtströmung. Mathematisch gesehen ist die räumliche Abhängigkeit
($\partial f/\partial x$) nicht anders zu behandeln als eine zeitliche ($\partial f/\partial t$). Mit dem Integralverfah-
ren von Z213 muss es also auch prinzipiell möglich sein, durch partielle Differential-
gleichungen in zwei Raumdimensionen ausgedrückte stationäre (zeitunabhängige)
Vorgänge zu berechnen. Zweidimensionale Strömungen z.B. über Tragflächenprofi-
le bieten hierfür ein Beispiel. Mit solchen Berechnungen lassen sich z.B. Profile
ermitteln, die gute Auftriebswerte bei minimalem Widerstand haben. Das Verfahren
wird hier am Beispiel der Strömung um einen Kreiszylinder demonstriert. Bei die-

sem löst sich die Strömung kurz hinter der dicksten Stelle ab, um dann eine turbulente Wirbelschleppe zu bilden.

7-3   Klima und Pflanzenwuchs

Während Physik und Technik schon immer mit mathematischen Formeln und Berechnungen untrennbar verbunden waren, haben sich in den meisten anderen Wissenschaftsbereichen Mathematik und Computersimulation nur zögernd verbreitet. Das liegt vor allem an der Komplexität der Systeme, mit denen sich z.B. die Bio-, Öko- und Sozialwissenschaften zu beschäftigen haben. Sie lassen sich oft nur mit 'heroischen' Vereinfachungen und Weglassungen berechenbar machen. Dabei können unwichtig erscheinende Komponenten übersehen werden, die sich dann doch als verhaltensbestimmend erweisen. Der 'Schmetterlingseffekt' chaotischer Systeme muss da eine Warnung sein, aber glücklicherweise erweist sich nur ein kleiner Teil der Systeme der Realität als chaotisch.

In allen Bereichen der Realität gilt allerdings uneingeschränkt, dass Stoff- und Energiebilanzen stimmen müssen. Stoffe und Energie können nicht aus dem Nichts heraus entstehen oder einfach wieder verschwinden. Die mathematische Beschreibung der Stoff- und Energieflüsse (unter Beachtung der Erhaltungssätze für Stoffe und Energie) kann daher oft als zuverlässige Basis für Systemmodelle und Computersimulation der Entwicklung auch sehr komplex erscheinender Systeme dienen.

In diesem Teil des Systemzoos werden 14 Simulationsmodelle vorgestellt, deren Strukturen in erster Linie durch Prozesse der Stoff- und/oder Energieumsetzung bestimmt sind. So lassen sich oft auch ohne detaillierte Darstellung von Einzelheiten zuverlässige Aussagen machen, die Entscheidungen unterstützen und Planungen erleichtern können. So etwa zur Berechnung der Flusspegel eines Wassereinzugsgebiets nach einem Starkregen, zur Veränderung der globalen CO_2-Bilanz durch fossile Brennstoffe und Abholzung, zum Einfluss von Schadstoffen auf das Wachstum der Wälder und zur optimalen Düngung und Bewässerung in der Landwirtschaft.

Z301 Wasserhaushalt. Denkt man sich eine Hülle um ein Wassereinzugsgebiet, so muss in der Bilanz vieler Jahre etwa genau so viel Wasser diese Hülle durch Ablauf und Verdunstung verlassen, wie zuvor durch Niederschläge aufgenommen worden ist. Die Dynamik von Ablauf und Verdunstung wird aber durch viele Prozesse und Speicher bestimmt. Niederschläge verdunsten teilweise an Boden und Vegetation, versickern, werden in den oberen Bodenschichten gespeichert, versickern weiter in Grundwasserspeicher, treten als Quellen aus, laufen oberflächlich in Bächen und Flüssen ab, werden in Stauhaltungen gespeichert. Die Vorgänge hängen von den Eigenschaften der Böden, der Vegetation, der Geologie und Orographie ab. Viele

Parameter und Prozesse müssen berücksichtigt werden, um z.B. die zeitliche Entwicklung der Wassermengen in einem Fluss nach einem Starkregen zu berechnen.

Z302 Globaler Kohlenstoff-Kreislauf. Der über Hunderttausende von Jahren bis zum Beginn der Industrialisierung nahezu unverändert gebliebene Kohlendioxid-Pegel der Atmosphäre ist ein Beleg dafür, dass bis dahin die Kohlenstoffbilanz ausgeglichen war. Die gewaltige Menge von CO_2, die auf der Erde jährlich von Pflanzen aufgenommen wurde, entsprach genau der Menge von CO_2, die jährlich durch Zersetzungsprozesse wieder in die Atmosphäre gelangte. Die globale Kohlenstoffdynamik war im Gleichgewicht. Seit dem Beginn der Industrialisierung aber steigt der atmosphärische CO_2-Pegel massiv – er hat sich inzwischen um etwa ein Drittel erhöht. Als Ursachen lassen sich vor allem die Verbrennung fossiler Brennstoffe und die Abholzung von Wäldern identifizieren. Im Vergleich zur natürlichen Umsetzung von CO_2 sind die anthropogen erzeugten Beiträge klein, aber sie reichen aus, um das empfindliche Gleichgewicht aus dem Ruder laufen zu lassen. Da CO_2 ein Treibhausgas ist, muss dieser Anstieg mit höheren Durchschnittstemperaturen und einem Klimawandel in Verbindung gebracht werden.

Z303 CO_2-Dynamik von Biosphäre und Atmosphäre. Auch die genauere Aufschlüsselung der globalen Kohlenstoff-Flüsse ändert nichts an der Aussage, dass die CO_2-Bilanz durch menschliche Aktivitäten aus dem Gleichgewicht gebracht worden ist, und dass der CO_2-Pegel der Atmosphäre auch bei einschneidenden Maßnahmen noch weiter steigen wird. Ein Simulationsmodell kann aber helfen, die langfristigen Konsequenzen vorgeschlagener Maßnahmen (etwa bei Energieeinsparung oder Wiederaufforstung) genauer abzuschätzen und die Folgen von weiterhin ansteigendem fossilen Energieverbrauch und ungebremster Abholzung deutlich zu machen.

Z304 Waldzerstörung und CO_2-Dynamik. Die Zerstörung von Tropenwald zur Gewinnung landwirtschaftlicher Flächen verändert die CO_2-Dynamik aus mehreren Gründen. Die Speicherfähigkeit für Kohlenstoff in Pflanzen, Streu und Bodenhumus ist in Agrarflächen sehr viel geringer als in Wäldern; sie ist noch geringer in degradierten Brachflächen. Die Umwandlung von Wäldern zu Feldern, und später von Feldern zu Brachland, setzt zusätzliche Mengen Kohlenstoff frei. Wiederaufforstung kann die Verluste teilweise wettmachen und zur Bindung von atmosphärischem CO_2 führen. Ein Simulationsmodell kann die Auswirkungen und Dynamik dieser verkoppelten Vorgänge berechenbar machen und zur besseren Vorbereitung langfristig wirksamer Entscheidungen beitragen.

Z305 Kohlenstoff-Bilanz der Wälder. Eine genauere Betrachtung der Rolle von Wäldern in der globalen CO_2-Bilanz erfordert auch eine genauere Darstellung der kohlenstoffbindenden und -abgebenden Prozesse im Wald und bei der Holznutzung.

Kohlenstoff wird zunächst von der Laubmasse aus der Atmosphäre assimiliert, um Solarenergie in Glukose binden zu können. Ein großer Teil der so gebundenen Energie wird von den Pflanzen veratmet (d.h. zur Erhaltung der Lebensvorgänge verbraucht), ein kleinerer Teil wird u.a. als Holzmasse fixiert. Bestandsabfälle (Laub, Totholz) werden zersetzt und teilweise in Humus umgewandelt. Bäume werden gefällt und als Brennholz und Bauholz genutzt. Der darin enthaltene Kohlenstoff fließt früher oder später wieder in die Atmosphäre zurück. Mit dem Modell lassen sich Aussagen über die langfristige Speicherung von Kohlenstoff in Wäldern u.a. in Abhängigkeit von der mittleren Jahrestemperatur machen, um damit z.B. Unterschiede zwischen Wäldern in tropischen und gemäßigten Breiten zu untersuchen.

Z306 Autoverkehr und CO_2-Emissionen. Ein großer und wachsender Anteil der globalen CO_2-Emissionen stammt aus dem Verkehr. In vielen, bisher wirtschaftlich weniger entwickelten Ländern ist wegen Bevölkerungswachstum und starkem Wirtschaftswachstum auch mit stark zunehmendem Kraftfahrzeugbestand und entsprechend zunehmender Verkehrsleistung und damit verbundenem Treibstoffverbrauch zu rechnen. Dieser hängt aber vom spezifischen Treibstoffverbrauch der Kraftfahrzeuge ab. Bemühungen zur Senkung des Verbrauchs bei Neufahrzeugen können daher erheblichen Einfluss auf Höhe und Entwicklung der CO_2-Emissionen haben. Diese komplexen Zusammenhänge sind mit einem dynamischen Simulationsmodell gut darstellbar und berechenbar, so dass Szenarien mit unterschiedlichen Annahmen zum Wachstum der Fahrzeugflotte und zur Verbesserung der Energieeffizienz untersucht werden können.

Z307 Photoproduktion der Pflanzen. Bei der genauen Berechnung der Photoproduktion eines Pflanzenbestands sind eine Vielzahl von Faktoren zu berücksichtigen, die z.T. Funktion der Tageszeit, der Jahreszeit und der geografischen Breite sind: Temperatur, Sonnenstand, Bewölkung, Einstrahlungsdauer. Abhängig von der sich ständig verändernden Einstrahlung und der Temperatur, den pflanzenspezifischen Photosynthese-Eigenschaften, der Blattdichte, der Lichtdämpfung im Pflanzenbestand und der Blattrespiration (zur Aufrechterhaltung der Lebensvorgänge) assimiliert eine Baumkrone so eine zeitlich variable Energiemenge, die sich in ihrer CO_2-Aufnahme ausdrücken lässt. Die Tagesproduktion ist die Summe (das Zeitintegral) der momentanen Produktion; sie ist im Sommer am höchsten. Ein solches dynamisches Simulationsmodell der Photoproduktion ist der Kern komplizierterer Waldmodelle, mit denen sich die Waldentwicklung – auch für unterschiedliche Bewirtschaftung – über Jahrzehnte und Jahrhunderte zuverlässig berechnen lässt.

Z308 Waldwachstum. Die Wachstumsdynamik eines Waldbestandes ergibt sich aus den laufenden Energieüberschüssen der Photoproduktion, die nach Abzug der Verbräuche zur Erhaltung und Erneuerung von Laub, Ästen, Stämmen und Wurzeln für den Holzzuwachs verbleiben. Anfangs wird sich die Laubkrone rasch füllen, um maximale Energieproduktion zu erreichen. Die Selbstabschattung der Laubschichten begrenzt dann aber die Laubdichte. Von der konstanten Produktion der Laubkrone muss eine ständig zunehmende Struktur ernährt werden, so dass der Holzzuwachs allmählich zurückgeht und schließlich aufhört, wenn die Energiegewinne durch die Energieverluste gerade kompensiert werden. Dieser Mechanismus verhindert, dass 'Bäume in den Himmel wachsen'. Eine interessante Dynamik ergibt sich, wenn (z.B. durch Luftschadstoffe) die Photosyntheseleistung des Laubs eingeschränkt wird. Wird ein kritischer Schädigungswert überschritten, so folgt ein sehr plötzlicher Zusammenbruch des Bestandes ('Waldsterben'), weil die Bäume bei defizitärer Energiebilanz 'verhungern'.

Z309 Baumsterben. Luftschadstoffe können die Photosynthese der Blätter beeinträchtigen und dadurch die Bindung von Sonnenenergie in Assimilaten (Glukose) reduzieren. Fehlen Assimilate, so können Laub und Feinwurzeln nicht in ausreichender Menge neu gebildet werden, um die jährlichen Verluste wettzumachen. Die Versorgungslage verschlimmert sich, Wasser und Nährstoffe können nicht mehr in ausreichender Menge aufgenommen werden, der Baum kann nicht mehr genug Energie zur Erhaltung binden und stirbt schließlich ab. Der Vorgang erfasst jeden Teil des Systems 'Baum' mit seinen auf einander angewiesenen Prozessen und Komponenten. Luftschadstoffe können durch Bodenversauerung aber auch zum beschleunigten Absterben von Feinwurzeln führen, ohne dass die Photoproduktion direkt beeinträchtigt ist. Wasser- und Nährstoffmangel führen auch hier zum gleichen Teufelskreis: nach längerer Unterversorgung stirbt der Baum ab. Diese systemaren Zusammenhänge und ihre Konsequenzen werden in einem Systemmodell sehr deutlich. Generell gilt bei Systemkrankheiten, dass Symptome oft keine direkten Hinweise auf die Ursachen geben können, die nicht selten an anderer Stelle versteckt sind.

Z310 Bodenwasserdynamik. Simulationsmodelle des Pflanzenwachstums, mit denen die Konsequenzen unterschiedlicher Anbaumethoden, von Bewässerung, Düngung, Schädlings- und Unkrautbekämpfung auf Ernteertrag und Betriebskosten am Computer untersucht werden können, spielen in der landwirtschaftlichen Beratung eine wichtige Rolle. Ein erster unverzichtbarer Baustein hierzu ist ein ausführliches Simulationsmodell der Dynamik des pflanzenverfügbaren Bodenwassers in Abhängigkeit von Boden- und Anbauparametern und als Folge von Niederschlägen, Bewässerung, Versickerung, Verdunstung und der Transpiration der Pflanzen. Die Dynamiken von Bodenwasser und Pflanzenwachstum sind also eng miteinander verkoppelt – die eine Dynamik bedingt die andere. Bei der Wasserversorgung spielen die Feldkapazität des Bodens, der von der Bodenart abhängige kapillare Aufstieg aus dem Grundwasser und die Wasserhaltekapazität des organischen Materials im Boden wichtige Rollen.

Z311 Nährstoffdynamik. Pflanzen können normalerweise ihren Bedarf an Nährstoffen aus dem Boden entnehmen, wo sie durch Gesteinsverwitterung und Streuzersetzung verfügbar werden. Um hohe Ernten zu erzielen, müssen einige Nährstoffe in relativ großen Mengen als Dünger zugeführt werden, wenn sie im Boden nicht in ausreichender Menge vorhanden sind: Stickstoff, Phosphat, Kali, Kalk und Magnesium. Während die anderen Stoffe eine 'langsame' Dynamik haben und eine Düngung mehrere Jahre vorhalten kann, hat der Stickstoff eine ausgesprochen 'schnelle' Dynamik. Wenn Düngung nicht auf den Pflanzenwuchs abgestimmt ist, können die Dünger- und Ernteverluste und gleichzeitig die Umweltschäden für Atmosphäre und Wasserversorgung hoch sein. Da Stickstoff von Bakterien im Boden und bei Schmetterlingsblütlern fixiert und auch im Stalldünger zugeführt werden kann, verzichtet der ökologische Landbau auf künstlichen Stickstoffdünger. Um dennoch hohe Ernten zu erzielen, müssen die verschiedenen Prozesse der Stickstoffumsetzungen im Boden bestmöglich verstanden und genutzt werden. Diese Prozesse sind aber vor allem mit den Umwandlungen im organischen Material aus Stalldünger, Ernteabfällen und Kompost in Nährhumus und Dauerhumus verbunden. Im Modell werden daher die verkoppelten Kohlenstoff- und Stickstoffumwandlungen betrachtet, die den pflanzenverfügbaren Stickstoff bereitstellen, der wiederum das Pflanzenwachstum und die Erntemenge bestimmt.

Z312 Feldfruchtanbau. Ein Simulationsmodell des Pflanzenanbaus kann dem Landwirt nur dann eine zuverlässige Planungshilfe sein, wenn es nicht nur das komplexe System der miteinander vernetzten Prozesse der Wasser- und Nährstoffdynamik im Boden und in der Pflanze korrekt darstellt, sondern auch mit pflanzen- und bodenspezifischen Parametern und realen Wetterdaten an die jeweiligen Gegebenheiten angepasst werden kann. Zu diesem Zweck werden die getrennt entwickelten und überprüften Teilmodelle für den Pflanzenwuchs und die Bodenwasser-, Kohlenstoff- und Stickstoffprozesse miteinander verkoppelt. Das Niederschlagsmuster kann über einen Zufallsgenerator an reale Wetterbedingungen angepasst werden. Mit mehreren Bodenparametern können die Bodenverhältnisse korrekt berücksichtigt werden. Für ganz unterschiedliche Feldfrüchte – von der Kartoffel bis zum Weizen – können die pflanzenspezifischen Parameter vorgegeben werden, um Wachstumsdynamik und Erntemengen korrekt zu berechnen. Für organische und mineralische Düngergaben können Zeitpunkt und Menge gewählt werden, um so optimale Düngestrategien zu entwickeln. Die berechneten Zeitverläufe von Pflanzenwachstum, Stickstoff- und Wasserverfügbarkeit ermöglichen einen instruktiven Einblick in die im System ablaufenden dynamischen Prozesse, der sonst nur durch ständige aufwendige Messungen möglich wäre.

Z313 Nahrungsversorgung. Die Menschheit steht vor der Aufgabe, eine zunächst noch wachsende Weltbevölkerung ausreichend mit Nahrungsmitteln zu versorgen. Da die landwirtschaftliche Fläche kaum noch ausgeweitet werden kann, erscheint das Problem nur durch Steigerung der Ernteerträge lösbar – woraus oft die Notwendigkeit für hohe Düngergaben, Pestizideinsatz und genetisch veränderte Nutzpflanzen und Nutztiere abgeleitet wird. Dabei wird übersehen, dass der menschliche Speisezettel sich aus pflanzlicher und tierischer Nahrung zusammensetzt und dass zur Erzeugung einer tierischen Nahrungsenergieeinheit etwa zehn pflanzliche Nahrungsenergieeinheiten aufgewendet werden müssen. Bei rein pflanzlicher Ernährung lassen sich also von der gleichen Fläche etwa zehn mal mehr Menschen ernähren als bei rein tierischer Ernährung. Verschieben sich also die Ernährungsgewohnheiten z.B. von einem Anteil tierischer Nahrungsmittel von 40% in Industrieländern zu einem (weit gesünderen) Anteil von nur 10%, so würden damit große Mengen von Getreide für die menschliche Ernährung frei werden. Mit dem Modell lassen sich die enormen Spielräume ausloten, die sich bei unterschiedlichen Szenarien für die Änderung der Nahrungszusammensetzung bieten.

Z314 Landwirtschaft und Höfesterben. Landwirtschaftliche Betriebe können nur dann weiter existieren, wenn die wirtschaftlichen Bedingungen das erlauben. Die (teilweise subventionierte) Überproduktion in den Ländern der Europäischen Union hat dazu geführt, dass die Preise landwirtschaftlicher Produkte niedrig geblieben sind, während die Kosten der landwirtschaftlicher Produktion erheblich gestiegen sind. Kleinere Betriebe werden zunächst zur Aufgabe gezwungen, da größere Betriebe kosteneffizienter arbeiten können. Mit dem Höfesterben ändert sich die soziale und landschaftliche Struktur ganzer Landstriche. Das Modell berücksichtigt u.a. die Beiträge staatlicher Eingriffe zur Betriebsbilanz und ermittelt aus dem Betriebsnettoeinkommen die Tendenz zur Produktivitätssteigerung bzw. Betriebsaufgabe.

7-4 Ökosysteme und Ressourcen

Für Organismen, Populationen und Ressourcen gelten keine Erhaltungssätze: sie können sterben, ausgelöscht oder verbraucht werden. Die Erhaltungssätze für Energie und Materie, die das 'Gerüst' für die Simulationsmodelle im Teil 3 des Systemzoos abgaben, lassen sich bei Organismen, Populationen und Ressourcen nur auf Stoffwechsel- und Umwandlungsprozesse anwenden.

Zur Lebenserhaltung brauchen alle Organismen und Populationen artenspezifische Ressourcen, die ihnen Energie und Nährstoffe, Bau- und Betriebsstoffe liefern.

Ressourcen können nicht-erneuerbare Stoffe und Energien wie Mineralien oder fossi-le Brennstoffe sein – der Mensch macht reichlich Gebrauch von dieser Art Ressour-cen. Es können aber auch erneuerbare Stoffe und Energien wie sauberes Wasser, Holz und Fasern, Wind- und Sonnenenergie und vor allem auch andere Organismen sein – Tiere und Pflanzen, die die Nahrungsquelle für andere Organismen sind. In Ökosystemen ernähren sich unzählige 'Räuber'Populationen von artspezifischen 'Beute'Populationen. Die Prozesse vom 'Fressen und Gefressenwerden' laufen meist über mehrere Stufen der Nahrungskette – insgesamt unter Energieverlusten, die aber den Erhalt der Populationen gewährleisten können, solange keine Übernutzung der lebenserhaltenden Ressource auftritt. Meist haben sich im Laufe der Evolution rela-tiv stabile Gleichgewichte eingestellt, die ganze Ökosysteme langfristig stabilisieren. Werden sie gestört, z.B. durch Eingriffe des Menschen, so können selbst 'kleine' Störungen zum dauerhaften Zusammenbruch ganzer Ökosysteme führen. Auch Schwingungen sind in Ökosystemen möglich; oft gehören sie zum 'natürlichen' Ver-halten.

In diesem Teil des Systemzoos werden 18 Simulationsmodelle vorgestellt, die sich mit der Prozessen und der Dynamik von Räuber-Beute-Verhältnissen, Nah-rungsketten in Ökosystemen und der Nutzung erneuerbarer und nicht-erneuerbarer Ressourcen befassen. Modelle dieser Art, und vor allem die Einsichten, die sich aus der genauen Erfassung der Zusammenhänge und Abhängigkeiten in komplexen Öko-systemen und der Dynamik von Nutzungs- und Ausbeutungsprozessen ergeben, ha-ben erhebliche Bedeutung für den Schutz von Arten und natürlichen Ressourcen und für den nachhaltigen Umgang mit den Ressourcen, denen der Mensch seine Existenz auf der Erde verdankt.

Z401 Räuber und Beute unbegrenzt. Je mehr Räuber ('Beutegreifer') es gibt, umso mehr Beute machen sie, umso schneller kann – wegen des guten Nahrungsangebots – die Räuberpopulation wachsen. Gleichzeitig verringert sich aber auch die Beutepo-pulation, die Nahrung wird zunehmend knapper für die jetzt starke Räuberpopulati-on, ihr Zuwachs nimmt ab. Schließlich geht sie wieder zurück, die Beutepopulation bleibt jetzt relativ unbehelligt und kann wieder anwachsen. Das lässt auch die Räu-berpopulation wieder zunehmen; das Spiel wiederholt sich – die beiden Populations-stärken schwingen jetzt phasenverschoben, aber mit der gleichen Periode. Das Mo-dell untersucht die Dynamik, wenn die Beute (z.B. wegen unbegrenztem Nahrungs-angebot) unbegrenzt wachsen kann. In diesem Fall ergeben sich ungedämpfte Schwingungen, die sich mit gleichen Ausschlägen ständig wiederholen. Beide Popu-lationen können nicht aussterben, da die Räuber auf die Beutepopulation als einzige Nahrungsquelle angewiesen sind.

Z402 Räuber und Beute begrenzt. Das Verhalten des Räuber-Beute-Systems ändert sich grundsätzlich, wenn die Beutepopulation nicht unbegrenzt wachsen kann, weil z.B. die Weidekapazität im betrachteten Gebiet begrenzt ist. Auch hier kommt es noch zu Schwingungen, die aber gedämpft sind und sich nach einer Weile auf ein Gleichgewichtsniveau einschwingen. Wird die Weidekapazität unter eine bestimmte Grenze abgesenkt, so bricht in diesem System die Räuberpopulation zusammen und verschwindet gänzlich. Veränderungen auf unteren Ebenen einer Nahrungskette können also dramatische Folgen für höhere Ebenen haben, obwohl deren Nahrungsangebot gar nicht direkt betroffen ist!

Z403 Räuber und zwei Beuten. Stehen einem Räuber zwei und mehr Beutepopulationen als Nahrungsquelle zur Verfügung, so erscheint es zunächst einmal logisch, wegen der höheren Nahrungsvielfalt von einem stabileren System auszugehen. Tatsächlich sind aber alle Beutepopulationen bis auf die robusteste von der Ausrottung bedroht, da in diesem System die Räuberpopulation auf die jeweils 'vorletzte' Beutepopulation nicht angewiesen ist und ihr Verschwinden keine Konsequenzen für den Räuber hat. Auch dieses System schwingt. Am Ende bleibt wieder nur ein einfaches Räuber-Beute-Verhältnis zwischen Räuber und der verbleibenden Beuteart.

Z404 Beute und zwei Räuber. Sind zwei Räuberpopulationen auf die gleiche Beutepopulation angewiesen, so würde der Rückgang der Beute auch den Rückgang beider Räuberpopulationen bedeuten – die Beutepopulation bleibt also erhalten. Allerdings verschwindet – wieder unter Schwingungen – bei diesem System langfristig der benachteiligte Räuber (der z.B. relativ höheren Nahrungsverbrauch hat). Seine Population kann sich gegen den effizienteren Konkurrenten auf Dauer nicht halten. Wieder ergibt sich schlussendlich ein einfaches Räuber-Beute-System. Natürlich herrschen in realen Ökosystemen meist komplexere Fressbeziehungen – die hier betrachteten Idealsysteme geben aber Hinweise auf mögliche dynamische Entwicklungen.

Z405 Kaibab. Einfaches Ursache-Wirkungs-Denken führt bei komplexen Systemen wie Ökosystemen leicht in die Irre. Logisch erscheinende Eingriffe können dramatische Folgen haben. Das Modell simuliert ein historisches Ereignis: Um Rinderherden in Arizona zu schützen, wurden Raubtiere (Pumas, Kojoten, Wölfe) gezielt abgeschossen. Die Konsequenz war ein gewaltiges Anwachsen der vorher relativ unbedeutenden Hirschpopulation, die die Vegetation des Gebiets (und damit auch die Weidemöglichkeiten der Rinder) dauerhaft zerstörte, bevor sie sich auf einer kleinen Restpopulation stabilisierte.

Z406 Vögel, Insekten und Wald. Auch dieses Modell simuliert (vereinfacht) eine reale ökologische Episode (aus einer Region in Australien). Hier nahmen bei zunehmender Umwandlung von Wäldern in Weideland die Populationen von Schadinsekten so stark zu, dass auch der restliche Wald von ihnen rasch vernichtet wurde. Auch hier hatte der Mensch aus Unkenntnis ein komplexes System verändert und dadurch aus dem eingespielten Gleichgewicht gebracht. Erst spät erkannte man die Zusammenhänge: Insekten brauchen den Wald als Futterquelle und Grasland für das Aufwachsen der Larven. Vögel wiederum ernähren sich von den Insekten, brauchen aber den Wald für ihre Nistplätze. Wird der Wald zunehmend zerstört, so verschlechtern sich die Bedingungen für die Vögel und verbessern sich für die Insekten. Die Insekten verlieren schließlich weitgehend ihre Fressfeinde, nehmen überhand und vernichten den restlichen Wald.

Z407 Pflanzenkonkurrenz. Konkurrierende Pflanzenpopulationen sind auf den gleichen Nährstoffvorrat im Boden angewiesen, den sie teilweise aufnehmen, in ihrer Biomasse speichern und später über abgeworfenes Laub und tote Biomasse und deren Zersetzung und Mineralisierung wieder in den Boden zurückführen. In der Konkurrenz der Pflanzenbestände um den gleichen Nährstoffvorrat spielt die Effizienz der Nährstoffspeicherung eine wichtige Rolle. Auf Dauer dominiert die Pflanzenpopulation, die mehr speichert und weniger Bestandsabfall abgibt. Pionierarten (kurzlebige, raschwüchsige r-Strategen) sind zwar anfangs im Vorteil; letztlich aber gewinnen Klimaxarten (langlebige k-Strategen wie Bäume) die Oberhand.

Z408 Fischteich. In der südchinesischen Teichlandwirtschaft werden seit Jahrtausenden mehrere ökologische Prozesse geschickt verkoppelt, um ein Maximum an Nahrungsmitteln in einem geschlossenen Nährstoffkreislauf zu erzeugen. Abfälle von Mensch und Tier fördern in künstlichen Teichen das Wachstum von Algen, von denen sich Fische ernähren und von Wasserhyazinthen, die als Schweinefutter dienen. Wasser und Schlamm – beide nährstoffreich – werden zur Bewässerung und Düngung in Feldern und Gärten verwendet. Die Nährstoffe in der Nahrung und im Viehfutter fließen über die Abfälle wieder ins System zurück. Das Modell berechnet die Dynamik dieser Fischteiche und ihren Fischertrag im Jahresverlauf und in Abhängigkeit von organischer und mineralischer Düngung. Bei Eutrophierung (Überdüngung) kann es zu Algenblüten und Algensterben kommen.

Z409 Fischfang. Die Größe der Fischpopulation in einem Gewässer hängt über eine meist längere Nahrungskette von der Sonneneinstrahlung und dem Nährstoffangebot ab, d.h. dem Angebot an Phytoplankton. Sie ist daher begrenzt, aber nachhaltig nutzbar, wenn dafür gesorgt wird, dass der Fischbestand nicht überfischt wird. Für Fischer stellt sich die Frage, ihren Ertrag zu maximieren, ohne große Schwankungen oder sogar den Zusammenbruch des Fischbestandes zu verursachen, und ohne hohe ökonomische Verluste (z.B. durch eine zu große Fangflotte) zu riskieren. Die verkoppelte Dynamik von Fischbestand und Bootsbestand erweist sich bei genauerer Betrachtung als identisch mit dem klassischen Räuber-Beute-Problem. Solange der

Fangerfolg lediglich von der Fischdichte abhängt, ist der Fischbestand immanent vor der Ausrottung geschützt. Gelingt es den Fischern allerdings, mit moderner Ortungstechnik (Sonar) auch noch die letzten versteckten Bestände aufzuspüren, so wird diese schützende Systemstruktur grundlegend verändert. Um den Fischbestand vor der Vernichtung zu bewahren, müssen dann strikte Fanggrenzen eingeführt werden.

Z410 Fischfang mit Optimierung. Der Erlös aus dem Verkauf des Fischfangs muss teilweise die Unkosten für Beschaffung, Unterhalt und Betrieb der Fischerboote und die Löhne der Bootsbesatzungen decken. Ein Fischereiunternehmen steht also vor dem Problem, die Zahl seiner Boote und Besatzungen so zu wählen, dass der vorhandene Fischbestand ökonomisch optimal und nachhaltig genutzt werden kann. Bei einem zu niedrigen Bootsbestand könnte die Ressource nur teilweise genutzt werden; bei einem zu hohen Bestand würde die Gewinnspanne zu gering oder negativ werden. Wie bei vielen anderen Entscheidungen dieser Art stellt sich aber auch hier die Frage, nach welchen Gesichtspunkten optimiert werden soll: Geht es nur um Profitmaximierung? Oder soll ein Maximum an Nahrung für eine hungernde Bevölkerung beschafft werden? Oder sollen möglichst viele Arbeitsplätze gesichert werden? Oder sollen verschiedene Gesichtspunkte mit unterschiedlichen Gewichtungen gleichzeitig berücksichtigt werden? Die angelegten Optimierungskriterien bestimmen entscheidend das Ergebnis.

Z411 Tourismus. Regionen, die sich durch Naturschönheiten oder Kulturdenkmäler auszeichnen, werden zum Ziel von Touristen. Aber Touristen benötigen Infrastruktur: Hotels, Ver- und Entsorgung, Straßen, Flugplätze. Je mehr Touristen, umso mehr Infrastruktur wird benötigt, umso mehr verliert die Region von ihrer ursprünglichen Attraktivität. Werbung kann Verluste teilweise auffangen. Da sich aber natürliche und kulturelle Angebote nicht beliebig vermehren lassen, sind jeder touristischen Entwicklung Grenzen gesetzt. Im günstigsten Fall gelingt es einer Region, ihre Vorteile durch vorsichtige und maßvolle Entwicklung dauerhaft zu sichern. Bei unvorsichtiger Entwicklung wird die Basis für einen einträglichen Tourismus dauerhaft zerstört.

Z412 Touristendynamik. Systeme aus Physik und Technik (wie etwa Fahrzeugfederung, Flugdynamik oder elektronischer Schaltkreis) lassen sich (fast immer) in mathematischen Modellen abbilden, die eindeutig 'richtig' oder 'falsch' sind. Bei 'richtigen' Modellen sind Prozesse und Zusammenhänge mit gültigen Verfahren beschrieben und in eindeutig überprüfbarer Weise verkoppelt worden. Fehler werden durch vielfache kritische Überprüfung gefunden und korrigiert. Bei der Modellentwicklung in anderen Disziplinen ist eine solche eindeutige Zuordnung selten möglich, oft allein bereits deshalb, weil wegen der Komplexität des modellierten Systems viele Vereinfachungen getroffen werden müssen, über deren Zulässigkeit sich trefflich streiten lässt, da sie vielfach gar nicht klar entscheidbar ist. In solchen Fällen verschafft die konkurrierende Modellentwicklung durch Arbeitsgruppen mit durchaus unterschiedlichen Ansichten und Erfahrungen oft erst den umfassenden Blick über einen Problembereich. Wenn trotz unterschiedlicher Ausgangspositionen verschiedene Systemuntersuchungen zu vergleichbaren Aussagen und vielleicht sogar zu sehr ähnlichen mathematischen Modellen führen, so müssen diese Ergebnisse ernst genommen werden. Es werden hier drei verschiedene Simulationsmodelle der Tourismusdynamik vorgestellt, die von drei Arbeitsgruppen unabhängig voneinander bei identischer Aufgabenstellung entwickelt wurden. Obwohl die Modelle verschieden sind, führen sie doch zur gleichen Aussage über die Entwicklungsdynamik.

Z413 Wanderfeldbau. Ackerbau und Weidewirtschaft entziehen dem Boden Nährstoffe mit den pflanzlichen und tierischen Nahrungsmitteln, die dort produziert werden. Sind die Böden ursprünglich nährstoffarm – wie die meisten Böden der Tropen – so verlieren die Böden mit dem Nährstoffentzug früher oder später ihre Fruchtbarkeit. Eine Bevölkerung, die dank der anfänglich guten Nahrungsversorgung rasch angewachsen ist, steht dann vor Ernährungsproblemen, muss verhungern oder das Gebiet verlassen. Aus diesen Zwängen hat sich in vielen Gebieten der Erde der Wanderfeldbau entwickelt. Wald wird gerodet; das Land wird für einige Jahre landwirtschaftlich genutzt. Lässt die Fruchtbarkeit nach, wird das Land aufgegeben und der natürlichen Sukzession überlassen. Dabei stellt sich der ursprüngliche Waldbewuchs wieder ein, über Jahrzehnte akkumulieren wieder Nährstoffe. Nach erneuter Rodung kann das Gebiet wieder für einige Jahre landwirtschaftlich genutzt werden.

Z414 Entdeckung von Rohstoffen. Die Entdeckung und Ausbeutung von Rohstoffen wie Metallen oder fossilen Brennstoffen folgt einer charakteristischen Dynamik, obwohl durch Zufälligkeiten und Wahrscheinlichkeiten einzelne Funde mit hohen Unsicherheiten behaftet sind. Besteht ein Verwertungsinteresse und sind noch große Rohstoffmengen unentdeckt, so ist die Suche nach neuen Quellen anfangs sehr erfolgreich. Die Menge der entdeckten Rohstoffvorräte wächst rasch an. Je mehr Vorräte aber bereits entdeckt worden sind, um so geringer wird die Menge der noch unentdeckten Vorräte, und um so seltener werden neue Vorkommen gefunden. Der Rohstoffverbrauch wächst zunächst mit der zunehmenden Verfügbarkeit, sinkt dann aber wieder mit der endgültigen Erschöpfung der Rohstoffvorräte.

Z415 Rohstoffausbeutung mit Rezyklierung. Der Rohstoffabbau wird bestimmt durch die Nachfrage wie auch durch den noch vorhandenen Vorrat. Die Erzeugung von Produkten aus diesem Rohstoff hängt aber nicht von der Abbaumenge, sondern von der Menge des am Markt angebotenen Rohstoffes ab, der zum großen Teil auch aus der Rezyklierung stammen kann (vor allem: Metallschrott). Die Menge des rezyklierten Rohstoffs ergibt sich aus der Rückführungsrate und der jährlichen Verschrottungsmenge – diese bestimmt sich wiederum direkt aus der Lebensdauer der Produkte. Mit dem Modell lassen sich u.a. die Einflüsse der Rückführungsrate und der Produktlebensdauer auf das langfristige Rohstoffangebot untersuchen. Durch Verbesserung dieser Faktoren lässt sich eine bedrohliche Rohstoffverknappung oft weit in die Zukunft verschieben.

Z416 Übernutzung und Zusammenbruch. Bei erneuerbaren Ressourcen (wie Wasser, Böden, Nahrungsmittel, Holz, erneuerbare Energien) müssen andere Bedingungen beachtet werden als bei nicht-erneuerbaren Rohstoffen. Erneuerbare Ressourcen sind prinzipiell auf Dauer verfügbar – aber nur, wenn ihre Nutzung kritische Grenzen nicht überschreitet und die Ressourcen sich regenerieren können. Die Dynamik wird daher vor allem durch zwei Entwicklungen bestimmt: die Erneuerung der Ressource und ihre Nutzungsweise. Dabei hängt die Erneuerung wesentlich von der noch vorhandenen Ressourcenmenge ab, während die Nutzung von der Höhe der nutzenden Population (z.B. Weidetiere) und ihrem spezifischen Verbrauch bestimmt ist. Für unterschiedliche Parameterkombinationen ergeben sich qualitativ verschiedene Verhaltensweisen: Gleichgewichtszustände, Schwingungen, Grenzzyklus oder völlige Zerstörung der Ressourcenbasis und Zusammenbruch der Nutzerpopulation.

Z417 Tragödie der Allmende. Ist eine erneuerbare Ressource im Allgemeinbesitz (z.B. gemeinschaftliche Fischgründe oder Viehweide = Allmende), so ist die Versuchung für den einzelnen Nutzer groß, durch eine zusätzliche Investition (z.B. ein größeres Boot oder ein weiteres Rind) seinen persönlichen Vorteil zu vergrößern. Der Prozess kann selbstverstärkend sein, wenn durch die Zusatzinvestition weitere Mittel erwirtschaftet werden, mit denen weitere Investitionen zur Nutzung der Ressource möglich werden. Schließlich führt die Entwicklung zu einer Zerstörung der Ressource – mit dem Schaden für alle. Eine nachhaltige Nutzung kann es nur bei Einhaltung strikter Regeln geben.

Z418 Nachhaltige Nutzung. Auch bei gemeinschaftlicher Nutzung einer erneuerbaren Ressource ist eine profitable Nutzung auf Dauer möglich, wenn nicht das persönliche Profitinteresse sondern die Erhaltung des Ressourcenbestands die Nutzung bestimmt. An diesem Prinzip der Nachhaltigkeit orientiert sich die Forstwirtschaft vieler Länder bereits seit mehreren hundert Jahren.

7-5   Wirtschaft und Gesellschaft

Wenn die Dinge gut laufen in Wirtschaft und Gesellschaft, lassen sich die dort Verantwortlichen gern als 'herausragende Wirtschaftsführer', 'Manager des Jahres' und 'politische Genies' feiern. Wenn im Jahr darauf Aktienkurse und Profite purzeln und die Wirtschaft nicht mehr wächst, müssen sie sich 'Inkompetenz' vorwerfen lassen und werden von ergrimmten Aktionären oder Wählern in die Wüste geschickt. Tatsächlich aber sind bei den großen Systemen in Wirtschaft und Gesellschaft deren vorgebliche Manager nur in geringem Maße für etwaige Erfolge oder Misserfolge verantwortlich. Die Systeme folgen vorwiegend ihrer eigenen, von ihrer Struktur vorgegebenen Dynamik, die sich auch durch geschicktes Management nur in Grenzen beeinflussen lässt. Konjunkturzyklen sind ein Beispiel für eine solche Dynamik, aber sie müssen auch oft als Entschuldigung für Misserfolge wohlgemeinter aber fehlsteuernder Eingriffe herhalten. Die Systeme haben nicht nur eine Eigendynamik, die schwer zu steuern ist, sondern durch fehlendes oder fehlerhaftes Verständnis der strukturbedingten Dynamik und der systeminternen Rückwirkungen verstärken wohlgemeinte Eingriffe oft noch die unerwünschten Entwicklungen.

Wie in anderen Bereichen auch, so werden auch in Wirtschaft und Gesellschaft die – oft systemimmanenten – Gründe für Fehlentwicklungen erst durch die Erforschung, Modellbildung und Simulation der verhaltensbestimmenden Systemstruktur deutlich. Dabei helfen ökonomische Theorien oder die aus Beobachtungen der Vergangenheit gewonnenen statistischen Modelle kaum weiter, da sie zur Erhellung der Systemstruktur und ihrer (in der Vergangenheit u.U. noch nicht beobachteten) Verhaltenspotentiale wenig beizutragen haben.

In diesem Teil des Systemzoos werden 15 Simulationsmodelle aus Wirtschaft und Gesellschaft vorgestellt, die unterschiedliche und zum Teil dramatische strukturbedingte Eigendynamiken zeigen. Ohne eine Kenntnis der möglichen Eigendynamiken und ein Gespür für die zu erwartenden Reaktionen ist ein erfolgreicher Umgang mit Systemen dieser Art kaum möglich. Dieses Gespür lässt sich durch Simulationen dieser Systeme über ihr ganzes Verhaltensspektrum aufbauen. In dieser Beziehung unterscheiden sich Simulationsmodelle komplexer dynamischer Systeme in Wirtschaft und Gesellschaft prinzipiell nicht von Flugsimulatoren, mit denen Piloten für alle Eventualitäten geschult werden.

Z501 Lagerhaltung und Bestellung. Es war lange Zeit ein Rätsel, warum in der Produktion und Vermarktung der unterschiedlichsten Produkte (Motoren bis Schweine) trotz gleichmäßig einlaufender Bestellungen immer wieder große Schwankungen mit systemtypischen Perioden auftraten. Manchmal suchte man sich durch große Lager zu helfen, um die Schwankungen auszugleichen. Erst Untersuchungen der strukturbedingten Systemdynamik dieser Systeme brachten die Erklärung: Die unvermeidlichen Verzögerungen zwischen Bestellung und Auslieferung können zu Schwingungen führen, die auch gewiefte Manager ohne Hilfe eines Simulationsmodells kaum in den Griff bekommen. Das Modell reduziert das Problem auf die einfachst-mögliche Struktur, die dieses Verhalten bereits zeigt: ein Lagerbestand, der verzögert wieder aufgefüllt wird. Sogar zufällige Schwankungen im täglichen Verkauf können bereits zu periodischen Schwingungen des Lagerbestands führen.

Z502 Lagerhaltung und Auftragsbestand. Bei diesem etwas komplexeren Modell steht neben dem Lagerbestand auch der jeweilige Auftragsbestand als Zustandsgröße. Die tägliche Bestellung kann sich am Tagesverkauf wie auch (gleichzeitig) am Lagersoll orientieren. Es lassen sich damit unterschiedliche Bestellstrategien und ihr Einfluss auf die Systemdynamik untersuchen. Auch hier zeigen sich periodische Schwingungen bei Lagerbestand und Auftragsbestand, die auch ohne Erregung mit einer bestimmten Frequenz durch zufällige Verkaufsschwankungen auftreten und nicht leicht zu dämpfen sind.

Z503 Produktionszyklus. Ein geringer Lagerbestand und der damit verbundene höhere Preis versprechen zukünftige Gewinne und führen zu einem Ausbau der Produktionskapazität – der allerdings Zeit braucht. Die höhere Produktionskapazität füllt den Lagerbestand wieder auf, führt aber wegen Überangebot zu einem Preisverfall, so dass Produktionskapazität stillgelegt wird – wieder mit Verzögerung. Der 'Schweinezyklus' der Landwirtschaft folgt diesem Schema: Hoher Fleischbedarf bringt Schweinezüchter gleichzeitig auf die Idee, mehr Tiere zu züchten. Wenn diese viele Monate später schlachtreif werden, herrscht am Markt ein Überangebot, die Fleischpreise sind am Boden, die Züchter sehen keine Zukunft, lassen ihre Sauen nicht decken und verursachen Monate später einen Fleischmangel. Damit wiederholt sich der Zyklus von anfänglicher hoher Nachfrage und späterem Überangebot.

Z504 Markt und Preis. Preise orientieren sich an der Nachfrage, doch müssen sie nach Berücksichtigung von Kapitalkosten, Arbeitskosten, Materialkosten und Steuern (oder Subventionen) wenigstens einen kleinen Gewinn erbringen, um das Produkt am Markt zu halten. Das Modell untersucht die Dynamik der Anpassung von Marktpreis und Produktionskapazität eines Produkts, das in begrenzter Menge nachgefragt wird und konkurrenzlos produziert und verkauft wird.

Z505 Marktkonkurrenz. Konkurrieren zwei Produzenten mit dem gleichen Produkt am gleichen Markt, so regeln sich Preis und Angebot über die Nachfrage und das gemeinsame Angebot. Dieser Fall kann durch Verkopplung von zwei Modellen wie Z504 'Markt und Preis' simuliert werden. Ein kleiner Unterschied in den Produktionskosten führt jetzt dazu, dass der eine Produzent seine Produktion weiter ausbauen kann und schließlich den Markt allein beherrscht, während der andere vom Markt verschwindet. Bei der nationalen Konkurrenz kann man von ähnlichen Produktionsbedingungen für die Konkurrenten ausgehen. Bei internationaler Konkurrenz können sich die Produktionsbedingungen erheblich unterscheiden (z.B. zwischen 'Industrieland' und 'Entwicklungsland'). Damit ergeben sich auch für einen der Konkurrenten erhebliche Vorteile, die u.U. durch Einfuhrzölle oder Subventionen kompensiert werden müssen, wenn die Produktion in der benachteiligten Region erhalten bleiben soll.

Z506 Konkurrenz um Ressourcen. Konkurrenz bringt Nachteile für die Konkurrenten; sie beeinträchtigt ihre Entwicklung. Wenn die Konkurrenz nur geringe Auswirkungen auf zwei Konkurrenten hat, so können beide überleben (z.B. um Nahrung konkurrierende Organismen, oder um Marktanteile konkurrierende Produzenten). Überschreitet der Konkurrenzeffekt ein bestimmtes Maß, so verschwindet schließlich der benachteiligte Konkurrent vom Markt. Einen kritischen Einfluss haben auch die Wachstumsraten der Konkurrenten und ihre anfängliche Stärke: sie entscheiden darüber, welcher Konkurrent schließlich verschwindet.

Z507 Eskalation. Es ist eine alltägliche Erscheinung: Das Verhältnis zwischen zwei Akteuren verschlechtert sich rasch und scheinbar unaufhaltsam in einem 'Teufelskreis'. Die 'Rüstungsspirale', die 'Spirale der Gewalt', die 'Preisspirale' sind Beispiele. Der Kern des Prozesses besteht darin, dass sich zwei Akteure gegenseitig beobachten und den Maßnahmen des 'Gegners' mit entsprechenden eigenen Maßnahmen begegnen, die 'sicherheitshalber' aber noch etwas stärker ausfallen als die des Gegners. Der 'Sicherheitszuschlag' wird besonders dann stärker ausfallen, wenn die Information über das Potential des Gegners unsicher ist (oder ideologisch verzerrt ist). In einem Prozess gegenseitigen 'Aufschaukelns' verstärken also beide Gegner ständig ihr Drohpotential. Einen Ausweg aus dieser Spirale (und damit eine stabile Lösung) kann es erst geben, wenn eine Akteur (oder beide) auf die Bedrohung abgeschwächt antwortet ('Nachgeben'). Auch korrekte Information über die Stärke des anderen kann helfen, den Prozess zu dämpfen (z.B. gegenseitige Waffeninspektion).

Z508 Abhängigkeit. Akteure (Menschen, Kommunen, Betriebe) können normalerweise ihren Zustand weitgehend aus eigener Kraft auf einem gewünschten Niveau halten. Diese Selbsthilfekapazität kann erodieren, wenn sich der Akteur allmählich an ständige Fremdhilfe gewöhnt (z.B. Unterstützung, Subventionen, aber auch Drogen). Wenn dagegen der Fremdhilfeanteil begrenzt bleibt, so bleibt die Selbsthilfekapazität erhalten und kann sich sogar verstärken. Das Modell unterstreicht die Bedeutung von 'Hilfe zur Selbsthilfe' und illustriert den Prozess, der zu Abhängigkeit und Unselbständigkeit führen kann, wenn Hilfe zu generös gewährt wird.

Z509 Aggression. Unterschiede der Religion, der politischen Ideologie, der ethnischen Herkunft können zu Aggression und Hass zwischen Bevölkerungsgruppen führen, die sich oft genug in Anwendung von Gewalt entladen. Soziale Probleme, Gewaltdarstellungen in den Medien, fehlende staatliche Autorität können diese Prozesse noch verstärken, während Toleranz, Aufklärung, Gewöhnung und Vergessen manche Spannungen abbauen können. Das Modell beschreibt das Zusammenwirken der verschiedenen Prozesse und die Dynamik der Gewalt, wenn Hemmschwellen abgebaut und überschritten werden.

Z510 Lebenslauf und Einkommen. Junge Menschen bauen in vielen Schul- und Ausbildungsjahren allmählich die Fähigkeiten auf, mit denen sie später ihren Beruf ausüben und sich ihr Leben auch in der Freizeit und im Alter gestalten. Mit lebenslangem Lernen und Weiterbildung können die eigenen Fähigkeiten bewahrt und verbessert werden. Mit diesem 'Kapital' können einerseits die beruflichen Chancen und das Einkommen verbessert, andererseits auch die Möglichkeiten zur eigenen Entfaltung besser ausgeschöpft werden. Menschen haben unterschiedliche Vorstellungen und Ziele für ihr Leben. Welchen Einfluss können Parameter wie Art, Kosten und Dauer der Ausbildung, Weiterbildung und Ruhestandsalter auf den persönlichen Lebenslauf haben? Welche Strategien empfehlen sich, um entweder möglichst rasch möglichst viel Besitz anzuhäufen, oder möglichst früh finanzielle Unabhängigkeit zu erreichen, oder seine Fähigkeiten voll zur Entfaltung zu bringen und möglichst viel aus seinem Leben zu machen?

Z511 Strukturelle Arbeitslosigkeit, einfaches Modell. Produktivitätsfortschritte führen dazu, dass eine gegebene Nachfrage mit zunehmend weniger Arbeitskräften in der Produktion gedeckt werden kann. Mit der Produktivität steigen auch die Löhne der noch in der Produktion Beschäftigten. An diesen Löhnen orientieren sich auch die Löhne im Dienstleistungssektor. Da die staatlichen Aufgaben im Dienstleistungssektor im Zusammenhang mit zunehmender Arbeitslosigkeit zunehmen, erhöhen sich die Staatsausgaben überproportional und erschöpfen schließlich die Staatsfinanzen. Dienstleistungen können jetzt nicht mehr finanziert werden – die Arbeitslosigkeit erhöht sich weiter. Es zeigt sich, dass sowohl Produktivitätsfortschritt wie auch Lohnentwicklung kritisch zur Verschärfung der Situation beitragen.

Z512 Strukturelle Arbeitslosigkeit, komplexes Modell. Bei einer genaueren Betrachtung von Produktion und Dienstleistungen und der Dynamik des Arbeitsmarkts sollten auch Prozesse einbezogen werden, mit denen die Entwicklung möglicherweise positiv beeinflusst werden könnte. Gewinnspannen beeinflussen Bemühungen um Rationalisierung und Ressourceneffizienz sowie Entlassungen. Gewinne entstehen aus der Differenz von Erlösen und Produktionskosten (Arbeits- und Materialkosten sowie verschiedene Abgaben). Staatseinnahmen folgen aus (veränderlichen) Abgaben wie Lohnsteuer, Gewerbesteuer, Ökosteuer. Die mit Arbeitslosigkeit, usw. verbundenen Aufgaben erfordern Leistungen, für die Mittel im Dienstleistungsbereich benötigt werden – die die Staatsausgaben erhöhen. Einen entscheidenden Einfluss auf die Dynamik hat die Rationalisierungsrate, d.h. der Nachdruck, mit dem bei schwindendem Gewinn durch Rationalisierung reagiert wird.

Z513 Arbeitsplätze. In diesem Modell werden neben 'Produktionspotential' und 'Arbeitsplätze' auch 'Technischer Fortschritt', 'Güterbedarf', 'Lohnniveau' und 'Preisniveau' als Zustandsgrößen geführt. Aus der Verkopplung dieser Prozesse ergibt sich die komplexe Dynamik. Bei der Schaffung von Arbeitsplätzen in der Produktion spielt die Investitionsfreudigkeit als Reaktion auf Nachfrage (Gewinnaussichten) und Gewinnlage eine wichtige Rolle. Die Nachfrage richtet sich nach den verfügbaren Einkommen. Tendenziell erhöht sich mit steigenden Löhnen in der Güterproduktion auch die Nachfrage nach Dienstleistungen, doch wird diese gleichzeitig durch entsprechende Lohnsteigerungen gedämpft, so dass sich tendenziell ein Dienstleistungsdefizit entwickelt. Technischer Fortschritt, Bedarfssättigung und Steuersatz haben einen starken Einfluss auf die langfristige Entwicklung.

Z514 Nahverkehr. Dank Motorisierung und Straßenausbau ist es heute nicht mehr nötig, in der Nähe von Arbeits- und Einkaufsstätten in der Stadt zu wohnen. Im Zuge dieser Entwicklung sind überall Siedlungen im Umland entstanden. Der tägliche Pendelverkehr zwischen Stadt und Umland führt zu zunehmenden Stau- und Fahrzeiten und beeinträchtigt Lebens- und Umweltqualität. Der Ausbau des öffentlichen Personen-Nahverkehrs (ÖPNV) könnte Erleichterung verschaffen, falls er attraktiv genug wäre, von den Pendlern angenommen würde und sich dann auch wirtschaftlich tragen könnte. Ein wesentlicher Faktor für die Akzeptanz ist dabei der Vergleich der Fahrzeiten für Pkw und ÖPNV. Beide lassen sich durch entsprechenden Ausbau verkürzen. Es ist vor allem eine Frage der politischen Gewichtung, welches des beiden Systeme vorwiegend gefördert wird. Besteht ein eindeutiger Zeitvorteil, so verlagern sich die Pendlerströme stark auf das günstigere Verkehrsmittel. Die bessere Verkehrsanbindung hat aber auch eine weitere Konsequenz: Siedlungen im Umland werden noch attraktiver und gewinnen weitere Pendler, womit die Erfolge aus dem Ausbau von Straße oder Schiene teilweise wieder zunichte gemacht werden.

Z515 Ökosteuer und Auto. Mit einer allmählich ansteigenden Ökosteuer soll ein Anreiz für effizientere Kraftfahrzeuge, für Fahrgemeinschaften und die Nutzung des öffentlichen Personen-Nahverkehrs geschaffen werden. Die absehbar steigenden Kosten der Pkw-Nutzung sollen Entwicklung und Absatz energiesparender Kraftfahrzeuge stimulieren. Im Modell wird untersucht, wie sich im täglichen Pendlerverkehr die Verkehrsanteile von 'Normalautos', 'Sparautos' und 'ÖPNV' in Abhängigkeit von der Höhe und Entwicklung der Ökosteuer, von Kilometerpauschale und ÖPNV-Tarifen entwickeln könnten. Falls sich wesentliche Kostenvorteile für das eine oder andere Verkehrsmittel ergeben, ist mit einem Umsteigen vieler Pendler in die günstigere Kategorie zu rechnen. Damit hat der Gesetzgeber wirksame Möglichkeiten, um unterschiedliche Ziele zu erreichen, wie z.B. Maximierung seiner Einnahmen, maximalen Umweltschutz, Reduzierung des Treibstoffverbrauchs oder Ausbau des ÖPNV.

7-6   Globale Entwicklung

Unsere Welt ist ein gigantisches komplexes System, dessen dynamische Entwicklung von Myriaden komplexer, miteinander verkoppelter Einzelsysteme bestimmt wird – die meisten selbstorganisierend und ständig evolvierend in Reaktion auf ihre dynamische Umwelt. Die Verkoppelungen bewirken, dass die Dynamik des Gesamtsystems nicht allein aus der seiner Einzelsysteme heraus verstanden und beschrieben werden kann: Das System ist mehr als die Summe seiner Teile. Aus dieser grundsätzlichen Einsicht folgt aber auch der Wunsch, trotz aller Komplexität einen Überblick über mögliche Entwicklungen zu gewinnen. Vor allem auch: abzuklären, welche Eingriffsmöglichkeiten der Menschheit bleiben, um etwaige unerwünschte oder sogar katastrophale Entwicklungen abzuwenden. Es ist klar, dass dieses Vorhaben nur erfolgreich sein kann, wenn es gelingt, in dem fast unüberschaubaren Gewusel komplexer Systeme in unserer Welt diejenigen fundamentalen Prozesse und Strukturen zu identifizieren, die die Dynamik des Gesamtsystems vorwiegend bestimmen. Eine Analogie ist die Röntgenaufnahme eines Körpers, die das tragende Knochengerüst klar erkennen lässt.

Auf den ersten Blick ist das eine unmögliche Aufgabe. Aber im Jahr 1970 legte Jay W. Forrester, Professor für Elektrotechnik am Massachusetts Institute of Technology (MIT), ein erstes 'Weltmodell' (World2) und Ergebnisse von Computersimulationen vor. Forrester hatte die Methode 'System Dynamics' zur Modellierung und Simulation dynamischer Systeme der Elektrotechnik entwickelt und später auch auf Betriebswirtschaft und Stadtentwicklung erfolgreich angewendet. In seinem Weltmodell wurden Bevölkerungsentwicklung, Industrie, Landwirtschaft, Ressourcenverbrauch und Umweltbelastung als verkoppeltes System dargestellt und berechnet. Forrester erntete Hohn und Spott besonders von seinen Kollegen aus der Ökonomie, aber der Ansatz wurde bald von anderen Wissenschaftlern als erfolgversprechend erkannt. In der Folge wurden weitere, z.T. sehr komplexe Weltmodelle entwickelt. Am bekanntesten ist das Weltmodell World3 geworden, das von einer Arbeitsgruppe unter der Leitung von Donella und Dennis Meadows in Forresters Institut am MIT entwickelt wurde und das durch das Buch 'Die Grenzen des Wachstums' einen enormen Einfluss auf das Denken in Wissenschaft, Politik und Öffentlichkeit hatte. Es ist auch heute noch Basis von Untersuchungen zur 'Nachhaltigen Entwicklung'.

Die Weltmodelle zeigten bei ihren Simulationen zukünftiger Entwicklungen unter unterschiedlichen Annahmen (Szenarien), dass rechtzeitig Weichen gestellt werden müssen, um katastrophale Entwicklungen zu vermeiden. Betrachtungen zu zukünftigen Entwicklungen schließen daher auch zwangsläufig Aspekte ein, die sich mit den Differentialgleichungen dynamischer Systeme nicht mehr beschreiben lassen: Prozesse der menschlichen Informationsverarbeitung wie z.B. lange Ketten logischer Schlussfolgerungen über qualitativ beschriebene Sachverhalte und die vergleichende Bewertung im Hinblick auf viele Beurteilungskriterien.

In diesem Teil des Systemzoos werden 15 Simulationsmodelle beschrieben. Neben den vollständigen Weltmodellen World2 und World3 werden auch Bausteine für solche Modelle und weitere Simulationsmodelle vorgestellt, die sich mit globalen Entwicklungsproblematiken wie Bevölkerungsentwicklung, Schuldenkrise, Globalisierung und Entwicklungsproblemen befassen. Es wird gezeigt, dass sich dramatische Entwicklungen vermeiden lassen, wenn eine konsequente Orientierung an den Leitwerten der nachhaltigen Entwicklung eingehalten wird. Da bei allen Zukunftsuntersuchungen die menschliche Informationsverarbeitung bei Folgenabschätzung, Konsequenzenanalyse und Bewertung eine entscheidende Rolle spielt, werden auch hierfür Simulationsbeispiele dokumentiert.

Z601 Bevölkerung mit drei Altersgruppen. Um eine Bevölkerungsentwicklung korrekt zu beschreiben, müssen mindestens drei Altersgruppen explizit dargestellt werden: Erwachsene, die Kinder bekommen können, Kinder, die noch keine, und Alte die keine Kinder mehr bekommen. Die Zahl der Geburten ist abhängig von der Zahl der Eltern und ihrer Fertilität, d.h. der durchschnittlichen Zahl der Kinder während der Lebenszeit einer Frau. Wenn ein Kinderjahrgang erwachsen wird, wird er bei der Elterngruppe mitgezählt. In einem ähnlichen Übergang wird jährlich ein Elternjahrgang zu der Gruppe der Alten verschoben. Bei allen drei Zustandsgrößen (Kinder, Eltern, Alte) sind jährlich auch Todesfälle entsprechend der altersbedingten Sterblichkeiten abzuziehen.

Z602 Bevölkerung mit vier Altersgruppen. Wenn außer der Bevölkerungszahl auch noch Angaben wie Zahl der Erwerbsfähigen und Zahl der Rentner interessieren, muss eine genauere Aufgliederung der Altersgruppen vorgenommen werden: Kinder und Jugendliche, jüngere Erwachsene als potentielle Eltern, ältere Erwachsene bis zum Rentenalter, Alte. Wenn jetzt auch plausible Szenarien für Fertilität und Mortalität eingeführt werden, ist bereits eine relativ genaue Berechnung der zahlenmäßigen Entwicklung der verschiedenen Bevölkerungsgruppen möglich, die Entwicklungstendenzen erkennbar macht (z.B. starkes Anwachsen der Rentnergeneration und sinkende Kinderzahlen). Genaue Bevölkerungsmodelle arbeiten mit einer Altersgruppe für jeden Jahrgang, also etwa 100 Altersgruppen.

Z603 Renten-Entwicklung. Bevölkerungsprognosen mit Simulationsmodellen dieser Art haben eine sehr hohe Genauigkeit, da die Zahl der heute lebenden Menschen in allen Altersgruppen (prinzipiell) bekannt ist und sich Fertilität und Mortalität der Altersgruppen nur allmählich ändern. Die potentiellen Eltern der drei nächsten Jahrzehnte und die potentiellen Rentner der nächsten sieben (!) Jahrzehnte z.B. leben alle bereits – und können gezählt werden. Damit wird auch eine recht genaue Prognose z.B. des Verhältnisses von Rentnern zu Erwerbstätigen möglich. In den Industrieländern verschiebt sich dieses Verhältnis derzeit dramatisch zugunsten der Rentner. Damit deuten sich erhebliche Probleme bei der zukünftigen Sicherung der Renten an.

Z604 Bevölkerung einer Kleinstadt. Wenn auch in einer Stadt keine zuverlässigen Aussagen über die Zuzüge und Fortzüge in den nächsten Jahrzehnten gemacht werden können, so kann die Untersuchung der Bevölkerungsentwicklung aufgrund der Alterszusammensetzung und der landesüblichen Mortalitäten und Fertilitäten doch wichtige Entscheidungsgrundlagen bieten für die Planung von Baugebieten, Schulen, Arbeits- und Ausbildungsstätten, Einkaufsstätten, Altenheimen und anderen Infrastruktureinrichtungen. Das Modell arbeitet mit acht Altersklassen und wurde zur Untersuchung der Bevölkerungsentwicklung in den Stadtteilen und der Abschätzung des zukünftigen Bedarfs für Einfamilienhäuser und Wohnungen eingesetzt.

Z605 Miniwelt. In diesem Modell werden die verkoppelten entwicklungsbestimmenden Prozesse unserer Welt in der einfachst-möglichen Weise dargestellt und verkoppelt. Ein primitives Bevölkerungsmodell, das mit vorgegebener Mortalität und Fertilität und möglicher Geburtenkontrolle arbeitet, wird mit einer Produktion verkoppelt, deren Wachstum nur durch Umweltverschmutzung und eventuelle Bedarfssättigung eingeschränkt ist. Der materielle Lebensstandard beeinflusst die Geburtenrate, führt aber auch zu entsprechender Zerstörung der Umwelt, die sich nur wieder erholen kann, wenn die Umweltqualität einen kritischen Wert nicht unterschreitet. Dieses einfache Modell zeigt bereits die typische Dynamik der komplexeren Weltmodelle.

Z606 Miniwelt mit Orientierung. Simulationsmodelle liefern als Ergebnis Zeitreihen für Größen wie Bevölkerungszahl, Produktionsmengen, Umweltbelastung, Bruttoinlandsprodukt oder Kreditschulden. Aber was bedeuten diese Zahlen für die Entwicklung des betrachteten Systems? Und wie können alternative Entwicklungen verglichen werden, um die 'beste' Lösung zu finden? Wo können Einbußen hingenommen werden, um dafür an anderer Stelle langfristige Vorteile zu sichern? Um Fragen dieser Art beantworten und damit auch Handlungshinweise geben zu können, muss abgeschätzt werden können, welchen Einfluss die einzelnen Größen auf die Kriterien haben, die für den Entscheider zählen, wie z.B. Existenzsicherung oder Handlungsfreiheit. Bei der 'Miniwelt' werden die Simulationsergebnisse auf die Leitwerte der nachhaltigen Entwicklung abgebildet, an denen sich selbstorganisierende Systeme (implizit) orientieren: Existenzfähigkeit, Wirksamkeit, Handlungsfreiheit, Sicherheit, Wandlungsfähigkeit und Koexistenzfähigkeit. Die ausreichende Erfüllung jedes dieser Leitwerte ist für eine nachhaltige Entwicklung erforderlich. Mit diesem Ansatz lassen sich auch Lösungen mit optimaler Leitwerterfüllung finden. Die Leitwertorientierung erweist sich als wichtige Entscheidungshilfe gerade beim Umgang mit komplexen selbstorganisierenden Systemen.

Z607 Schuldenkrise. Um Industrie und Infrastruktur aufzubauen, sind erhebliche Kredite in 'Entwicklungsländer' geflossen. Mit Gewinnen aus der neuaufgebauten Wirtschaft und Industrie sollten Zinsen bezahlt und Schulden getilgt werden. Bei nur langsam wachsender Nachfrage führt das stärker wachsende globale Angebot an Gütern jeder Art jedoch zu Preisverfall und zum Absinken der Erlöse. Es wird zunehmend schwieriger und schließlich unmöglich, Zinsen und Kredite zu bedienen. Zinsschulden zwingen zur Aufnahme weiterer Kredite; es entsteht ein Teufelskreis zunehmender Verschuldung.

Z608 Globalisierung und Konkurrenz. Die Globalisierung des Welthandels macht Länder zu Konkurrenten, die unter völlig unterschiedlichen natürlichen Bedingungen (Klima, Ressourcen) und sozialen und ökologischen Standards produzieren müssen. Um konkurrenzfähig zu bleiben, haben Regionen oft keine andere Wahl, als ihre sozialen und ökologischen Standards zu lockern. Das Modell beschreibt u.a. die Entwicklung, die sich aus den Wirtschaftsbeziehungen zwischen zwei Ländergruppen mit anfangs unterschiedlichen Sozial-, Umwelt- und Lohnstandards ergeben kann, wenn alle Handelshemmnisse aufgehoben werden. Über Szenarien für Schutzzölle, Subventionen, Investitionen und Veränderungen bei den Standards lassen sich Strategien für eine positive Entwicklung in beiden Regionen untersuchen.

Z609 Cwebe, Dorf in Afrika. Starkes Bevölkerungswachstum durch hohe Kinderzahl, fehlende Schulen, fehlende Erwerbsmöglichkeiten, Erschöpfung der lokalen Ressourcenbasis, Preisverfall für lokale Produkte durch billige Importe sowie gravierende Bedrohungen der Gesundheit durch mangelhafte Wasserversorgung, Malaria und Aids: diese Belastungen bestimmen die Lebensbedingungen in vielen Teilen der Welt. Das Modell erfasst die Prozesse und Zusammenhänge, die die Entwicklung eines Dorfs im Transkei prägen: Bevölkerung und Wanderarbeit, Bau und Erhalt der Gehöfte, Entwicklung des für Brenn- und Bauholz genutzten Waldes, Einkommen und Ausgaben der Familien.

Z610 World2 (Forrester). In diesem Modell werden zentrale Prozesse der globalen Entwicklung vereinfacht dargestellt und miteinander verkoppelt: Bevölkerungsentwicklung, Ernährung und Landwirtschaft, industrielle Produktion, Umweltbelastung und Ressourcenabbau. Das Modell soll und kann keine Prognosen erzeugen, aber es kann mögliche Entwicklungspfade aufzeigen, auf kritische Weichenstellungen hinweisen, die Folgen möglicher wie auch unterlassener Eingriffe darstellen und insgesamt zum besseren Verständnis der verkoppelten Prozesse des Weltsystems und der dadurch erzeugten Entwicklungsdynamik eingesetzt werden.

Z611 World2 mit Orientierung. Wie die meisten komplexen nichtlinearen Systeme, so zeigt auch das Weltmodell World2 'gegenintuitives' Verhalten: Intuitiv 'richtig' erscheinende Korrektureingriffe verschlimmern u.U. eine Entwicklung. Wenn die Fehlentwicklung erkannt wird, ist es oft zu spät für einen rettenden Eingriff. Simulationen mit einem gültigen Modell können aber auf Fehlentwicklungen hinweisen, bevor diese in der Realität eingetreten sind. Zu diesem Zweck müssen die für die Zukunft projizierten Ergebnisse mit Zielen und zulässigen Grenzwerten verglichen werden. Wo die Simulation 'rote Lampen' aufleuchten lässt, müssen rechtzeitig entsprechende Eingriffe vorgenommen werden. Durch wiederholte Simulationen können Eingriffe solange variiert werden, bis die 'roten Lampen' verschwinden und eine erfolgversprechende Strategie für die nächsten Jahre gefunden worden ist. In dieser Anwendung von World2 wird das Modell durch einen 'intelligenten' Entscheider ergänzt, der seine Eingriffe an den Leitwerten der nachhaltigen Entwicklung (s. Z606 'Miniwelt mit Orientierung') orientiert. Es zeigt sich, dass damit 'vorprogrammierte' katastrophale Entwicklungen aufgehalten und optimale Entwicklungspfade gefunden werden können.

Z612 World3 (Meadows). Anfang der 70er Jahre des vergangenen Jahrhunderts sprengte das Weltmodell World3 fast die Rechenkapazitäten des MIT. Heute lässt es sich auf jedem PC im Bruchteil einer Sekunde berechnen. Das Modell ist in neun Sektoren aufgebaut, die hier einzeln dokumentiert werden: Umweltbelastung, nichterneuerbare Ressourcen, Fertilität und Bevölkerung, Nahrungsmittelproduktion, Bodenfruchtbarkeit, Landentwicklung und Landverlust, Industrieproduktion, Dienstleistungen, Arbeitsplätze. Durch unterschiedliche Szenarien für die verschiedenen Eingriffsmöglichkeiten wie Geburtenkontrolle, Umweltschutz, Konsumniveau, Lebensdauer von Anlagen usw. lassen sich mögliche Zukunftsentwicklungen berechnen und Strategien entwickeln, die zu einer nachhaltigen Entwicklung führen können.

Z613 Wissensverarbeitung: Fähre. Wo Menschen in einem System als Akteure eine Rolle spielen, da kommt zweierlei zusätzlich ins Spiel. Erstens wird die laufende und zukünftige Entwicklung nach gewissen Kriterien beurteilt, die dann auch die Art und Stärke von Eingriffen bestimmen – dieser Aspekt wird in den leitwertgesteuerten Modellen 'Miniwelt' (Z606) und 'World2' (Z611) behandelt. Zweitens spielt aber auch immer die Verarbeitung von Wissen über das betrachtete System eine Rolle, um z.B. über längere Schlussfolgerungsketten zu Aussagen über mögliche Entwicklungen oder die Folgen von Eingriffen zu kommen. Bei dieser Wissensverarbeitung handelt es sich um (nicht immer) logisch korrekte Verarbeitung qualitativer Aussagen. Die numerische Simulation ist hier – allein wegen der Menge der meist zu berücksichtigenden Aussagen – fehl am Platze. Im Modell wird demonstriert, dass sich mit dem Rechner 'intelligente' Schlussfolgerungen bei schwierigen Sachverhalten erzeugen lassen (hier mit dem bekannten Entscheidungsproblem 'Wolf-Ziege-Kohlkopf'). 'Intelligenzmodule' dieser Art können Simulationsmodelle vor allem im gesellschaftlichen Bereich sinnvoll ergänzen (z.B. Konsumverhalten, Verhalten in Mangel- und Notsituationen usw.).

Z614 Folgenabschätzung: Maniok. Die rechnergestützte Wissensverarbeitung eignet sich besonders auch für Folgenabschätzungen, bei denen aus oft komplexem und umfangreichen Wissen aus unterschiedlichen Sachgebieten korrekte Schlussfolgerungen über längere Zeiträume gezogen werden müssen. Aus allgemeingültigen Aussagen in Wissensmoduln zu Landwirtschaft, Umwelt, Sozialsystem und Wirtschaft werden in dieser Anwendung ganze Ketten von Aussagen über die Folgen des Anbaus von Maniok in Thailand als Viehfutter für Europa erzeugt. Das Beispiel zeigt, dass Folgenabschätzungen dieser Art bei anstehenden Entscheidungen rechtzeitig auf Probleme hinweisen können, mit denen später als Konsequenz zu rechnen sein wird – und die in diesem Fall tatsächlich später eingetreten sind.

Z615 Syndrome globaler Entwicklung. Vom Wissenschaftlichen Beirat Globale Umweltveränderungen (WBGU) der deutschen Bundesregierung wurde ein 'Syndromkonzept' zur transdisziplinären Beschreibung und Analyse des Globalen Wandels entwickelt. 'Syndrome' sind gewisse Schadensbilder im ökologischen und sozialen Bereich, die weltweit auftreten und nach den gleichen Prozessen ablaufen (z.B. das 'Sahel'-Syndrom der Wüstenbildung). Sie entstehen durch die Verkopplung bestimmter 'Symptome', die in den verschiedenen Teilsystemen zu beobachten sind (Biosphäre, Atmosphäre, Pedosphäre, Hydrosphäre, Bevölkerung, Ökonomie, Psychosoziale Sphäre, Soziale Organisation, Wissenschaft/Technik). Am Beispiel des 'Sahel'-Syndroms wird gezeigt, wie sich die rechnergestützte Wissensverarbeitung zur Folgenabschätzung für unterschiedliche Maßnahmen einsetzen lässt.

Literaturverzeichnis

Aris, R. 1978: *Mathematical Modelling Techniques.* Pitman, London / San Francisco.

Ashby, W. R. 1956: *An Introduction to Cybernetics.* John Wiley, New York.

Axelrod, R. 1985: *The Evolution of Cooperation.* Basic Books, New York.

Bak, P. 1996: *How Nature Works: The Science of Self-Organized Criticality.* Copernicus Books, New York.

Banks, J. 1998: *Handbook of Simulation : Principles, Methodology, Advances, Applications, and Practice.* Wiley-Interscience, Hoboken NJ.

Banks, J. 2000: *Discrete-Event System Simulation.* Prentice-Hall, Upper Saddle River NJ.

Banks, S. P. 1986: *Control Systems Engineering.* Prentice Hall, Englewood Cliffs NJ.

Becker, K.-H., Dörfler, M.: *Dynamische Systeme und Fraktale – Computergrafische Experimente mit Pascal.* 4. Aufl., Vieweg, Braunschweig und Wiesbaden 1992.

Beltrami, E. 1987: *Mathematics for Dynamic Modeling.* Academic Press Orlando FL.

Bender, E. A. 1978: *An Introduction to Mathematical Modeling.* John Wiley, New York.

Bennett, R. J., Chorley, R. J. 1978: *Environmental Systems: Philosophy, Analysis and Control.* Methuen, London.

Berg, E., Kuhlmann, F. 1993: *Systemanalyse und Simulation für Agrarwissenschaftler und Biologen – Methoden und PASCAL-Programme zur Modellierung dynamischer Systeme.* Verlag Eugen Ulmer, Stuttgart.

Bertalanffy, L. v. 1976 (1969): *General System Theory: Foundations, Development, Applications.* George Braziller, New York.

Bocklisch, St. F. 1987: *Prozeßanalyse mit unscharfen Verfahren.* Verlag Technik, Berlin.

Bossel, H. 1977 (ed.): *Concepts and Tools of Computer-Assisted Policy Analysis.* Birkhäuser, Basel (3 vol.).

Bossel, H. 1978: *Bürgerinitiativen entwerfen die Zukunft - Neue Leitbilder, neue Werte, 30 Szenarien.* Fischer, Frankfurt/M.

Bossel, H. 1985: *Umweltdynamik.* TeWi Verlag, München.

Bossel, H. 1986: *Dynamics of forest dieback - systems analysis and simulation.* Ecological Modelling 34 (259-288).

Bossel, H. 1987/1989/1992: *Simulation dynamischer Systeme - Grundwissen, Methoden, Programme.* Vieweg Braunschweig/Wiesbaden.

Bossel, H. 1990: *Umweltwissen - Daten, Fakten, Zusammenhänge.* Springer Berlin/ Heidelberg/ New York.

Bossel, H. 1992: *Modellbildung und Simulation - Konzepte, Verfahren, Modelle und Simulationsprogramme.* Vieweg Verlag, Braunschweig/Wiesbaden. 2nd ed. 1994.

Bossel, H. 1994: *Modeling and Simulation.* A K Peters, Wellesley MA.

Bossel, H. 1994: *TREEDYN3 Forest Simulation Model – Mathematical model, program documentation, and simulation results.* Forschungszentrum Waldökosysteme, Göttingen.

Bossel, H. 1998: *Earth at a Crossroads – Paths to a Sustainable Future.* Cambridge University Press, Cambridge UK.

Bossel, H. 1998: *Globale Wende – Wege zu einem gesellschaftlichen und ökologischen Strukturwandel.* Droemer Knaur, München 1998.

Bossel. H. 1999: *Indicators for Sustainable Development – Theory, Method, Applications.* IISD International Institute of Sustainable Development, Winnipeg.

Bossel, H. 2004: *Systeme, Dynamik, Simulation – Modellbildung, Analyse und Simulation komplexer Systeme.* Books on Demand, Norderstedt.

Bossel, H. 2004: *Systemzoo – 100 Simulationsmodelle komplexer Systeme aus Technik, Umwelt, Wirtschaft und Gesellschaft.* Books on Demand, Norderstedt.

Bossel, H., Bruenig, E.F. 1991: *Natural Resource Systems Analysis.* Deutsche Stiftung für Internationale Entwicklung (DSE), Feldafing.

Bossel, H., Hornung, B. R., Müller-Reißmann, K.-F. 1989: *Wissensdynamik mit DEDUC.* Vieweg Braunschweig/Wiesbaden.

Bossel, H., Strobel, M. 1978: *Experiments with an 'intelligent' world model.* Futures vol. 10, no. 3, June (191-212).

Canty, M. J. 1995: *Chaos und Systeme – Eine Einführung in Theorie und Simulation dynamischer Systeme.* Vieweg, Braunschweig und Wiesbaden.

Capra, F. 1997: *The Web of Life: A New Understanding of Living Systems.* Doubleday, N.Y.

Capra, F. 2000: *The Tao of Physics: An Exploration of the Parallels Between Modern Physics and Eastern Mysticism.* Shambala Publications, Berkeley CA.

Casti, J.L. 1979: *Connectivity, Complexity, and Catastrophe in Large-Scale Systems.* Wiley, Chichester.

Casti, J. L. 1995: *Complexification – Explaining a Paradoxical World Through the Science of Surprise.* HarperPerennial, New York.

Cellier, F. E. 1991: *Continuous System Modeling.* Springer Verlag New York / Berlin / Heidelberg.

Checkland, P. 1997: *Information, Systems, and Information Systems.* J. Wiley, Hoboken NJ.

Checkland, P. 1999: *Soft Systems Methodology in Action.* John Wiley, Hoboken NJ.

Close, C. M., Frederick, D. K. 1978: *Modeling and Analysis of Dynamic Systems.* Houghton Mifflin, Boston MA.

Cohen, J., Stewart, I. 1995: *The Collapse of Chaos: Discovering Simplicity in a Complex World.* Penguin, New York.

Coveney, P., Highfield, R. 1998: *Frontiers of Complexity: The Search for Order in a Chaotic World.* Faber Faber, London.

Csaki, F. 1972: *Modern Control Theories – Nonlinear, Optimal and Adaptive Systems.* Akademiai Kiado, Budapest.

Csaki, F. 1973: *Die Zustandsraummethode in der Regelungstechnik.* Akademiai Kiado, Budapest.

DeRusso, P.M., Roy, R. J., Close, C. M. 1965: *State Variables for Engineers.* Wiley, N.Y.

DiStefano, J. J., Stubberud, A. R., Williams, I. J. 1967: *Feedback and Control Systems.* Schaum, New York NY.

Dorf, R. C. 1989: *Modern Control Systems,* 5th ed. Addison-Wesley, Reading, Mass.

Ester, J. 1987: *Systemanalyse und mehrkriterielle Entscheidung.* Verlag Technik, Berlin.

Fishwick, P. A., Luker, P. A. (eds) 1991: *Qualitative Simulation, Modeling, and Analysis.* Springer Verlag, New York / Berlin / Heidelberg.

Flake, G. W. 2000: *The Computational Beauty of Nature: Computer Explorations of Fractals, Chaos, Complex Systems, and Adaptation.* MIT Press, Cambridge MA.

Flood, R.L., Carson, E.R. 1988: *Dealing With Complexity - An Introduction to the Theory and Practice of Systems Science*. Plenum, New York.

Forrester, J. W. 1961: *Industrial Dynamics*. MIT Press, Cambridge MA.

Forrester, J. W. 1968: *Principles of Systems*. Pegasus Communications, Williston VT.

Forrester, J. W. 1970: *World Dynamics*. MIT Press, Cambridge MA. (Productivity Press, Cambridge MA).

France, J., Thornley, J. H. M. 1984: *Mathematical Models in Agriculture*. Butterworths, London.

Frost, R.A. 1986: *Introduction to Knowledge Based Systems*. Collins, London.

Gell-Mann; M. 1995: *The Quark and the Jaguar: Adventures in the Simple and the Complex*. W. H. Freeman, New York.

Gipser, M. 1999: *Systemdynamik und Simulation*. Teubner, Stuttgart.

Gleick, J. 1988: *Chaos: Making a New Science*. Penguin, New York.

Glisson, T.H. 1985: *Introduction to System Analysis*. McGraw-Hill New York.

Göldner, K. 1981 (Bd.1), 1983 (Bd.2), mit S. Kubik 1983 (Bd.3): *Mathematische Grundlagen der Systemtheorie*. Fachbuchverlag Leipzig, Harri Deutsch, Thun, Frankfurt/M.

Goodman, M. R. 1974: *Study Notes in System Dynamics*. Wright-Allen Press, Cambridge MA.

Gopal, M. 1987: *Modern Control System Theory*. John Wiley, Singapore/New York.

Gottwald, S. 1993: *Fuzzy Sets and Fuzzy Logic - The Foundations of Application, from a Mathematical Point of View*. Vieweg, Wiesbaden, and Teknea, Toulouse.

Gould, S. J. 2002: *The Structure of Evolutionary Theory*. Harvard University Press, Boston.

Grant, W. E., Pedersen, E. K., Marin, S. L. 1997: *Ecology and Natural Resource Management – Systems Analysis and Simulation*. John Wiley, New York.

Guckenheimer, J., Holmes, P. 1983/1986: *Nonlinear Oscillations, Dynamical Systems, and Bifurcations of Vector Fields*. Springer New York / Berlin / Heidelberg / Tokyo.

Hardin, G. 1968: *The Tragedy of the Commons*. Science, vol. 162 (1243-1248).

Holland, J. H. 1999: *Emergence: From Chaos to Order*. Perseus Book Group, New York.

Holland, J. H., Mimnaugh, H. 1996: *Hidden Order: How Adaptation Builds Complexity*. Perseus Publishing, New York.

Holland, J.H. 1975: *Adaptation in Natural and Artificial Systems*. University of Michigan, Ann Arbor.

Ivachnenko, A. G., Müller, J.-A. 1984: *Selbstorganisation von Vorhersagemodellen*. Verlag Technik, Berlin.

Jantsch, E. 1979/1986: *Die Selbstorganisation des Universums – Vom Urknall zum menschlichen Geist*. DTV, München.

Jensen, H. J. 2000: *Self-Organized Criticality : Emergent Complex Behavior in Physical and Biological Systems*. Cambridge University Press, Cambridge UK.

Jetschke, G. 1989: *Mathematik der Selbstorganisation*. Deutscher Verlag der Wissenschaften, Berlin.

Johnson, S. 2001: *Emergence: The Connected Lives of Ants, Brains, Cities, and Software*. Scribner, New York.

Jørgenson, S.E. 1992: *Exergy and ecology*. Ecol. Modelling 63 (185-214).

Jørgenson, S.E. (ed.) 2001: *Thermodynamics and Ecological Modelling*. Lewis, Boca Raton

Kauffman, S. 1996: *At Home in the Universe: The Search for Laws of Self-Organization and Complexity*. Oxford Press, Oxford UK.

Kelly, K. 1995: *Out of Control: The New Biology of Machines, Social Systems and the Economic World*. Perseus Publishing, New York.

Kheir, N. A. (ed) 1988: *Systems Modeling and Computer Simulation*. Marcel Dekker, N.Y.

Kirkpatrick, S. et al. 1983: *Optimization by Simulated Annealing*. Science 220, 671-680.

Kosko, B. 1992: *Neural Networks and Fuzzy Systems*. Prentice Hall International, Englewood Cliffs N.J.

Kosmol, P. 1991: *Optimierung und Approximation*. Walter de Gruyter, Berlin and New York.

Kramer, U., Neculau, M. 1998: *Simulationstechnik*. Carl Hanser, München und Wien.

Kreß, D. 1987: *Angewandte Systemtheorie - Signale und lineare Systeme*. S. 80-155 in Philippow 1987.

Laszlo, E. 1996: *The Systems View of the World: A Holistic Vision for Our Time*. Hampton Pr, London.

Law, A. M. et al. 1999 (1990): *Simulation Modeling and Analysis*. McGraw-Hill, New York.

Lewin, R. 2000: *Complexity: Life at the Edge of Chaos*. University of Chicago Press, Chicago

Lotka, H.J. 1925: *Elements of Physical Biology*. Williams and Wilkins, Baltimore.

Luenberger, D. G. 1979: *Introduction to Dynamic Systems - Theory, Models, and Applications*. John Wiley, New York.

Mainzer, K. M. 2003: *Thinking in Complexity*. Springer, Heidelberg.

Margulis, L. 1997: *Microcosmos: Four Billion Years of Evolution from Our Microbial Ancestors*. University of California Press, Berkeley CA.

Margulis, L. 2000: *Symbiotic Planet: A New Look at Evolution*. Basic Books, New York.

May, R.M. (ed.) 1976: *Theoretical Ecology: Principles and Applications*. Blackwell, Oxford.

Meadows, D. H., Meadows, D. L., Randers, J. 1992: *Beyond the Limits*. Chelsea Green, Post Mills VT.

Meadows, D. H., Meadows, D. L., Randers, J., Behrens, W. W. III 1972: *The Limits to Growth*. Potomac Associates, Washington.

Meadows, D., Richardson, J., Bruckmann, G. 1982: *Groping in the Dark - The First Decade of Global Modelling*. Wiley, Chichester 1982.

Meadows, D.L. 1970: *Dynamics of Commodity Production Cycles*. Wright-Allen Press (Productivity Press), Cambridge MA.

Meadows, D.L. et al. 1974: *The Dynamics of Growth in a Finite World*. Wright-Allen Press (Productivity Press), Cambridge MA.

Meadows, D.L., Meadows, D.H. 1973: *Towards Global Equilibrium*. Wright-Allen Press (Productivity Press), Cambridge MA.

Metzler, W. 1987: *Dynamische Systeme in der Ökologie*. Teubner, Stuttgart.

Morowitz, H. J. 2002: *The Emergence of Everything – How the World Became Complex*. Oxford Press, Oxford UK.

Müller, F., Leupelt, M. (eds.) 1998: *Eco Targets, Goal Functions, and Orientors*. Springer Verlag, Berlin und Heidelberg

Negoita, C.V. 1985: *Expert Systems and Fuzzy Systems*. Benjamin/Cummings, Menlo Park.

Nicolis, G., Prigogine, I. 1989: *Exploring Complexity*. W. H. Freeman, New York.

Omerod, P. 2001: *Butterfly Economics: A New General Theory of Social and Economic Behavior*. Basic Books, New York.

Page, B. 1991: *Diskrete Simulation.* Springer Verlag, Berlin.

Palm III, W. J. 1983: *Modeling, Analysis, and Control of Dynamic Systems.* J. Wiley, N.Y.

Penning de Vries, F. W. T., Jansen, D. M., ten Berge, H. F. M., Bakema, A. 1989: *Simulation of Ecophysiological Processes of Growth in Several Annual Crops.* Pudoc, Wageningen.

Penning de Vries, F. W. T., van Laar, H. H. (eds) 1982: *Simulation of Plant Growth and Crop Production.* Pudoc, Wageningen.

Peschel, M. 1992: *Rechnergestützte Analyse regelungstechnischer Systeme.* Akademie Verlag, Berlin.

Peschel, M., Riedel, C. 1976: *Polyoptimierung – Eine Entscheidungshilfe für ingenieurtechnische Kompromißlösungen.* Verlag Technik, Berlin.

Philippow, E. (Hg.) 1987: *Taschenbuch Elektrotechnik, Band 2: Grundlagen der Informationstechnik.* Verlag Technik, Berlin.

Pichler, F. 1975: *Mathematische Systemtheorie.* Walter de Gruyter, Berlin.

Piefke, F. 1991: *Simulation mit dem Personalcomputer.* Hüthig Buch Verlag Heidelberg.

Press, W. H., Flannery, B. P., Teukolsky, S. A., Vetterling, W. T. 1986: *Numerical Recipes - The Art of Scientific Computing.* Cambridge University Press, Cambridge.

Prigogine, I., Stengers, I. 1997: *The End of Certainty: Time, Chaos, and the New Laws of Nature.* Free Press, New York.

Probst, G. J. B. 1987: *Selbst-Organisation – Ordnungsprozesse in sozialen Systemen aus ganzheitlicher Sicht.* Paul Parey, Berlin und Hamburg.

Puccia, C. J., Levins, R. 1985: *Qualitative Modeling of Complex Systems.* Harvard University Press, Cambridge MA / London.

Puppe, F. 1991: *Einführung in Expertensysteme.* Springer Verlag, Berlin, 2nd ed.

Rechenberg, I. 1994: *Evolutionsstrategie '94.* Frommann-Holzboog, Stuttgart.

Reinisch, K. 1974: *Kybernetische Grundlagen und Beschreibung kontinuierlicher Systeme.* Verlag Technik, Berlin.

Resnick, M. 1997: *Turtles, Termites, and Traffic Jams: Explorations in Massively Parallel Microworlds (Complex Adaptive Systems).* MIT Press, Cambridge MA.

Rheingold, H. 1992: *Virtual Reality.* Mandarin, London.

Richmond, B., Peterson, S., 1992: *An Introduction to Systems Thinking.* High Performance Systems, Hanover NH.

Richter, C. 1988: *Optimierungsverfahren und BASIC-Programme.* Akademie Verlag, Berlin.

Richter, O. 1985: *Simulation des Verhaltens ökologischer Systeme* - Mathematische Methoden und Modelle. VCH Weinheim.

Richter, O., Söndgerath, D. 1990: *Parameter Estimation in Ecology.* VCH Weinheim.

Roberts, N. 1983: *Introduction to Computer Simulation - A System Dynamic Modeling Approach.* Addison-Wesley, Reading MA 1983.

Ross, S. M. 2002: *Introduction to Probability Models.* Academic Press, New York.

Rössler, O. E. 1976: *Different types of chaos in two simple differential equations.* Z. Naturf. 31a (1664-1670).

Sauerbier, T. 1999: *Theorie und Praxis von Simulationssystemen.* Vieweg, Braunschweig.

Schmidt, G. 1982: *Grundlagen der Regelungstechnik.* Springer, Berlin.

Schwefel, H. P. 1977: *Numerische Optimierung von Computer-Modellen mittels der Evolutionsstrategie.* Birkhäuser, Basel.

Schwefel, H. P. 1981: *Numerical Optimization of Computer Models.* Wiley, Chichester.

Schwefel, H. P. 1995: *Evolution and Optimum Seeking.* Wiley-Interscience, New York.

Smith, J. M. 1987: *Mathematical Modeling and Digital Simulation for Engineers and Scientists.* John Wiley, New York.

Sole, R. V., Goodwin, B. 2001: *Signs of Life: How Complexity Pervades Biology.* Basic Books, New York.

Spriet, J. A., Vansteenkiste, G. C. 1982: *Computer-Aided Modeling and Simulation.* Academic Press, London.

Sterman, J. D. 2000: *Business Dynamics: Systems Thinking and Modeling for a Complex World.* McGraw-Hill/Irwin, New York.

Steuer, R.E. 1986: *Multiple Criteria Optimization: Theory, Computation, and Application.* Wiley, New York.

Stewart, I. 1989: *Does God Play Dice? The Mathematics of Chaos.* Blackwell, Cambridge MA.

Stewart, I. 1999: *Life's Other Secret : The New Mathematics of the Living World.* John Wiley, Hoboken NJ.

Stöcker, H. 1993: *Taschenbuch mathematischer Formeln und moderner Verfahren.* Verlag Harri Deutsch, Frankfurt/M, 2nd ed.

Strogatz, S. H. 2001: *Nonlinear Dynamics and Chaos: With Applications to Physics, Biology, Chemistry and Engineering.* Perseus Book Group, New York.

Strogatz, S. H. 2003: *The Emerging Science of Spontaneous Order.* Hyperion Press, New York.

Taylor, M. C. 2002: *The Moment of Complexity: Emerging Network Culture.* University of Chicago Press, Chicago IL.

Thompson, J. M. T., Stewart, H. B. 1986: *Nonlinear Dynamics and Chaos.* John Wiley, Chichester / New York.

Unbehauen R., 1983 (4.Aufl): *Systemtheorie.* Oldenbourg, München.

Weinberg, G. M. 2001: *An Introduction to General Systems Thinking.* Dorset House, New York.

Wissel, C. 1989: *Theoretische Ökologie.* Springer Berlin/Heidelberg/New York.

Wolfram, S. 2002: *A New Kind of Science.* Wolfram Media, Champaign IL.

Wunsch, G. 1987: *Allgemeine Systemtheorie.* S. 9-79 in Philippow 1987.

Zeigler, B. P. 2000 (1976): *Theory of Modeling and Simulation: Integrating Discrete Event and Continuous Complex Dynamic Systems.* Academic Press, New York.

Zimmermann, H.-J. 1991: *Fuzzy Set Theory and Its Applications.* Kluwer Academic Publishers, Boston/Dordrecht/London.

Index